I0490204

FÍSICA 2.0

Cuestiones y problemas para Bachillerato

FRANCISCO JOSÉ MORENO HUESO

Física 2.0 Cuestiones y problemas para Bachillerato

Segunda Edición, 2023

Edita: Independently published

©Francisco José Moreno Hueso

ISBN: 9798377211884

No se permite la reproducción total o parcial de este libro, ni su incorporación a un sistema informático, ni su transmisión en cualquier forma o por cuialquier método, sea éste electrónico, mecánico, por fotocopia, por grabación u otros métodos, sin el permiso previo y por escrito del editor. La infracción de los derechos mencionados puede ser constitutiva de delito contra la propiedad intelectual (Art. 270 y siguientes del Código Penal).

A mi hijo Jaime

Nota del autor

Estas líneas son de agradecimiento para las siguientes personas:

Francisco Javier López Pamos, Pilar Mateo Quero, Javier Moreno Kayser, María Cruz Navarrete Fernández, Isabel Oriola Agüera, Felipe Ortega Guardia, Inés Rojas Duro, Fernando Ruiz Benavides Y Juan José Toledano Peláez.

Todos ellos, profesores de Física y Química de instituto o universidad, han repasado los temas de este libro para aportarme consejos, opiniones o correcciones que me han resultado enriquecedoras y provechosas a la hora de elaborar y mejorar el presente manual. Gracias sinceramente a todos ellos.

Asímismo, agradezco las correcciones ortotipográficas a Tomás López Moraleda, profesor de instituto de Lengua y Literatura.

Prólogo

La vida no es fácil para ninguno de nosotros.
¿Pero qué hay en eso? Tenemos que tener
perseverancia y, sobre todo, confianza en
nosotros mismos.

Marie Curie

Mi impresión como profesor de instituto, ya con amplia experiencia, es que los manuales de Física y Química utilizados por los alumnos suelen presentar amplias y detalladas explicaciones teóricas (a veces, excesivas), pero no presentan suficientes ejercicios, por lo que los alumnos se ven obligados a realizar la incómoda tarea de buscar ejercicios por todo tipo de libros, manuales o internet para poder realizar la tan necesaria práctica que requiere esta asignatura.

Precisamente por eso, para suplir esa falta de ejercicios, he elaborado la presente obra, que puede ser útil para el alumnado de Bachillerato. Se incluye en este libro una muy amplia y variada serie de ejercicios con sus soluciones completamente razonadas y explicadas, que, en su mayoría, se han extraído de las pruebas de Selectividad de muchos años, lo cual garantiza una extensa tipología. Todos estos ejercicios se acompañan de explicaciones, definiciones, esquemas, figuras..., útiles para la comprensión de los mismos.

Sin duda, cualquier alumno de Bachillerato, especialmente de segundo, encontrará en esta obra un recurso manejable y de gran provecho tanto para el curso como para cualquier prueba externa.

La obra consta de diez capítulos, cada uno de los cuales contiene una serie de ejercicios (cuestiones y problemas) que tratan un núcleo temático de la materia. El libro dispone de notas a pie de página que aclaran aspectos tanto teóricos como prácticos para la resolución de los ejercicios.

El Autor

Capítulo 1

Trabajo y Energía

Cuestión 1.1

a) ¿Qué trabajo se realiza al sostener un cuerpo durante un tiempo t?
b) ¿Qué trabajo realiza la fuerza peso de un cuerpo si este se desplaza una distancia d por una superficie horizontal? Razona las respuestas.

a) Se define el trabajo de una fuerza constante $\vec{F}$ como el producto escalar de la fuerza por el desplazamiento $\vec{d}$:

$$W = \vec{F} \cdot \vec{d} = Fd\cos\phi$$

siendo ϕ el ángulo que forma la fuerza con el desplazamiento.

De acuerdo con la definición operacional de trabajo, no es suficiente que exista una fuerza que actúe sobre el cuerpo, sino que tiene que haber un desplazamiento del punto de aplicación de la fuerza. Cuando una persona sostiene un cuerpo durante un tiempo t, ejerce una fuerza $\vec{F}$ opuesta al peso $\vec{P}$, pero no realiza trabajo porque no existe un desplazamiento del punto de aplicación de la fuerza.

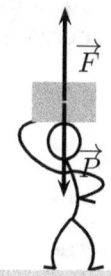

Es lógico que sobre el cuerpo no se realice trabajo, ya que este es una medida de la transferencia de energía a un sistema. El cuerpo no varía su energía en ese tiempo (no cambia su energía potencial, su energía cinética ni su energía interna).

b) De acuerdo con la definición operacional de trabajo, no es suficiente que sobre un cuerpo se realice una fuerza y que haya un desplazamiento del punto de aplicación de la misma, ya que, si el ángulo que forma la dirección de la fuerza y el desplazamiento es de 90°, el trabajo que realiza la fuerza es cero, porque el coseno de ese ángulo es cero.

Cuando una persona traslada un cuerpo por una su-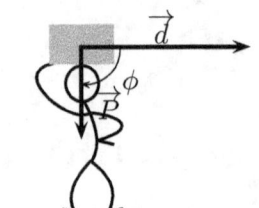
perficie horizontal, como la dirección de la fuerza peso
$\vec{P}$ forma un ángulo $\phi = 90^o$ con la dirección del desplazamiento, el peso no realiza trabajo (tampoco la
fuerza que lo sostiene).

En este caso, también es coherente que sobre el cuerpo no se realice ningún trabajo, puesto que su energía no cambia (no cambian su energía potencial, su energía cinética ni su energía interna).

Cuestión 1.2

a) Explique las relaciones que existen entre trabajo, variación de energía cinética y variación de energía potencial de una partícula que se desplaza bajo la acción de varias fuerzas. ¿Qué indicaría el hecho de que la energía mecánica no se conserve?

b) ¿Puede ser negativa la energía cinética de una partícula? ¿Puede ser negativa su energía potencial en un punto? Razone las respuestas.

---

a) Supongamos una partícula que se desplaza bajo la acción de dos fuerzas, una conservativa y otra no conservativa:

- Relación entre el trabajo total y la variación de la energía cinética

  De acuerdo con el teorema del trabajo y la energía (o de las fuerzas vivas), el trabajo total realizado sobre la partícula (suma de los trabajos realizados por ambas fuerzas) es igual a la variación de la energía cinética que experimenta:

  $$W_{\text{total}} = W_{\text{cons}} + W_{\text{no cons}} = \Delta E_{\text{c}}$$

- Relación entre el trabajo realizado por la fuerza conservativa y la variación de la energía potencial

  De acuerdo con el teorema de la energía potencial, el trabajo realizado por la fuerza conservativa sobre la partícula es igual a la variación de su energía potencial con el signo cambiado:

  $$W_{\text{cons}} = -\Delta E_{\text{p}}$$

De las dos expresiones anteriores obtenemos que:

$$-\Delta E_{\text{p}} + W_{\text{no cons}} = \Delta E_{\text{c}}$$

de donde:

$$W_{\text{no cons}} = \Delta E_{\text{c}} + \Delta E_{\text{p}}$$

Como la suma de la variación de la energía cinética y de la energía potencial es igual a la variación de la energía mecánica, concluimos que:

$$W_{\text{no cons}} = \Delta E_{\text{m}}$$

Esta relación significa que, si sobre una partícula actúan fuerzas conservativas y no conservativas, la energía mecánica no permanece constante (no se conserva) y su variación es igual al trabajo que realizan las fuerzas no conservativas.

Por tanto, si sobre una partícula actúan varias fuerzas y no se conserva la energía mecánica, al menos una de ellas es una fuerza no conservativa.

b) La energía cinética de una partícula es:

$$E_{\text{c}} = 1/2\,m\,v^2$$

donde m es la masa de la partícula y v es el módulo de la velocidad con la que se mueve.

La energía cinética de una partícula nunca puede ser negativa, puesto que ni la masa ni el módulo de la velocidad pueden serlo.

La energía potencial (energía potencial gravitatoria) de una partícula sí puede ser negativa. La energía potencial de una partícula en un punto no tiene sentido físico y su valor siempre es relativo. Lo que sí tiene sentido físico y puede conocerse es la diferencia de energía potencial de una partícula entre dos puntos.

B ● —— $h_{\text{B}} = 0$

A ● —— h_{A}

La diferencia de energía potencial entre dos puntos A y B que están a las alturas h_{A} y h_{B}, respectivamente, representa el trabajo con el signo cambiado que realiza la fuerza peso cuando la partícula se traslada desde A hasta B, y puede demostrarse que su valor es:

$$E_{\text{p B}} - E_{\text{p A}} = mgh_{\text{B}} - mgh_{\text{A}}$$

Si el punto B (nivel de referencia), de posición h_{B}, está a mayor altura que el punto A, de posición h_{A}, y suponemos que $E_{\text{p B}} = 0$ donde consideramos que $h_{\text{B}} = 0$, resulta que:

$$E_{\text{p A}} = mgh_{\text{A}}$$

Y como el valor de h_{A} es negativo, la energía potencial en el punto A es negativa.

La energía potencial de una partícula es negativa cuando se encuentra por debajo del nivel de referencia $h = 0$ en el que la energía potencial se ha supuesto cero. Este punto de referencia no tiene por qué ser el suelo.

Cuestión 1.3

a) Defina los términos "fuerza conservativa" y "energía potencial" y explique la relación entre ambos.

b) Si sobre una partícula actúan tres fuerzas conservativas de distinta naturaleza y una no conservativa, ¿cuántos términos de energía potencial hay en la ecuación de la energía mecánica de esa partícula? ¿Cómo aparece en dicha ecuación la contribución de la fuerza no conservativa?

a) Una fuerza conservativa es aquella cuyo trabajo realizado sobre una partícula cuando se traslada desde un punto a otro depende de la posición inicial y final, y no de la trayectoria realizada. Las fuerzas conservativas tienen este nombre porque, si sobre una partícula actúan exclusivamente fuerzas conservativas, su energía mecánica permanece constante.

Si la fuerza $\vec{F}$ es conservativa, el trabajo realizado por ella es el mismo por el camino (I) que por el camino (II):

$$\int_{A\,I}^{B} \vec{F} \cdot d\vec{r} = \int_{A\,II}^{B} \vec{F} \cdot d\vec{r}$$

La energía potencial E_{p} es aquella que poseen los cuerpos debido a su posición.

Los términos fuerza conservativa y energía potencial están relacionados porque siempre que existe una fuerza conservativa hay una función energía potencial asociada a ella, de tal manera que el trabajo que realiza una fuerza conservativa $\vec{F}$ sobre una partícula que se traslada desde el punto A hasta el punto B lo podemos expresar como la variación de la energía potencial entre dichos puntos con el signo cambiado:

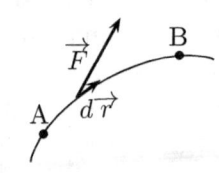

$$\int_{A}^{B} \vec{F} \cdot d\vec{r} = -\Delta E_{\mathrm{p}}$$

Las fuerzas conservativas tienen la particularidad de que son capaces de restituir el trabajo realizado por una fuerza externa en vencerlas. Así, si elevamos un cuerpo a velocidad constante desde el suelo hasta un determinada altura venciendo al peso, la energía empleada por el agente externo se almacena en forma de energía potencial. Esta energía la devuelve nuevamente la fuerza peso cuando el cuerpo vuelve a su posición inicial.

b) La energía mecánica de un sistema es la suma de la energía cinética E_{c} y las energías potenciales asociadas a las fuerzas conservativas que actúan sobre él. Así, si sobre un sistema que está en movimiento actúan la fuerza peso, una fuerza elástica y una fuerza eléctrica (fuerzas conservativas), a las que les podemos asociar, respectivamente, una energía potencial gravitatoria $E_{\mathrm{p\,g}}$, una energía potencial elástica $E_{p\,\text{elás}}$ y una energía potencial eléctrica $E_{p\,\text{eléc}}$, su energía mecánica E_{m} es la suma de todas ellas más la energía cinética:

$$E_{\text{m}} = E_{p\,\text{g}} + E_{p\,\text{elás}} + E_{p\,\text{eléc}} + E_{\text{c}}$$

En esta ecuación no aparece ninguna contribución de la fuerza no conservativa, ya que solo las fuerzas conservativas tienen una energía potencial asociada.

Cuestión 1.4

Comente las siguientes frases:
a) La energía mecánica de una partícula permanece constante si todas las fuerzas que actúan sobre ella son conservativas.
b) Si la energía mecánica de una partícula no permanece constante, es porque una fuerza disipativa realiza trabajo.

---

a) Cuando sobre una partícula actúan fuerzas conservativas y fuerzas no conservativas, el trabajo realizado por las fuerzas no conservativas es igual a la variación de su energía mecánica:

$$W_{\text{no cons}} = \Delta E_{\text{m}}$$

Efectivamente, si todas las fuerzas que actúan sobre la partícula son fuerzas conservativas, $W_{\text{no cons}} = 0$ y, por tanto, la energía mecánica permanece constante:

$$\Delta E_{\text{m}} = 0 \Rightarrow E_{\text{m}} = cte$$

b) Si la energía mecánica de una partícula no permanece constante ($\Delta E_{\text{m}} \neq 0$), de acuerdo con lo anteriormente expuesto, sobre la partícula actúan fuerzas no conservativas. La frase no es correcta porque esa fuerza no conservativa no tiene por qué ser exclusivamente una fuerza disipativa (fuerza de rozamiento), que es aquella que hace que disminuya la energía mecánica de la partícula y la transforme en energía interna de la partícula y del entorno. Sobre la partícula puede actuar una fuerza no conservativa realizada por un agente externo que puede, o bien aumentar, o bien disminuir su energía mecánica (por ejemplo, cuando empujamos horizontalmente un cuerpo que se encuentra en reposo sobre una superficie horizontal siendo el rozamiento despreciable).

Cuestión 1.5

Comente las siguientes afirmaciones, razonando si son verdaderas o falsas:
a) Existe una función energía potencial asociada a cualquier fuerza.
b) El trabajo de una fuerza conservativa sobre una partícula que se desplaza entre dos puntos es menor si el desplazamiento se realiza a lo largo de la recta que los une.

a) Falsa. Solo si la fuerza es conservativa existe una función energía potencial asociada a ella. En este caso, el trabajo que realiza la fuerza conservativa sobre una partícula que se traslada desde un punto a otro depende de la posición inicial y final, y no de la trayectoria realizada. Es decir, podemos expresar dicho trabajo como la diferencia de los valores que toma cierta función escalar en los extremos de dicha trayectoria, que llamamos energía potencial E_p.

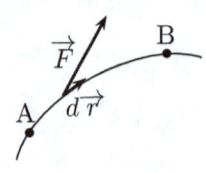

En el caso de que la partícula se traslade desde el punto A hasta el punto B y sobre ella actúe la fuerza conservativa $\vec{F}$, el trabajo que realiza lo podemos expresar así:

$$W_{A\,F}^{B} = \int_{A}^{B} \vec{F} \cdot d\vec{r} = -\Delta E_\mathrm{p} = -(E_{\mathrm{p}\,B} - E_{\mathrm{p}\,A})$$

El significado es el siguiente: el trabajo de una fuerza conservativa entre dos puntos es igual a la diferencia de la energía potencial entre esos puntos con el signo cambiado. El signo negativo indica que a un aumento de la energía potencial le corresponde un trabajo negativo de la fuerza conservativa, y viceversa.

b) Falsa. Según lo explicado, el trabajo de una fuerza conservativa sobre una partícula que se traslada entre dos puntos es independiente de la trayectoria realizada. Por tanto, el trabajo es el mismo por el camino más corto (I) (que es el de la recta que los une) que por un camino diferente (II).

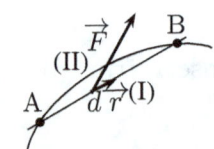

Cuestión 1.6

a) Explique qué son fuerzas conservativas. Ponga un ejemplo de fuerza conservativa y otro de fuerza que no lo sea.

b) ¿Se puede afirmar que el trabajo realizado por todas las fuerzas que actúan sobre un cuerpo es siempre igual a la variación de su energía cinética? Razone la respuesta y apóyese con algún ejemplo.

---

a) Una fuerza es conservativa si el trabajo que realiza sobre una partícula que se traslada entre dos puntos es independiente de la trayectoria seguida. Si el trabajo varía según la trayectoria seguida, se dice que la fuerza es no conservativa. Un criterio alternativo establece que una fuerza es conservativa si el trabajo realizado por la fuerza sobre una partícula que se traslada describiendo una trayectoria cerrada es cero (si el trabajo es distinto de cero, se dice que la fuerza es no conservativa).

Un ejemplo de fuerza conservativa es la fuerza elástica. Si desplazamos un cuerpo unido a un muelle desde la posición de equilibrio hasta una determinada posición venciendo la fuerza elástica que ejerce el muelle y después dejamos que dicha fuerza devuelva al cuerpo a la posición inicial de equilibrio, el cuerpo describe una trayectoria cerrada y el trabajo que realiza es cero.

Un ejemplo de fuerza no conservativa es la fuerza de rozamiento. Si desplazamos un cuerpo que se encuentra sobre una superficie horizontal desde una determinada posición hasta otra venciendo la fuerza de rozamiento y volvemos a la posición de partida describiendo una trayectoria cerrada en línea recta, tanto en el movimiento de ida como en el de vuelta el trabajo es negativo porque la fuerza de rozamiento tiene sentido contrario al desplazamiento y, por tanto, el trabajo que realiza es distinto de cero.

b) Sí puede afirmarse. El teorema del trabajo y la energía dice que, si sobre una partícula actúan fuerzas conservativas y no conservativas (incluidas las de rozamiento), la suma de los trabajos realizados por ellas es igual a la variación de la energía cinética:

$$W_{\text{no cons}} + W_{\text{cons}} = \Delta E_c$$

Supongamos que lanzamos un cuerpo verticalmente hacia arriba. Si además de la fuerza peso existe la fuerza de rozamiento debida al aire, el trabajo que realizan ambas fuerzas sobre el cuerpo en su movimiento ascendente es negativo (las fuerzas tienen sentidos contrarios al desplazamiento) y producen una pérdida de la energía cinética del cuerpo.

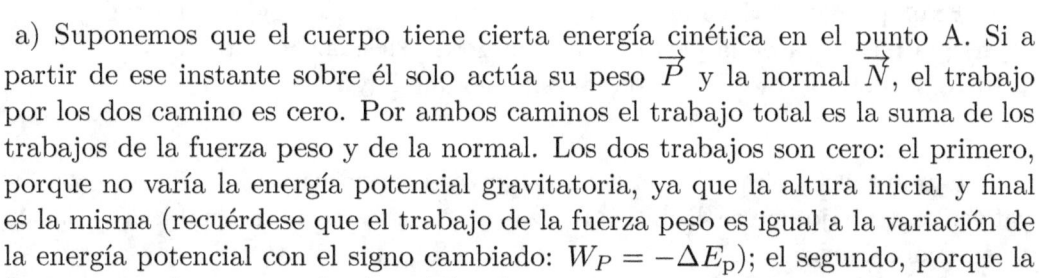

Cuestión 1.7

Una masa M se mueve desde el punto A hasta el B de la figura y posteriormente desciende hasta el C. Compare el trabajo mecánico realizado en el desplazamiento A-B-C con el que se hubiera realizado en un desplazamiento horizontal desde A hasta C:
a) Si no hay rozamiento.
b) En presencia de rozamiento.
Justifique las respuestas.

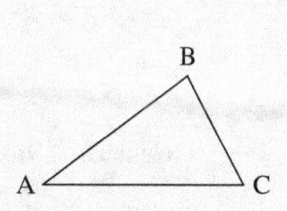

a) Suponemos que el cuerpo tiene cierta energía cinética en el punto A. Si a partir de ese instante sobre él solo actúa su peso $\vec{P}$ y la normal $\vec{N}$, el trabajo por los dos camino es cero. Por ambos caminos el trabajo total es la suma de los trabajos de la fuerza peso y de la normal. Los dos trabajos son cero: el primero, porque no varía la energía potencial gravitatoria, ya que la altura inicial y final es la misma (recuérdese que el trabajo de la fuerza peso es igual a la variación de la energía potencial con el signo cambiado: $W_P = -\Delta E_p$); el segundo, porque la fuerza normal es perpendicular al desplazamiento en todo el recorrido.

b) En el caso de que exista además la fuerza de rozamiento, el trabajo por los dos caminos es el mismo
y distinto de cero. En este caso, como el trabajo de
la fuerza normal y de la fuerza peso siguen siendo
cero, el trabajo total es el realizado por la fuerza de
rozamiento.

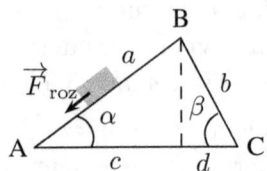

El que el trabajo realizado por la fuerza de rozamiento sea el mismo por los dos
caminos, ¿está en contradicción con el teorema que dice que el trabajo de una
fuerza no conservativa entre dos puntos es diferente según el camino seguido? El
teorema se cumple para el caso en el que la fuerza no conservativa siempre tenga
el mismo módulo, lo que no ocurre en este caso, ya que el módulo de la fuerza de
rozamiento es distinto en cada uno de los lados del triángulo.

Demostramos que el trabajo realizado por la fuerza de rozamiento es el mismo
por los dos caminos:

- Por el camino A $\to$ B $\to$ C el trabajo de la fuerza de rozamiento es:

$$
\begin{aligned}
W_{\mathrm{ABC}} &= W_{\mathrm{AB}} + W_{\mathrm{BC}} = -\mu mg \cos \alpha \, a + (-\mu mg \cos \beta \, b) \\
&= -\mu mg (a \cos \alpha + b \cos \beta)
\end{aligned}
$$

- Por el camino A $\to$ C el trabajo de la fuerza de rozamiento es el mismo:

$$
\begin{aligned}
W_{\mathrm{A}}^{\mathrm{C}} &= -\mu mg (c + d) = -\mu mgc - \mu mgd \\
&= -\mu mga \cos \alpha - \mu mgb \cos \beta = -\mu mg (a \cos \alpha + b \cos \beta)
\end{aligned}
$$

$$
\lfloor c = a \cos \alpha; \; d = b \cos \beta \rfloor
$$

Cuestión 1.8

Una partícula parte de un punto sobre un plano inclinado con una cierta
velocidad y asciende, deslizándose por dicho plano inclinado sin rozamiento,
hasta que se detiene y vuelve a descender hasta la posición de partida.
a) Explique las variaciones de energía cinética, de energía potencial y de
energía mecánica de la partícula a lo largo del desplazamiento.
b) Repita el apartado anterior suponiendo que hay rozamiento.

---

a) Cuando sobre una partícula actúan fuerzas conservativas y fuerzas no conservativas, el trabajo que realizan las fuerzas no conservativas es igual a la variación
de su energía mecánica:

$$
W_{\mathrm{no\,cons}} = \Delta E_{\mathrm{m}}
$$

Como sobre la partícula solo actúan fuerzas conservativas (sobre ella no actúan fuerzas de rozamiento ni ninguna otra fuerza exterior cuyo trabajo sea distinto de cero), $W_{no\,cons} = 0$ y $\Delta E_m = 0$.

Por tanto:

$$\Delta E_c + \Delta E_p = 0$$

Esto es, conforme la partícula asciende, su energía cinética disminuye en el mismo valor que su energía potencial gravitatoria aumenta; conforme la partícula desciende, su energía potencial disminuye en el mismo valor que su energía cinética aumenta.

b) En este caso, la energía mecánica de la partícula varía en todo el proceso, ya que existen fuerzas de rozamiento. Tanto en la subida como en la bajada, el trabajo que realizan las fuerzas de rozamiento es igual a la variación de la energía mecánica de la partícula:

$$W_{F_{roz}} = \Delta E_m$$

Como el trabajo que realiza la fuerza de rozamiento es negativo, pues tiene sentido contrario al desplazamiento, la energía mecánica disminuye.

Como debido a las fuerzas de rozamiento hay un aumento de la energía interna de la partícula y del plano $U_{partícula-plano}$, podemos establecer que:

$$\Delta E_c + \Delta E_p + \Delta U_{partícula-plano} = 0$$

Esto es, conforme la partícula asciende, su energía cinética disminuye en el mismo valor que aumentan la suma de la energía potencial gravitatoria de la partícula y la energía interna de la partícula y del plano; conforme la partícula desciende, su energía potencial disminuye en el mismo valor que aumentan la suma de la energía cinética de la partícula y la energía interna de la partícula y del plano. Como ha disminuido su energía mecánica en la subida y en la bajada, cuando la partícula vuelve al punto de partida su velocidad es menor que la que tenía entonces.

Cuestión 1.9

a) ¿Por qué la fuerza ejercida por un muelle que cumple la ley de Hooke se dice que es conservativa?

b) ¿Por qué la fuerza de rozamiento no es conservativa?

---

a) Una fuerza es conservativa si el trabajo que realiza sobre una partícula que se traslada entre dos puntos es independiente de la trayectoria seguida. Si el trabajo varía según la trayectoria seguida, se dice que la fuerza es no conservativa. Un criterio alternativo establece que una fuerza es conservativa si el trabajo realizado por la fuerza sobre una partícula que se traslada describiendo una trayectoria cerrada es cero (si el trabajo es distinto de cero, se dice que la fuerza es no conservativa).

La fuerza elástica que cumple la ley de Hooke es conservativa, porque si desplazamos un cuerpo unido a un muelle desde una posición hasta otra venciendo la fuerza elástica que ejerce el muelle y después dejamos que dicha fuerza devuelva al cuerpo a la posición inicial, el trabajo que realiza es cero. Veámoslo:

El trabajo que realiza la fuerza elástica $\vec{F}$ sobre el cuerpo que se traslada desde A (x_A) hasta B (x_B) es:

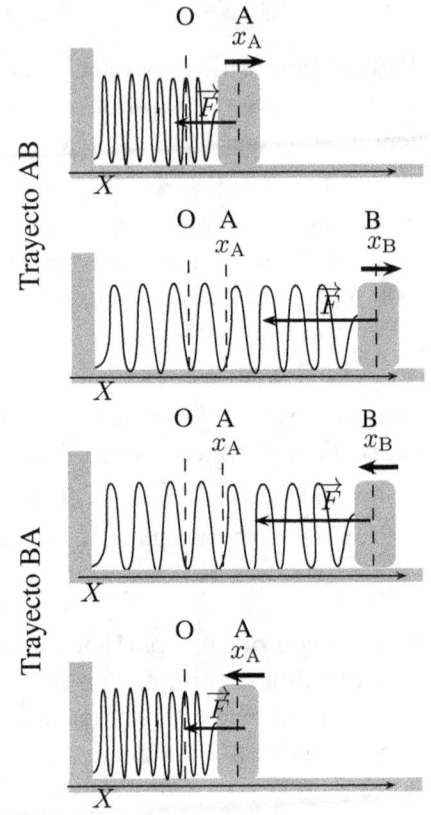

$$
\begin{aligned}
W_A^B &= \int_A^B \vec{F} \cdot d\vec{r} = \int_{x_A}^{x_B} (-kx\vec{\imath}) \cdot dx\vec{\imath} \\
&= \int_{x_A}^{x_B} -kx\, dx = -\frac{1}{2}k(x_B^2 - x_A^2)
\end{aligned}
$$

$$\lfloor \vec{F} = -kx\vec{\imath};\ d\vec{r} = dx\vec{\imath} \rfloor$$

El trabajo que realiza la fuerza elástica sobre el cuerpo que se traslada desde B (x_B) hasta A (x_A) es:

$$
\begin{aligned}
W_B^A &= \int_B^A \vec{F} \cdot d\vec{r} = \int_{x_B}^{x_A} (-kx\vec{\imath}) \cdot dx\vec{\imath} \\
&= -\int_{x_B}^{x_A} kx\, dx = -\frac{1}{2}k(x_A^2 - x_B^2) \\
&= \frac{1}{2}k(x_B^2 - x_A^2)
\end{aligned}
$$

El trabajo que realiza la fuerza elástica sobre la partícula que se traslada desde A hasta B y vuelve a A es:

$$W_{ABA} = W_A^B + W_B^A = -\frac{1}{2}k(x_B^2 - x_A^2) + \frac{1}{2}k(x_B^2 - x_A^2) = 0$$

b) La fuerza de rozamiento $\vec{F}_{roz}$ no es conservativa porque depende de la trayectoria que realiza la partícula. Esta fuerza se opone al desplazamiento y, por tanto, el trabajo será negativo. Siempre que sea el módulo constante, realizará tanto más trabajo cuanto mayor sea la distancia recorrida. Como consecuencia, la fuerza de rozamiento realiza un trabajo distinto de cero cuando la partícula se traslada a lo largo de una trayectoria cerrada. Si desplazamos un cuerpo que se encuentra sobre una superficie horizontal desde una determinada posición hasta otra venciendo la fuerza de rozamiento y volvemos a la posición de partida describiendo una trayectoria cerrada en línea recta, tanto en el movimiento de ida como en el de vuelta el trabajo es negativo y, por tanto, el trabajo que realiza es distinto de cero. Veámoslo:

El trabajo que realiza la fuerza de rozamiento sobre el cuerpo que se traslada desde A hasta B es:

$$W_A^B = \overrightarrow{F}_{\text{roz}} \cdot \Delta \overrightarrow{x} = -F_{\text{roz}}\vec{\imath} \cdot \Delta x \vec{\imath} = -F_{\text{roz}} \, \Delta x$$

El trabajo que realiza la fuerza de rozamiento sobre el cuerpo que se traslada desde B hasta A es:

$$W_B^A = \overrightarrow{F}_{\text{roz}} \cdot \Delta \overrightarrow{x} = F_{\text{roz}}\vec{\imath} \cdot (-\Delta x \vec{\imath}) = -F_{\text{roz}} \, \Delta x$$

El trabajo que realiza la fuerza de rozamiento sobre el cuerpo que se traslada desde A hasta B y vuelve a A es:

$$W_{\text{ABA}} = W_A^B + W_B^A = -F_{\text{roz}} \, \Delta x + (-F_{\text{roz}} \, \Delta x) = -2F_{\text{roz}} \, \Delta x$$

Cuestión 1.10

Comente las siguientes afirmaciones:
a) Un móvil mantiene constante su energía cinética mientras actúa sobre él: i) una fuerza; ii) varias fuerzas.
b) Un móvil aumenta su energía potencial mientras actúa sobre él una fuerza.

---

a) El teorema del trabajo y la energía (o de las fuerzas vivas) dice que el trabajo de la suma de las fuerzas que actúa sobre una partícula (que coincide con la suma de los trabajos realizados por cada una de las fuerzas que actúa sobre ella) es igual a la variación de la energía cinética que experimenta: $W_{\Sigma F} = \Delta E_{\text{c}}$.

De acuerdo con el anterior teorema, el enunciado del apartado i) puede ser o no correcto:

Si la fuerza no realiza trabajo porque sea perpendicular al desplazamiento, la afirmación es correcta. Un ejemplo puede ser el de un cuerpo que efectúa un movimiento circular y sobre él actúa una única fuerza, como es el caso del movimiento de la Luna alrededor de la Tierra. En su movimiento alrededor de la Tierra, sobre la Luna actúa una única fuerza, la fuerza con que la Tierra la atrae, que le produce una aceleración centrípeta (cambia la dirección de la velocidad), pero no una aceleración tangencial (el módulo de la velocidad permanece constante).

Si la fuerza realiza trabajo, la afirmación no es correcta. Puede ocurrir que la fuerza (o la componente de la fuerza que realiza el trabajo) tenga la misma dirección y sentido que el desplazamiento; en este caso, el trabajo es positivo y aumenta la energía cinética. O bien, que la fuerza (o la componente de la fuerza que realiza trabajo) tenga la misma dirección y sentido contrario al desplazamiento; en este otro caso, el trabajo es negativo y disminuye la energía cinética. Un ejemplo puede ser cuando se lanza un cuerpo verticalmente hacia arriba y suponemos despreciable el rozamiento con aire (en el movimiento de ascenso, el trabajo de la fuerza peso, la única que actúa sobre el cuerpo, hace que disminuya la energía cinética hasta que la velocidad del cuerpo sea cero; en el movimiento de descenso, el trabajo de la fuerza peso hace que aumente la energía cinética).

El enunciado del apartado ii) es correcto cuando un cuerpo se mueve y sobre él actúan dos fuerzas opuestas o más de dos cuya suma sea cero. En este caso, el trabajo de la suma de las fuerzas es nulo y, de acuerdo con el teorema del trabajo y la energía, no existe variación de la energía cinética. Un ejemplo podría ser cuando se lanza un cuerpo sobre una superficie horizontal y suponemos despreciable el rozamiento. Como sobre el cuerpo solo actúan la fuerza peso y la normal (fuerzas opuestas), el cuerpo se mueve indefinidamente y mantiene la misma energía cinética que tenía en el momento del lanzamiento.

b) El teorema de la energía potencial dice que el trabajo de una fuerza conservativa $\vec{F}$ que actúa sobre un cuerpo es igual a la variación de su energía potencial con el signo cambiado: $W_F = -\Delta E_{\mathrm{p}}$.

El enunciado del apartado es correcto si la fuerza es conservativa (o la componente de dicha fuerza que realiza trabajo) y tiene sentido contrario al desplazamiento, ya que entonces el trabajo que realiza es negativo y, de acuerdo con el teorema de la energía potencial, la energía potencial aumenta. Un ejemplo puede ser cuando lanzamos un cuerpo verticalmente (o con cierto ángulo) hacia arriba y suponemos despreciable el rozamiento con el aire.

Cuestión 1.11

Un automóvil arranca sobre una carretera recta y horizontal, alcanza una cierta velocidad que mantiene constante durante un cierto tiempo y, finalmente, disminuye su velocidad hasta detenerse.
a) Explique los cambios de energía que tienen lugar a lo largo del recorrido.
b) El automóvil circula después por un tramo pendiente hacia abajo con el freno accionado y mantiene constante su velocidad. Razone los cambios energéticos que se producen.

---

a) Las transformaciones energéticas en cada una de las etapas son las siguientes:

- El coche arranca: el conductor pisa el acelerador y el coche aumenta su velocidad de manera uniforme. En esta etapa disminuye la energía interna del combustible del coche, aumenta su energía cinética y también la energía interna del coche, de la carretera y del aire debido a las fuerzas de rozamiento. De acuerdo con el principio de conservación de la energía, se cumple que:

$$\Delta U_{\text{combustible}} + \Delta E_{\text{c}} + \Delta U_{\text{coche}-\text{carretera}-\text{aire}} = 0$$

- El coche mantiene constante su velocidad: el conductor pisa el acelerador lo suficiente para que la velocidad del coche se mantenga constante. En esta etapa disminuye la energía interna del combustible del coche y aumenta la energía interna del coche, de la carretera y del aire debido a las fuerzas de rozamiento. La energía cinética no cambia porque la velocidad es constante. De acuerdo con el principio de conservación de la energía, se cumple que:

$$\Delta U_{\text{combustible}} + \Delta U_{\text{coche}-\text{carretera}-\text{aire}} = 0$$

- El coche frena hasta pararse: el conductor levanta el pie del acelerador y frena hasta que el coche se detiene. Suponemos que el coche no consume combustible. En esta etapa disminuye la energía cinética del coche y aumenta la energía interna del coche, de la carretera y del aire debido a las fuerzas de rozamiento. De acuerdo con el principio de conservación de la energía, se cumple que:

$$\Delta E_{\text{c}} + \Delta U_{\text{coche}-\text{carretera}-\text{aire}} = 0$$

b) Ahora, como dice enunciado, el conductor pisa el freno mientras que el coche desciende a velocidad constante. Suponemos que el coche no consume combustible. En esta etapa disminuye la energía potencial del coche y aumenta la energía interna del coche, de la carretera y del aire debido a las fuerzas de rozamiento. La energía cinética del coche no cambia. De acuerdo con el principio de conservación de la energía, se cumple que:

$$\Delta E_{\text{p}} + \Delta U_{\text{coche}-\text{carretera}-\text{aire}} = 0$$

Cuestión 1.12

Conteste razonadamente a las siguientes preguntas:
a) Si la energía mecánica de una partícula permanece constante, ¿puede asegurarse que todas las fuerzas que actúan sobre la partícula son conservativas?
b) Si la energía potencial de una partícula disminuye, ¿tiene que aumentar su energía cinética?

---

a) No puede asegurarse. Cuando sobre una partícula actúan fuerzas conservativas y fuerzas no conservativas, el trabajo realizado sobre ella por las fuerzas no conservativas es igual a la variación de su energía mecánica: $W_{\text{no cons}} = \Delta E_{\text{m}}$.

Si el trabajo de las fuerzas no conservativas
es cero, $\Delta E_{\mathrm{m}} = 0$ y $E_{\mathrm{m}} = cte$. Esta situación
puede ocurrir cuando sobre una partícula ac-
túan varias fuerzas no conservativas, y el trabajo total realizadas por ellas es cero.   Un
ejemplo puede ser cuando arrastramos un saco
con velocidad constante a lo largo de una superficie horizontal. La suma de los trabajos de
las fuerzas no conservativas que actúan sobre
el saco es cero porque:

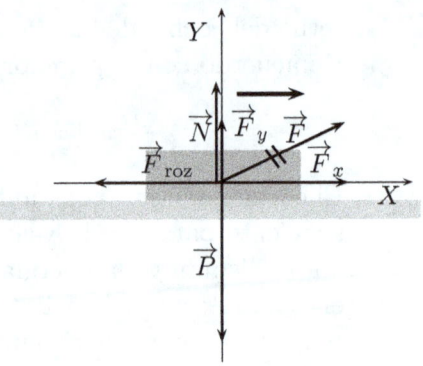

- El trabajo de de la fuerza normal es cero, por ser la fuerza perpendicular al
  desplazamiento.

- El trabajo de la componente de la fuerza en la dirección perpendicular al
  desplazamiento es cero, por la misma razón del caso anterior.

- El trabajo de la componente de la fuerza en la dirección del desplazamiento
  que tira del saco es del mismo valor y de signo contrario al realizado por la
  fuerza de rozamiento, puesto que ambas fuerzas son opuestas.

Por otra parte, observamos que no varía la energía mecánica del saco porque
no varían la energía cinética (su rapidez es constante) ni la energía potencial (no
varía la altura del saco, al ser la superficie horizontal).

b) No necesariamente. Es cierto que si sobre una partícula solo actúan fuerzas
conservativas, al disminuir su energía potencial, debe aumentar su energía cinética,
ya que se tiene que conservar la energía mecánica; sin embargo, si sobre la partícula
actúan fuerzas no conservativas, puede suceder que la energía mecánica no se
conserve. Un ejemplo podría ser cuando un paracaidista desciende con rapidez
constante: su energía potencial disminuye, pero su energía cinética no varía. En
este caso, la fuerza no conservativa es la fuerza de rozamiento con el aire.

Problema 1.13

En un instante t_1 la energía cinética de una partícula es 30 J y su energía
potencial de 12 J. En un instante posterior t_2 su energía cinética es de 18 J.
a) Si únicamente actúan fuerzas conservativas sobre la partícula, ¿cuál es su
energía potencial en el instante t_2?
b) Si la energía potencial en el instante t_2 fuese 6 J, ¿actuarían fuerzas no
conservativas sobre la partícula? Razone las respuestas

---

a) Cuando sobre una partícula solo actúan fuerzas conservativas la energía mecánica permanece constante:

$$E_{\mathrm{m}} = cte$$

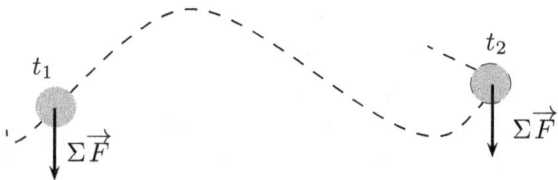

La energía mecánica en la situación inicial (1) —en el instante t_1— es igual a la energía mecánica en la situación final (2) —en el instante t_2—:

$$E_{m\,1} = E_{m\,2}$$

Si la energía mecánica está en forma de energía cinética y energía potencial, suma de las energías potenciales correspondientes a cada una de las fuerzas conservativas, se cumple que:

$$E_{c\,1} + E_{p\,1} = E_{c\,2} + E_{p\,2}$$

Despejamos la energía potencial en la situación 2, sustituimos los valores conocidos de las otras energías y calculamos su valor:

$$E_{p\,2} = E_{c\,1} + E_{p\,1} - E_{c\,2} = 30\,\text{J} + 12\,\text{J} - 18\,\text{J} = 24\,\text{J}$$

b) Si la energía potencial en la situación final fuese de solo 6 J, deberían actuar además fuerzas no conservativas, pues en ese caso la energía mecánica inicial no tiene el mismo valor que la energía mecánica final: la energía mecánica final tendría un valor de solo $18\,\text{J} + 6\,\text{J} = 24\,\text{J}$ frente a los $18\,\text{J} + 24\,\text{J} = 42\,\text{J}$ que debería tener si solo actuaran fuerzas conservativas.

Problema 1.14

Un bloque de 2 kg está situado en el extremo de un muelle, de constante elástica 500 N/m, comprimido 20 cm. Al liberar el muelle, el bloque se desplaza por un plano horizontal y, tras recorrer una distancia de 1 m, asciende por un plano inclinado 30° con la horizontal. Calcule la distancia recorrida por el bloque sobre el plano inclinado:
a) Supuesto nulo el rozamiento.
b) Si el coeficiente de rozamiento entre el cuerpo y los planos es 0,1.
$g = 10\,\text{m}\,\text{s}^{-2}$.

---

a) Cuando sobre una partícula actúan fuerzas conservativas y fuerzas no conservativas, el trabajo realizado sobre ella por las fuerzas no conservativas $W_{\text{no cons}}$ es igual a la variación de su energía mecánica ΔE_m:

$$W_{\text{no cons}} = \Delta E_m$$

En este caso, sobre el bloque solo actúan fuerzas conservativas que realicen un trabajo sobre él (no existen fuerzas de rozamiento): mientras que el muelle se estira arrastrando al bloque, actúa la fuerza elástica ejercida por el muelle, y, mientras el bloque asciende por el plano inclinado, actúa el peso del bloque. Por tanto, como solo actúan fuerzas conservativas, $W_{\text{no cons}} = 0$, y la energía mecánica permanece constante: $\Delta E_{\text{m}} = 0$.

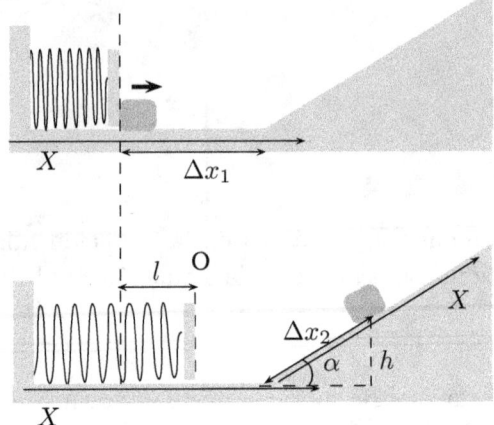

Si consideramos dos situaciones, la inicial, con el muelle comprimido y el bloque quieto, y la final, con el bloque a una cierta altura sobre el plano inclinado y con velocidad cero, podemos establecer que la variación de la energía potencial elástica $\Delta E_{\text{p elás}}$ más la variación de la energía potencial gravitatoria $\Delta E_{\text{p g}}$ es cero:

$$\Delta E_{\text{p elás}} + \Delta E_{\text{p g}} = 0$$

Podemos decir que la energía potencial elástica del muelle disminuye en la misma cantidad que aumenta la energía potencial gravitatoria del bloque.

Expresamos las variaciones de las energías en función de las magnitudes que las caracterizan:[1]

$$-\frac{1}{2}kl^2 + mgh = 0$$

Como $h = \Delta x_2 \,\text{sen}\, \alpha$, tenemos que:

$$-\frac{1}{2}kl^2 + mg \,\Delta x_2 \,\text{sen}\, \alpha = 0$$

---

[1]En este y en otros ejercicios, tanto l como h son términos positivos que nos indican, en el primer caso, lo que se acorta o se alarga el muelle; y en el segundo, lo que asciende o desciende el cuerpo. Las variaciones de energías vienen afectadas con un signo, positivo si aumenta la energía, y negativo si disminuye. En este ejercicio hemos puesto un signo negativo en el término de la variación de la energía potencial elástica porque disminuye y un signo positivo delante del término de la variación de la energía potencial porque aumenta.

De forma rigurosa, lo expresaríamos de la siguiente manera:

- $\Delta E_{\text{p elás}} = E_{\text{p}} - E_{\text{p 0}} = \frac{1}{2}kx^2 - \frac{1}{2}kx_0^2 = 0 - \frac{1}{2}k(-l)^2 = -\frac{1}{2}kl^2$

  $\lfloor x_0 = -l$ (el extremo libre del muelle está a una distancia l en el sentido de $X-$);
  $x = 0$ (el extremo libre del muelle está en el origen).$\rfloor$

- $\Delta E_{\text{p g}} = mg \,\Delta h = mgh \quad \lfloor \Delta h = h$, porque la altura aumenta un valor $h.\rfloor$

Despejamos Δx_2 y calculamos su valor:

$$\Delta x_2 = \frac{kl^2}{2mg\,\mathrm{sen}\,\alpha} = \frac{500\,\mathrm{N/m}\,(0,2\,\mathrm{m})^2}{2\cdot 2\,\mathrm{kg}\cdot 10\,\mathrm{m/s}^2 \cdot 0,5} = 1,0\,\mathrm{m}$$

$$\lfloor k = 500\,\mathrm{N/m};\ l = 0,2\,\mathrm{m};\ m = 2\,\mathrm{kg};\ g = 10\,\mathrm{m/s}^2;\ \mathrm{sen}\,\alpha = \mathrm{sen}\,30^o = 0,5 \rfloor$$

b) En este otro caso, sobre el bloque actúan, además de las fuerzas conservativas anteriormente descritas, fuerzas de rozamiento (fuerzas no conservativas) que realizan un trabajo en todo el trayecto que efectúa el bloque. Ahora la energía mecánica no permanece constante y se cumple que:

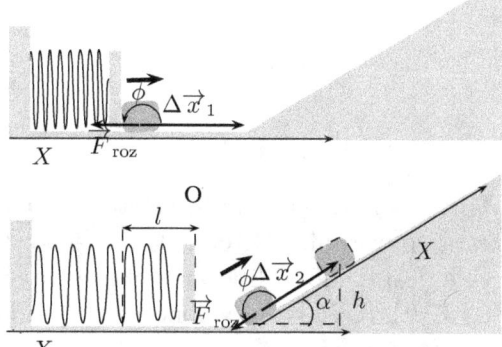

$$W_{\mathrm{no\,cons}} = \Delta E_m$$

Si consideramos dos situaciones, la inicial, con el muelle comprimido y el bloque quieto, y la final, con el bloque a una cierta altura sobre el plano inclinado y con velocidad cero, podemos establecer que el trabajo realizado por las fuerzas de rozamiento $W_{F_{\mathrm{roz}}}$ en todo el trayecto (superficie horizontal y plano inclinado) es igual a la variación de la energía potencial elástica del muelle más la variación de la energía potencial gravitatoria:

$$W_{F_{\mathrm{roz}}} = \Delta E_{\mathrm{p\,elás}} + \Delta E_{\mathrm{p\,g}}$$

Si $W_{F_{\mathrm{roz\,ph}}}$ es el trabajo realizado por la fuerza de rozamiento sobre el bloque en el plano horizontal (ph) y $W_{F_{\mathrm{roz\,pi}}}$ es el trabajo realizado por la fuerza de rozamiento sobre el bloque en el plano inclinado (pi), tenemos que:

$$W_{F_{\mathrm{roz\,ph}}} + W_{F_{\mathrm{roz\,pi}}} = \Delta E_{\mathrm{p\,elás}} + \Delta E_{\mathrm{p\,g}}$$

Expresamos los trabajos como el producto escalar de cada fuerza por el desplazamiento correspondiente:

$$\vec{F}_{\mathrm{roz\,ph}} \cdot \Delta \vec{x}_1 + \vec{F}_{\mathrm{roz\,pi}} \cdot \Delta \vec{x}_2 = \Delta E_{\mathrm{p\,elás}} + \Delta E_{\mathrm{p\,g}}$$

Desarrollamos los productos escalares y las variaciones de las energías potenciales:

$$\mu m g\,\Delta x_1 \cos\phi + \mu m g \cos\alpha\,\Delta x_2 \cos\phi = -\frac{1}{2}kl^2 + mg\,\Delta x_2\,\mathrm{sen}\,\alpha$$

$$\lfloor F_{\mathrm{roz\,ph}} = \mu m g;\ F_{\mathrm{roz\,pi}} = \mu m g \cos\alpha \rfloor$$

Despejamos Δx_2 y calculamos su valor:

$$
\begin{aligned}
\Delta x_2 &= \frac{\dfrac{1}{2}kl^2 + \mu mg\,\Delta x_1 \cos\phi}{mg(\operatorname{sen}\alpha - \mu\cos\alpha\cos\phi)} \\[2mm]
&= \frac{0,5\cdot 500\,\mathrm{N/m}\,(0,2\,\mathrm{m})^2 + 0,1\cdot 2\,\mathrm{kg}\cdot 10\,\mathrm{m/s}^2\cdot 1\,\mathrm{m}\,(-1)}{2\,\mathrm{kg}\cdot 10\,\mathrm{m/s}^2(0,5 - 0,1\,\sqrt{3}/2\,(-1))} = 0,682\,\mathrm{m}
\end{aligned}
$$

$$
\lfloor \mu = 0,1;\ \Delta x_1 = 1\,\mathrm{m};\ l = 20\,\mathrm{cm} = 0,2\,\mathrm{m};\ \operatorname{sen}\alpha = \operatorname{sen}30^o = 0,5;
$$
$$
\cos\alpha = \cos 30^o = \sqrt{3}/2;\ \cos\phi = \cos 180^o = -1\rfloor
$$

Problema 1.15

Un muelle de constante elástica $250\,\mathrm{N/m}$, horizontal y con un extremo fijo, está comprimido $10\,\mathrm{cm}$. Un cuerpo de $0,5\,\mathrm{kg}$, situado en su extremo libre, sale despedido al liberarse el muelle. Suponiendo nulo el rozamiento:
a) Explique las variaciones de energía del muelle y del cuerpo mientras se estira el muelle.
b) Calcule la velocidad del cuerpo en el instante de abandonar el muelle.

---

a) Mientras que el muelle se estira arrastrando al cuerpo por la superficie horizontal, la única fuerza que realiza un trabajo sobre él es la fuerza elástica, que es una fuerza conservativa, ya que la normal y el peso son perpendiculares al desplazamiento. Sobre el cuerpo tampoco actúan fuerzas de rozamiento (fuerzas no conservativas). Por tanto, la energía mecánica permanece constante:

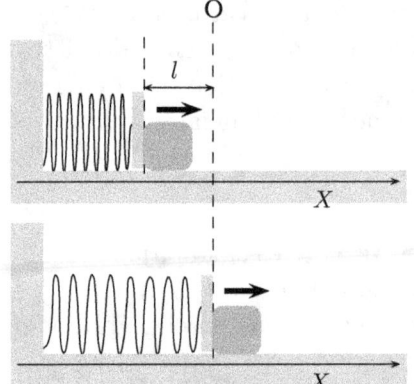

$$
\Delta E_\mathrm{m} = 0
$$

Consideramos ahora dos situaciones: en la inicial, el muelle tiene una determinada energía potencial elástica (está comprimido) y el cuerpo no tiene energía cinética (está en reposo); en la situación final, en la que el cuerpo se despega del muelle, este no tiene energía potencial elástica (está en su posición normal, ni comprimido ni estirado) y el cuerpo tiene una determinada energía cinética (tiene cierta velocidad). La energía potencial gravitatoria no cambia, ya que el cuerpo permanece a la misma altura. Puesto que la energía mecánica no cambia, la variación de la energía potencial elástica del muelle más la variación de la energía energía cinética del cuerpo es cero:

$$
\Delta E_\mathrm{p\,elás} + \Delta E_\mathrm{c} = 0
$$

Esta ecuación significa que la energía potencial elástica del muelle disminuye en la misma cantidad que aumenta la energía cinética del cuerpo.

Podemos decir que la energía potencial elástica del muelle se transforma en energía cinética del cuerpo

b) Calculamos la velocidad del cuerpo a partir de la ecuación anterior:

$$\Delta E_{\text{c}} + \Delta E_{\text{p elás}} = 0$$

Desarrollamos las variaciones de las energías cinética y potencial:

$$\frac{1}{2}mv^2 - \frac{1}{2}mv_0^2 + \left(-\frac{1}{2}kl^2\right) = 0$$

Despejamos y calculamos v teniendo en cuenta que $v_0 = 0$:

$$v = \sqrt{\frac{kl^2}{m}} = \sqrt{\frac{250\,\text{N/m}\,(0,1\,\text{m})^2}{0,5\,\text{kg}}} = 2,24\,\text{m/s}$$

$$\lfloor k = 250\,\text{N/m};\ l = 10\,\text{cm} = 0,1\,\text{m};\ m = 0,5\,\text{kg} \rfloor$$

Problema 1.16

Un bloque de 10 kg se desliza hacia abajo por un plano inclinado 30° sobre la horizontal y de longitud 2 m. El bloque parte del reposo y experimenta una fuerza de rozamiento con el plano de 15 N.
a) Analice las variaciones de energía que tienen lugar durante el descenso del bloque.
b) Calcule la velocidad del bloque al llegar al extremo inferior del plano inclinado.
$g = 10\,\text{m\,s}^{-2}$.

a) Como sobre el bloque actúa una fuerza no conservativa que realiza un trabajo distinto de cero, la energía mecánica E_{m} no permanece constante. Al ser negativo el trabajo de la fuerza de rozamiento, pues esta se opone al desplazamiento, la energía mecánica disminuye. Lo hace en el mismo valor que el trabajo realizado por la fuerza de rozamiento: $W_{F_{\text{roz}}} = \Delta E_{\text{m}}$.

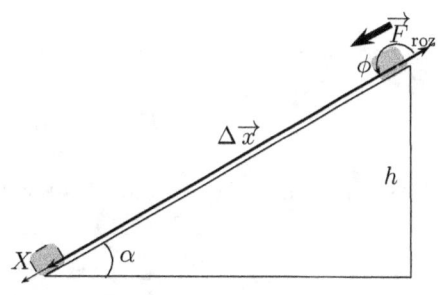

Como asociado al trabajo de las fuerzas de rozamiento existe un aumento de la energía interna del bloque y del plano $U_{\text{bloque-plano}}$ (aumentan su temperatura), podemos establecer que:

$$W_{F_{\text{roz}}} = -\Delta U_{\text{bloque-plano}}$$

Y, por tanto, que:
$$-\Delta U_{\text{bloque}-\text{plano}} = \Delta E_{\text{m}}$$

O lo que es lo mismo:
$$\Delta E_{\text{m}} + \Delta U_{\text{bloque}-\text{plano}} = 0$$

Esta expresión significa que la energía mecánica del bloque disminuye en el mismo valor que aumenta la energía interna del bloque y del plano.

En cuanto a la energía mecánica, en la parte superior del plano, el bloque tiene una determinada energía potencial (está a una cierta altura) y no tiene energía cinética (está en reposo), mientras que en la parte más baja el bloque tiene menos energía potencial (está a una altura inferior) y tiene una determinada energía cinética (tiene cierta velocidad).

En resumen, podemos decir que parte de la energía potencial que tiene el bloque se ha transformado en energía cinética del bloque y en energía interna del bloque y del plano.

b) Calculamos la velocidad del bloque al llegar al extremo inferior del plano, teniendo en cuenta que el trabajo de la fuerza de rozamiento que actúa sobre el bloque es igual a la variación de la energía mecánica que experimenta, que es la suma de su energía cinética y potencial:

$$W_{F_{\text{roz}}} = \Delta E_{\text{c}} + \Delta E_{\text{p}}$$

Expresamos el trabajo como el producto escalar de la fuerza por el desplazamiento:

$$\vec{F}_{\text{roz}} \cdot \Delta \vec{x} = \Delta E_{\text{c}} + \Delta E_{\text{p}}$$

Desarrollamos el producto escalar y las variaciones de las energías:

$$F_{\text{roz}}\, \Delta x \cos \phi = \frac{1}{2}mv^2 - \frac{1}{2}mv_0^2 + (-mgh)$$

Como $v_0 = 0$ y $h = \Delta x \operatorname{sen} \alpha$, tenemos que:

$$F_{\text{roz}}\, \Delta x \cos \phi = \frac{1}{2}mv^2 - mg\, \Delta x \operatorname{sen} \alpha$$

Despejamos v y calculamos su valor:

$$v = \sqrt{\frac{2\, \Delta x (F_{\text{roz}} \cos \phi + mg \operatorname{sen} \alpha)}{m}}$$

$$= \sqrt{\frac{2 \cdot 2\,\text{m}\left(15\,\text{N}\,(-1) + 10\,\text{kg} \cdot 10\,\text{m/s}^2 \cdot 0,5\right)}{10\,\text{kg}}} = 3,74\,\frac{\text{m}}{\text{s}}$$

$\lfloor d = 2\,\text{m}; \cos\phi = \cos 180^o = -1; \, \text{sen}\,\alpha = \text{sen}\,30^o = 0,5; \, m = 10\,\text{kg}; g = 10\,\text{m/s}^2 \rfloor$

Problema 1.17

Un bloque de $0,2\,\text{kg}$, inicialmente en reposo, se deja deslizar por un plano inclinado que forma un ángulo de 30° con la horizontal. Tras recorrer $2\,\text{m}$, queda unido al extremo libre de un resorte, de constante elástica $200\,\text{N/m}$, paralelo al plano y fijo por el otro extremo. El coeficiente de rozamiento del bloque con el plano es $0,2$.

a) Dibuje en un esquema todas las fuerzas que actúan sobre el bloque cuando comienza el descenso e indique el valor de cada una de ellas. ¿Con qué aceleración desciende el bloque?

b) Explique los cambios de energía del bloque desde que inicia el descenso hasta que comprime el resorte y calcule la máxima compresión de este.
$g = 10\,\text{m}\,\text{s}^{-2}$.

a) En la figura de la derecha representamos el bloque cuando comienza el descenso. Las fuerzas reales que actúan sobre el bloque son: el peso $\vec{P}$, la normal $\vec{N}$ y la fuerza de rozamiento $\vec{F}_{\text{roz}}$ entre el plano y el bloque. Hemos descompuesto el peso en sus dos componentes $\vec{P}_x$ y $\vec{P}_y$ según los ejes X e Y, respectivamente.

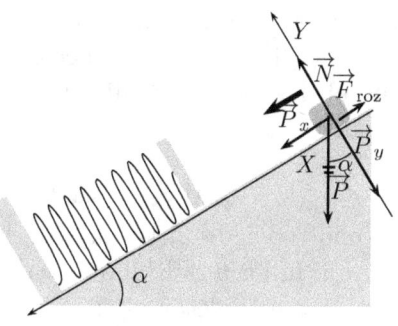

Los valores de los módulos de cada una de las fuerzas reales que actúan sobre el bloque son:

- El peso

$$P = mg = 0,2\,\text{kg} \cdot 10\,\text{m/s}^2 = 2\,\text{N}$$

- La normal

$$N = P_y = mg\cos\alpha = 0,2\,\text{kg} \cdot 10\,\text{m/s}^2 \cdot \cos 30^o = 1,73\,\text{N}$$

- La fuerza de rozamiento

$$F_{\text{roz}} = \mu N = \mu mg \cos\alpha = 0,2 \cdot 0,2\,\text{kg} \cdot 10\,\text{m/s}^2 \cdot \cos 30^o = 0,35\,\text{N}$$

Obtenemos la aceleración aplicando la segunda ley de Newton:

$$\Sigma \vec{F} = m\,\vec{a}$$

$$P_x - F_{\text{roz}} = ma$$

$$\lfloor \vec{P}_y \text{ y } \vec{N} \text{ se anulan por ser fuerzas opuestas.} \rfloor$$

Despejamos a y calculamos su valor:

$$a = \frac{P_x - F_{\text{roz}}}{m} = \frac{1\,\text{N} - 0,35\,\text{N}}{0,2\,\text{kg}} = 3,25\,\text{m/s}^2$$

$$\lfloor P_x = mg\,\text{sen}\,\alpha = 0,2\,\text{kg} \cdot 10\,\text{m/s}^2 \cdot \text{sen}\,30^o = 1\,\text{N};\ F_{\text{roz}} = 0,35\,\text{N};\ m = 0,2\,\text{kg} \rfloor$$

b) En su movimiento de descenso hasta que su velocidad es cero, sobre el bloque actúan fuerzas conservativas que realizan trabajo (el peso y la fuerza que el resorte ejerce sobre el bloque cuando interaccionan) y una fuerza no conservativa (la fuerza de rozamiento entre el bloque y el plano). Al ser negativo el trabajo de la fuerza de rozamiento, pues esta se opone al desplazamiento, la energía mecánica E_m disminuye. Lo hace en el mismo valor que el del trabajo realizado por la fuerza de rozamiento:

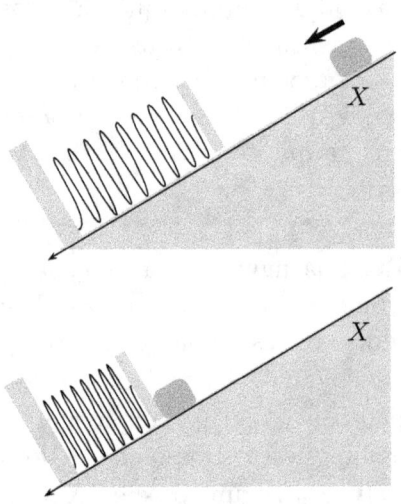

$$W_{F_{\text{roz}}} = \Delta E_m$$

Como asociado al trabajo de las fuerzas de rozamiento existe un aumento de la energía interna del bloque y del plano $U_{\text{bloque-plano}}$ (aumentan su temperatura), podemos establecer que:

$$W_{F_{\text{roz}}} = -\Delta U_{\text{bloque-plano}}$$

Y, por tanto, que:

$$-\Delta U_{\text{bloque-plano}} = \Delta E_m$$

O lo que es lo mismo:

$$\Delta E_m + \Delta U_{\text{bloque-plano}} = 0$$

Esta expresión significa que la energía mecánica del sistema bloque-resorte disminuye en el mismo valor que aumentan la energía interna del bloque y del plano.

En cuanto a la energía mecánica, en la parte superior del plano, el bloque tiene una determinada energía potencial gravitatoria (está a una cierta altura) y no tiene energía cinética (está en reposo); y el resorte no tiene energía potencial elástica (no está estirado ni comprimido), mientras que en la parte más baja el bloque tiene menos energía potencial gravitatoria (está a una altura inferior) y no tiene energía cinética (su velocidad es cero), y el resorte tiene energía potencial elástica (está comprimido).

En resumen, podemos decir que parte de la energía potencial que tiene el bloque se ha transformado en energía potencial elástica del resorte y en energía interna del bloque y del plano.

Consideramos ahora dos situaciones intermedias: la primera, antes de que el cuerpo choque contra el resorte, y la segunda, cuando lo está comprimiendo. En la primera situación, el cuerpo va aumentando su velocidad y disminuyendo su altura: podemos decir que parte de la energía potencial gravitatoria del cuerpo se transforma en energía cinética del cuerpo y en energía interna del bloque y del plano. En la segunda situación, el cuerpo va disminuyendo su velocidad y también su altura: podemos decir que parte de la energía cinética y potencial se transforma en energía elástica del muelle y en energía interna del bloque y del plano.

Para calcular la compresión máxima del resorte, consideramos dos situaciones, la inicial, con el cuerpo en lo alto del plano inclinado y en reposo, y la final, con el bloque a una menor altura sobre el plano inclinado y con velocidad cero, y el muelle comprimido.

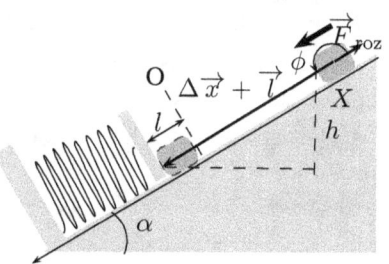

Podemos establecer que el trabajo realizado por la fuerzas de rozamiento en todo el trayecto de descenso es igual a la variación de la energía potencial elástica del muelle $\Delta E_{\text{p elás}}$ más la variación de la energía potencial gravitatoria ΔE_{pg}, ya que $\Delta E_{\text{c}} = 0$:

$$W_{F_{\text{roz}}} = \Delta E_{\text{p elás}} + \Delta E_{\text{p g}}$$

Si expresamos el trabajo como el producto escalar de la fuerza por el desplazamiento, de módulo $\Delta x + l$, desarrollamos el producto escalar y las variaciones de las energías potenciales, tenemos que:

$$\mu mg \cos \alpha (\Delta x + l) \cos \phi = \frac{1}{2} k\, l^2 - mg(\Delta x + l) \operatorname{sen} \alpha$$

Quitamos paréntesis:

$$\mu mg \,\Delta x \cos \alpha \cos \phi + \mu mgl \cos \alpha \cos \phi = \frac{1}{2} kl^2 - mg\,\Delta x \operatorname{sen} \alpha - mgl \operatorname{sen} \alpha$$

Sustituimos por el valor numérico correspondiente:

$$0,2 \cdot 0,2 \cdot 10 \cdot 2\,\sqrt{3}/2\,(-1) + 0,2 \cdot 0,2 \cdot 10 \cdot l\,\sqrt{3}/2\,(-1) = 0,5 \cdot 200 \cdot l^2 - 0,2 \cdot 10 \cdot 2 \cdot 0,5 - 0,2 \cdot 10 \cdot l \cdot 0,5$$

$$\lfloor \Delta x = 2 \,\text{m}; \operatorname{sen} \alpha = \operatorname{sen} 30^o = 0,5; \cos \alpha = \cos 60^o = \sqrt{3}/2; \cos \phi = \cos 180^o = -1 \rfloor$$

Operamos:

$$-0,693 - 0,346l = 100l^2 - 2 - l$$

Reorganizamos términos y obtenemos la ecuación de segundo grado:

$$100l^2 - 0,654l - 1,31 = 0$$

Una de cuyas soluciones, la positiva, es $l = 0,118\,\text{m} = 11,8\,\text{cm}$.

Problema 1.18

Un cuerpo de $0,5\,\text{kg}$ se lanza hacia arriba por un plano inclinado, que forma 30° con la horizontal, con una velocidad inicial de $5\,\text{m/s}$. El coeficiente de rozamiento es 0,2.

a) Dibuje en un esquema las fuerzas que actúan sobre el cuerpo, cuando sube y cuando baja por el plano, y calcule la altura máxima alcanzada por el cuerpo.

b) Determine la velocidad con la que el cuerpo vuelve al punto de partida.
$g = 10\,\text{m\,s}^{-2}$.

---

a) En las figuras siguientes representamos el cuerpo en las dos situaciones, cuando sube y cuando baja por el plano inclinado. Las fuerzas reales que actúan sobre él en ambos casos son las mismas: el peso $\vec{P}$, la normal $\vec{N}$ y la fuerza de rozamiento $\vec{F}_{\text{roz}}$ entre el plano y el cuerpo. Hemos descompuesto el peso en sus dos componentes $\vec{P}_x$ y $\vec{P}_y$ según los ejes X e Y, respectivamente;

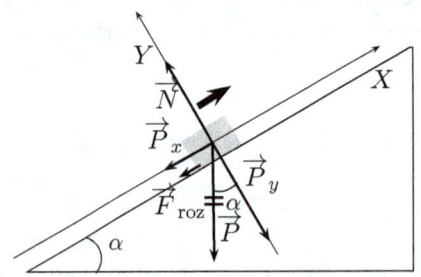 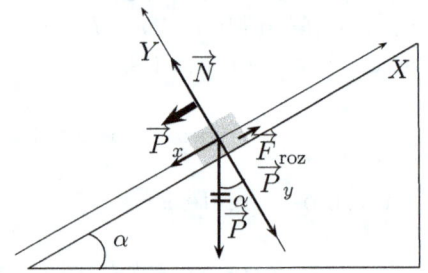

El trabajo realizado por la fuerza de rozamiento $W_{F_{\text{roz}}}$ mientras que el cuerpo asciende es igual a la variación de la energía mecánica ΔE_{m}:

$$W_{F_{\text{roz}}} = \Delta E_{\text{m}}$$

Como el trabajo de la fuerza de roza-
miento $W_{F_{\text{roz}}}$ es negativo al ser la fuerza de
rozamiento de sentido contrario al desplazamiento, disminuye la energía mecánica del
cuerpo, que es la suma de su energía cinética
y energía potencial:

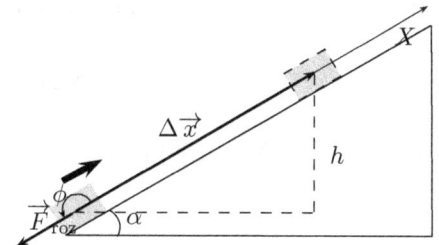

$$W_{F_{\text{roz}}} = \Delta E_{\text{c}} + \Delta E_{\text{p}}$$

Expresamos el trabajo como el producto escalar de la fuerza por el desplazamiento:

$$\vec{F}_{\text{roz}} \cdot \Delta \vec{x} = \Delta E_{\text{c}} + \Delta E_{\text{p}}$$

Desarrollamos el producto escalar y las variaciones de las energías cinética y
potencial:

$$\mu mg \cos \alpha \, \Delta x \cos \phi = \frac{1}{2} m v^2 - \frac{1}{2} m v_0^2 + mgh$$

Cuando el cuerpo alcanza su altura máxima, $v = 0$. Por otra parte, $h = \Delta x \,\text{sen}\, \alpha$.
Por tanto:

$$\mu mg \cos \alpha \, \Delta x \cos \phi - mg \, \Delta x \,\text{sen}\, \alpha = -\frac{1}{2} m v_0^2$$

Simplificamos, despejamos Δx y obtenemos su valor:

$$\Delta x = \frac{v_0^2}{2g(\text{sen}\, \alpha - \mu \cos \alpha \cos \phi)} = \frac{(5\,\text{m/s})^2}{2 \cdot 10\,\text{m/s}^2 \left(0,5 - 0,2\,\sqrt{3}/2\,(-1)\right)} = 1,86\,\text{m}$$

$$\lfloor v_0 = 5\,\text{m/s};\ \text{sen}\, \alpha = \text{sen}\, 30^o = 0,5;\ \cos \alpha = \cos 30^o = \sqrt{3}/2;$$

$$\mu = 0,2;\ g = 10\,\text{m/s}^2;\ \cos \phi = \cos 180^o = -1 \rfloor$$

Como $\text{sen}\, \alpha = \dfrac{h}{\Delta x}$:

$$h = \Delta x \,\text{sen}\, \alpha = 1,86 \cdot 0,5 = 0,930\,\text{m}$$

b) El trabajo realizado por la fuerza de rozamiento sobre el cuerpo en trayecto
de subida y bajada es el mismo (en ambos casos la fuerza de rozamiento, el
desplazamiento y el ángulo que forman es el mismo) y es igual a la variación de
la energía mecánica del cuerpo. El trabajo total en el trayecto de subida y de
bajada es $2W_{F_{\text{roz}}}$ y, por tanto:

$$2W_{F_{\text{roz}}} = \Delta E_{\text{m}} = \Delta E_{\text{c}} + \Delta E_{\text{p}}$$

Expresamos el trabajo como el producto escalar de la fuerza por el desplazamiento
y, puesto que el cuerpo llega al mismo lugar desde donde partió, $\Delta E_{\text{p}} = 0$. Por
tanto:

$$2(\vec{F}_{\text{roz}} \cdot \Delta \vec{x}) = \Delta E_{\text{c}}$$

Desarrollamos el producto escalar y la variación de energía cinética:

$$2\mu mg \cos\alpha\, \Delta x \cos\phi = \frac{1}{2}mv^2 - \frac{1}{2}mv_0^2$$

Simplificamos y despejamos v para obtener su valor:

$$
\begin{aligned}
v &= \sqrt{v_0^2 + 4\mu g\,\Delta x \cos\alpha \cos\phi} \\
&= \sqrt{(5\,\mathrm{m/s})^2 + 4\cdot 0,2\cdot 10\,\mathrm{m/s}^2\cdot 1,86\,\mathrm{m}\,\sqrt{3}/2\,(-1)} = 3,48\,\frac{\mathrm{m}}{\mathrm{s}}
\end{aligned}
$$

$$\lfloor v_0 = 5\,\mathrm{m/s};\ \Delta x = 1,86\,\mathrm{m};\ \cos\alpha = \cos 30^o = \sqrt{3}/2;\ \cos\phi = \cos 180^o = -1 \rfloor$$

Problema 1.19

Un bloque de $3\,\mathrm{kg}$, situado sobre un plano horizontal, está comprimiendo $30\,\mathrm{cm}$ un resorte de constante $k = 1000\,\mathrm{N/m}$. Al liberar el resorte, el bloque sale disparado y, tras recorrer cierta distancia sobre el plano horizontal, asciende por un plano inclinado de 30°. Suponiendo despreciable el rozamiento del bloque con los planos:
a) Determine la altura a la que llegará el cuerpo.
b) Razone cuándo será máxima la energía cinética y calcule su valor.
$g = 10\,\mathrm{m\,s}^{-2}$.

---

a) Mientras que el resorte se estira arrastrando al bloque por el plano horizontal, la única fuerza que realiza un trabajo sobre él es la fuerza elástica (el peso y la normal son perpendiculares al desplazamiento). Cuando el bloque asciende por el plano inclinado, ahora la única fuerza que realiza sobre el bloque es la fuerza peso. Ambas fuerzas son conservativas. Como solo actúan fuerzas conservativas, la energía mecánica permanece constante: $\Delta E_\mathrm{m} = 0$.

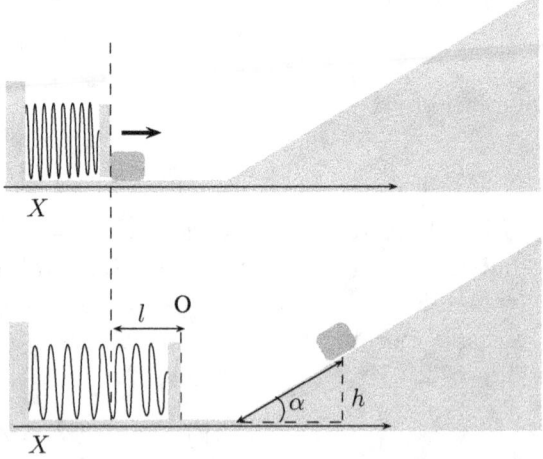

Consideramos dos situaciones: en la inicial, el muelle tiene una determinada energía potencial elástica (está comprimido) y el bloque no tiene energía cinética (está en reposo); en la situación final, el muelle no tiene energía potencial elástica (ni está comprimido ni alargado), el bloque tiene una determinada energía potencial (está a cierta altura sobre el plano inclinado) y no tiene energía cinética (su velocidad es cero). Puesto que la energía mecánica no cambia, la variación de la energía potencial elástica del muelle $\Delta E_{\text{p elás}}$ más la variación de la energía potencial gravitatoria del bloque $\Delta E_{\text{p g}}$ es cero:

$$\Delta E_{\text{p elás}} + \Delta E_{\text{p g}} = 0$$

Esta ecuación significa que la energía potencial elástica del muelle disminuye en la misma cantidad que aumenta la energía potencial gravitatoria del bloque.

Calculamos la altura máxima que alcanza el bloque:

$$-\frac{1}{2}kl^2 + mgh = 0$$

Despejamos h y calculamos su valor:

$$h = \frac{kl^2}{2mg} = \frac{1000\,\text{N/m}\,(0,3\,\text{m})^2}{2 \cdot 3\,\text{kg} \cdot 10\,\text{m/s}^2} = 1,5\,\text{m}$$

b) Supongamos el muelle alargándose y empujando al bloque. Durante ese intervalo de tiempo, la fuerza que el muelle ejerce sobre el bloque le produce un aumento de la velocidad, que es máxima cuando el bloque se despega del muelle y cesa la fuerza. Como no existe fuerza de rozamiento, desde ese instante hasta que comienza su ascenso sobre el plano inclinado, el bloque tiene la máxima velocidad y, por tanto, la máxima energía cinética.

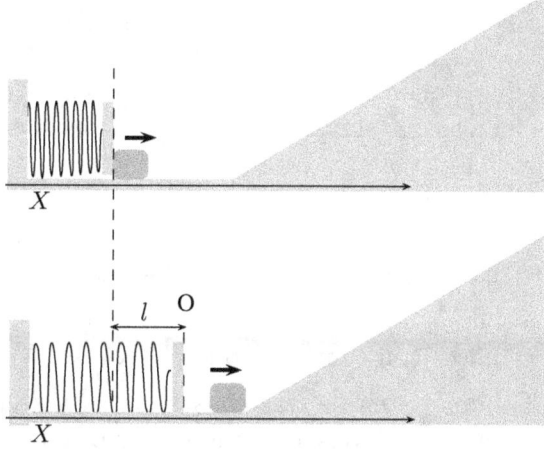

Consideramos ahora dos situaciones: en la inicial, el muelle tiene una determinada energía potencial elástica (está comprimido) y el bloque no tiene energía cinética (está en reposo); y en la final, el muelle no tiene energía potencial elástica (no está comprimido ni alargado) y el bloque tiene la máxima energía cinética. Puesto que la energía mecánica no cambia, la variación de la energía potencial elástica del muelle $\Delta E_{\text{p elás}}$ más la variación de la energía potencial gravitatoria del bloque ΔE_c es cero:

$$\Delta E_{\text{p elás}} + \Delta E_c = 0$$

Esta ecuación significa que la energía potencial elástica del muelle disminuye en la misma cantidad que aumenta la energía cinética del bloque.

Calculamos la energía cinética máxima del bloque:

$$-\frac{1}{2}kl^2 + E_c - E_{c\,0} = 0$$

Despejamos E_c y calculamos su valor:

$$E_c = \frac{1}{2}kl^2 = \frac{1}{2} \cdot 1000\,\text{N/m}\,(0,3\,\text{m})^2 = 45\,\text{J} \quad \lfloor E_{c\,0} = 0, \text{ya que } v_0 = 0 \rfloor$$

Problema 1.20

Un cuerpo se lanza hacia arriba por un plano inclinado de 30°, con una velocidad inicial de $10\,\text{m/s}$.

a) Explique cualitativamente cómo varían las energías cinética, potencial y mecánica del cuerpo durante la subida.

b) ¿Cómo varía la longitud recorrida si se duplica la velocidad inicial? ¿Y si se duplica el ángulo del plano?

$g = 10\,\text{m}\,\text{s}^{-2}$.

---

a) Si suponemos que sobre el cuerpo no actúan fuerzas de rozamiento, la suma de las fuerzas que actúan sobre el cuerpo es la componente del peso según la dirección paralela al plano y de sentido contrario al movimiento, que hace que el cuerpo disminuya su velocidad con aceleración constante a la vez que aumenta su altura. Por tanto, en el movimiento de subida disminuye su energía cinética E_c mientras que su energía potencial E_p aumenta.

La energía mecánica, suma de la energía cinética y la energía potencial del cuerpo, permanece constante en todo el proceso. Veamos por qué:

Cuando existen fuerzas conservativas y no conservativas, el trabajo que realizan las fuerzas no conservativas es igual a la variación de la energía mecánica del cuerpo:

$$W_{\text{no cons}} = \Delta E_{\text{m}}$$

Si solo existen fuerzas conservativas (no existen sobre él fuerzas de rozamiento ni ninguna otra fuerza exterior cuyo trabajo sea distinto de cero), $W_{\text{no cons}} = 0$ y $\Delta E_{\text{m}} = 0$.

Por tanto:

$$\Delta E_c + \Delta E_p = 0$$

Esto es, conforme asciende el cuerpo, su energía cinética disminuye en la misma cantidad que su energía potencial gravitatoria aumenta.

b) A partir de la expresión de la conservación de la energía mecánica, podemos determinar la distancia recorrida por el plano hasta que su velocidad es cero:

$$\Delta E_c + \Delta E_p = 0$$

$$E_c - E_{c0} + (E_p - E_{p0}) = 0$$

$$-\frac{1}{2}mv_0^2 + mgh = 0 \quad \lfloor E_c = 0 \rfloor$$

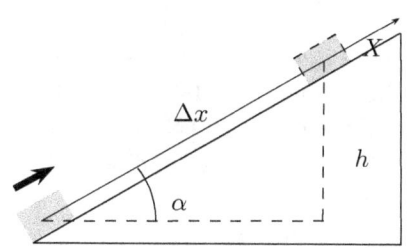

Como $h = \Delta x \operatorname{sen} \alpha$:

$$-\frac{1}{2}mv_0^2 + mg\,\Delta x \operatorname{sen} \alpha = 0$$

Despejamos Δx:

$$\Delta x = \frac{v_0^2}{2g \operatorname{sen} \alpha}$$

Si la velocidad inicial v_0' es el doble de la anterior, la longitud recorrida $\Delta x'$ será:

$$\Delta x' = \frac{v_0'^2}{2g \operatorname{sen} \alpha} = \frac{(2v_0)^2}{2g \operatorname{sen} \alpha} = \frac{4v_0^2}{2g \operatorname{sen} \alpha} = 4\,\Delta x \qquad \left\lfloor v_0' = 2v_0;\ \Delta x = \frac{v_0^2}{2g \operatorname{sen} \alpha} \right\rfloor$$

Particularizando, cuando $v_0 = 10\,\text{m/s}$ y $\alpha = 30^o$, si se duplica la velocidad:

$$\Delta x' = 4\Delta x = 4 \cdot 10\,\text{m} = 40\,\text{m}$$

$$\left\lfloor \Delta x = \frac{v_0^2}{2g \operatorname{sen} \alpha} = \frac{(10\,\text{m/s})^2}{2 \cdot 10\,\text{m/s}^2 \cdot \operatorname{sen} 30^o} = 10\,\text{m} \right\rfloor$$

Si el ángulo α' es el doble del anterior, la longitud recorrida $\Delta x'$ será:

$$\Delta x' = \frac{v_0^2}{2g \operatorname{sen} \alpha'} = \frac{v_0^2}{2g \operatorname{sen} 2\alpha} = \frac{v_0^2}{2g(2 \operatorname{sen} \alpha \cos \alpha)} = \frac{\Delta x}{2 \cos \alpha}$$

$$\left\lfloor \operatorname{sen} \alpha' = \operatorname{sen} 2\alpha = 2 \operatorname{sen} \alpha \cos \alpha;\ \Delta x = \frac{v_0^2}{2g \operatorname{sen} \alpha} \right\rfloor$$

Particularizando, cuando $v_0 = 10\,\text{m/s}$ y $\alpha = 30^o$, si se duplica el ángulo:

$$\Delta x' = \frac{\Delta x}{2 \cos \alpha} = \frac{10\,\text{m}}{2 \cos 30^o} = \frac{10\,\text{m}}{2\sqrt{3}/2} = 5,77\,\text{m}$$

$$\left\lfloor \Delta x = \frac{v_0^2}{2g \operatorname{sen} \alpha} = \frac{(10\,\text{m/s})^2}{2 \cdot 10\,\text{m/s}^2 \cdot \operatorname{sen} 30^o} = 10\,\text{m} \right\rfloor$$

Problema 1.21

Un cuerpo de $10\,\mathrm{kg}$ se lanza con una velocidad de $30\,\mathrm{m/s}$ por una superficie horizontal lisa hacia el extremo libre de un resorte horizontal, de constante elástica $k = 200\,\mathrm{N/m}$, fijo por el otro extremo.

a) Analice las variaciones de energía que tienen lugar a partir de un instante anterior al impacto con el resorte y calcule la máxima compresión del resorte.

b) Discuta en términos energéticos las modificaciones relativas al apartado a) si la superficie horizontal tuviera rozamiento.

a) Mientras que el cuerpo se mueve hacia el resorte, ninguna fuerza realiza trabajo sobre él (el peso y la normal son perpendiculares al desplazamiento) y, por tanto, no varía su energía cinética. Sin embargo, cuando el resorte se comprime debido al impacto del cuerpo, la fuerza elástica que ejerce el resorte sobre el cuerpo realiza un trabajo sobre él. Puesto que la única fuerza que realiza trabajo en todo el proceso es una fuerza conservativa (no existen fuerzas de rozamiento), la energía mecánica permanece constante: $\Delta E_\mathrm{m} = 0$.

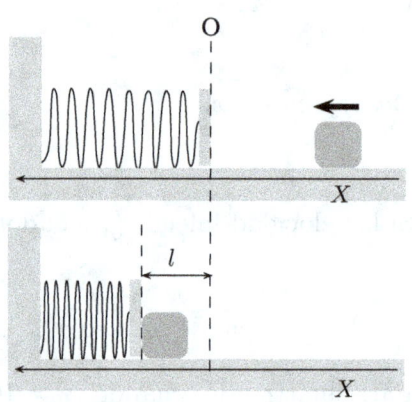

Consideramos dos situaciones: en la inicial, el cuerpo tiene una determinada energía cinética (tiene una cierta velocidad) y el resorte no tiene energía potencial elástica (no está comprimido ni estirado); en la situación final, el cuerpo no tiene energía cinética (su velocidad es cero) y el resorte tiene una determinada energía potencial elástica (está comprimido). La energía potencial gravitatoria no cambia, ya que el cuerpo permanece a la misma altura. Puesto que la energía mecánica no cambia, la variación de la energía energía cinética del cuerpo ΔE_c más la variación de la energía potencial elástica del resorte $\Delta E_{\mathrm{p\,elás}}$ es cero:

$$\Delta E_\mathrm{c} + \Delta E_{\mathrm{p\,elás}} = 0$$

Esta ecuación significa que la energía cinética del cuerpo disminuye en la misma cantidad que aumenta la energía potencial elástica del resorte.

Desarrollamos las variaciones de energía:

$$\frac{1}{2}mv^2 - \frac{1}{2}mv_0^2 + \frac{1}{2}kl^2 = 0$$

Tenemos en cuenta que en la situación final $v = 0$, despejamos l y calculamos su valor:

$$l = \sqrt{\frac{mv_0^2}{k}} = \sqrt{\frac{10\,\mathrm{kg}\,(30\,\mathrm{m/s})^2}{200\,\mathrm{N/m}}} = 6,71\,\mathrm{m}$$

b) En este caso, en su movimiento hasta que se para, sobre el cuerpo actúa además una fuerza no conservativa (la fuerza de rozamiento entre el cuerpo y la superficie). Al ser negativo el trabajo de la fuerza de rozamiento, pues esta se opone al desplazamiento, la energía mecánica E_{m} disminuye. Lo hace en el mismo valor que el del trabajo realizado por la fuerza de rozamiento:

$$W_{F_{\mathrm{roz}}} = \Delta E_{\mathrm{c}} + \Delta E_{\mathrm{p\,elás}}$$

Como asociado al trabajo de las fuerzas de rozamiento existe un aumento de la energía interna del cuerpo y de la superficie $U_{\mathrm{cuerpo-superficie}}$ (aumentan su temperatura), podemos establecer que:

$$W_{F_{\mathrm{roz}}} = -\Delta U_{\mathrm{cuerpo-superficie}}$$

Y, por tanto:

$$-\Delta U_{\mathrm{cuerpo-superficie}} = \Delta E_{\mathrm{c}} + \Delta E_{\mathrm{p\,elás}}$$

O lo que es lo mismo:

$$\Delta E_{\mathrm{c}} + \Delta E_{\mathrm{p\,elás}} + \Delta U_{\mathrm{cuerpo-superficie}} = 0$$

Ocurre ahora que una parte de la energía cinética del cuerpo se transforma en energía interna del cuerpo y de la superficie, y la otra parte, en energía potencial del resorte. Como consecuencia, la compresión del resorte será menor que antes, tanto menor cuanto mayores sean la fuerza de rozamiento y la distancia recorrida por el cuerpo.

Problema 1.22

Una fuerza conservativa actúa sobre una partícula y la desplaza, desde un punto x_1 hasta otro punto x_2, realizando un trabajo de 50 J.

a) Determine la variación de energía potencial de la partícula en ese desplazamiento. Si la energía potencial de la partícula es cero en x_1, ¿cuánto valdrá en x_2?

b) Si la partícula, de 5 g, se mueve bajo la influencia exclusiva de esa fuerza, partiendo del reposo en x_1, ¿cuál será la velocidad en x_2?, ¿cuál será la variación de energía mecánica?

a) Aplicamos el teorema de la energía potencial a este proceso:

"El trabajo que realiza una fuerza conservativa sobre una partícula que se traslada de un punto a otro es igual a la variación de su energía potencial con el signo cambiado".

Teniendo en cuenta este teorema, si la fuerza conservativa $\vec{F}$ actúa sobre la partícula que se traslada desde el punto x_1 hasta otro punto x_2, el trabajo que realiza la fuerza conservativa W_F es:

$$W_F = -\Delta E_{\mathrm{p}}$$

de donde:

$$\Delta E_{\mathrm{p}} = -W_F = -50\,\mathrm{J} \quad \lfloor W_F = 50\,\mathrm{J} \rfloor$$

Calculamos la energía potencial en x_2. Teniendo en cuenta que:

$$\Delta E_{\mathrm{p}} = E_{\mathrm{p}\,x_2} - E_{\mathrm{p}\,x_1}$$

Despejamos $E_{\mathrm{p}\,x_2}$ y obtenemos su valor:

$$E_{\mathrm{p}\,x_2} = \Delta E_{\mathrm{p}} + E_{\mathrm{p}\,x_1} = -50\,\mathrm{J} \quad \lfloor \Delta E_{\mathrm{p}} = -50\,\mathrm{J};\ E_{\mathrm{p}\,x_1} = 0 \rfloor$$

b) Para calcular la velocidad, aplicamos el teorema del trabajo y la energía:

"El trabajo realizado por la suma de todas las fuerzas que actúan sobre una partícula es igual a la variación de su energía cinética".

Como la única fuerza que actúa sobre la partícula es la fuerza conservativa:

$$W_F = \Delta E_{\mathrm{c}} = E_{\mathrm{c}\,x_2} - E_{\mathrm{c}\,x_1} = \frac{1}{2}m\,v_{x_2}^2 - \frac{1}{2}m\,v_{x_1}^2 = \frac{1}{2}m\,v_{x_2}^2 \quad \lfloor v_{x_1} = 0 \rfloor$$

Despejamos v_{x_2} y calculamos su valor:

$$v_{x_2} = \sqrt{\frac{2\,W_F}{m}} = \sqrt{\frac{2 \cdot 50\,\mathrm{J}}{0,005\,\mathrm{kg}}} = 141\,\mathrm{m/s} \quad \lfloor W_F = 50\,\mathrm{J};\ m = 5\,\mathrm{g} = 0,005\,\mathrm{kg} \rfloor$$

La variación de la energía mecánica $\Delta E_{\mathrm{m}} = 0$, puesto que sobre la partícula actúa una fuerza conservativa. Vamos a demostrarlo:

$$\left. \begin{array}{r} \text{Como } W_F = \quad \Delta E_{\mathrm{c}} \\ \text{y } W_F = \quad -\Delta E_{\mathrm{p}} \end{array} \right\} \Rightarrow \Delta E_{\mathrm{c}} = -\Delta E_{\mathrm{p}} \Rightarrow \Delta E_{\mathrm{c}} + \Delta E_{\mathrm{p}} = 0 \Rightarrow \Delta E_{\mathrm{m}} = 0$$

Problema 1.23

Un trineo de $100\,\mathrm{kg}$ se desliza por una pista horizontal al tirar de él con una fuerza F, cuya dirección forma un ángulo de $30°$ con la horizontal. El coeficiente de rozamiento es $0,1$.

a) Dibuje en un esquema todas las fuerzas que actúan sobre el trineo y calcule el valor de F para que el trineo deslice con movimiento uniforme.

b) Haga un análisis energético del problema y calcule el trabajo realizado por la fuerza F en un desplazamiento de $200\,\mathrm{m}$ del trineo.

$g = 10\,\mathrm{m\,s^{-2}}$.

a) En la figura de la derecha representamos el trineo, que se desplaza con velocidad constante. Las fuerzas reales que actúan sobre el trineo son: el peso $\vec{P}$, la normal $\vec{N}$, la fuerza $\vec{F}$ que tira de él y la fuerza de rozamiento con el suelo $\vec{F}_{\text{roz}}$. Descomponemos $\vec{F}$ en sus componentes $\vec{F}_x$ y $\vec{F}_y$ según los ejes X e Y, respectivamente.

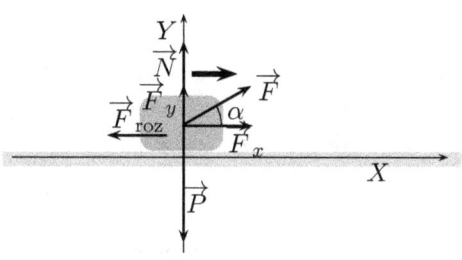

Puesto que el trineo está en equilibrio horizontal (su velocidad es constante) y en equilibrio vertical:

$$\Sigma \vec{F}_x = 0 \quad \text{y} \quad \Sigma \vec{F}_y = 0$$

Calculamos el valor de la normal en función de F y del peso a partir de la condición de equilibrio vertical:

$$N + F_y - P = 0$$

que podemos expresar como:

$$N + F \operatorname{sen} \alpha - mg = 0$$

de donde:

$$N = mg - F \operatorname{sen} \alpha$$

Calculamos el valor de F a partir de la condición de equilibrio horizontal:

$$F_x - F_{\text{roz}} = 0$$

Puesto que $F_x = F \cos \alpha$ y $F_{\text{roz}} = \mu N = \mu(mg - F \operatorname{sen} \alpha)$:

$$F \cos \alpha - \mu(mg - F \operatorname{sen} \alpha) = 0$$

Quitamos el paréntesis, reordenamos los términos y sacamos factor común F:

$$\mu mg = F(\mu \operatorname{sen} \alpha + \cos \alpha)$$

Despejamos F y calculamos su valor:

$$F = \frac{\mu mg}{\mu \operatorname{sen} \alpha + \cos \alpha} = \frac{0,1 \cdot 100\,\text{kg} \cdot 10\,\text{m/s}^2}{0,1 \cdot 0,5 + \sqrt{3}/2} = 109\,\text{N}$$

$\lfloor \mu = 0,1;\ m = 100\,\text{kg};\ \operatorname{sen} \alpha = \operatorname{sen} 30^o = 0,5;\ \cos \alpha = \cos 30^o = \sqrt{3}/2 \rfloor$

b) Cuando existen fuerzas conservativas
y fuerzas no conservativas, el trabajo realizado por las fuerzas no conservativas
$W_{\text{no cons}}$ es igual a la variación de la energía mecánica del sistema ΔE_{m}:

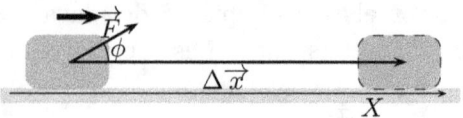

$$W_{\text{no cons}} = \Delta E_{\text{m}}$$

Para comentar las transformaciones energéticas que ocurren en el proceso, tenemos en cuenta la existencia en el mismo de dos fuerzas no conservativas: la fuerza
F realizada por un agente determinado y la fuerza de rozamiento F_{roz}. Por tanto:

$$W_F + W_{F_{\text{roz}}} = \Delta E_{\text{m}}$$

Como el trineo no varía su energía mecánica, ya que no varía su energía cinética
(se mueve con velocidad constante) ni su energía potencial (el suelo es horizontal):

$$W_F + W_{F_{\text{roz}}} = 0$$

Si asociado al trabajo de la fuerza F existe una disminución de alguna forma de
energía (cinética, potencial o interna) del agente que realiza el trabajo:

$$W_F = -\Delta(\text{Alguna forma de energía})$$

Y si asociado al trabajo de la fuerza de rozamiento (trabajo negativo) existe un
aumento de la energía interna del trineo y del suelo (aumentan su temperatura):

$$W_{F_{\text{roz}}} = -\Delta U_{\text{trineo-suelo}}$$

Podemos establecer que:

$$\Delta(\text{Alguna forma de energía}) + \Delta U_{\text{trineo-suelo}} = 0$$

Esta expresión nos dice que la variación que experimenta en alguna forma de
energía el agente que arrastra el trineo es igual y de signo contrario a la variación
de energía interna del trineo y del suelo. Por tanto, la energía que pierde el agente
es igual a la energía interna que ganan el trineo y el suelo.

Podemos decir que alguna forma de energía del agente se ha transformado en
energía interna del trineo y del suelo.

Calculamos el trabajo realizado por la fuerza $\vec{F}$ como el producto escalar de la
fuerza por el desplazamiento:

$$W = \vec{F} \cdot \Delta \vec{x} = F\Delta x \cos \phi = 109\,\text{N} \cdot 200\,\text{m}\,\sqrt{3}/2 = 18\,900\,\text{J}$$

$$\lfloor F = 109\,\text{N};\ \Delta x = 200\,\text{m};\ \cos \phi = \cos 30^o = \sqrt{3}/2 \rfloor$$

Problema 1.24

Un bloque de $2\,\mathrm{kg}$ se lanza hacia arriba, por una rampa rugosa ($\mu = 0,2$) que forma un ángulo de 30° con la horizontal, con una velocidad de $6\,\mathrm{m/s}$. Tras su ascenso por la rampa, el bloque desciende y llega al punto de partida con una velocidad de $4,2\,\mathrm{m/s}$.

a) Dibuje en un esquema las fuerzas que actúan sobre el bloque cuando asciende por la rampa y, en otro esquema, las que actúan cuando desciende, e indique el valor de cada fuerza. ¿Se verifica el principio de conservación de la energía mecánica en el proceso descrito? Razone la respuesta.

b) Calcule el trabajo de la fuerza de rozamiento en el ascenso del bloque y comente el signo del resultado obtenido.

$g = 10\,\mathrm{m\,s^{-2}}$.

---

a) En los diagramas siguientes representamos el bloque en las dos situaciones, ascendiendo y descendiendo. Las fuerzas reales que actúan sobre el bloque en ambos casos son las mismas: el peso $\vec{P}$, la normal $\vec{N}$ y la fuerza de rozamiento $\vec{F}_{\mathrm{roz}}$. Hemos descompuesto el peso en sus dos componentes $\vec{P}_x$ y $\vec{P}_y$ según los ejes X e Y, respectivamente. Los valores de las fuerzas son los mismos en los dos diagramas, con excepción de las fuerzas de rozamiento, que son opuestas, ya que las fuerzas de rozamiento tienen siempre sentido contrario al del movimiento.

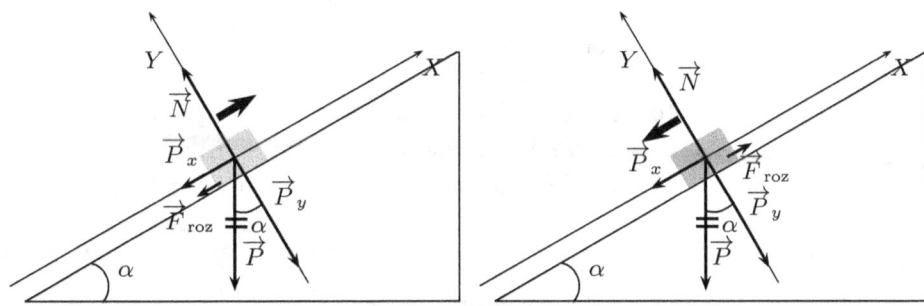

Los valores de los módulos de cada una de las fuerzas reales que actúan sobre el bloque son:

- El peso

$$P = mg = 2\,\mathrm{kg} \cdot 10\,\mathrm{m/s^2} = 20\,\mathrm{N}$$

- La normal

$$N = P_y = mg\cos\alpha = 2\,\mathrm{kg} \cdot 10\,\mathrm{m/s^2} \cdot \cos 30^o = 17,3\,\mathrm{N}$$

- Fuerza de rozamiento

$$F_{\text{roz}} = \mu N = \mu mg \cos \alpha = 0,2 \cdot 2\,\text{kg} \cdot 10\,\text{m/s}^2 \cdot \cos 30^o = 3,46\,\text{N}$$

No se verifica el principio de conservación de la energía mecánica, puesto que sobre el bloque actúa una fuerza no conservativa, la fuerza de rozamiento:

$$W_{F_{\text{roz}}} = \Delta E_{\text{m}}$$

Como el trabajo de la fuerza de rozamiento $W_{F_{\text{roz}}}$ es negativo al ser la fuerza de rozamiento de sentido contrario al desplazamiento, disminuye la energía mecánica del bloque.

b) El trabajo de la fuerza de rozamiento en trayecto de subida y bajada es el mismo (en ambos casos la fuerza de rozamiento, el desplazamiento y el ángulo que forman es el mismo). Podemos determinar el trabajo total en el trayecto de subida y bajada a partir de la expresión:

$$W_{F_{\text{roz}}} = \Delta E_{\text{m}} = \Delta E_{\text{c}} + \Delta E_{\text{p}}$$

Como el bloque después de subir y bajar acaba en la misma posición, no experimenta variación de energía potencial ($\Delta E_{\text{p}} = 0$), el trabajo de la fuerza de rozamiento coincide con la variación de la energía cinética:

$$\begin{aligned}
W_{F_{\text{roz}}} &= \Delta E_{\text{m}} = \Delta E_{\text{c}} = E_{\text{c}} - E_{\text{c}\,0} = \frac{1}{2}mv^2 - \frac{1}{2}mv_0^2 \\
&= \frac{1}{2} \cdot 2\,\text{kg}\,(4,2\,\text{m/s})^2 - \frac{1}{2} \cdot 2\,\text{kg}\,(6\,\text{m/s})^2 = -18,4\,\text{J}
\end{aligned}$$

El trabajo en el trayecto de ida será la mitad del trabajo que en el trayecto de ida y vuelta: $-18,4\,\text{J}/2 = -9,2\,\text{J}$. El signo negativo significa que ese trabajo disminuye la energía mecánica del bloque. Lo hace en ese valor, $9,2\,\text{J}$.

Problema 1.25

Un muchacho subido en un trineo desliza por una pendiente con nieve (rozamiento despreciable) que tiene una inclinación de 30°. Cuando llega al final de la pendiente, el trineo continúa deslizando por una superficie horizontal rugosa hasta detenerse.

a) Explique las transformaciones energéticas que tienen lugar durante el desplazamiento del trineo.

b) Si el espacio recorrido sobre la superficie horizontal es cinco veces mayor que el espacio recorrido por la pendiente, determine el coeficiente de rozamiento.

$g = 10\,\text{m}\,\text{s}^{-2}$.

a) Cuando existen fuerzas conservativas y no conservativas, el trabajo realizado por las fuerzas no conservativas $W_{\text{no cons}}$ es igual a la variación de la energía mecánica del sistema ΔE_{m}:

$$W_{\text{no cons}} = \Delta E_{\text{m}}$$

En la primera etapa, mientras el trineo se desliza por la superficie inclinada, únicamente la fuerza peso realiza trabajo sobre el trineo y esta es conservativa. Por tanto, como solo actúan fuerzas conservativas, $W_{\text{no cons}} = 0$, y la energía mecánica, suma de la energía cinética E_{c} y la energía potencial E_p del trineo, permanece constante:

$$\Delta E_{\text{m}} = \Delta E_{\text{c}} + \Delta E_{\text{p}} = 0$$

Conforme desciende el trineo, disminuye su energía potencial en la misma cantidad que aumenta su energía cinética.

En la segunda etapa, mientras el trineo se desliza por la superficie horizontal rugosa, únicamente la fuerza de rozamiento con el suelo realiza trabajo sobre el trineo (el peso y la normal son perpendiculares al desplazamiento) y esta fuerza no es conservativa. Por tanto, como actúan fuerzas no conservativas, la energía mecánica no permanece constante.

Como asociado al trabajo de la fuerza de rozamiento (trabajo negativo) existe un aumento de la energía interna del trineo y del suelo (aumentan su temperatura), podemos establecer que $W_{F_{\text{roz}}} = -\Delta U_{\text{trineo-suelo}}$ y, en consecuencia, que:

$$-\Delta U_{\text{trineo-suelo}} = \Delta E_{\text{m}}$$

de donde:

$$\Delta U_{\text{trineo-suelo}} + \Delta E_{\text{m}} = 0$$

Conforme se desliza el trineo, disminuye su energía mecánica en la misma cantidad que aumenta la energía interna del trineo y del suelo.

b) Calculamos el coeficiente de rozamiento μ (superficie rugosa-trineo) aplicando el principio de conservación de la energía a las dos etapas conjuntamente:

$$W_{\text{no cons}} = \Delta E_{\text{m}}$$

Como el trabajo no conservativo lo realiza la fuerza de rozamiento:

$$W_{F_{\text{roz}}} = \Delta E_{\text{m}}$$

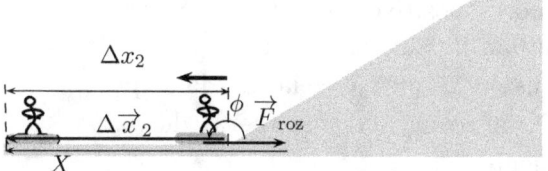

Analizamos cada uno de los términos de la igualdad:

- Por una parte, el trabajo de la fuerza de rozamiento:

$$W_{F_{\text{roz}}} = \vec{F}_{\text{roz}} \cdot \Delta \vec{x}_2 = F_{\text{roz}} \, \Delta x_2 \cos \phi = -\mu mg \, \Delta x_2$$

$$\lfloor F_{\text{roz}} = \mu mg; \, \cos \phi = \cos 180^o = -1 \rfloor$$

- Y, por otra, la variación de la energía mecánica:

$$\Delta E_{\text{m}} = \Delta E_{\text{c}} + \Delta E_{\text{p}} = -mg \, \Delta x_1 \, \text{sen} \, \alpha = -0,5mg \, \Delta x_1$$

$$\lfloor \Delta E_{\text{c}} = 0; \, \Delta E_{\text{p}} = -mgh = -mg \, \Delta x_1 \, \text{sen} \, \alpha; \, \text{sen} \, \alpha = \text{sen} \, 30^o = 0,5 \rfloor$$

Igualamos los dos términos:

$$-\mu mg \, \Delta x_2 = -0,5mg \, \Delta x_1$$

Simplificamos la expresión, despejamos μ y calculamos su valor:

$$\mu = \frac{0,5 \, \Delta x_1}{\Delta x_2} = \frac{0,5 \, \Delta x_1}{5 \, \Delta x_1} = 0,1 \quad \lfloor \Delta x_2 = 5\Delta x_1 \rfloor$$

Problema 1.26

Un bloque de $500\,\text{kg}$ asciende a velocidad constante por un plano inclinado de pendiente 30°, arrastrado por un tractor mediante una cuerda paralela a la pendiente. El coeficiente de rozamiento entre el bloque y el plano es 0,2.
a) Haga un esquema de las fuerzas que actúan sobre el bloque y calcule la tensión de la cuerda.
b) Calcule el trabajo que el tractor realiza para que el bloque recorra una distancia de $100\,\text{m}$ sobre la pendiente. ¿Cuál es la variación de energía potencial del bloque?
$g = 10\,\text{m s}^{-2}$.

---

a) En la figura de la derecha representamos el bloque arrastrado por el tractor. Suponemos que el bloque, de masa m, se mueve en el sentido de los valores positivos del eje X. Sobre él actúan las siguientes fuerzas reales: la tensión $\vec{T}$ que ejerce la cuerda, el peso $\vec{P}$, la normal $\vec{N}$ y la fuerza de rozamiento $\vec{F}_{\text{roz}}$.

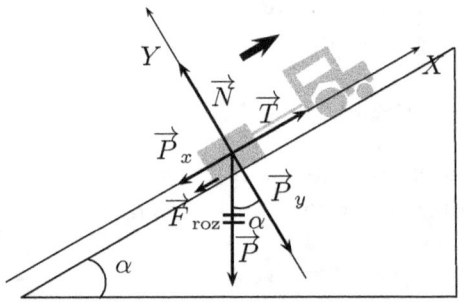

Descomponemos el peso en sus componentes $\vec{P}_x$ y $\vec{P}_y$ según los ejes X e Y, respectivamente, y aplicamos la segunda ley de Newton:

$$\Sigma\vec{F} = m\,\vec{a}$$

$$\vec{T} + \vec{P}_x + \vec{F}_{\text{roz}} + \vec{P}_y + \vec{N} = m\,\vec{a}$$

Como el bloque se mueve con velocidad constante, $\vec{a} = 0$; por otra parte, tenemos en cuenta que $\vec{P}_y = -\vec{N}$ por ser fuerzas opuestas. Por tanto:

$$T - P_x - F_{\text{roz}} = 0$$

Despejamos T y calculamos su valor:

$$
\begin{aligned}
T &= P_x + F_{\text{roz}} = P_x + \mu N = mg\,\text{sen}\,\alpha + \mu mg\cos\alpha = mg(\text{sen}\,\alpha + \mu\cos\alpha) \\
&= 500\,\text{kg} \cdot 10\,\text{m/s}^2\,(0,5 + 0,2\,\sqrt{3}/2) = 3370\,\text{N}
\end{aligned}
$$

$\lfloor m = 500\,\text{kg};\ \mu = 0,2;\ g = 10\,\text{m/s}^2;\ \text{sen}\,30^o = 0,5;\ \cos 30^o = \sqrt{3}/2 \rfloor$

b) Calculamos el trabajo que realiza el tractor, que coincide con el trabajo que realiza la fuerza de tensión que tira del bloque. Lo calculamos mediante la definición de trabajo, que es el producto escalar de la fuerza $\vec{T}$ por el desplazamiento $\Delta\vec{x}$, siendo ϕ el ángulo que forman:

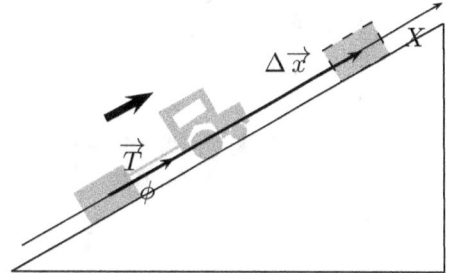

$$W_T = \vec{T} \cdot \Delta\vec{x} = T\,\Delta x\cos\phi = 3370\,\text{N} \cdot 100\,\text{m} \cdot 1 = 3,37 \cdot 10^5\,\text{J}$$

$\lfloor T = 3370\,\text{N};\ \Delta x = 100\,\text{m};\ \cos\phi = \cos 0^o = 1 \rfloor$

Podemos calcular la variación de energía potencial del cuerpo ΔE_{p} de dos formas:

Mediante el teorema de la energía potencial, que dice que el trabajo de la fuerza peso es igual a la variación de la energía potencial con el signo cambiado:

$$W_P = -\Delta E_{\text{p}}$$

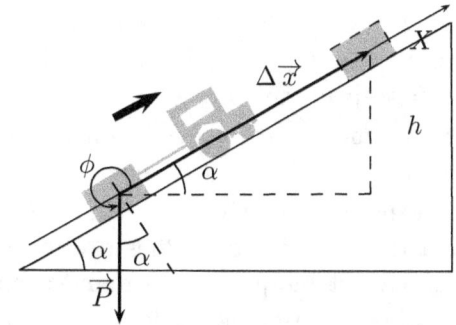

Por tanto:

$$\Delta E_{\mathrm{p}} = -W_P = -(\overrightarrow{P} \cdot \Delta \overrightarrow{x})$$

$$= -P \Delta x \cos\phi = -mg \Delta x \cos\phi = -\left(500\,\mathrm{kg} \cdot 10\,\mathrm{m/s^2} \cdot 100\,\mathrm{m}\,(-0,5)\right)$$

$$= 250\,000\,\mathrm{J}$$

$$\lfloor \cos\phi = \cos 240^o = -0,5 \rfloor$$

También podemos calcularla como la diferencia entre la energía potencial final y la inicial:

$$\Delta E_{\mathrm{p}} = E_{\mathrm{p}} - E_{\mathrm{p}0} = mgh = mg\,\Delta x \operatorname{sen}\alpha$$

$$= 500\,\mathrm{kg} \cdot 10\,\mathrm{m/s^2} \cdot 100\,\mathrm{m} \cdot 0,5 = 250\,000\,\mathrm{J}$$

$$\lfloor h = \Delta x \operatorname{sen}\alpha; \operatorname{sen}\alpha = \operatorname{sen}30^o = 0,5 \rfloor$$

Problema 1.27

Por un plano inclinado 30° respecto a la horizontal asciende, con velocidad constante, un bloque de $100\,\mathrm{kg}$ por acción de una fuerza paralela a dicho plano. El coeficiente de rozamiento entre el bloque y el plano es 0,2.

a) Dibuje en un esquema las fuerzas que actúan sobre el bloque y explique las transformaciones energéticas que tienen lugar en su deslizamiento.

b) Calcule la fuerza paralela que produce el desplazamiento, así como el aumento de energía potencial del bloque en un desplazamiento de $20\,\mathrm{m}$. $g = 10\,\mathrm{m/s^2}$.

---

a) En la figura de la derecha representamos el bloque arrastrado por la acción de la fuerza $\overrightarrow{F}$ paralela al plano. Sobre él actúan, además, las siguientes fuerzas reales: el peso $\overrightarrow{P}$, la normal $\overrightarrow{N}$ y la fuerza de rozamiento $\overrightarrow{F}_{\mathrm{roz}}$. La fuerza peso está descompuesta en sus componentes $\overrightarrow{P}_x$ y $\overrightarrow{P}_y$ según los ejes X e Y, respectivamente.

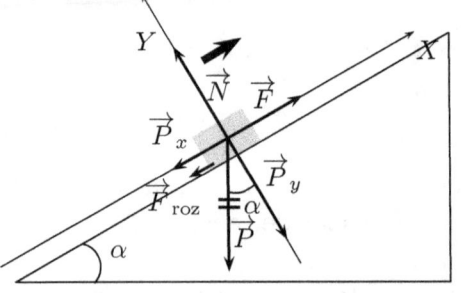

Comentamos las transformaciones energéticas que ocurren en el proceso, teniendo en cuenta la existencia en el mismo de una fuerza conservativa (el peso) y dos fuerzas no conservativas (la fuerza $\overrightarrow{F}$ realizada por un agente determinado y la fuerza de rozamiento). Puesto que existen fuerzas no conservativas, la energía mecánica del bloque no permanece constante; sin embargo, de acuerdo con el principio de conservación de la energía, la energía total, sí. Veamos:

Si asociado al trabajo de la fuerza peso existe un aumento de la energía potencial ($\Delta E_\mathrm{p} = -W_P$), ya que el trabajo de la fuerza peso es negativo porque se opone al desplazamiento del bloque; si asociado al trabajo de la fuerza $\overrightarrow{F}$ existe una disminución de algún tipo de energía (cinética, potencial o interna) del agente que realiza el trabajo; y si asociado al trabajo de la fuerza de rozamiento existe un aumento de la energía interna del bloque y del plano $U_\mathrm{bloque-plano}$ (aumentan su temperatura); según el principio de conservación de la energía, se cumple que:

$$\Delta(\text{Algún tipo de energía}) + \Delta U_\mathrm{bloque-plano} + \Delta E_\mathrm{c} + \Delta E_\mathrm{p} = 0$$

Si despejamos Δ (Algún tipo de energía) y tenemos en cuenta que, puesto que el bloque mantiene su velocidad constante, $\Delta E_\mathrm{c} = 0$, nos queda que:

$$\Delta(\text{Algún tipo de energía}) = -(\Delta U_\mathrm{bloque-plano} + \Delta E_\mathrm{p})$$

Esta expresión nos dice que la variación que experimenta en algún tipo de energía el agente que arrastra el bloque es igual y de signo contrario a la suma de la variación de energía interna del bloque y del plano, y de la variación de la energía potencial del bloque. Por tanto, la energía que pierde el agente es igual a la energía interna que gana el bloque y el plano más la energía potencial que gana el bloque. Podemos decir que algún tipo de energía del agente se ha transformado en energía interna del bloque y del plano, y en energía potencial del bloque.

b) Calculamos la fuerza $\overrightarrow{F}$ paralela al plano aplicando la segunda ley de Newton:

$$\Sigma\overrightarrow{F} = m\,\overrightarrow{a}$$

$$\overrightarrow{F} + \overrightarrow{P}_x + \overrightarrow{F}_\mathrm{roz} + \overrightarrow{P}_y + \overrightarrow{N} = m\,\overrightarrow{a}$$

Como el bloque se mueve con velocidad constante, $\overrightarrow{a} = 0$; por otra parte, $\overrightarrow{P}_y = -\overrightarrow{N}$ (son fuerzas opuestas). Por tanto:

$$F - P_x - F_\mathrm{roz} = 0$$

Despejamos F:

$$\begin{aligned}
F &= P_x + F_\mathrm{roz} = P_x + \mu N = mg\operatorname{sen}\alpha + \mu mg\cos\alpha = mg(\operatorname{sen}\alpha + \mu\cos\alpha) \\
&= 100\,\mathrm{kg}\cdot 10\,\mathrm{m/s^2}\,(0,5 + 0,2\,\sqrt{3}/2) = 673\,\mathrm{N}
\end{aligned}$$

$\lfloor \alpha = 30^o;\ m = 100\,\mathrm{kg};\ \mu = 0,2;\ g = 10\,\mathrm{m/s^2};\ \operatorname{sen}30^o = 0,5;\ \cos 30^o = \sqrt{3}/2\rfloor$

Podemos calcular la variación de energía potencial ΔE_p del cuerpo de dos formas:

Mediante el teorema de la energía potencial, que dice que el trabajo de la fuerza peso es igual a la variación de la energía potencial con el signo cambiado:

$$W_P = -\Delta E_\mathrm{p}$$

Pero también calculando la diferencia entre la energía potencial final y la
inicial:

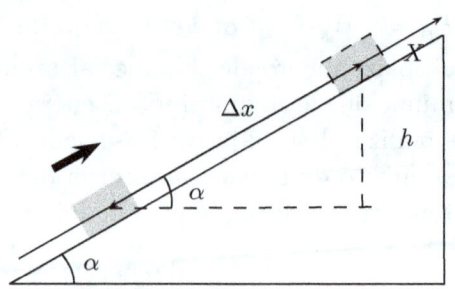

$$
\begin{aligned}
\Delta E_{\mathrm{p}} &= E_{\mathrm{p}} - E_{\mathrm{p}\,0} \\
&= mgh = mg\,\Delta x\,\mathrm{sen}\,\alpha \\
&= 100\,\mathrm{kg} \cdot 10\,\mathrm{m/s}^2 \cdot 20\,\mathrm{m} \cdot 0,5 \\
&= 10\,000\,\mathrm{J}
\end{aligned}
$$

$\lfloor h = \Delta x\,\mathrm{sen}\,\alpha; \mathrm{sen}\,\alpha = \mathrm{sen}\,30^o = 0,5\rfloor$

Problema 1.28

Un cuerpo de $0,5\,\mathrm{kg}$ se encuentra inicialmente en reposo a una altura de $1\,\mathrm{m}$
por encima del extremo libre de un resorte vertical, cuyo extremo inferior está
fijo. Se deja caer el cuerpo sobre el resorte y, después de comprimirlo, vuelve
a subir. El resorte tiene una masa despreciable y una constante elástica
$k = 200\,\mathrm{N/m}$.
a) Haga un análisis energético y justifique si el cuerpo llegará de nuevo al
punto de partida.
b) Calcule la maxima compresión que experimenta el resorte.
$g = 10\,\mathrm{m\,s}^{-2}$.

---

a) Suponemos que durante el proceso las únicas
fuerzas que realizan trabajo sobre el cuerpo son
la fuerza peso (en todo momento, cuando baja
y cuando sube) y la fuerza elástica que ejerce el
resorte sobre el cuerpo (cuando el cuerpo, al bajar,
comprime el resorte hasta que la velocidad del
cuerpo es cero; y al subir, mientras que el resorte
arrastra al cuerpo hasta que lo despide). Ambas
fuerzas son conservativas y, por tanto, la energía
mecánica se conserva:

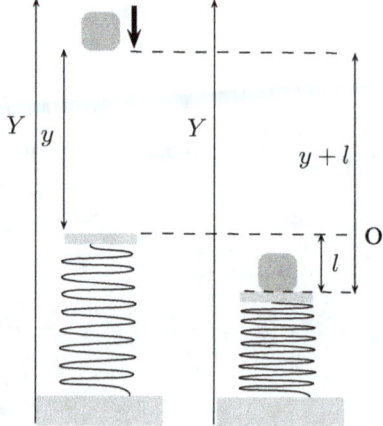

$$\Delta E_{\mathrm{m}} = 0$$

Consideramos dos situaciones (las del esquema): en la inicial, el cuerpo tiene
cierta energía potencial gravitatoria (está a una determinada altura), no tiene
energía cinética (está en reposo, $v = 0$) y el resorte no tiene energía potencial
elástica (no está estirado ni comprimido); en la final, el cuerpo tiene menos energía
potencial gravitatoria (está a una altura menor), no tiene energía cinética ($v = 0$) y

el resorte tiene energía potencial elástica (su compresión es la máxima). Podemos establecer que la variación de la energía potencial gravitatoria del cuerpo $\Delta E_{\mathrm{p\,g}}$ más la variación de la energía potencial elástica del resorte $\Delta E_{\mathrm{p\,elás}}$ es cero:

$$\Delta E_{\mathrm{p\,g}} + \Delta E_{\mathrm{p\,elás}} = 0$$

De acuerdo con esta expresión, la energía potencial gravitatoria del cuerpo disminuye en la misma cantidad que aumenta la energía elástica del resorte.

Consideramos ahora dos situaciones intermedias: la primera, antes de que el cuerpo choque contra el resorte; y la segunda, cuando está comprimiendo el resorte. En la primera situación, el cuerpo va aumentando su velocidad y disminuyendo su altura: podemos decir que parte de la energía potencial gravitatoria del cuerpo se transforma en energía cinética del cuerpo; en la segunda situación, el cuerpo va disminuyendo su velocidad y también su altura; y el resorte acorta su longitud: podemos decir que parte de la energía cinética y potencial gravitatoria del cuerpo se transforma en energía potencial elástica del resorte.

Nos planteamos ahora si, en su movimiento de vuelta, el cuerpo alcanzará la misma altura desde la que partió. Fácil, como la energía mecánica debe permanecer constante, la energía que pierda el resorte en forma de energía potencial elástica (la misma que ganó cuando se comprimió) debe ganarla el cuerpo en forma de energía potencial gravitatoria cuando su altura sea la máxima (la misma energía que perdió). Esa altura máxima coincidirá con la altura desde la que el cuerpo cayó.

La situación descrita es ideal. En la realidad existen pérdidas de energía debido al rozamiento con el aire, al impacto sobre el resorte, etc., que hace que la energía mecánica no se conserve. Esto ocasiona que la altura a la que llega el cuerpo después del impacto sobre el resorte sea menor que la de partida.

b) Calculamos ahora la compresión máxima del resorte (la que experimentaría el resorte si no existiesen pérdidas de energía). Consideramos las dos situaciones del esquema, en las que se conserva la energía mecánica:

$$\Delta E_{\mathrm{p\,g}} + \Delta E_{\mathrm{p\,elás}} = 0$$

Expresamos las variaciones de las energías en función de las magnitudes que las caracterizan:

$$-mg(y + l) + \frac{1}{2}kl^2 = 0$$

Sustituimos los valores de la masa m, de g, de la altura con respecto al resorte desde la que se deja caer el cuerpo, y, y la constante elástica del resorte k, para calcular mediante una ecuación de segundo grado la compresión máxima del resorte l:

$$-0,5 \cdot 10\,(1 + l) + \frac{1}{2} \cdot 200\,l^2 = 0$$

Operamos, ordenamos los términos y obtenemos la ecuación de $2^{\underline{o}}$ grado:

$$20\,l^2 - l - 1 = 0$$

Resolvemos la ecuación y elegimos la solución positiva, que es la que tiene significado físico:

$$l = 0,25\,\mathrm{m}$$

Problema 1.29

Un bloque de $5\,\mathrm{kg}$ desliza con velocidad constante por una superficie horizontal mientras se le aplica una fuerza de $10\,\mathrm{N}$, paralela a la superficie.

a) Dibuje un esquema de todas las fuerzas que actúan sobre el bloque y explique el balance trabajo-energía en un desplazamiento de $0,5\,\mathrm{m}$.

b) Dibuje en otro esquema las fuerzas que actuarían sobre el bloque si la fuerza que se le aplicara fuera de $30\,\mathrm{N}$ en una dirección que formara 60° con la horizontal, e indique el valor de cada fuerza. Calcule la variación de energía cinética del bloque en un desplazamiento de $0,5\,\mathrm{m}$.

$g = 10\,\mathrm{m\,s^{-2}}$.

---

a) En la figura de la derecha representamos el bloque con las fuerzas reales que actúan sobre él: el peso $\vec{P}$, la normal $\vec{N}$, la fuerza que tira del cuerpo $\vec{F}$ y la fuerza de rozamiento con el suelo $\vec{F}_{\mathrm{roz}}$, opuesta a la fuerza $\vec{F}$, ya que la velocidad con la que se desliza el bloque es constante.

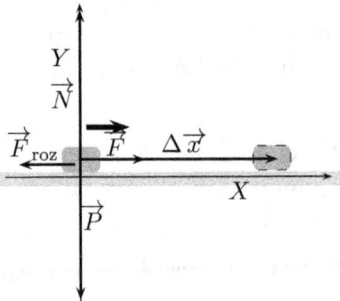

Balance trabajo-energía:

- De acuerdo con el teorema del trabajo y la energía, el trabajo total realizado sobre una partícula es igual a la variación de la energía cinética que experimenta:

$$W_{\mathrm{total}} = \Delta E_{\mathrm{c}}$$

  Como la energía cinética del bloque no varía, ya que se desplaza a velocidad constante, el trabajo total es cero.

- Por otra parte, cuando existen fuerzas conservativas y fuerzas no conservativas, el trabajo realizado sobre una partícula por las fuerzas no conservativas $W_{\mathrm{no\,cons}}$ es igual a la variación de su energía mecánica ΔE_{m}:

$$W_{\mathrm{no\,cons}} = \Delta E_{\mathrm{m}}$$

Como el bloque se desplaza a velocidad constante y sobre una superficie horizontal, la energía mecánica no varía y el trabajo que realizan las fuerzas no conservativas es cero.

b) En la figura de la derecha representamos el mismo bloque en otras circunstancias. Las fuerzas reales que actúan sobre él son: el peso $\vec{P}$, la normal $\vec{N}$, la fuerza que tira del cuerpo $\vec{F}$ y la fuerza de rozamiento con la superficie $\vec{F}_{roz}$. Descomponemos la fuerza $\vec{F}$ en sus dos componentes, $\vec{F}_x$ y $\vec{F}_y$, según los ejes X e Y, respectivamente.

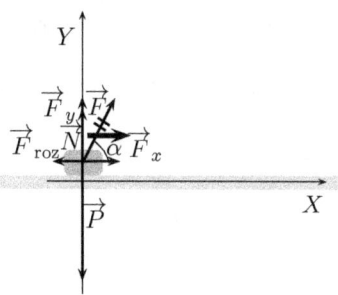

Conocemos el valor de F (30 N). Calculamos el valor de las restantes fuerzas:

- El peso

$$P = mg = 5\,\text{kg} \cdot 10\,\text{m/s}^2 = 50\,\text{N}$$

- La normal

Puesto que el bloque está en equilibrio vertical:

$$\Sigma \vec{F}_y = 0$$

$$F_y + N - P = 0$$

Despejamos N:

$$N = P - F_y = mg - F \operatorname{sen}\alpha = 50\,\text{N} - 26\,\text{N} = 24\,\text{N}$$

$$\lfloor P = mg = 50\,\text{N};\ F_y = F\operatorname{sen}\alpha = 30\,\text{N} \cdot \operatorname{sen} 60^o = 26\,\text{N}\rfloor$$

- La fuerza de rozamiento

Para calcular la fuerza de rozamiento, determinamos previamente μ con los datos aportados en el apartado a):

Puesto que en ese caso el bloque se movía con rapidez constante, $F_{roz} = F$. Por tanto:

$$\mu mg = F$$

Despejamos μ:

$$\mu = \frac{F}{mg} = \frac{10\,\text{N}}{5\,\text{kg} \cdot 10\,\text{m/s}^2} = 0,2$$

Calculamos F_{roz}:

$$F_{roz} = \mu N = 0,2 \cdot 24\,\text{N} = 4,8\,\text{N}$$

Calculamos ahora la variación de la energía
cinética del bloque. Según el teorema del trabajo y la energía, el trabajo de la suma de la
fuerzas que actúa sobre una partícula es igual
a la variación de su energía cinética:

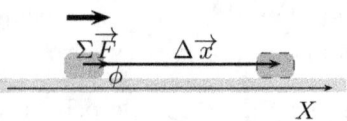

$$\Delta E_c = W_{\Sigma F} = \Sigma F \, \Delta x \cos \phi = 10,2\,\text{N} \cdot 0,5\,\text{m} \cdot 1 = 5,1\,\text{J}$$

$$\lfloor \Sigma F = F_x - F_{\text{roz}} = 15\,\text{N} - 4,8\,\text{N} = 10,2\,\text{N}; \ \Delta x = 0,5\,\text{m}; \ \cos \phi = \cos 0^o = 1 \rfloor$$

$$\lfloor\lfloor \Sigma F = F_x - F_{\text{roz}}, \text{ pues } \overrightarrow{P} = -\overrightarrow{N}; \ F_x = F \cos \alpha = 30\,\text{N} \cdot \cos 60^o = 30 \cdot 0,5 = 15\,\text{N} \rfloor\rfloor$$

Problema 1.30

Se deja caer un cuerpo de $0,5\,\text{kg}$ desde lo alto de una rampa de $2\,\text{m}$, inclinada
30° con la horizontal, siendo el valor de la fuerza de rozamiento entre el cuerpo
y la rampa de $0,8\,\text{N}$. Determine:
a) El trabajo realizado por cada una de las fuerzas que actúan sobre el cuerpo,
al trasladarse este desde la posición inicial hasta el final de la rampa.
b) La variación que experimentan las energías potencial, cinética y mecánica
del cuerpo en la caída a lo largo de toda la rampa.
$g = 10\,\text{m\,s}^{-2}$.

---

a) En la figura de la derecha representamos
al cuerpo descendiendo por el plano inclinado.
Las fuerzas reales que actúan sobre el cuerpo
son: el peso $\overrightarrow{P}$, la normal $\overrightarrow{N}$ y la fuerza de
rozamiento $\overrightarrow{F}_{\text{roz}}$. $\Delta \overrightarrow{x}$ es el desplazamiento
efectuado por cada una de las fuerzas y ϕ_1,
ϕ_2 y ϕ_3 son los ángulos que forman $\overrightarrow{P}$, $\overrightarrow{N}$ y
$\overrightarrow{F}_{\text{roz}}$ con $\Delta \overrightarrow{x}$, respectivamente.

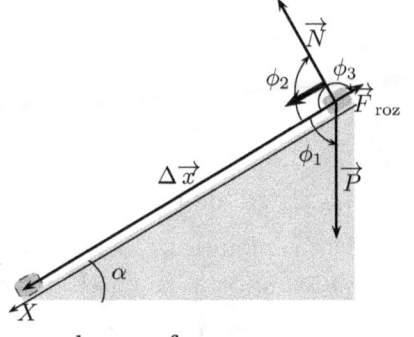

Los valores de los trabajos realizados por cada una de esas fuerzas son:

- Trabajo de la fuerza peso

$$W_P = P \, \Delta x \cos \phi_1 = mg \, \Delta x \cos \phi_1 = 0,5\,\text{kg} \cdot 10\,\text{m/s}^2 \cdot 2\,\text{m} \cdot 0,5 = 5\,\text{J}$$

- Trabajo de la normal

$$W_N = N \, \Delta x \cos \phi_2 = 0\,\text{J}$$

- Trabajo de la fuerza de rozamiento

$$W_{F_{\text{roz}}} = F_{\text{roz}} \, \Delta x \cos \phi_3 = 0,8 \, \text{N} \cdot 2 \, \text{m} \, (-1) = -1,6 \, \text{J}$$

$$\lfloor \cos \phi_1 = \cos 60^o = 0,5; \ \cos \phi_2 = \cos 90^o = 0; \ \cos \phi_3 = \cos 180^o = -1 \rfloor$$

b) Calculamos la variación de la energía potencial aplicando el teorema de la energía potencial: "el trabajo de una fuerza conservativa (la fuerza peso en este caso) es igual a la variación de la energía potencial asociada a esa fuerza con el signo cambiado":

$$\Delta E_{\text{p}} = -W_P = -5 \, \text{J}$$

Calculamos la variación de la energía cinética aplicando el teorema del trabajo y la energía: "la suma de los trabajos realizados sobre una partícula es igual a la variación de su energía cinética":

$$\Delta E_{\text{c}} = W_P + W_N + W_{F_{\text{roz}}} = 5 \, \text{J} + 0 \, \text{J} + (-1,6 \, \text{J}) = 3,4 \, \text{J}$$

Calculamos la variación de la energía mecánica sumando la variación de la energía potencial y la variación de la energía cinética:

$$\Delta E_{\text{m}} = \Delta E_{\text{p}} + \Delta E_{\text{c}} = -5 \, \text{J} + 3,4 \, \text{J} = -1,6 \, \text{J}$$

La energía mecánica del cuerpo no se conserva, sino que disminuye como consecuencia de que sobre el cuerpo actúa una fuerza de rozamiento, que es una fuerza no conservativa. La energía mecánica perdida coincide con el trabajo de la fuerza de rozamiento $(-1,6 \, \text{J})$. La energía mecánica perdida por el cuerpo la ganan el cuerpo y el plano en forma de energía interna (elevan su temperatura).

Capítulo 2

Campo gravitatorio

Cuestión 2.1

a) Escriba la ley de gravitación universal.

b) Según la ley de gravitación, la fuerza que ejerce la Tierra sobre un cuerpo es proporcional a la masa de este. ¿Por qué no caen más deprisa los cuerpos de mayor peso?

a) La ley de gravitación universal fue enunciada por Newton en el año 1687 y dice lo siguiente:[1]

"Dos cuerpos cualesquiera del universo, de masas m_1 y m_2, separados por una distancia r, se atraen con sendas fuerzas cuyos módulos son directamente proporcionales al producto de sus masas e inversamente proporcionales al cuadrado de la distancia que los separa".

Matemáticamente puede expresarse así:

La fuerza que ejerce el cuerpo de masa m_1 sobre el cuerpo de masa m_2 es:

$$\vec{F}_{1,2} = -G\frac{m_1 m_2}{r^2}\hat{r}$$

$\vec{r}$: vector posición; $\hat{r}$: vector unitario

Y la fuerza que ejerce el cuerpo de masa m_2 sobre el cuerpo de masa m_1 es:

$$\vec{F}_{2,1} = G\frac{m_1 m_2}{r^2}\hat{r}$$

siendo G la constante de gravitación universal, de valor $6,67 \cdot 10^{-11}\,\mathrm{N\,m^2/kg^2}$.

---

[1]Es válida para cuerpos esféricos homogéneos e isótropos (con una simetría radial en su distribución de masas), pero puede aplicarse a cualquier par de cuerpos siempre que los consideremos como partículas —cuerpos puntuales— cuando la distancia entre los cuerpos es muy grande en relación a las dimensiones de los cuerpos.

Ambas fuerzas son opuestas: $\overrightarrow{F}_{1,2} = -\overrightarrow{F}_{2,1}$

b) Efectivamente, de la definición de intensidad del campo gravitatorio resulta que el módulo de la fuerza con que la Tierra atrae a un cuerpo de masa m (peso del cuerpo, P) es directamente proporcional a su masa, siendo g la intensidad del campo gravitatorio ($g = 9,8\,\text{N/kg}$, en las cercanías de la superficie terrestre):

$$P = mg$$

Sin embargo, los cuerpos de mayor peso no caen más deprisa, porque, de acuerdo con la segunda ley de Newton, la aceleración que experimenta un cuerpo es inversamente proporcional a su masa. Por ello, la aceleración de caída a de todos los cuerpos en las proximidades de la superficie terrestre, si consideramos despreciable el rozamiento, es la misma:

$$a = \frac{P}{m} = \frac{mg}{m} = g = 9,8\,\text{m/s}^2$$

Cuestión 2.2

Una masa m se mueve en el campo gravitatorio producido por otra masa M.
a) ¿Aumenta o disminuye su energía potencial cuando se acercan las dos partículas?
b) Si inicialmente m estaba a una distancia r de M y se traslada hasta una distancia $2r$, explique las variaciones de su energía cinética y potencial.

---

a) La energía potencial gravitatoria del sistema formado por dos partículas de masas M y m que se hallan a una distancia r, según el convenio que establece que cuando se encuentran a una distancia infinita una de otra su energía potencial es cero, es:[2]

$$E_\text{p} = -G\,\frac{Mm}{r}$$

---

[2]Es más correcto emplear la expresión "partícula de masa m" que "masa m", aunque muchas veces, abusando del lenguaje, empleamos esta última. Tanto para la masa como para la carga, empleamos en este libro las dos expresiones indistintamente.

También es más correcto hablar de energía potencial gravitatoria de un sistema formado por dos cuerpos, como hacemos en este y en otros ejercicios, que de energía potencial de un cuerpo que se encuentra en el campo gravitatorio de otro. Como en la mayoría de los ejercicios se pregunta o se habla de energía potencial de un cuerpo, se responderá en los mismos términos. Hay ejercicios en los que hay que hacer un balance de la energía potencial gravitatoria y cinética de un cuerpo cuando solo actúa la fuerza gravitatoria; por ejemplo, el de un meteorito que cae sobre la Tierra. En este caso, la manera más exacta de tratar la cuestión es hablar no solo de una variación de energía potencial del sistema Tierra-meteorito, sino también hablar de una variación de la energía cinética de la Tierra y del meteorito: cuando el meteorito cae sobre la Tierra, disminuye la energía potencial del sistema Tierra-meteorito, aumenta la energía cinética del meteorito, y en menor medida (despreciable, porque la masa del meteorito es mucho menor que la de la Tierra), aumenta también la energía cinética de la Tierra (la Tierra también cae sobre el meteorito).

Según esta expresión, cuando se acercan las partículas, r disminuye, $G\dfrac{Mm}{r}$ aumenta y la energía potencial disminuye porque se hace más negativa.

b) Si únicamente actúa la fuerza gravitatoria, la energía mecánica permanece constante, ya que se trata de una fuerza conservativa:

$$\Delta E_\mathrm{m} = \Delta E_\mathrm{c} + \Delta E_\mathrm{p} = 0$$

Cuando la masa m se traslada desde una distancia r de M a una distancia $2r$, la variación de energía potencial del sistema es:

$$\Delta E_\mathrm{p} = E_\mathrm{p}(2r) - E_\mathrm{p}(r) = -G\frac{Mm}{2r} - \left(-G\frac{Mm}{r}\right) = \frac{GMm}{2r}$$

Puesto que la energía mecánica permanece constante, si la energía potencial del sistema aumenta en esa cantidad, la energía cinética del sistema disminuirá en la misma cantidad. La variación de la energía cinética del sistema es:

$$\Delta E_\mathrm{c} = -\Delta E_\mathrm{p} = -\frac{GMm}{2r}$$

Cuestión 2.3

a) La energía potencial de un cuerpo de masa m en el campo gravitatorio creado por otro cuerpo de masa m' depende de la distancia entre ambos. ¿Aumenta o disminuye dicha energía potencial al alejar los dos cuerpos? ¿Por qué?

b) ¿Qué mide la variación de energía potencial del cuerpo de masa m al desplazarse desde una posición A hasta otra B? Razone la respuesta.

a) La energía potencial gravitatoria del sistema formado por dos cuerpos de masas m y m' que se hallan a una distancia r, según el convenio que establece que cuando se encuentran a una distancia infinita uno de otro su energía potencial es cero, es:

$$E_\mathrm{p} = -G\frac{mm'}{r}$$

De acuerdo con esta expresión, cuando se alejan los dos cuerpos, r aumenta, $G\dfrac{mm'}{r}$ disminuye y la energía potencial aumenta porque se hace menos negativa.

Otra forma de razonarlo sería la siguiente: como la fuerza gravitatoria es atractiva, el sistema formado por los dos cuerpos cuando están más separados tiene más capacidad de producir cambios por su configuración espacial que cuando están más juntos, luego, al alejar los dos cuerpos, su energía potencial aumenta.

b) Si el cuerpo de masa m se desplaza desde una posición A hasta otra B en un campo creado por otro cuerpo de masa m', la variación de la energía potencial del cuerpo m mide el trabajo que realiza la fuerza gravitatoria $\vec{F}_g$ con el signo cambiado. Por tanto:

$$W^B_{A\,F_g} = -\Delta E_p = -(E_{p\,B} - E_{p\,A}) = E_{p\,A} - E_{p\,B}$$

Puede ocurrir que:

- Disminuya la energía potencial gravitatoria del sistema ($E_{p\,A} > E_{p\,B}$). En este caso, el trabajo de la fuerza gravitatoria es positivo y los cuerpos se acercan. Por ejemplo, cae un cuerpo al suelo.

- Aumente la energía potencial gravitatoria del sistema ($E_{p\,A} < E_{p\,B}$). En este otro caso, el trabajo de la fuerza gravitatoria es negativo y los cuerpos se alejan. Por ejemplo, un cuerpo se eleva desde el suelo.

Otra circunstancia, si el cuerpo m se desplaza, a velocidad constante, por la acción de una fuerza externa $\vec{F}$ desde una posición A hasta otra B en un campo creado por m', la variación de la energía potencial del cuerpo m (mejor, del sistema formado por los dos cuerpos) mide el trabajo que realiza la fuerza externa. Por tanto:

$$W^B_{A\,F} = \Delta E_p = E_{p\,B} - E_{p\,A}$$

Puede ocurrir que:

- Disminuya la energía potencial gravitatoria del sistema ($E_{p\,A} > E_{p\,B}$). En este caso, el trabajo de la fuerza externa es negativo y los cuerpos se acercan. Por ejemplo, depositamos, con v constante, un cuerpo en el suelo.

- Aumente la energía potencial gravitatoria del sistema ($E_{p\,A} < E_{p\,B}$). En este otro caso, el trabajo de la fuerza externa es positivo y los cuerpos se alejan. Por ejemplo, elevamos, con v constante, un cuerpo desde el suelo.

Cuestión 2.4

a) Enuncie las leyes de Kepler.
b) El radio orbital de un planeta es N veces mayor que el de la Tierra. Razone cuál es la relación entre sus periodos.

---

a) Las leyes que Kepler enunció tras completar el estudio de los datos experimentales recopilados por Brahe y por él mismo son empíricas y explican cómo se mueven los planetas y no por qué se mueven así. La solución la daría Newton 50 años después.

Las leyes de Kepler del movimiento planetario dicen así:

1ª) Los planetas recorren órbitas elípticas en torno al Sol, estando este situado en uno de los focos de la órbita.

2ª) El área barrida por el vector posición del planeta respecto al Sol en el mismo tiempo es constante, es decir, la velocidad aerolar es constante.

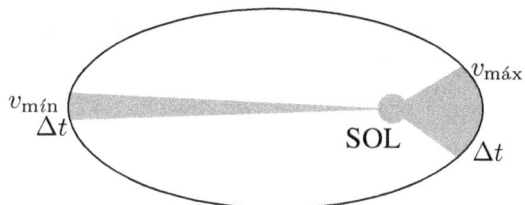

3ª) El cociente entre el periodo de revolución de un planeta elevado al cuadrado y la distancia media desde él al Sol elevada al cubo es constante (K_S, constante para todos los planetas del sistema solar):[3]

$$\frac{T^2}{r^3} = K_S$$

b) Si llamamos T_T y T_P al periodo de la Tierra y del planeta de radio mayor que ella, respectivamente, y r_T y r_P al radio medio de la Tierra y del planeta, respectivamente, y aplicamos la tercera ley de Kepler a ambos planetas, tenemos que:

$$T_T^2 = K_S\, r_T^3 \quad \text{y} \quad T_P^2 = K_S\, r_P^3$$

Si $r_P = N r_T$ y dividimos miembro a miembro la segunda ecuación entre la primera, tenemos que:

$$\frac{T_P^2}{T_T^2} = \frac{(N r_T)^3}{r_T^3}$$

Simplificamos y extraemos la raíz cuadrada en ambos miembros para darnos la relación que buscábamos:

$$\frac{T_P}{T_T} = \sqrt{N^3}$$

Cuestión 2.5

a) Analice las características de la interacción gravitatoria entre dos masas puntuales.

b) ¿Cómo se ve afectada la interacción gravitatoria descrita en el apartado anterior si en las proximidades de las dos masas se coloca una tercera masa, también puntual? Haga un esquema de las fuerzas gravitatorias que actúan sobre la tercera masa.

---

[3] $K_S = 3 \cdot 10^{-19}\, \text{s}^2\text{m}^{-3}$

a) Las características de la interacción gravitatoria entre dos masas pueden deducirse de la ley de gravitación universal de Newton, que matemáticamente puede expresarse así:

La fuerza que ejerce la partícula de masa m_1 sobre la partícula de masa m_2 es:

$$\overrightarrow{F}_{1,2} = -G\frac{m_1 m_2}{r^2}\widehat{r}$$

$\overrightarrow{r}$: vector posición; $\widehat{r}$: vector unitario

Y la fuerza que ejerce la partícula de masa m_2 sobre la partícula de masa m_1 es:

$$\overrightarrow{F}_{2,1} = G\frac{m_1 m_2}{r^2}\widehat{r}$$

siendo G la constante de gravitación universal, de valor $6,67 \cdot 10^{-11}\,\mathrm{N\,m^2/kg^2}$.

Las características de la interacción son las siguientes:

- Es atractiva y las fuerzas son opuestas (tienen el mismo módulo, la misma dirección —la de la recta que une los centros de las masas— y sentidos contrarios).

$$\overrightarrow{F}_{1,2} = -\overrightarrow{F}_{2,1}$$

- Es directamente proporcional al producto de las masas.

- Es inversamente proporcional al cuadrado de la distancia que separa las masas.

- Es independiente del medio en el que estén inmersas las masas, dado que la constante G es universal.

- Es relativamente débil y solo se aprecia cuando las masas que interaccionan (o al menos una de ellas) tienen una masa muy grande.[4]

b) Si en las proximidades de las dos masas se introduce otra de masa m_3, cada una de ellas interaccionará con las otras dos como hemos descrito en el apartado anterior, independientemente de la presencia de la otra, tal como afirma el principio de superposición de fuerzas.

La fuerza que ejercen las partículas de masa m_1 y masa m_2 sobre la partícula de masa m_3 es la suma vectorial de las fuerzas $\Sigma\overrightarrow{F}$ que ejercen m_1 y m_2 sobre m_3, $\overrightarrow{F}_{1,3}$ y $\overrightarrow{F}_{2,3}$, respectivamente:

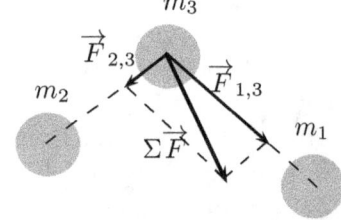

$$\Sigma\overrightarrow{F} = \overrightarrow{F}_{1,3} + \overrightarrow{F}_{2,3}$$

---

[4]Pensemos en la gran fuerza con la que se atraen el Sol y la Tierra, que pueden considerarse como masas puntuales al ser despreciable sus tamaños con respecto a la gran distancia que los separa.

Cuestión 2.6

Una partícula de masa m, situada en el punto A, se mueve en línea recta hacia otro punto B, en una región en la que existe un campo gravitatorio creado por una masa M.

a) Si el valor del potencial gravitatorio en el punto B es menor que en el punto A, razone si la partícula se acerca o se aleja de M.

b) Explique las transformaciones energéticas de la partícula durante el desplazamiento indicado y escribe su expresión. ¿Qué cambios cabría esperar si la partícula fuera de A a B siguiendo una trayectoria no rectilínea?

---

a) El potencial gravitatorio en un punto de un campo gravitatorio representa la energía potencial que tiene la unidad de masa en ese punto. Su unidad es el J/kg. El potencial gravitatorio creado por una masa M en un punto que se encuentra a una distancia r de ella, según el convenio de que en un punto a una distancia infinita de ella el potencial es cero, es:

$$V = -G\frac{M}{r}$$

Teniendo en cuenta esta expresión, si V disminuye cuando la partícula de masa m pasa de A a B, esto es, se hace más negativo, es porque $G\dfrac{M}{r}$ aumenta. Para ello ha de disminuir r, luego la partícula se acerca a M.

Otra forma de razonarlo sería la siguiente: como la fuerza gravitatoria es atractiva, el sistema formado por las dos masas cuando están más separadas tiene más capacidad de producir cambios por la configuración del sistema que forman que cuando están más juntas, luego si V disminuye cuando la partícula de masa m pasa de A a B, es porque se acerca a la masa M.

b) Si únicamente actúa la fuerza gravitatoria $\vec{F}$, la energía mecánica permanece constante, ya que es una fuerza conservativa:

$$\left.\begin{array}{l}\text{Por el teorema del trabajo y la energía: } W_F = \Delta E_\text{c}\\ \text{Por el teorema de la energía potencial: } W_F = -\Delta E_\text{p}\end{array}\right\} \Rightarrow \Delta E_\text{c} = -\Delta E_\text{p}$$

Cuando la masa m se acerca a un punto de un potencial gravitatorio menor, la energía potencial gravitatoria del sistema formado por las dos masas disminuye en la misma cantidad que su energía cinética aumenta.

Respecto a si cabría esperar algún cambio si la partícula siguiera una trayectoria no rectilínea, hay que comentar que no, ya que la posición inicial y final es la misma en las dos trayectorias. La diferencia de energía potencial gravitatoria del sistema formado por las dos masas es independiente de la trayectoria seguida por

m, ya que la energía potencial es una función que depende de la posición. Como la variación de la energía potencial gravitatoria es la misma, la variación de la energía cinética también será la misma.

Cuestión 2.7

Dibuje en un esquema las líneas de fuerza del campo gravitatorio creado por una masa puntual M. Sean A y B dos puntos situados en la misma línea de fuerza del campo, siendo B el punto más cercano a M.

a) Si una masa m está situada en A y se traslada a B, ¿aumenta o disminuye la energía potencial? ¿Por qué?

b) Si una masa m está situada en A y se traslada a otro punto C, situado a la misma distancia de M que A, pero en otra línea de fuerza, ¿aumenta o disminuye la energía potencial?

---

a) La energía potencial gravitatoria del sistema formado por dos partículas de masas M y m que se hallan a una distancia r, según el convenio de que cuando se encuentran a una distancia infinita una de otra su energía potencial es cero, es:

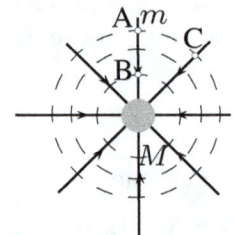

$$E_{\mathrm{p}} = -G\frac{Mm}{r}$$

Según esta expresión, cuando se traslada la masa desde A a B, r disminuye, $G\dfrac{Mm}{r}$ aumenta y la energía potencial disminuye porque se hace más negativa.

Otra forma de razonarlo sería la siguiente: como la fuerza gravitatoria es atractiva, el sistema formado por las dos masas cuando están más juntas tiene menos capacidad de producir cambios por su configuración espacial que cuando están más separadas, luego, cuando se traslada la masa m de A a B, las dos masas están más juntas y su energía potencial disminuye.

b) Si la masa m está situada en A y se traslada a otro punto C, situado a la misma distancia de M que A, pero en otra línea de fuerza, la partícula se mueve sobre una superficie equipotencial (superficie formada por puntos del mismo potencial) porque los puntos de la línea están situados a la misma distancia de la masa que crea el campo. Si los puntos por donde se desplaza tienen el mismo potencial, es decir, la misma energía potencial por unidad de masa, la energía potencial no varía.

También podemos justificarlo diciendo que si la masa m se mueve desde A hasta C según un arco de circunferencia de radio r, el trabajo que realiza la fuerza gravitatoria es cero por ser perpendicular en todo momento al diferencial del desplazamiento y, por tanto, no varía su energía potencial, ya que según el teorema de la energía potencial, si el trabajo que realiza una fuerza conservativa sobre una partícula es cero, la energía potencial no varía.

Cuestión 2.8

Se suele decir que la energía potencial gravitatoria de un cuerpo de masa m situado a una altura h viene dada por la expresión $E_\mathrm{p} = mgh$.
a) ¿Es correcta esta afirmación? ¿Por qué?
b) ¿En qué condiciones es válida dicha fórmula?

---

a) Esta afirmación no es del todo correcta (la primera parte), en el sentido de que no se puede hablar de energía potencial gravitatoria de un cuerpo, sino de un sistema de cuerpos. La Tierra y un cuerpo de masa m dentro del campo gravitatorio creado por la Tierra, o viceversa, un cuerpo de masa m y la Tierra, dentro del campo gravitatorio creado por el cuerpo de masa m, forman un sistema de masas ligadas entre sí mediante fuerzas gravitatorias. Es más correcto hablar de la energía potencial gravitatoria del sistema Tierra-cuerpo.

En cuanto a la expresión $E_\mathrm{p} = mgh$, si, abusando del lenguaje, nos referimos a la energía potencial de un cuerpo (no de un sistema), es correcta. Para ello debemos elegir un nivel o altura de referencia al que le asignamos el valor de cero a la energía potencial (normalmente se elige la superficie de la Tierra). Para alturas superiores a ese nivel, la energía potencial es positiva, y para alturas inferiores, negativa.

b) ¿Pero en qué condiciones es válida la expresión $E_\mathrm{p} = mgh$?
Supongamos un cuerpo de masa m que se encuentra a una altura h sobre la superficie de la Tierra. La energía potencial gravitatoria del sistema formado por la Tierra y el cuerpo es la siguiente:

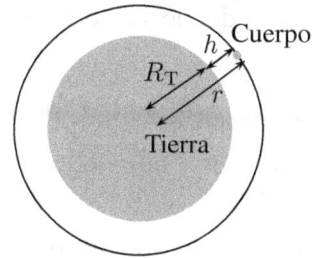

$$E_\mathrm{p} = -G\frac{M_\mathrm{T}m}{r}$$

siendo r la distancia entre sus centros y G, la constante de gravitación universal, con el convenio establecido de que la energía potencial es cero cuando los cuerpos se encuentran a distancia infinita.

La expresión $E_\mathrm{p} = mgh$ es un caso particular de aquella. Veamos:

La diferencia entre la energía potencial del sistema cuando el cuerpo se encuentra en un punto situado a una altura h y cuando se encuentra en la superficie terrestre es la siguiente:

$$E_{\mathrm{p}}(h) - E_{\mathrm{p}}(R_{\mathrm{T}}) = -G\frac{M_{\mathrm{T}}m}{r} - \left(-G\frac{M_{\mathrm{T}}m}{R_{\mathrm{T}}}\right) = G\frac{M_{\mathrm{T}}m}{R_{\mathrm{T}}} - G\frac{M_{\mathrm{T}}m}{r}$$

$$= GM_{\mathrm{T}}m\frac{r - R_{\mathrm{T}}}{R_{\mathrm{T}}r} = G\frac{M_{\mathrm{T}}m}{R_{\mathrm{T}}^2}\frac{R_{\mathrm{T}}}{r}(r - R_{\mathrm{T}})$$

Teniendo en cuenta que $g = G\dfrac{M_{\mathrm{T}}}{R_{\mathrm{T}}^2}$ es la intensidad del campo gravitatorio en la superficie de la Tierra y que $r - R_{\mathrm{T}} = h$, la expresión anterior se reduce, en el caso de cuerpos próximos a la superficie terrestre para los que podemos hacer la aproximación de que $R_{\mathrm{T}} \simeq r$, a:

$$E_{\mathrm{p}}(h) - E_{\mathrm{p}}(R_{\mathrm{T}}) = mgh$$

Si consideramos que la energía potencial en la superficie de la Tierra $E_{\mathrm{p}}(R_{\mathrm{T}}) = 0$:

$$E_{\mathrm{p}}(h) = mgh$$

Esta expresión nos proporciona el valor de la energía potencial gravitatoria en un punto situado a una altura h, siempre y cuando la altura sea despreciable con respecto al radio terrestre.

Cuestión 2.9

Razone la veracidad o falsedad de las siguientes afirmaciones:
a) El peso de un cuerpo en la superficie de un planeta cuya masa fuera la mitad que la de la Tierra sería la mitad de su peso en la superficie de la Tierra.
b) El estado de "ingravidez" de los astronautas en el interior de las naves espaciales orbitando alrededor de la Tierra se debe a que la fuerza que ejerce la Tierra sobre ellos es nula.

---

a) Verdadera. Supongamos un cuerpo (c) de masa m; si llamamos $\vec{F}_{\mathrm{P,c}}$ a la fuerza con que el planeta (P) lo atrae en su superficie (peso del cuerpo en ese planeta) y $\vec{F}_{\mathrm{T,c}}$, a la fuerza con que la Tierra atrae a ese mismo cuerpo en su superficie (peso del cuerpo en la Tierra), podemos calcular que la relación entre el peso del cuerpo en la Tierra y en el planeta es la que nos refiere el enunciado:

$$F_{\mathrm{P,c}} = G\frac{M_{\mathrm{P}}m}{R_{\mathrm{P}}^2} = G\frac{\dfrac{M_{\mathrm{T}}}{2}m}{R_{\mathrm{T}}^2} = \frac{1}{2}G\frac{M_{\mathrm{T}}m}{R_{\mathrm{T}}^2} = \frac{F_{\mathrm{T,c}}}{2}$$

$$\left[M_{\mathrm{P}} = \frac{M_{\mathrm{T}}}{2}; \ R_{\mathrm{P}} = R_{\mathrm{T}}; \ F_{\mathrm{T,c}} = G\frac{M_{\mathrm{T}}m}{R_{\mathrm{T}}^2} \right]$$

b) Falsa. Los astronautas se encuentran en el campo gravitatorio terrestre y, puesto que están orbitando alrededor de la Tierra, debe existir una fuerza centrípeta que los obligue a ello, que es su peso, la fuerza con que la Tierra los atrae. La aparente "ingravidez" se debe a que la nave está sometida a la misma fuerza y está "cayendo" hacia la Tierra con la misma velocidad, de forma que no existen fuerzas de reacción con ninguna parte de la nave. La situación es similar a aquella en la que se realizan descensos en aviones para experimentar la "ingravidez" (una balanza unida al suelo del avión marcaría cero aunque estuviésemos pegados a ella). También experimentamos cierta "pérdida de peso" cuando un ascensor se pone en movimiento para bajar (subidos a una balanza sobre el suelo del ascensor, marcaría menos peso que cuando estuviera parado).

Cuestión 2.10

En una región en la que existe un campo gravitatorio uniforme de intensidad g, representado en la figura por sus líneas de campo:

a) Razone el valor del trabajo que se realiza al trasladar la unidad de masa desde el punto A al B y desde B al C.
b) Analice las analogías y diferencias entre el campo descrito y el campo gravitatorio terrestre.

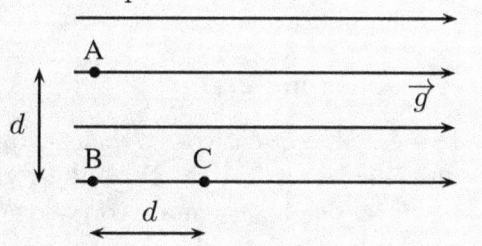

a) Al tratarse de un campo gravitatorio uniforme, $\vec{g}$ es constante y la fuerza gravitatoria $\vec{F}_g$ que actúa sobre cualquier masa que haya en ese campo también lo es.

Sabemos que el trabajo W que realiza una fuerza constante $\vec{F}$ sobre un cuerpo cuyo desplazamiento es $\vec{d}$ es el producto escalar de ambos vectores: $W = \vec{F} \cdot \vec{d}$

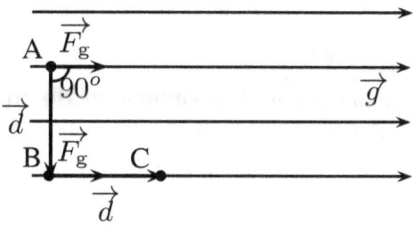

Si suponemos que el trabajo lo realiza la fuerza gravitatoria, cuando la masa unidad de masa (1 kg) se traslada desde A hasta B, dicho trabajo será:

$$W_{AF_g}^{B} = \vec{F}_g \cdot \vec{d} = 0, \text{ ya que } \vec{F}_g \text{ y } \vec{d} \text{ son perpendiculares.}$$

El trabajo que realiza la fuerza gravitatoria para trasladar 1 kg de masa desde B hasta C será:

$$W_{BF_g}^{C} = \vec{F}_g \cdot \vec{d} = mgd\cos\phi = gd\,\text{J} \quad \lfloor m = 1\,\text{kg}; \cos\phi = \cos 0^o = 1 \rfloor$$

b) El campo gravitatorio terrestre no
es uniforme, ya que $\vec{g}$ no es constante, al contrario de como ocurría
con el campo anterior. En cada punto
del espacio que rodea a la Tierra, $\vec{g}$
es un vector de módulo $g = G\dfrac{M_\text{T}}{r^2}$;
de dirección, la línea que une dicho
punto con el centro de la Tierra; y de
sentido, hacia el centro de la Tierra.
Sin embargo, en las proximidades de
la superficie terrestre, para altitudes
pequeñas comparadas con el radio de
la Tierra y para extensiones no muy
grandes, podemos hacer la aproximación de que $\vec{g}$ es constante, a efectos de simplificar su estudio.

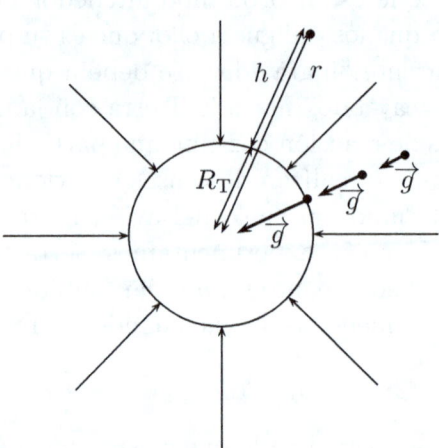

Cuestión 2.11

Dos satélites idénticos se encuentran en órbitas circulares de distinto radio
alrededor de la Tierra. Razone las respuestas a las siguientes preguntas:
a) ¿Cuál de ellos tiene mayor velocidad, el de la órbita de mayor o de menor
radio?
b) ¿Cuál de los dos tiene mayor energía mecánica?

---

a) La velocidad orbital v de un satélite (s) en su
movimiento alrededor de la Tierra de masa M_T
viene dada por la expresión:

$$v = \sqrt{\frac{GM_\text{T}}{r}}$$

siendo G la constante de gravitación universal y r,
el radio de la órbita en la que se mueve.

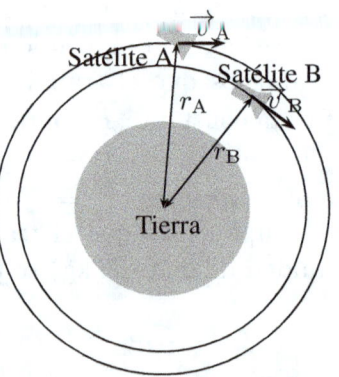

La expresión nos muestra que la velocidad orbital depende del radio de la órbita
del satélite, de modo que cuanto mayor es el radio de la órbita, menor es su
velocidad orbital. De los dos satélites A y B (que podrían no ser idénticos, pues
su masa no influye), el satélite B, con una órbita de menor radio, es el que tiene
más velocidad orbital.

b) Los satélites y la Tierra, alrededor de la cual orbitan, están ligados por la atracción gravitatoria. Por ello, a la energía mecánica E_m que posee el satélite en su órbita se llama también energía de enlace. Suponiendo que la única energía potencial que posee el satélite sea debida solo a la interacción con la Tierra:

$$
\begin{aligned}
E_m &= E_c + E_p = \frac{1}{2}m_s v^2 + \left(-G\frac{M_T m_s}{r}\right) \\
&= \frac{1}{2}m_s G\frac{M_T}{r} + \left(-G\frac{M_T m_s}{r}\right) = -\frac{1}{2}G\frac{M_T m_s}{r}
\end{aligned}
$$

$$
\left\lfloor v^2 = G\frac{M_T}{r} \right\rfloor
$$

La energía mecánica de un satélite es negativa, como corresponde a un sistema ligado. La expresión nos muestra que, si los satélites son idénticos, (tienen la misma masa) la energía mecánica es tanto menos negativa cuanto mayor sea el radio orbital. De los dos satélites A y B, el satélite A, con una órbita de mayor radio, es el que tiene una energía mecánica menos negativa y, por tanto, una energía de mecánica mayor.

Cuestión 2.12

a) Explique qué se entiende por velocidad orbital de un satélite y deduzca razonadamente su expresión para un satélite artificial que describe una órbita circular alrededor de la Tierra.

b) ¿Se pueden determinar las masas de la Tierra y del satélite conociendo los datos de la órbita descrita por el satélite? Razone la respuesta.

---

a) La velocidad orbital de un satélite (natural o artificial) es aquella con la que se mueve en la órbita que describe alrededor de un planeta.

Sobre el satélite (s) que orbita alrededor de la Tierra a una distancia r (distancia entre los cuerpos de ambos cuerpos), solo actúa la fuerza que la Tierra ejerce sobre él, $\vec{F}_{T,s}$, que le produce una aceleración normal $\vec{a}_n$.

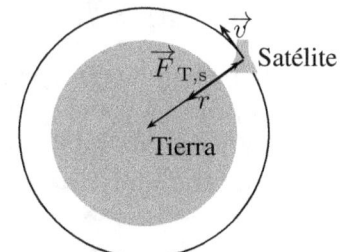

De acuerdo con la segunda ley de Newton:

$$
\vec{F}_{T,s} = m_s \vec{a}_n
$$

Como:

$$
F_{T,s} = G\frac{M_T m_s}{r^2} \quad \text{y} \quad a_n = \frac{v^2}{r}
$$

tenemos que:

$$
G\frac{M_T m_s}{r^2} = m_s\frac{v^2}{r}
$$

Simplificamos y despejamos la velocidad orbital:

$$v = \sqrt{\frac{GM_\text{T}}{r}}$$

b) La masa de la Tierra sí puede determinarse. Veamos:

La velocidad orbital del satélite es igual al cociente entre la longitud de la órbita descrita y el tiempo empleado en describirla (periodo T):

$$v = \frac{2\pi r}{T}$$

Por otra parte, según hemos visto en el anterior apartado, v es:

$$v = \sqrt{\frac{GM_\text{T}}{r}}$$

Elevamos al cuadrado los dos términos de la ecuación anterior y sustituimos v en función de T:

$$\left(\frac{2\pi r}{T}\right)^2 = \frac{GM_\text{T}}{r}$$

Despejamos la masa de la Tierra:

$$M_T = \frac{4\pi r^3}{GT^2}$$

Sin embargo, la masa del satélite no se puede determinar porque es independiente de los datos de la órbita, ya que el radio de la órbita no depende de su masa, como hemos visto en la expresión de la velocidad orbital.

Cuestión 2.13

Si por alguna causa la Tierra redujese su radio a la mitad manteniendo su masa, razone cómo se modificarían:
a) La intensidad del campo gravitatorio en su superficie.
b) Su órbita alrededor del Sol.

---

a) La intensidad de campo gravitatorio (gravedad) en un punto del campo gravitatorio creado por la Tierra es la fuerza que actúa sobre la unidad de masa en ese punto. Coincide numéricamente con la fuerza que ejercería el campo sobre un cuerpo de 1 kg de masa colocado en ese punto. Su valor es directamente proporcional a la masa de la Tierra e inversamente proporcional al cuadrado de la distancia que separa el centro de la Tierra de ese punto.

En un punto de la superficie de la Tierra, de masa M_T y de radio R_T, la gravedad g_0 es:

$$g_0 = G\frac{M_T}{R_T^2}$$

En en un punto de la superficie de la nueva Tierra (T'), con la misma masa $M_{T'} = M_T$ y de radio $R_{T'} = R_T/2$, la nueva gravedad g_0' sería:

$$g_0' = G\frac{M_{T'}}{R_{T'}^2} = G\frac{M_T}{(R_T/2)^2} = 4G\frac{M_T}{R_T^2} = 4g_0$$

b) Su órbita alrededor del Sol no se modificaría porque la distancia r entre los centros del Sol y de la Tierra seguiría siendo la misma.

Cuestión 2.14

a) Defina velocidad de escape de un planeta y deduzca su expresión.
b) Se desea colocar un satélite en órbita circular a una altura h sobre la Tierra. Deduzca las expresiones de la energía cinética del satélite en órbita y la variación de energía potencial respecto a la superficie de la Tierra.

a) La velocidad de escape v_e de un planeta es la velocidad mínima de lanzamiento de un cuerpo desde su superficie para la que se consigue, al menos teóricamente, mandarlo al infinito, es decir, situarlo en reposo justo en el lugar donde su energía potencial gravitatoria es cero, según el convenio de que la energía potencial en el infinito es cero.[5]

Obtenemos la expresión de la velocidad de escape para un cuerpo de masa m que se encuentra en la superficie de un planeta, de radio R y de masa M. Para ello, suponemos que el instante inicial es aquel en el que el cuerpo se encuentra en la superficie de planeta, animado ya con cierta velocidad, la velocidad de escape; y el instante final, aquel en el que el cuerpo está en el infinito y en reposo con una energía mecánica cero.

---

[5]En la tabla siguiente mostramos la velocidad de escape desde la superficie de distintos astros:

Astro	Sol	Tierra	Mercurio	Venus	Luna	Marte	Júpiter	Saturno
v_e (km/s)	618,0	11,2	4,2	10,4	2,4	5,0	59,6	35,5

Como a partir del momento del lanzamiento solo actúa la fuerza peso, que es una fuerza conservativa, la energía mecánica del cuerpo permanece constante durante todo el recorrido e igual a cero. De esta manera, la velocidad de escape debe ser tal, que se cumpla que:

$$E_{c\,0} + E_{p\,0} = 0 \Rightarrow \frac{1}{2}mv_e^2 + \left(-G\frac{Mm}{R}\right) = 0$$

Dividimos y multiplicamos el segundo término por R, tenemos en cuenta que $G\dfrac{M}{R^2} = g_0$, la gravedad en la superficie del planeta, y despejamos la velocidad de escape:

$$v_e = \sqrt{2g_0 R}$$

b) Deducimos ahora la energía cinética de un satélite de masa m_s, que orbita alrededor de la Tierra de masa M_T a una distancia r, a partir de la velocidad orbital v:

$$E_c = \frac{1}{2}mv^2 = \frac{1}{2}G\frac{M_T m}{R_T + h}$$

$$\left\lfloor v^2 = G\frac{M_T}{r}. \text{ Si } r = R_T + h \Rightarrow v^2 = G\frac{M_T}{R_T + h}\right\rfloor$$

La variación de la energía potencial del sistema Tierra-satélite con respecto a la superficie de la Tierra es:

$$\begin{aligned}
\Delta E_p &= E_p - E_{p\,0} = -G\frac{M_T m_s}{r} - \left(-G\frac{M_T m_s}{R_T}\right) \\
&= G\frac{M_T m_s}{R_T} - G\frac{M_T m_s}{R_T + h} = GM_T m_s\left(\frac{1}{R_T} - \frac{1}{R_T + h}\right)
\end{aligned}$$

Cuestión 2.15

Se desea colocar un satélite en una órbita circular, a cierta altura sobre la Tierra.

a) Explique las variaciones energéticas del satélite desde su lanzamiento hasta su situación orbital.

b) ¿Influye la masa del satélite en su velocidad orbital?

a) Para poner al satélite en órbita, hay que realizar un trabajo externo, que se emplea en comunicar cierta energía cinética al satélite. Suponemos que esta energía se comunica "de golpe" y que se lanza con cierta inclinación. Una vez que despega, sobre el satélite solo actúa la fuerza que la Tierra ejerce sobre él, que es una fuerza conservativa. Por tanto, como solo existen fuerzas conservativas, la energía mecánica no varía: $\Delta E_\mathrm{m} = 0$.

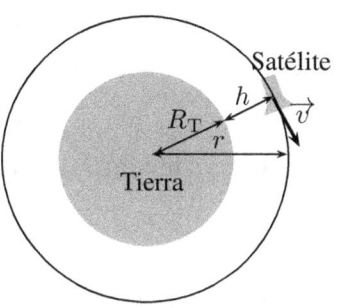

Podemos expresarlo así:

$$\Delta E_\mathrm{c} + \Delta E_\mathrm{p} = 0$$

Conforme sube, disminuye su energía cinética en la misma cantidad que aumenta su energía potencial hasta que la energía cinética del satélite coincide en valor absoluto con su energía mecánica, instante en la que el satélite alcanza su velocidad orbital a la altura deseada, que dependerá de la energía cinética suministrada.[6]

b) La velocidad orbital v de un satélite en su movimiento alrededor de la Tierra, de masa M_T, viene dada por la expresión:

$$v = \sqrt{\frac{GM_\mathrm{T}}{r}}$$

siendo G, la constante de gravitación universal y r, el radio de la órbita.

La expresión nos muestra que la velocidad orbital del satélite depende de la masa de la Tierra y del radio de la órbita, pero no de su masa.

Cuestión 2.16

Analice las siguientes proposiciones, razonando si son verdaderas o falsas:
a) El trabajo realizado por una fuerza sobre un cuerpo es igual a la variación de su energía cinética.
b) La energía cinética necesaria para escapar de la Tierra depende de la elección del origen de energía potencial.

---

a) Esta proposición es verdadera, según afirma el teorema del trabajo y la energía, que dice que el trabajo total que se realiza sobre un cuerpo es igual a la variación de su energía cinética:

$$W_\mathrm{total} = \Delta E_\mathrm{c}$$

Veamos dos casos reales en los que se cumple:

---

[6]Si se lanzara el satélite perpendicularmente a la superficie terrestre, ascendería hasta que su velocidad fuese cero. Para que no cayera y se mantuviera en órbita a esa distancia, necesitaría la velocidad orbital y habría que aportarle la energía cinética correspondiente: $E_\mathrm{c} = \frac{1}{2}mv_\mathrm{orbital}^2$.

- Lanzamos un cuerpo verticalmente en la Luna. Sobre el cuerpo solo actúa la fuerza con la que la Luna lo atrae (su peso). Aplicamos el teorema del trabajo y la energía: en el movimiento de ascenso, el trabajo de la fuerza peso sobre el cuerpo es negativo y disminuye su energía cinética; en el movimiento de descenso, el trabajo de la fuerza peso sobre el cuerpo es positivo y aumenta su energía cinética.

- La Luna orbitando alrededor de la Tierra. Sobre la Luna solo actúa la fuerza con que la Tierra la atrae. Aplicamos el teorema trabajo-energía: como la fuerza con que la Tierra la atrae forma en todo momento un ángulo de 90° con el desplazamiento, el trabajo de la fuerza es cero y no varía su energía cinética.

b) La velocidad de escape v_e es la velocidad mínima de lanzamiento de un cuerpo desde la superficie de un astro con la que se consigue, al menos teóricamente, mandarlo al infinito, donde llega con velocidad cero y desligado de la atracción gravitatoria del astro.[7]

La energía cinética de escape E_{ce} es:

$$E_{ce} = \frac{1}{2}mv_e^2$$

Obtenemos a continuación la expresión de la energía cinética de escape de un cuerpo de masa m que se encuentra en la Tierra, de radio R_T y de masa M_T. Veamos que es independiente del origen que tomemos de energías potenciales. Para ello, suponemos que el instante inicial es aquel en el que el cuerpo se encuentra en la superficie de la Tierra, animado ya con cierta velocidad, la velocidad de escape; y el instante final, aquel en el que el cuerpo está en el infinito y en reposo.

Como a partir del momento del lanzamiento solo actúa la fuerza peso, que es una fuerza conservativa, la energía mecánica del cuerpo permanece constante durante todo el recorrido e igual a cero. Así, la energía cinética de escape debe ser tal, que se cumpla que:

$$E_{c0} + E_{p0} = E_c + E_p$$

---

[7]Si la velocidad comunicada fuese mayor que la velocidad de escape, el cuerpo llegaría al infinito con cierta energía cinética; en estas condiciones, el cuerpo se desligaría por completo de la atracción gravitatoria describiendo una trayectoria rectilínea (si se lanzó perpendicular) o hiperbólica, pero en ningún caso una trayectoria cerrada, con lo que el cuerpo no quedaría en órbita.

Si $E_{c0} = E_{ce}$ y $E_c = 0$, ya que en el infinito la velocidad del cuerpo es cero, tenemos que:

$$E_{ce} + E_{p0} = E_p$$

Despejamos la energía cinética de escape:

$$E_{ce} = E_p - E_{p0}$$

La energía cinética de escape no depende de la elección del origen de energía potencial porque la diferencia de energía potencial entre el infinito y la superficie de la Tierra es indiferente del sistema de referencia elegido. Veámoslo:

- Si elegimos el convenio de que la energía potencial en la superficie de la Tierra es cero, se puede demostrar que la energía potencial en el infinito es $E_p = mg_0 R_T$. Por tanto:

$$E_p - E_{p0} = mg_0 R_T - 0 = mg_0 R_T$$

- Si elegimos el convenio de que la energía potencial en el infinito es cero, se puede demostrar que la energía potencial en la superficie de la Tierra es $E_{p0} = -mg_0 R_T$. Por tanto:

$$E_p - E_{p0} = 0 - (-mg_0 R_T) = mg_0 R_T$$

La energía cinética de escape es:

$$E_{ce} = E_p - E_{p0} = mg_0 R_T$$

Cuestión 2.17

Un satélite describe una órbita circular alrededor de la Tierra. Conteste razonadamente a las siguientes preguntas:

a) ¿Qué trabajo realiza la fuerza de atracción hacia la Tierra a lo largo de media órbita?

b) Si la órbita fuera elíptica, ¿cuál sería el trabajo de esa fuerza a lo largo de una órbita completa?

---

a) Si un satélite (s) se mueve describiendo una órbita circular bajo la acción de la fuerza $\overrightarrow{F}_{T,s}$ con que la Tierra lo atrae, cuando se desplaza a lo largo de media órbita entre los puntos A y B, el trabajo realizado por dicha fuerza es cero, porque la fuerza forma en todo momento un ángulo de 90° con el diferencial del desplazamiento, $d\overrightarrow{r}$:

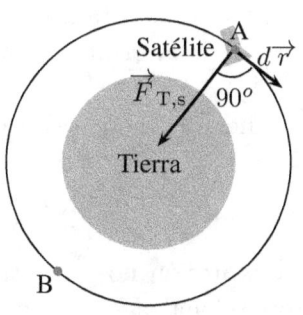

$$W = \int_A^B \overrightarrow{F}_{T,s} \cdot d\overrightarrow{r} = 0$$

Es coherente que el trabajo sea nulo con el hecho de que el satélite no cambie su energía mecánica, ya que no varía su energía cinética (no cambia su rapidez) ni su energía potencial (no cambia la distancia que lo separa de la Tierra).

b) En caso de que la órbita fuese elíptica, el trabajo de esa fuerza a lo largo de una órbita completa también sería cero, puesto que, al tratarse de una fuerza conservativa, el trabajo que realiza cuando describe una trayectoria cerrada es cero:

$$W = \oint \vec{F}_{\text{T,s}} \cdot d\vec{r} = 0$$

También podemos explicarlo de otra manera: de acuerdo con el teorema de la energía potencial, que dice que el trabajo de una fuerza conservativa es igual a la variación de la energía potencial con el signo cambiado, el trabajo es nulo porque no varía su energía potencial, pues al realizar un órbita completa coinciden la posición inicial y la final.

Cuestión 2.18

Dos satélites idénticos A y B describen órbitas circulares de diferente radio ($r_A > r_B$) alrededor de la Tierra. Conteste razonadamente a las siguientes preguntas:
a) ¿Cuál de los dos tiene mayor energía cinética?
b) Si los dos satélites estuvieran en la misma órbita ($r_A = r_B$) y tuviesen distinta masa ($m_A < m_B$), ¿cuál de los dos se movería con mayor velocidad?, ¿cuál de ellos tendría más energía cinética?

---

a) La velocidad orbital v de un satélite de masa m_s en su movimiento alrededor de la Tierra de masa M_T viene dada por la expresión:

$$v = \sqrt{\frac{GM_T}{r}}$$

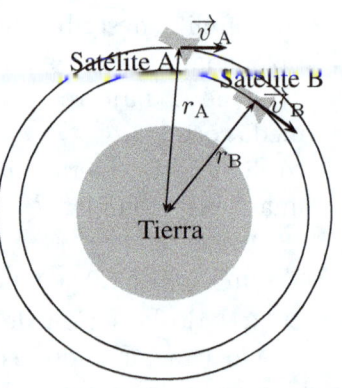

siendo G la constante de gravitación universal y r, el radio de la órbita en la que se mueve.

La energía cinética con la que se mueve es:

$$E_c = \frac{1}{2} m_s v^2 = \frac{1}{2} m_s \frac{GM_T}{r} = \frac{GM_T m_s}{2r} \quad \left[v^2 = G\frac{M_T}{r} \right]$$

La expresión nos muestra que la energía cinética de un satélite es directamente proporcional a su masa e inversamente proporcional al radio de la órbita que describe. Como los dos satélites tienen la misma masa (son idénticos), solo influye el radio de la órbita. De los dos satélites, el satélite B es el que tiene mayor energía cinética por ser el radio de la órbita menor.

b) Si los dos satélites estuvieran en la misma órbita, sus velocidades serían iguales, pues, como se ha visto en el apartado anterior, la velocidad solo depende de la masa de la Tierra y del radio de la órbita; en cambio, sus energías cinéticas serían distintas. De los dos satélites, el satélite B es el que tiene más energía cinética por ser su masa mayor.

Cuestión 2.19

a) Considere un punto situado a una determinada altura sobre la superficie terrestre: ¿qué velocidad es mayor en ese punto, la orbital o la de escape?
b) A medida que aumenta la distancia de un cuerpo a la superficie de la Tierra, disminuye la fuerza con que es atraído por ella. ¿Significa eso que también disminuye su energía potencial?

---

a) La velocidad orbital v de un cuerpo de masa m en cualquier punto P que se encuentra en la órbita alrededor de la Tierra viene dada por la expresión:

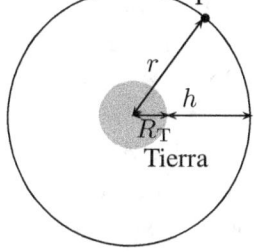

$$v = \sqrt{g_P r}$$

siendo r el radio de la órbita en la que se mueve y g_P, la gravedad en el punto P.

Como la velocidad de escape v_e de un cuerpo desde el mismo punto es:

$$v_e = \sqrt{2g_P r}$$

Dividiendo miembro a miembro las expresiones anteriores, obtenemos la relación entre v_e y v:

$$\frac{v_e}{v} = \frac{\sqrt{2g_P r}}{\sqrt{g_P r}} = \sqrt{2}$$

Luego la velocidad de escape es $\sqrt{2}$ veces mayor que la velocidad orbital.

b) No, la energía potencial gravitatoria del sistema cuerpo-Tierra aumenta. Sí es cierto que la fuerza con que la Tierra atrae al cuerpo disminuye a medida que aumenta la distancia a la superficie de la Tierra, porque la intensidad del campo gravitatorio disminuye, pero la causa de que la energía potencial aumente es porque la interacción es atractiva. Según el teorema de la energía potencial aplicado a las fuerzas gravitatorias, el trabajo de la fuerza gravitatoria sobre un cuerpo que se traslada de un punto A hasta otro punto B es igual a la variación de la energía potencial entre esos dos puntos con el signo cambiado. Como la fuerza gravitatoria es variable, puesto que disminuye con la distancia r al punto considerado, el trabajo lo expresamos mediante una integral definida. Si el cuerpo se aleja desde la superficie de la Tierra trasladándose de A hasta B, el trabajo realizado por la fuerza gravitatoria es:

$$W_{\mathrm{A}\,F_{\mathrm{g}}}^{B} = \int_{\mathrm{A}}^{\mathrm{B}} \overrightarrow{F_{\mathrm{g}}} \cdot d\overrightarrow{r} = -\Delta E_{\mathrm{p}} = -(E_{\mathrm{p}\,\mathrm{B}} - E_{\mathrm{p}\,\mathrm{A}})$$

Como, al ascender el cuerpo, el trabajo de la fuerza gravitatoria es negativo, se debe cumplir que $E_{\mathrm{p}\,\mathrm{B}} > E_{\mathrm{p}\,\mathrm{A}}$; esto es, la energía potencial del sistema aumenta.

Otra forma de razonarlo sería la siguiente: como la fuerza gravitatoria es atractiva, el sistema formado por los dos cuerpos cuando están más separados tiene más capacidad de producir cambios por su configuración espacial que cuando están más juntos, luego, al aumentar la distancia entre los dos cuerpos, su energía potencial aumenta.

Cuestión 2.20

a) Si se redujera el radio de la órbita lunar en torno a la Tierra, ¿aumentaría su velocidad orbital?

b) ¿Dónde es mayor la velocidad de escape, en la Tierra o en la Luna?

---

a) La velocidad orbital v de la Luna en su movimiento alrededor de la Tierra de masa M_{T} viene dada por la expresión:

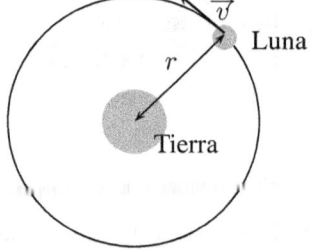

$$v = \sqrt{\dfrac{GM_{\mathrm{T}}}{r}}$$

siendo G la constante de gravitación universal y r, el radio de la órbita en la que se mueve.

La expresión nos muestra que la velocidad orbital depende del radio de la órbita lunar de modo que si disminuyera el radio de la órbita aumentaría la velocidad orbital.

b) La velocidad de escape v_{e} es la velocidad mínima de lanzamiento de un cuerpo desde la superficie de un astro con la que se consigue, al menos teóricamente, mandarlo al infinito, es decir, situarlo en reposo justo en el lugar donde su energía potencial gravitatoria es cero, según el convenio de que la energía potencial en el infinito es cero.

Podemos expresar la velocidad de escape en un astro (A) en función de la gravedad en su superficie $g_{0\,\mathrm{A}}$ y de su radio R_{A}:

$$v_{\mathrm{e}} = \sqrt{2g_{0\,\mathrm{A}}R_{\mathrm{A}}}$$

De esta expresión deducimos que la velocidad de escape en la Tierra es mayor que en la Luna porque $g_{0\,T} > g_{0\,L}$ y $R_T > R_L$.

Problema 2.21

La masa del Sol es 324 440 veces mayor que la de la Tierra y su radio 108 veces mayor que el radio terrestre.

a) ¿Cuántas veces es mayor el peso de un cuerpo en la superficie del Sol que en la Tierra?

b) ¿Cuál sería la máxima altura alcanzada por un proyectil que se lanzase verticalmente hacia arriba, desde la superficie solar, con una velocidad de 720 km/h?

$g = 9,8\,\mathrm{m\,s^{-2}}$.

---

a) El peso de un cuerpo en la superficie de un astro es la fuerza con que este lo atrae en ese lugar. Depende de la gravedad g en ese lugar (fuerza que actúa sobre la unidad de masa), que es directamente proporcional a la masa del astro e inversamente proporcional al cuadrado de su radio.

Supongamos un cuerpo (c) de masa m: si llamamos $\vec{F}_{S,c}$ a la fuerza con que el Sol (S) lo atrae en su superficie y $\vec{F}_{T,c}$ a la fuerza con que la Tierra lo atrae en su superficie, podemos calcular las veces que es mayor el peso del cuerpo en el Sol que en la Tierra porque conocemos la relación que existe entre sus masas y la relación entre sus radios:

$$F_{S,c} = mg_{0S} = mG\frac{M_S}{R_S^2} = mG\frac{324\,440 M_T}{(108 R_T)^2} = \frac{324\,440}{108^2} mG\frac{M_T}{R_T^2} = 27,8\,F_{T,c}$$

$$\left\lfloor g_{0S} = G\frac{M_S}{R_S^2};\ M_S = 324\,440\,M_T;\ R_S = 108 R_T;\ F_{T,c} = mg_{0T} = mG\frac{M_T}{R_T^2}\right\rfloor$$

b) Calculamos el apartado mediante consideraciones cinemáticas. Si consideramos que la aceleración del proyectil no varía con la altura, ya que suponemos que la intensidad del campo gravitatorio g es constante, el proyectil experimenta un movimiento uniformemente acelerado disminuyendo su velocidad. Puesto que el cuerpo pesa 27,8 veces más en el Sol que en la Tierra, su gravedad allí es 27,8 veces la de la Tierra. Por tanto, la aceleración en la superficie del Sol es:

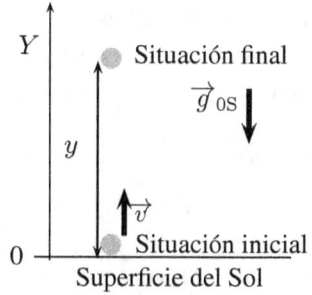

$$g_{0S} = 27,8\,g_{0T} = 27,8 \cdot 9,8\,\mathrm{m/s^2} = 272\,\mathrm{m/s^2}\quad \lfloor g_{0T} = 9,8\,\mathrm{m/s^2}\rfloor$$

Las ecuaciones del movimiento son:

Ec. posición: $y = y_0 + v_0 t + 1/2\, g_{0S} t^2 \Rightarrow y = 200t - 136t^2$ m

Ec. velocidad: $v = v_0 + g_{0S} t \Rightarrow v = 200 - 272t$ m/s

$\lfloor y_0 = 0;\ v_0 = 720\,\text{km/h} = 200\,\text{m/s};\ g_{0S} = -272\,\text{m/s}^2 \rfloor$

Cuando el proyectil alcance su máxima altura, $v = 0$. Sustituimos este valor en la ecuación de la velocidad y calculamos el instante:

$$0 = 200 - 272t \Rightarrow t = \frac{200}{272} = 0,74\,\text{s}$$

La posición del proyectil en ese instante es:

$$y = 200 \cdot 0,74 - 136 \cdot 0,74^2 = 73,5\,\text{m}$$

La altura máxima que alcanza es $73,5$ m.

Problema 2.22

Dos masas, de 5 y 10 kg, están situadas en los puntos $(0, 3)$ y $(4, 0)$ m, respectivamente.
a) Calcule el campo gravitatorio en el punto $(4, 3)$ m y represéntelo gráficamente.
b) Determine el trabajo necesario para trasladar una masa de 2 kg desde el punto $(4, 3)$ hasta el punto $(0, 0)$ m. Explique si el valor del trabajo obtenido depende del camino seguido.
$G = 6,67 \cdot 10^{-11}\,\text{N m}^2\,\text{kg}^{-2}$.

---

a) Según el principio de superposición de campos, si varias masas puntuales son las responsables de la existencia de un campo gravitatorio, la intensidad de campo gravitatorio que crean en un punto es la suma vectorial de las intensidades de campo que en ese punto crearía cada una de las masas por separado:

$$\vec{g} = \Sigma \vec{g}_i = \Sigma \left(-G \frac{m_i}{r_i^2} \hat{r}_i \right)$$

siendo $\hat{r}_i$ el vector unitario en la dirección de la recta que une cada una de las masas con el punto considerado y de sentido hacia ese punto, y r_i, la distancia que los une.

En la figura representamos el campo gravitatorio en el punto P $(4, 3)$ m creado por las masas m_1 y m_2.

Calculamos el campo gravitatorio en el punto P:

$$\vec{g} = \vec{g}_1 + \vec{g}_2 = -G\frac{m_1}{r_1^2}\hat{r}_1 + \left(-G\frac{m_2}{r_2^2}\hat{r}_2\right) = -G\frac{m_1}{r_1^2}\vec{\imath} + \left(-G\frac{m_2}{r_2^2}\vec{\jmath}\right)$$

$$= -6,67\cdot10^{-11}\,\frac{\mathrm{N\,m^2}}{\mathrm{kg^2}}\cdot\frac{5\,\mathrm{kg}}{(4\,\mathrm{m})^2}\,\vec{\imath} + \left(-6,67\cdot10^{-11}\,\frac{\mathrm{N\,m^2}}{\mathrm{kg^2}}\cdot\frac{10\,\mathrm{kg}}{(3\,\mathrm{m})^2}\,\vec{\jmath}\right)$$

$$= \left(-2,08\cdot10^{-11}\,\vec{\imath} - 7,41\cdot10^{-11}\,\vec{\jmath}\right)\,\mathrm{N/kg}$$

El módulo del campo gravitatorio es:

$$g = \sqrt{(-2,08\cdot10^{-11}\,\mathrm{N/kg})^2 + (-7,41\cdot10^{-11}\,\mathrm{N/kg})^2} = 7,70\cdot10^{-11}\,\mathrm{N/kg}$$

b) Aplicamos primero el principio de superposición de potenciales, según el cual, si varias masas puntuales son las responsables de la existencia de un campo gravitatorio, el potencial gravitatorio que crean en un punto es la suma de los potenciales que en ese punto crearía cada una de las masas por separado. En el caso de dos masas:

$$V = -G\frac{m_1}{r_1} + \left(-G\frac{m_2}{r_2}\right)$$

siendo r_1 y r_2 las distancias a las masas m_1 y m_2, respectivamente.

En el punto P $(4, 3)$ m, el potencial es:

$$V_P = -6,67\cdot10^{-11}\,\frac{\mathrm{N\,m^2}}{\mathrm{kg^2}}\cdot\frac{5\,\mathrm{kg}}{4\,\mathrm{m}} + \left(-6,67\cdot10^{-11}\,\frac{\mathrm{N\,m^2}}{\mathrm{kg^2}}\cdot\frac{10\,\mathrm{kg}}{3\,\mathrm{m}}\right)$$

$$= -8,34\cdot10^{-11}\,\mathrm{J/kg} - 2,22\cdot10^{-10}\,\mathrm{J/kg} = -3,05\cdot10^{-10}\,\mathrm{J/kg}$$

En el punto O $(0, 0)$ m, el potencial es:

$$V_O = -6,67\cdot10^{-11}\,\frac{\mathrm{N\,m^2}}{\mathrm{kg^2}}\cdot\frac{5\,\mathrm{kg}}{3\,\mathrm{m}} + \left(-6,67\cdot10^{-11}\,\frac{\mathrm{N\,m^2}}{\mathrm{kg^2}}\cdot\frac{10\,\mathrm{kg}}{4\,\mathrm{m}}\right)$$

$$= -1,11\cdot10^{-10}\,\mathrm{J/kg} - 1,67\cdot10^{-10}\,\mathrm{J/kg} = -2,78\cdot10^{-10}\,\mathrm{J/kg}$$

El trabajo que realiza la fuerza gravitatoria cuando se traslada una masa m de 2 kg desde el punto P al punto O es:

$$W_{P\,F_g}^{O} = -m(V_O - V_P) = -2\,\mathrm{kg}\,[-2,78\cdot10^{-10}\,\mathrm{J/kg} - (-3,05\cdot10^{-10}\,\mathrm{J/kg})]$$

$$= -5,4\cdot10^{-11}\,\mathrm{J}$$

La fuerza gravitatoria realiza un trabajo negativo, que es coherente con el hecho de que la partícula se traslada en el sentido de los potenciales crecientes (desde el punto de potencial $-3,05 \cdot 10^{-10}$ J/kg hasta el punto de potencial $-2,78 \cdot 10^{-10}$ J/kg).

Se trata de un cambio no espontáneo, por lo que aumenta la energía potencial de la distribución de masas.

El trabajo realizado por la fuerza gravitatoria no depende del camino seguido, como corresponde al trabajo realizado por una fuerza conservativa.

Problema 2.23

Dos partículas de masas $m_1 = 2$ kg y $m_2 = 5$ kg están situadas en los puntos $P_1\,(0,\,2)$ m y $P_2\,(1,\,0)$ m, respectivamente.
a) Dibuje el campo gravitatorio producido por cada una de las masas en el punto O $(0,\,0)$ m y en el punto P $(1,\,2)$ m y calcule el campo gravitatorio total en el punto P.
b) Calcule el trabajo necesario para desplazar una partícula de 0,1 kg desde el punto O al punto P.
$G = 6,67 \cdot 10^{-11}$ N m^2 kg^{-2}.

---

a) Según el principio de superposición de campos, si varias masas puntuales son las responsables de la existencia de un campo gravitatorio, la intensidad de campo gravitatorio que crean en un punto es la suma vectorial de las intensidades de campo que en ese punto crearía cada una de las masas por separado: $\vec{g} = \Sigma\,\vec{g}_i = \Sigma\left(-G\dfrac{m_i}{r_i^2}\hat{r}_i\right)$, siendo

$\hat{r}_i$ el vector unitario en la dirección de la recta que une cada una de las masas con el punto considerado y de sentido hacia ese punto, y r_i, la distancia que los une.

En la figura representamos los campos gravitatorios en los puntos P y O creados por las masas m_1 y m_2.

Calculamos el campo gravitatorio en el punto P:

$$
\begin{aligned}
\vec{g} &= \vec{g}_1 + \vec{g}_2 = -G\frac{m_1}{r_1^2}\hat{r}_1 + \left(-G\frac{m_2}{r_2^2}\hat{r}_2\right) = -G\frac{m_1}{r_1^2}\vec{\imath} + \left(-G\frac{m_2}{r_2^2}\vec{\jmath}\right) \\
&= -6,67 \cdot 10^{-11}\,\frac{\text{N m}^2}{\text{kg}^2} \cdot \frac{2\,\text{kg}}{(1\,\text{m})^2}\,\vec{\imath} + \left(-6,67 \cdot 10^{-11}\,\frac{\text{N m}^2}{\text{kg}^2} \cdot \frac{5\,\text{kg}}{(2\,\text{m})^2}\,\vec{\jmath}\right) \\
&= \left(-1,33 \cdot 10^{-10}\,\vec{\imath} - 8,34 \cdot 10^{-11}\,\vec{\jmath}\right)\,\text{N/kg}
\end{aligned}
$$

El módulo del campo gravitatorio es:

$$g = \sqrt{(-1,33 \cdot 10^{-10}\,\mathrm{N/kg})^2 + (-8,34 \cdot 10^{-11}\,\mathrm{N/kg})^2} = 1,57 \cdot 10^{-10}\,\mathrm{N/kg}$$

b) Aplicamos primero el principio de superposición de potenciales, según el cual, si varias masas puntuales son las responsables de la existencia de un campo gravitatorio, el potencial gravitatorio que crean en un punto es la suma de los potenciales que en ese punto crearía cada una de las masas por separado.

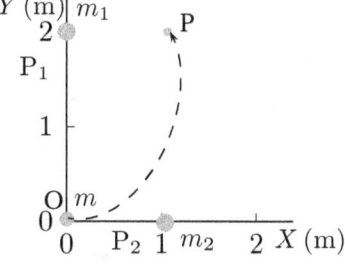

En el caso de dos masas:

$$V = -G\frac{m_1}{r_1} + \left(-G\frac{m_2}{r_2}\right)$$

siendo r_1 y r_2 las distancias a las masas m_1 y m_2, respectivamente.

En el punto O $(0,\,0)$ m, el potencial es:

$$
\begin{aligned}
V_{\mathrm{O}} &= -6,67 \cdot 10^{-11}\,\frac{\mathrm{N\,m^2}}{\mathrm{kg^2}} \cdot \frac{2\,\mathrm{kg}}{2\,\mathrm{m}} + \left(-6,67 \cdot 10^{-11}\,\frac{\mathrm{N\,m^2}}{\mathrm{kg^2}} \cdot \frac{5\,\mathrm{kg}}{1\,\mathrm{m}}\right) \\
&= -6,67 \cdot 10^{-11}\,\mathrm{J/kg} - 3,34 \cdot 10^{-10}\,\mathrm{J/kg} = -4,01 \cdot 10^{-10}\,\mathrm{J/kg}
\end{aligned}
$$

En el punto P $(1,\,2)$ m, el potencial es:

$$
\begin{aligned}
V_{\mathrm{P}} &= -6,67 \cdot 10^{-11}\,\frac{\mathrm{N\,m^2}}{\mathrm{kg^2}} \cdot \frac{2\,\mathrm{kg}}{1\,\mathrm{m}} + \left(-6,67 \cdot 10^{-11}\,\frac{\mathrm{N\,m^2}}{\mathrm{kg^2}} \cdot \frac{5\,\mathrm{kg}}{2\,\mathrm{m}}\right) \\
&= -1,33 \cdot 10^{-10}\,\mathrm{J/kg} - 1,67 \cdot 10^{-10}\,\mathrm{J/kg} = -3,00 \cdot 10^{-10}\,\mathrm{J/kg}
\end{aligned}
$$

El trabajo que realiza la fuerza gravitatoria cuando se traslada una masa m de $0,1$ kg desde del punto O al punto P es:

$$
\begin{aligned}
W_{\mathrm{O}\,F_g}^{\mathrm{P}} &= -m(V_{\mathrm{P}} - V_{\mathrm{O}}) = -0,1\,\mathrm{kg}\,[-3,00 \cdot 10^{-10}\,\mathrm{J/kg} - (-4,01 \cdot 10^{-10}\,\mathrm{J/kg})] \\
&= -1,01 \cdot 10^{-11}\,\mathrm{J}
\end{aligned}
$$

La fuerzas del campo realizan un trabajo negativo, que es coherente con el hecho de que la partícula se traslada en el sentido de los potenciales crecientes (desde el punto de potencial $-4,01 \cdot 10^{-10}\,\mathrm{J/kg}$ hasta el punto de potencial $-3,00 \cdot 10^{-10}\,\mathrm{J/kg}$).

Se trata de un cambio no espontáneo, por lo que aumenta la energía potencial de la distribución de masas.

Problema 2.24

En dos vértices opuestos de un cuadrado, de 6 cm de lado, se colocan las masas $m_1 = 100$ g y $m_2 = 300$ g.

a) Dibuje en un esquema el campo gravitatorio producido por cada masa en el centro del cuadrado y calcule la fuerza que actúa sobre una masa $m = 10$ g situada en dicho punto.

b) Calcule el trabajo realizado al desplazar la masa de 10 g desde el centro del cuadrado hasta uno de los vértices no ocupados por las otras dos masas. $G = 6,67 \cdot 10^{-11}$ N m² kg⁻².

a) Según el principio de superposición de campos, si varias masas puntuales son las responsables de la existencia de un campo gravitatorio, la intensidad de campo gravitatorio que crean en un punto es la suma vectorial de las intensidades de campo que en ese punto crearía cada una de las masas por separado:

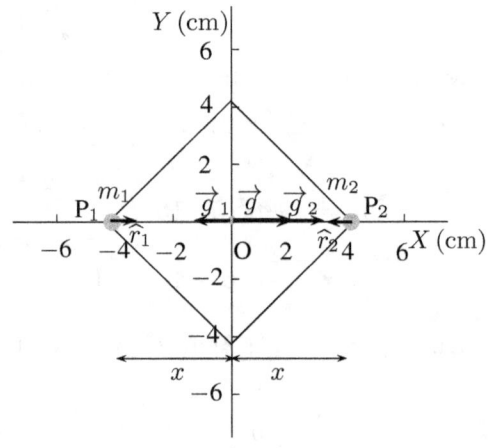

$$\vec{g} = \Sigma \vec{g}_i = \Sigma \left(-G \frac{m_i}{r_i^2} \hat{r}_i \right)$$

siendo $\hat{r}_i$ el vector unitario en la dirección de la recta que une cada una de las masas con el punto considerado y de sentido hacia ese punto, y r_i, la distancia que los une.

En la figura representamos el campo gravitatorio en el punto O (0, 0) creado por las masas m_1 y m_2. Representamos el cuadrado de tal manera que las intensidades de campo tengan una sola componente. Para representarlo, debemos calcular dónde están situados sus vértices. Para ello elegimos uno de los triángulos de catetos x e hipotenusa 6 cm y obtenemos mediante el teorema de Pitágoras que:

$$x = r_1 = r_2 = \sqrt{1,8 \cdot 10^{-3}} \, \text{m} = 4,24 \, \text{cm}$$

Calculamos el campo gravitatorio en el punto O:

$$
\begin{aligned}
\vec{g} &= \vec{g}_1 + \vec{g}_2 = -G \frac{m_1}{r_1^2} \hat{r}_1 + \left(-G \frac{m_2}{r_2^2} \hat{r}_2 \right) = -G \frac{m_1}{r_1^2} \vec{\imath} + \left(-G \frac{m_2}{r_2^2} (-\vec{\imath}) \right) \\
&= -6,67 \cdot 10^{-11} \frac{\text{N m}^2}{\text{kg}^2} \cdot \frac{0,1 \, \text{kg}}{(\sqrt{1,8 \cdot 10^{-3}} \, \text{m})^2} \vec{\imath} + 6,67 \cdot 10^{-11} \frac{\text{N m}^2}{\text{kg}^2} \cdot \frac{0,3 \, \text{kg}}{(\sqrt{1,8 \cdot 10^{-3}} \, \text{m})^2} \vec{\imath} \\
&= \left(-3,70 \cdot 10^{-9} \vec{\imath} + 1,11 \cdot 10^{-8} \vec{\imath} \right) \text{N/kg} = 7,40 \cdot 10^{-9} \vec{\imath} \, \text{N/kg}
\end{aligned}
$$

cuyo módulo es: $7,40 \cdot 10^{-9}\,\mathrm{N/kg}$.

Y la fuerza que actúa sobre una de $0,01\,\mathrm{kg}$ $(10\,\mathrm{g})$ es:

$$\vec{F_g} = m\,\vec{g} = 0,01\,\mathrm{kg} \cdot 7,40 \cdot 10^{-9}\,\vec{\imath}\,\mathrm{N/kg} = 7,40 \cdot 10^{-11}\,\vec{\imath}\,\mathrm{N}$$

cuyo módulo es: $7,40 \cdot 10^{-11}\,\mathrm{N}$.

b) Aplicamos primero el principio de superposición de potenciales, según el cual, si varias masas puntuales son las responsables de la existencia de un campo gravitatorio, el potencial gravitatorio que crean en un punto es la suma de los potenciales que en ese punto crearía cada una de las masas por separado. En el caso de dos masas:

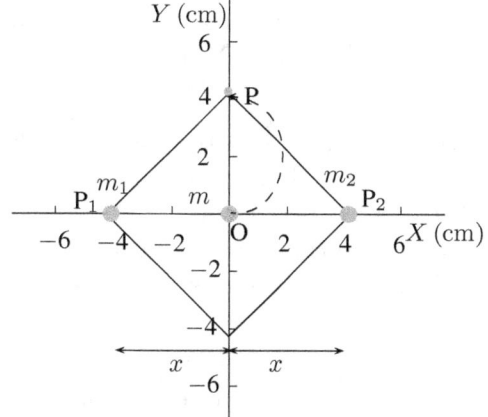

$$V = -G\frac{m_1}{r_1} + \left(-G\frac{m_2}{r_2}\right)$$

siendo r_1 y r_2 las distancias a las masas m_1 y m_2, respectivamente.

En el punto O $(0,\,0)\,\mathrm{m}$, el potencial es:

$$
\begin{aligned}
V_{\mathrm{O}} &= -6{,}67 \cdot 10^{-11}\,\frac{\mathrm{N\,m^2}}{\mathrm{kg^2}} \cdot \frac{0,1\,\mathrm{kg}}{\sqrt{1,8 \cdot 10^{-3}}\,\mathrm{m}} + \left(-6{,}67 \cdot 10^{-11}\,\frac{\mathrm{N\,m^2}}{\mathrm{kg^2}} \cdot \frac{0,3\,\mathrm{kg}}{\sqrt{1,8 \cdot 10^{-3}}\,\mathrm{m}}\right)\\
&= -1{,}57 \cdot 10^{-10}\,\mathrm{J/kg} - 4{,}72 \cdot 10^{-10}\,\mathrm{J/kg} = -6{,}29 \cdot 10^{-10}\,\mathrm{J/kg}
\end{aligned}
$$

En el punto P $(0,\,4,24)\,\mathrm{m}$, el potencial es:

$$
\begin{aligned}
V_{\mathrm{P}} &= -6{,}67 \cdot 10^{-11}\,\frac{\mathrm{N\,m^2}}{\mathrm{kg^2}} \cdot \frac{0,1\,\mathrm{kg}}{0,06\,\mathrm{m}} + \left(-6{,}67 \cdot 10^{-11}\,\frac{\mathrm{N\,m^2}}{\mathrm{kg^2}} \cdot \frac{0,3\,\mathrm{kg}}{0,06\,\mathrm{m}}\right)\\
&= -1{,}11 \cdot 10^{-10}\,\mathrm{J/kg} - 3{,}34 \cdot 10^{-10}\,\mathrm{J/kg} = -4{,}45 \cdot 10^{-10}\,\mathrm{J/kg}
\end{aligned}
$$

El trabajo que realiza la fuerza gravitatoria cuando se traslada una masa $0,01\,\mathrm{kg}$ desde el punto O al punto P es:

$$
\begin{aligned}
W_{\mathrm{O}\,F_g}^{P} &= -m(V_{\mathrm{P}} - V_{\mathrm{O}}) = -0,01\,\mathrm{kg}\,[-4{,}45 \cdot 10^{-10}\,\mathrm{J/kg} - (-6{,}29 \cdot 10^{-10}\,\mathrm{J/kg})]\\
&= -1{,}84 \cdot 10^{-12}\,\mathrm{J}
\end{aligned}
$$

Las fuerzas del campo realizan un trabajo negativo, que es coherente con el hecho de que la partícula se traslada en el sentido de los potenciales crecientes (desde el punto de potencial $-6,29 \cdot 10^{-10}\,\mathrm{J/kg}$ hasta el punto de potencial $-4,45 \cdot 10^{-10}\,\mathrm{J/kg}$).

Se trata de un cambio no espontáneo, por lo que aumenta la energía potencial de la distribución de masas.

Problema 2.25

a) Dibuje en un esquema las fuerzas que actúan sobre un cuerpo de $1000\,\mathrm{kg}$ situado en el punto medio entre la Tierra y la Luna y calcule el valor de la fuerza resultante. La distancia desde el centro de la Tierra hasta el de la Luna es $3,84 \cdot 10^8\,\mathrm{m}$.

b) ¿A qué distancia del centro de la Tierra se encuentra el punto, entre la Tierra y la Luna, en el que el campo gravitatorio es nulo?

$G = 6,67 \cdot 10^{-11}\,\mathrm{N\,m^2\,kg^{-2}}$; $M_T = 5,98 \cdot 10^{24}\,\mathrm{kg}$; $M_L = 7,35 \cdot 10^{22}\,\mathrm{kg}$.

a) El principio de superposición de las fuerzas establece que la fuerza con que interaccionan dos o más masas con una masa dada es la suma vectorial de las fuerzas ejercidas por cada una de las masas que interaccionan con ella.

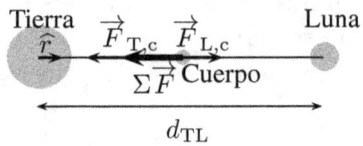

Las fuerzas que actúan sobre el cuerpo (c) de masa m debido a su interacción con la Tierra y con la Luna son $\vec{F}_{T,c}$ y $\vec{F}_{L,c}$, respectivamente:

$$\vec{F}_{T,c} = -G\frac{M_T m}{r_{Tc}^2}\hat{r} = -6,67 \cdot 10^{-11}\,\frac{\mathrm{N\,m^2}}{\mathrm{kg^2}} \cdot \frac{5,98 \cdot 10^{24}\,\mathrm{kg} \cdot 10^3\,\mathrm{kg}}{(1,92 \cdot 10^8\,\mathrm{m})^2}\hat{r} = -10,8\,\hat{r}\,\mathrm{N}$$

$$\vec{F}_{L,c} = G\frac{M_L m}{r_{Lc}^2}\hat{r} = 6,67 \cdot 10^{-11}\,\frac{\mathrm{N\,m^2}}{\mathrm{kg^2}} \cdot \frac{7,35 \cdot 10^{22}\,\mathrm{kg} \cdot 10^3\,\mathrm{kg}}{(1,92 \cdot 10^8\,\mathrm{m})^2}\hat{r} = 0,133\,\hat{r}\,\mathrm{N}$$

$$\left| r_{Tc} = r_{Lc} = \frac{d_{Tc}}{2} = \frac{3,84 \cdot 10^8\,\mathrm{m}}{2} = 1,92 \cdot 10^8\,\mathrm{m} \right|$$

La fuerza que actúa sobre el cuerpo es la suma vectorial de las fuerzas:

$$\Sigma\vec{F} = \vec{F}_{T,c} + \vec{F}_{L,c} = -10,8\,\hat{r}\,\mathrm{N} + 0,133\,\hat{r}\,\mathrm{N} = -10,7\,\hat{r}\,\mathrm{N}$$

El signo menos indica que su sentido es el contrario del vector unitario $\hat{r}$, es decir, hacia la Tierra.

b) Según el principio de superposición de campos, si varias masas puntuales son las responsables de la existencia de un campo gravitatorio, la intensidad de campo gravitatorio que crean en un punto es la suma vectorial de las intensidades de campo que en ese punto crearía cada una de las masas por separado.

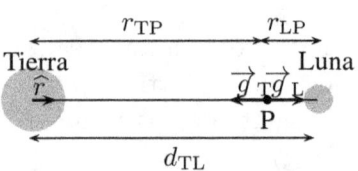

En el punto entre la Tierra y la Luna en donde se anula $\vec{g}$, $\vec{g}_T + \vec{g}_L = 0$.

Ambas intensidades de campo son vectores opuestos y, por tanto, tienen el mismo módulo. A partir de esta igualdad determinamos la posición del punto en el que el campo gravitatorio es nulo.

Si llamamos d_{TL} a la distancia que hay entre la Tierra y la Luna; r_{TP}, a la distancia que hay entre la Tierra y el punto P; y r_{TL}, a la distancia que hay entre la Luna y el punto P; como $g_{\text{T}} = g_{\text{L}}$, tenemos que:

$$G\frac{M_{\text{T}}}{r_{\text{TP}}^2} = G\frac{M_{\text{L}}}{r_{\text{LP}}^2}$$

Como $r_{\text{LP}} = d_{\text{TL}} - r_{\text{TP}}$, expresamos la anterior igualdad en función de r_{TP}:

$$G\frac{M_{\text{T}}}{r_{\text{TP}}^2} = G\frac{M_{\text{L}}}{(d_{\text{TL}} - r_{\text{TP}})^2}$$

Cancelamos G y sustituimos los datos en forma numérica:

$$\frac{5,98 \cdot 10^{24}}{r_{\text{TP}}^2} = \frac{7,35 \cdot 10^{22}}{(3,84 \cdot 10^8 - r_{\text{TP}})^2}$$

Obtenemos la ecuación de segundo grado:

$$5,91 \cdot 10^{24}\, r_{\text{TP}}^2 - 4,59 \cdot 10^{33}\, r_{\text{TP}} + 8,79 \cdot 10^{41} = 0$$

Una de las dos soluciones, la que tiene significado físico, es: $r_{\text{TP}} = 3,43 \cdot 10^8$ m.

Problema 2.26

a) Razone cuáles son la masa y el peso en la Luna de una persona de 70 kg.
b) Calcule la distancia que recorre en 3 s una partícula que se abandona, sin velocidad inicial, en un punto próximo a la superficie de la Luna y explique las variaciones de energía cinética, potencial y mecánica en ese desplazamiento.
$G = 6,67 \cdot 10^{-11}\,\text{N}\,\text{m}^2\,\text{kg}^{-2}$; $M_{\text{L}} = 7,2 \cdot 10^{22}$ kg; $R_{\text{L}} = 1,7 \cdot 10^6$ m.

a) La masa cuantifica la cantidad de materia de un cuerpo y se manifiesta, de acuerdo con las circunstancias, por su inercia (masa inercial) o por su peso (masa gravitatoria).

La masa de la persona es la misma tanto en la Tierra como en la Luna, 70 kg; sin embargo, el peso (fuerza con que un astro la atrae) es distinto en la Tierra y en la Luna, porque la gravedad g, que es la fuerza con que el astro la atrae por unidad de masa, es distinta en uno y en otro lugar.

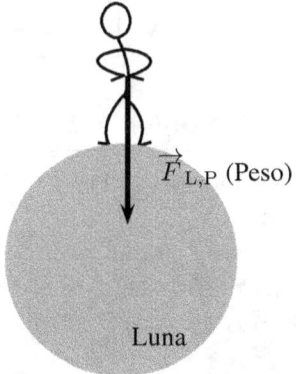
$\vec{F}_{\text{L,P}}$ (Peso)

Luna

El peso de la persona en la Luna, P_L, es:

$$P_L = mg_{0L} = 70\,\text{kg} \cdot 1,66\,\frac{\text{N}}{\text{kg}} = 116\,\text{N}$$

$$\left\lfloor g_{0L} = G\frac{M_L}{R_L^2} = 6,67 \cdot 10^{-11}\,\frac{\text{N}\,\text{m}^2}{\text{kg}^2} \cdot \frac{7,2 \cdot 10^{22}\,\text{kg}}{(1,7 \cdot 10^6\,\text{m})^2} = 1,66\,\frac{\text{N}}{\text{kg}} \right\rfloor$$

b) La partícula experimenta un movimiento rectilíneo de caída libre (movimiento uniformemente acelerado) en el que el módulo de la velocidad aumenta.

La distancia recorrida por la partícula coincide con el cambio de posición, ya que el movimiento de la partícula es rectilíneo y se dirige en el sentido de los valores positivos de Y. Su valor es:

$$d = \Delta y = v_0 t + \frac{1}{2}g_{0L}t^2 = \frac{1}{2} \cdot 1,66\,\frac{\text{m}}{\text{s}^2}\,(3\,\text{s})^2 = 7,47\,\text{m}$$

$$\lfloor v_0 = 0;\ g_{0L} = 1,66\,\text{m/s}^2;\ t = 3\,\text{s} \rfloor$$

En la Luna no hay atmósfera y, por tanto, no existen fuerzas de rozamiento. Como sobre la partícula solo actúa la fuerza peso, que es una fuerza conservativa, la energía mecánica E_m, suma de la energía cinética y potencial, permanece constante:

$$\Delta E_c + \Delta E_p = 0$$

O también:

$$\Delta E_c = -\Delta E_p$$

Esto es, la energía cinética de la partícula varía en la misma cantidad que su energía potencial, pero con el signo cambiado. En el movimiento de caída la energía potencial de la partícula (mejor, del sistema Luna-partícula) disminuye en la misma cantidad que aumenta su energía cinética.

Problema 2.27

Dos masas puntuales $m_1 = 5\,\text{kg}$ y $m_2 = 10\,\text{kg}$ se encuentran situadas en los puntos $(-3, 0)\,\text{m}$ y $(3, 0)\,\text{m}$, respectivamente.

a) Determine el punto en el que el campo gravitatorio es cero.

b) Compruebe que el trabajo necesario para trasladar una masa m desde el punto A $(0, 4)\,\text{m}$ al punto B $(0, -4)\,\text{m}$ es nulo y explique ese resultado.

a) Según el principio de superposición de campos, si varias masas puntuales son las responsables de la existencia de un campo gravitatorio, la intensidad de campo gravitatorio que crean en un punto es la suma vectorial de las intensidades de campo que en ese punto crearía cada una de las masas por separado.

En el punto entre las masas m_1 y m_2, donde se anula $\vec{g}$, $\vec{g}_1 + \vec{g}_2 = 0$. Ambas intensidades de campo son vectores opuestos y, por tanto, tienen el mismo módulo. A partir de esta igualdad determinamos la posición del punto P en el que el campo gravitatorio es nulo.

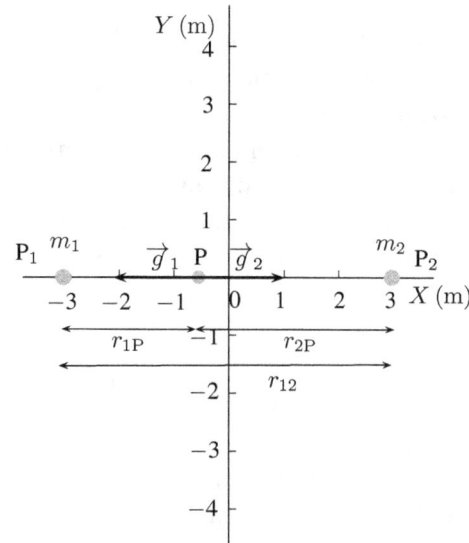

Si llamamos r_{12} a la distancia que hay entre las dos masas; r_{1P}, a la distancia que hay entre la masa m_1 y el punto P; y r_{2P}, a la distancia que hay entre la masa m_2 y el punto P; como $g_1 = g_2$, tenemos:

$$G\frac{m_1}{r_{1P}^2} = G\frac{m_2}{r_{2P}^2}$$

Como $r_{2P} = r_{12} - r_{1P}$, ponemos la anterior igualdad en función de r_{1P}:

$$G\frac{m_1}{r_{1P}^2} = G\frac{m_2}{(r_{12} - r_{1P})^2}$$

Cancelamos G y sustituimos los datos en forma numérica:

$$\frac{5}{r_{1P}^2} = \frac{10}{(6 - r_{1P})^2}$$

Obtenemos la ecuación de segundo grado:

$$r_{1P}^2 + 12\,r_{1P} - 36 = 0$$

Una de las dos soluciones, la que tiene significado físico, es: $r_{1P} = 2,48\,\text{m}$.

El punto en el que el campo gravitatorio es cero es $(-0,52,\, 0)$ m.

b) Aplicamos primero el principio de superposición de potenciales, según el cual,
si varias masas puntuales son las responsables de la existencia de un campo gravitatorio, el potencial gravitatorio que crean
en un punto es la suma de los potenciales
que en ese punto crearía cada una de las
masas por separado.   En el caso de dos
masas:

$$V = -G\frac{m_1}{r_1} + \left(-G\frac{m_2}{r_2}\right)$$

siendo r_1 y r_2 las distancias a las masas
m_1 y m_2, respectivamente.

Los puntos A $(0, 4)$ y B $(0, -4)$ tienen el mismo potencial porque distan lo mismo
de ambas masas. Por tanto, el trabajo que realiza la fuerza gravitatoria para
trasladar una masa m desde A hasta B es cero:

$$W^{B}_{A\,F_g} = m(V_B - V_A) = 0 \quad \lfloor V_A = V_B \rfloor$$

Problema 2.28

Suponga que la órbita de la Tierra alrededor del Sol es circular, de radio
$1,5 \cdot 10^{11}$ m:
a) Calcule, razonadamente, la velocidad de la Tierra y la masa del Sol.
b) Si el radio orbital disminuyera en un 20 %, ¿cuáles serían el periodo de
revolución y la velocidad orbital de la Tierra?
$G = 0,07 \cdot 10^{-11}$ N m^2 kg^{-2}.

---

a) Sobre la Tierra que orbita alrededor del Sol solo
actúa la fuerza que el Sol ejerce sobre ella, $\vec{F}_{S,T}$, que
le produce una aceleración normal $\vec{a}_n$.
De acuerdo con la segunda ley de Newton:

$$\vec{F}_{S,T} = M_T \vec{a}_n$$

Como:

$$F_{S,T} = G\frac{M_T M_S}{r^2} \quad \text{y} \quad a_n = \frac{v^2}{r}$$

tenemos que:

$$G\frac{M_T M_S}{r^2} = M_T\frac{v^2}{r}$$

Simplificamos y despejamos la velocidad orbital:

$$v = \sqrt{\frac{GM_S}{r}} \tag{2.1}$$

Calculamos la velocidad orbital de la Tierra a partir de la distancia que recorre en un año:

$$v = \frac{2\pi r}{T} = \frac{2\pi \cdot 1,5 \cdot 10^{11}\,\text{m}}{365\,\text{días} \cdot \dfrac{86\,400\,\text{s}}{1\,\text{día}}} = 29\,900\,\text{m/s}$$

Calculamos ahora la masa del Sol. Elevando al cuadrado en (2.1) y despejando M_S, tenemos:

$$M_S = \frac{v^2 r}{G} = \frac{(29\,900\,\text{m/s})^2\,1,5 \cdot 10^{11}\,\text{m}}{6,67 \cdot 10^{-11}\,\text{N}\,\text{m}^2/\text{kg}^2} = 2,01 \cdot 10^{30}\,\text{kg}$$

$$\lfloor v = 29\,900\,\text{m/s};\ r = 1,5 \cdot 10^{11}\,\text{m} \rfloor$$

b) Si el radio orbital r disminuyera en un 20 % hasta el radio r', el nuevo periodo T', obtenido a partir de las ecuaciones:

$$v = \frac{2\pi r'}{T'} \text{ y } M_S = \frac{v^2 r'}{G}$$

sería:

$$T' = \sqrt{\frac{4\pi^2\,r'^3}{GM_S}} = \sqrt{\frac{4\pi^2\,(1,2 \cdot 10^{11}\,\text{m})^3}{6,67 \cdot 10^{-11}\,\text{N}\,\text{m}^2/\text{kg}^2 \cdot 2,01 \cdot 10^{30}\,\text{kg}}} = 2,25 \cdot 10^7\,\text{s}$$

$$\lfloor r' = 0,8r = 0,8 \cdot 1,5 \cdot 10^{11}\,\text{m} = 1,2 \cdot 10^{11}\,\text{m} \rfloor$$

El nuevo periodo, en días, sería de 260 días.

Y la nueva velocidad orbital v' sería:

$$v' = \sqrt{\frac{GM_S}{r'}} = \sqrt{\frac{6,67 \cdot 10^{-11}\,\text{N}\,\text{m}^2/\text{kg}^2 \cdot 2,01 \cdot 10^{30}\,\text{kg}}{1,2 \cdot 10^{11}\,\text{m}}} = 33\,400\,\text{m/s}$$

Problema 2.29

a) Determine la densidad media de la Tierra.
b) ¿A qué altura sobre la superficie de la Tierra la intensidad del campo gravitatorio terrestre se reduce a la tercera parte?
$G = 6,67 \cdot 10^{-11}\,\text{N}\,\text{m}^2\,\text{kg}^{-2}$; $R_T = 6370\,\text{km}$; $g = 10\,\text{m}\,\text{s}^{-2}$.

a) La Tierra no es homogénea, por lo que hablamos de densidad media d_{media} de la misma. La densidad media de la Tierra, en las unidades básicas del SI, representa la masa, expresada en kilogramos, que hay en la unidad de volumen, el metro cúbico, suponiendo que la Tierra fuese homogénea.

Para calcular la densidad media de la Tierra, determinamos su masa a partir de la gravedad en la superficie terrestre y el volumen de la Tierra; y este, a partir del radio terrestre:

$$d_{\text{media}} = \frac{M_{\text{T}}}{V} = \frac{6,08 \cdot 10^{24}\,\text{kg}}{1,08 \cdot 10^{21}\,\text{m}^3} = 5630\,\text{kg/m}^3$$

$$\left\lfloor M_{\text{T}} = g_0 \frac{R_{\text{T}}^2}{G} = 10\frac{\text{m}}{\text{s}^2} \cdot \frac{(6,37 \cdot 10^6\,\text{m})^2}{6,67 \cdot 10^{-11}\,\dfrac{\text{Nm}^2}{\text{kg}^2}} = 6,08 \cdot 10^{24}\,\text{kg};\right.$$

$$\left. V = \frac{4}{3}\pi R_T^3 = \frac{4}{3}\pi(6,37 \cdot 10^6\,\text{m})^3 = 1,08 \cdot 10^{21}\,\text{m}^3\right\rfloor$$

El valor hallado para la densidad media de la Tierra nos ofrece una explicación del tipo de materiales que tiene que albergar en su interior. Como la densidad de los materiales de la corteza, constituida por silicatos, es de unos $3300\,\text{kg/m}^3$, cabe esperar que la densidad media de los materiales del interior sea superior a los $5600\,\text{kg/m}^3$.

b) La gravedad terrestre en un punto del campo gravitatorio creado por la Tierra es la fuerza con que la Tierra atrae a la unidad de masa en ese punto. Su valor es inversamente proporcional al cuadrado de la distancia que separa el centro de la Tierra de ese punto.

En un punto de la superficie de la Tierra, que dista R_{T} del centro de la Tierra, y en un punto a una altura h sobre la superficie de la Tierra, que dista r del centro de la Tierra, los valores de la gravedad son, respectivamente:

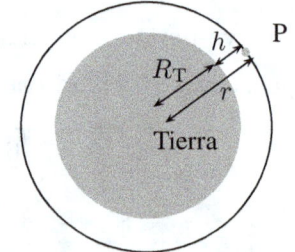

$$g_0 = G\frac{M_{\text{T}}}{R_{\text{T}}^2} \quad \text{y} \quad g_h = G\frac{M_{\text{T}}}{r^2}$$

Si dividimos miembro a miembro las dos ecuaciones, como $g_h = g_0/3$, obtenemos:

$$\frac{g_0}{\dfrac{g_0}{3}} = \frac{G\dfrac{M_{\text{T}}}{R_{\text{T}}^2}}{G\dfrac{M_{\text{T}}}{r^2}}$$

Simplificamos, despejamos r y obtenemos que:

$$r = \sqrt{3}\,R_T$$

La altura h del punto es:

$$h = r - R_T = \sqrt{3}\,R_T - R_T = (\sqrt{3} - 1)R_T = (\sqrt{3} - 1)\,6,37 \cdot 10^3\,\text{km} = 4660\,\text{km}$$

Problema 2.30

Suponga que la masa de la Tierra se duplicara.
a) Calcule razonadamente el nuevo periodo orbital de la Luna suponiendo que su radio orbital permaneciera constante.
b) Si, además de duplicarse la masa terrestre, se duplicara su radio, ¿cuál sería el valor de g en la superficie terrestre?
$M_T = 6 \cdot 10^{24}\,\text{kg}$; $R_T = 6\,370\,\text{km}$; $R_{\text{orbital Luna}} = 3,84 \cdot 10^8\,\text{m}$.
$G = 6,67 \cdot 10^{-11}\,\text{N}\,\text{m}^2\,\text{kg}^{-2}$.

---

a) Sobre la Luna, que orbita alrededor de la Tierra a una distancia $r = R_{\text{orbital Luna}}$ (distancia entre los centros de ambos astros), solo actúa la fuerza que la Tierra ejerce sobre ella, $\vec{F}_{\text{T,L}}$, que le produce una aceleración normal $\vec{a}_n$.

Podemos demostrar que el periodo orbital T (tiempo que tarda en realizar una órbita completa) depende del radio orbital y de la masa de la Tierra:

$$T = 2\pi\sqrt{\frac{r^3}{GM_T}}$$

Si la masa de la Tierra se duplicara ($2M_T$) sin que se modificara el radio orbital, el nuevo periodo T' sería:

$$T' = 2\pi\sqrt{\frac{r^3}{G(2M_T)}} = \frac{1}{\sqrt{2}} \cdot 2\pi\sqrt{\frac{r^3}{GM_T}} = \frac{T}{\sqrt{2}} = \frac{2,36 \cdot 10^6\,\text{s}}{\sqrt{2}} = 1,67 \cdot 10^6\,\text{s}$$

$$\left[T = 2\pi\sqrt{\frac{r^3}{GM_T}} = 2\pi\sqrt{\frac{(3,85 \cdot 10^8\,\text{m})^3}{6,67 \cdot 10^{-11}\,\text{N}\,\text{m}^2/\text{kg}^2 \cdot 6 \cdot 10^{24}\,\text{kg}}} = 2,36 \cdot 10^6\,\text{s}\right]$$

Si expresamos ambos periodos en días, dividiendo entre $86\,400\,\text{s}$ que tiene un día, el periodo orbital de la Luna pasa de un valor de 27,4 días a 19,4 días.

b) La gravedad terrestre en un punto del campo gravitatorio creado por la Tierra es la fuerza con que la Tierra atrae a la unidad de masa en ese punto. Su valor es inversamente proporcional al cuadrado de la distancia que separa el centro de la Tierra de ese punto.

En un punto de la superficie de la Tierra, de radio R_T, la gravedad g_0 es:

$$g_0 = G\frac{M_T}{R_T^2}$$

En un punto de la superficie de la nueva Tierra (T') de masa $M_{T'} = 2M_T$ y de radio $R_{T'} = 2R_T$, la nueva gravedad g_0' sería:

$$g_0' = G\frac{M_{T'}}{R_{T'}^2} = G\frac{2M_T}{(2R_T)^2} = \frac{G\dfrac{M_T}{R_T^2}}{2} = \frac{g_0}{2} = \frac{9,86\,\text{N/kg}}{2} = 4,93\,\text{N/kg}$$

$$\left[g_0 = G\frac{M_T}{R_T^2} = 6,67\cdot 10^{-11}\frac{\text{N m}^2}{\text{kg}^2}\cdot\frac{6\cdot 10^{24}\,\text{kg}}{(6,37\cdot 10^6\,\text{m})^2} = 9,86\,\text{N/kg} \right]$$

Problema 2.31

Un satélite de 200 kg describe una órbita circular alrededor de la Tierra con un periodo de dos horas.

a) Calcule razonadamente el radio de su órbita.

b) ¿Qué trabajo tendríamos que realizar para llevar el satélite hasta una órbita de radio doble?

$G = 6,67\cdot 10^{11}\text{N m}^2\,\text{kg}^{-2}$; $M_T = 6\cdot 10^{24}$ kg.

---

a) Sobre el satélite (s) que orbita alrededor de la Tierra (T) a una distancia r (distancia entre los centros de ambos cuerpos) solo actúa la fuerza que la Tierra ejerce sobre él, $\vec{F}_{T,s}$, que le produce una aceleración normal $\vec{a}_n$.

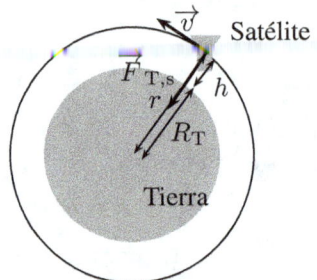

De acuerdo con la segunda ley de Newton:

$$\vec{F}_{T,s} = m_s\,\vec{a}_n$$

Como:

$$F_{T,s} = G\frac{M_T\,m_s}{r^2} \quad \text{y} \quad a_n = \frac{v^2}{r}$$

tenemos que:

$$G\frac{M_T\,m_s}{r^2} = m_s\frac{v^2}{r} \tag{2.2}$$

Expresamos la velocidad orbital del satélite como el cociente entre la distancia que recorre cuando completa una órbita (longitud de la circunferencia que describe alrededor de la Tierra) y del tiempo que tarda en recorrerla (periodo T). La expresión de la velocidad orbital es:

$$v = \frac{2\pi r}{T}$$

Sustituimos su valor al cuadrado en la ecuación (2.2) y simplificamos:

$$G\frac{M_\text{T}}{r} = \frac{4\pi^2 r^2}{T^2}$$

Despejamos r y calculamos su valor:

$$\begin{aligned} r &= \sqrt[3]{\frac{GM_\text{T}T^2}{4\pi^2}} = \sqrt[3]{\frac{6,67 \cdot 10^{-11}\,\text{N}\,\text{m}^2/\text{kg}^2 \cdot 6 \cdot 10^{24}\,\text{kg}\,(7,2 \cdot 10^3\,\text{s})^2}{4\pi^2}} \\ &= 8,07 \cdot 10^6\,\text{m} \end{aligned}$$

$$\lfloor T = 2\,\text{horas} = 7,2 \cdot 10^3\,\text{s} \rfloor$$

b) La energía mecánica del satélite es la siguiente:

$$E_\text{m} = -\frac{1}{2}\frac{GM_\text{T}m_\text{s}}{r}$$

Calculamos el trabajo de una fuerza externa $\vec{F}$ para llevar el satélite desde una órbita de radio r hasta otra de radio $2r$ como la variación de la energía mecánica del satélite entre esos puntos:

$$\begin{aligned} W_F &= E_\text{m}(2r) - E_\text{m}(r) = -\frac{1}{2}\frac{GM_\text{T}m_\text{s}}{2r} - \left(-\frac{1}{2}\frac{GM_\text{T}m_\text{s}}{r}\right) \\ &= \frac{1}{2}\frac{GM_\text{T}m_\text{s}}{r} - \frac{1}{4}G\frac{M_\text{T}m_\text{s}}{r} = \frac{GM_\text{T}m_\text{s}}{4r} \\ &= \frac{6,67 \cdot 10^{-11}\,\text{N}\,\text{m}^2/\text{kg}^2 \cdot 6 \cdot 10^{24}\,\text{kg} \cdot 2 \cdot 10^2\,\text{kg}}{4 \cdot 8,07 \cdot 10^6\,\text{m}} = 2,48 \cdot 10^9\,\text{J} \end{aligned}$$

Problema 2.32

Un meteorito de 1000 kg colisiona con otro, a una altura sobre la superficie terrestre de 6 veces el radio de la Tierra, y pierde toda su energía cinética.

a) ¿Cuánto pesa el meteorito en ese punto y cuál es su energía mecánica tras la colisión?

b) Si cae a la Tierra, haga un análisis energético del proceso de caída. ¿Con qué velocidad llega a la superficie terrestre? ¿Dependerá esa velocidad de la trayectoria seguida? Razone las respuestas.

$M_\text{T} = 6 \cdot 10^{24}\,\text{kg}$; $G = 6,67 \cdot 10^{-11}\,\text{N}\,\text{m}^2\,\text{kg}^{-2}$; $R_\text{T} = 6400\,\text{km}$.

a) El peso del meteorito (m) en ese punto es el módulo de la fuerza con que la Tierra (T) lo atrae, $F_{T,m}$:

$$F_{T,m} = G\frac{M_T\, m}{r^2} = 6,67 \cdot 10^{-11}\frac{\text{N m}^2}{\text{kg}^2} \cdot \frac{6 \cdot 10^{24}\,\text{kg} \cdot 10^3\,\text{kg}}{(4,48 \cdot 10^7\,\text{m})^2} = 199\,\text{N}$$

$$\lfloor r = R_T + h = R_T + 6R_T = 7R_T = 7(6,4 \cdot 10^6\,\text{m}) = 4,48 \cdot 10^7\,\text{m} \rfloor$$

Calculamos la energía mecánica E_m del meteorito en el mismo punto tras la colisión, teniendo en cuenta que solo tendrá energía potencial gravitatoria:

$$E_m = E_p = -\frac{GM_T m}{r} = -\frac{6,67 \cdot 10^{-11}\dfrac{\text{N m}^2}{\text{kg}^2} \cdot 6 \cdot 10^{24}\,\text{kg} \cdot 10^3\,\text{kg}}{4,48 \cdot 10^7\,\text{m}} = -8,93 \cdot 10^9\,\text{J}$$

El signo negativo de la energía significa que el sistema Tierra-meteorito es un sistema ligado.

b) Durante el descenso, sobre el meteorito solo actúa la fuerza que la Tierra ejerce sobre él, que es una fuerza conservativa y, en consecuencia, la energía mecánica permanece constante. La fuerza gravitatoria realiza un trabajo positivo, ya que tiene el mismo sentido que el desplazamiento. De acuerdo con el teorema de la energía potencial, el trabajo que realiza la fuerza gravitatoria es igual a la variación de la energía potencial con el signo cambiado:

$$W_{F_{T,m}} = -\Delta E_p$$

Puesto que el trabajo es positivo, la energía potencial del meteorito disminuye. Por otra parte, como la energía mecánica permanece constante, la energía cinética del meteorito aumenta en la misma cantidad que la energía potencial disminuye.

Calculamos ahora la velocidad del meteorito cuando llega a la superficie terrestre. En la situación inicial, el meteorito tiene cierta energía potencial y no tiene energía cinética, y su valor $E_{m\,0}$ es el calculado en el apartado anterior. En la situación final, cuando llega a la superficie terrestre, el meteorito tiene menos energía potencial y cierta energía cinética. Se cumplirá que:

$$E_{m\,0} = E_c + E_p$$

Desarrollamos las ecuaciones de la energía cinética final y de la energía potencial final.

$$E_{m\,0} = \frac{1}{2}mv^2 + \left(-G\frac{mM_T}{R_T}\right)$$

Despejamos v y calculamos su valor:

$$v = \sqrt{\frac{2E_{m\,0}}{m} + \frac{2GM_T}{R_T}}$$

$$= \sqrt{\frac{2(-8,93 \cdot 10^9\,\text{J})}{1000\,\text{kg}} + \frac{2 \cdot 6,67 \cdot 10^{-11}\,\text{N m}^2/\text{kg}^2 \cdot 6 \cdot 10^{24}\,\text{kg}}{6,4 \cdot 10^6\,\text{m}}}$$

$$= 10\,400\,\text{m/s}$$

La velocidad con que llega el meteorito a la superficie terrestre es independiente de la trayectoria seguida porque la variación de la energía potencial es la misma (solo depende de la posición inicial y final) y, en consecuencia, la variación de la energía cinética, también.

Problema 2.33

a) Se lanza hacia arriba un cuerpo desde la superficie terrestre con una velocidad inicial de 10^3 m/s. Comenta los cambios energéticos que tienen lugar durante el ascenso del cuerpo y calcule la máxima altura que alcanza, considerando despreciable el rozamiento.

b) Una vez alcanzada dicha altura, ¿qué velocidad se le debe imprimir al cuerpo para que escape del campo gravitatorio terrestre?

$R_T = 6400\,\text{km}$; $g = 10\,\text{m s}^{-2}$.

---

a) Durante el ascenso, sobre cuerpo (c) solo actúa la fuerza que la Tierra (T) ejerce sobre él, que es una fuerza conservativa y, en consecuencia, la energía mecánica E_m permanece constante. La fuerza gravitatoria realiza un trabajo negativo, ya que tiene sentido contrario al desplazamiento. De acuerdo con el teorema de la energía potencial, el trabajo que realiza la fuerza gravitatoria es igual a la variación de la energía potencial con el signo cambiado:

$$W_{F_{T,c}} = -\Delta E_p$$

Puesto que el trabajo es negativo, la energía potencial del cuerpo aumenta. Por otra parte, como la energía mecánica permanece constante, la energía cinética del cuerpo disminuye en la misma cantidad que la energía potencial aumenta.

Calculamos ahora la altura máxima alcanzada por el cuerpo. En la situación inicial el cuerpo tiene cierta energía potencial y energía cinética. En la situación final, cuando alcanza la máxima altura, el cuerpo tiene más energía potencial (está más alejado de la Tierra) y no tiene energía cinética, ya que su velocidad es cero. Se cumplirá que:

$$E_{c\,0} + E_{p\,0} = E_c + E_p$$

$$\frac{1}{2}mv_0^2 + \left(-G\frac{mM_T}{R_T}\right) = -G\frac{mM_T}{R_T + h}$$

Simplificamos y ordenamos los términos:

$$\frac{v_0^2}{2} = GM_T\left(\frac{1}{R_T} - \frac{1}{R_T + h}\right)$$

Multiplicamos y dividimos el segundo miembro por R_T^2, tenemos en cuenta que $G\dfrac{M_T}{R_T^2} = g_0$ (la gravedad en la superficie de la Tierra) y operamos dentro del paréntesis:

$$\frac{v_0^2}{2} = g_0 R_T^2 \frac{R_T + h - R_T}{R_T(R_T + h)}$$

Ordenamos términos y simplificamos:

$$\frac{v_0^2}{2}(R_T + h) = g_0 R_T h$$

Quitamos paréntesis:

$$\frac{v_0^2}{2}R_T + \frac{v_0^2}{2}h = g_0 R_T h$$

Despejamos h y calculamos su valor:

$$h = \frac{v_0^2 R_T}{2g_0 R_T - v_0^2} = \frac{(10^3\,\text{m/s})^2\,6,4\cdot10^6\,\text{m}}{2\cdot10\,\text{m/s}^2\cdot6,4\cdot10^6\,\text{m} - (10^3\,\text{m/s})^2} = 50\,400\,\text{m}$$

b) Existe cierta velocidad mínima de lanzamiento para la que se consigue, al menos teóricamente, mandar un cuerpo al infinito, es decir, situarlo en reposo justo en el lugar donde su energía potencial gravitatoria es cero, según el convenio de que la energía en el infinito es cero. A dicha velocidad se conoce con el nombre de velocidad de escape, v_e.

Calculamos la velocidad de escape del cuerpo del campo gravitatorio terrestre, que se encuentra en reposo a una distancia r del centro de la Tierra, aplicando el principio de conservación de la energía mecánica. Como solo actúa la fuerza gravitatoria (se desprecian las fuerzas de rozamiento), la energía mecánica del cuerpo (suma de la energía cinética E_c y energía potencial gravitatoria E_p) permanece constante. Si cuando el cuerpo está en el infinito y en reposo, su energía mecánica es cero, en el momento de lanzamiento y durante todo su trayecto su energía mecánica será también cero. Así, la velocidad de escape debe ser tal, que se cumpla:

$$E_{c0} + E_{p0} = 0$$

$$\frac{1}{2}mv_e^2 + \left(-G\frac{M_T m}{r}\right) = 0$$

Simplificamos, multiplicamos y dividimos el segundo término por R_T^2 y tenemos en cuenta que $G\dfrac{M_T}{R_T^2} = g_0$ (la gravedad en la superficie de la Tierra):

$$\frac{1}{2}v_e^2 - \frac{g_0 R_T^2}{r} = 0$$

Despejamos la velocidad de escape y calculamos su valor:

$$v_e = \sqrt{\frac{2g_0 R_T^2}{r}} = \sqrt{\frac{2 \cdot 10\,\text{m/s}^2\,(6,4 \cdot 10^6\,\text{m})^2}{6,45 \cdot 10^6\,\text{m}}} = 11\,300\,\text{m/s}$$

$$\lfloor r = R_T + h = 6400\,\text{km} + 50,4\,\text{km} = 6450\,\text{km} = 6,45 \cdot 10^6\,\text{m} \rfloor$$

Problema 2.34

El telescopio espacial Hubble se encuentra orbitando en torno a la Tierra a una altura de 600 km.
a) Determine razonadamente su velocidad orbital y el tiempo que tarda en completar su órbita.
b) Si la masa del Hubble es de 11 000 kg, calcule la fuerza con que la Tierra lo atrae y compárela con el peso que tendría en la superficie terrestre.
$G = 6,67 \cdot 10^{-11}\,\text{N}\,\text{m}^2\,\text{kg}^{-2}$; $M_T = 6 \cdot 10^{24}\,\text{kg}$; $R_T = 6400\,\text{km}$.

a) Sobre el satélite Hubble (s), de masa m_s, que orbita alrededor de la Tierra a una distancia r (distancia entre los centros de ambos cuerpos), solo actúa la fuerza que la Tierra ejerce sobre él, $\vec{F}_{T,s}$, que le produce una aceleración normal $\vec{a}_n$.
De acuerdo con la segunda ley de Newton:

$$\vec{F}_{T,s} = m_s \vec{a}_n$$

Como:

$$F_{T,s} = G\frac{M_T m_s}{r^2} \quad y \quad a_n = \frac{v^2}{r}$$

tenemos que:

$$G\frac{M_T m_s}{r^2} = m_s \frac{v^2}{r}$$

Simplificamos, despejamos v y calculamos su valor:

$$v = \sqrt{\frac{GM_T}{r}} = \sqrt{\frac{6,67 \cdot 10^{-11}\,\text{N}\,\text{m}^2/\text{kg}^2 \cdot 6 \cdot 10^{24}\,\text{kg}}{7 \cdot 10^6\,\text{m}}} = 7560\,\text{m/s}$$

$$\lfloor r = R_{\mathrm{T}} + h = 6400\,\mathrm{km} + 600\,\mathrm{km} = 7000\,\mathrm{km} = 7 \cdot 10^6\,\mathrm{m} \rfloor$$

Calculamos el tiempo que tarda el satélite en completar una órbita alrededor de la Tierra (periodo T), a partir de la velocidad orbital y del radio de la órbita:

$$T = \frac{2\pi r}{v} = \frac{2\pi \cdot 7 \cdot 10^6\,\mathrm{m}}{7560\,\mathrm{m/s}} = 5820\,\mathrm{s}$$

b) El módulo de la fuerza con que la Tierra atrae al satélite Hubble cuando está en órbita $F_{\mathrm{T,s}}$ (peso del satélite en la órbita) es:

$$F_{\mathrm{T,s}} = G\,\frac{M_{\mathrm{T}}\,m_{\mathrm{s}}}{r^2} = 6,67 \cdot 10^{-11}\,\frac{\mathrm{N\,m^2}}{\mathrm{kg^2}} \cdot \frac{6 \cdot 10^{24}\,\mathrm{kg} \cdot 1,1 \cdot 10^4\,\mathrm{kg}}{(7 \cdot 10^6\,\mathrm{m})^2} = 89\,800\,\mathrm{N}$$

$$\lfloor r = R_{\mathrm{T}} + h = 7 \cdot 10^6\,\mathrm{m};\ m = 11\,000\,\mathrm{kg} = 1,1 \cdot 10^4\,\mathrm{kg} \rfloor$$

El módulo de la fuerza con que la Tierra atrae al satélite Hubble cuando está en la superficie de la Tierra $F'_{\mathrm{T,s}}$ (peso en la superficie terrestre) es:

$$F'_{\mathrm{T,s}} = G\,\frac{M_{\mathrm{T}}\,m_{\mathrm{s}}}{r'^2} = 6,67 \cdot 10^{-11}\,\frac{\mathrm{N\,m^2}}{\mathrm{kg^2}} \cdot \frac{6 \cdot 10^{24}\,\mathrm{kg} \cdot 1,1 \cdot 10^4\,\mathrm{kg}}{(6,4 \cdot 10^6\,\mathrm{m})^2} = 107\,000\,\mathrm{N}$$

$$\lfloor r' = R_{\mathrm{T}} = 6,4 \cdot 10^6\,\mathrm{m} \rfloor$$

La relación entre $F'_{\mathrm{T,s}}$ y $F_{\mathrm{T,s}}$ es:

$$\frac{F'_{\mathrm{T,s}}}{F_{\mathrm{T,s}}} = \frac{107\,000\,\mathrm{N}}{89\,800\,\mathrm{N}} = 1,19$$

Es decir, la fuerza con que la Tierra atrae al satélite Hubble cuando está en la superficie terrestre es 1,19 veces mayor que la fuerza con que lo atrae cuando está en órbita.

Problema 2.35

Un satélite artificial de 1000 kg gira alrededor de la Tierra en una órbita circular de 12 000 km de radio.

a) Explique las variaciones de energía cinética y potencial del satélite desde su lanzamiento en la superficie terrestre hasta que alcanza su órbita y calcule el trabajo realizado.

b) ¿Qué variación ha experimentado el peso del satélite respecto del que tenía en la superficie terrestre?

$G = 6,67 \cdot 10^{-11}\,\mathrm{N\,m^2\,kg^{-2}}$; $R_{\mathrm{T}} = 6400\,\mathrm{km}$; $M_{\mathrm{T}} = 6 \cdot 10^{24}\,\mathrm{kg}$.

a) El satélite, de masa m_{s}, se lanza "de golpe" desde la superficie de la Tierra hasta la altura en la que orbita, r. Durante el ascenso (e incluso cuando está en órbita), sobre el satélite (s) solo actúa la fuerza que la Tierra (T) ejerce sobre él, $\vec{F}_{\mathrm{T,s}}$, que es una fuerza conservativa y, en consecuencia, la energía mecánica permanece constante. La fuerza gravitatoria realiza un trabajo negativo, ya que tiene sentido contrario al desplazamiento. De acuerdo con el teorema de la energía potencial, el trabajo que realiza la fuerza gravitatoria es igual a la variación de la energía potencial con el signo cambiado:

$$W_{F_{\mathrm{T,s}}} = -\Delta E_{\mathrm{p}}$$

Puesto que el trabajo es negativo, la energía potencial del satélite aumenta. Por otra parte, como la energía mecánica permanece constante, la energía cinética del satélite disminuye en la misma cantidad que la energía potencial aumenta.

Para que orbite el satélite alrededor de la Tierra a una distancia r, hay que suministrar energía mediante la realización de un trabajo que efectúa una fuerza externa, el trabajo de puesta en órbita W_F. Lo determinamos considerando que en el instante inicial el satélite está en reposo en la superficie de la Tierra.

El trabajo efectuado se invierte en aumentar la energía mecánica del satélite y es igual a la diferencia entre la energía mecánica del satélite puesto en la órbita y la energía mecánica del satélite en la superficie de la Tierra:

$$
\begin{aligned}
W_F &= \Delta E_{\mathrm{m}} = E_{\text{órbita}} - E_{\text{superficie}} \\
&= E_{\mathrm{c\,órbita}} + E_{\mathrm{p\,órbita}} - (E_{\mathrm{p\,superficie}} + E_{\mathrm{c\,superficie}}) \\
&= \frac{1}{2}m_{\mathrm{s}}v^2 + \left(-G\frac{M_{\mathrm{T}}m_{\mathrm{s}}}{r}\right) - \left(-G\frac{M_{\mathrm{T}}m_{\mathrm{s}}}{R_{\mathrm{T}}} + 0\right) \\
&= \frac{1}{2}G\frac{M_{\mathrm{T}}m_{\mathrm{s}}}{r} + \left(-G\frac{M_{\mathrm{T}}m_{\mathrm{s}}}{r}\right) - \left(-G\frac{M_{\mathrm{T}}m_{\mathrm{s}}}{R_{\mathrm{T}}}\right) \\
&= -\frac{1}{2}G\frac{M_{\mathrm{T}}m_{\mathrm{s}}}{r} + G\frac{M_{\mathrm{T}}m_{\mathrm{s}}}{R_{\mathrm{T}}} = GM_{\mathrm{T}}m_{\mathrm{s}}\left(\frac{1}{R_{\mathrm{T}}} - \frac{1}{2r}\right) \\
&= 6{,}67 \cdot 10^{-11}\,\frac{\mathrm{N\,m^2}}{\mathrm{kg^2}} \cdot 6 \cdot 10^{24}\,\mathrm{kg} \cdot 10^3\,\mathrm{kg}\left(\frac{1}{6{,}4 \cdot 10^6\,\mathrm{m}} - \frac{1}{2 \cdot 1{,}2 \cdot 10^7\,\mathrm{m}}\right) \\
&= 4{,}59 \cdot 10^{10}\,\mathrm{J}
\end{aligned}
$$

$$\left\lvert\; \text{Como } v^2 = G\frac{M_T}{r} \Rightarrow \frac{1}{2}mv^2 = \frac{1}{2}G\frac{M_T m_s}{r}. \text{ Suponemos que } E_{\mathrm{c\,superficie}} = 0; \right.$$

$$\left. M_{\mathrm{T}} = 6 \cdot 10^{24}\,\mathrm{kg};\; m = 1000\,\mathrm{kg} = 10^3\,\mathrm{kg};\; r = 1{,}2 \cdot 10^7\,\mathrm{m};\; R_{\mathrm{T}} = 6{,}4 \cdot 10^6\,\mathrm{m} \;\right\rvert$$

b) El peso del satélite dentro del campo gravitatorio terrestre es la fuerza con que la Tierra lo atrae. El peso del satélite cuando está en la órbita de radio r, P_r, disminuye respecto a su peso cuando está en la superficie de la Tierra, P_0, porque la distancia que separa los centros de ambos cuerpos es mayor.

El peso del satélite cuando está en órbita es:

$$P_r = F_{\mathrm{T,s}} = G\,\frac{M_{\mathrm{T}}\,m_{\mathrm{s}}}{r^2} = 6,67 \cdot 10^{-11}\,\frac{\mathrm{N\,m^2}}{\mathrm{kg^2}} \cdot \frac{6 \cdot 10^{24}\,\mathrm{kg} \cdot 10^3\,\mathrm{kg}}{(1,2 \cdot 10^7\,\mathrm{m})^2} = 2780\,\mathrm{N}$$

$$\lfloor r = 12\,000\,\mathrm{km} = 1,2 \cdot 10^7\,\mathrm{m} \rfloor$$

El peso del satélite cuando está en la superficie de la Tierra es:

$$P_0 = F'_{\mathrm{T,s}} = G\,\frac{M_{\mathrm{T}}\,m_{\mathrm{s}}}{r'^2} = 6,67 \cdot 10^{-11}\,\frac{\mathrm{N\,m^2}}{\mathrm{kg^2}} \cdot \frac{6 \cdot 10^{24}\,\mathrm{kg} \cdot 10^3\,\mathrm{kg}}{(6,4 \cdot 10^6\,\mathrm{m})^2} = 9770\,\mathrm{N}$$

$$\lfloor r' = R_{\mathrm{T}} = 6,4 \cdot 10^6\,\mathrm{m} \rfloor$$

La variación que ha experimentado el peso del satélite, ΔP, es:

$$\Delta P = P_r - P_0 = 2780\,\mathrm{N} - 9770\,\mathrm{N} = -6990\,\mathrm{N}$$

El satélite pesa 6990 N menos.

Problema 2.36

Un cuerpo, inicialmente en reposo a una altura de 150 km sobre la superficie terrestre, se deja caer libremente.

a) Explique cualitativamente cómo varían las energías cinética, potencial y mecánica del cuerpo durante el descenso (si se supone nula la resistencia del aire) y determine la velocidad del cuerpo cuando llega a la superficie terrestre.

b) Si, en lugar de dejar caer el cuerpo, lo lanzamos verticalmente hacia arriba desde la posición inicial, ¿cuál sería su velocidad de escape?

$G = 6,67 \cdot 10^{-11}\,\mathrm{N\,m^2\,kg^{-2}}$; $M_{\mathrm{T}} = 6 \cdot 10^{24}\,\mathrm{kg}$; $R_{\mathrm{T}} = 6400\,\mathrm{km}$.

---

a) Durante el descenso, sobre el cuerpo (c) de masa m solo actúa la fuerza que la Tierra ejerce sobre él, $\vec{F}_{\mathrm{T,c}}$, que es una fuerza conservativa y, en consecuencia, la energía mecánica E_{m} permanece constante. La fuerza gravitatoria realiza un trabajo positivo, ya que tiene el mismo sentido que el desplazamiento. De acuerdo con el teorema de la energía potencial, el trabajo que realiza la fuerza gravitatoria es igual a la variación de la energía potencial con el signo cambiado:

$$W_{F_{\mathrm{T,c}}} = -\Delta E_{\mathrm{p}}$$

Puesto que el trabajo es positivo, la energía potencial del cuerpo disminuye. Por otra parte, como la energía mecánica permanece constante, la energía cinética del cuerpo aumenta en la misma cantidad que la energía potencial disminuye.

Calculamos ahora la velocidad del cuerpo cuando llega a la superficie terrestre. En la situación inicial, el cuerpo tiene cierta energía potencial y no tiene energía cinética. En la situación final, cuando llega a la superficie terrestre, el cuerpo tiene menos energía potencial y cierta energía cinética. Se cumplirá que:

$$E_{c\,0} + E_{p\,0} = E_c + E_p$$

$$-G\frac{mM_T}{r} = \frac{1}{2}mv^2 + \left(-G\frac{mM_T}{R_T}\right) \quad \lfloor E_{c\,0} = 0 \rfloor$$

Simplificamos, despejamos v y calculamos su valor:

$$
\begin{aligned}
v &= \sqrt{2GM_T\left(\frac{1}{R_T} - \frac{1}{r}\right)} \\
&= \sqrt{2 \cdot 6,67 \cdot 10^{-11}\frac{\mathrm{N\,m^2}}{\mathrm{kg^2}} \cdot 6 \cdot 10^{24}\,\mathrm{kg}\left(\frac{1}{6,4 \cdot 10^6\,\mathrm{m}} - \frac{1}{6,55 \cdot 10^6\,\mathrm{m}}\right)} \\
&= 1690\,\mathrm{m/s}
\end{aligned}
$$

$\lfloor M_T = 6 \cdot 10^{24}\,\mathrm{kg};\ R_T = 6400\,\mathrm{km} = 6,4 \cdot 10^6\,\mathrm{m};\ r = R_T + h = 6,55 \cdot 10^6\,\mathrm{m} \rfloor$

b) Existe cierta velocidad mínima de lanzamiento con la que se consigue, al menos teóricamente, mandar a un cuerpo al infinito, es decir, situarlo en reposo justo en el lugar donde la energía potencial gravitatoria es cero, según el convenio de que la energía potencial en el infinito es cero. A dicha velocidad se conoce con el nombre de velocidad de escape, v_e.

Calculamos la velocidad de escape del cuerpo, que se encuentra en reposo a una distancia r del centro de la Tierra, aplicando el principio de conservación de la energía mecánica. Como solo actúa la fuerza gravitatoria (se desprecian las fuerzas de rozamiento), la energía mecánica del cuerpo (suma de la energía cinética E_c y energía potencial gravitatoria E_p) permanece constante. Si cuando el cuerpo está en el infinito y en reposo su energía mecánica es cero, en el momento de lanzamiento y durante todo su trayecto su energía mecánica será también cero.

Así, la velocidad de escape debe ser tal, que se cumpla:

$$E_{c\,0} + E_{p\,0} = 0$$

$$\frac{1}{2}mv_e^2 + \left(-G\frac{M_T m}{r}\right) = 0$$

Simplificamos, despejamos v_e y calculamos su valor:

$$v_e = \sqrt{\frac{2GM_T}{r}} = \sqrt{\frac{2 \cdot 6,67 \cdot 10^{-11}\,\mathrm{N\,m^2/kg^2} \cdot 6 \cdot 10^{24}\,\mathrm{kg}}{6,55 \cdot 10^6\,\mathrm{m}}} = 11\,100\,\mathrm{m/s}$$

> ### Problema 2.37
>
> El satélite de investigación europeo (ERS-2) sobrevuela la Tierra a 800 km de altura. Suponga su trayectoria circular y su masa de 1000 kg.
> a) Calcule de forma razonada la velocidad orbital del satélite.
> b) Si suponemos que el satélite se encuentra sometido únicamente a la fuerza de gravitación debida a la Tierra, ¿por qué no cae sobre la superficie terrestre? Justifique la respuesta.
> $R_T = 6370\,\text{km}$; $g = 10\,\text{m s}^{-2}$.

a) Sobre el satélite (s), de masa m_s, que orbita alrededor de la Tierra a una distancia r (distancia entre los centros de ambos cuerpos), solo actúa la fuerza que la Tierra ejerce sobre él, $\vec{F}_{T,s}$, que le produce una aceleración normal $\vec{a}_n$.

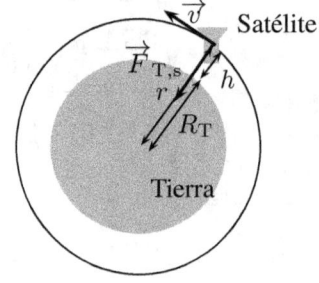

De acuerdo con la segunda ley de Newton:

$$\vec{F}_{T,s} = m_s\,\vec{a}_n$$

Como:

$$F_{T,s} = G\frac{M_T\,m_s}{r^2} \quad y \quad a_n = \frac{v^2}{r}$$

tenemos que:

$$G\frac{M_T\,m_s}{r^2} = m_s\frac{v^2}{r}$$

Simplificamos, despejamos la velocidad orbital y calculamos su valor:

$$v = \sqrt{\frac{GM_T}{r}} = \sqrt{\frac{GM_T\dfrac{R_T^2}{R_T^2}}{r}} = \sqrt{\frac{g_0 R_T^2}{r}} = \sqrt{\frac{10\,\text{m/s}^2\,(6,37\cdot 10^6\,\text{m})^2}{7,17\cdot 10^6\,\text{m}}} = 7520\,\text{m/s}$$

$$\left| g_0 = G\frac{M_T}{R_T^2} = 10\,\text{m/s}^2;\ r = R_T + h = (6370 + 800)\,\text{km} = 7170\,\text{km} = 7,17\cdot 10^6\,\text{m} \right.$$

b) Uno de los efectos de las fuerzas es producir aceleraciones. En este caso la fuerza gravitatoria que actúa sobre el satélite le produce únicamente una aceleración normal o centrípeta, esto es, un cambio en la dirección de la velocidad que le obliga a describir una trayectoria circular con rapidez constante. Como consecuencia, el satélite está continuamente "cayendo" sobre la Tierra sin llegar a alcanzar su superficie. Si consideráramos el rozamiento, que existe aunque en pequeña medida, el satélite iría perdiendo altura en cada vuelta. El satélite necesitaría una energía externa para no variar el radio de su órbita.

Problema 2.38

Un satélite artificial de 500 kg orbita alrededor de la Luna a una altura de 120 km sobre su superficie y tarda 2 horas en dar una vuelta completa.
a) Calcule la masa de la Luna, razonando el procedimiento seguido.
b) Determine la diferencia de energía potencial del satélite respecto a la que tendría en la superficie lunar.
$G = 6,67 \cdot 10^{-11}\,\mathrm{N\,m^2\,kg^{-2}}$; $R_\mathrm{L} = 1740\,\mathrm{km}$.

a) Sobre el satélite (s), de masa m_s, que orbita alrededor de la Luna a una distancia r (distancia entre los centros de ambos cuerpos), solo actúa la fuerza que la Luna ejerce sobre él, $\vec{F}_\mathrm{L,s}$, que le produce una aceleración normal $\vec{a}_\mathrm{n}$.

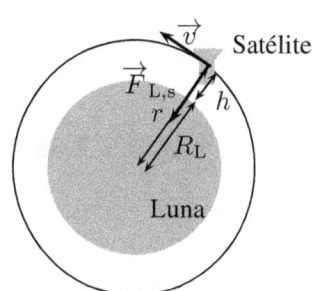

De acuerdo con la segunda ley de Newton:

$$\vec{F}_\mathrm{L,s} = m_\mathrm{s}\,\vec{a}_\mathrm{n}$$

Como:

$$F_\mathrm{L,s} = G\frac{M_\mathrm{L}\,m_\mathrm{s}}{r^2} \quad \mathrm{y} \quad a_\mathrm{n} = \frac{v^2}{r}$$

tenemos que:

$$G\,\frac{M_\mathrm{T}\,m_\mathrm{s}}{r^2} = m_\mathrm{s}\frac{v^2}{r} \tag{2.3}$$

Expresamos la velocidad orbital del satélite como el cociente entre la distancia que recorre cuando completa una órbita (longitud de la circunferencia que describe alrededor de la Luna) y del tiempo que tarda en recorrerla (periodo T). La expresión de la velocidad orbital es:

$$v = \frac{2\pi r}{T}$$

Sustituimos su valor al cuadrado en la ecuación (2.3) y simplificamos:

$$G\frac{M_\mathrm{L}}{r} = \frac{4\pi^2 r^2}{T^2}$$

Despejamos M_L y calculamos su valor:

$$M_\mathrm{L} = \frac{4\pi^2 r^3}{GT^2} = \frac{4\pi^2 (1,86 \cdot 10^6\,\mathrm{m})^3}{6,67 \cdot 10^{-11}\,\mathrm{N\,m^2/kg^2}\,(7,2 \cdot 10^3\,\mathrm{s})^2} = 7,35 \cdot 10^{22}\,\mathrm{kg}$$

$\lfloor r = R_L + h = 1740\,\mathrm{km} + 120\,\mathrm{km} = 1860\,\mathrm{km} = 1,86 \cdot 10^6\,\mathrm{m}; T = 2\,\mathrm{h} = 7,2 \cdot 10^3\,\mathrm{s}\rfloor$

b) La energía potencial gravitatoria del satélite es:

$$E_{\mathrm{p}} = -G\frac{M_{\mathrm{L}}m_s}{r}$$

La diferencia entre la energía potencial del satélite en un punto situado a una altura h ($r = R_L + h$) y la superficie lunar es:

$$
\begin{aligned}
E_{\mathrm{p}}(h) - E_{\mathrm{p}}(\text{superficie}) &= -G\frac{M_{\mathrm{L}}m_{\mathrm{s}}}{R_{\mathrm{L}}+h} - \left(-G\frac{M_{\mathrm{L}}m_{\mathrm{s}}}{R_{\mathrm{L}}}\right) = GM_{\mathrm{L}}m_{\mathrm{s}}\left(\frac{1}{R_{\mathrm{L}}} - \frac{1}{R_{\mathrm{L}}+h}\right) \\
&= 6,67 \cdot 10^{-11}\frac{\mathrm{N\,m^2}}{\mathrm{kg^2}} \cdot 7,35 \cdot 10^{22}\,\mathrm{kg} \cdot 5 \cdot 10^{2}\,\mathrm{kg}\left(\frac{1}{1,74 \cdot 10^{6}\,\mathrm{m}} - \frac{1}{1,86 \cdot 10^{6}\,\mathrm{m}}\right) \\
&= 9,09 \cdot 10^{7}\,\mathrm{J}
\end{aligned}
$$

Problema 2.39

La Luna se encuentra a una distancia media de 384 000 km de la Tierra y su periodo de traslación alrededor de nuestro planeta es de 27 días y 6 horas.
a) Determine razonadamente la masa de la Tierra.
b) Si el radio orbital de Luna fuera de 200 000 km, ¿cuál sería su periodo orbital?
$G = 6,67 \cdot 10^{-11}\,\mathrm{N\,m^2\,kg^{-2}}$.

---

a) Sobre la Luna, de masa M_{L}, que orbita alrededor de la Tierra a una distancia r (distancia entre los centros de ambos cuerpos), solo actúa la fuerza que la Tierra ejerce sobre ella, $\vec{F}_{\mathrm{T,L}}$, que le produce una aceleración normal $\vec{a}_{\mathrm{n}}$.

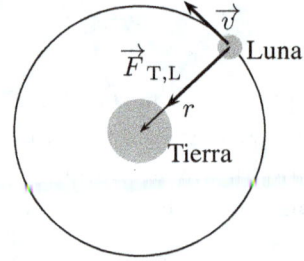

De acuerdo con la segunda ley de Newton:

$$\vec{F}_{\mathrm{T,L}} = M_{\mathrm{L}}\vec{a}_{\mathrm{n}}$$

Como:

$$F_{\mathrm{T,L}} = G\frac{M_{\mathrm{T}}\,M_{\mathrm{L}}}{r^2} \quad \text{y} \quad a_{\mathrm{n}} = \frac{v^2}{r}$$

tenemos que:

$$G\frac{M_{\mathrm{T}}\,M_{\mathrm{L}}}{r^2} = M_{\mathrm{L}}\frac{v^2}{r} \tag{2.4}$$

Expresamos la velocidad orbital del satélite como el cociente entre la distancia que recorre cuando completa una órbita (longitud de la circunferencia que describe alrededor de la Tierra) y del tiempo que tarda en describirla (periodo T). La expresión de la velocidad orbital es la siguiente:

$$v = \frac{2\pi r}{T}$$

Sustituimos su valor al cuadrado en la ecuación (2.4) y simplificamos:

$$G\frac{M_T}{r} = \frac{4\pi^2 r^2}{T^2}$$

Despejamos M_T y calculamos su valor:

$$M_T = \frac{4\pi^2 r^3}{GT^2} = \frac{4\pi^2 (3,84 \cdot 10^8\,\text{m})^3}{6,67 \cdot 10^{-11}\,\text{N m}^2/\text{kg}^2\,(2,35 \cdot 10^6\,\text{s})^2} = 6,07 \cdot 10^{24}\,\text{kg}$$

$$\lfloor T = 27\,\text{d y}\,6\,\text{h} = 2,35 \cdot 10^6\,\text{s} \rfloor$$

b) Calculamos el nuevo periodo T' para la nueva distancia r', despejándolo de la ecuación de la masa:

$$T' = 2\pi\sqrt{\frac{r'^3}{GM_T}} = 2\pi\sqrt{\frac{(2 \cdot 10^8\,\text{m})^3}{6,67 \cdot 10^{-11}\,\text{N m}^2/\text{kg}^2 \cdot 6,07 \cdot 10^{24}\,\text{kg}}} = 8,83 \cdot 10^5\,\text{s}$$

$$\lfloor r' = 200\,000\,\text{km} = 2 \cdot 10^8\,\text{m};\ M_T = 6,07 \cdot 10^{24}\,\text{kg} \rfloor$$

Este tiempo, expresado en días, es:

$$8,83 \cdot 10^5\,\text{s} \cdot \frac{1\,\text{hora}}{3\,600\,\text{s}} \cdot \frac{1\,\text{día}}{24\,\text{horas}} = 10,2\,\text{días}$$

Es lógico el resultado, ya que, al disminuir el radio orbital, aumenta la velocidad orbital y disminuye el tiempo que tarda en recorrer la órbita.

Problema 2.40

Un satélite orbita a $20\,000$ km de altura sobre la superficie terrestre.
a) Calcule la velocidad orbital.
b) Razone cómo se modificarían sus energías cinética y mecánica si su altura se redujera a la mitad.
$G = 6,67 \cdot 10^{-11}\,\text{N m}^2\,\text{kg}^{-2}$; $M_T = 6 \cdot 10^{24}$ kg; $R_T = 6370$ km.

a) Sobre el satélite (s), de masa m_s, que orbita alrededor de la Tierra a una distancia r (distancia entre los centros de ambos cuerpos), solo actúa la fuerza que la Tierra ejerce sobre él, $\vec{F}_{T,s}$, que le produce una aceleración normal $\vec{a}_n$.

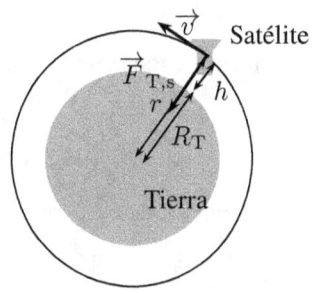

De acuerdo con la segunda ley de Newton:

$$\vec{F}_{T,s} = m_s \vec{a}_n$$

Como:

$$F_{T,s} = G\frac{M_T m_s}{r^2} \quad \text{y} \quad a_n = \frac{v^2}{r}$$

tenemos que:

$$G\frac{M_T\, m_s}{r^2} = m_s\frac{v^2}{r}$$

Simplificamos, despejamos la velocidad orbital y calculamos su valor:

$$v = \sqrt{\frac{GM_T}{r}} = \sqrt{\frac{6,67\cdot 10^{-11}\,\mathrm{N\,m^2/kg^2}\cdot 6\cdot 10^{24}\,\mathrm{kg}}{2,637\cdot 10^7\,\mathrm{m}}} = 3900\,\mathrm{m/s}$$

$$\lfloor r = R_T + h = 6370\,\mathrm{km} + 20\,000\,\mathrm{km} = 26\,370\,\mathrm{km} = 2,637\cdot 10^7\,\mathrm{m}\rfloor$$

b) La energía cinética del satélite a la altura h $(r = R_T + h)$ es:

$$E_c(h) = \frac{1}{2}m_s v^2 = \frac{1}{2}m_s\frac{GM_T}{R_T + h} = \frac{1}{2}G\frac{M_T m_s}{R_T + h}$$

$$\left\lfloor v = \sqrt{\frac{GM_T}{r}} \Rightarrow v^2 = \frac{GM_T}{R_T + h}\right\rfloor$$

La energía cinética a la altura $h/2$ será:

$$E_c(h/2) = \frac{1}{2}G\frac{M_T m_s}{R_T + h/2}$$

La relación entre ambas energías cinéticas será:

$$\frac{E_c(h/2)}{E_c(h)} = \frac{\dfrac{1}{2}G\dfrac{M_T m_s}{R_T + h/2}}{\dfrac{1}{2}G\dfrac{M_T m_s}{R_T + h}} = \frac{R_T + h}{R_T + h/2} = \frac{6370\,\mathrm{km} + 20\,000\,\mathrm{km}}{6370\,\mathrm{km} + 10\,000\,\mathrm{km}} = 1,61$$

Observamos que la energía cinética a la altura $h/2$ es 1,61 veces mayor.

La energía mecánica del satélite a la altura h es:

$$E_m(h) = E_c(h) + E_p(h) = \frac{1}{2}G\frac{M_T m_s}{R_T + h} + \left(-G\frac{M_T m_s}{R_T + h}\right) = -\frac{1}{2}G\frac{M_T m_s}{R_T + h}$$

La energía mecánica del satélite a la altura $h/2$ será:

$$E_m(h/2) = -\frac{1}{2}G\frac{M_T m_s}{R_T + h/2}$$

La relación entre ambas energías mecánicas será:

$$\frac{E_m(h/2)}{E_m(h)} = \frac{-\dfrac{1}{2}G\dfrac{M_T m_s}{R_T + h/2}}{-\dfrac{1}{2}G\dfrac{M_T m_s}{R_T + h}} = \frac{R_T + h}{R_T + h/2} = \frac{6370\,\mathrm{km} + 20\,000\,\mathrm{km}}{6370\,\mathrm{km} + 10\,000\,\mathrm{km}} = 1,61$$

Se observa que la energía mecánica a la altura $h/2$ es, en valor absoluto, 1,61 veces mayor que la energía mecánica a la altura h. Pero como la energía mecánica es negativa, la energía a una altura $h/2$ es más negativa que la energía mecánica a una altura h, luego es 1,61 veces menor.[8]

Problema 2.41

La masa del planeta Júpiter es, aproximadamente, 300 veces la de la Tierra; su diámetro, 10 veces mayor que el terrestre; y su distancia media al Sol, 5 veces mayor que la de la Tierra al Sol.
a) Razone cuál sería el peso en Júpiter de un astronauta de 75 kg.
b) Calcule el tiempo que Júpiter tarda en dar una vuelta completa alrededor del Sol, expresado en años terrestres.
$g = 10\,\mathrm{m\,s^{-2}}$.

---

a) La fuerza con que Júpiter atrae a un cuerpo (c) de masa m que se halla en su superficie, $\overrightarrow{F}_{\mathrm{J,c}}$, (peso del cuerpo en Júpiter) es el producto de la masa del cuerpo por la gravedad en la superficie de Júpiter, $g_{0\mathrm{J}}$. Esta la podemos calcular porque conocemos la gravedad en la superficie terrestre $g_{0\mathrm{T}}$, la relación que existe entre las masas de la Tierra y Júpiter, y la relación entre los radios de ambos planetas, pues sabemos la relación entre los diámetros de ambos, que tiene el mismo valor:

$$F_{\mathrm{J,c}} = mg_{0\mathrm{J}} = mG\frac{M_{\mathrm{J}}}{R_{\mathrm{J}}^2} = mG\frac{300\,M_{\mathrm{T}}}{(10R_{\mathrm{T}})^2} = 3mg_{0\mathrm{T}} = 3 \cdot 75\,\mathrm{kg} \cdot 10\,\mathrm{m/s^2} = 2250\,\mathrm{N}$$

$$\left[m = 75\,\mathrm{kg};\ M_{\mathrm{J}} = 300\,M_{\mathrm{T}};\ R_{\mathrm{J}} = 10\,R_{\mathrm{T}};\ g_{0\mathrm{T}} = GM_{\mathrm{T}}/R_{\mathrm{T}}^2 = 10\,\mathrm{m/s^2} \right]$$

b) La tercera ley de Kepler establece que el cociente entre el periodo de revolución de un planeta elevado al cuadrado y la distancia media desde él al Sol elevada al cubo es constante (K_{S}, constante para todos los planetas del sistema solar):

$$\frac{T^2}{r^3} = K_{\mathrm{S}}$$

Aplicamos esta ley para Júpiter y la Tierra para determinar el tiempo que tarda Júpiter en dar una vuelta alrededor del Sol (periodo de Júpiter T_{J}), expresado en años terrestres:

$$\frac{T_{\mathrm{J}}^2}{r_{\mathrm{J}}^3} = K_{\mathrm{S}} \qquad \frac{T_{\mathrm{T}}^2}{r_{\mathrm{T}}^3} = K_{\mathrm{S}}$$

---

[8]Al disminuir el radio orbital, aumenta la velocidad y, en consecuencia, aumenta la energía cinética. Sin embargo, la energía potencial disminuye el doble de lo que aumenta la energía cinética, por lo que la energía mecánica se hace menor.

Igualamos y tenemos en cuenta que $r_J = 5r_T$:

$$\frac{T_J^2}{(5r_T)^3} = \frac{T_T^2}{r_T^3}$$

Simplificamos, despejamos T_J y calculamos su valor:

$$T_J = \sqrt{125}T_T = 11,2\,\text{años} \quad \lfloor T_T = 1\,\text{año} \rfloor$$

Problema 2.42

La misión Cassini a Saturno-Titán comenzó en 1997 con el lanzamiento de la nave desde Cabo Cañaveral y culminó el 14 de enero de 2005, al posarse con éxito la cápsula Huygens sobre la superficie de Titán, el mayor satélite de Saturno, más grande que nuestra Luna e incluso más que el planeta Mercurio.
a) Admitiendo que Titán se mueve alrededor de Saturno describiendo una órbita circular de $1,2 \cdot 10^9$ m de radio, calcule su velocidad y periodo orbital.
b) ¿Cuál es la relación entre el peso de un objeto en la superficie de Titán y en la superficie de la Tierra?
$G = 6,67 \cdot 10^{-11}\,\text{N m}^2\,\text{kg}^{-2}$; $M_{\text{Saturno}} = 5,7 \cdot 10^{26}$ kg; $g = 10\,\text{m s}^{-2}$;
$M_{\text{Titán}} = 1,3 \cdot 10^{23}$ kg; $R_{\text{Titán}} = 2,6 \cdot 10^6$ m.

---

a) Sobre el satélite Titán (T), de masa M_T, que orbita alrededor de Saturno (S) a una distancia r (distancia entre los centros de ambos cuerpos), solo actúa la fuerza que Saturno ejerce sobre él, $\vec{F}_{S,T}$, que lo produce una aceleración normal $\vec{a}_n$.

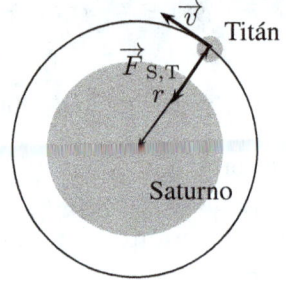

De acuerdo con la segunda ley de Newton:

$$\vec{F}_{S,T} = M_T \vec{a}_n$$

Como:

$$F_{S,T} = G\frac{M_S\,M_T}{r^2} \quad y \quad a_n = \frac{v^2}{r}$$

tenemos que:

$$G\frac{M_S\,M_T}{r^2} = M_T\frac{v^2}{r}$$

Simplificamos, despejamos v y calculamos su valor:

$$v = \sqrt{\frac{GM_S}{r}} = \sqrt{\frac{6,67 \cdot 10^{-11}\,\text{N m}^2/\text{kg}^2 \cdot 5,7 \cdot 10^{26}\,\text{kg}}{1,2 \cdot 10^9\,\text{m}}} = 5630\,\text{m/s}$$

Calculamos el tiempo que tarda Titán en completar una órbita alrededor de Saturno (periodo, T) a partir de la velocidad orbital:

$$T = \frac{2\pi r}{v} = \frac{2\pi \cdot 1,2 \cdot 10^9 \,\text{m}}{5630 \,\text{m/s}} = 1,34 \cdot 10^6 \,\text{s}$$

b) El peso P de un cuerpo es la fuerza con que un astro (A) (satélite, planeta o estrella) lo atrae. Su valor en la superficie del astro depende de la gravedad en ese lugar, g_{0A}, (fuerza por unidad de masa con que el astro atrae a un cuerpo en ese lugar), que es directamente proporcional a la masa del astro e inversamente proporcional al cuadrado del radio del astro.

Los pesos de un cuerpo de masa m en la superficie de Titán y de la Tierra son, respectivamente:

$$P_{\text{Titán}} = mg_{0\,\text{Titán}} \qquad P_{\text{Tierra}} = mg_{0\,\text{Tierra}}$$

La relación entre entre ambos es la siguiente:

$$\frac{P_{\text{Titán}}}{P_{\text{Tierra}}} = \frac{m}{m} \cdot \frac{G\dfrac{M_{\text{Titán}}}{R_{\text{Titán}}}}{g_{0\,\text{Tierra}}} = \frac{6,67 \cdot 10^{-11}\dfrac{\text{N m}^2}{\text{kg}^2} \cdot \dfrac{1,3 \cdot 10^{23}\,\text{kg}}{(2,6 \cdot 10^6\,\text{m})^2}}{10\,\text{m/s}^2} = \frac{1,28\,\text{N}}{10\,\text{N}} = 0,128$$

Problema 2.43

Un satélite describe una órbita en torno a la Tierra con un periodo de revolución igual al terrestre.
a) Explique cuántas órbitas son posibles.
b) Determine la relación entre la velocidad de escape en un punto de la superficie terrestre y la velocidad orbital del satélite.
$G = 6,67 \cdot 10^{-11} \,\text{N m}^2\,\text{kg}^{-2}$; $R_T = 6370\,\text{km}$; $g = 10\,\text{m s}^{-2}$.

---

a) Podemos demostrar fácilmente, aplicando la segunda ley de Newton a un satélite (s) que gira alrededor de la Tierra, que su velocidad orbital al cuadrado es:

$$v^2 = \frac{GM_T}{r}$$

siendo M_T la masa de la Tierra; r, el radio de la órbita; y G, la constante de gravitación universal.

Si despejamos r, obtenemos:

$$r = \sqrt{\frac{GM_T}{v^2}} \tag{2.5}$$

que nos indica el radio de la órbita para una determinada velocidad orbital.

Por tanto, si se mueve con una determinada velocidad tal, que el periodo de giro (tiempo que tarda en dar una vuelta alrededor de la Tierra) coincide con el periodo de revolución terrestre (tiempo que tarda la Tierra en dar una vuelta sobre sí misma), solo habrá una órbita posible. Dicho satélite se dice que es geosíncrono y la órbita que describe es una órbita geosíncrona. Si además, la órbita está sobre el ecuador, se denomina órbita geoestacionaria. Para un observador estático en un punto del ecuador, un satélite geoestacionario se percibe como situado en un punto inmóvil en el cielo.

Podemos expresar la velocidad orbital en función del periodo T:

$$v = \frac{2\pi r}{T}$$

Si en la ecuación (2.5) sustituimos el cuadrado de v , tenemos que:

$$r = \frac{GM_T}{\left(\dfrac{2\pi r}{T}\right)^2}$$

Si despejamos r, obtenemos el valor de r en función del periodo, T. Para un periodo de revolución igual al terrestre (24 horas $= 86\,400\,\text{s}$), el radio orbital es:

$$r = \sqrt[3]{\frac{GM_T T^2}{4\pi^2}} = \sqrt[3]{\frac{6,67 \cdot 10^{-11}\dfrac{\text{N m}^2}{\text{kg}^2} \cdot 6,08 \cdot 10^{24}\,\text{kg}\,(86\,400\,\text{s})^2}{4\pi^2}} = 4,25 \cdot 10^7\,\text{m}$$

$$\left[M_T = \frac{g_0 R_T^2}{G} = \frac{10\,\text{m/s}^2\,(6,37 \cdot 10^6\,\text{m})^2}{6,67 \cdot 10^{-11}\dfrac{\text{N m}^2}{\text{kg}^2}} = 6,08 \cdot 10^{24}\,\text{kg} \right]$$

b) Determinamos la relación que existe entre ambas velocidades a partir de las dos ecuaciones siguientes. La de la izquierda es la ecuación de la segunda ley de Newton para el satélite que se mueve con velocidad v; la de la derecha, la ecuación que nos da la condición para que el satélite escape con la velocidad de escape v_e desde la superficie de la Tierra:

$$G\frac{M_T m_s}{r^2} = m_s \frac{v^2}{r} \qquad G\frac{M_T m_s}{R_T} = \frac{1}{2}m_s v_e^2$$

Si eliminamos términos, obtenemos:

$$\frac{GM_T}{r} = v^2 \qquad \frac{GM_T}{R_T} = \frac{v_e^2}{2}$$

Dividiendo, miembro a miembro, la ecuación de la derecha entre la ecuación de la izquierda, obtenemos la relación entre la velocidad de escape en un punto de la superficie terrestre y la velocidad orbital del satélite:

$$\frac{v_{\text{e}}^2}{v^2} = \frac{2r}{R_{\text{T}}} \Rightarrow \frac{v_{\text{e}}}{v} = \sqrt{\frac{2r}{R_{\text{T}}}} = \sqrt{\frac{2 \cdot 4,25 \cdot 10^7 \,\text{m}}{6,37 \cdot 10^6 \,\text{m}}} = 3,65$$

Problema 2.44

Un satélite de posicionamiento GPS, de 1200 kg, se encuentra en una órbita circular de radio $3R_{\text{T}}$.

a) Calcule la variación que ha experimentado el peso del satélite respecto al que tenía en la superficie terrestre.

b) Determine la velocidad orbital del satélite y razone si la órbita es geoestacionaria.

$G = 6,67 \cdot 10^{-11} \,\text{N m}^2 \,\text{kg}^{-2}$; $M_{\text{T}} = 6,0 \cdot 10^{24} \,\text{kg}$; $R_{\text{T}} = 6400 \,\text{km}$.

---

a) El peso del satélite (s), de masa m_{s}, que se encuentra dentro del campo gravitatorio terrestre, es la fuerza con que la Tierra lo atrae:

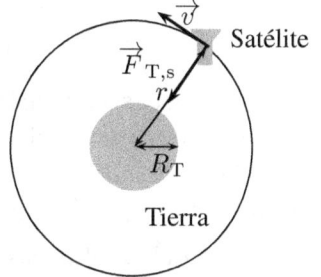

$$F_{\text{T,s}} = G \, \frac{M_{\text{T}} m_{\text{s}}}{r^2} \qquad (2.6)$$

siendo r la distancia que separa el centro de los dos cuerpos.

El módulo de esa fuerza cuando está en la superficie terrestre, $F_{\text{T,s}}$, es:

$$F_{\text{T,s}} = G \, \frac{M_{\text{T}} m_{\text{s}}}{R_{\text{T}}^2}$$

El módulo de la fuerza con que la Tierra lo atrae cuando está en una órbita circular de radio $r = 3\,R_{\text{T}}$, $F'_{\text{T,s}}$ es:

$$F'_{\text{T,s}} = G \, \frac{M_{\text{T}} m_{\text{s}}}{(3\,R_{\text{T}})^2}$$

La variación que ha experimentado el peso del satélite es:

$$
\begin{aligned}
F'_{\text{T,s}} - F_{\text{T,s}} &= G \, \frac{M_{\text{T}} \, m_{\text{s}}}{(3\,R_{\text{T}})^2} - G \, \frac{M_{\text{T}} m_{\text{s}}}{R_{\text{T}}^2} = G \, \frac{M_{\text{T}} m_{\text{s}}}{9 \, R_{\text{T}}^2} - G \, \frac{M_{\text{T}} m_{\text{s}}}{R_{\text{T}}^2} \\
&= G \, \frac{M_{\text{T}} m_{\text{s}}}{R_{\text{T}}^2} \left(\frac{1}{9} - 1 \right) = -\frac{8}{9} G \, \frac{M_{\text{T}} m_{\text{s}}}{R_{\text{T}}^2} \\
&= -\frac{8}{9} \cdot 6,67 \cdot 10^{-11} \, \frac{\text{N m}^2}{\text{kg}^2} \cdot \frac{6 \cdot 10^{24} \,\text{kg} \cdot 1,2 \cdot 10^3 \,\text{kg}}{(6,4 \cdot 10^6 \,\text{m})^2} = -10\,400 \,\text{N}
\end{aligned}
$$

El peso del satélite disminuye en una cantidad de $10\,400\,\text{N}$.

b) Sobre el satélite solo actúa la fuerza que la Tierra ejerce sobre él, $\vec{F}_{\text{T,s}}$, que le produce una aceleración normal $\vec{a}_{\text{n}}$. De acuerdo con la segunda ley de Newton:

$$F_{\text{T,s}} = m_{\text{s}}\frac{v^2}{r}$$

Comparando esta ecuación con la (2.6) obtenemos la expresión de la velocidad orbital del satélite y calculamos su valor:

$$v = \sqrt{\frac{GM_{\text{T}}}{r}} = \sqrt{\frac{6,67 \cdot 10^{-11}\,\text{N}\,\text{m}^2/\text{kg}^2 \cdot 6 \cdot 10^{24}\,\text{kg}}{1,92 \cdot 10^7\,\text{m}}} = 4570\,\text{m/s}$$

$$\lfloor r = 3R_{\text{T}} = 3 \cdot 6,4 \cdot 10^6\,\text{m} = 1,92 \cdot 10^7\,\text{m} \rfloor$$

Calculamos el tiempo que tarda el satélite en completar una órbita alrededor de la Tierra (periodo, T) a partir de la velocidad orbital:

$$T = \frac{2\pi r}{v} = \frac{2\pi \cdot 1,92 \cdot 10^7\,\text{m}}{4570\,\text{m/s}} = 2,64 \cdot 10^4\,\text{s} \cdot \frac{1\,\text{hora}}{3600\,\text{s}} = 7,33\,\text{horas}$$

La órbita geoestacionaria es aquella que está contenida en el plano ecuatorial y es descrita por un satélite cuyo periodo de giro alrededor de la Tierra es el mismo que el periodo de revolución terrestre (tiempo que tarda la Tierra en dar una vuelta sobre sí misma, que es de 24 horas).

La órbita del satélite no es geoestacionaria porque su periodo no coincide con el periodo de revolución terrestre.

Problema 2.45

Un satélite artificial de $400\,\text{kg}$ describe una órbita circular a una altura h sobre la superficie terrestre. El valor de la gravedad a dicha altura es la tercera parte de su valor en la superficie de la Tierra.

a) Explique si hay que realizar trabajo para mantener el satélite en esa órbita y calcule el valor de h.

b) Determine el periodo de la órbita y la energía mecánica del satélite.

$g = 9,8\,\text{m}\,\text{s}^{-2}$; $R_{\text{T}} = 6,4 \cdot 10^6\,\text{m}$.

---

a) No hay que realizar trabajo porque su energía mecánica, suma de la energía potencial gravitatoria y la energía cinética, no varía. Como el movimiento que efectúa es circular uniforme, la energía potencial gravitatoria no varía porque la distancia a la Tierra es siempre la misma y la energía cinética, tampoco porque la rapidez es constante.

La gravedad terrestre en un punto del campo gravitatorio creado por la Tierra es la fuerza que actúa sobre la unidad de masa situada en ese punto. Su valor es inversamente proporcional al cuadrado de la distancia que separa el centro de la Tierra de ese punto.

En un punto de la superficie de la Tierra, que dista R_T del centro de la Tierra, y en un punto a una altura h sobre la superficie de la Tierra, que dista r del centro de la Tierra, los valores de la gravedad son, respectivamente:

$$g_0 = G\frac{M_\mathrm{T}}{R_\mathrm{T}^2} \qquad g_h = G\frac{M_\mathrm{T}}{r^2}$$

Si dividimos miembro a miembro las dos ecuaciones, como $g_h = g_0/3$, obtenemos:

$$\frac{g_0}{\dfrac{g_0}{3}} = \frac{G\dfrac{M_\mathrm{T}}{R_\mathrm{T}^2}}{G\dfrac{M_\mathrm{T}}{r^2}}$$

Simplificamos, despejamos r y obtenemos que:

$$r = \sqrt{3}\,R_\mathrm{T}$$

La altura h del punto es:

$$h = r - R_\mathrm{T} = \sqrt{3}\,R_\mathrm{T} - R_\mathrm{T} = (\sqrt{3}-1)R_\mathrm{T} = (\sqrt{3}-1)\,6,4\cdot10^3\,\mathrm{km} = 4700\,\mathrm{km}$$

$$\lfloor R_\mathrm{T} = 6,4\cdot10^6\,\mathrm{m} = 6,4\cdot10^3\,\mathrm{km}\rfloor$$

b) Calculamos el tiempo que tarda el satélite en completar una órbita alrededor de la Tierra (periodo T) a partir de la velocidad orbital y del radio de la órbita:

$$T = \frac{2\pi r}{v} = \frac{2\pi\cdot1,1\cdot10^7\,\mathrm{m}}{6000\,\mathrm{m/s}} = 11\,500\,\mathrm{s}$$

$$\left| v = \sqrt{\frac{GM_\mathrm{T}}{r}} = \sqrt{\frac{GM_\mathrm{T}\dfrac{R_\mathrm{T}^2}{R_\mathrm{T}^2}}{r}} = \sqrt{\frac{g_0 R_\mathrm{T}^2}{r}} = \sqrt{\frac{9,8\,\mathrm{m/s^2}\,(6,4\cdot10^6\,\mathrm{m})^2}{1,1\cdot10^7\,\mathrm{m}}} = 6000\,\mathrm{m/s} \right|$$

$$\left\lfloor\left\lfloor g_0 = G\frac{M_\mathrm{T}}{R_\mathrm{T}^2} = 9,8\,\mathrm{m/s^2};\ r = R_\mathrm{T} + h = 6400\,\mathrm{km} + 4700\,\mathrm{km} = 1,1\cdot10^7\,\mathrm{m} \right\rfloor\right\rfloor$$

Calculamos ahora la energía mecánica del satélite E_m de masa m_s:

$$\begin{aligned} E_\mathrm{m} &= -\frac{GM_\mathrm{T}m_\mathrm{s}}{2r} = -\frac{GM_\mathrm{T}m_\mathrm{s}}{2r}\frac{r}{r} = -\frac{g_h m_\mathrm{s} r}{2} \\ &= -\frac{3,3\,\mathrm{m/s^2}\cdot400\,\mathrm{kg}\cdot1,1\cdot10^7\,\mathrm{m}}{2} = -7,3\cdot10^9\,\mathrm{J} \end{aligned}$$

$$\left\lfloor g_h = G\frac{M_\mathrm{T}}{r^2} = \frac{g_0}{3} = \frac{9,8\,\mathrm{m/s^2}}{3} = 3,3\,\mathrm{m/s^2};\ m = 400\,\mathrm{kg};\ r = 1,1\cdot 10^7\,\mathrm{m}\right\rceil$$

$$\lfloor\lfloor g_0 = 9,8\,\mathrm{m/s^2}\rfloor\rfloor$$

El signo negativo de la energía significa que el sistema Tierra-satélite es un sistema ligado.

Capítulo 3

Vibraciones

Cuestión 3.1

Una pelota está botando en el suelo.
a) ¿Es periódico el movimiento que realiza? ¿Es armónico simple? Explíquese.
b) Repita el apartado a) para el caso en que no hubiera pérdidas de energía en los rebotes.

---

a) No es periódico. Un movimiento es periódico cuando la posición y la velocidad varían indefinidamente adoptando una serie de valores que se repiten siempre en el mismo orden transcurrido un determinado tiempo (periodo). Cuando una pelota bota en el suelo y suponemos despreciable el rozamiento con el aire, la pelota disminuye en cada rebote parte de la energía mecánica que tiene. En consecuencia, cada vez los botes tienen menos altura y el tiempo transcurrido entre bote y bote disminuye hasta que se para. Ni la posición ni la velocidad se repiten periódicamente (no podemos hablar en este caso de periodo). La aceleración no varía con el tiempo porque es constante.

Tampoco es armónico simple. Si no es periódico, no puede ser armónico simple.

b) Sí es periódico. En este caso, suponiendo también despreciable el rozamiento con el aire, al no haber pérdidas de energía mecánica en cada rebote, la posición y la velocidad se repiten periódicamente.

Tomamos hacia arriba los valores positivos de la posición y consideremos como situación inicial la inmediatamente posterior a un rebote en el suelo. En ese momento la pelota se encuentra en el suelo y posee una velocidad hacia arriba $v_0 \vec{\jmath}$. La pelota sube y baja actuando sobre ella la fuerza con que la Tierra la atrae y, si no hay rozamiento con el aire, cuando vuelve a tocar el suelo, su velocidad es $-v_0\vec{\jmath}$. Si el rebote es elástico, la velocidad tras el rebote es la misma, pero cambiada de signo, esto es, de nuevo $v_0\vec{\jmath}$. Por tanto, justo después del rebote vuelve a estar en el suelo con velocidad $v_0\vec{\jmath}$, con lo que el proceso se repite y el movimiento resultante es periódico.

Este movimiento no es armónico simple, porque lo que define a este tipo de movimiento es que la aceleración es proporcional a la elongación, y en este caso es constante:

$$\vec{g} = -10\,\vec{\jmath}\,\mathrm{m/s}^2$$

Cuestión 3.2

a) Demuestre que en un oscilador armónico simple la aceleración es proporcional al desplazamiento, pero de sentido contrario.

b) Una partícula realiza un movimiento armónico simple sobre el eje OX y en el instante inicial pasa por la posición de equilibrio. Escriba la ecuación de movimiento y razone cuándo es máxima la aceleración.

---

a) Consideramos un oscilador armónico simple que vibra según la dirección del eje X alrededor del punto de equilibrio O. Su movimiento oscilatorio es producido por una fuerza recuperadora $\vec{F}$ que es en todo momento directamente proporcional al desplazamiento y de sentido contrario a este.[1] La expresión siguiente, que no está formalmente expresada en forma vectorial nos informa, sin embargo, de cómo es la fuerza:

$$F = -kx$$

siendo k una constante del oscilador y donde el signo menos significa que la fuerza tiene sentido contrario al desplazamiento (o elongación).[2]

Si esta es la única fuerza que actúa sobre una partícula de masa m, de acuerdo con la segunda ley de la dinámica, que dice que la suma de las fuerzas que actúa sobre una partícula es igual al producto de la masa por la aceleración, tenemos que:

$$\left.\begin{array}{l} \Sigma F = \quad ma \\ F = \quad -kx \end{array}\right\} \Rightarrow ma = -kx \Rightarrow a = -\frac{k}{m}x$$

---

[1]Un oscilador armónico simple es un sistema cualquiera, mecánico, eléctrico, etc. que cuando se deja en libertad, fuera de su posición de equilibrio, vuelve hacia ella describiendo oscilaciones sinusoidales en torno a dicha posición estable.

[2]La expresión vectorial es $\vec{F} = -kx\vec{\imath}$.

Esta expresión nos indica que el módulo de la aceleración es directamente proporcional al desplazamiento, siendo la constante de proporcionalidad k/m, que depende de las características físicas del oscilador. El signo menos nos indica que la aceleración tiene sentido contrario al desplazamiento.[3]

b) La ecuación de movimiento puede describirse tanto mediante una ecuación con la función seno como con la función coseno. Mediante la función seno sería del tipo:

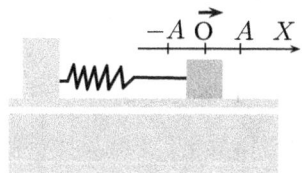

$$x(t) = A\,\text{sen}\,(\omega t + \phi_0)$$

siendo A la amplitud; ω, la frecuencia angular; y ϕ_0, la fase inicial.

La fase inicial del movimiento ϕ_0 puede calcularse si sabemos la elongación en un instante dado y el sentido del movimiento en ese instante. Si para $t = 0$ sabemos que $x = 0$, pues pasa por la posición de equilibrio, sustituyendo estos valores en la ecuación de movimiento, tenemos que:

$$0 = A\,\text{sen}\,\phi_0 \Rightarrow \phi_0 = \text{arcsen}\,0 = 0\,\text{ó}\,\pi\,\text{rad}$$

Si suponemos que en el instante inicial el móvil se desplaza en el sentido de los valores positivos, $\phi_0 = 0\,\text{rad}$ y no $\pi\,\text{rad}$ porque la velocidad inicial es positiva.[4]

La ecuación de movimiento es:

$$x(t) = A\,\text{sen}\,\omega t$$

---

[3]En las ecuaciones del movimiento armónico simple, la posición de la partícula en cualquier instante se expresa como la componente del vector posición en la dirección del movimiento. Por tanto, puede tomar valores positivos, negativos o nulos. Se emplea también el término elongación para designar lo mismo. A veces se emplea el término desplazamiento, que coincide también con el valor de la posición o elongación porque el desplazamiento es lo que varía la posición con respecto a la posición inicial y esta en muchas ocasiones es el centro de oscilación, donde toma el valor cero.

En las ecuaciones del movimiento armónico simple, la velocidad y la aceleración son las componentes de dichas magnitudes vectoriales, que también pueden tomar valores positivos, negativos o nulos.

[4]ϕ_0 no puede ser $\pi\,\text{rad}$ porque la velocidad inicial sería negativa, y como en el instante inicial se desplaza en el sentido de los valores positivos de x, la velocidad tiene que ser positiva. Veamos:

$$v(t) = \frac{dx(t)}{dt} = \frac{d[A\,\text{sen}(\omega t + \phi_0)]}{dt} = A\omega\cos(\omega t + \phi_0)$$

Si para $t = 0$ la fase inicial $\phi_0 = \pi\,\text{rad}$:

$$v = A\omega\cos\pi$$

que tendría un valor negativo, ya que $\cos\pi = -1$.

La aceleración es la segunda derivada de la elongación con respecto al tiempo:

$$a(t) = \frac{d^2 x(t)}{dt^2} = \frac{d^2(A\,\text{sen}\,\omega t)}{dt^2} = -A\omega^2\,\text{sen}\,\omega t = -\omega^2 x$$

La aceleración es máxima cuando la elongación es máxima, lo que sucede cuando $x = \pm A$ y entonces toma los valores $a = \pm A\omega^2$.

Cuestión 3.3

a) Explique qué es un movimiento oscilatorio armónico simple.

b) Comente si existe alguna diferencia entre un movimiento armónico simple descrito mediante la ecuación $x(t) = A\,\text{sen}(\omega t + \phi_0)$ y mediante la ecuación $x(t) = A\cos(\omega t + \phi_0)$.

---

a) Un movimiento oscilatorio armónico simple es aquel en el que sobre la partícula actúa una fuerza recuperadora $\vec{F}$ cuyo módulo es directamente proporcional a la elongación x, y cuyo sentido tiende a llevar siempre a la partícula sobre la que actúa a la posición de equilibrio:

$$F = -kx$$

siendo k una constante del oscilador y donde el signo menos significa que la fuerza tiene sentido contrario a la elongación.

Se puede demostrar que en un movimiento de este tipo la elongación es una función armónica del tiempo del tipo:

$$x = A\,\text{sen}(\omega t + \phi_0)$$

siendo A la amplitud; ω, la frecuencia angular; y ϕ_0, la fase inicial.

La velocidad y la aceleración son también funciones armónicas del tiempo. Esta última es directamente proporcional a la elongación y de sentido contrario a esta:

$$a = -\omega^2 x$$

donde ω^2 es la llamada constante armónica.

b) En un movimiento armónico simple, para unas determinadas condiciones iniciales en las que se especifica la posición inicial y el sentido de movimiento de la partícula, la diferencia entre ambas descripciones es la fase inicial del movimiento ϕ_0.

Así, si $x(0) = A$, cuando la ecuación de movimiento se describe mediante la función coseno, $\phi_0 = 0\,\text{rad}$. La ecuación de movimiento en este caso es:

$$x(t) = A\cos\omega t$$

Y cuando la ecuación de movimiento se describe mediante la función seno, $\phi_0 = \pi/2\,\text{rad}$. La ecuación de movimiento en este otro caso es:

$$x(t) = A\,\text{sen}\left(\omega t + \frac{\pi}{2}\right)$$

Sean cuales sean las condiciones iniciales del movimiento, observaremos una diferencia de fase de $\pi/2\,\text{rad}$ entre las fases de ambas ecuaciones.

Cuestión 3.4

Un movimiento armónico simple viene descrito por la ecuación:

$$x(t) = A\,\text{sen}\,(\omega t + \phi_0)$$

a) Escriba la velocidad y la aceleración de la partícula en función del tiempo y explique cómo varían a lo largo de una oscilación.
b) Deduzca las expresiones de las energías cinética y potencial en función de la posición y explique sus cambios a lo largo de la oscilación.

a) La ecuación del enunciado (en unidades del SI) es la ecuación de movimiento de un movimiento armónico simple, donde x (m) es la posición de la partícula en cada instante y es una función armónica del tiempo.

La velocidad v (m/s) en cada instante es también una función armónica del tiempo y podemos obtenerla derivando la posición con respecto al tiempo:

$$v(t) = \frac{dx(t)}{dt} = \frac{d[A\,\text{sen}(\omega t + \phi_0)]}{dt} = A\omega\cos(\omega t + \phi_0)$$

La aceleración a (m/s^2) en cada instante es, de igual modo, una función armónica del tiempo y podemos obtenerla derivando velocidad con respecto al tiempo:

$$a(t) = \frac{dv(t)}{dt} = \frac{d[A\omega\cos(\omega t + \phi_0)]}{dt} = -A\omega^2(\text{sen}\,\omega t + \phi_0)$$

Para analizar cómo varían dichas magnitudes en una oscilación, las expresamos en función del periodo T. Si para $t = 0$ sabemos que $x = 0$ (la partícula está en el origen) y se dirige hacia los valores positivos de la posición, la fase inicial $\phi_0 = 0\,\text{rad}$. Como $\omega = 2\pi/T$, tenemos:

$$x(t) = A\,\text{sen}\left(\frac{2\pi}{T}t\right) \qquad v(t) = A\omega\cos\left(\frac{2\pi}{T}t\right) \qquad a(t) = -A\omega^2\,\text{sen}\left(\frac{2\pi}{T}t\right)$$

Expresamos mediante una tabla los valores de v y a para un periodo:

	$t=0$	$t=\frac{1}{4}T$	$t=\frac{1}{2}T$	$t=\frac{3}{4}T$	$t=T$
x	0	A	0	$-A$	0
v	$A\omega$	0	$-A\omega$	0	$A\omega$
a	0	$-A\omega^2$	0	$A\omega^2$	0

Observamos que:

- Cuando $t=0$, $t=\frac{1}{2}T$ y $t=T$, la partícula se encuentra en el punto de equilibrio O, tiene la máxima velocidad, de módulo $A\omega$ y su aceleración es cero.

- Cuando $t=\frac{1}{4}T$ y $t=\frac{3}{4}T$, la partícula se encuentra en uno de los extremos, su elongación es máxima (amplitud A), tiene velocidad cero y máxima aceleración, de módulo $A\omega^2$.[5]

- En el primer y tercer cuarto de periodo (conforme la partícula se aleja del punto O para alcanzar la máxima elongación), la velocidad disminuye mientras que la aceleración aumenta y su sentido es el contrario al de la velocidad (conforme se aleja del punto O, la velocidad de la partícula disminuye más rápidamente por unidad de tiempo).

- En el segundo y último cuarto de periodo (conforme se acerca al punto O), la velocidad aumenta mientras que la aceleración disminuye y su sentido es el mismo que el de la velocidad (conforme se acerca al punto O, la velocidad de la partícula aumenta más lentamente por unidad de tiempo).

A continuación mostramos un esquema en el que se muestra en cada uno de los cuartos de periodo lo explicado anteriormente:

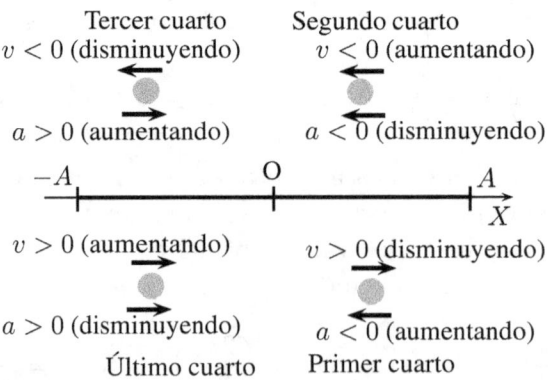

---

[5]En este caso y en otros empleamos el término elongación con el significado de distancia desde la posición de equilibrio al punto donde se encuentra la partícula.

b) Comenzamos deduciendo la energía cinética E_c en función de la posición. Para ello, tenemos en cuenta el valor de la velocidad en función de la posición:

$$E_c = \frac{1}{2}mv^2 = \frac{1}{2}m\left(\omega\sqrt{A^2 - x^2}\right)^2 = \frac{1}{2}m\omega^2(A^2 - x^2) = \frac{1}{2}k(A^2 - x^2)$$

$$\lfloor v = A\omega\cos\omega t = A\omega\sqrt{1 - \text{sen}^2\,\omega t} = \omega\sqrt{A^2 - A^2\,\text{sen}^2\,\omega t} = \omega\sqrt{A^2 - x^2};\ k = m\omega^2\rfloor$$

$$\lfloor\lfloor\text{sen}^2\,\omega t + \cos^2\omega t = 1 \Rightarrow \cos\omega t = \sqrt{1 - \text{sen}^2\,\omega t};\ x = A\,\text{sen}\,\omega t\rfloor\rfloor$$

Ahora deducimos la expresión de la energía potencial elástica E_p en función de la posición:

Por una parte, teniendo en cuenta la definición de trabajo, el trabajo de la fuerza elástica W_F, que es una fuerza que varía con la posición, es:

$$W_{A\,F}^{B} = \int_A^B \vec{F} \cdot d\vec{r} = \int_{x_A}^{x_B} (-kx\vec{\imath}) \cdot dx\vec{\imath}$$

$$= \int_{x_A}^{x_B} -kx\,dx = \frac{1}{2}kx_A^2 - \frac{1}{2}kx_B^2$$

$$\lfloor \vec{F} = -kx\vec{\imath};\ d\vec{r} = dx\vec{\imath}\rfloor$$

Por otra parte, teniendo en cuenta que el trabajo realizado por una fuerza conservativa es igual a la variación de la energía potencial con el signo cambiado:

$$W_{A\,F}^{B} = -\Delta E_p = -(E_{p\,B} - E_{p\,A}) = E_{p\,A} - E_{p\,B}$$

Deducimos, comparando las dos expresiones, que para una elongación x:

$$E_p = \frac{1}{2}kx^2$$

¿Cómo varía cada una de las energías en un ciclo? Los valores de ambas energías quedan reflejados en la siguiente tabla:

	$t=0$	$t=\frac{1}{4}T$	$t=\frac{1}{2}T$	$t=\frac{3}{4}T$	$t=T$
x	0	A	0	$-A$	0
$E_c = \frac{1}{2}k(A^2 - x^2)$	$\frac{1}{2}kA^2$	0	$\frac{1}{2}kA^2$	0	$\frac{1}{2}kA^2$
$E_p = \frac{1}{2}kx^2$	0	$\frac{1}{2}kA^2$	0	$\frac{1}{2}kA^2$	0

Analizando la tabla, vemos que cuando la partícula se encuentra en el punto de equilibrio O solo tiene energía cinética (la velocidad es máxima y la energía cinética alcanza el valor máximo) y cuando se encuentra en un extremo solo tiene energía potencial elástica (la elongación es máxima y la energía potencial alcanza el valor máximo). Conforme la partícula se aleja del punto O, disminuye la energía cinética y aumenta la energía potencial elástica. Y viceversa, conforme la partícula se acerca al punto O, aumenta la energía cinética y disminuye la energía potencial elástica. En cualquier posición la energía mecánica es constante y su valor es $E_\mathrm{m} = \frac{1}{2}kA^2$.[6]

Cuestión 3.5

Una partícula describe un movimiento armónico simple de amplitud A y frecuencia ν.
a) Represente gráficamente la posición y la velocidad de la partícula en función del tiempo y explique las analogías y diferencias entre ambas representaciones.
b) Explique cómo varían la amplitud, la frecuencia del movimiento y la energía mecánica de la partícula al duplicar el periodo de oscilación.

---

a) El movimiento de una partícula que realiza un movimiento armónico simple (m.a.s.) puede describirse tanto mediante una ecuación con la función seno como con la función coseno. Mediante la función seno, la ecuación que representa la posición en función del tiempo es del tipo:

$$x(t) = A\operatorname{sen}(\omega t + \phi_0)$$

siendo A la amplitud; ω, la frecuencia angular; y ϕ_0, la fase inicial.

Si para $t = 0$ sabemos que $x = 0$ (la partícula está en punto de equilibrio) y se dirige hacia los valores positivos de la posición, la fase inicial $\phi_0 = 0\,\mathrm{rad}$. Con estas suposiciones, la ecuación de movimiento es:

$$x(t) = A\operatorname{sen}\omega t$$

Si ν es la frecuencia del movimiento, la ecuación de movimiento es:

$$x(t) = A\operatorname{sen}2\pi\nu t \quad \lfloor \omega = 2\pi\nu \rfloor$$

---

[6]Es más correcto hablar de energía mecánica del oscilador armónico (sistema partícula-muelle) que de energía mecánica de la partícula que oscila. En el movimiento del oscilador armónico intervienen dos componentes: una inercial, con la que está asociada la energía cinética del sistema oscilante y otra elástica, capaz de almacenar energía potencial elástica. Si suponemos despreciable la masa del muelle, la componente inercial es debida exclusivamente a la masa de la partícula. De manera que si en una determinada posición el sistema tiene ambas energías, la energía cinética es debida a la velocidad de la partícula, mientras que la energía potencial elástica es debida a la configuración del sistema partícula-muelle, por encontrarse la partícula en una posición distinta a la de equilibrio al estar el muelle comprimido o estirado. En lo sucesivo, hablaremos únicamente de energía cinética y energía potencial elástica de la partícula; la primera, debida a su velocidad, y la segunda, debida a su posición. Esta simplificación la hacemos debido a que en muchos ejercicios se pregunta por la energía mecánica de la partícula o por las variaciones de la energía cinética y potencial de la partícula.

Expresamos la ecuación de movimiento en función del periodo para representar gráficamente cómo varían la posición y la velocidad en un periodo:

$$x(t) = A \operatorname{sen} 2\pi\nu t = A \operatorname{sen} \frac{2\pi}{T} t \quad \left[\nu = \frac{1}{T} \right]$$

Lo mismo hacemos con la velocidad de la partícula en cada instante, que podemos obtenerla derivando la posición con respecto al tiempo:

$$v(t) = \frac{dx(t)}{dt} = \frac{d(A \operatorname{sen} \omega t)}{dt} = A\omega \cos \omega t = A\omega \cos \frac{2\pi}{T} t$$

Escribimos en una tabla los valores de la posición y de la velocidad para una oscilación, de periodo T:

	$t = 0$	$t = \frac{1}{4}T$	$t = \frac{1}{2}T$	$t = \frac{3}{4}T$	$t = T$
x	0	A	0	$-A$	0
v	$A\omega$	0	$-A\omega$	0	$A\omega$

Representamos esa tabla de valores en dos gráficas distintas:

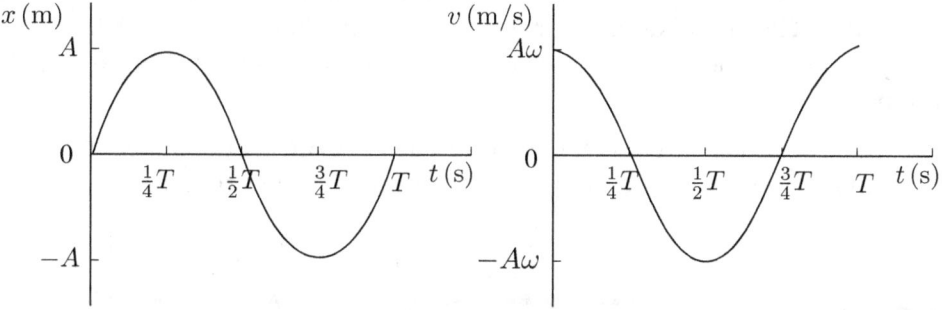

- Analogías: Las dos son funciones armónicas del tiempo y sus valores se repiten cada periodo.

- Diferencias: La velocidad está adelantada $\pi/2$ rad con respecto a posición (así, por ejemplo, la posición alcanza su valor máximo $\pi/2$ rad ($\frac{1}{4}T$) después de que la velocidad haya alcanzado su valor máximo). En consecuencia, cuando la posición alcanza su valor máximo ($x = \pm A$), la velocidad llega a su valor mínimo ($v = 0$), y viceversa, cuando la posición llega a su valor mínimo ($x = 0$), la velocidad alcanza su valor máximo ($v = \pm A\omega$).

b) La amplitud A de un m.a.s. es independiente del periodo de oscilación del mismo. La amplitud de un movimiento es un factor que se modifica externamente y no depende de las características intrínsecas o esenciales del sistema oscilante.

La frecuencia ν de un m.a.s. sí cambia al variar el periodo de oscilación T, ya que la frecuencia es la magnitud inversa del periodo: $\nu = 1/T$. Por tanto, si se duplica el periodo, la frecuencia se hace la mitad del valor que tenía anteriormente (para que cambie la frecuencia, debemos cambiar la constante elástica del sistema oscilante).

La energía mecánica E_{m} de un m.a.s. es constante siempre y cuando no se modifiquen ni la amplitud ni la constante elástica del sistema oscilante. Expresada en función del periodo del movimiento, es:

$$E_{\mathrm{m}} = \frac{1}{2}kA^2 = \frac{1}{2}\frac{4\pi^2 m}{T^2}A^2 = 2\pi^2\frac{mA^2}{T^2}$$

$$\left[k = \omega^2 m = \left(\frac{2\pi}{T}\right)^2 m = \frac{4\pi^2 m}{T^2} \right]$$

$$\left[\left[\omega = \frac{2\pi}{T} \right] \right]$$

Observamos que la energía mecánica es inversamente proporcional al cuadrado del periodo. Por tanto, si la amplitud del movimiento de la partícula es la misma y el periodo de oscilación el doble (porque se modifique la constante elástica del sistema, k), la energía mecánica es la cuarta parte del valor que tenía anteriormente. Veámoslo:[7]

Supongamos dos m.a.s. A y B y que el periodo del B es el doble que el del A. Si la amplitud del movimiento de la partícula permanece constante:

$$E_{\mathrm{m\,B}} = \frac{cte}{T_{\mathrm{B}}^2} = \frac{cte}{(2T_{\mathrm{A}})^2} = \frac{1}{4}E_{\mathrm{m\,A}} \qquad \left[E_{\mathrm{m\,A}} = \frac{cte}{T_{\mathrm{A}}^2}; \; T_{\mathrm{B}} = 2T_{\mathrm{A}} \right]$$

Al duplicar el periodo del movimiento, la energía mecánica de la partícula es la cuarta parte de la que tenía anteriormente.

Cuestión 3.6

a) Un cuerpo de masa m, unido a un resorte horizontal de masa despreciable, oscila con movimiento armónico simple. Si su energía mecánica es E_{m}, analice las variaciones de energía cinética y potencial durante una oscilación completa.

b) Si el cuerpo se sustituye por otro de masa $m/2$, ¿qué le ocurre al periodo de oscilación? Razone la respuesta.

---

[7]Para que el periodo aumente, debemos sustituir el muelle por otro más blando, de menor constante elástica k.

a) Los valores de ambas energías, expresadas en función de la posición x para una oscilación de periodo T, quedan reflejados en la siguiente tabla:

	$t = 0$	$t = \frac{1}{4}T$	$t = \frac{1}{2}T$	$t = \frac{3}{4}T$	$t = T$
x	0	A	0	$-A$	0
$E_c = \frac{1}{2}k(A^2 - x^2)$	$\frac{1}{2}kA^2$	0	$\frac{1}{2}kA^2$	0	$\frac{1}{2}kA^2$
$E_p = \frac{1}{2}kx^2$	0	$\frac{1}{2}kA^2$	0	$\frac{1}{2}kA^2$	0

Analizando la tabla, vemos que cuando el cuerpo se encuentra en el punto de equilibrio, solo tiene energía cinética (la velocidad es máxima y la energía cinética alcanza el valor máximo), y cuando se encuentra en un extremo, solo tiene energía potencial elástica (la elongación es máxima y la energía potencial alcanza el valor máximo). Conforme el cuerpo se aleja del punto de equilibrio, disminuye la energía cinética y aumenta la energía potencial elástica. Y viceversa, conforme el cuerpo se acerca al punto de equilibrio, aumenta la energía cinética y disminuye la energía potencial elástica. En cualquier posición la energía mecánica es constante y su valor es $E_m = \frac{1}{2}kA^2$.

b) La constante armónica ω^2 del movimiento está relacionada con las características mecánicas del sistema oscilante (la constante elástica k del resorte y la masa m del cuerpo que oscila unido él) mediante la expresión:

$$\omega^2 = \frac{k}{m}$$

Por otra parte, si elevamos al cuadrado los dos términos de la relación que hay entre la frecuencia angular y el periodo, tenemos que:

$$\omega^2 = \left(\frac{2\pi}{T}\right)^2$$

De ambas expresiones deducimos que:

$$T = 2\pi\sqrt{\frac{m}{k}}$$

Si llamamos T_A al periodo de oscilación del cuerpo A, de masa m_A, y T_B al periodo de oscilación de otro cuerpo que llamaremos B, de masa m_B, y la masa de B es la mitad de la masa de A, tenemos:

$$T_B = 2\pi\sqrt{\frac{m_B}{k}} = 2\pi\sqrt{\frac{m_A/2}{k}} = \frac{1}{\sqrt{2}} \cdot 2\pi\sqrt{\frac{m_A}{k}} = \frac{1}{\sqrt{2}}T_A = \frac{\sqrt{2}}{2}T_A = 0,707T_A$$

$$\left\lfloor m_B = m_A/2; \, k \text{ no varía (mismo muelle)}; \, T_A = 2\pi\sqrt{\frac{m_A}{k}} \right\rfloor$$

Observamos que cuando el cuerpo se sustituye por otro de masa la mitad ($\times 0,5$), el periodo es 0,707 veces el que tenía anteriormente.

> **Cuestión 3.7**
>
> a) Represente gráficamente las energías cinética, potencial y mecánica de una partícula que vibra con movimiento armónico simple.
>
> b) ¿Se duplicaría la energía mecánica de la partícula si se duplicase la frecuencia del movimiento armónico simple? Razone la respuesta.

a) Observando la gráfica (energías frente a la posición, x), vemos que cuando la partícula se encuentra en el punto de equilibrio O, solo tiene energía cinética y cuando se encuentra en cualquiera de los extremos $x = \pm A$, solo tiene energía potencial elástica. Conforme la partícula se aleja del punto O, disminuye la energía cinética y aumenta la energía potencial elástica. Y viceversa, conforme la partícula se acerca al punto O, aumenta la energía cinética y disminuye la energía potencial elástica.

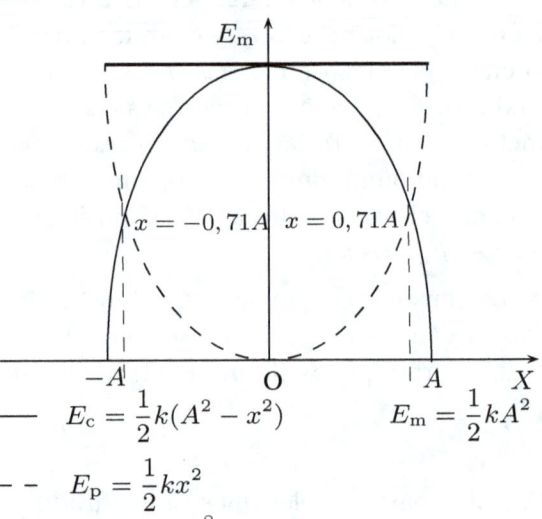

En todo momento la energía mecánica es constante:[8]

$$E_{\mathrm{m}} = \frac{1}{2}kA^2$$

[8]Hemos trazado las parábolas que corresponden a las energías potencial y cinética a partir de las ecuaciones de dichas energías en función de la posición. La línea recta corresponde a la energía mecánica, que es constante en cualquier posición. Para representar las parábolas correspondientes a ambas energías, debemos saber los valores de x en las que se cortan. Como para esos valores de x la energía cinética es igual a la energía potencial elástica, la energía potencial será la mitad de la energía mecánica:

$$E_{\mathrm{p}} = \frac{1}{2}E_{\mathrm{m}}$$

Sustituimos ambas energías por sus expresiones correspondientes:

$$\frac{1}{2}kx^2 = \frac{1}{2} \cdot \frac{1}{2}kA^2$$

Simplificamos, despejamos x y obtenemos sus valores:

$$kx^2 = \frac{1}{2}kA^2 \Rightarrow x = \pm\frac{A}{\sqrt{2}} = \pm\frac{\sqrt{2}}{2}A = \pm 0,71A$$

b) La energía mecánica de la partícula, en función de la frecuencia, es:

$$E_{\mathrm{m}} = \frac{1}{2}kA^2 = \frac{1}{2} \cdot 4\pi^2 m\nu^2 A^2 = 2\pi^2 mA^2\nu^2$$

$$\lfloor k = m\omega^2 = m(2\pi\nu)^2 = 4\pi^2 m\nu^2 \rfloor$$

$$\lfloor\lfloor \omega = 2\pi\nu \rfloor\rfloor$$

Observamos que la energía mecánica depende del cuadrado de la frecuencia. Por tanto, para una misma amplitud, si se duplica la frecuencia, la energía mecánica es cuatro veces mayor que la que tenía anteriormente. Veámoslo:

Supongamos la partícula en dos situaciones distintas con movimientos armónicos A y B, siendo la frecuencia de B el doble que la de A, respectivamente. Si la amplitud del movimiento permanece constante:

$$E_{\mathrm{m\,B}} = cte\,\nu_{\mathrm{B}}^2 = cte(2\nu_{\mathrm{A}})^2 = 4 \cdot cte\,\nu_{\mathrm{A}}^2 = 4E_{\mathrm{m\,A}}$$

$$\lfloor \nu_{\mathrm{B}} = 2\nu_{\mathrm{A}}; \; E_{\mathrm{m\,A}} = cte\,\nu_{\mathrm{A}}^2 \rfloor$$

Cuestión 3.8

a) Describa el movimiento armónico simple y comente sus características cinemáticas y dinámicas.

b) Una masa oscila verticalmente suspendida de un muelle. Describa los tipos de energía que intervienen y sus respectivas transformaciones.

---

a) Un movimiento armónico simple es un movimiento libre (no intervienen fuerzas de rozamiento), periódico (cada cierto tiempo —periodo T— se repiten la posición y la velocidad), oscilatorio (su trayectoria es un segmento de recta con un punto central, el centro de oscilación O), producido por la acción de una fuerza recuperadora que es directamente proporcional a la elongación, pero de sentido contrario a esta, y en el que la elongación depende del tiempo mediante una función sinusosidal.

■ Características cinemáticas

La ecuación de movimiento nos da la posición x (m) de la partícula en cada instante y puede describirse tanto mediante una ecuación con la función seno como con la función coseno. Mediante la función seno sería del tipo:

$$x(t) = A\,\mathrm{sen}(\omega t + \phi_0)$$

siendo A, la amplitud; ω, la frecuencia angular; y ϕ_0, la fase inicial.

Si para $t = 0$ sabemos que $x_0 = 0$ (la partícula está en el punto de equilibrio) y se desplaza en el sentido de los valores positivos de x, la fase inicial $\phi_0 = 0$ rad.

Con estas condiciones inciales, la ecuación de movimiento es:

$$x(t) = A\,\mathrm{sen}\,\omega t$$

La velocidad en cada instante es la derivada de la posición con respecto al tiempo:

$$v(t) = \frac{dx(t)}{dt} = \frac{d(A\,\mathrm{sen}\,\omega t)}{dt} = A\omega\cos\omega t$$

La aceleración es la segunda derivada de la posición con respecto al tiempo:

$$a(t) = \frac{d^2 x(t)}{dt^2} = \frac{d^2(A\,\mathrm{sen}\,\omega t)}{dt^2} = -A\omega^2\,\mathrm{sen}\,\omega t = -\omega^2 x$$

$$\lfloor x = A\,\mathrm{sen}\,\omega t \rfloor$$

La aceleración es proporcional a la posición y de sentido contrario a esta.

■ Características dinámicas

La aceleración es debida a una fuerza recuperadora cuyo módulo es directamente proporcional a la posición y de sentido contrario a esta, que tiende a llevar al cuerpo sobre el que actúa a la posición de equilibrio:

$$F = -kx$$

siendo k una constante del oscilador.

Para el caso de un muelle, k es la constante elástica del muelle y si esta es la única fuerza que actúa sobre una partícula de masa m, de acuerdo con la segunda ley de Newton, que dice que la suma de las fuerzas que actúa sobre una partícula es igual al producto de la masa por la aceleración, tenemos que:

$$\left.\begin{array}{r}\Sigma F = \quad ma \\ F = \quad -kx\end{array}\right\} \Rightarrow ma = -kx \Rightarrow a = -\frac{k}{m}x$$

Comparando esta ecuación con la obtenida anteriormente: $a = -\omega^2 x$, obtenemos que:

$$\omega = \sqrt{\frac{k}{m}}$$

Esta expresión nos revela que la frecuencia angular, la frecuencia y el periodo (magnitudes todas ellas relacionadas) son constantes y dependen de las características físicas del oscilador.

b) Una partícula que oscila verticalmente posee tanto energía cinética como energía potencial elástica, dado que la fuerza recuperadora, que obedece a la ley de Hooke, es conservativa.

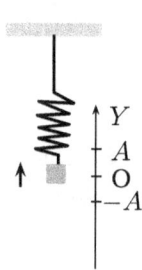

Para la descripción energética del movimiento, suponemos que no existen fuerzas de rozamiento y que es despreciable la variación de energía potencial gravitatoria de la partícula porque la variación de altura que experimenta durante la oscilación es pequeña.

Cuando la partícula se encuentra en el punto de equilibrio O, solo tiene energía cinética (la velocidad es máxima y la energía cinética alcanza el valor máximo), y cuando se encuentra en un extremo, solo tiene energía potencial elástica (la elongación es máxima y la energía potencial alcanza el valor máximo). Conforme la partícula se aleja del punto O, disminuye la energía cinética y aumenta la energía potencial elástica. Y viceversa, conforme la partícula se acerca al punto O, aumenta la energía cinética y disminuye la energía potencial elástica. En cualquier posición la energía mecánica es constante y su valor es $E_{\mathrm{m}} = \frac{1}{2}kA^2$.

Cuestión 3.9

Un movimiento armónico simple viene descrito por la expresión:

$$x(t) = A\,\mathrm{sen}(\omega t + \phi_0)$$

a) Indique el significado físico de cada una de las magnitudes que aparecen en ella.

b) Escriba la velocidad y la aceleración de la partícula en función del tiempo y explique si ambas magnitudes pueden anularse simultáneamente.

---

a) Suponemos que la ecuación de movimiento de la partícula está expresada en unidades del SI:

$$x(t) = A\,\mathrm{sen}(\omega t + \phi_0)\,(\mathrm{SI})$$

El significado físico de cada una de las magnitudes es:

- Elongación, x (m), es la posición de la partícula respecto a la posición de equilibrio; $x(t)$ significa que la elongación es una función del tiempo.

- Amplitud, A (m), es la máxima distancia que la partícula se separa de la posición de equilibrio.

- Tiempo, t (s), es la variable independiente de la cual la elongación es función.

- Fase del movimiento, $\omega t + \phi_0$ (rad), es el argumento de la función sinusoidal para un instante t.

- Fase inicial del movimiento, ϕ_0 (rad), es la fase del movimiento para $t = 0$.

- Frecuencia angular, ω (rad/s), es lo que varía la fase cada segundo.

b) La velocidad, v (m/s), es también una función armónica del tiempo y podemos obtenerla derivando la posición con respecto al tiempo:

$$v(t) = \frac{dx(t)}{dt} = \frac{d[A\,\mathrm{sen}\,(\omega t + \phi_0)]}{dt} = A\omega \cos(\omega t + \phi_0)$$

La aceleración, a (m/s^2), es una función armónica del tiempo y podemos obtenerla derivando la velocidad con respecto al tiempo:

$$a(t) = \frac{dv(t)}{dt} = \frac{d[A\omega \cos(\omega t + \phi_0)]}{dt} = -A\omega^2\,\mathrm{sen}(\omega t + \phi_0)$$

Ambas magnitudes no pueden anularse simultáneamente porque no pueden tomar a la vez el mismo valor, ya que si $v = 0$ porque $\cos(\omega t + \phi_0)$ sea cero, lo que ocurre cuando la fase es $(2n + 1)\pi/2$ rad (para $n = 0, 1, 2...$), $a \neq 0$ porque para estos valores de la fase $a = \pm A\omega^2$. De la misma manera, si $a = 0$ porque $\mathrm{sen}(\omega t + \phi_0)$ sea cero, lo que ocurre cuando la fase es $n\pi$ rad (para $n = 0, 1, 2...$), $v \neq 0$ porque para estos valores de la fase $v = \pm A\omega$.

Problema 3.10

a) ¿Qué características debe tener una fuerza para que al actuar sobre un cuerpo le produzca un movimiento armónico simple?

b) Represente gráficamente el movimiento armónico simple de una partícula dado por $y = 5\cos(10t + \pi/2)$ (SI) y otro movimiento armónico que tenga una amplitud doble y una frecuencia mitad que el anterior.

---

a) Consideramos un oscilador armónico simple que vibra según la dirección del eje X alrededor del punto de equilibrio O. Su movimiento oscilatorio es producido por una fuerza recuperadora $\vec{F}$, que es en todo momento directamente proporcional a la elongación x y de sentido contrario a esta. La expresión siguiente, que no está formalmente expresada en forma vectorial, nos informa, sin embargo, de cómo es la fuerza:

$$F = -kx$$

siendo k una constante de proporcionalidad y donde el signo menos significa que la fuerza tiene sentido contrario a la elongación.

Si esta es la única fuerza que actúa sobre un cuerpo de masa m, de acuerdo con la segunda ley de Newton, que dice que la suma de las fuerzas que actúa sobre un cuerpo es igual al producto de la masa por la aceleración, tenemos que:

$$\left.\begin{array}{rl} \Sigma F = & ma \\ F = & -kx \end{array}\right\} \Rightarrow ma = -kx$$

Como a es la segunda derivada de la elongación con respecto al tiempo y $k = \omega^2 m$, la anterior ecuación podemos expresarla así:

$$m\frac{d^2x}{dt^2} = -\omega^2 mx$$

Simplificamos y ordenamos los términos de la ecuación:

$$\frac{d^2x}{dt^2} + \omega^2 x = 0$$

La ecuación anterior es una ecuación diferencial de segundo grado de x respecto de t, y para resolverla y poder obtener una expresión que nos dé la elongación x en función del tiempo t, es necesario utilizar herramientas matemáticas que incluyen integrales. No nos vamos a detener en el proceso de resolución. Expondremos directamente la función de x que satisface plenamente la ecuación diferencial anterior, que es la ecuación del movimiento armónico simple:

$$x = A\,\mathrm{sen}(\omega t + \phi_0)$$

De modo que podemos asegurar que una fuerza recuperadora proporcional a la elongación origina siempre un movimiento armónico simple.

b) El movimiento de una partícula que realiza un movimiento armónico simple puede describirse tanto mediante una ecuación con la función seno como con la función coseno. Mediante la función coseno sería del tipo:

$$y(t) = A\cos(\omega t + \phi_0)\,(\mathrm{SI})$$

Para representar la ecuación $y(t) = 5\cos(10t + \pi/2)\,\mathrm{m}$, obtenemos primero el valor de ω comparando la ecuación general con la ecuación del enunciado (resulta ser $\omega = 10\,\mathrm{rad/s}$) y, a continuación, el periodo del movimiento:

$$T = \frac{2\pi}{\omega} = \frac{2\pi}{10\,\mathrm{rad/s}} = \frac{\pi}{5}\,\mathrm{s}$$

Realizamos la tabla para obtener los valores de y durante un periodo:

$t\,(\mathrm{s})$	$5\cos(10t + \pi/2)\,(\mathrm{m})$	$y\,(\mathrm{m})$
0	$5\cos(10\cdot 0 + \pi/2) = 5\cos(\pi/2)$	0
$\frac{1}{4}T = \frac{1}{4}\cdot\frac{\pi}{5} = \frac{\pi}{20}$	$5\cos[10(\pi/20) + \pi/2] = 5\cos\pi$	-5
$\frac{1}{2}T = \frac{1}{2}\cdot\frac{\pi}{5} = \frac{\pi}{10}$	$5\cos[10(\pi/10) + \pi/2] = 5\cos(3\pi/2)$	0
$\frac{3}{4}T = \frac{3}{4}\cdot\frac{\pi}{5} = \frac{3\pi}{20}$	$5\cos[10(3\pi/20) + \pi/2] = 5\cos 2\pi$	5
$T = \frac{\pi}{5}$	$5\cos[10(\pi/5) + \pi/2] = 5\cos(5\pi/2)$	0

A continuación se muestran las gráficas: una, correspondiente al movimiento descrito mediante la tabla, y la otra, a la de un movimiento con amplitud doble (10 m) y de frecuencia la mitad que el anterior y, por tanto, de periodo doble $(2\pi/5\,\text{s})$:

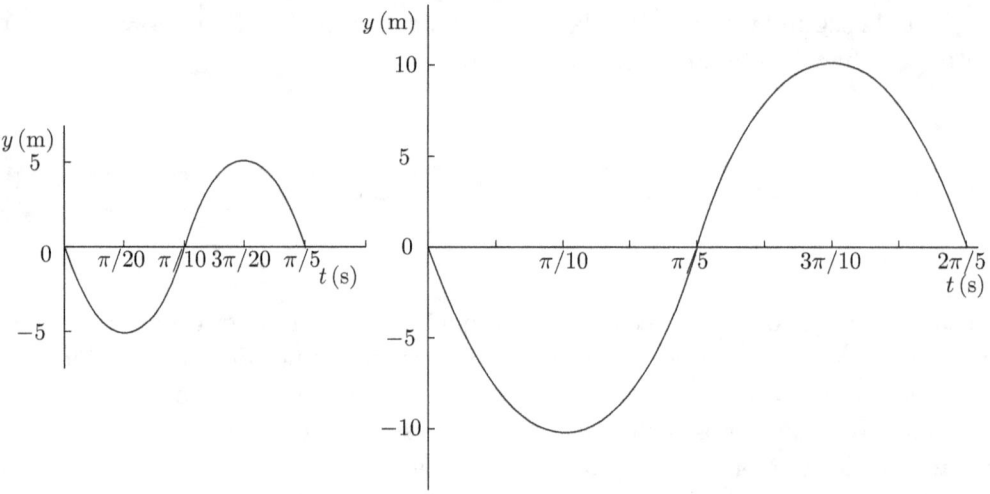

Problema 3.11

Un cuerpo de $0,2\,\text{kg}$, unido al extremo de un resorte, efectúa oscilaciones armónicas de $0,1\pi\,\text{s}$ de periodo y su energía cinética máxima es de $0,5\,\text{J}$.
a) Escriba la ecuación de movimiento del cuerpo y determine la constante elástica del resorte.
b) Explique cómo cambiarían las características del movimiento si: i) se sustituye el resorte por otro de constante elástica doble; ii) se sustituye el cuerpo por otro de masa doble.

---

a) El movimiento de un cuerpo que realiza un movimiento armónico simple puede describirse tanto mediante una ecuación con la función seno como con la función coseno. Mediante la función seno sería del tipo:

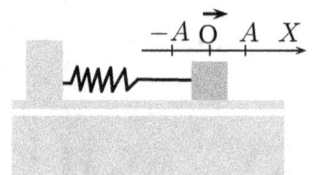

$$x(t) = A\,\text{sen}(\omega t + \phi_0)$$

Para obtener la ecuación de movimiento, debemos conocer la amplitud A, la frecuencia angular ω y la fase inicial ϕ_0:

- La amplitud del movimiento la determinamos teniendo en cuenta que la energía cinética máxima se alcanza cuando el cuerpo pasa por el punto de equilibrio. En esa posición la energía potencial elástica es cero y la energía mecánica coincide, por tanto, con la energía cinética máxima:

$$E_{c\,máx} = E_m = \frac{1}{2}kA^2$$

donde k es la constante elástica del resorte, que debemos calcular previamente para determinar la amplitud.

Despejamos A y calculamos su valor:

$$A = \sqrt{\frac{2E_{c\,máx}}{k}} = \sqrt{\frac{2 \cdot 0,5\,J}{80\,N/m}} = 0,11\,m$$

$$\left\lfloor k = \omega^2 m = \left(\frac{2\pi}{T}\right)^2 m = \left(\frac{2\pi}{0,1\pi\,s}\right)^2 0,2\,kg = 80\,N/m \right\rfloor$$

$$\lfloor\lfloor T = 0,1\pi\,s;\ m = 0,2\,kg \rfloor\rfloor$$

- Calculamos la frecuencia angular a partir del periodo T:

$$\omega = \frac{2\pi}{T} = \frac{2\pi}{0,1\pi\,s} = 20\,rad/s$$

- Podemos conocer la fase inicial del movimiento si para $t = 0$ suponemos que la posición del cuerpo es $x = 0$ y se dirige hacia los valores positivos de x (no se dice en el enunciado la posición inicial del cuerpo ni el sentido del movimiento). Sustituyendo estos valores en la ecuación de movimiento, calculamos el valor de la fase inicial:

$$0 = 0,1\,sen\,\phi_0 \Rightarrow \phi_0 = arcsen\,0 = 0\ ó\ \pi\ rad$$

Como hemos supuesto que en el instante inicial el cuerpo se mueve en el sentido de los valores positivos de x, $\phi = 0\,rad$, puesto que en ese instante la velocidad es positiva.[9]

Con las suposiciones hechas, la ecuación de movimiento es:

$$x(t) = 0,11\,sen\,20t\,m$$

b) Vamos a analizar en cada uno de los dos subapartados si cambiarían las características del movimiento, como son la amplitud y el periodo.

---

[9]Como la ecuación de la velocidad es $v = A\omega\cos(\omega t + \phi_0)$, para $t = 0$ la expresión de la velocidad es $v = A\omega\cos\phi_0$. Si $\phi_0 = \pi\,rad$, $\cos\pi = -1$ y v sería negativa.

i) Si se sustituye el resorte por otro de constante elástica doble, matemáticamente, debemos aceptar que si la constante elástica es mayor (el resorte es más duro) y el cuerpo tiene la misma energía cinética máxima, que se alcanza en el centro de oscilación, la amplitud será menor. La nueva amplitud A' cuando la constante elástica sea el doble, $2k$, será:

$$A' = \sqrt{\frac{2E_{c\,\text{máx}}}{2k}} = \frac{1}{\sqrt{2}}A = \frac{\sqrt{2}}{2}A = 0,707A \quad \left[A = \sqrt{\frac{2E_{c\,\text{máx}}}{k}}\right]$$

Observamos que cuando el resorte se sustituye por otro de constante elástica doble, la amplitud es 0,707 veces la que tenía anteriormente.

El periodo será también diferente. El nuevo periodo T' cuando la constante elástica sea el doble, $2k$, será:

$$T' = 2\pi\sqrt{\frac{m}{2k}} = \frac{1}{\sqrt{2}}T = \frac{\sqrt{2}}{2}T = 0,707T \quad \left[T = 2\pi\sqrt{\frac{m}{k}}\right]$$

Observamos que cuando el resorte se sustituye por otro de constante elástica doble, el periodo es 0,707 veces el que tenía anteriormente.

ii) Si se sustituye el cuerpo por otro de masa doble, la amplitud ahora será la misma, ya que no cambia la energía mecánica del cuerpo (la energía cinética máxima, que coincide con la energía mecánica, continúa siendo la misma) ni cambia la constante elástica. Recuérdese que la energía mecánica de un oscilador armónico depende solo de la constante elástica y de la amplitud.

Con respecto al periodo, haciendo un desarrollo similar al realizado en el subapartado i), se llega a esta conclusión:

$$T' = \sqrt{2}T = 1,41T$$

Observamos que cuando el cuerpo se sustituye por otro de masa doble, el periodo es 1,41 veces el que tenía anteriormente.

Problema 3.12

Un cuerpo de $0,1\,\text{kg}$, unido al extremo de un resorte de constante elástica $10\,\text{N}\,\text{m}^{-1}$, se desliza sobre una superficie horizontal lisa y su energía mecánica es de $1,2\,\text{J}$.

a) Determine la amplitud y el periodo de oscilación.

b) Escriba la ecuación de movimiento, sabiendo que en el instante $t = 0$ el cuerpo tiene aceleración máxima, y calcule la velocidad del cuerpo en el instante $t = 5\,\text{s}$.

a) Calculamos la amplitud A del movimiento a partir de la expresión de la energía mecánica del cuerpo:

$$E_{\mathrm{m}} = \frac{1}{2}kA^2 \Rightarrow A = \sqrt{\frac{2E_{\mathrm{m}}}{k}} = \sqrt{\frac{2 \cdot 1, 2\,\mathrm{J}}{10\,\mathrm{N/m}}} = 0,49\,\mathrm{m}$$

Calculamos el periodo T del movimiento a partir de la expresión que relaciona el periodo con la masa y la constante elástica:

$$T = 2\pi\sqrt{\frac{m}{k}} = 2\pi\sqrt{\frac{0,1\,\mathrm{kg}}{10\,\mathrm{N/m}}} = 0,2\pi\,\mathrm{s} = 0,628\,\mathrm{s}$$

b) El movimiento de un cuerpo que realiza un movimiento armónico simple puede describirse tanto mediante una ecuación con la función seno como con la función coseno. Mediante la función coseno la ecuación es del tipo:

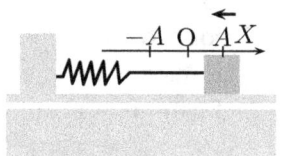

$$x(t) = A\cos(\omega t + \phi_0)$$

Para obtener la ecuación de movimiento, debemos conocer la amplitud A, la frecuencia angular ω y la fase inicial ϕ_0:

- La amplitud del movimiento la conocemos del apartado anterior: $0,49\,\mathrm{m}$.

- La frecuencia angular la calculamos a partir del periodo:

$$\omega = \frac{2\pi}{T} = \frac{2\pi}{0,2\pi} = 10\,\mathrm{rad/s}$$

- La fase inicial del movimiento la podemos conocer porque cuando la aceleración es máxima el cuerpo se encuentra en un extremo. Si, como muestra la figura, suponemos que en el instante $t = 0$ el cuerpo se encuentra en la posición $x = A = 0,49\,\mathrm{m}$ y sustituimos estos valores en la ecuación de movimiento, tenemos:

$$0,49 = 0,49\cos\phi_0 \Rightarrow \phi_0 = \arccos\frac{0,49}{0,49} = \arccos 1 = 0\,\mathrm{rad}$$

La ecuación de movimiento es:

$$x(t) = 0,49\cos 10t\,\mathrm{m}$$

La velocidad en cualquier instante es la derivada de la posición con respecto al tiempo:

$$v(t) = \frac{dx(t)}{dt} = \frac{d(0,49\cos 10t)}{dt} = -4,9\,\mathrm{sen}\,10t\,\mathrm{m/s}$$

Para el instante $t = 5\,\text{s}$ su valor es:

$$v(5) = -4,9\,\text{sen}\,(10 \cdot 5) = 1,29\,\text{m/s}$$

El signo positivo significa que en ese instante el cuerpo se mueve en el sentido de los valores positivos de la posición.

Problema 3.13

Un bloque de $0,5\,\text{kg}$ cuelga del extremo inferior de un resorte de constante elástica $k = 72\,\text{N}\,\text{m}^{-1}$. Al desplazar el bloque verticalmente hacia abajo de su posición de equilibrio, comienza a oscilar, pasando por el punto de equilibrio con una velocidad de $6\,\text{m}\,\text{s}^{-1}$.

a) Razone los cambios energéticos que se producen en el proceso, despreciando las variaciones de energía potencial gravitatoria.

b) Determine la amplitud y la frecuencia de oscilación.

---

a) Analizamos los cambios energéticos desde que tiramos del bloque desde un extremo del resorte hasta que este oscila libremente:

Antes de tirar del bloque, este posee energía potencial gravitatoria (está a cierta altura) y energía potencial elástica (el resorte está algo estirado). Al tirar del bloque, el resorte se alarga. Podemos decir que parte de la energía interna de la persona que tira del bloque se ha transformado en energía potencial elástica del bloque (en realidad, en energía potencial elástica del sistema bloque-resorte). Al soltarlo, comienza a oscilar verticalmente pasando periódicamente por el punto de equilibrio. En todo momento se conserva la energía mecánica del bloque (suma de la energía cinética y energía potencial elástica), dado que la fuerza recuperadora, que obedece a la ley de Hooke, es una fuerza conservativa.

Cuando el bloque se encuentra en el punto de equilibrio O, solo tiene energía cinética (la velocidad es máxima y la energía cinética alcanza el valor máximo) y cuando se encuentra en un extremo, solo tiene energía potencial elástica (la elongación es máxima y la energía potencial alcanza el valor máximo). Conforme el bloque se aleja del punto O, disminuye la energía cinética y aumenta la energía potencial elástica. Y viceversa, conforme el bloque se acerca al punto O, aumenta la energía cinética y disminuye la energía potencial elástica.

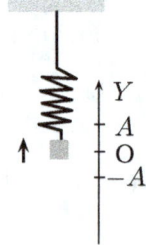

En cualquier posición la energía mecánica es constante y su valor es $E_\text{m} = \frac{1}{2}kA^2$.

b) Calculamos la amplitud de la oscilación a partir de la energía cinética máxima del bloque, ya que coincide con la energía mecánica porque en el punto de equilibrio la energía potencial elástica es cero:

$$E_{c\,\text{máx}} = \frac{1}{2}mv_{\text{máx}}^2 = \frac{1}{2}\cdot 0,5\,\text{kg}\,(6\,\text{m/s})^2 = 9\,\text{J}$$

$$\lfloor m = 0,5\,\text{kg};\ v_{\text{máx}} = 6\,\text{m/s}\rfloor$$

Como $E_{c\,\text{máx}} = E_m = \frac{1}{2}kA^2$:

$$A = \sqrt{\frac{2E_{c\,\text{máx}}}{k}} = \sqrt{\frac{2\cdot 9\,\text{J}}{72\,\text{N/m}}} = 0,5\,\text{m}$$

$$\lfloor E_{c\,\text{máx}} = 9\,\text{J};\ k = 72\,\text{N/m}\rfloor$$

Determinamos la frecuencia de oscilación a partir de la masa del bloque y de la constante elástica del resorte:

$$\nu = \frac{1}{2\pi}\sqrt{\frac{k}{m}} = \frac{1}{2\pi}\sqrt{\frac{72\,\text{N/m}}{0,5\,\text{kg}}} = 1,91\,\text{Hz}$$

$$\lfloor k = 72\,\text{N/m};\ m = 0,5\,\text{kg}\rfloor$$

Problema 3.14

Una partícula de 50 g vibra a lo largo del eje X, alejándose como máximo 10 cm a un lado y a otro de la posición de equilibrio ($x = 0$). El estudio de su movimiento ha revelado que existe una relación sencilla entre la aceleración y la posición que ocupa en cada instante: $a = -16\pi^2 x$.

a) Escriba las expresiones de la posición y de la velocidad de la partícula en función del tiempo, sabiendo que este último se comenzó a medir cuando la partícula pasaba por la posición $x = 10$ cm.

b) Calcule las energías cinética y potencial de la partícula cuando se encuentra a 5 cm de la posición de equilibrio.

---

a) Se trata de un movimiento vibratorio armónico simple (m.a.s.), ya que la aceleración es de la forma $a = -cte\,x$.

El movimiento de una partícula que realiza un m.a.s. puede describirse tanto mediante una ecuación con la función seno como con la función coseno. Mediante la función seno sería del tipo:

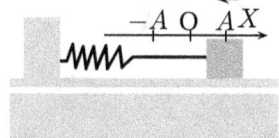

$$x(t) = A\,\text{sen}(\omega t + \phi_0)$$

Para obtener la ecuación de la posición (ecuación de movimiento) y la de la velocidad, debemos conocer la amplitud A, la frecuencia angular ω y la fase inicial del movimiento ϕ_0:

- La amplitud del movimiento es de $10 \, \text{cm} = 0,1 \, \text{m}$, ya que se refiere en el enunciado que la partícula se separa esa distancia de la posición de equilibrio (la amplitud es la elongación máxima).

- La frecuencia angular la calculamos a partir de la aceleración. En un m.a.s. se puede demostrar que $a = -\omega^2 x$. Si comparamos esta expresión general de la aceleración con el valor de la aceleración del dato, obtenemos su valor:

$$\left. \begin{array}{l} a = \quad -\omega^2 x \\ a = \quad -16\pi^2 x \end{array} \right\} \Rightarrow \omega = 4\pi \, \text{rad/s}$$

- La fase inicial del movimiento la podemos conocer porque para $t = 0$ sabemos que la posición de la partícula es $x = 0,1 \, \text{m}$. Sustituyendo estos valores en la ecuación de movimiento, tenemos:

$$0,1 = 0,1 \, \text{sen} \, \phi_0 \Rightarrow \phi_0 = \text{arcsen} \, \frac{0,1}{0,1} = \text{arcsen} \, 1 = \frac{\pi}{2} \, \text{rad}$$

La ecuación de la posición en función del tiempo es:

$$x(t) = 0,1 \, \text{sen}(4\pi t + \pi/2) \, \text{m}$$

Calculamos ahora la ecuación de la velocidad derivando la posición con respecto al tiempo:

$$v = \frac{dx(t)}{dt} = \frac{d[0,1 \, \text{sen}(4\pi t + \pi/2)]}{dt} = 0,4\pi \cos(4\pi t + \pi/2) \, \text{m/s}$$

b) Calculamos primero la energía cinética cuando $x = 0,05 \, \text{m}$:

$$E_c = \frac{1}{2} m v^2 = \frac{1}{2} \cdot 0,05 \, \text{kg} \, (1,09 \, \text{m/s})^2 = 0,0297 \, \text{J}$$

$$\left\lfloor v = \omega \sqrt{A^2 - x^2} = 4\pi \sqrt{(0,1 \, \text{m})^2 - (0,05 \, \text{m})^2} = 1,09 \, \text{m/s}; \; m = 50 \, \text{g} = 0,05 \, \text{kg} \right\rfloor$$

Calculamos ahora la energía potencial elástica en la misma posición:

$$E_p = \frac{1}{2} k x^2 = \frac{1}{2} \cdot 7,90 \, \text{N/m} \, (0,05 \, \text{m})^2 = 0,00988 \, \text{J}$$

$$\lfloor k = \omega^2 m = (4\pi \, \text{rad/s})^2 \, 0,05 \, \text{kg} = 7,90 \, \text{N/m} \rfloor$$

Podemos resolver este apartado de otra manera, calculando primero cualquiera de las dos energías y después la otra por diferencia, ya que podemos hallar el valor de la energía mecánica, pues conocemos k y A.

Problema 3.15

Una partícula de $0,5\,\text{kg}$, que describe un movimiento armónico simple de frecuencia $5/\pi\,\text{Hz}$, tiene inicialmente una energía cinética de $0,2\,\text{J}$ y una energía potencial de $0,8\,\text{J}$.

a) Calcule la posición y la velocidad inicial, así como la amplitud de la oscilación y la velocidad máxima.

b) Haga un análisis de las transformaciones de energía que tienen lugar en un ciclo completo. ¿Cuál sería el desplazamiento en el instante en que las energías cinética y potencial son iguales?

a) Calculamos la posición inicial de la partícula a partir de la energía potencial elástica E_p en esa posición:

$$E_\text{p} = \frac{1}{2}kx^2 \Rightarrow x = \sqrt{\frac{2E_\text{p}}{k}} = \sqrt{\frac{2 \cdot 0,8\,\text{J}}{50\,\text{N/m}}} = \pm 0,179\,\text{m}$$

$$\lfloor k = m\omega^2 = m(2\pi\nu)^2 = 4\pi^2\nu^2 m = 4\pi^2\left(5/\pi\right)^2 0,5 = 50\,\text{N/m};\ E_\text{p} = 0,8\,\text{J}\rfloor$$

La posición inicial es $0,179\,\text{m}$ si la partícula se encuentra en la parte de $X+$.

Calculamos la velocidad inicial a partir de la energía cinética en esa posición:

$$E_\text{c} = \frac{1}{2}mv^2 \Rightarrow v = \sqrt{\frac{2E_\text{c}}{m}} = \sqrt{\frac{2 \cdot 0,2\,\text{J}}{0,5\,\text{kg}}} = \pm 0,894\,\text{m/s}$$

La velocidad inicial es $0,894\,\text{m/s}$ si la partícula se mueve en el sentido de $X+$.

Calculamos la amplitud de la oscilación a partir de la energía potencial máxima, que la tiene cuando la partícula alcanza su máxima elongación ($x = \pm A$). Entonces, la velocidad es cero y $E_\text{p máx} = E_\text{m} = 0,2\,\text{J} + 0,8\,\text{J} = 1\,\text{J}$, suma de las energías cinética y potencial elástica de la partícula:

$$E_\text{p máx} = \frac{1}{2}kA^2 \Rightarrow A = \sqrt{\frac{2E_\text{p máx}}{k}} = \sqrt{\frac{2 \cdot 1\,\text{J}}{50\,\text{N/m}}} = 0,2\,\text{m}$$

Calculamos la velocidad máxima, en valor absoluto, a partir de la energía cinética máxima, que la tiene cuando la partícula pasa por el punto de equilibrio ($x = 0$). Entonces, $E_\text{c máx} = E_\text{m} = 1\,\text{J}$:

$$E_\text{c máx} = \frac{1}{2}mv_\text{máx}^2 \Rightarrow v_\text{máx} = \sqrt{\frac{2E_\text{c máx}}{m}} = \sqrt{\frac{2 \cdot 1\,\text{J}}{0,5\,\text{kg}}} = 2\,\text{m/s}$$

b) Los valores de la energía cinética y la energía potencial elástica durante un ciclo quedan reflejados en la siguiente tabla:

	$t = 0$	$t = \frac{1}{4}T$	$t = \frac{1}{2}T$	$t = \frac{3}{4}T$	$t = T$
x	0	A	0	$-A$	0
$E_\mathrm{c} = \frac{1}{2}k(A^2 - x^2)$	$\frac{1}{2}kA^2$	0	$\frac{1}{2}kA^2$	0	$\frac{1}{2}kA^2$
$E_\mathrm{p} = \frac{1}{2}kx^2$	0	$\frac{1}{2}kA^2$	0	$\frac{1}{2}kA^2$	0

Cuando la partícula se encuentra en el punto de equilibrio O, solo tiene energía cinética (la velocidad es máxima y la energía cinética alcanza el valor máximo) y cuando se encuentra en un extremo solo tiene energía potencial elástica (la elongación es máxima y la energía potencial alcanza el valor máximo). Conforme la partícula se aleja del punto O, disminuye la energía cinética y aumenta la energía potencial elástica. Y viceversa, conforme la partícula se acerca al punto O, aumenta la energía cinética y disminuye la energía potencial elástica. En cualquier posición la energía mecánica es constante y su valor es $E_\mathrm{m} = \frac{1}{2}kA^2$.

Para calcular el desplazamiento o elongación, en valor absoluto, en el que la partícula tiene la misma energía cinética y potencial elástica, tenemos en cuenta que, como la suma de ambas energía es $1\,\mathrm{J}$, debe ocurrir que:

$$E_\mathrm{c} = E_\mathrm{p} = 0,5\,\mathrm{J}$$

Calculamos x a partir de la energía potencial elástica para esta posición:

$$E_\mathrm{p} = \frac{1}{2}kx^2 \Rightarrow x = \sqrt{\frac{2E_\mathrm{p}}{k}} = \sqrt{\frac{2 \cdot 0,5\,\mathrm{J}}{50\,\mathrm{N/m}}} = 0,141\,\mathrm{m}$$

Ambas energías serán iguales $0,141\,\mathrm{m}$ a la izquierda y a la derecha del punto O.

Problema 3.16

Un cuerpo realiza un movimiento vibratorio armónico simple.

a) Escriba la ecuación de movimiento si la aceleración máxima es $5\,\mathrm{m}^2\,\mathrm{cm\,s}^{-2}$, el periodo de las oscilaciones es $2\,\mathrm{s}$ y la elongación del cuerpo es $2,5\,\mathrm{cm}$ cuando comenzamos a contar el tiempo.

b) Represente gráficamente la elongación y la velocidad en función del tiempo y comente la gráfica.

---

a) El movimiento de un cuerpo que realiza un movimiento armónico simple (m.a.s.) puede describirse tanto mediante una ecuación con la función seno como con la función coseno. Mediante la función seno sería del tipo:

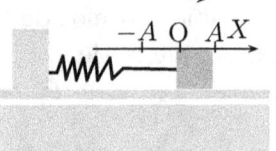

$$x(t) = A\,\mathrm{sen}(\omega t + \phi_0)$$

Para determinar la ecuación de movimiento, debemos conocer la amplitud A, la frecuencia angular ω y la fase inicial ϕ_0.

- La frecuencia angular la calculamos a partir del periodo:

$$\omega = \frac{2\pi}{T} = \frac{2\pi}{2\,\text{s}} = \pi\,\text{rad/s}$$

- La amplitud del movimiento la calculamos a partir de la aceleración máxima. Se puede demostrar que en un m.a.s. el módulo de la aceleración máxima es $a = \omega^2 A$. Si comparamos la expresión general de la aceleración máxima (con el valor de ω ya calculado) con el valor de la aceleración del enunciado, obtenemos la amplitud:

$$\left.\begin{array}{rl} a = & \pi^2 A \\ a = & 5\pi^2 \end{array}\right\} \Rightarrow A = 5\,\text{cm} = 0,05\,\text{m}$$

- La fase inicial del movimiento la podemos calcular porque para $t = 0$, la posición del cuerpo es $x = 0,025\,\text{m}$. Si sustituimos estos valores en la ecuación de movimiento, tenemos:

$$0,025 = 0,05\,\text{sen}\,\phi_0 \Rightarrow \phi_0 = \text{arcsen}\frac{0,025}{0,05} = \text{arcsen}\,0,5 = \frac{\pi}{6}\,\text{ó}\,\frac{5}{6}\pi\,\text{rad}$$

Si suponemos que en el instante inicial el cuerpo se mueve en el sentido de los valores positivos de x, $\phi_0 = \pi/6\,\text{rad}$, puesto que en ese instante la velocidad es positiva.[10]

La ecuación de movimiento es:

$$x(t) = 0,05\,\text{sen}\,(\pi t + \pi/6)\,\text{m}$$

La ecuación de la velocidad es:

$$v(t) = \frac{dx(t)}{dt} = \frac{d[0,05\,\text{sen}\,(\pi t + \pi/6)]}{dt} = 0,05\pi\,\cos(\pi t + \pi/6)\,\text{m/s}$$

b) Representamos la elongación y la velocidad en un ciclo a partir de la amplitud $(0,5\,\text{m})$, del periodo $(2\,\text{s})$, de los puntos de corte con el eje Y $(t = 0)$, de los instantes en los que los valores de x y v son máximos y de los instantes en los que los valores de x y v son cero:

- Para $t = 0$ (y también $t = 2\,\text{s}$, puesto que el valor se repite cada periodo), la elongación es:

$$x(0) = 0,05\,\text{sen}\,(\pi \cdot 0 + \pi/6) = 0,05\,\text{sen}\,(\pi/6) = 0,025\,\text{m}$$

---

[10]Como la ecuación de la velocidad es $v = A\omega\cos(\omega t + \phi_0)$, para $t = 0$ la expresión de la velocidad es $v = A\omega\cos\phi_0$. Si $\phi_0 = \frac{5}{6}\pi\,\text{rad}$, $\cos\frac{5}{6}\pi = -0,866$ y v sería negativa.

- Para $t = 0$ (y también $t = 2\,$s), la velocidad es:

$$v(0) = 0,05\pi \cos(\pi \cdot 0 + \pi/6) = 0,05\pi \cos(\pi/6) = 0,136\,\text{m/s}$$

- Instantes con valores máximos para la elongación

  Cuando la elongación alcance su valor máximo, los valores de la fase serán tales que su seno sea ± 1, que corresponden, respectivamente, a $\pi/2\,$rad (90°) y $3\pi/2\,$rad (270°). Por tanto, los instantes serán:

$$\pi t + \pi/6 = \pi/2 \Rightarrow t = 0,33\,\text{s} \qquad \pi t + \pi/6 = 3\pi/2 \Rightarrow t = 1,33\,\text{s}$$

- Instantes con valores máximos para la velocidad

  Cuando la velocidad alcance su valor máximo, los valores de la fase serán tales que su coseno sea ∓ 1, que corresponden, respectivamente, a $\pi\,$rad (180°) y $2\pi\,$rad (360°). Por tanto, los instantes serán:

$$\pi t + \pi/6 = \pi \Rightarrow t = 0,83\,\text{s} \qquad \pi t + \pi/6 = 2\pi \Rightarrow t = 1,83\,\text{s}$$

- Instantes con valores cero para la elongación

  Cuando la elongación sea cero, los valores de la fase serán tales que su seno sea cero, que corresponde a $\pi\,$rad (180°) y $2\pi\,$rad (360°). Por tanto, los instantes serán:

$$\pi t + \pi/6 = \pi \Rightarrow t = 0,83\,\text{s} \qquad \pi t + \pi/6 = 2\pi \Rightarrow t = 1,83\,\text{s}$$

- Instantes con valores cero para la velocidad

  Cuando la velocidad sea cero, los valores de la fase serán tales que su coseno sea cero, que corresponde a $\pi/2\,$rad (90°) y $3\pi/2\,$rad (270°). Por tanto, los instantes serán:

$$\pi t + \pi/6 = \pi/2 \Rightarrow t = 0,33\,\text{s} \qquad \pi t + \pi/6 = 3\pi/2 \Rightarrow t = 1,33\,\text{s}$$

Las gráficas x-t y v-t son las siguientes:

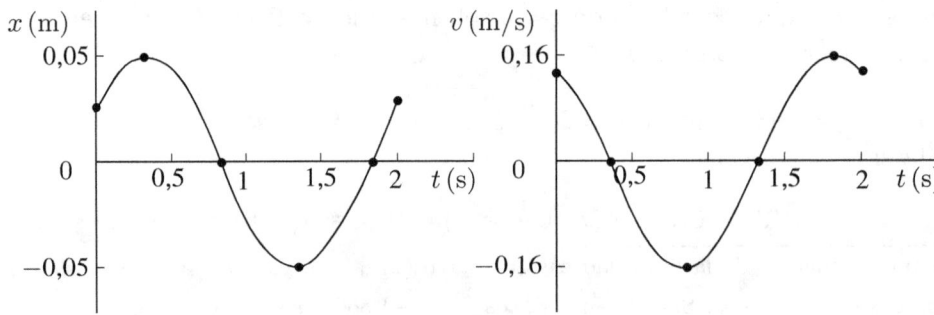

Las gráficas muestran que tanto la elongación como la velocidad son funciones armónicas del tiempo y están desfasadas una con respecto a la otra. Concretamente, la velocidad está adelantada $\pi/2$ rad con respecto a la elongación. Este desfase de $\pi/2$ rad corresponde a un desfase temporal de $t = T/4 = 2\,\text{s}/4 = 0,5\,\text{s}$.

Problema 3.17

Una partícula de $0,2\,\text{kg}$ describe un movimiento armónico simple a lo largo del eje X de frecuencia $20\,\text{Hz}$. En el instante inicial la partícula pasa por el origen moviéndose hacia la derecha y su velocidad es máxima. En otro instante de la oscilación la energía cinética es $0,2\,\text{J}$ y la energía potencial es $0,6\,\text{J}$.

a) Escriba la ecuación de movimiento de la partícula y calcule su aceleración máxima.

b) Explique, con ayuda de una gráfica, los cambios de energía cinética y de energía potencial durante una oscilación.

---

a) El movimiento de una partícula que realiza un movimiento armónico simple puede describirse tanto mediante una ecuación con la función seno como con la función coseno. Mediante la función seno sería del tipo:

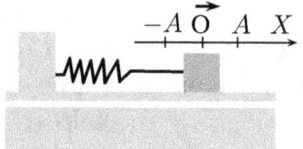

$$x(t) = A \operatorname{sen}(\omega t + \phi_0)$$

Obtenemos primero la ecuación de movimiento. Para ello debemos conocer la amplitud A, la frecuencia angular ω y la fase inicial ϕ_0.

- Calculamos la amplitud a partir de la energía mecánica de la partícula, que es la suma de la energía cinética y potencial en cualquier instante:

$$E_\text{m} = \frac{1}{2}kA^2 \Rightarrow A = \sqrt{\frac{2E_\text{m}}{k}} = \sqrt{\frac{2 \cdot 0,8\,\text{J}}{3160\,\text{N/m}}} = 0,0225\,\text{m}$$

$$\lfloor E_\text{m} = 0,8\,\text{J};\ k = \omega^2 m = (2\pi\nu)^2 m = (2\pi \cdot 20\,\text{Hz})^2\, 0,2\,\text{kg} = 3160\,\text{N/m}\rfloor$$

- Calculamos la frecuencia angular a partir de la frecuencia:

$$\omega = 2\pi\nu = 2\pi \cdot 20\,\text{Hz} = 40\pi\,\text{rad/s}$$

- La fase inicial del movimiento la podemos calcular porque para $t = 0$ sabemos que la posición de la partícula es $x = 0$. Si sustituimos estos valores en la ecuación de movimiento, tenemos:

$$0 = 0,0225 \operatorname{sen}\phi_0 \Rightarrow \phi_0 = \operatorname{arcsen} 0 = 0 \text{ ó } \pi\,\text{rad}$$

Como en el instante inicial la partícula se mueve hacia la derecha, en el sentido en el que suponemos los valores positivos de x, $\phi_0 = 0$ rad, puesto que en ese instante la velocidad es positiva.

La ecuación de movimiento es:

$$x(t) = 0,0225 \operatorname{sen} 40\pi t \, \mathrm{m}$$

Calculamos ahora el módulo de la aceleración máxima. Este valor se alcanza cuando la elongación es máxima:

$$a_{\text{máx}} = \omega^2 A = (40\pi \, \text{rad/s})^2 \, 0,0225 \, \text{m} = 355 \, \text{m/s}^2$$

b) Representamos los cambios de las energía potencial elástica y cinética en un ciclo cuyo periodo es:

$$T = \frac{1}{\nu} = \frac{1}{20 \, \text{Hz}} = 0,05 \, \text{s}$$

Vemos en la gráfica que para $t = 0$, $t = \frac{1}{2}T = 0,025$ s y $t = T = 0,05$ s (la partícula se encuentra en el punto de equilibrio, $x = 0$), solo tiene energía cinética y cuando $t = \frac{1}{4}T = 0,0125$ s y $t = \frac{3}{4}T = 0,0375$ s (se encuentra en un extremo, $x = \pm A$), solo tiene energía potencial elástica. Conforme la partícula se aleja del punto de equilibrio, disminuye la energía cinética y aumenta la energía potencial elástica. Y viceversa, conforme la partícula se acerca al punto de equilibrio, aumenta la energía cinética y disminuye la energía potencial elástica.

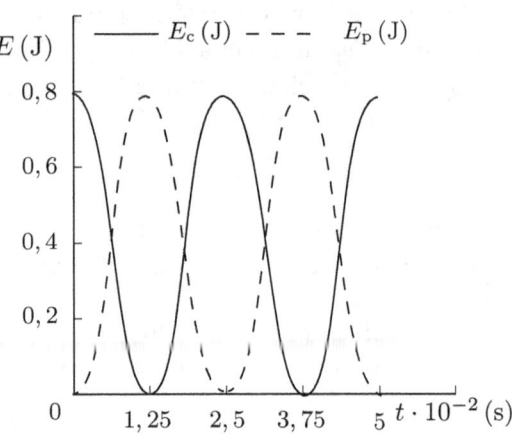

Problema 3.18

Una partícula de 2 g oscila con movimiento armónico simple de 4 cm de amplitud y 8 Hz de frecuencia y en el instante $t = 0$ se encuentra en la posición de equilibrio.

a) Escriba la ecuación de movimiento y explique las variaciones de energías cinética y potencial de la partícula durante un periodo.

b) Calcule las energías cinética y potencial de la partícula cuando la elongación es de 1 cm.

a) El movimiento de una partícula que realiza un movimiento armónico simple puede describirse tanto mediante una ecuación con la función seno como con la función coseno. Mediante la función seno sería del tipo:

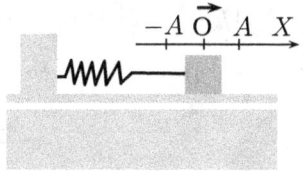

$$x(t) = A\,\mathrm{sen}(\omega t + \phi_0)$$

Para obtener la ecuación de movimiento, debemos conocer la amplitud A, la frecuencia angular ω y la fase inicial ϕ_0:

- La amplitud del movimiento es de $4\,\mathrm{cm} = 0,04\,\mathrm{m}$.

- La frecuencia angular ω la calculamos a partir de la frecuencia ν:

$$\omega = 2\pi\nu = 2\pi \cdot 8\,\mathrm{Hz} = 16\pi\,\mathrm{rad/s} \quad \lfloor \nu = 8\,\mathrm{Hz} \rfloor$$

- La fase inicial del movimiento la podemos calcular porque para $t = 0$ sabemos que la posición de la partícula es $x = 0$. Si sustituimos estos valores en la ecuación de movimiento, tenemos:

$$0 = 0,04\,\mathrm{sen}\,\phi_0 \Rightarrow \phi_0 = \mathrm{arcsen}\,0 = 0 \text{ ó } \pi\,\mathrm{rad}$$

  Si suponemos que en el instante inicial la partícula se mueve en el sentido de los valores positivos de x, $\phi_0 = 0\,\mathrm{rad}$, puesto que en ese instante la velocidad es positiva.

La ecuación de movimiento es:

$$x(t) = 0,04\,\mathrm{sen}\,16\pi t\,\mathrm{m}$$

Durante un periodo la partícula da una oscilación. Cuando se encuentra en la posición de equilibrio (para $t = 0$, $t = \frac{1}{2}T$ y $t = T$), solo tiene energía cinética (la velocidad es máxima y la energía cinética alcanza el valor máximo), y cuando se encuentra en un extremo (para $t = \frac{1}{4}T$ y $t = \frac{3}{4}T$), solo tiene energía potencial elástica (la elongación es máxima y la energía potencial alcanza el valor máximo). Conforme la partícula se aleja de la posición de equilibrio, disminuye la energía cinética y aumenta la energía potencial elástica. Y viceversa, conforme la partícula se acerca a la posición de equilibrio, aumenta la energía cinética y disminuye la energía potencial elástica. En cualquier instante la energía mecánica es $E_\mathrm{m} = \frac{1}{2}kA^2$.

b) Calculamos primero la energía mecánica, que es igual a la energía potencial elástica cuando la elongación es máxima, ya que entonces la energía cinética es cero:

$$E_\mathrm{m} = E_\mathrm{p\,máx} = \frac{1}{2}kA^2 = \frac{1}{2} \cdot 5,05\,\mathrm{N/m}\,(0,04\,\mathrm{m})^2 = 4,04 \cdot 10^{-3}\,\mathrm{J}$$

$$\lfloor k = m\omega^2 = 0,002\,\text{kg}\,(16\pi\,\text{rad/s})^2 = 5,05\,\text{N/m};\ A = 0,04\,\text{m}\rfloor$$

Calculamos ahora la energía potencial elástica cuando $x = 1\,\text{cm} = 0,01\,\text{m}$:

$$E_\text{p} = \frac{1}{2}kx^2 = \frac{1}{2}\cdot 5,05\,\text{N/m}\,(0,01\,\text{m})^2 = 2,53\cdot 10^{-4}\,\text{J}$$

Calculamos por último la energía cinética cuando $x = 0,01\,\text{m}$ como la diferencia entre la energía mecánica y la energía potencial elástica:

$$E_\text{c} = E_\text{m} - E_\text{p} = 4,04\cdot 10^{-3}\,\text{J} - 2,53\cdot 10^{-4}\,\text{J} = 3,79\cdot 10^{-3}\,\text{J}$$

Problema 3.19

Sobre un plano horizontal sin rozamiento se encuentra un bloque de masa $m = 1,5\,\text{kg}$, sujeto al extremo libre de un resorte horizontal fijo por el otro extremo. Se aplica al bloque una fuerza de $15\,\text{N}$, produciéndose un alargamiento del resorte de $10\,\text{cm}$, y en esta posición se suelta el cuerpo, que inicia un movimiento armónico simple.

a) Escriba la ecuación de movimiento del bloque.

b) Calcule las energías cinética y potencial cuando la elongación es de $5\,\text{cm}$.

---

a) El movimiento de un bloque que realiza un movimiento armónico simple puede describirse tanto mediante una ecuación con la función seno como con la función coseno. Mediante la función coseno sería del tipo:

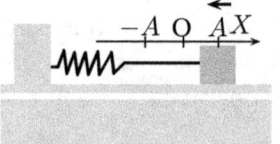

$$x(t) = A\cos(\omega t + \phi_0)$$

Para obtener la ecuación de movimiento, debemos conocer la amplitud A, la frecuencia angular ω y la fase inicial ϕ_0:

- La amplitud del movimiento es de $10\,\text{cm} = (0,1\,\text{m})$, ya que el enunciado refiere que el bloque se separa esa distancia de la posición de equilibrio.

- La frecuencia angular la calculamos a partir de la constante elástica k, que representa la fuerza que hay que realizar sobre el resorte para que su longitud se alargue o se acorte un metro:

$$\omega = \sqrt{\frac{k}{m}} = \sqrt{\frac{150\,\text{N/m}}{1,5\,\text{kg}}} = 10\,\text{rad/s}$$

$$\left\lfloor\text{Según la ley de Hooke, } k = \frac{F}{\Delta x} = \frac{15\,\text{N}}{0,1\,\text{m}} = 150\,\text{N/m}\right\rfloor$$

$$\lfloor\lfloor\Delta x\ (\text{alargamiento}) = 10\,\text{cm} = 0,1\,\text{m}\rfloor\rfloor$$

- La fase inicial del movimiento la conocemos porque para $t = 0$ sabemos que la posición del bloque es $x = 0,1\,\text{m}$. Si sustituimos estos valores en la ecuación de movimiento, tenemos:

$$0,1 = 0,1 \cos \phi_0 \Rightarrow \phi_0 = \arccos 0 = 0 \,\text{rad}$$

La ecuación de movimiento es:

$$x(t) = 0,1 \cos 10t \,\text{m}$$

b) Podemos abordar este apartado de distintas maneras. La forma más sencilla es calcular primero la energía potencial elástica y después la energía cinética, calculada como diferencia entre la energía mecánica (que podemos calcular porque conocemos la constante elástica del resorte y la amplitud) y la energía potencial elástica.

Calculamos la energía potencial elástica:

$$E_\text{p} = \frac{1}{2}kx^2 = \frac{1}{2} \cdot 150 \,\text{N/m}\,(0,05\,\text{m})^2 = 0,188\,\text{J}$$

$$\lfloor k = 150\,\text{N/m};\ x = 0,05\,\text{m} \rfloor$$

Calculamos la energía mecánica:

$$E_\text{m} = \frac{1}{2}kA^2 = \frac{1}{2}150\,\text{N/m}\,(0,1\,\text{m})^2 = 0,75\,\text{J}$$

Calculamos la energía cinética:

$$E_\text{c} = E_\text{m} - E_\text{p} = 0,75\,\text{J} - 0,188\,\text{J} = 0,562\,\text{J}$$

Problema 3.20

Al suspender un cuerpo de $0,5\,\text{kg}$ del extremo libre de un muelle que cuelga verticalmente, se observa un alargamiento de $5\,\text{cm}$. Si a continuación se tira hacia abajo del cuerpo hasta alargar el muelle $2\,\text{cm}$ más y se suelta, comienza a oscilar.

a) Haga un análisis energético del problema suponiendo que se desprecian las variaciones de energía potencial gravitatoria del cuerpo y escriba la ecuación del movimiento de la masa.

b) Si, en lugar de estirar el muelle $2\,\text{cm}$, se estira $3\,\text{cm}$, ¿cómo se modificaría la ecuación del movimiento del cuerpo?

$g = 10\,\text{m}\,\text{s}^{-2}$.

a) Analizamos los cambios energéticos desde que tiramos del cuerpo desde un extremo del muelle hasta que este oscila libremente:

Antes de tirar del cuerpo, este posee energía potencial gravitatoria (está a cierta altura) y energía potencial elástica (el muelle está algo estirado). Al tirar del cuerpo, el muelle se alarga. Podemos decir que parte de la energía interna de la persona que tira se ha transformado en energía potencial elástica del cuerpo (en realidad, en energía potencial elástica del sistema cuerpo-muelle). Al soltarlo comienza a oscilar verticalmente pasando periódicamente por el punto de equilibrio. En todo momento se conserva la energía mecánica del cuerpo (suma de la energía cinética y energía potencial elástica), dado que la fuerza recuperadora, que obedece a la ley de Hooke, es una fuerza conservativa.

Cuando el cuerpo se encuentra en el punto de equilibrio O, solo tiene energía cinética (la velocidad es máxima y la energía cinética alcanza el valor máximo), y cuando se encuentra en un extremo, solo tiene energía potencial elástica (la elongación es máxima y la energía potencial alcanza el valor máximo). Conforme el cuerpo se separa del punto O, disminuye la energía cinética y aumenta la energía potencial elástica. Y viceversa, conforme el cuerpo se acerca al punto O, aumenta la energía cinética y disminuye la energía potencial elástica.

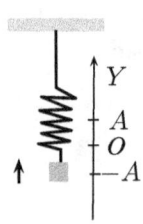

En cualquier posición la energía mecánica es constante y su valor es $E_{\mathrm{m}} = \frac{1}{2}kA^2$.

El movimiento de un cuerpo que realiza un movimiento armónico simple puede describirse tanto mediante una ecuación con la función seno como con la función coseno. Mediante la función seno sería del tipo:

$$y(t) = A\,\mathrm{sen}(\omega t + \phi_0)$$

Para obtener la ecuación de movimiento, debemos conocer la amplitud A, la frecuencia angular ω y la fase inicial ϕ_0:

- La amplitud del movimiento es de $2\,\mathrm{cm} = 0,02\,\mathrm{m}$, ya que en el enunciado se refiere que el cuerpo se separa esa distancia de la posición de equilibrio.

- Calculamos la frecuencia angular a partir de la constante elástica k:

$$\omega = \sqrt{\frac{k}{m}} = \sqrt{\frac{100\,\mathrm{N/m}}{0,5\,\mathrm{kg}}} = 14,1\,\mathrm{rad/s}$$

$$\left\lfloor \text{Según la ley de Hooke, } k = \frac{F}{\Delta x} = \frac{5\,\mathrm{N}}{0,05\,\mathrm{m}} = 100\,\mathrm{N/m} \right\rfloor$$

$$\lfloor\lfloor F = P = mg = 0,5\,\mathrm{kg} \cdot 10\,\mathrm{m/s}^2 = 5\,\mathrm{N};\ \text{Alargamiento} = \Delta x = 0,05\,\mathrm{m}\rfloor\rfloor$$

- La fase inicial del movimiento la podemos calcular porque para $t = 0$ sabemos que la posición del cuerpo es $y = -0,02\,\mathrm{m}$ (empezamos a contar el tiempo cuando soltamos el cuerpo después de alargar el muelle $2\,\mathrm{cm}$ en el sentido de los valores negativos de y). Si sustituimos estos valores en la ecuación de movimiento, tenemos:

$$-0,02 = 0,02\,\mathrm{sen}\,\phi_0 \Rightarrow \phi_0 = \mathrm{arcsen}\,\frac{-0,02}{0,02} = \mathrm{arcsen}\,(-1) = \frac{3\pi}{2}\,\mathrm{rad}$$

La ecuación de movimiento es:

$$y(t) = 0,02\,\mathrm{sen}\,(14,1t + 3\pi/2)\,\mathrm{m}$$

b) Si estiramos el muelle $3\,\mathrm{cm}$ en vez de $2\,\mathrm{cm}$, solo se modifica la amplitud del movimiento. Como el muelle y la masa del cuerpo son los mismos, no cambia la frecuencia angular. Tampoco cambia la fase inicial. La nueva ecuación es:

$$y(t) = 0,03\,\mathrm{sen}\,(14,1t + 3\pi/2)\,\mathrm{m}$$

Problema 3.21

Un bloque de $1\,\mathrm{kg}$, apoyado sobre una mesa horizontal y unido a un resorte, realiza un movimiento armónico simple de $0,1\,\mathrm{m}$ de amplitud. En el instante inicial su energía cinética es máxima y su valor es $0,5\,\mathrm{J}$.
a) Calcule la constante elástica del resorte y el periodo del movimiento.
b) Escriba la ecuación del movimiento del bloque, razonando cómo obtiene el valor de cada una de las variables que intervienen en ella.

---

a) Calculamos la constante elástica k del resorte a partir de la energía cinética máxima del bloque, que coincide con su energía mecánica, ya que cuando la energía cinética es máxima, la energía potencial elástica es cero:

$$E_{c\,\mathrm{máx}} = E_m = \frac{1}{2}kA^2$$

Despejamos k de la anterior ecuación y calculamos su valor:

$$k = \frac{2E_{c\,\mathrm{máx}}}{A^2} = \frac{2 \cdot 0,5\,\mathrm{J}}{(0,1\,\mathrm{m})^2} = 100\,\mathrm{N/m}$$

Calculamos el periodo del movimiento a partir de la constante elástica del resorte y de la masa del bloque:

$$T = 2\pi\sqrt{\frac{m}{k}} = 2\pi\sqrt{\frac{1\,\mathrm{kg}}{100\,\mathrm{N/m}}} = 0,2\pi\,\mathrm{s} = 0,628\,\mathrm{s}$$

b) El movimiento de un bloque que realiza un movimiento armónico simple puede describirse tanto mediante una ecuación con la función seno como con la función coseno. Mediante la función seno sería del tipo:

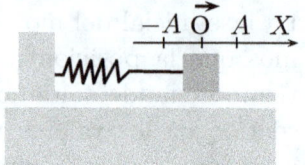

$$x(t) = A \operatorname{sen}(\omega t + \phi_0)$$

Para determinar la ecuación de movimiento, debemos conocer la amplitud A, la frecuencia angular ω y la fase inicial ϕ_0:

- La amplitud del movimiento es de $0,1\,\mathrm{m}$, según el enunciado.

- Calculamos la frecuencia angular a partir del periodo T:

$$\omega = \frac{2\pi}{T} = \frac{2\pi}{0,2\pi\,\mathrm{s}} = 10\,\mathrm{rad/s}$$

- La fase inicial del movimiento podemos calcularla porque para $t = 0$ sabemos que la posición del bloque es $x = 0$, ya que la energía cinética tiene su valor máximo cuando la posición es cero. Sustituyendo estos valores en la ecuación de movimiento, tenemos:

$$0 = 0,1 \operatorname{sen} \phi_0 \Rightarrow \phi_0 = \operatorname{arcsen} 0 = 0 \text{ ó } \pi \,\mathrm{rad}$$

Si suponemos que en el instante inicial el bloque se mueve en el sentido de los valores positivos de x, $\phi_0 = 0\,\mathrm{rad}$, puesto que en ese instante la velocidad es positiva.

La ecuación de movimiento es:

$$x(t) = 0,1 \operatorname{sen} 10t\,\mathrm{m}$$

Problema 3.22

Una partícula de $3\,\mathrm{kg}$ describe un movimiento armónico simple a lo largo del eje X entre los puntos $x = -2\,\mathrm{m}$ y $x = 2\,\mathrm{m}$ y tarda $0,5\,\mathrm{s}$ en recorrer la distancia entre ambos puntos.

a) Escriba la ecuación de movimiento sabiendo que en $t = 0$ la partícula se encuentra en $x = 0$.

b) Escriba las expresiones de la energía cinética y de la energía potencial de la partícula en función del tiempo, y haga una representación gráfica de dichas energías para el intervalo de tiempo de una oscilación completa.

a) El movimiento de una partícula que realiza un movimiento armónico simple puede describirse tanto mediante una función seno como con una función coseno. Mediante una función seno sería del tipo:

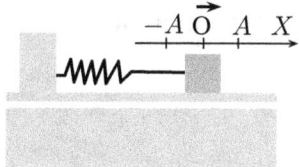

$$x(t) = A \operatorname{sen}(\omega t + \phi_0)$$

Para obtener la ecuación de movimiento, debemos conocer la amplitud A, la frecuencia angular ω y la fase inicial ϕ_0:

- La amplitud es $2\,\mathrm{m}$, que es el valor absoluto de la elongación máxima.

- Calculamos la frecuencia angular a partir del periodo T, que es el tiempo que tarda la partícula en realizar una oscilación completa:

$$\omega = \frac{2\pi}{T} = \frac{2\pi}{1\,\mathrm{s}} = 2\pi\,\mathrm{rad/s}$$

$\lfloor T = 1\,\mathrm{s}$, pues tarda medio segundo en realizar media oscilación.$\rfloor$

- La fase inicial del movimiento la podemos calcular porque para $t = 0$ sabemos que la posición de la partícula es $x = 0$. Si sustituimos estos valores en la ecuación de movimiento, tenemos:

$$0 = 2\operatorname{sen}\phi_0 \Rightarrow \phi_0 = \operatorname{arcsen}0 = 0 \, \acute{o} \, \pi\,\mathrm{rad}$$

Si suponemos que en el instante inicial el cuerpo se mueve en el sentido de los valores positivos de x, $\phi_0 = 0\,\mathrm{rad}$, puesto que en ese instante la velocidad es positiva.

La ecuación de movimiento es:

$$x(t) = 2\operatorname{sen}2\pi t\,\mathrm{m}$$

b) Las expresiones de la energía cinética y potencial en función del tiempo son:

- Energía cinética

$$E_c = \frac{1}{2}mv^2 = \frac{1}{2} \cdot 3\,\mathrm{kg}\,(4\pi\cos 2\pi t)^2 = 24\pi^2\cos^2 2\pi t\,\mathrm{J}$$

$$\left\lfloor v(t) = \frac{dx(t)}{dt} = \frac{d[2\operatorname{sen}2\pi t]}{dt} = 4\pi\cos 2\pi t\,\mathrm{m/s};\ m = 3\,\mathrm{kg} \right\rfloor \lfloor\lfloor x = 2\operatorname{sen}2\pi t\,\mathrm{m}\rfloor\rfloor$$

- Energía potencial

$$E_{\mathrm{p}} = \frac{1}{2}kx^2 = \frac{1}{2} \cdot 12\pi^2 (2\,\mathrm{sen}\,2\pi t)^2 = 24\pi^2\,\mathrm{sen}^2\,2\pi t\ \mathrm{J}$$

$$\lfloor k = \omega^2 m = (2\pi)^2\,3 = 12\pi^2;\ x = 2\,\mathrm{sen}\,2\pi t\,\mathrm{m}\rfloor \quad \lfloor\lfloor \omega = 2\pi\,\mathrm{rad/s};\ m = 3\,\mathrm{kg}\rfloor\rfloor$$

A continuación hacemos una tabla con los valores de la energía cinética y de la energía potencial elástica en un periodo (1 s) y los representamos en una gráfica:

$t\,(\mathrm{s})$	$E_{\mathrm{c}}\,(\mathrm{J})$	$E_{\mathrm{p}}\,(\mathrm{J})$
0	$24\pi^2$	0
0,125	$12\pi^2$	$12\pi^2$
0,250	0	$24\pi^2$
0,375	$12\pi^2$	$12\pi^2$
0,500	$24\pi^2$	0
0,625	$12\pi^2$	$12\pi^2$
0,750	0	$24\pi^2$
0,875	$12\pi^2$	$12\pi^2$
1,000	$24\pi^2$	0

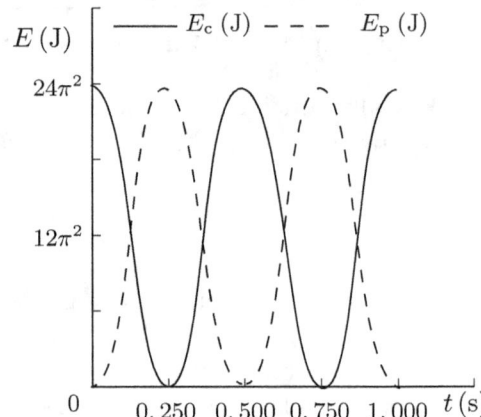

Problema 3.23

Un cuerpo de 2 kg se encuentra sobre una mesa plana y horizontal sujeto a un muelle de constante elástica $k = 15\,\mathrm{N\,m^{-1}}$. Se desplaza el cuerpo 2 cm de la posición de equilibrio y se libera.
a) Explique cómo varían las energías cinética y potencial del cuerpo e indique a qué distancia de su posición de equilibrio ambas energías tienen igual valor.
b) Calcule la máxima velocidad que alcanza el cuerpo.

---

a) Al liberar el cuerpo, este oscila alrededor de la posición de equilibrio O. Cuando el cuerpo se encuentra en la posición O, solo tiene energía cinética (la velocidad es máxima y la energía cinética alcanza el valor máximo), y cuando se encuentra en un extremo, solo tiene energía potencial elástica (la elongación es máxima y la energía potencial alcanza el valor máximo). Conforme el cuerpo se aleja de la posición O, disminuye la energía cinética y aumenta la energía potencial elástica. Y viceversa, conforme la partícula se acerca a la posición O, aumenta la energía cinética y disminuye la energía potencial elástica. En cualquier posición la energía mecánica es $E_{\mathrm{m}} = \frac{1}{2}kA^2$.

La energía potencial gravitatoria del cuerpo en el movimiento oscilatorio no cambia porque siempre se encuentra a la misma altura al ser la superficie de la mesa horizontal.

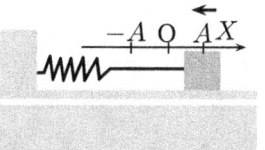

Para calcular la distancia x a la posición de equilibrio en la que ambas energías son iguales, tenemos en cuenta que en esa posición la energía potencial elástica $(E_p = \frac{1}{2}kx^2)$ debe ser la mitad de la energía mecánica E_m:

$$E_p = \frac{1}{2}E_m$$

Por tanto:

$$\frac{1}{2}kx^2 = \frac{1}{2} \cdot \frac{1}{2}kA^2 \Rightarrow x = \pm\frac{A}{\sqrt{2}} = \pm\frac{0,02\,\text{m}}{\sqrt{2}} = \pm 0,014\,\text{m}$$

La distancia a la que se encuentra de la posición de equilibrio es el valor absoluto de la posición: $0,014\,\text{m}$.

b) Para calcular la velocidad máxima $v_{\text{máx}}$, en valor absoluto, tenemos en cuenta que en la posición en la que se alcanza, la posición de equilibrio, la energía potencial elástica es cero y, por tanto, la energía cinética es la máxima y es igual a la energía mecánica:

$$E_{c\,\text{máx}} = E_m$$

Por tanto:

$$\frac{1}{2}mv_{\text{máx}}^2 = \frac{1}{2}kA^2 \Rightarrow v_{\text{máx}} = A\sqrt{\frac{k}{m}} = 0,02\,\text{m}\,\sqrt{\frac{15\,\text{N/m}}{2\,\text{kg}}} = 0,0548\,\text{m/s}$$

$$\lfloor k = 15\,\text{N/m};\ m = 2\,\text{kg};\ A = 0,02\,\text{m}\rfloor$$

Problema 3.24

Un cuerpo, situado sobre una superficie horizontal lisa y unido al extremo de un resorte, efectúa un movimiento armónico simple y los valores máximos de su velocidad y aceleración son $0,6\,\text{m s}^{-1}$ y $7,2\,\text{m s}^{-2}$ respectivamente.
a) Determine el periodo y la amplitud del movimiento.
b) Razone cómo variaría la energía mecánica del cuerpo si se duplicara: i) la frecuencia; ii) la aceleración máxima.

---

a) Las expresiones de la velocidad y de la aceleración máximas de un movimiento armónico simple, en valores absolutos, son:

$$v_{\text{máx}} = \omega A \quad \text{y} \quad a_{\text{máx}} = \omega^2 A$$

Sustituimos los valores del enunciado en la ecuaciones anteriores y tenemos un sistema de dos ecuaciones con dos incógnitas: la amplitud A y la frecuencia angular ω. Una vez conocida esta última, podemos calcular el periodo T:

$$0,6 = \omega A \quad \text{y} \quad 7,2 = \omega^2 A$$

Dividimos, miembro a miembro, la segunda ecuación entre la primera para conocer ω:

$$\frac{7,2}{0,6} = \frac{\omega^2 A}{\omega A} = \omega = 12\,\text{rad/s}$$

Calculamos T a partir de ω:

$$T = \frac{2\pi}{\omega} = \frac{2\pi}{12\,\text{rad/s}} = 0,524\,\text{s}$$

A partir de la primera ecuación calculamos A sustituyendo el valor obtenido de ω:

$$A = \frac{0,6}{\omega} = \frac{0,6}{12} = 0,05\,\text{m}$$

b) La energía mecánica de un cuerpo unido a un resorte que oscila con un movimiento armónico simple solo depende de la constante elástica del resorte k y de la amplitud A de la oscilación, y no de la masa del cuerpo:

$$E_\text{m} = \frac{1}{2}kA^2$$

i) La expresión de la energía mecánica del cuerpo en función de la frecuencia es:

$$E_\text{m} = \frac{1}{2}kA^2 = \frac{1}{2}\omega^2 mA^2 = \frac{1}{2}\cdot 4\pi^2\nu^2 mA^2 = 2\pi^2 mA^2\nu^2$$

$$\lfloor k = \omega^2 m;\ \omega = 2\pi\nu \rfloor$$

Si se se duplica la frecuencia cambiando el resorte por otro más duro sin que modifiquemos la amplitud, la energía mecánica es cuatro veces mayor que la que tenía anteriormente, ya que, según la expresión última, depende del cuadrado de la frecuencia.

ii) La expresión de la energía mecánica del cuerpo en función de la aceleración máxima es la siguiente:

$$E_\text{m} = \frac{1}{2}kA^2 = \frac{1}{2}\omega^2 mA^2 = \frac{1}{2}mAa_\text{máx}$$

$$\lfloor k = \omega^2 m;\ a_\text{máx} = \omega^2 A \rfloor$$

Si se duplica la aceleración máxima cambiando el resorte por otro más duro sin que modifiquemos la amplitud, la energía mecánica se duplica también, ya que, según la expresión anterior, la energía mecánica es directamente proporcional a la aceleración máxima.

Capítulo 4

Ondas

Cuestión 4.1

Considere la siguiente ecuación de onda: $y(x,\,t) = A\,\mathrm{sen}(bt - cx)$.
a) ¿Qué representan los coeficientes A, b, c? ¿Cuáles son sus unidades?
b) ¿Qué interpretación tendría que la función fuera "coseno" en lugar de "seno"? ¿Y que el signo dentro del paréntesis fuera $+$ en lugar de $-$?

a) La ecuación del enunciado corresponde a una ecuación de onda del tipo $y(x,\,t) = A\,\mathrm{sen}(\omega t - kx)$. Se trata de la ecuación de una onda armónica unidimensional de desplazamiento. Esta ecuación muestra la doble dependencia de la magnitud perturbada y (elongación de desplazamiento) con el tiempo t y la posición x.

Si expresamos los coeficientes (magnitudes) en las unidades del SI:

- El coeficiente $A\,(\mathrm{m})$ es la amplitud de la onda y representa el valor máximo de la elongación, es decir, la máxima distancia que cualquier punto del medio se separa de su posición de equilibrio.

- El coeficiente b es la frecuencia angular $\omega\,(\mathrm{rad/s})$ y representa el número de oscilaciones completas que un punto del medio alcanzado por la onda efectúa en un tiempo de $2\pi\,\mathrm{s}$.

- El coeficiente c es el número de onda $k\,(\mathrm{rad/m})$ y representa el número de longitudes de onda que caben en $2\pi\,\mathrm{m}$.

b) Si la ecuación de onda la expresamos mediante la función coseno, $y(x,\,t) = A\cos(\omega t - kx)$, la única diferencia entre ambas ecuaciones es una diferencia de fase. La funciones seno y coseno están relacionadas mediante la siguiente expresión: $\cos\alpha = \mathrm{sen}(\alpha + \pi/2)$.

157

De manera que:

$$y = A\cos(\omega t - kx) = A\,\mathrm{sen}(\omega t - kx + \pi/2)$$

Comparamos las ecuaciones:

$$y = A\,\mathrm{sen}(\omega t - kx)$$
$$y = A\cos(\omega t - kx) = A\,\mathrm{sen}(\omega t - kx + \pi/2)$$

Observamos que la ecuación expresada mediante la función coseno está adelantada $\pi/2$ rad respecto a la ecuación expresada mediante la función seno.

Veamos cuáles serían las gráficas y-t para $x = 0$ (izquierda) e y-x (derecha) para $t = 0$ de las ecuaciones de onda: $y = A\,\mathrm{sen}(\omega t - kx)$ y $y = A\cos(\omega t - kx)$.

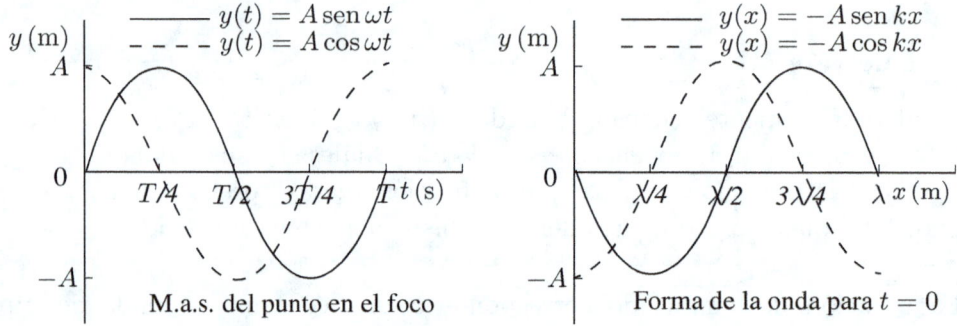

Por otra parte, el signo $+/-$ indica que la onda se propaga en el sentido de los valores negativos o positivos del eje X, respectivamente; hacia la izquierda o hacia la derecha, respectivamente, si los valores positivos del eje X se toman hacia la derecha, como se hace normalmente. Por tanto, la ecuación representa una onda que se propaga en el sentido positivo del eje X. Si el signo fuese $+$ en lugar de $-$, la ecuación representaría la misma onda, pero propagándose en el sentido de los valores negativos del eje X.

Cuestión 4.2

La ecuación de una onda armónica en una cuerda tensa es:

$$y(x,\,t) = A\,\mathrm{sen}(\omega t - kx)$$

a) Indique el significado de las magnitudes que aparecen en dicha expresión.
b) Escriba la ecuación de otra onda que se propague en la misma cuerda, en sentido opuesto, de amplitud mitad y frecuencia doble que la anterior.

---

a) Se trata de la ecuación de una onda armónica unidimensional de desplazamiento. Una de las formas de expresar la ecuación de una onda es mediante la ecuación del tipo:

$$y(x,\, t) = A \operatorname{sen}(\omega t - kx)\,(\text{SI})$$

- $y\,(\text{m})$ es la magnitud perturbada (elongación de desplazamiento), variable dependiente.

- $x\,(\text{m})$ es la posición y $t\,(\text{s})$ es el tiempo, variables independientes para las cuales y toma un valor determinado.

- $A\,(\text{m})$ es la amplitud de la onda y representa el valor máximo de la elongación, es decir, la máxima distancia que cualquier punto de la cuerda se separa de su posición de equilibrio.

- $\omega\,(\text{rad/s})$ es la frecuencia angular y representa el número de oscilaciones completas que un punto de la cuerda alcanzado por la onda efectúa en un tiempo de $2\pi\,\text{s}$.

- $k\,(\text{rad/m})$ es el número de onda y representa el número de longitudes de onda que caben en $2\pi\,\text{m}$.

b) La ecuación sería:

$$y'(x,\, t) = A' \operatorname{sen}(\omega' t + k'x)$$

siendo $A' = A/2$; $\omega' = 2\omega$, ya que la frecuencia angular es directamente proporcional a la frecuencia ($\omega = 2\pi\nu$); y $k' = 2k$, ya que si la velocidad de propagación v no cambia (suponemos que no cambia la tensión a la que está sometida), el número de onda es directamente proporcional a la frecuencia angular ($v = \omega/k$).

Si cambia el sentido de movimiento, cambia el signo que une los términos de la fase, que es el argumento de la función seno.

Cuestión 4.3

a) Explique las diferencias entre ondas longitudinales y ondas transversales. Cite un ejemplo de cada una de ellas.
b) Describa cualitativamente el fenómeno de la polarización. ¿Qué tipo de ondas, de las mencionadas anteriormente, pueden polarizarse?

---

a) Las ondas longitudinales son aquellas en las que la dirección de propagación de la onda es la misma que la de la perturbación producida. Por ejemplo, un muelle que se comprime longitudinalmente (la dirección en la que vibran las partículas es la misma que la de la propagación de la onda).

Las ondas transversales son aquellas en las que la dirección de propagación de la onda es perpendicular a la de la perturbación producida. Por ejemplo, una cuerda cuyo extremo se agita verticalmente (la dirección en la que vibran las partículas es perpendicular a la dirección de propagación de la onda).

Las ondas longitudinales pueden propagarse a través de los sólidos y de los líquidos, mientras que las ondas transversales no pueden propagarse a través de los líquidos. Esto es debido a que las ondas transversales solo pueden propagarse en medios rígidos, los únicos resistentes a la flexión.

b) La polarización es la propiedad que tienen ciertas ondas de vibrar en un solo plano tras atravesar un polarizador que los obliga a ello. Puede ser un dispositivo (por ejemplo, una rendija) o un material (prisma de Nicol).

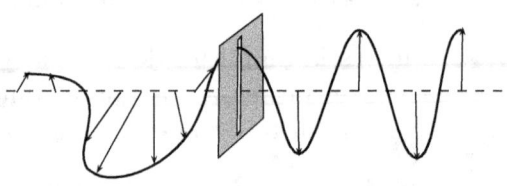

Las únicas ondas que pueden polarizarse son las ondas transversales, como la que se produce en una cuerda al agitar uno de los extremos en distintas direcciones perpendiculares a la dirección de propagación de la perturbación. Al propagarse la perturbación, cada punto de la cuerda vibra, igualmente, en direcciones perpendiculares a la dirección de propagación. Como muestra la figura de más arriba, si obligamos a la cuerda a que atraviese una rendija, la onda se polariza y, como resultado, los puntos de la cuerda vibran solo en la dirección de la abertura de la rendija después de atravesarla, aunque con menos amplitud.

Las ondas longitudinales, como la del muelle del ejemplo, no pueden polarizarse porque la dirección de vibración es la misma que la de la propagación de la onda.

Cuestión 4.4

Indique si son verdaderas o falsas las siguientes afirmaciones, razonando las respuestas:

a) La velocidad de propagación de una onda armónica es proporcional a su longitud de onda.

b) Cuando una onda incide en la superficie de separación de dos medios, las ondas reflejada y refractada tienen igual frecuencia e igual longitud de onda que la onda incidente.

---

a) Verdadera. La expresión $v = \lambda\nu$ relaciona la velocidad de propagación de una onda, v, con su longitud de onda λ y su frecuencia ν. Según esta expresión, para una onda de una frecuencia determinada, la longitud de onda y la velocidad de propagación son directamente proporcionales. Esto es, a frecuencia constante, si se duplica la velocidad de propagación, se duplica la longitud de onda.[1]

b) **Falsa.** La frecuencia de las ondas reflejada y refractada no varía respecto a la de la onda incidente porque la frecuencia de una onda solo depende de la frecuencia del foco emisor. Sin embargo, la longitud de onda de la onda refractada sí cambia respecto a la longitud de onda de la onda incidente, pero no la de la onda reflejada. En el caso de la onda reflejada, como se propaga en el mismo medio que la onda incidente, la velocidad no cambia y, por tanto, tampoco la longitud de onda. En el caso de la onda refractada, la longitud de onda puede aumentar o disminuir dependiendo de que la onda aumente o disminuya su velocidad, respectivamente, al cambiar de medio. Como la longitud de onda es directamente proporcional a la velocidad, si la frecuencia no varía, al aumentar la velocidad aumenta la longitud de onda y viceversa.

Cuestión 4.5

a) **Defina:** onda, velocidad de propagación, longitud de onda, frecuencia, amplitud, elongación y fase.
b) **Dos ondas viajeras se propagan por un mismo medio y la frecuencia de una es doble que la de la otra. Explique la relación entre las diferentes magnitudes de ambas ondas.**

---

a) Los términos están relacionados con un tipo de fenómeno físico, el movimiento ondulatorio. Una de las ecuaciones del movimiento ondulatorio armónico unidimensional, a partir de la cual definiremos los términos, es la siguiente:

$$y = A \operatorname{sen} 2\pi \left(\frac{t}{T} - \frac{x}{\lambda} \right)$$

que muestra la doble dependencia de la magnitud perturbada y (elongación de

---

[1]¿De qué factores depende la velocidad de propagación de las ondas?

La velocidad de propagación de las ondas depende del tipo de onda que se propaga y de las características del medio en que lo hace.

La velocidad de propagación de una onda en una cuerda depende de la tensión T a la que está sometida la cuerda y de su densidad lineal μ:

$$v = \sqrt{\frac{T}{\mu}}$$

Así, modificando la tensión y/o la densidad lineal, podemos variar la velocidad de propagación.

La velocidad de las ondas sonoras depende del estado de agregación del medio y, si es un gas, de su naturaleza, de la temperatura y de su masa molar.

La velocidad de las ondas electromagnéticas es distinta también dependiendo de las propiedades del medio (depende de la permitividad eléctrica y de la permeabilidad magnética). No obstante, aunque su efecto es pequeño sobre la velocidad, cuando el medio es distinto al vacío, la velocidad depende de la frecuencia de la onda.

desplazamiento) con el tiempo t y la posición x.

Consideramos que se trata de una onda material de desplazamiento, como la que se propaga a través de una cuerda.

- Onda: consiste en la propagación de la energía sin que haya un transporte de materia. En el caso que nos ocupa, se propaga la energía al transmitirse una perturbación a través de un medio material, la cuerda, siendo la magnitud perturbada un desplazamiento de una partícula o punto material de la misma.[2]

- Velocidad de propagación o velocidad de fase, v (m/s), es la distancia que avanza la onda por unidad de tiempo.

- Longitud de onda, λ (m), es la distancia mínima que separa dos puntos del medio que están en fase, esto es, que tienen el mismo estado de vibración (distancia entre dos crestas consecutivas o dos valles consecutivos).

- Frecuencia, ν (Hz), es el número de oscilaciones de un punto del medio por unidad de tiempo. Es la inversa del periodo, T (s), que es el tiempo que tarda un un punto del medio en realizar una oscilación: $\nu = 1/T$.

- Amplitud, A (m), es la máxima distancia que cualquier punto del medio se separa de su posición de equilibrio.

- Elongación, y (m), es la posición del punto del medio respecto a la posición de equilibrio.

- Fase, ϕ (rad), es la magnitud angular que sirve para caracterizar el estado de vibración de un punto del medio en una posición x, en un instante t. Todos los puntos del medio cuya fase se diferencia en un número entero de 2π rad están en fase y tienen el mismo estado de vibración. Todos los puntos de medio cuya fase se diferencia en un número impar de π rad están en oposición de fase.

b) Supongamos que dos ondas viajeras se propagan por el mismo medio y sus velocidades de fase son iguales. Si la frecuencia de la primera es el doble que la de la segunda, el periodo de la primera será la mitad del de la segunda porque son magnitudes inversamente proporcionales.

---

[2]Existe un tipo de ondas que no necesitan un medio material para propagarse: las ondas electromagnéticas. Estas ondas son transversales y se originan por cargas eléctricas aceleradas, en las que se propaga, sin necesidad de soporte material alguno, un campo eléctrico y otro magnético perpendiculares entre sí y a la dirección de propagación.

Por otra parte, como $v = \lambda\nu$, puesto que la velocidad es la misma, si la frecuencia de una es el doble que la de la otra, su longitud de onda es la mitad que la de la otra.

La amplitud de ambas ondas puede ser igual o distinta, ya que su valor es el valor máximo de la elongación.

Cuestión 4.6

a) Explique la periodicidad espacial y temporal de las ondas y su interdependencia.

b) Una onda de amplitud A, frecuencia ν y longitud de onda λ se propaga por una cuerda. Describa el movimiento de una partícula de la cuerda, indicando sus magnitudes características.

---

a) La ecuación de una onda armónica $y(x, t) = A\,\text{sen}(\omega t - kx)$ nos indica el valor de la magnitud perturbada y en función del tiempo t y de la distancia al foco x.

La función y es periódica en el tiempo con un periodo temporal T. Para cualquier posición dada x, la función y toma el mismo valor en los instantes t, $t + T$, $t + 2T$,..., $t + nT$, efectuando un movimiento armónico simple. Es lo que se llama periodicidad temporal.

Demostremos que $y(x, t + nT) = y(x, t)$:

$$
\begin{aligned}
y(x, t + nT) &= A\,\text{sen}[\omega(t + nT) - kx] = A\,\text{sen}\left[\frac{2\pi}{T}(t + nT) - kx\right] \\
&= A\,\text{sen}\left(\frac{2\pi}{T}t + \frac{2\pi}{T}nT - kx\right) = A\,\text{sen}(\omega t - kx + n2\pi) \\
&= A\,\text{sen}(\omega t - kx) = y(x, t)
\end{aligned}
$$

$$
\left[\omega = \frac{2\pi}{T}; \text{ Al ser sen } \alpha \text{ función periódica de periodo } 2\pi, \text{ sen}(\alpha + n2\pi) = \text{sen } \alpha\right]
$$

En el caso de una onda transversal que se propaga a través de una cuerda, el estado de vibración de cada uno de los puntos materiales se repite periódicamente cada periodo temporal T.

De los estados de vibración cuyo intervalo temporal es de un número entero de periodos se dice que están en fase y de aquellos cuyo intervalo temporal es un número impar de semiperiodos se dice que están en oposición de fase.

La función y es periódica en el espacio con un periodo espacial λ. Para cualquier instante dado t, la función y toma el mismo valor en las posiciones x, $x + \lambda$, $x + 2\lambda$,..., $x + n\lambda$. Es lo que se llama periodicidad espacial.

Demostremos que $y(x + n\lambda, t) = y(x, t)$:

$$
\begin{aligned}
y(x + n\lambda, t) &= A\,\text{sen}[\omega t - k(x + n\lambda)] = A\,\text{sen}\left[\omega t - \frac{2\pi}{\lambda}(x + n\lambda)\right] \\
&= A\,\text{sen}\left(\omega t - \frac{2\pi}{\lambda}x - \frac{2\pi}{\lambda}n\lambda\right) = A\,\text{sen}(\omega t - kx - n2\pi) \\
&= A\,\text{sen}(\omega t - kx) = y(x, t)
\end{aligned}
$$

$$
\left[\omega = \frac{2\pi}{T};\ \text{Al ser sen}\ \alpha\ \text{función periódica de periodo}\ 2\pi,\ \text{sen}(\alpha - n2\pi) = \text{sen}\ \alpha\right]
$$

En el caso de una onda transversal que se propaga a través de una cuerda, los estados de vibración de los puntos materiales se repiten periódicamente cada periodo espacial λ.

Los puntos materiales que están separados por una distancia igual a un número entero de longitudes de onda se encuentran en fase, y aquellos que están separados por una distancia igual a un número impar de semilongitudes de onda se encuentran en oposición de fase.

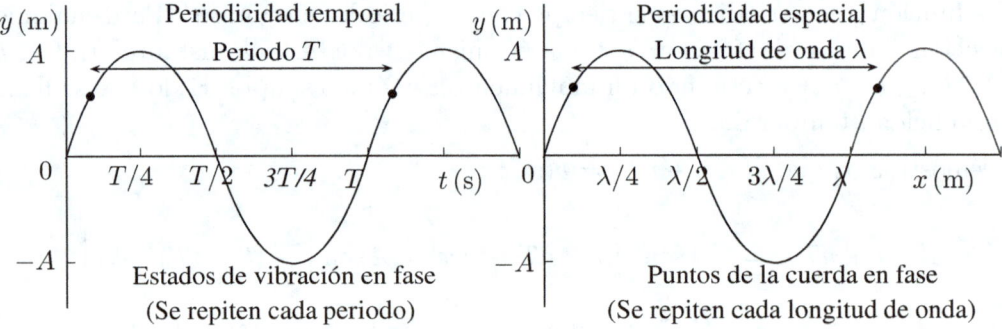

El periodo no solo es el tiempo que tarda en repetirse el valor de la elongación para un punto determinado, sino también el tiempo que debe transcurrir para que la onda avance una distancia igual a una longitud de onda.

Las magnitudes T y λ, que caracterizan la periodicidad temporal y espacial, respectivamente, están relacionadas a través de la velocidad de propagación de la onda, v, mediante la expresión: $v = \frac{\lambda}{T}$.

b) Si sacudimos de arriba abajo, con el mismo ritmo, el extremo de una cuerda muy larga, tensada horizontalmente, se observa que cada una de las partículas (o puntos materiales) de la cuerda se mueve de arriba abajo como el extremo sacudido, pero con un cierto retraso. Cada punto de la cuerda realiza un movimiento armónico simple que podemos describir con las siguientes magnitudes:

- Elongación, y (m), es la posición de un punto de la cuerda respecto a la posición de equilibrio. La elongación en cualquier instante es una función armónica del tiempo:

$$y(t) = A \operatorname{sen}(\omega t + \phi_0)$$

- Frecuencia angular , ω (rad/s), representa el número de oscilaciones completas que un punto de la cuerda alcanzado por la onda efectúa en un tiempo de 2π s.

- Amplitud, A (m), es la máxima distancia que un punto de la cuerda se separa de su posición de equilibrio.

- Periodo, T (s), es el tiempo que tarda un punto de la cuerda en realizar una oscilación completa.

- Frecuencia, ν (Hz), es el número de oscilaciones que realiza un punto de la cuerda en un segundo. Es la inversa del periodo:

$$\nu = \frac{1}{T}$$

- Fase, $(\omega t + \phi_0)$ (rad), es la fase del movimiento en cada instante. Es una magnitud angular que sirve para caracterizar el estado de vibración del punto de la cuerda en un instante t. Están en fase todos los estados de vibración cuya diferencia de fase es un número entero de 2π rad.

- Fase inicial, ϕ_0 (rad), es la fase del movimiento para $t = 0$.

- La velocidad de un punto de la cuerda, v (m/s), en cada instante es también una función armónica del tiempo y podemos obtenerla derivando la elongación con respecto al tiempo:

$$v(t) = \frac{dy(t)}{dt} = \frac{d[A \operatorname{sen}(\omega t + \phi_0)]}{dt} = A\omega \cos(\omega t + \phi_0)$$

- La aceleración de un punto de la cuerda, a (m/s^2), en cada instante es de igual modo una función armónica del tiempo y podemos obtenerla derivando la velocidad con respecto al tiempo:

$$a(t) = \frac{dv(t)}{dt} = \frac{d[A\omega \cos(\omega t + \phi_0)]}{dt} = -A\omega^2 \operatorname{sen}(\omega t + \phi_0)$$

Cuestión 4.7

a) ¿En qué consiste la refracción de ondas? Enuncie sus leyes.

b) ¿Qué características de la onda varían al pasar de un medio a otro?

a) Se llama refracción al cambio de dirección de propagación que experimenta una onda al pasar de un medio a otro en el que se modifica la velocidad. Experimentalmente se comprueba que:

- Primera ley: la dirección de propagación de la onda incidente, de la onda refractada y de la normal está en el mismo plano.[3]

- Segunda ley: la relación que existe entre el seno del ángulo de incidencia $\hat{\imath}$ y el seno del ángulo de refracción $\hat{r}$ es la misma que la que existe entre la velocidad de propagación en el medio desde donde penetra, v_1, y la velocidad de propagación en el medio donde se refracta, v_2 (ley de Snell):

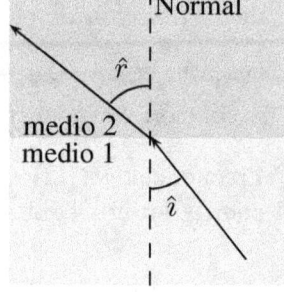

$$\frac{\operatorname{sen}\hat{\imath}}{\operatorname{sen}\hat{r}} = \frac{v_1}{v_2}$$

b) Varían la velocidad y la longitud de onda λ. Como la frecuencia ν no varía, puesto que es una propiedad característica del foco emisor, al pasar la onda de un medio a otro, la longitud de onda puede aumentar o disminuir dependiendo de que la velocidad de propagación de la onda aumente o disminuya, respectivamente, ya que son magnitudes directamente proporcionales:

$$v = \lambda\nu$$

Si despreciamos la energía absorbida por el medio, la amplitud tampoco disminuye.

Cuestión 4.8

Considere la ecuación: $y(x,\,t) = A' \cos(bx)\operatorname{sen}(ct)$.

a) ¿Qué representan los coeficientes A', b, c?, ¿cuáles son sus unidades?, ¿cuál es el significado del factor $A'\cos(bx)$?

b) ¿Qué son los vientres y nodos?, ¿qué distancia hay entre dos vientres o dos nodos consecutivos?

---

a) Se trata de la ecuación de una onda estacionaria, como la que tiene lugar en una cuerda tensa. Una de las formas de expresar la ecuación de una onda estacionaria es mediante la ecuación del tipo $y(x,\,t) = A' \cos kx \operatorname{sen}\omega t$, que muestra la doble dependencia de la magnitud perturbada y (elongación de desplazamiento) con el

---

[3]La normal es una recta imaginaria perpendicular a la superficie de separación de los dos medios en el punto de contacto del rayo que representa la onda.

tiempo t y la posición x.[4]

Las ondas viajeras que producen una onda estacionaria con esa ecuación tienen la misma amplitud A, frecuencia ν y longitud de onda λ, se propagan en la misma dirección, pero en sentidos contrarios, y están en fase.

- El coeficiente A' (m) es la amplitud máxima de ciertos puntos de la cuerda (los vientres o antinodos). Su valor es del doble de la amplitud de las ondas que interfieren, A ($A' = 2A$).

- El coeficiente b es el número de onda, k (rad/m), de las ondas que interfieren y representa el número de longitudes de onda que caben en 2π m.

- El coeficiente c es la frecuencia angular, ω (rad/s), de las ondas que interfieren y representa el número de oscilaciones completas que un punto del medio alcanzado por la onda efectúa en un tiempo de 2π s.

- El factor $A' \cos bx$, el espacial, es la amplitud $A' \cos kx$ de los puntos de la cuerda que, obviamente, depende de la posición x. La amplitud varía entre 0 (nodos) y $2A$ (vientres).

  Como para $x = 0$, $A' \cos kx = A' \cos(k \cdot 0) = A' = 2A$, este punto es un vientre.

b) La figura de la derecha corresponde al tercer armónico de una onda estacionaria que se produce en una cuerda sujeta por uno de sus extremos (como la onda del apartado anterior). Podemos observar la presencia de puntos que no vibran, los nodos (puntos 2 y 4) y puntos que vibran con amplitud máxima (puntos 1 y 3), los vientres.

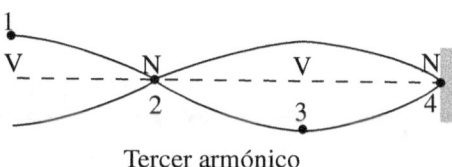

Tercer armónico

Puede demostrarse que, sea cual sea la ecuación de una onda estacionaria armónica, la distancia entre dos nodos o dos vientres consecutivos es media longitud de onda.

Consideremos el caso de una onda estacionaria de ecuación $y = A' \cos kx \,\mathrm{sen}\, \omega t$, que tiene la particularidad de poseer un vientre para $x = 0$, como hemos visto en el apartado anterior.

---

[4]Una onda estacionaria no es realmente una onda, pues no transporta energía. Se considera más bien un sistema oscilante (todos los puntos de la cuerda, a excepción de los nodos, vibran con la misma frecuencia). A pesar de ello, usamos tal denominación porque podemos considerarla como la superposición de dos ondas que avanzan en sentidos opuestos.

Veamos primero la distancia entre dos vientres consecutivos:

Las posiciones de los vientres, x, serán aquellas en que se cumpla que $\cos kx = \pm 1$, lo que resulta cierto cuando $kx = n\pi$ rad.

Como $k = 2\pi/\lambda$:

$$\frac{2\pi}{\lambda}x = n\pi \Rightarrow x = n\frac{\lambda}{2}, \text{ para } n = 0, 1, 2, 3, \dots$$

La distancia entre dos vientres consecutivos será:

$$x_{n+1} - x_n = (n+1)\frac{\lambda}{2} - n\frac{\lambda}{2} = n\frac{\lambda}{2} + \frac{\lambda}{2} - n\frac{\lambda}{2} = \frac{\lambda}{2}$$

Las posiciones de los nodos, x, serán aquellas en que se cumpla que $\cos kx = 0$, lo que resulta cierto cuando $kx = (2n+1)\pi/2$ rad. Por tanto:

$$\frac{2\pi}{\lambda}x = (2n+1)\frac{\pi}{2} \Rightarrow x = (2n+1)\frac{\lambda}{4}, \text{ para } n = 0, 1, 2, 3, \dots$$

La distancia entre dos nodos consecutivos será:

$$
\begin{aligned}
x_{n+1} - x_n &= [2(n+1)+1]\frac{\lambda}{4} - (2n+1)\frac{\lambda}{4} \\
&= (2n+3)\frac{\lambda}{4} - (2n+1)\frac{\lambda}{4} \\
&= 2n\frac{\lambda}{4} + 3\frac{\lambda}{4} - 2n\frac{\lambda}{4} - \frac{\lambda}{4} = \frac{\lambda}{2}
\end{aligned}
$$

Cuestión 4.9

Dos fenómenos físicos vienen descritos por las expresiones siguientes:

$$y = A \operatorname{sen} bt \qquad y = A \operatorname{sen}(bt - cx)$$

en las que x e y son coordenadas espaciales y t, el tiempo.
a) Explique de qué tipo de fenómeno físico se trata en cada caso e identifique los parámetros que aparecen en dichas expresiones, indicando sus respectivas unidades.
b) ¿Qué diferencia señalaría respecto de la periodicidad de ambos fenómenos?

---

a) La primera ecuación corresponde al movimiento armónico simple de una partícula, en donde y (m) es la elongación, que es una función armónica del tiempo t (s) y representa la posición de la partícula respecto a la posición de equilibrio. A es la amplitud del movimiento, que es la distancia máxima que la partícula se separa de la posición de equilibrio. El término bt corresponde a la fase del movimiento ωt (rad), que es el argumento de la función sinusoidal para un instante t, siendo ω (rad/s) la frecuencia angular, que representa el número de oscilaciones completas que la partícula efectúa en un tiempo de 2π s.

La segunda ecuación corresponde a la ecuación de una onda armónica unidimensional de desplazamiento, en donde $y\,(m)$ es la elongación, que es una función armónica de la posición y del tiempo. A es la amplitud de la onda, que representa el valor máximo de la elongación, es decir, la máxima distancia que cualquier punto del medio se separa de su posición de equilibrio. El término $(bt - cx)$ corresponde a la fase del movimiento $\omega t - kx$ (rad), siendo ω (rad/s) la frecuencia angular, que representa el número de oscilaciones completas que un punto del medio alcanzado por la onda efectúa en un tiempo de 2π s y k (rad/m), el número de onda, que representa el número de longitudes de onda que caben en 2π m.

b) Un movimiento armónico simple tiene una periodicidad solo temporal: la función y es periódica en el tiempo; esto es, su valor se repite cada cierto intervalo de tiempo llamado periodo T. La función y toma el mismo valor en los instantes t, $t + T$, $t + 2T$,..., $t + nT$.

Un movimiento ondulatorio armónico tiene una periodicidad tanto temporal como espacial:

- La función y es periódica en el tiempo; esto es, su valor se repite cada periodo T. Para cualquier posición dada, x, la función y toma el mismo valor en los instantes t, $t + T$, $t + 2T$,..., $t + nT$.

- La función y es periódica en el espacio; esto es, su valor se repite cada distancia λ. Para cualquier instante dado, t, la función y toma el mismo valor en las posiciones x, $x + \lambda$, $x + 2\lambda$,..., $x + n\lambda$.

Cuestión 4.10

a) Defina qué es una onda estacionaria e indique cómo se produce y cuáles son sus características. Haga un esquema de una onda estacionaria y coméntelo.
b) Explique por qué, cuando en una guitarra se tensa una cuerda, el sonido resulta más agudo.

---

a) Una onda estacionaria es el resultado de la superposición o interferencia de dos ondas de la misma frecuencia, longitud de onda y amplitud que avanzan en la misma dirección, pero en sentidos opuestos.

Una onda estacionaria no podemos considerarla como una verdadera onda porque no transporta energía, ya que esta no puede fluir a través de los nodos, que son fronteras que impiden la transmisión de la perturbación, pues son puntos que

permanecen en reposo. Más bien puede considerarse como un sistema material
que vibra en su conjunto.

La figura de la derecha corresponde
al tercer armónico de una onda estacionaria que se produce en una cuerda
tensa sujeta por uno de sus extremos.

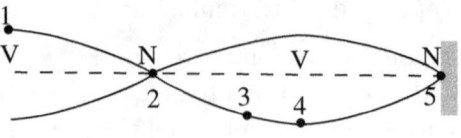

Tercer armónico

Podemos observar la presencia de puntos que no vibran, los nodos (puntos 2 y
5); puntos que vibran con amplitud máxima, los vientres (puntos 1 y 4); y puntos
que vibran con cierta amplitud, que no es la máxima (punto 3). Los puntos que
vibran lo hacen con la misma frecuencia. En los vientres la interferencia es en
fase y en los nodos, en oposición de fase. En los demás puntos, las ondas que
interfieren lo hacen más o menos desfasadas, según que el punto considerado esté
más cercano a un vientre o a un nodo.

b) Para una determinada longitud de una cuerda de guitarra de longitud L fija por
los dos extremos, determinamos las distintas frecuencias de los modos vibración
en función de la velocidad (y esta, en función de la tensión T a la que sometemos
la cuerda y de su densidad lineal μ) y de su longitud:

La ecuación de la posición de los nodos es la siguiente:

$$x = n\frac{\lambda}{2}, \text{para } n = 0, 1, 2, 3, \ldots$$

Como $x = L$ es un nodo:

$$L = n\frac{\lambda}{2}$$

Despejamos λ:

$$\lambda = \frac{2L}{n}$$

Y, por tanto:

$$\nu = \frac{v}{\lambda} = \frac{v}{\frac{2L}{n}} = n\frac{v}{2L}, \text{ para } n = 1, 2, 3\ldots$$

Observamos que, al aumentar la tensión apretando la clavija, aumentan las frecuencias de los distintos modos de vibración, ya que dependen de $\sqrt{T}$.

Supongamos una cuerda en las situaciones A y B, y que la tensión T de la cuerda
en la situación B es el doble que la de la cuerda en la situación A. Como la
densidad lineal y la longitud es la misma, pues se trata de la misma cuerda:

$$\nu_{\mathrm{B}} = cte\sqrt{T_{\mathrm{B}}} = cte\sqrt{2T_{\mathrm{A}}} = \sqrt{2}cte\sqrt{T_{\mathrm{A}}} = \sqrt{2}\nu_{\mathrm{A}}$$

$$\left[\nu_{\mathrm{A}} = cte\sqrt{T_{\mathrm{A}}}; T_{\mathrm{B}} = 2T_{\mathrm{A}}\right]$$

Al duplicar la tensión de la cuerda, la frecuencia es $\sqrt{2}$ veces la que tenía anteriormente. Por tanto, la frecuencia aumenta y el sonido es más agudo.

Cuestión 4.11

a) Comente la siguiente afirmación: "las ondas estacionarias no son ondas propiamente dichas". Y razone si una onda estacionaria transporta energía.

b) Al arrojar una piedra a un estanque con agua y al pulsar la cuerda de una guitarra, se producen fenómenos ondulatorios. Razone qué tipo de onda se ha producido en cada caso y comente las diferencias entre ambas.

---

a) Una onda estacionaria es el resultado de la superposición o interferencia de dos ondas de la misma frecuencia, longitud de onda y amplitud que avanzan en la misma dirección, pero en sentidos opuestos. Las ondas estacionarias están confinadas a una región del espacio.

En sentido estricto, las ondas estacionarias no son un movimiento ondulatorio. La única justificación para llamar movimiento ondulatorio a una onda estacionaria es que la podemos considerar como la superposición de dos ondas viajeras.

No podemos considerar que sea un movimiento ondulatorio porque la principal característica de una onda es que transporta energía por el espacio y esta no puede fluir a través de los nodos, que son fronteras que impiden la transmisión de la perturbación, pues son puntos que permanecen en reposo. Una onda estacionaria puede considerarse más bien como un sistema material que vibra en su conjunto.

b) Las ondas que se producen en el estanque son verdaderas ondas (ondas viajeras) porque al propagar la perturbación inicial (un desplazamiento de cierta masa de agua) a otros puntos de la superficie del agua, transporta energía. Las ondas viajeras no están confinadas en una región del espacio. En teoría, la perturbación inicial puede propagarse hasta el infinito.

El fenómeno que se produce al pulsar las cuerdas de una guitarra se trata, en cambio, de un fenómeno de ondas estacionarias, confinadas en la cuerda y limitadas por los extremos fijos. En cualquiera de sus modos de vibración la podemos considerar como un sistema oscilante.

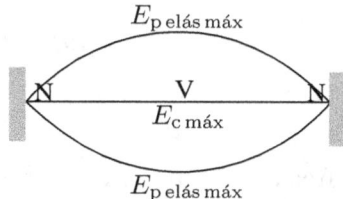

Si suponemos la cuerda vibrando en el modo fundamental, como muestra la figura, durante un ciclo de oscilación la energía varía entre un valor máximo para la energía potencial elástica (cuando todos los puntos de la cuerda tienen su máxima elongación) y un valor máximo para la energía cinética (cuando todos los puntos de la cuerda están en la posición de equilibrio).

> **Cuestión 4.12**
>
> a) Demuestre que la distancia entre un nodo y cualquiera de los vientres adyacentes en una onda estacionaria armónica es igual a un cuarto de longitud de onda.
>
> b) ¿Cómo cambia la frecuencia fundamental de una cuerda tensa cuando se duplica: i) su tensión, ii) su densidad lineal y iii) su longitud?

a) Puede comprobarse que, sea cual sea la ecuación de una onda estacionaria armónica, la distancia entre un nodo y cualquiera de los vientres adyacentes es igual a un cuarto de longitud de onda.

Para demostrarlo, consideramos el caso de una onda estacionaria de ecuación $y = 2A \operatorname{sen} kx \cos \omega t$, que tiene la particularidad de poseer un nodo para $x = 0$, ya que la amplitud, $2A \operatorname{sen} kx$, que depende de x, es cero:

$$2A \operatorname{sen} kx = 2A \operatorname{sen}(k \cdot 0) = 0$$

Las posiciones de los nodos, x_N, serán aquellas en las que se verifica que $\operatorname{sen} kx_N = 0$, lo que resulta cierto cuando $kx_N = n\pi$ rad.

Como el número de onda es $k = \dfrac{2\pi}{\lambda}$:

$$\frac{2\pi}{\lambda} x_N = n\pi \Rightarrow x_N = n\frac{\lambda}{2}, \text{ para } n = 0, 1, 2, 3, \ldots$$

Las posiciones de los vientres, x_V, serán aquellas en las que se verifica que $\operatorname{sen} kx_V = \pm 1$, lo que resulta cierto cuando $kx_V = (2n+1)\pi/2$ rad. Por tanto:

$$\frac{2\pi}{\lambda} x_V = (2n+1)\frac{\pi}{2} \Rightarrow x_V = (2n+1)\frac{\lambda}{4}, \text{ para } n = 0, 1, 2, 3, \ldots$$

Calculamos la posición entre un nodo y un vientre adyacente restando x_N a x_V:

$$x_V - x_N = (2n+1)\frac{\lambda}{4} - n\frac{\lambda}{2} = 2n\frac{\lambda}{4} + \frac{\lambda}{4} - 2n\frac{\lambda}{4} = \frac{\lambda}{4}$$

$$\left[n\frac{\lambda}{2} = 2n\frac{\lambda}{4} \right]$$

b) La frecuencia fundamental de la onda estacionaria que se forma en una cuerda de longitud L unida por los dos extremos, en función de la velocidad v (y esta, en función de la tensión T y de la densidad lineal μ) y la longitud de la cuerda, es la siguiente:

$$\nu = \frac{v}{2L} = \frac{\sqrt{\dfrac{T}{\mu}}}{2L} \quad \left[v = \sqrt{\frac{T}{\mu}} \right]$$

i) Supongamos una cuerda en las situaciones A y B, y que la tensión T de la cuerda en la situación B es el doble que la de la cuerda en la situación A. Como la densidad lineal y la longitud es la misma (se trata de la misma cuerda):

$$\nu_B = cte\sqrt{T_B} = cte\sqrt{2T_A} = \sqrt{2}\cdot cte\sqrt{T_A} = \sqrt{2}\nu_A$$

$$\left\lfloor \nu_A = cte\sqrt{T_A};\, T_B = 2T_A \right\rfloor$$

Al duplicar la tensión de la cuerda, la frecuencia es $\sqrt{2}$ veces la que tenía anteriormente. Por tanto, la frecuencia aumenta y el sonido es más agudo.

ii) Supongamos dos cuerdas A y B, y que la densidad lineal μ de la cuerda B es el doble que la de la cuerda A. Si la tensión y la longitud de ellas son las mismas:

$$\nu_B = \frac{cte'}{\sqrt{\mu_B}} = \frac{cte'}{\sqrt{2\mu_A}} = \frac{cte'}{\sqrt{2}\sqrt{\mu_A}} = \frac{\sqrt{2}}{2}\nu_A$$

$$\left\lfloor \nu_A = \frac{cte'}{\sqrt{\mu_A}};\, \mu_B = 2\mu_A \right\rfloor$$

Al sustituir una cuerda por otra de densidad lineal doble, la frecuencia es $\dfrac{\sqrt{2}}{2}$ veces la que tenía la anterior. Por tanto, la frecuencia ha disminuido y el sonido es más grave.

iii) Supongamos dos cuerdas A y B, y que la longitud L de la cuerda B es el doble que la de la cuerda A. Si densidad lineal y la tensión de ellas son las mismas:

$$\nu_B = \frac{cte''}{L_B} = \frac{cte''}{2L_A} = \frac{\nu_A}{2}$$

$$\left\lfloor \nu_A = \frac{cte''}{L_A};\, L_B = 2L_A \right\rfloor$$

Al sustituir una cuerda por otra de longitud doble, la frecuencia es la mitad de la que tenía la anterior. Por tanto, la frecuencia disminuye y el sonido es más grave.

Cuestión 4.13

a) Razone qué características deben tener dos ondas que se propagan por una cuerda tensa con sus dos extremos fijos, para que su superposición origine una onda estacionaria.

b) Explique qué valores de la longitud de onda pueden darse si la longitud de la cuerda es L.

a) Para que dos ondas viajeras produzcan por interferencia una onda estacionaria en una cuerda con los dos extremos fijos, han de tener la misma amplitud, frecuencia y longitud de onda, propagarse en la misma dirección, pero en sentidos opuestos, y estar en oposición de fase (entre la onda incidente y la reflejada debe haber un desfase de π rad, para que la elongación y sea cero en $x = 0$).

Las ecuaciones de las ondas incidente y reflejada, sin fase inicial, son las siguientes:

$$y_{\leftarrow}(x,\,t) \;=\; A\operatorname{sen}(\omega t + kx) \quad \text{en el sentido } X-$$
$$y_{\rightarrow}(x,\,t) \;=\; A\operatorname{sen}(\omega t - kx + \pi) \quad \text{en el sentido } X+$$

La ecuación de la onda estacionaria resultante es la siguiente:[5]

$$y = 2A\operatorname{sen} kx \cos \omega t$$

El término $2A\operatorname{sen} kx$ es la amplitud con que vibran los distintos puntos de la cuerda que, obviamente, depende de x. La amplitud varía entre 0 (nodos) y $2A$ (antinodos o vientres).

Las ondas estacionarias se forman cuando la cuerda vibra con determinadas frecuencias, adoptando distintas formas (modos de vibración), cuyos valores dependen de la longitud de la cuerda y de la velocidad de propagación de las ondas (que depende, a su vez, de la tensión de la cuerda y de su densidad lineal).

b) Puesto que la cuerda está sujeta por sus extremos, los dos son nodos. Si ponemos la condición de nodo para el extremo cuya posición es $x = L$:

$$\operatorname{sen} kL = 0$$

que resulta cierto cuando:

$$kL = n\pi \text{ rad}$$

---

[5]Veamos la demostración:

$$
\begin{aligned}
y(x,\,t) \;&=\; y_{\leftarrow}(x,\,t) + y_{\rightarrow}(x,\,t) = A\operatorname{sen}(\omega t + kx) + A\operatorname{sen}(\omega t - kx + \pi) \\
&=\; A\operatorname{sen}(\omega t + kx) - A\operatorname{sen}(\omega t - kx) = A[\operatorname{sen}(\omega t + kx) - \operatorname{sen}(\omega t - kx)] \\
&=\; A \cdot 2 \left[\cos\left(\frac{\omega t + kx + \omega t - kx}{2} \right) \operatorname{sen}\left(\frac{\omega t + kx - (\omega t - kx)}{2} \right) \right] \\
&=\; 2A \left[\cos\left(\frac{\omega t + kx + \omega t - kx}{2} \right) \operatorname{sen}\left(\frac{\omega t + kx - \omega t + kx}{2} \right) \right] \\
&=\; 2A \cos \omega t \operatorname{sen} kx = 2A \operatorname{sen} kx \cos \omega t
\end{aligned}
$$

$$\left[\operatorname{sen} A - \operatorname{sen} B = 2\cos\left(\frac{A+B}{2} \right) \operatorname{sen}\left(\frac{A-B}{2} \right) ; \; A = \omega t + kx; \; B = \omega t - kx \right]$$

Como el número de onda es $k = \dfrac{2\pi}{\lambda}$:

$$\frac{2\pi}{\lambda} L = n\pi$$

Despejamos la longitud de onda:

$$\lambda = \frac{2L}{n}, \text{ para } n = 1, 2, 3, \ldots$$

En la figura de la derecha representamos los cuatro primeros modos de vibración de la cuerda. Dándole a n los valores $1, 2, 3$ y 4, obtenemos las distintas longitudes de onda correspondientes a esos modos de vibración que pueden existir en la cuerda:

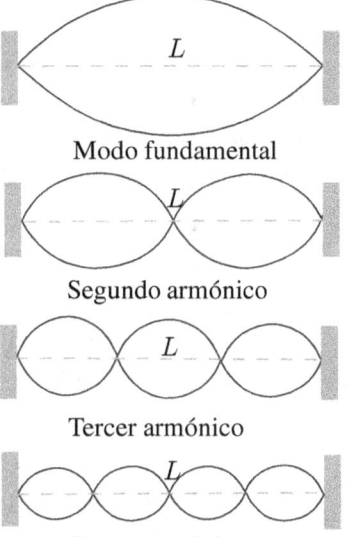

Modo fundamental

Segundo armónico

Tercer armónico

Cuarto armónico

- Modo fundamental o primer armónico ($n = 1$): $\lambda = 2L$

- Segundo armónico ($n = 2$): $\lambda = L$

- Tercer armónico ($n = 3$): $\lambda = 2L/3$

- Cuarto armónico ($n = 4$): $\lambda = L/2$

Cuestión 4.14

a) Razone qué características deben tener dos ondas que se propagan por una cuerda tensa con uno de sus extremos libres, para que su superposición origine una onda estacionaria.

b) Explique qué valores de la longitud de onda pueden darse si la longitud de la cuerda es L.

a) Para que dos ondas viajeras produzcan por interferencia una onda estacionaria en una cuerda con uno de los extremos fijos, han de tener la misma amplitud, frecuencia y longitud de onda, propagarse en la misma dirección, pero en sentidos opuestos, y estar en fase (entre la onda incidente y la reflejada no debe haber desfase para que la elongación y sea $2A$ en $x = 0$, si es en ese punto donde suponemos que el extremo está libre).

Las ecuaciones de las ondas incidente y reflejada, sin fase inicial, son las siguientes:

$$y_{\leftarrow}(x,\, t) \;=\; A \operatorname{sen}(\omega t + kx) \quad \text{en el sentido } X-$$
$$y_{\rightarrow}(x,\, t) \;=\; A \operatorname{sen}(\omega t - kx) \quad \text{en el sentido } X+$$

La ecuación de la onda estacionaria resultante es la siguiente:[6]

$$y = 2A \cos kx \operatorname{sen} \omega t$$

El término $2A \cos kx$ es la amplitud con que vibran los distintos puntos de la cuerda que, obviamente, depende de x. La amplitud varía entre 0 (nodos) y $2A$ (antinodos o vientres).

Las ondas estacionarias se forman cuando la cuerda vibra con determinadas frecuencias, adoptando distintas formas (modos de vibración), cuyos valores dependen de la longitud de la cuerda y de la velocidad de propagación de las ondas (que depende, a su vez, de la tensión de la cuerda y de su densidad lineal).

b) Puesto que la cuerda está sujeta por uno de sus extremos, si el extremo $x = 0$ es un vientre, el otro extremo $x = L$ debe ser un nodo. Si ponemos la condición de nodo para ese extremo:

$$\cos kL = 0$$

que resulta cierto cuando:

$$kL = (2n + 1)\frac{\pi}{2} \text{ rad}$$

Como el número de onda es $k = \dfrac{2\pi}{\lambda}$:

$$\frac{2\pi}{\lambda}L = (2n + 1)\frac{\pi}{2}$$

Despejamos la longitud de onda:

$$\lambda = \frac{4L}{2n + 1}, \text{ para } n = 0, 1, 2, 3, \ldots$$

---

[6]Veamos la demostración:

$$
\begin{aligned}
y(x, t) \;&=\; y_{\leftarrow}(x,\, t) + y_{\rightarrow}(x,\, t) = A \operatorname{sen}(\omega t + kx) + A \operatorname{sen}(\omega t - kx) \\
&=\; A[\operatorname{sen}(\omega t + kx) + \operatorname{sen}(\omega t - kx)] \\
&=\; A \cdot 2 \left[\operatorname{sen}\left(\frac{\omega t + kx + \omega t - kx}{2} \right) \cos \left(\frac{\omega t + kx - (\omega t - kx)}{2} \right) \right] \\
&=\; 2A \left[\operatorname{sen}\left(\frac{\omega t + kx + \omega t - kx}{2} \right) \cos \left(\frac{\omega t + kx - \omega t + kx}{2} \right) \right] \\
&=\; 2A \operatorname{sen} \omega t \cos kx = 2A \cos kx \operatorname{sen} \omega t
\end{aligned}
$$

$$\left[\operatorname{sen} A + \operatorname{sen} B = 2 \operatorname{sen}\left(\frac{A + B}{2} \right) \cos \left(\frac{A - B}{2} \right) ; \; A = \omega t + kx; \; B = \omega t - kx \right]$$

En la figura de la derecha representamos los tres primeros modos de vibración de la cuerda. Dándole a n los valores 0, 1 y 2, obtenemos las distintas longitudes de onda correspondientes a esos modos de vibración que pueden existir en la cuerda:

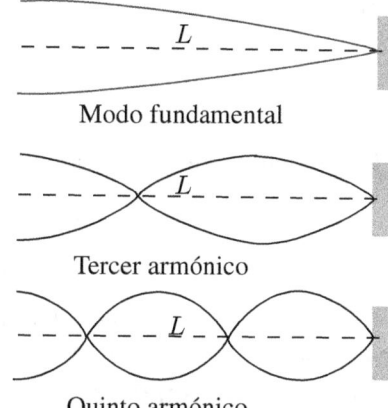

Modo fundamental

Tercer armónico

Quinto armónico

- Modo fundamental o primer armónico $(n = 0)$: $\lambda = 4L$

- Tercer armónico $(n = 1)$: $\lambda = 4L/3$

- Quinto armónico $(n = 2)$: $\lambda = 4L/5$

Problema 4.15

El periodo de una onda que se propaga a lo largo del eje X es de $3 \cdot 10^{-3}$ s, y la distancia entre los dos puntos más próximos cuya diferencia de fase es $\pi/2$ rad es de 20 cm.
a) Calcule la longitud de onda y la velocidad de propagación.
b) Si el periodo se duplicase, ¿qué les ocurriría a las magnitudes del apartado anterior?

a) Un movimiento ondulatorio tiene periodicidad espacial. Supongamos que la onda es una onda de desplazamiento, como la que se propaga a través de una cuerda tensa. La magnitud perturbada y (elongación de desplazamiento) es periódica en el espacio, esto es, su valor se repite cada distancia λ, llamada longitud de onda.

Calculamos la longitud de onda λ, teniendo en cuenta que dos puntos consecutivos con el mismo estado de vibración que distan entre sí una longitud de onda tienen una diferencia de fase de 2π rad. Hacemos la siguiente proporción:

$$\frac{\text{Si con un desfase de } \frac{\pi}{2} \text{ rad}}{\text{distan } 0,2 \text{ m}} = \frac{\text{Con un desfase de } 2\pi \text{ rad}}{\text{distarán } \lambda \text{ m}}; \ \lambda = 0,8 \text{ m}$$

Podemos hacerlo más formalmente. Si llamamos t al instante para el cual hay una determinada diferencia de fase $\Delta\phi$ entre dos puntos x_1 y x_2 separados por una distancia d:

$$\Delta\phi = (\omega t - kx_1) - (\omega t - kx_2) = k(x_2 - x_1) = \frac{2\pi}{\lambda}d$$

$$\left[x_2 - x_1 = d; \ k = \frac{2\pi}{\lambda} \right]$$

Despejamos λ:

$$\lambda = \frac{d}{\Delta\phi}2\pi = \frac{0,2\,\text{m}}{\dfrac{\pi}{2}\,\text{rad}} \cdot 2\pi = 0,8\,\text{m}$$

La velocidad de propagación de la onda es:

$$v = \frac{\lambda}{T} = \frac{0,8\,\text{m}}{3\cdot 10^{-3}\,\text{s}} = 267\,\text{m/s}$$

b) En general, la velocidad de propagación de una onda solo depende de las características del medio y, por tanto, al duplicarse el periodo (porque la frecuencia la hagamos la mitad), no se verá afectada.

La longitud de onda del movimiento sí se verá afectada. Puesto que $\lambda = vT$, como v es constante, si se duplica el periodo (porque la frecuencia la hagamos la mitad), se duplicará la longitud de onda.[7]

Problema 4.16

La ecuación de una onda que se propaga en una cuerda es:

$$y(x,\,t) = 0,5\,\text{sen}\,\pi(8t - 4x)\,(\text{SI})$$

a) Determine la velocidad de propagación de la onda y la velocidad de un punto de la cuerda y explique el significado de cada una de ellas.
b) Represente gráficamente la posición de los puntos de la cuerda en el instante $t = 0$ y la elongación en $x = 0$ en función del tiempo.

---

a) Una de las formas de expresar la ecuación de una onda de desplazamiento es mediante la ecuación del tipo $y(x,\,t) = A\,\text{sen}(\omega t - kx)$, que muestra la doble dependencia de la magnitud perturbada, y (elongación de desplazamiento) con el tiempo t y la posición x.

La onda que se propaga por una cuerda cuando perpendicularmente a ella agitamos periódicamente uno de sus extremos, por ejemplo, de arriba abajo, es una onda transversal, porque la dirección de la vibración de los puntos de la cuerda es perpendicular a la dirección de propagación de la onda.

Calculamos la velocidad de propagación de la onda, que es la distancia que recorre la onda por unidad de tiempo; para ello, calculamos primero la longitud de onda λ y el periodo T comparando la ecuación general con la del enunciado:

---

[7]Imaginemos el caso de una cuerda tensa fija por sus extremos que hacemos vibrar. Si disminuimos la frecuencia de vibración a la mitad, el periodo se duplica y la separación entre dos crestas consecutivas (longitud de onda) se duplica también.

- Como $\omega = 8\pi\,\mathrm{rad/s}$ y la expresión que relaciona la frecuencia angular con el periodo es $\omega = \frac{2\pi}{T}$, deducimos que:

$$8\pi = \frac{2\pi}{T} \Rightarrow T = 0,25\,\mathrm{s}$$

- Como $k = 4\pi\,\mathrm{rad/m}$ y la expresión que relaciona el número de onda con la longitud de onda es $k = \frac{2\pi}{\lambda}$, deducimos que:

$$4\pi = \frac{2\pi}{\lambda} \Rightarrow \lambda = 0,5\,\mathrm{m}$$

La velocidad de propagación de la onda es:

$$v = \frac{\lambda}{T} = \frac{0,5\,\mathrm{m}}{0,25\,\mathrm{s}} = 2\,\mathrm{m/s}$$

Este valor significa que la perturbación recorre 2 metros en cada segundo. Su dirección es la del eje X y el sentido, el de los valores positivos (que suponemos hacia la derecha), debido al signo menos que une los dos términos que componen la fase de la onda.

Calculamos ahora la velocidad de un punto de la cuerda, que es la velocidad con la que en un instante dado se mueve un punto de la cuerda en dirección perpendicular a la dirección de propagación de la onda. La velocidad es la derivada de la elongación con respecto al tiempo:

$$v(x,\,t) = \frac{dy(x,\,t)}{dt} = \frac{d[0,5\,\mathrm{sen}\,\pi(8t-4x)]}{dt} = 4\pi\cos\pi(8t-4x)\,\mathrm{m/s}$$

Observamos que la velocidad es una función armónica del tiempo y varía entre $\pm 4\pi\,\mathrm{m/s}$. En valor absoluto, la velocidad máxima es de, aproximadamente, $12\,\mathrm{m/s}$.

b) Para representar gráficamente la posición de los puntos de la cuerda en el instante $t = 0$, suponemos que cuando ponemos en marcha el cronómetro ya existía en la cuerda el movimiento ondulatorio.

La posición de los puntos de la cuerda en el instante $t = 0$ la obtenemos a partir de la ecuación de la onda $y(x,\,t) = 0,5\,\mathrm{sen}\,\pi(8t-4x)$, con la condición de que $t = 0$:

$$y(x,\,0) = 0,5\,\mathrm{sen}\,(-4\pi x)\,\mathrm{m}$$

El conocimiento de que la longitud de onda del movimiento es $0,5\,\mathrm{m}$ nos da una idea de los valores que debemos dar a x para realizar la gráfica y-x. Como la onda tiene una periodicidad espacial de λ m, damos a x valores a intervalos $\frac{1}{4}\lambda$ m, solo el primer ciclo:[8]

x (m)	$0,5\,\mathrm{sen}(-4\pi x)$ (m)	y (m)
0	$0,5\,\mathrm{sen}(-4\pi \cdot 0) = 0,5\,\mathrm{sen}\,0$	0
$\frac{1}{4}\lambda = \frac{1}{4} \cdot 0,5 = 0,125$	$0,5\,\mathrm{sen}(-4\pi \cdot 0,125) = 0,5\,\mathrm{sen}(-\pi/2)$	-0,5
$\frac{1}{2}\lambda = \frac{1}{2} \cdot 0,5 = 0,25$	$0,5\,\mathrm{sen}(-4\pi \cdot 0,25) = 0,5\,\mathrm{sen}(-\pi)$	0
$\frac{3}{4}\lambda = \frac{3}{4} \cdot 0,5 = 0,375$	$0,5\,\mathrm{sen}(-4\pi \cdot 0,375) = 0,5\,\mathrm{sen}(-3\pi/2)$	0,5
$\lambda = 0,5$	$0,5\,\mathrm{sen}(-4\pi \cdot 0,5) = 0,5\,\mathrm{sen}(-2\pi)$	0

La elongación en $x = 0$ de un punto de la cuerda conforme transcurre el tiempo la obtenemos a partir de la ecuación de la onda $y(x,\,t) = 0,5\,\mathrm{sen}\,\pi(8t - 4x)$ con la condición de que $x = 0$:

$$y(0,\,t) = 0,5\,\mathrm{sen}(8\pi t)\,\mathrm{m}$$

El conocimiento de que el periodo del movimiento es $0,25$ s nos da una idea de los valores que debemos dar a t para realizar la gráfica y-t. Como el movimiento armónico simple que describe el punto de la cuerda tiene una periodicidad temporal de T s, damos a t valores a intervalos $\frac{1}{4}T$ (s), solo el primer ciclo[9]:

t (s)	$0,5\,\mathrm{sen}(8\pi t)$ (m)	y (m)
0	$0,5\,\mathrm{sen}(8\pi \cdot 0) = 0,5\,\mathrm{sen}\,0$	0
$\frac{1}{4}T = \frac{1}{4} \cdot 0,25 = 0,0625$	$0,5\,\mathrm{sen}(8\pi \cdot 0,0625) = 0,5\,\mathrm{sen}(\pi/2)$	0,5
$\frac{1}{2}T = \frac{1}{2} \cdot 0,25 = 0,125$	$0,5\,\mathrm{sen}(8\pi \cdot 0,125) = 0,5\,\mathrm{sen}\,\pi$	0
$\frac{3}{4}T = \frac{3}{4} \cdot 0,25 = 0,1875$	$0,5\,\mathrm{sen}(8\pi \cdot 0,1875) = 0,5\,\mathrm{sen}(3\pi/2)$	-0,5
$T = 0,25$	$0,5\,\mathrm{sen}(8\pi \cdot 0,25) = 0,5\,\mathrm{sen}\,2\pi$	0

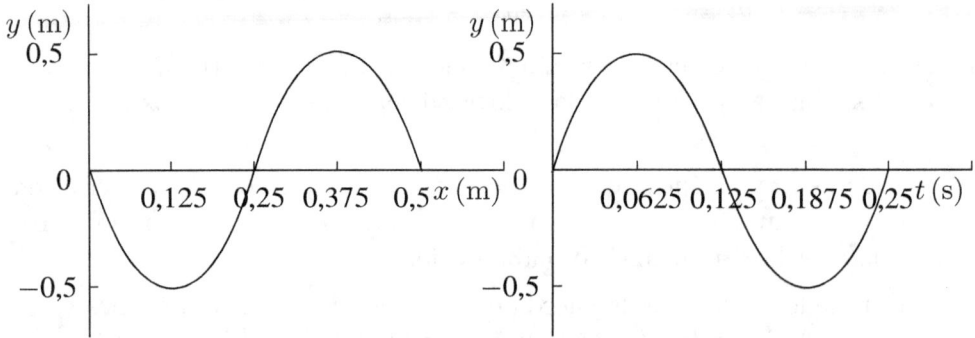

Elongación en función de la posición, para $t = 0$ Elongación en función del tiempo, para $x = 0$

[8]No hace falta realizar la tabla de valores. Basta con que nos demos cuenta de que debemos representar la función $y = 0,5\,\mathrm{sen}(4\pi x + \pi)$, ya que $\mathrm{sen}(-\alpha) = \mathrm{sen}(\alpha + \pi)$ y que el valor de y está comprendido entre $-0,5$ y $0,5$ m.

[9]No hace falta realizar la tabla de valores. Basta con que nos demos cuenta de que debemos representar la función seno y que el valor de y está comprendido entre $-0,5$ y $0,5$ m.

Problema 4.17

La ecuación de una onda transversal que se propaga por una cuerda es:

$$y(x,\, t) = 0,06 \cos 2\pi(4t - 2x)\,\text{(SI)}$$

a) Calcule la diferencia de fase entre los estados de vibración de una partícula de la cuerda en los instantes $t = 0$ y $t = 0,5\,\text{s}$.

b) Haga una representación gráfica aproximada de la forma que adopta la cuerda en los instantes anteriores.

---

a) Una de las formas de expresar la ecuación de una onda de desplazamiento es mediante la ecuación del tipo $y(x,\, t) = A\cos(\omega t - kx)$, que muestra la doble dependencia de la magnitud perturbada y (elongación de desplazamiento) con el tiempo t y la posición x.

Si comparamos la ecuación general con la del enunciado, podemos calcular la longitud de onda λ y el periodo T, magnitudes que necesitamos para la resolución del problema:

- Como $\omega = 8\pi\,\text{rad/s}$ y la expresión que relaciona la frecuencia angular con el periodo es $\omega = \frac{2\pi}{T}$, deducimos que:

$$8\pi = \frac{2\pi}{T} \Rightarrow T = 0,25\,\text{s}$$

- Como $k = 4\pi\,\text{rad/m}$ y la expresión que relaciona el número de onda con la longitud de onda es $k = \frac{2\pi}{\lambda}$, deducimos que:

$$4\pi = \frac{2\pi}{\lambda} \Rightarrow \lambda = 0,5\,\text{m}$$

Calculamos la diferencia de fase $\Delta\phi$ entre los estados de vibración de la partícula, teniendo en cuenta que, cuando el intervalo de tiempo es de un periodo, la diferencia de fase es de 2π rad. Hacemos la siguiente proporción:

$$\frac{\text{Si con un desfase de }2\pi\,\text{rad}}{\text{difieren }0,25\,\text{s (un periodo)}} = \frac{\text{Con un desfase de }\Delta\phi\,\text{rad}}{\text{diferirán }0,5\,\text{s}}; \ \Delta\phi = 4\pi\,\text{rad}$$

Podemos hacerlo más formalmente. Si llamamos x a la posición donde se encuentra la partícula para la cual existe una diferencia de fase $\Delta\phi$ entre dos estados de vibración correspondientes a los instantes t_1 y t_2 que difieren un intervalo de tiempo Δt, tenemos:

$$\Delta\phi = (\omega t_2 - kx) - (\omega t_1 - kx) = \omega(t_2 - t_1) = \frac{2\pi}{T}\Delta t = \frac{2\pi}{0,25\,\text{s}} \cdot 0,5\,\text{s} = 4\pi\,\text{rad}$$

$$\left[\Delta t = t_2 - t_1 = 0,5\,\text{s} - 0\,\text{s} = 0,5\,\text{s}; \; \omega = \frac{2\pi}{T} \right]$$

Ambos estados de vibración están en fase, puesto que $\Delta\phi = 4\pi$ rad es un número entero de veces 2π rad.

b) Para representar gráficamente la posición de la cuerda en el instante $t = 0$, suponemos que cuando ponemos en marcha el cronómetro ya existía en la cuerda el movimiento ondulatorio.

La posición de los puntos de la cuerda en el instante $t = 0$ la obtenemos a partir de la ecuación de la onda $y(x, t) = 0,06 \cos 2\pi(4t - 2x)$ para $t = 0$:

$$y(x, 0) = 0,06 \cos(-4\pi x) = 0,06 \cos(4\pi x)\,\text{m}, \;\; \text{ya que } \cos(\alpha) = \cos(-\alpha)$$

El conocimiento de que la longitud de onda del movimiento es $0,5\,\text{m}$ nos da una idea de los valores que debemos dar a x para realizar la gráfica y-x. Como la onda tiene una periodicidad espacial de $\lambda\,\text{m}$, daremos a x valores a intervalos $\frac{1}{4}\lambda\,\text{m}$, solo el primer ciclo:

x (m)	$0,06 \cos(4\pi x)$ (m)	y (m)
0	$0,06 \cos(4\pi \cdot 0) = 0,06 \cos 0$	0,06
$\frac{1}{4}\lambda = \frac{1}{4} \cdot 0,5 = 0,125$	$0,06 \cos(4\pi \cdot 0,125) = 0,06 \cos(\pi/2)$	0
$\frac{1}{2}\lambda = \frac{1}{2} \cdot 0,5 = 0,25$	$0,06 \cos(4\pi \cdot 0,25) = 0,06 \cos(\pi)$	-0,06
$\frac{3}{4}\lambda = \frac{3}{4} \cdot 0,5 = 0,375$	$0,06 \cos(4\pi \cdot 0,375) = 0,06 \cos(3\pi/2)$	0
$\lambda = 0,5$	$0,06 \cos(4\pi \cdot 0,5) = 0,06 \cos(2\pi)$	0,06

En el instante $t = 0,5\,\text{s}$ la elongación de cada uno de los puntos de la cuerda es el mismo que para $t = 0$, pues su estado de vibración también lo es al ser el intervalo de tiempo un número entero de periodos ($0,5\,\text{s} = 2 \cdot 0,25\,\text{s}$). La forma que adopta la cuerda en esos dos instantes es la que figura a la derecha.

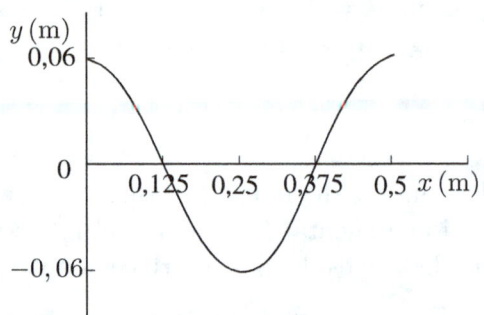

Problema 4.18

Por una cuerda tensa (a lo largo del eje X) se propaga una onda armónica transversal de amplitud $A = 5\,\text{cm}$ y de frecuencia $\nu = 2\,\text{Hz}$ con una velocidad de propagación $v = 1,2\,\text{m/s}$.

a) Escriba la ecuación de la onda.

b) Explique qué tipo de movimiento realiza el punto de la cuerda situado en $x = 1\,\text{m}$ y calcule su velocidad máxima.

a) Una de las formas de expresar la ecuación de una onda de desplazamiento es mediante la ecuación del tipo $y(x, t) = A \operatorname{sen}(\omega t - kx + \phi_0)$, que muestra la doble dependencia de la magnitud perturbada y (elongación de desplazamiento) con el tiempo t y la posición x. El signo menos que une los dos primeros términos que componen la fase de la onda indica que la onda se propaga en el sentido de los valores positivos del eje X.

La onda que se propaga por una cuerda cuando perpendicularmente a ella agitamos periódicamente uno de sus extremos, por ejemplo, de arriba abajo, es una onda transversal de desplazamiento porque la dirección de la vibración de los puntos de la cuerda es perpendicular a la dirección de propagación de la onda.

Veamos cuál es el valor de cada una de las magnitudes que figuran para poder escribir la ecuación de la onda:

- La amplitud A es $5\,\mathrm{cm} = 0,05\,\mathrm{m}$.

- La frecuencia angular ω la calculamos a partir de la frecuencia ν:

$$\omega = 2\pi\nu = 2\pi \cdot 2\,\mathrm{Hz} = 4\pi\,\mathrm{rad/s}$$

- El número de onda k lo calculamos a partir de la longitud de onda λ y esta, a partir de la velocidad de propagación v y la frecuencia:

$$k = \frac{2\pi}{\lambda} = \frac{2\pi}{0,6\,\mathrm{m}} = \frac{20}{6}\pi\,\mathrm{rad/m}$$

$$\left[\lambda = \frac{v}{\nu} = \frac{1,2\,\mathrm{m/s}}{2\,\mathrm{Hz}} = 0,6\,\mathrm{m}\right]$$

- Suponemos que la fase inicial ϕ_0 es cero, es decir, que para $t = 0$ y $x = 0$ la elongación es cero y que la onda se desplaza en el sentido de los valores positivos del eje X.

La ecuación de la onda es:

$$y(x, t) = 0,05\operatorname{sen}\left(4\pi t - \frac{20}{6}\pi x\right)\,\mathrm{m}$$

b) Durante el tiempo que se propaga la onda a través de la cuerda, todos sus puntos oscilan de arriba abajo realizando un movimiento armónico simple, entre ellos, el que está situado en la posición $x = 1\,\mathrm{m}$.

Calculamos ahora la velocidad de ese punto, que es la velocidad con la que en un instante dado se mueve en dirección perpendicular a la dirección de propagación de la onda. La velocidad es la derivada de la elongación con respecto al tiempo:

$$v(x, t) = \frac{dy(x, t)}{dt} = \frac{d\left[0,05\operatorname{sen}\left(4\pi t - \frac{20}{6}\pi x\right)\right]}{dt} = 0,2\pi\cos\left(4\pi t - \frac{20}{6}\pi x\right)\,\mathrm{m/s}$$

Para $x = 1\,\mathrm{m}$, la velocidad en cualquier instante es:

$$v(t) = 0,2\pi \cos\left(4\pi t - \frac{20}{6}\pi \cdot 1\right) = 0,2\pi \cos\left(4\pi t - \frac{20}{6}\pi\right)\,\mathrm{m/s}$$

Observamos que la velocidad es una función armónica del tiempo y varía entre los valores $\pm 0,2\pi\,\mathrm{m/s} = \pm 0,63\,\mathrm{m/s}$. En valor absoluto, la velocidad máxima es $0,63\,\mathrm{m/s}$.

Problema 4.19

Una onda plana viene dada por la ecuación:

$$y(x,\,t) = 2\cos(100t - 5x)\,(\mathrm{SI})$$

donde x e y son coordenadas cartesianas.

a) Haga un análisis razonado del movimiento ondulatorio representado por la ecuación anterior y explique si es longitudinal o transversal y cuál es su sentido de propagación.

b) Calcule la frecuencia, el periodo, la longitud de onda y el número de onda, así como el módulo, dirección y sentido de la velocidad de propagación de la onda.

---

a) Una de las formas de expresar la ecuación de una onda plana de desplazamiento es mediante la ecuación del tipo $y(x,\,t) = A\cos(\omega t - kx + \phi_0)$, que muestra la doble dependencia de la magnitud perturbada y (elongación de desplazamiento) con el tiempo t y la posición x.[10]

La ecuación de onda que se muestra hace referencia a una onda de desplazamiento de tipo transversal, ya que la dirección en la que varía la magnitud perturbada es la del eje Y, perpendicular a la dirección en la que tiene lugar la propagación de la onda, la del eje X.

Como la fase inicial ϕ_0 es cero, para $t = 0$ y $x = 0$ el valor de la elongación es $2\,\mathrm{m}$, que es elongación máxima o amplitud del movimiento ondulatorio.

El sentido de propagación de la onda es hacia los valores positivos del eje X, como muestra el signo negativo que une los dos primeros términos que componen la fase de la onda (la perturbación se alejaría hacia la derecha del foco, en el sentido en el que figuran normalmente los valores positivos del eje X).

b) Veamos ahora cuál es el valor de cada una de las magnitudes que nos preguntan. Para ello comparamos la ecuación general de la onda con la del enunciado:

---

[10]Una onda plana es aquella en la que todos los puntos alcanzados por la onda en el mismo instante están en el mismo plano. Las ondas planas son unidireccionales, ya que la energía se propaga en una sola dirección.

- La frecuencia ν la calculamos a partir de la frecuencia angular ω:

$$\nu = \frac{\omega}{2\pi} = \frac{100\,\text{rad/s}}{2\pi} = 50/\pi\,\text{Hz} = 15,9\,\text{Hz}$$

$\lfloor \omega = 100\,\text{rad/s},\, \text{por comparación de las ecuaciones.} \rfloor$

- El periodo T es el inverso de la frecuencia:

$$T = \frac{1}{\nu} = \frac{1}{50/\pi\,\text{Hz}} = 0,0628\,\text{s}$$

- El número de onda k es $5\,\text{rad/m}$, por comparación de las ecuaciones.

- La longitud de onda λ la calculamos a partir del número de onda k:

$$\lambda = \frac{2\pi}{k} = \frac{2\pi}{5\,\text{rad/m}} = 1,26\,\text{m}$$

- La velocidad de propagación de la onda v la calculamos a partir del periodo y de la longitud de onda o a partir de la frecuencia angular y el número de onda:

$$v = \frac{\lambda}{T} = \frac{1,26\,\text{m}}{0,0628\,\text{s}} = 20\,\text{m/s} \quad v = \frac{\omega}{k} = \frac{100\,\text{rad/s}}{5\,\text{rad/m}} = 20\,\text{m/s}$$

La velocidad de propagación de la onda es un vector de módulo $20\,\text{m/s}$, de dirección la del eje X y de sentido el de los valores positivos de este.

Problema 4.20

La ecuación de una onda es:

$$y(x,\,t) = 4\,\text{sen}(6t - 2x + \pi/6)\,\text{(SI)}$$

a) Explique las características de la onda y determine la elongación y la velocidad, en el instante inicial, en el origen de coordenadas.
b) Calcule la frecuencia y la velocidad de propagación de la onda, así como la diferencia de fase entre dos puntos separados $5\,\text{m}$, en un mismo instante.

---

a) Una de las formas de expresar la ecuación de una onda de desplazamiento es mediante la ecuación del tipo $y(x,\,t) = A\,\text{sen}(\omega t - kx + \phi_0)$, que muestra la doble dependencia de la magnitud perturbada y (elongación de desplazamiento) con el tiempo t y la posición x.

La ecuación de onda que se muestra hace referencia a una onda de desplazamiento de tipo transversal, ya que la dirección en la que varía la magnitud perturbada es la del eje Y, perpendicular a la dirección en la que tiene lugar la propagación de la onda, la del eje X.

El sentido de propagación de la onda es hacia los valores positivos del eje X, como muestra el signo negativo que une los dos primeros términos que componen la fase de la onda (la perturbación se alejaría hacia la derecha del foco, en el sentido en el que figuran normalmente los valores positivos del eje X).

Calculamos la elongación para $t = 0$ y $x = 0$:

$$y(0,\, 0) = 4\,\mathrm{sen}\,(6 \cdot 0 - 2 \cdot 0 + \pi/6) = 4\,\mathrm{sen}(\pi/6) = 2\,\mathrm{m}$$

Calculamos la velocidad para el mismo instante y la misma posición. La velocidad es la derivada de la elongación con respecto al tiempo:

$$v(x,\, t) = \frac{dy(x,\, t)}{dt} = \frac{d[4\,\mathrm{sen}\,(6t - 2x + \pi/6)]}{dt} = 24\cos(6t - 2x + \pi/6)\,\mathrm{m/s}$$

En la posición inicial, en el instante inicial, la velocidad es:

$$v(0,\, 0) = 24\cos(6 \cdot 0 - 2 \cdot 0 + \pi/6) = 24\cos(\pi/6) = 20,8\,\mathrm{m/s}$$

b) Veamos ahora cuál es el valor de la frecuencia y de la velocidad de propagación de la onda. Para ello comparamos la ecuación general de la onda con la del enunciado:

- La frecuencia ν la calculamos a partir de la frecuencia angular ω:

$$\nu = \frac{\omega}{2\pi} = \frac{6\,\mathrm{rad/s}}{2\pi} = 3/\pi\,\mathrm{Hz}$$

$\lfloor \omega = 6\,\mathrm{rad/s}$, por comparación de las ecuaciones.$\rfloor$

- La velocidad de propagación de la onda v la calculamos a partir de la frecuencia y el número de onda k:

$$v = \frac{\omega}{k} = \frac{6\,\mathrm{rad/s}}{2\,\mathrm{rad/m}} = 3\,\mathrm{m/s}$$

$\lfloor k = 2\,\mathrm{rad/m}$, por comparación de las ecuaciones.$\rfloor$

La velocidad de propagación de la onda es un vector de módulo $3\,\mathrm{m/s}$, de dirección la del eje X y de sentido el de los valores positivos de este.

Calculamos, por último, la diferencia de fase. Si llamamos t al instante para el cual hay una determinada diferencia de fase $\Delta\phi$ entre dos puntos x_1 y x_2 separados por una distancia d:

$$\Delta\phi = (\omega t - kx_1) - (\omega t - kx_2) = k(x_2 - x_1) = \frac{2\pi}{\lambda}d = \frac{2\pi}{\pi\,\mathrm{m}}\cdot 5\,\mathrm{m} = 10\,\mathrm{rad}$$

$$\left\lfloor x_2 - x_1 = d;\ \lambda = \frac{2\pi}{k} = \frac{2\pi}{2\,\mathrm{rad/m}} = \pi\,\mathrm{m};\ d = 5\,\mathrm{m} \right\rfloor$$

Problema 4.21

Un altavoz produce una onda sonora de 10^{-3} m de amplitud y una frecuencia de 200 Hz, que se propaga con una velocidad de 340 m/s.

a) Escriba la ecuación de la onda, suponiendo que esta se propaga en una sola dirección.

b) Represente la variación espacial de la onda, en los instantes $t = 0$ y $t = T/4$.

a) Una de las formas de expresar la ecuación de una onda de desplazamiento es mediante la ecuación del tipo $\xi(x,\,t) = A\,\mathrm{sen}(\omega t - kx + \phi_0)$, que muestra la doble dependencia de la magnitud perturbada ξ (elongación de desplazamiento paralela a la dirección de propagación de la onda) con el tiempo t y la posición x. El signo menos que une los términos que compone la fase de la onda indica que la onda se propaga en el sentido de los valores positivos del eje X.

El sonido consiste en la propagación de una perturbación inicial a través de un medio material. A la hora de describir una onda sonora, podemos considerar como magnitud perturbada el desplazamiento de un elemento de volumen (onda de desplazamiento) o una variación de presión (onda de presión). En este caso, puesto que la amplitud figura en metros, la magnitud perturbada es un desplazamiento. El sonido es una onda longitudinal porque la dirección de la vibración de las partículas es la misma que la dirección de propagación de la onda.

Si suponemos que la onda sonora se propaga en la dirección del eje X en el sentido de los valores positivos, el valor de cada una de las magnitudes que se necesitan para poder escribir la ecuación de la onda es:

- La amplitud A es 10^{-3} m $= 0,001$ m.

- La frecuencia angular ω la calculamos a partir de la frecuencia ν:

$$\omega = 2\pi\nu = 2\pi \cdot 200\,\mathrm{Hz} = 400\pi\,\mathrm{rad/s}$$

- El número de onda k lo calculamos a partir de la longitud de onda λ, y esta, a partir de la velocidad v y la frecuencia:

$$k = \frac{2\pi}{\lambda} = \frac{2\pi}{1,7\,\text{m}} = 1,2\pi\,\text{rad/m}$$

$$\left\lfloor \lambda = \frac{v}{\nu} = \frac{340\,\text{m/s}}{200\,\text{Hz}} = 1,7\,\text{m} \right\rfloor$$

- Suponemos que el desfase inicial ϕ_0 es cero, es decir, que para $t = 0$ y $x = 0$ la magnitud perturbada ξ es cero, y que la onda se desplaza en el sentido de los valores positivos del eje X.

La ecuación de la onda es:

$$\xi(x,\,t) = 0,001\,\text{sen}(400\pi t - 1,2\pi x)\,\text{m}$$

b) Para representar gráficamente la posición de los puntos en los dos instantes, suponemos que cuando ponemos en marcha el cronómetro ya existía movimiento ondulatorio.

La representación espacial de la onda en esos instantes consiste en la representación gráfica ξ-x.

Para $t = 0$:

$$\xi(x,\,0) = 0,001\,\text{sen}(-1,2\pi x)\,\text{m}$$

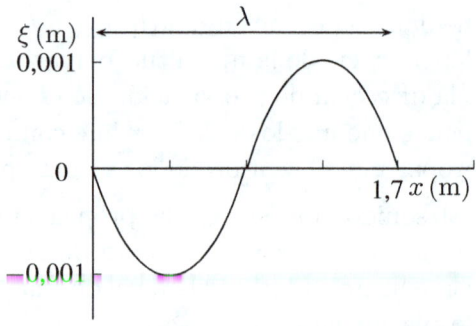

que equivale a la función:

$$\xi(x,\,0) = 0,001\,\text{sen}(1,2\pi x + \pi)\,\text{m}$$

Como los valores de la magnitud perturbada se repiten cada λ m, representamos solo los primeros λ m.[11]

Para $t = T/4$:

$$\begin{aligned}
\xi(x,\,T/4) &= 0,001\,\text{sen}(400\pi t - 1,2\pi x) = 0,001\,\text{sen}(400\pi \cdot 1,25 \cdot 10^{-3} - 1,2\pi x) \\
&= 0,001\,\text{sen}(\pi/2 - 1,2\pi x)\,\text{m}
\end{aligned}$$

$$\left\lfloor t = \frac{1}{4}T = \frac{1}{4} \cdot 0,005\,\text{s} = 1,25 \cdot 10^{-3}\,\text{m} \right\rfloor \quad \left\lfloor \left\lfloor T = \frac{1}{\nu} = \frac{1}{200\,\text{Hz}} = 0,005\,\text{s} \right\rfloor \right\rfloor$$

---

[11]No hace falta realizar la tabla de valores. Basta con que nos demos cuenta que de debemos representar la función $y = 0,001\,\text{sen}(1,2\pi + \pi)$, ya que $\text{sen}(-\alpha) = \text{sen}(\alpha + \pi)$ y que el valor de y está comprendido entre $-0,001$ y $0,001$ m.

Debemos, por tanto, representar la función:

$$\xi(x, 0,005) = 0,001 \operatorname{sen}(-1,2\pi x + \pi/2)$$
$$= 0,001 \cos(-1,2\pi x)$$
$$= 0,001 \cos(1,2\pi x)\,\mathrm{m}$$

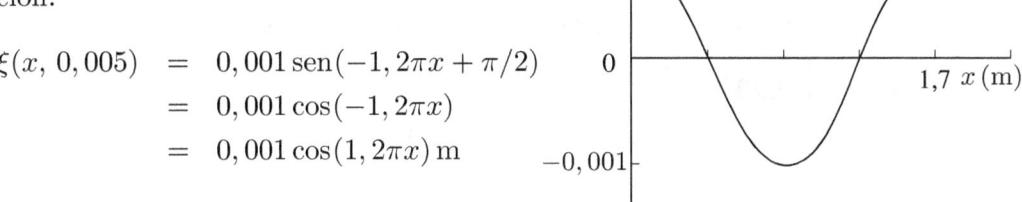

Problema 4.22

Por una cuerda se propaga la onda:

$$y = \cos(50t - 2x)\,(\mathrm{SI})$$

a) Indique de qué tipo de onda se trata y determine su velocidad de propagación y su amplitud.

b) Explique qué tipo de movimiento efectúan los puntos de la cuerda y calcule el desplazamiento del punto situado en $x = 10\,\mathrm{cm}$, en el instante $t = 0,25\,\mathrm{s}$.

---

a) Una de las formas de expresar la ecuación de una onda de desplazamiento es mediante la ecuación del tipo $y(x, t) = A\cos(\omega t - kx)$, que muestra la doble dependencia de la magnitud perturbada y (elongación de desplazamiento) con el tiempo t y la posición x. El signo menos que une los términos que componen la fase de la onda indica que la onda se propaga en el sentido de los valores positivos del eje X.

La onda que se propaga por una cuerda cuando perpendicularmente a ella agitamos periódicamente uno de sus extremos, por ejemplo, de arriba abajo, es una onda transversal porque la dirección de la vibración de los puntos de la cuerda es perpendicular a la dirección de propagación de la onda.

Calculamos la velocidad de propagación a partir de la frecuencia angular ω y del número de onda k:

$$v = \frac{\omega}{k} = \frac{50\,\mathrm{rad/s}}{2\,\mathrm{rad/m}} = 25\,\mathrm{m/s}$$

$\lfloor \omega = 50\,\mathrm{rad/s};\ k = 2\,\mathrm{rad/m}$, por comparación de las ecuaciones.$\rfloor$

La amplitud A es $1\,\mathrm{m}$, determinada, asimismo, por comparación de la ecuación general de la onda y la ecuación particular del enunciado.

b) Durante el tiempo que se propaga la onda a través de la cuerda, todos sus puntos oscilan de arriba abajo realizando un movimiento armónico simple, entre ellos, el que está situado en la posición $x = 10\,\mathrm{cm} = 0,1\,\mathrm{m}$.

En esa posición, en el instante $t = 0,25$ s, el desplazamiento (o elongación) de un punto de la cuerda es:

$$y(0,1,\,0,25) = \cos(50 \cdot 0,25 - 2 \cdot 0,1) = 0,96 \, \text{m}$$

Problema 4.23

La perturbación $\wp$ asociada a una nota musical tiene por ecuación:

$$\wp(x,\,t) = 5,5 \cdot 10^{-3} \, \text{sen}(2764,6t - 8,11x) \, (\text{SI})$$

a) Explique las características de la onda y determine su frecuencia, longitud de onda, periodo y velocidad de propagación.

b) ¿Cómo se modificaría la ecuación de onda anterior si, al aumentar la temperatura del aire, la velocidad de propagación aumenta hasta un valor de 353 m/s?

---

a) Una de las formas de expresar la ecuación de una onda de presión es mediante la ecuación del tipo $\wp(x,\,t) = P\,\text{sen}(\omega t - kx)$, que muestra la doble dependencia de la magnitud perturbada $\wp$ (elongación de presión) con el tiempo t y la posición x. El signo menos que une los términos que componen la fase de la onda indica que la onda se propaga en el sentido de los valores positivos del eje X.

El sonido consiste en la propagación de una perturbación inicial a través de un medio material. El sonido es una onda longitudinal porque la dirección de la vibración de las partículas es la misma que la dirección de propagación de la onda.

A la hora de describir una onda sonora, podemos considerar como magnitud perturbada el desplazamiento de un elemento de volumen (onda de desplazamiento) o una variación de presión (onda de presión). En este caso, no sabemos las unidades de la magnitud perturbada, solo que figuran unidades del Sistema Internacional. Como la amplitud de presión P de una onda sonora audible por el oído humano está comprendida entre $2 \cdot 10^{-4}$ Pa (sonido débil) y 28 Pa (sonido fuerte), podemos considerar que la ecuación corresponde a una onda de presión.[12]

Si comparamos la ecuación general de la onda con la del enunciado, podemos concluir que:

- La amplitud de presión P es $5,5 \cdot 10^{-3}$ Pa.

---

[12]Estas amplitudes de presión corresponden a una frecuencia de 1000 Hz. Las amplitudes de desplazamiento para esta frecuencia, correspondientes al sonido débil y al sonido fuerte, son $8 \cdot 10^{-12}$ m y $1,1 \cdot 10^{-5}$ m, respectivamente (recuérdese que las dimensiones atómicas son del orden de 10^{-10} m).

- La frecuencia angular ω es $2764,6\,\text{rad/s}$.

- El periodo T y la frecuencia ν son, respectivamente:[13]

$$\nu = \frac{\omega}{2\pi} = \frac{2764,6\,\text{rad/s}}{2\pi} = 440\,\text{Hz} \quad \text{y} \quad T = \frac{1}{\nu} = \frac{1}{440\,\text{Hz}} = 2,27 \cdot 10^{-3}\,\text{s}$$

- El número de onda k es $8,11\,\text{rad/m}$.

- La longitud de onda λ y la velocidad de propagación v son, respectivamente:

$$\lambda = \frac{2\pi}{k} = \frac{2\pi}{8,11\,\text{rad/m}} = 0,77\,\text{m} \quad \text{y} \quad v = \frac{\lambda}{T} = \frac{0,77\,\text{m}}{2,27 \cdot 10^{-3}\,\text{s}} = 340\,\text{m/s}$$

Podemos calcular también la velocidad de propagación de la onda como:

$$v = \frac{\omega}{k} = \frac{2764,6\,\text{rad/s}}{8,11\,\text{rad/m}} = 340\,\text{m/s}$$

b) La ecuación de onda anterior se modifica en uno de sus términos al aumentar la velocidad de propagación con la temperatura del aire. Ni la amplitud ni la frecuencia de onda cambian, ya que solo dependen de la fuente sonora que produce la vibración inicial. La frecuencia angular tampoco, ya que depende de la frecuencia. Debe cambiar, por tanto, el número de onda.

Determinamos el nuevo valor del número de onda con la nueva velocidad del sonido:

$$k = \frac{\omega}{v} = \frac{2764,6\,\text{rad/s}}{353\,\text{m/s}} = 7,83\,\text{rad/m}$$

La nueva ecuación de onda es:

$$\wp(x,\,t) = 5,5 \cdot 10^{-3}\,\text{sen}(2764,6t - 7,83x)\,\text{Pa}$$

Problema 4.24

Por una cuerda se propaga un movimiento ondulatorio caracterizado por la función de onda:

$$y = A\,\text{sen}\,2\pi\left(\frac{x}{\lambda} - \frac{t}{T}\right)$$

Razone a qué distancia se encuentran dos puntos de esa cuerda si:
a) La diferencia de fase entre ellos es de π rad.
b) Alcanzan la máxima elongación con un retardo de un cuarto de periodo.

---

[13]La frecuencia $440\,\text{Hz}$ corresponde a la nota *la*4 y sirve como estándar de referencia para afinar los instrumentos. Este es el sonido producido por la tecla *la* central del piano, la tercera cuerda del violín y la cuarta de la viola.

a) Llamemos y_1 y y_2 a las elongaciones de los puntos 1 y 2, de posiciones x_1 y x_2, respectivamente, en
el instante t. Las ecuaciones de las
elongaciones son las siguientes:

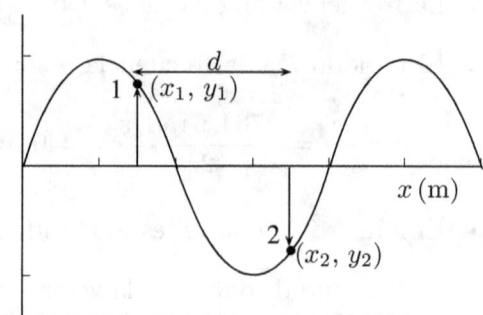

$$y_1 = A \operatorname{sen} 2\pi \left(\frac{x_1}{\lambda} - \frac{t}{T} \right)$$

$$y_2 = A \operatorname{sen} 2\pi \left(\frac{x_2}{\lambda} - \frac{t}{T} \right)$$

Y la diferencia de fase $\Delta\phi$ entre esos puntos que distan una distancia d es:

$$\Delta\phi = 2\pi \left(\frac{x_2}{\lambda} - \frac{t}{T} \right) - 2\pi \left(\frac{x_1}{\lambda} - \frac{t}{T} \right) = 2\pi \frac{x_2 - x_1}{\lambda} = 2\pi \frac{d}{\lambda}$$

Despejando d tenemos:

$$d = \frac{\Delta\phi\lambda}{2\pi} = \frac{\pi\lambda}{2\pi} = \frac{\lambda}{2} \quad \lfloor \Delta\phi = \pi \operatorname{rad} \rfloor$$

Están separados media de longitud de onda.

b) Llamemos y_1 y y_2 a las elongaciones de los puntos 1 y 2, de posiciones x_1 y x_2, respectivamente, en
los instantes t_1 y t_2 de intervalo
$\frac{1}{4}T$. La ecuaciones de las elongaciones son las siguientes:

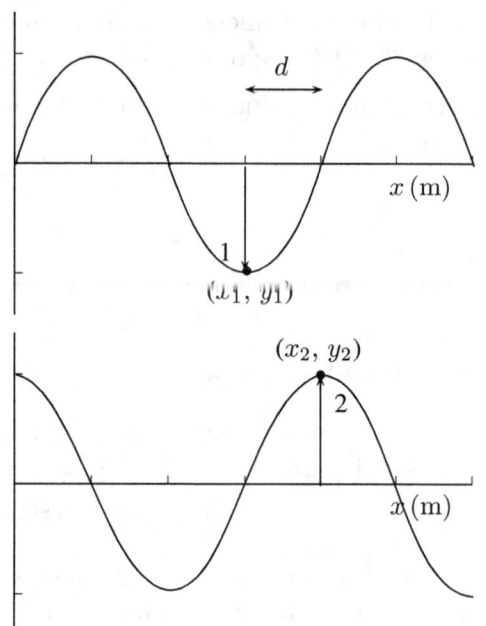

$$y_1 = A \operatorname{sen} 2\pi \left(\frac{x_1}{\lambda} - \frac{t_1}{T} \right)$$

$$y_2 = A \operatorname{sen} 2\pi \left(\frac{x_2}{\lambda} - \frac{t_2}{T} \right)$$

Como alcanzan la máxima elongación con cierto retardo:

$$y_1 = y_2$$

Y, por tanto:

$$\frac{x_1}{\lambda} - \frac{t_1}{T} = \frac{x_2}{\lambda} - \frac{t_2}{T}$$

de donde:

$$\frac{x_2 - x_1}{\lambda} = \frac{t_2 - t_1}{T} \Rightarrow \frac{d}{\lambda} = \frac{\frac{1}{4}T}{T} \Rightarrow d = \frac{\lambda}{4}$$

Están separados un cuarto de longitud de onda.

> ### Problema 4.25
>
> Un tabique móvil ha provocado, en la superficie del agua de un estanque un movimiento ondulatorio caracterizado por la función:
>
> $$y = 0,04\,\mathrm{sen}(10\pi x - 4\pi t + \pi/2)\,(\mathrm{SI})$$
>
> Suponiendo que los frentes de onda se propagan sin pérdida de energía, determine:
> a) El tiempo que tarda en ser alcanzado por el movimiento un punto situado a una distancia de 3 m del tabique.
> b) La elongación y la velocidad en dicho punto, 0,5 s después haber sido alcanzado por la onda.

a) Una de las formas de expresar la ecuación de una onda de desplazamiento es mediante la ecuación del tipo $y(x,\,t) = A\,\mathrm{sen}(kx - \omega t + \phi_0)$, que muestra la doble dependencia de la magnitud perturbada y (elongación de desplazamiento) con el tiempo t y la posición x. El signo menos que une los dos primeros términos que componen la fase de la onda indica que la onda se propaga en el sentido de los valores positivos del eje X.

La onda que se propaga por la superficie del estanque al golpear el tabique móvil la superficie del agua perpendicularmente a ella es una onda transversal, porque la dirección de la vibración de las partículas del agua es perpendicular a la dirección de propagación de la onda.

Para calcular el tiempo que tarda la perturbación en llegar a un punto que dista 3 m del tabique, debemos determinar la velocidad de propagación, que calculamos a partir de la frecuencia angular ω y del número de onda k:

$$v = \frac{\omega}{k} = \frac{4\pi\,\mathrm{rad/s}}{10\pi\,\mathrm{rad/m}} = 0,4\,\mathrm{m/s}$$

$\lfloor \omega = 4\pi\,\mathrm{rad/s}; \; k = 10\pi\,\mathrm{rad/m}$, por comparación de las ecuaciones.$\rfloor$

El tiempo que tarda el frente de ondas en llegar a un punto situado a una distancia de 3 m es:

$$t = \frac{d}{v} = \frac{3\,\mathrm{m}}{0,4\,\mathrm{m/s}} = 7,5\,\mathrm{s}$$

b) Calculamos la elongación de un punto de la superficie del agua en un determinado instante a partir de la ecuación de la onda del enunciado:

$$y = 0,04\,\mathrm{sen}(10\pi x - 4\pi t + \pi/2)\,\mathrm{m}$$

La elongación para un punto de la superficie a los $3\,\text{m}$ en el instante $t = 8\,\text{s}$, que es el tiempo que tarda el punto en ser alcanzado por el movimiento $(7,5\,\text{s})$, más el tiempo transcurrido desde comenzó a vibrar $(0,5\,\text{s})$, es:

$$y(3,\ 8) = 0,04\,\text{sen}(10\pi \cdot 3 - 4\pi \cdot 8 + \pi/2) = 0,04\,\text{m}$$

El punto material tiene su máxima elongación y está situado en los valores positivos de y.

Calculamos la velocidad en cualquier instante derivando la elongación con respecto al tiempo:

$$
\begin{aligned}
v(x,\ t) &= \frac{dy(x,t)}{dt} = \frac{d[0,04\,\text{sen}(10\pi x - 4\pi t + \pi/2)]}{dt} \\[2mm]
&= -0,04 \cdot 4\pi \cos\left(10\pi x - 4\pi t + \frac{\pi}{2}\right) \\[2mm]
&= -0,16\pi \cos\left(10\pi x - 4\pi t + \frac{\pi}{2}\right)\,\text{m/s}
\end{aligned}
$$

La velocidad para un punto de la superficie a los $3\,\text{m}$, en el instante $t = 0,5\,\text{s}$ es:

$$v(3,\ 0,5) = -0,16\pi \cos(10\pi \cdot 3 - 4\pi \cdot 8 + \pi/2) = 0$$

Es lógico el resultado: cuando la elongación del punto material es máxima, su velocidad es cero.

Problema 4.26

La ecuación de una onda que se propaga por una cuerda tensa es:

$$y(x,\ t) = 0,03\,\text{sen}(2t - 3x)\ (\text{SI})$$

a) Explique de qué tipo de onda se trata, en qué sentido se propaga y calcule el valor de la elongación en $x = 0,1\,\text{m}$ para $t = 0,2\,\text{s}$.

b) Determine la velocidad máxima de las partículas de la cuerda y la velocidad de propagación de la onda.

---

a) Una de las formas de expresar la ecuación de una onda de desplazamiento es mediante la ecuación del tipo $y(x,\ t) = A\,\text{sen}(\omega t - kx + \phi_0)$, que muestra la doble dependencia de la magnitud perturbada y (elongación de desplazamiento) con el tiempo t y la posición x.

La ecuación de onda que se muestra hace referencia a una onda transversal, ya que la dirección en la que varía la magnitud perturbada es la del eje Y, perpendicular a la dirección en la que tiene lugar la propagación de la onda, la del eje X.

El sentido de propagación de la onda es hacia los valores positivos del eje X, como muestra el signo negativo que une el término temporal y el término espacial que componen la fase de la onda (la perturbación se alejaría hacia la derecha del foco, en el sentido en el que figuran normalmente los valores positivos del eje X).

Calculamos la elongación de un punto de la cuerda en un determinado instante a partir de la ecuación de onda del enunciado:

$$y(x,\, t) = 0,03\,\mathrm{sen}(2t - 3x)\,\mathrm{m}$$

La elongación de un punto de la cuerda para la posición $x = 0,1\,\mathrm{m}$ en el instante $t = 0,2\,\mathrm{s}$ es:

$$y(0,1,\, 0,2) = 0,03\,\mathrm{sen}(2 \cdot 0,2 - 3 \cdot 0,1) = 3 \cdot 10^{-3}\,\mathrm{m}$$

b) Calculamos el valor de la velocidad de las partículas de la cuerda en cualquier posición, en cualquier instante, para saber cuál es su velocidad máxima:

$$v(x,\, t) = \frac{dy(x,t)}{dt} = \frac{d[0,03\,\mathrm{sen}(2t - 0,3x)]}{dt} = 0,06\cos(2t - 3x)\,\mathrm{m/s}$$

Observamos que la velocidad es una función armónica del tiempo y varía entre los valores $\pm 0,06\,\mathrm{m/s}$. En valor absoluto, la velocidad máxima es de $0,06\,\mathrm{m/s}$.

La velocidad de propagación de la onda v la calculamos a partir de la frecuencia angular y el número de onda:

$$v = \frac{\omega}{k} = \frac{2\,\mathrm{rad/s}}{3\,\mathrm{rad/m}} = 0,67\,\mathrm{m/s}$$

$\lfloor \omega = 2\,\mathrm{rad/s}; \ k = 3\,\mathrm{rad/m}$, por comparación de las ecuaciones.$\rfloor$

La velocidad de propagación de la onda es un vector de módulo $0,67\,\mathrm{m/s}$, de dirección la del eje X y de sentido el de los valores positivos de este.

Problema 4.27

Una onda armónica se propaga de derecha a izquierda por una cuerda con una velocidad de $8\,\mathrm{m/s}$. Su periodo es de $0,5\,\mathrm{s}$ y su amplitud, de $0,3\,\mathrm{m}$.
a) Escriba la ecuación de la onda, razonando cómo obtiene el valor de cada una de las variables que intervienen en ella.
b) Calcule la velocidad de una partícula de la cuerda situada en $x = 2\,\mathrm{m}$ en el instante $t = 1\,\mathrm{s}$.

---

a) Una de las formas de expresar la ecuación de una onda de desplazamiento es mediante la ecuación del tipo $y(x,\, t) = A\,\mathrm{sen}(\omega t + kx + \phi_0)$, que muestra la doble dependencia de la magnitud perturbada y (elongación de desplazamiento) con el tiempo t y la posición x. El signo más que une los dos primeros términos que componen la fase de la onda indica que la onda se propaga en el sentido de los valores negativos del eje X, esto es, hacia la izquierda, que es el sentido en el que figuran normalmente los valores negativos de dicho eje.

La onda que se propaga por una cuerda cuando agitamos continuamente uno de sus extremos, por ejemplo, de arriba abajo es una onda transversal porque la dirección de la vibración de los puntos de la cuerda es perpendicular a la dirección de propagación de la onda.

Veamos cuál es el valor de cada una de las magnitudes que figuran para poder escribir la ecuación de la onda:

- La amplitud A es $0,3$ m.

- La frecuencia angular ω es:

$$\omega = \frac{2\pi}{T} = \frac{2\pi}{0,5\,\text{s}} = 4\pi\,\text{rad}$$

- El número de onda k es:

$$k = \frac{\omega}{v} = \frac{4\pi\,\text{rad/s}}{8\,\text{m/s}} = \frac{\pi}{2}\,\text{rad}$$

- Suponemos que la fase inicial ϕ_0 es cero, es decir, que para $t = 0$ y $x = 0$ la elongación es cero.

La ecuación de onda es:

$$y(x,\,t) = 0,3\,\text{sen}\left(4\pi t + \frac{\pi}{2}x\right)\,\text{m}$$

b) Calculamos la velocidad de un punto de la cuerda en cualquier instante derivando la elongación con respecto al tiempo:

$$v(x,\,t) = \frac{dy(x,\,t)}{dt} = \frac{d[0,3\,\text{sen}(4\pi t + \frac{\pi}{2}x)]}{dt} = 1,2\pi\cos\left(4\pi t + \frac{\pi}{2}x\right)\,\text{m/s}$$

En el punto $x = 2$ m, en el instante $t = 1$ s, la velocidad es:

$$v(2,\,1) = 1,2\pi\cos\left(4\pi\cdot 1 + \frac{\pi}{2}\cdot 2\right) = 1,2\pi\cos 5\pi = -3,8\,\text{m/s}$$

El signo menos indica que el punto de la cuerda se dirige en este instante en el sentido de los valores negativos del eje Y.

Problema 4.28

La ecuación de una onda es:

$$y(x,\,t) = 0,16\cos(0,8x)\cos(100t)\,(\text{SI})$$

a) Con la ayuda de un dibujo, explique las características de dicha onda.
b) Determine la amplitud, longitud de onda, frecuencia y velocidad de propagación de las ondas cuya superposición podría generar dicha onda.

---

a) Se trata de la ecuación de una onda estacionaria. En sentido estricto, las ondas estacionarias no son un movimiento ondulatorio. La única justificación para llamar movimiento ondulatorio a una onda estacionaria es que la podemos considerar como la superposición de dos ondas viajeras.

No podemos considerar que sea un movimiento ondulatorio porque la principal característica de una onda es que transporta energía por el espacio y esta no puede fluir a través de los nodos, que son fronteras que impiden la transmisión de la perturbación, pues son puntos que permanecen en reposo. Una onda estacionaria puede considerarse más bien como un sistema material que vibra en su conjunto.

Una de las formas de expresar la ecuación de una onda estacionaria es mediante una ecuación del tipo $y(x,\,t) = 2A\cos kx\cos \omega t$, que muestra la doble dependencia de la magnitud perturbada y (elongación de desplazamiento) con el tiempo t y la posición x.

Para que dos ondas viajeras produzcan por interferencia una onda estacionaria con una ecuación como la del enunciado, en la que el término espacial es de la forma $2A\cos kx$, debe suceder que al menos el extremo $x = 0$ sea libre, con amplitud $2A\cos(k \cdot 0) = 2A$ (vientre).

Para representar la onda estacionaria de la ecuación, nos imaginamos que es la que se produce en una cuerda. Únicamente mediante la ecuación no podemos saber si el otro extremo está fijo. Representamos el dibujo suponiendo que la cuerda tiene el otro extremo fijo y que su modo de vibración es el del tercer armónico. Observamos que la onda estacionaria tiene dos vientres (V), puntos que vibran con amplitud máxima, y dos nodos (N).

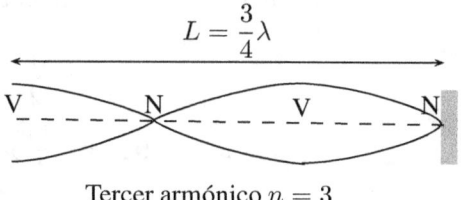

Tercer armónico $n = 3$

b) Las dos ondas viajeras que producen por interferencia la onda estacionaria en cuestión tienen la misma amplitud, frecuencia y longitud de onda, se propagan en la misma dirección, pero en sentidos opuestos, y están en fase.

La ecuación de una onda estacionaria con al menos un extremo libre, el que está en la posición $x = 0$, es del tipo:

$$y(x,\, t) = 2A \cos kx \, \mathrm{sen}(\omega t + \phi_0)$$

En este caso la fase inicial $\phi_0 = \pi/2 \, \mathrm{rad}$, para que adopte la forma de la ecuación del enunciado.

Se puede demostrar que las dos ecuaciones cuya superposición da lugar a la ecuación de la onda estacionaria $y(x,\, t) = 2A \cos kx \cos \omega t$ son del tipo:

$$y_\leftarrow(x,\, t) = A \, \mathrm{sen}(\omega t + kx + \phi_0) \quad \text{en el sentido } X-$$

$$y_\rightarrow(x,\, t) = A \, \mathrm{sen}(\omega t - kx + \phi_0) \quad \text{en el sentido } X+$$

Teniendo en cuenta que $\phi_0 = \pi/2 \, \mathrm{rad}$, las ecuaciones son:

$$y_\leftarrow(x,\, t) = A\mathrm{sen}(\omega t + kx + \pi/2) = A \cos(\omega t + kx) \quad \text{en el sentido } X-$$

$$y_\rightarrow(x,\, t) = A\mathrm{sen}(\omega t - kx + \pi/2) = A \cos(\omega t - kx) \quad \text{en el sentido } X+$$

Para el caso que nos ocupa, como el número de onda es $k = 0,8 \, \mathrm{rad/m}$, la frecuencia angular es $\omega = 100 \, \mathrm{rad/s}$ y la amplitud es $A = 0,16/2 = 0,08 \, \mathrm{m}$, las ecuaciones son:

$$y_\leftarrow(x,\, t) = 0,08 \cos(100t + 0,8x) \, \mathrm{m} \quad \text{en el sentido } X-$$

$$y_\rightarrow(x,\, t) = 0,08 \cos(100t - 0,8x) \, \mathrm{m} \quad \text{en el sentido } X+$$

Las magnitudes características de las ondas que interfieren son:

- La amplitud hemos señalado antes que es $0,08 \, \mathrm{m}$.

- La frecuencia ν la calculamos a partir de la frecuencia angular ω:

$$\nu = \frac{\omega}{2\pi} = \frac{100 \, \mathrm{rad/s}}{2\pi} = \frac{50}{\pi} \, \mathrm{Hz}$$

$\lfloor \omega = 100 \, \mathrm{rad/s}$, por comparación de las ecuaciones.$\rfloor$

- La longitud de onda λ la calculamos a partir del número de onda k:

$$\lambda = \frac{2\pi}{k} = \frac{2\pi}{0,8 \, \mathrm{rad/m}} = 2,5\pi \, \mathrm{m} = 7,9 \, \mathrm{m}$$

$\lfloor k = 0,8 \, \mathrm{rad/m}$, por comparación de las ecuaciones.$\rfloor$

- La velocidad de propagación de cada una de las ondas que interfieren la calculamos a partir de la frecuencia y de la longitud de onda:

$$v = \lambda\nu = 2,5\pi\,\text{m} \cdot \frac{50}{\pi}\,\text{Hz} = 125\,\text{m/s}$$

Problema 4.29

En una cuerda tensa de 16 m de longitud, con sus extremos fijos, se ha generado una onda de ecuación:

$$y(x,\,t) = 0,02\,\text{sen}\left(\frac{\pi}{4}x\right)\cos 8\pi t\,\text{(SI)}$$

a) Explique de qué tipo de onda se trata y cómo podría producirse. Calcule su longitud de onda y su frecuencia.

b) Calcule la velocidad en función del tiempo de los puntos de la cuerda que se encuentran a 4 m y 6 m, respectivamente, de uno de los extremos y comente los resultados.

---

a) Se trata de la ecuación de una onda estacionaria. Una de las formas de expresar la ecuación de una onda estacionaria es mediante una ecuación del tipo $y(x,\,t) = 2A\,\text{sen}\,kx\cos\omega t$, que muestra la doble dependencia de la magnitud perturbada y (elongación de desplazamiento) con el tiempo t y la posición x.

Las dos ondas viajeras que producen por interferencia la onda estacionaria en una cuerda con sus extremos fijos tienen la misma amplitud, frecuencia y longitud de onda, se propagan en la misma dirección, pero en sentidos opuestos, y están en oposición de fase (entre la onda incidente y reflejada debe haber un desfase de π rad, para que la elongación y sea cero en $x = 0$).

El término $0,02\,\text{sen}(\frac{\pi}{4}x)$ de la ecuación representa la dependencia espacial. Es la amplitud del movimiento armónico simple de cada uno de los puntos de la cuerda que, según la expresión anterior, depende de su posición x. La amplitud varía entre 0 (nodos) y $0,02$ m (vientres), el doble de la amplitud de las ondas que interfieren.

El término $\cos 8\pi t$ de la ecuación nos muestra la dependencia temporal. La presencia de este término nos indica que para un valor fijo de x (es decir, para un determinado punto de la cuerda) este oscila con un movimiento armónico simple de la misma frecuencia que los movimientos ondulatorios que interfieren.

- La longitud de onda λ la calculamos a partir del número de onda k:

$$\lambda = \frac{2\pi}{k} = \frac{2\pi}{\dfrac{\pi}{4}\,\text{rad/m}} = 8\,\text{m}$$

$$\lfloor k = \frac{\pi}{4} \,\text{rad/m, por comparación de las ecuaciones.}\rfloor$$

• La frecuencia ν la calculamos a partir de la frecuencia angular ω:

$$\nu = \frac{\omega}{2\pi} = \frac{8\pi\,\text{rad/s}}{2\pi} = 4\,\text{Hz}$$

$$\lfloor \omega = 8\pi\,\text{rad/s, por comparación de las ecuaciones.}\rfloor$$

b) La velocidad de una partícula de la cuerda la calculamos derivando la elongación con respecto al tiempo:

$$v(x,\,t) = \frac{dy(x,\,t)}{dt} = \frac{d\left[0,02\,\text{sen}\left(\frac{\pi}{4}x\right)\cos 8\pi t\right]}{dt} = -0,16\pi\,\text{sen}\left(\frac{\pi}{4}x\right)\text{sen}\,8\pi t\,\text{m/s}$$

En el punto $x = 4\,\text{m}$, $\text{sen}(\frac{\pi}{4}x) = \text{sen}(\frac{\pi}{4} \cdot 4) = \text{sen}\,\pi = 0$. Se trata de un nodo, punto de amplitud cero (que no vibra) y, en consecuencia, la velocidad es cero en cualquier instante.

En el punto $x = 6\,\text{m}$, $\text{sen}(\frac{\pi}{4}x) = \text{sen}(\frac{\pi}{4} \cdot 6) = \text{sen}(\frac{3}{2}\pi) = -1$. Se trata de un vientre, punto que vibra con amplitud máxima. La velocidad de ese punto en cada instante es:

$$v(6,\,t) = -0,16\pi \cdot (-1) \cdot \text{sen}(8\pi t) = 0,16\pi\,\text{sen}\,8\pi t\,\text{m/s}$$

Observamos que en este punto la velocidad es una función armónica de tiempo y varía entre los valores $\pm 0,16\pi\,\text{m/s} = \pm 0,5\,\text{m/s}$ cuando la partícula pasa por el punto de equilibrio.

Problema 4.30

En una cuerda tensa, sujeta por sus extremos, se tiene una onda de ecuación:

$$y(x,\,t) = 0,02\,\text{sen}(4\pi x)\cos(200\pi t)\,\text{(SI)}$$

a) Indique el tipo de onda de que se trata. Explique las características de las ondas que dan lugar a la indicada y escriba sus respectivas ecuaciones.
b) Calcule razonadamente la longitud mínima de la cuerda que puede contener esa onda. ¿Podría existir esa onda en una cuerda más larga? Razone la respuesta.

---

a) Se trata de la ecuación de una onda estacionaria. Una de las formas de expresar la ecuación de una onda estacionaria es mediante una ecuación del tipo $y(x,\,t) = 2A\,\text{sen}\,kx\cos\omega t$, que muestra la doble dependencia de la magnitud perturbada y (elongación de desplazamiento) con el tiempo t y la posición x.

El término $0,02\,\text{sen}(4\pi x)$ de la ecuación representa la dependencia espacial. Es la amplitud del movimiento armónico simple de cada uno de los puntos de la cuerda que, según la expresión anterior, depende de su posición x. La amplitud varía entre 0 (nodos) y $0,02\,\text{m}$ (vientres), el doble de la amplitud de las ondas que interfieren.

El término $\cos(2\pi t)$ de la ecuación nos muestra la dependencia temporal. La presencia de este término nos indica que para un valor fijo de x (es decir, para un determinado punto de la cuerda), este oscila con un movimiento armónico simple de la misma frecuencia que los movimientos ondulatorios que interfieren.

Las dos ondas viajeras que producen por interferencia la onda estacionaria en una cuerda con los dos extremos fijos tienen la misma amplitud, frecuencia y longitud de onda, se propagan en la misma dirección, pero en sentidos opuestos, y están en oposición de fase (entre la onda incidente y reflejada debe haber un desfase de π rad, para que la elongación y sea cero en $x = 0$).

La ecuación de una onda estacionaria fija por sus extremos es del tipo:

$$y(x,\,t) = 2A\,\text{sen}\,kx\cos(\omega t + \phi_0)$$

En este caso la fase inicial ϕ_0 es cero, para que adopte la forma de la ecuación del enunciado.

Se puede demostrar que las dos ecuaciones cuya superposición dan lugar a la ecuación de la onda estacionaria $y(x,\,t) = 2A\,\text{sen}\,kx\cos\omega t$ son del tipo:

$$y_{\leftarrow}(x,\,t) = A\,\text{sen}(\omega t + kx) \quad \text{en el sentido } X-$$

$$y_{\rightarrow}(x,\,t) = A\,\text{sen}(\omega t - kx + \pi) \quad \text{en el sentido } X+$$

Para el caso que nos ocupa, si comparamos la ecuación general de la onda con la ecuación de la onda del enunciado, como el número de onda es $k = 4\pi$ rad/m, la frecuencia angular es $\omega = 200\pi$ rad/s y la amplitud es $A = 0,02/2 = 0,01$ m, las ecuaciones son:

$$y_{\leftarrow}(x,\,t) = 0,01\,\text{sen}(200\pi t + 4\pi x)\,\text{m} \quad \text{en el sentido } X-$$

$$y_{\rightarrow}(x,\,t) = 0,01\,\text{sen}(200\pi t - 4\pi x + \pi)\,\text{m} \quad \text{en el sentido } X+$$

b) Como la cuerda está sujeta por sus extremos, la longitud mínima de la cuerda debe ser media longitud de onda, que es la fracción más pequeña de longitud de onda que puede haber:

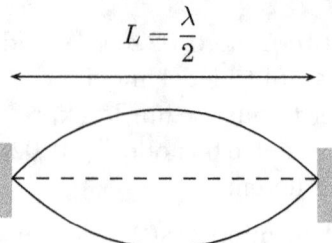

$$L = \frac{\lambda}{2}$$

$$\frac{\lambda}{2} = \frac{0,5}{2} = 0,25\,\text{m}$$

$$\left\lfloor \lambda = \frac{2\pi}{k} = \frac{2\pi}{4\pi\,\text{rad/m}} = 0,5\,\text{m} \right\rfloor$$

Modo fundamental $n = 1$

La onda sí podría existir en una cuerda más larga, aquella cuya longitud L fuese:

$$L = n\frac{\lambda}{2}\,\text{m, para}\,n = 2, 3, 4, ...$$

Podemos responder a este apartado más estrictamente. Puesto que la cuerda está sujeta por sus extremos, los dos son nodos. Si ponemos la condición de nodo para el extremo cuya posición es $x = L$:

$$\text{sen}\,kL = 0$$

que es cierto cuando $kL = n\pi$ rad.

Como $k = 4\pi$, resulta que:

$$4\pi L = n\pi \Rightarrow L = \frac{1}{4}n,\,\text{para}\,n = 1, 2, 3, 4, ...$$

Para $n = 1$, obtenemos la longitud mínima de la cuerda:

$$L = \frac{1}{4} \cdot 1 = 0,25\,\text{m}$$

que es media longitud de onda.

Sí puede existir esa onda en una cuerda más larga, aquella en la que se verifique que:

$$L = \frac{1}{4}n,\,\text{para}\,n = 2, 3, 4, ...$$

Problema 4.31

Por una cuerda tensa se propaga la onda:

$$y(x,\,t) = 8 \cdot 10^{-2} \cos(0,5x)\text{sen}(50t)\,\text{(SI)}$$

a) Indique las características de la onda y calcule la distancia entre el 2º y el 5º nodo.

b) Explique las características de las ondas cuya superposición daría lugar a esa onda, escriba sus ecuaciones y calcule su velocidad de propagación.

a) Se trata de la ecuación de una onda estacionaria. Una de las formas de expresar la ecuación de una onda estacionaria es mediante una ecuación del tipo $y(x, t) = 2A \cos kx \operatorname{sen} \omega t$, que muestra la doble dependencia de la magnitud perturbada y (elongación de desplazamiento) con el tiempo t y la posición x.

Para que dos ondas viajeras produzcan por interferencia una onda estacionaria con una ecuación como la del enunciado, en la que el término espacial es de la forma $2A \cos kx$, debe suceder que al menos el extremo $x = 0$ sea libre, con amplitud $2A \cos(k \cdot 0) = 2A$ (vientre). Las ondas viajeras que la producen tienen la misma amplitud, frecuencia y longitud de onda, se propagan en la misma dirección, pero en sentidos opuestos, y están en fase.

El término $8 \cdot 10^{-2} \cos(0,5x)$ de la ecuación representa la dependencia espacial. Es la amplitud del movimiento armónico simple de cada uno de los puntos de la cuerda que, según la expresión anterior, depende de su posición x. La amplitud varía entre 0 (nodos) y $8 \cdot 10^{-2}$ m (vientres), el doble de la amplitud de las ondas que interfieren.

El término $\operatorname{sen}(50t)$ de la ecuación nos muestra la dependencia temporal. La presencia de este término nos indica que para un valor fijo de x (es decir, para un determinado punto de la cuerda) este oscila con un movimiento armónico simple de la misma frecuencia que los movimientos ondulatorios que interfieren.

- El periodo T lo calculamos a partir de la frecuencia angular ω:

$$T = \frac{2\pi}{\omega} = \frac{2\pi}{50 \,\text{rad/s}} = \frac{\pi}{25 \,\text{rad/s}} = 0,04\pi \,\text{s}$$

$\lfloor \omega = 50 \,\text{rad/s}$, por comparación de las ecuaciones.$\rfloor$

- La longitud de onda λ la calculamos a partir del número de onda k:

$$\lambda = \frac{2\pi}{k} = \frac{2\pi}{0,5 \,\text{rad/m}} = 4\pi \,\text{m}$$

$\lfloor k = 0,5 \,\text{rad/m}$, por comparación de las ecuaciones.$\rfloor$

Como hemos señalado anteriormente, los nodos son puntos de amplitud nula. Para que un punto sea un nodo, debe cumplir que $8 \cdot 10^{-2} \cos(0,5x) = 0$. Esto sucede cuando $0,5x$ es un número impar de $\frac{\pi}{2}$ rad, ya que en este caso el coseno es cero:

$$0,5x = (2n + 1)\frac{\pi}{2}$$

Despejando x obtenemos las posiciones de los nodos:

$$x = (2n + 1)\pi \,\text{m}, \text{ para } n = 0, 1, 2, 3, \ldots$$

La distancia entre el segundo nodo ($n = 1$) y el quinto nodo ($n = 4$) es:

$$d = x_{5^\circ \, \text{nodo}} - x_{2^\circ \, \text{nodo}} = (2 \cdot 4 + 1)\pi - (2 \cdot 1 + 1)\pi = 6\pi \, \text{m}$$

b) La ecuación de una onda estacionaria con al menos un extremo libre, el que está en la posición $x = 0$, es del tipo:

$$y(x, \, t) = 2A \cos kx \, \text{sen}(\omega t + \phi_0)$$

En este caso la fase inicial ϕ_0 es cero, para que adopte la forma de la ecuación del enunciado.

Las dos ecuaciones cuya superposición da lugar a la ecuación de la onda estacionaria $y(x, \, t) = 2A \cos kx \, \text{sen} \, \omega t$ son del tipo:

$$y_{\leftarrow}(x, \, t) = A \, \text{sen}(\omega t + kx) \quad \text{en el sentido } X-$$

$$y_{\rightarrow}(x, \, t) = A \, \text{sen}(\omega t - kx) \quad \text{en el sentido } X+$$

Para el caso de la onda estacionaria que nos ocupa, como el número de onda es $k = 0, 5 \, \text{rad/m}$, la frecuencia angular $\omega = 50 \, \text{rad/s}$ y $A = 8 \cdot 10^{-2}/2 = 4 \cdot 10^{-2} \, \text{m}$, las ecuaciones son:

$$y_{\leftarrow}(x, \, t) = 4 \cdot 10^{-2} \, \text{sen}(50t + 0, 5x) \, \text{m} \quad \text{en el sentido } X-$$

$$y_{\rightarrow}(x, \, t) = 4 \cdot 10^{-2} \, \text{sen}(50t - 0, 5x) \, \text{m} \quad \text{en el sentido } X+$$

La velocidad de propagación de cada una de las ondas la calculamos a partir de la longitud de onda y del periodo:

$$v = \frac{\lambda}{T} = \frac{4\pi \, \text{m}}{0, 04\pi \, \text{s}} = 100 \, \text{m/s}$$

Problema 4.32

Se hace vibrar una cuerda de guitarra de $0, 4 \, \text{m}$ de longitud, sujeta por los dos extremos.

a) Calcule la frecuencia fundamental de vibración, suponiendo que la velocidad de propagación de la onda en la cuerda es de $352 \, \text{m/s}$.

b) Explique por qué, si se acorta la longitud de una cuerda en una guitarra, el sonido resulta más agudo.

---

a) La onda que se propaga por una cuerda tensa fija por los dos extremos, como la cuerda de una guitarra, es una onda estacionaria. Una de las formas de expresar la ecuación de una onda estacionaria es mediante la ecuación del tipo $y(x, \, t) =$

$2A\cos kx\,\mathrm{sen}\,\omega t$, que muestra la doble dependencia de la magnitud perturbada y (elongación de desplazamiento) con el tiempo t y la posición x. El término $2A\,\mathrm{sen}\,kx$ es la amplitud en la ecuación de la onda estacionaria en una cuerda sujeta por sus extremos, que nos muestra que la amplitud (elongación máxima de los puntos de la cuerda) depende de la posición x. La amplitud varía entre 0 (nodos) y $2A$ (vientres o antinodos).

Como la cuerda está fija por sus extremos, estos son nodos. Si ponemos la condición de nodo para el extremo cuya posición es $x = L$, $\mathrm{sen}\,kL = 0$. Esto sucede cuando kL es un número entero de π rad, ya que en este caso el seno es cero.

Como el número de onda es $k = \dfrac{2\pi}{\lambda}$:

$$\frac{2\pi}{\lambda}L = n\pi \Rightarrow \lambda = \frac{2L}{n}, \text{ para } n = 1, 2, 3, 4, \ldots$$

Dándole a n esos valores, obtenemos las distintas longitudes de onda correspondientes a los modos de vibración que pueden existir en la cuerda.

Para $n = 1$, la longitud de onda es:

$$\lambda = \frac{2L}{n} = \frac{2 \cdot 0,4\,\mathrm{m}}{1} = 0,8\,\mathrm{m}$$

Obsérvese que la longitud L contiene media longitud de onda.

La frecuencia de vibración correspondiente, llamada frecuencia fundamental o primer armónico, es:

$$\nu = \frac{v}{\lambda} = \frac{352\,\mathrm{m/s}}{0,8\,\mathrm{m}} = 440\,\mathrm{Hz}$$

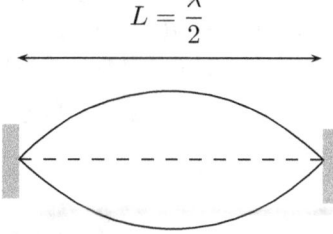

$$L = \frac{\lambda}{2}$$

Modo fundamental $n = 1$

b) Para una determinada longitud de una cuerda de longitud L unida por los dos extremos, podemos expresar las distintas frecuencias de los modos vibración en función de la velocidad y la longitud de la cuerda:

$$\nu = \frac{v}{\lambda} = \frac{v}{\dfrac{2L}{n}} = n\frac{v}{2L} \quad \left[\lambda = \frac{2L}{n}\right]$$

Observamos que, al disminuir la longitud de la cuerda, aumentan las frecuencias de los distintos modos de vibración, ya que las frecuencias son inversamente proporcionales a la longitud.

Otra manera de aumentar las frecuencias de vibración, manteniendo constante la longitud de la cuerda, es aumentando la velocidad de propagación de las ondas, lo que se consigue aumentando la tensión de la cuerda mediante la clavija de la guitarra.

Problema 4.33

En una cuerda tensa se tiene una onda de ecuación:

$$y(x,\, t) = 5 \cdot 10^{-2} \cos(10\pi x)\mathrm{sen}(40\pi t)\,(\mathrm{SI})$$

a) Razone las características de las ondas cuya superposición da lugar a la onda dada y escriba sus ecuaciones.

b) Calcule la distancia entre nodos y la velocidad de un punto de la cuerda situado en la posición $x = 1,5 \cdot 10^{-2}\,\mathrm{m}$, en el instante $t = 9/8\,\mathrm{s}$.

---

a) Se trata de la ecuación de una onda estacionaria. Una de las formas de expresar la ecuación de una onda estacionaria es mediante la ecuación del tipo $y(x,\, t) = 2A \cos kx \operatorname{sen} \omega t$, que muestra la doble dependencia de la magnitud perturbada y (elongación de desplazamiento) con el tiempo t y la posición x.

Para que dos ondas viajeras produzcan por interferencia una onda estacionaria con una ecuación como la del enunciado, en la que el término espacial es de la forma $2A \cos kx$, debe suceder que al menos el extremo $x = 0$ sea libre, con amplitud $2A \cos(k \cdot 0) = 2A$ (vientre). Las ondas viajeras que la producen tienen la misma amplitud, frecuencia y longitud de onda, se propagan en la misma dirección, pero en sentidos opuestos, y están en fase.

La ecuación de una onda estacionaria con al menos un extremo libre en $x = 0$ es del tipo:

$$y(x,\, t) = 2A \cos kx \operatorname{sen}(\omega t + \phi_0)$$

En este caso, la fase inicial ϕ_0 es cero, para que adopte la forma de la ecuación del enunciado.

Las dos ecuaciones cuya superposición da lugar a la ecuación de la onda estacionaria $y(x,\, t) = 2A \cos kx \operatorname{sen} \omega t$ son del tipo:

$$y_{\leftarrow}(x,\, t) = A \operatorname{sen}(\omega t + kx) \quad \text{en el sentido } X-$$

$$y_{\rightarrow}(x,\, t) = A \operatorname{sen}(\omega t - kx) \quad \text{en el sentido } X+$$

Para el caso que nos ocupa, si comparamos la ecuación general de la onda con la ecuación de la onda del enunciado, como el número de onda es $k = 10\pi\,\mathrm{rad/m}$, la frecuencia angular es $\omega = 40\pi\,\mathrm{rad/s}$ y $A = 5 \cdot 10^{-2}/2 = 2,5 \cdot 10^{-2}\,\mathrm{m}$, las ecuaciones son:

$$y_{\leftarrow}(x,\, t) = 2,5 \cdot 10^{-2} \operatorname{sen}(40\pi t + 10\pi x)\,\mathrm{m} \quad \text{en el sentido } X-$$

$$y_\rightarrow(x,\, t) = 2,5 \cdot 10^{-2}\,\text{sen}(40\pi t - 10\pi x)\,\text{m} \quad \text{en el sentido } X+$$

Las otras magnitudes características de las ondas que interfieren son:

- El periodo T lo calculamos a partir de la frecuencia angular ω:

$$T = \frac{2\pi}{\omega} = \frac{2\pi}{40\pi\,\text{rad/s}} = 0,05\,\text{s}$$

- La longitud de onda λ la calculamos a partir del número de onda k:

$$\lambda = \frac{2\pi}{k} = \frac{2\pi}{10\pi\,\text{rad/m}} = 0,2\,\text{m}$$

- La velocidad de propagación de cada una de las ondas la calculamos a partir de la longitud de onda y del periodo:

$$v = \frac{\lambda}{T} = \frac{0,2\,\text{m}}{0,05\,\text{s}} = 4\,\text{m/s}$$

b) El término $5 \cdot 10^{-2}\cos(10\pi x)$ de la ecuación representa la dependencia espacial. Es la amplitud del movimiento armónico simple de cada uno de los puntos de la cuerda que, según la expresión anterior, depende de su posición x. La amplitud varía entre 0 (nodos) y $5 \cdot 10^{-2}\,\text{m}$ (vientres), el doble de la amplitud de las ondas que interfieren.

Como hemos señalado anteriormente, los nodos son puntos de amplitud nula. Para que un punto sea un nodo, se debe cumplir que $5 \cdot 10^{-2}\cos(10\pi x) = 0$. Esto sucede cuando $10\pi x$ es un número impar de $\pi/2\,\text{rad}$, ya que en este caso el coseno es cero:

$$10\pi x = (2n+1)\frac{\pi}{2}$$

Despejando x obtenemos las posiciones de los nodos:

$$x = \frac{2n+1}{20}$$

La distancia entre dos nodos consecutivos es:

$$d = x_{n+1} - x_n = \frac{2(n+1)+1}{20} - \frac{2n+1}{20} = \frac{2n+3}{20} - \frac{2n+1}{20} = \frac{1}{10} = 0,1\,\text{m}$$

La velocidad de una partícula la calculamos derivando la elongación respecto al tiempo:

$$v(x,\, t) = \frac{dy(x,\, t)}{dt} = \frac{d[5 \cdot 10^{-2}\cos(10\pi x)\text{sen}(40\pi t)]}{dt} = 2\pi\cos(10\pi x)\cos(40\pi t)\,\text{m/s}$$

En el punto $x = 1,5 \cdot 10^{-2}\,\text{m}$, en el instante $t = 9/8\,\text{s}$, la velocidad es:

$$\begin{aligned} v(1,5 \cdot 10^{-2},\, 9/8) &= 2\pi\cos(10\pi \cdot 1,5 \cdot 10^{-2})\cos\left(40\pi \cdot \frac{9}{8}\right) \\ &= 2\pi\cos(0,15\pi)\cos(45\pi) = -5,6\,\text{m/s} \end{aligned}$$

> ### Problema 4.34
>
> La ecuación de una onda en una cuerda es:
>
> $$y(x,\, t) = 10 \cos\left(\frac{\pi}{3}x\right) \operatorname{sen}2\pi t \text{ (SI)}$$
>
> a) Explique las características de la onda y calcule su periodo y su longitud de onda. ¿Cuál es la velocidad de propagación?
> b) Determine la velocidad de una partícula situada en el punto $x = 1,5\,\text{m}$, en el instante $t = 0,25\,\text{s}$. Explique el resultado.

a) Se trata de la ecuación de una onda estacionaria. Una de las formas de expresar la ecuación de una onda estacionaria es mediante la ecuación del tipo $y(x,\, t) = 2A \cos kx \operatorname{sen}\omega t$, que muestra la doble dependencia de la magnitud perturbada y (elongación de desplazamiento) con el tiempo t y la posición x.

Para que dos ondas viajeras produzcan por interferencia una onda estacionaria con una ecuación como la del enunciado, en la que el término espacial es de la forma $2A \cos kx$, debe suceder que al menos el extremo $x = 0$ sea libre, con amplitud $2A \cos(k \cdot 0) = 2A$ (vientre). Las ondas viajeras que la producen tienen la misma amplitud, frecuencia y longitud de onda, se propagan en la misma dirección, pero en sentidos opuestos, y están en fase.

El término $10 \cos(\frac{\pi}{3}x)$ de la ecuación representa la dependencia espacial. Es la amplitud del movimiento armónico simple de cada uno de los puntos de la cuerda que, según la expresión anterior, depende de su posición x. La amplitud varía entre 0 (nodos) y 10 m (vientres), el doble de la amplitud de las ondas que interfieren.

El término $\operatorname{sen}2\pi t$ de la ecuación nos muestra la dependencia temporal. La presencia de este término nos indica que para un valor fijo de x (es decir, para un determinado punto de la cuerda) este oscila con un movimiento armónico simple de la misma frecuencia que los movimientos ondulatorios que interfieren.

- El periodo T lo calculamos a partir de la frecuencia angular ω:

$$T = \frac{2\pi}{\omega} = \frac{2\pi}{2\pi\,\text{rad/s}} = 1\,\text{s}$$

$\lfloor \omega = 2\pi\,\text{rad/s}$, por comparación de las ecuaciones.$\rfloor$

- La longitud de onda λ la calculamos a partir del número de onda k:

$$\lambda = \frac{2\pi}{k} = \frac{2\pi}{\dfrac{\pi}{3}\,\text{rad/m}} = 6\,\text{m}$$

$$\lfloor k = \frac{\pi}{3}\text{rad/m, por comparación de las ecuaciones.}\rfloor$$

- No podemos hablar de velocidad de propagación de una onda estacionaria, sino de la velocidad v con que se propagan las ondas incidente y reflejada que dan lugar a la onda estacionaria. Una onda estacionaria no es una verdadera onda, sino un sistema oscilante en el que no hay transporte de energía.

b) La velocidad de una partícula situada en el punto $x = 1,5\,\text{m}$, en el instante $t = 0,25\,\text{s}$ y en cualquier otro instante, es cero, puesto que es un nodo y su amplitud es cero (la partícula no se mueve en ningún momento):

$$10\cos\left(\frac{\pi}{3}\cdot 1,5\right) = 10\cos\frac{\pi}{2} = 0$$

En general, calculamos la velocidad de una partícula de una onda estacionaria que se encuentra en la posición x como siempre, derivando la elongación y respecto al tiempo:

$$v(x,\,t) = \frac{dy(x,\,t)}{dt}$$

Sin embargo, en este caso no ha sido necesario porque la amplitud de ese punto es cero en cualquier instante.

Problema 4.35

La cuerda de una guitarra vibra de acuerdo con la ecuación:

$$y(x,\,t) = 0,01\,\text{sen}(10\pi x)\cos(200\pi t)\ (\text{SI})$$

a) Indique de qué tipo de onda se trata y calcule la amplitud y la velocidad de propagación de las ondas cuya superposición puede dar lugar a dicha onda.
b) ¿Cuál es la energía de una partícula de la cuerda situada en el punto $x = 10\,\text{cm}$? Razone la respuesta.

a) Se trata de la ecuación de una onda estacionaria. Una de las formas de expresar la ecuación de una onda estacionaria es mediante la ecuación del tipo $y(x,\,t) = 2A\,\text{sen}\,kx\cos\omega t$, que muestra la doble dependencia de la magnitud perturbada y (elongación de desplazamiento) con el tiempo t y la posición x.

Las dos ondas viajeras que producen por interferencia la onda estacionaria en una cuerda de la guitarra (los dos extremos están fijos) tienen la misma amplitud, frecuencia y longitud de onda, se propagan en la misma dirección, pero en sentidos contrarios, y están en oposición de fase (entre la onda incidente y la reflejada debe haber un desfase de π rad, para que la elongación y sea cero en $x = 0$).

El término $0,01\,\text{sen}(10\pi x)$ de la ecuación representa la dependencia espacial. Es la amplitud del movimiento armónico simple de cada uno de los puntos de la cuerda que, según la expresión anterior, depende de su posición x. La amplitud varía entre 0 (nodos) y $0,01\,\text{m}$ (vientres o antinodos), el doble de la amplitud de las ondas que interfieren.

El término $\cos(200\pi t)$ de la ecuación nos muestra la dependencia temporal. La presencia de este término nos indica que para un valor fijo de x (es decir, para un determinado punto de la cuerda) este oscila con un movimiento armónico simple de la misma frecuencia que los movimientos ondulatorios que interfieren.

- La amplitud A de cada onda que interfiere es $5 \cdot 10^{-3}$ m, la mitad de $0,01$ m.

- La velocidad de propagación v de cada una de las ondas la calculamos a partir de la frecuencia angular ω y del número de onda k:

$$v = \frac{\omega}{k} = \frac{200\pi\,\text{rad/s}}{10\pi\,\text{rad/m}} = 20\,\text{m/s}$$

$\lfloor \omega = 200\pi\,\text{rad/s},\ k = 10\pi\,\text{rad/m};\ \text{por comparación de las ecuaciones.}\rfloor$

b) Un simple vistazo a la ecuación sugiere que el punto $x = 10\,\text{cm} = 0,1\,\text{m}$ es un nodo, ya que su amplitud es cero:

$$0,01 \cdot \text{sen}(10\pi \cdot 0,1) = 0,01 \cdot \text{sen}\,\pi = 0$$

$$\lfloor \text{sen}\,\pi = 0 \rfloor$$

La energía de la partícula es cero. Como se trata de un nodo, la partícula no vibra y no tiene energía cinética. Como la partícula está en la posición de equilibrio, no tiene energía potencial elástica (no consideramos la energía potencial gravitatoria ni la energía interna de la partícula).

Capítulo 5

Luz y Óptica

Cuestión 5.1

a) Señale los aspectos básicos de las teorías corpuscular y ondulatoria de la luz e indique algunas limitaciones de dichas teorías.

b) Indique al menos tres regiones del espectro electromagnético y ordénelas en orden creciente de longitudes de onda.

---

a) Los aspectos básicos de ambas teorías son:

- Teoría corpuscular

  Fue propuesta por Newton a finales del siglo XVII, según la cual la luz está formada por partículas materiales (corpúsculos) distintas para los distintos colores que, emitidas por el foco luminoso, viajan en línea recta y a gran velocidad, llegan al ojo y producen la sensación correspondiente.

  Esta teoría explica la formación de sombras y eclipses (que no se explicaría sin suponer que los corpúsculos viajan en línea recta), las leyes de la reflexión (los corpúsculos rebotan como si fueran bolas que rebotan en una superficie dura) y las leyes de la refracción (algunos corpúsculos que inciden en un medio más denso son atraídos por este, aumentan su velocidad y cambian su dirección).

- Teoría ondulatoria

  Fue propuesta por Huygens, coetáneo de Newton, según la cual la luz es una onda mecánica longitudinal que necesita un medio muy especial para propagarse, el éter. Considera la luz como una serie de ondas esféricas cuyos frentes de ondas son superficies esféricas concéntricas con el foco en donde se produce la perturbación.

Esta teoría explica las leyes de la reflexión y de la refracción, suponiendo que cada punto de un frente de ondas puede considerarse como un foco secundario de nuevas ondas elementales, de forma que, al cabo de un tiempo, el nuevo frente de ondas es la envolvente de las ondas secundarias (principio de Huygens). También justifica que, al igual que ocurre con las ondas sonoras, dos haces luminosos puedan cruzarse sin alterarse mutuamente o que un cuerpo pueda emitir luz sin perder masa.

Las limitaciones de ambas teorías son:

- La teoría corpuscular no justifica que:
  * Los cuerpos no pierdan masa a pesar de que emitan corpúsculos.
  * Al cruzarse en su camino haces de luces, no choquen y sigan su trayectoria independientemente.
  * La velocidad de la luz sea menor en el medio más denso.
- La teoría ondulatoria no justifica que:
  * La luz se propague en línea recta.
  * La luz pueda propagarse en el vacío.
  * La luz no presente fenómenos de interferencias o difracción.

b) Ultravioleta, visible e infrarrojo.

Cuestión 5.2

a) Explique la naturaleza de las ondas electromagnéticas. ¿Cómo caracterizarías mejor una onda electromagnética, por su frecuencia o por su longitud de onda?
b) Ordene según longitudes de onda crecientes las siguientes regiones del espectro electromagnético: microondas, rayos X, luz verde, luz roja, ondas de radio.

---

a) Las ondas electromagnéticas son ondas transversales que se originan por cargas eléctricas aceleradas. Consisten en la propagación, sin necesidad de soporte material alguno, de un campo eléctrico y otro magnético perpendiculares entre sí y a la dirección de propagación.

Las magnitudes $\vec{E}$ (intensidad de campo eléctrico) y $\vec{B}$ (campo magnético) varían armónicamente, tienen la misma frecuencia y longitud de onda y están en fase.

Si para $t=0$ y $x=0$, los módulos de $\vec{E}$ y $\vec{B}$ son los valores máximos E_0 y B_0, respectivamente, las ecuaciones de onda, descritas con la función coseno, son:

$$E = E_0 \cos(\omega t - kx) \qquad \text{y} \qquad B = B_0 \cos(\omega t - kx)$$

La figura siguiente muestra cómo varían E y B con la posición y el tiempo:

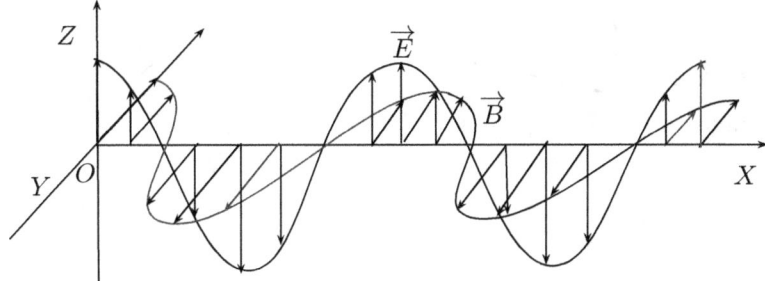

En cualquier instante y posición, E y B están relacionados mediante una constante, que en el vacío es c, la velocidad de la luz en este medio:

$$\frac{E}{B} = c$$

Si el medio es el vacío, la frecuencia ν y la longitud de onda λ_0 están relacionadas por la expresión $c = \lambda_0 \nu$, de manera que una onda electromagnética puede caracterizarse por ambas magnitudes. Si el medio es distinto al vacío, se caracteriza mejor por su frecuencia que por su longitud de onda, ya que esta última depende del medio por el que se propaga.

La velocidad de propagación de una onda electromagnética en un medio es:

$$v = \lambda \nu$$

Como v es menor en cualquier medio que en el vacío y ν es una característica del foco que permanece constante, sea cual sea el medio por el que se propaga, la longitud de onda de una onda electromagnética en cualquier medio siempre es menor que en el vacío.

b) Rayos X, luz verde, luz roja, microondas, ondas de radio.

Cuestión 5.3

a) ¿Qué se entiende por refracción de la luz? Explique qué es el ángulo límite y, utilizando un diagrama de rayos, indique cómo se determina.

b) Una fibra óptica es un hilo transparente a lo largo del cual puede propagarse la luz sin salir al exterior. Explique por qué la luz "no se escapa" a través de las paredes de la fibra.

---

a) La refracción de la luz es el cambio de dirección de propagación que experimenta la luz al pasar de un medio a otro en el que se modifica la velocidad.

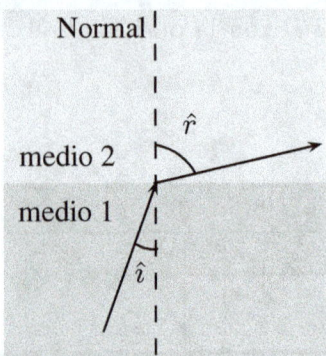 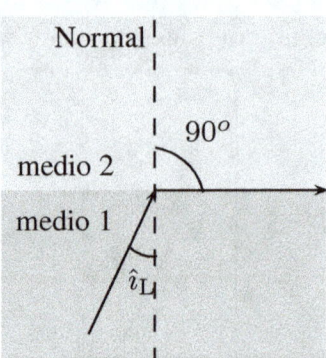

Cuando la luz pasa de un medio con mayor índice de refracción a otro con menor índice de refracción, se aleja de la normal. Existe un ángulo de incidencia para el cual el ángulo refractado es de 90°. Este ángulo recibe el nombre de ángulo límite $\hat{\imath}_L$, puesto que un rayo que incida con un ángulo superior al ángulo límite no se refracta, sino que solo se refleja.[1] Como se aprecia en las figuras de más arriba, el ángulo límite $\hat{\imath}_L$ se determina variando, poco a poco, la dirección del ángulo de incidencia $\hat{\imath}$ hasta que el ángulo de refracción $\hat{r}$ sea 90°.

b) Como hemos señalado anteriormente, cuando la luz viaja por un medio de mayor índice de refracción que el aire, como puede ser una fibra de vidrio, hay ángulos de incidencia por encima del ángulo límite en el que la luz solo se refleja y, por tanto, no abandona el interior de la fibra óptica, propagándose a través de ella.

El esquema siguiente muestra la trayectoria de un rayo luminoso por el núcleo de una fibra óptica, donde queda confinado. La fibra óptica es un cable formado por filamentos muy finos de vidrio o materiales plásticos rodeados de un material de índice de refracción menor.

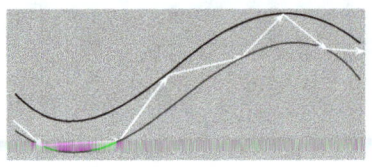

La fibra óptica se emplea para transmitir señales electromagnéticas que se propagan a lo largo de ella experimentando sucesivas reflexiones totales. Se utiliza en medicina para la exploración de órganos, en la fabricación de sensores y en iluminación. También se utiliza ampliamente en telecomunicaciones, ya que permite enviar gran cantidad de datos a una gran distancia con velocidades similares a las de radio y superiores a la de cable convencional. Es el medio de transmisión por excelencia al ser inmune a las interferencias electromagnéticas. También se utiliza para redes locales donde se necesite aprovechar las ventajas de la fibra óptica sobre otros medios de transmisión.

---

[1]Hay que aclarar que siempre hay rayo reflejado, aunque no lo representemos en las figuras, pero cuando se pasa el ángulo límite solo hay rayo reflejado y no hay rayo refractado.

Cuestión 5.4

a) ¿Qué se entiende por interferencia de la luz?

b) ¿Por qué no observamos la interferencia de la luz producida por los dos faros de un automóvil?

---

a) La interferencia de la luz es la interacción que se produce cuando se superponen simultáneamente dos o más ondas luminosas en la misma región del espacio. Las ondas luminosas interfieren entre sí del mismo modo que interfieren las ondas mecánicas; sin embargo, a pesar de que las interferencias de ondas (y muy especialmente de ondas electromagnéticas) es constante a nuestro alrededor, es muy difícil observarlas con claridad. La razón estriba en que una interferencia solo se mantiene en el espacio y en el tiempo cuando las ondas que interfieren son coherentes, es decir, poseen la misma frecuencia y velocidad de propagación, con lo que se asegura que el desfase entre ellas sea constante en el espacio y en el tiempo.

En la figura siguiente se muestra una fuente de ondas luminosas coherentes y una fuente de onda no coherentes:

Luz coherente

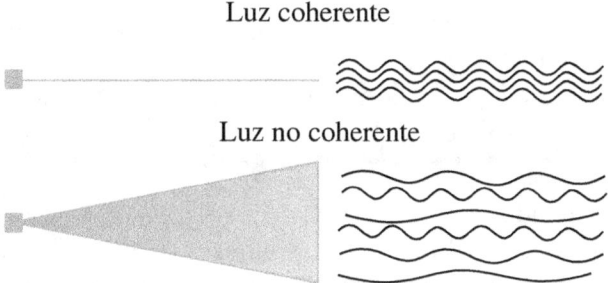

Luz no coherente

Para observar interferencias de ondas luminosas, lo único que debemos hacer es conseguir que dos focos luminosos radien de modo coherente, es decir, emitan ondas de la misma frecuencia y con desfase constante. En 1801 Thomas Young diseñó un experimento para conseguir dos focos coherentes: el experimento de la doble rendija de Young. La idea es interponer en el camino de la luz, procedente de un único foco de luz monocromática, una pantalla con dos orificios (o rendijas) separados entre sí cierta distancia. Según el principio de Huygens, cada una de las rendijas actúa como un foco emisor de ondas; las ondas procedentes de las rendijas sí son coherentes entre sí, puesto que su origen físico está en el mismo foco real.

El resultado del experimento es la observación en una pantalla situada a una distancia de las rendijas, muy grande en comparación con la separación entre ellas, de un patrón de interferencias consistente en un conjunto de franjas brillantes y oscuras alternantes. Las franjas brillantes corresponden a interferencias constructivas entre las ondas procedentes de las dos rendijas, mientras que las oscuras corresponden a interferencias destructivas entre las ondas procedentes de las mismas.

 b) No se observa la interferencia producida por los dos faros de un automóvil porque las radiaciones visibles emitidas no son coherentes (están constituidas por radiaciones de distintas frecuencias).

Sin embargo, se pueden observar fenómenos de interferencia luminosa en la vida real cuando se mira la luz reflejada por una lámina delgada (una capa fina de aceite extendida sobre el agua o la superficie de una pompa de jabón). En un sistema así, interfieren dos ondas luminosas coherentes: la que se refleja en la cara superior de la lámina y la que lo hace en la cara inferior de la misma. El resultado de tales interferencias son unas franjas de colores variados fácilmente observables conocidos como irisdiscencias, que pueden también ser observadas en alas de mariposas o plumas de pájaros.

Cuestión 5.5

a) Enuncie las leyes de la reflexión y de la refracción de la luz. Explique la diferencia entre ambos fenómenos.
b) Compare lo que ocurre cuando un haz de luz incide sobre un espejo y sobre un vidrio de ventana.

---

a) Cuando la luz incide sobre la superficie de separación de dos medios distintos transparentes, una parte se refleja y vuelve por el mismo medio en el que se propaga, siguiendo las leyes de la reflexión, y otra parte pasa al segundo medio, en donde se refracta, siguiendo las leyes de la refracción, y se absorbe parcialmente.
Las leyes de la reflexión y de la refracción son leyes empíricas:

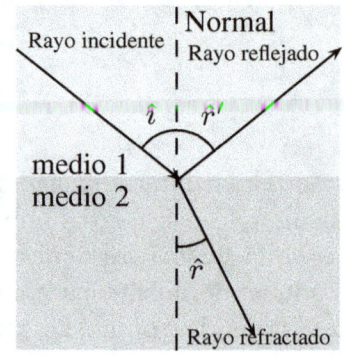

- Leyes de la reflexión

    1ª El rayo incidente, la normal y el rayo reflejado están en un mismo plano.

    2ª El ángulo de incidencia $\hat{\imath}$ y el ángulo de reflexión $\hat{r}'$ son iguales:

$$\hat{\imath} = \hat{r}'$$

- Leyes de la refracción

    1ª El rayo incidente, la normal y el rayo refractado están en un mismo plano.

    2ª Ley de Snell, que dice que el índice de refracción del medio donde inicialmente se propaga el rayo, n_1, por el seno del ángulo de incidencia es igual al índice de refracción del medio donde se refracta el rayo, n_2, por el seno del ángulo de refracción:

    $$n_1 \operatorname{sen} \hat{\imath} = n_2 \operatorname{sen} \hat{r}$$

- Diferencias entre la reflexión y la refracción

    1ª En la reflexión la luz no cambia de medio ni de velocidad, mientras que en la refracción, sí.

    2ª En la reflexión el ángulo de incidencia es igual al de reflexión, mientras que en la refracción los ángulos de incidencia y de refracción son distintos.

b) Cuando la luz incide sobre la superficie de un espejo, se refleja totalmente, mientras que, como muestra la figura de la derecha, cuando la luz incide sobre la superficie de un vidrio de una ventana, parte se refleja doblemente, en la superficie aire-vidrio y en la superficie vidrio-aire; parte se absorbe y parte se refracta doblemente, primero al pasar del aire al vidrio y luego al pasar del vidrio al aire.

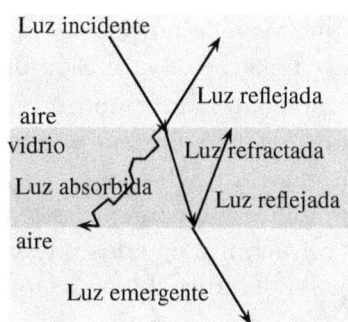

Cuestión 5.6

a) Explique en qué consiste la reflexión total. ¿En qué condiciones se produce?

b) ¿Por qué la profundidad real de una piscina llena de agua es mayor que la profundidad aparente?

---

a) La reflexión total es el fenómeno óptico por el cual un rayo luminoso, al incidir sobre una superficie que separa dos medios distintos transparentes, solo se refleja. Se produce cuando el rayo pasa de un medio de mayor índice de refracción a otro medio de menor índice de refracción. Para ángulos de incidencia superiores al ángulo límite $\hat{\imath}_{\mathrm{L}}$, que es aquel para el cual el ángulo de refracción es de 90°, el rayo incidente no se refracta, sino que solo se refleja.

La transmisión de la luz en las fibras ópticas, los pentaprismas de las cámaras fotográficas réflex o los destellos que se observan en un diamante tallado se deben al fenómeno de la reflexión total.

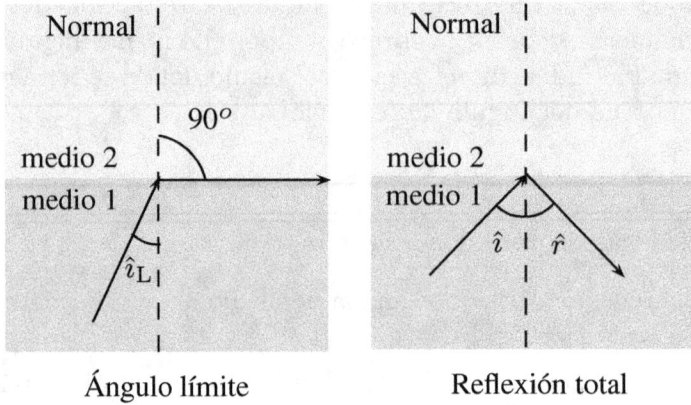

b) El que veamos el fondo de una piscina a una profundidad menor que la real o el que veamos un pez en un estanque más próximo a la superficie de lo que está en realidad, es una ilusión óptica debida al fenómeno de la refracción.

Supongamos un punto objeto O del fondo de una piscina y dibujemos la trayectoria de dos rayos, rayos 1 y 2, que emite y emergen desde el agua y se refractan alejándose de la normal, por ser el índice de refracción del agua mayor que el del aire. El observador sufre la ilusión de ver el fondo de la piscina en el punto O' a la profundidad aparente s', menor que la profundidad real d. El punto O' es el punto imagen (virtual) desde donde divergen las prolongaciones de los rayos refractados.

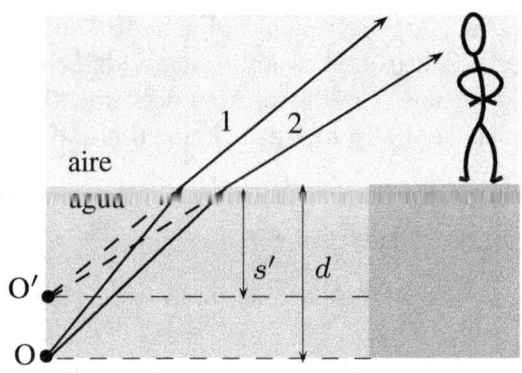

Cuestión 5.7

a) Explica por qué cuando se observa desde el aire un remo sumergido parcialmente en el agua parece estar doblado.

b) Describe brevemente el modelo corpuscular de la luz. ¿Puede explicar dicho modelo los fenómenos de interferencia luminosa?

a) Este fenómeno óptico es debido a la refracción de la luz al pasar del agua al aire.

Supongamos un punto objeto O del extremo del remo y dibujemos la trayectoria de dos rayos, rayos 1 y 2, que emite y emergen desde el agua y se refractan alejándose de la normal, por ser el índice de refracción del agua mayor que el del aire. El observador sufre la ilusión de ver el extremo del remo en el punto O′ a una profundidad aparente menor que la profundidad real, lo que le hace creer que está doblado.

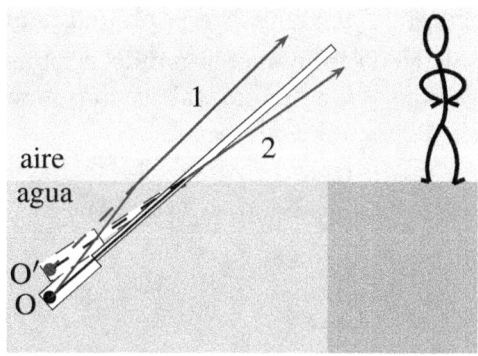

La imagen que ve la persona es virtual porque está formada por puntos como O′, desde donde divergen las prolongaciones de los rayos refractados.

b) El modelo corpuscular fue propuesto por Newton a finales del siglo XVII, según el cual la luz está formada por partículas materiales (corpúsculos) que viajan en línea recta a gran velocidad y llegan a la retina, donde se forma la imagen que se transmite al cerebro, en el que se produce la sensación de visión.

Este modelo fue apoyado por los científicos de la época, pues explica la formación de sombras y eclipses (que no se explicaría de otra forma sin suponer que los corpúsculos viajan en línea recta), las leyes de la reflexión (los corpúsculos rebotan como si fueran bolas que rebotan en un superficie dura) y las leyes de la refracción (algunos corpúsculos que inciden en un medio más denso son atraídos por este, aumentan su velocidad y cambian de dirección).

El modelo corpuscular no puede explicar los fenómenos de interferencia luminosa (luz + luz = aumento de la intensidad luminosa o luz + luz = oscuridad) por el choque simple de corpúsculos, que deben seguir las leyes de la dinámica y no que al chocar se destruyan y se forme oscuridad, que sí puede explicar el modelo ondulatorio de Huygens. El modelo corpuscular tampoco puede explicar los fenómenos de difracción en los cuales la luz parece ser capaz de bordear los obstáculos o doblar las esquinas.

Cuestión 5.8

a) Explique qué es una imagen real y una imagen virtual y señale alguna diferencia observable entre ellas.

b) ¿Puede formarse una imagen virtual con un espejo cóncavo? Razone la respuesta utilizando las construcciones gráficas que considere oportunas.

a) Una imagen real es aquella que se forma por la convergencia de los rayos a la salida de un sistema óptico. Una imagen virtual es aquella que se forma por las prolongaciones de los rayos que divergen a la salida de un sistema óptico. Una imagen real puede recogerse en una pantalla mientras que una imagen virtual, no.

b) Sí puede formarse, situando el objeto entre el foco y el espejo, tal y como muestra la figura de la derecha.

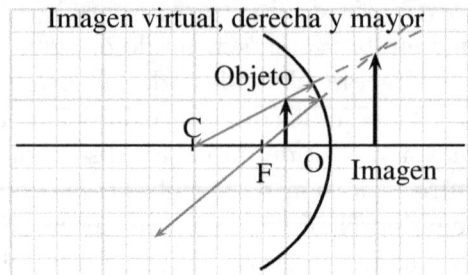

Cuestión 5.9

a) Explique, con ayuda de un esquema, en qué consiste el fenómeno de la dispersión de la luz blanca a través de un prisma de vidrio.

b) ¿Ocurre el mismo fenómeno si la luz blanca atraviesa una lámina de vidrio de caras paralelas?

---

a) Cuando la luz se propaga por un medio distinto al vacío o al aire, su velocidad de propagación depende de la longitud de onda de las radiaciones elementales que la componen. La diferencia, aunque bastante pequeña, es lo suficiente para que pueda producir efectos claramente observables como el de la descomposición de la luz blanca en esas radiaciones elementales (colores) al atravesar un prisma, fenómeno que se conoce como dispersión.

Para un determinado medio (agua, vidrio, etc.), cada radiación tiene un índice de refracción n diferente, que será tanto mayor cuanto menor sea su longitud de onda λ:[2]

$$n = \frac{\lambda_0}{\lambda}$$

siendo λ_0 la longitud de onda de la radiación correspondiente en el vacío (por ello, se establece como referencia para los valores de los índices de refracción de los distintos materiales la radiación de una determinada longitud de onda λ).[3]

De acuerdo con la ley de Snell expresada en función de los índices de refracción, si un rayo luminoso pasa del vacío a otro medio, se desvía tanto más cuanto mayor sea el índice de refracción del medio.

---

[2] $n = \dfrac{c}{v} = \dfrac{\lambda_0 \nu}{\lambda \nu} = \dfrac{\lambda_0}{\lambda}$.

[3] Los índices de refracción se expresan con relación a la luz amarilla del sodio, cuya longitud de onda en el vacío es $\lambda_{\mathrm{a}} = 589\,\mathrm{nm}$.

Cuando un haz de luz blanca incide sobre un prisma de vidrio, cada color que emerge se desvía de su dirección un ángulo δ llamado ángulo de dispersión, que es tanto mayor cuanto menor es la longitud de onda de la radiación por ser el índice de refracción mayor. Así, la radiación que se desviará más será la azul, de menor longitud de onda, y la que menos, la roja, de mayor longitud de onda.

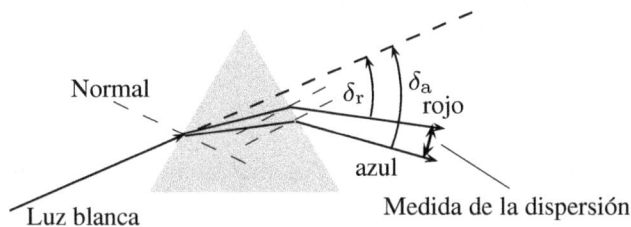

La luz blanca se descompone en un espectro continuo que forma la radiación visible. La medida de la dispersión viene dada por la diferencia entre los ángulos de dispersión de la luz azul y la roja.

b) Si ahora el haz de luz blanca incide sobre una lámina de caras paralelas, el rayo emergente es paralelo al incidente, aunque sufre un desplazamiento. Por tanto, todas las radiaciones presentes en el rayo incidente, desde la luz roja hasta la azul, atraviesan la lámina y emergen según rayos paralelos al incidente, como se muestra en la figura. No habría, pues, dispersión, ya que la dirección de los rayos emergentes es la misma.

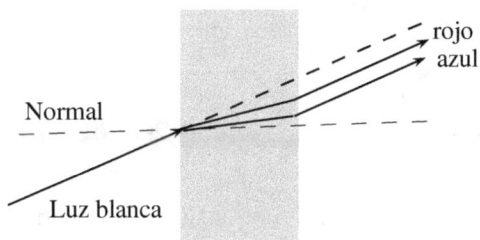

Cuestión 5.10

Es corriente utilizar espejos convexos como retrovisores en coches y camiones o en vigilancia de almacenes, con objeto de proporcionar mayor ángulo de visión con un espejo de tamaño razonable.

a) Explique con ayuda de un esquema las características de la imagen formada en este tipo de espejos.

b) En estos espejos se suele indicar: "Atención, los objetos están más cerca de lo que parece". ¿Por qué parece que están más alejados?

a) La imagen es virtual (se forma por las prolongaciones de los rayos que divergen al reflejarse en el espejo), derecha (orientada como el objeto) y menor (más pequeña que el objeto).

b) Parece que están más alejados porque la imagen es más pequeña que el objeto.

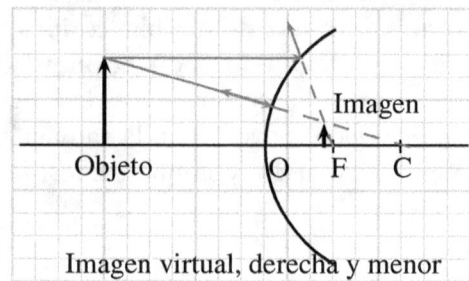

Imagen virtual, derecha y menor

Cuestión 5.11

a) Indique qué se entiende por foco y por distancia focal de un espejo. ¿Qué es una imagen virtual?

b) Con ayuda de un diagrama de rayos, describa la imagen formada por un espejo cóncavo para un objeto situado entre el centro de curvatura y el foco.

---

a) Se llama foco de un espejo esférico al punto donde converge realmente tras reflejarse un haz de rayos paralelos que inciden él (espejo cóncavo) o al punto desde donde parecen divergir las prolongaciones detrás del espejo (espejo convexo).

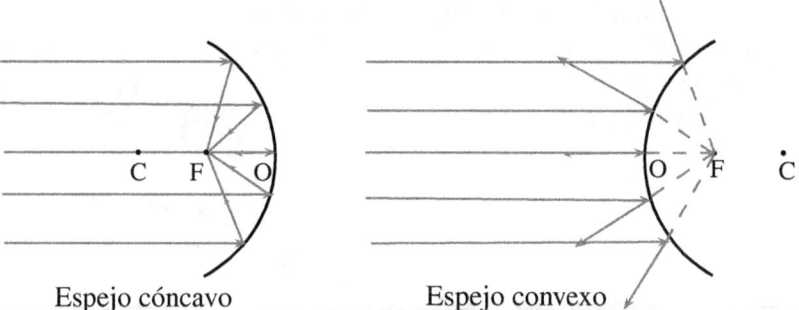

Espejo cóncavo   Espejo convexo

En el caso del espejo cóncavo el foco se sitúa delante de él, mientras que en el caso del espejo convexo el foco se sitúa detrás de él.

Se llama distancia focal f a la que existe entre el foco y el espejo. Se puede demostrar que la distancia focal es la mitad que r, distancia que existe entre el centro de curvatura del espejo C y la lente:

$$f = \frac{r}{2}$$

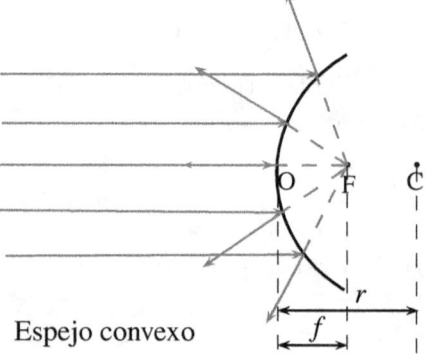

Espejo convexo

Una imagen virtual formada por espejos es aquella que se forma por las prolongaciones de los rayos que divergen al reflejarse en el espejo.

b) La imagen es real (se forma por los rayos que convergen a la salida del espejo), invertida (orientada al revés del objeto) y mayor (más grande que el objeto).

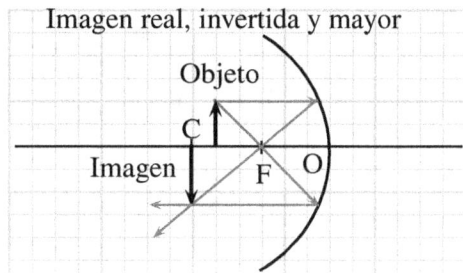

Cuestión 5.12

a) Si queremos ver una imagen ampliada de un objeto, ¿qué tipo de espejo tenemos que utilizar? Explique, con ayuda de un esquema, las características de la imagen formada.

b) La nieve refleja casi toda la luz que incide en su superficie. ¿Por qué no nos vemos reflejados en ella?

a) Debemos utilizar un espejo cóncavo. Tenemos dos posibilidades:

• Primera: que el objeto se sitúe entre el centro de curvatura y el foco. La imagen es real (se forma por lo rayos que convergen al reflejarse en el espejo), invertida (orientada al revés del objeto) y mayor (más grande que el objeto).

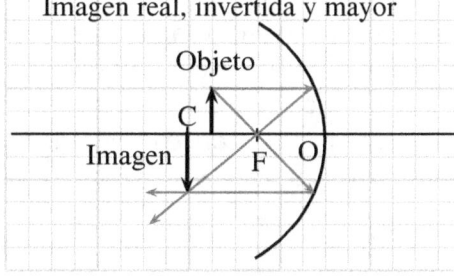

• Segunda: que el objeto se sitúe entre el foco y el espejo. La imagen es virtual (se forma por las prolongaciones de los rayos que divergen al reflejarse en el espejo), derecha (orientada como el objeto) y mayor (más grande que el objeto).

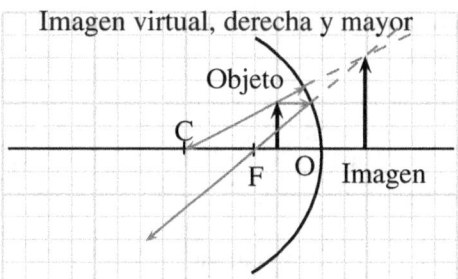

b) Para que una superficie actúe como un espejo y nos veamos reflejados en ella, debe debe ser microscópicamente lisa y plana. Esta reflexión se llama especular y en ella las normales a la superficie de todos los rayos incidentes son paralelas y, en consecuencia, por la segunda ley de la reflexión, los rayos reflejados que llegan a nuestros ojos son paralelos entre sí.

La nieve no se comporta como un espejo porque el tamaño de las rugosidades de su superficie es lo suficientemente grande para que los rayos reflejados por ella lo hagan en distintas direcciones. La nieve y otras superficies no lisas experimentan lo que se conoce como reflexión difusa. Es muy importante este fenómeno, ya que nos permite ver los objetos que no emiten luz por sí solos (la mayoría) y apreciar su textura y color.

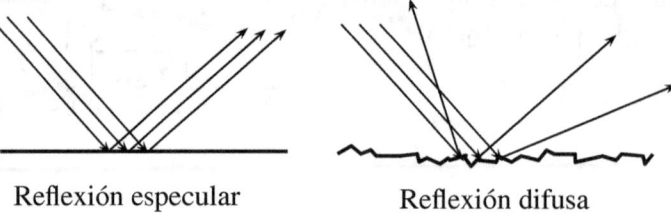

Reflexión especular   Reflexión difusa

Cuestión 5.13

a) Explique la formación de imágenes y sus características en una lente divergente.

b) ¿Pueden formarse imágenes virtuales con lentes convergentes? Razone la respuesta.

---

a) Para construir gráficamente la imagen, debemos dibujar un diagrama de rayos en los que se analiza la marcha de tres rayos procedentes del punto objeto (en nuestro caso, el punto objeto es el extremo de la cabeza de la flecha, que es suficiente para la construcción de la misma). Debemos trazar al menos dos de los tres rayos siguientes:

- Rayo 1: desde el punto objeto llega a la lente paralelo al eje óptico O y la prolongación del rayo refractado pasa por el foco imagen F′.

- Rayo 2: desde el punto objeto pasa por el centro óptico de la lente y no sufre desviación.

- Rayo 3: desde el punto objeto se dirige hacia el foco objeto F y tras refractarse sale paralelo al eje óptico.

El punto imagen será donde se corten las prolongaciones de los rayos refractados 1 y 3 (líneas discontinuas) y el rayo 2.

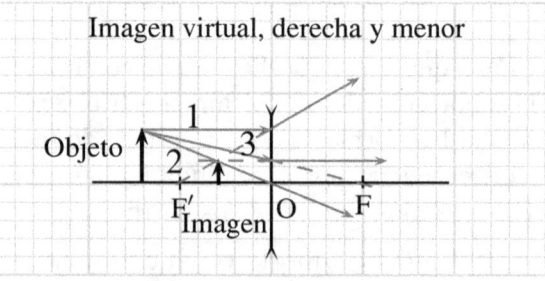

Como se observa también en esta figura, las lentes divergentes forman siempre una imagen virtual, derecha y de menor tamaño que el objeto, independientemente de su posición frente a la lente.

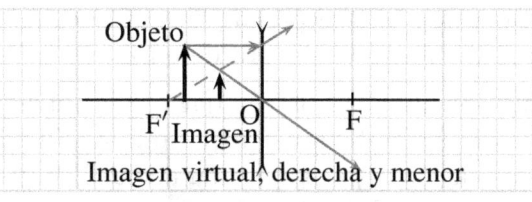

b) Sí, únicamente cuando el objeto se sitúa entre el foco F y el centro óptico de la lente O.

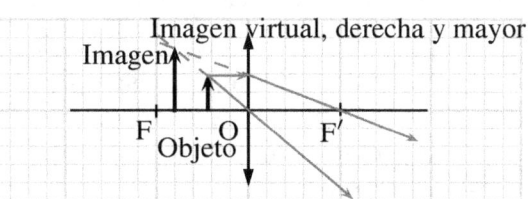

Cuestión 5.14

Dibuje la marcha de los rayos e indique el tipo de imagen formada con una lente convergente si:

a) La distancia objeto s es igual al doble de la focal f.

b) La distancia objeto es igual a la focal.

---

a) La imagen es real (se forma por las prolongaciones de los rayos que convergen a la salida de la lente), invertida (orientada al revés del objeto) e igual (del mismo tamaño que el objeto).

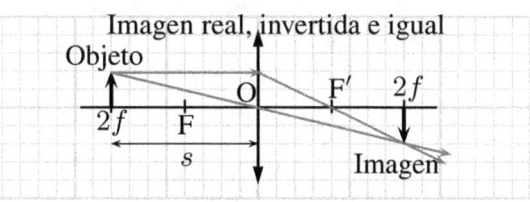

b) La imagen se forma en el infinito.

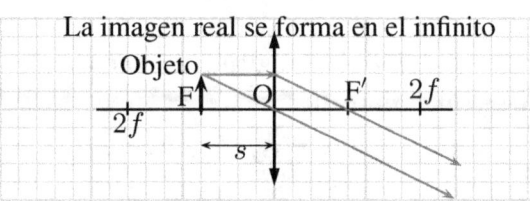

Problema 5.15

Una antena emite una onda de radio de $6 \cdot 10^7$ Hz.

a) Explique las diferencias entre esa onda y una onda sonora de la misma longitud de onda y determine la frecuencia de esta última.

b) La onda de radio penetra en un medio y su velocidad se reduce a $0,75c$. Determine su frecuencia y su longitud de onda en ese medio.

$c = 3 \cdot 10^8 \, \mathrm{m\,s^{-1}}$; $v_{\mathrm{sonido}} = 340 \, \mathrm{m\,s^{-1}}$.

---

a) Atendiendo a la necesidad de un medio material para su propagación, la onda de radio es una onda electromagnética y no necesita un medio material para propagarse (puede propagarse en el vacío), mientras que la onda sonora es una onda mecánica y necesita de un medio material para propagarse.

Atendiendo a la relación que existe entre la dirección de propagación de la onda y la dirección de la perturbación, la onda de radio es transversal (la dirección de propagación es perpendicular a la de la perturbación), mientras que la onda sonora es longitudinal (la dirección de propagación es la misma que la de la perturbación).

Por último, atendiendo a dependencia de la velocidad de propagación con la frecuencia, la velocidad de propagación de la onda de radio en un medio material depende de su frecuencia, mientras que la velocidad de propagación de la onda sonora, no (sonidos de distinta frecuencia viajan con la misma velocidad y se oyen al mismo tiempo).

Calculamos primero la longitud de onda de la onda de radio:

$$\lambda = \frac{c}{\nu} = \frac{3 \cdot 10^8 \, \text{m/s}}{6 \cdot 10^7 \, \text{Hz}} = 5 \, \text{m}$$

Calculamos ahora la frecuencia de la onda sonora de la misma longitud de onda que la onda de radio:

$$\nu = \frac{v_{\text{sonido}}}{\lambda} = \frac{340 \, \text{m/s}}{5 \, \text{m}} = 68 \, \text{Hz}$$

b) La frecuencia de una onda electromagnética es una característica del foco emisor que permanece constante, sea cual sea el medio por el que se propague. Su valor será el mismo, $68 \, \text{Hz}$.

Si cambia la velocidad al pasar la onda de un medio a otro, debe cambiar también la longitud de onda. Como λ es directamente proporcional a la velocidad de propagación, cabe esperar que si al penetrar la onda en el medio la velocidad se reduce a $0,75c$, la longitud de onda en el agua se reduzca también a $0,75\lambda = 0,75 \cdot 5 \, \text{m} = 3,75 \, \text{m}$.

Problema 5.16

Una antena de radar emite en el vacío radiación electromagnética de longitud de onda $0,03 \, \text{m}$.
a) Indique la frecuencia de la radiación y el número de ondas completas emitidas durante un intervalo de tiempo de $0,5 \, \text{s}$.
b) Si las ondas penetran en agua, su velocidad se reduce al 80% del valor en el vacío. ¿Cómo cambian el periodo y la longitud de onda?
$c = 3 \cdot 10^8 \, \text{m s}^{-1}$.

---

a) La frecuencia de la radiación ν es:

$$\nu = \frac{c}{\lambda_0} = \frac{3 \cdot 10^8 \, \text{m/s}}{3 \cdot 10^{-2} \, \text{m}} = 10^{10} \, \text{Hz}$$

Calculamos la distancia d recorrida por la onda en $0,5\,\text{s}$ a la velocidad de la luz en el vacío c:

$$d = ct = 3 \cdot 10^8\,\text{m/s} \cdot 0,5\,\text{s} = 1,5 \cdot 10^8\,\text{m}$$

El número de ondas completas es el número de veces que la distancia recorrida por la onda contiene una longitud de onda de la misma:

$$\frac{d}{\lambda_0} = \frac{1,5 \cdot 10^8\,\text{m}}{3 \cdot 10^{-2}\,\text{m}} = 5 \cdot 10^9$$

Unos cinco mil millones de ondas completas.

b) La velocidad de las ondas electromagnéticas varía al pasar de un medio a otro, siendo el valor máximo la velocidad en el vacío c. Como la frecuencia de una radiación es una característica del foco emisor que permanece constante, sea cual sea el medio por el que se propague la onda, el periodo, que es la magnitud inversa a la frecuencia, también permanecerá constante.

Si cambia la velocidad de las ondas al pasar de un medio a otro, debe cambiar también la longitud de onda. Como λ es directamente proporcional a la velocidad de propagación, cabe esperar que si al penetrar las ondas en el agua la velocidad se reduce al 80% del valor en el vacío (su valor cambia de c a $0,8c = 0,8 \cdot 3 \cdot 10^8\,\text{m/s} = 2,4 \cdot 10^8\,\text{m/s}$), la longitud de onda en el agua también se reduzca al mismo porcentaje que lo hace el valor de la velocidad (su valor cambia de λ_0 a $0,8\lambda_0 = 0,8 \cdot 3 \cdot 10^{-2}\,\text{m} = 0,024\,\text{m}$).

Problema 5.17

Un haz de luz de $5 \cdot 10^{14}\,\text{Hz}$ viaja por el interior de un diamante.
a) Determine la velocidad de propagación y la longitud de onda de esa luz en el diamante.
b) Si la luz emerge del diamante al aire con un ángulo de refracción de 10°, dibuje la trayectoria del haz y determine el ángulo de incidencia.
$c = 3 \cdot 10^8\,\text{m\,s}^{-1}$; $n_{\text{diamante}} = 2,42$.

---

a) Calculamos la velocidad de propagación de la luz en el diamante a partir del índice de refracción del diamante, que es la relación que existe entre la velocidad de propagación de la luz en el vacío c y la velocidad de propagación de la luz en el diamante:

$$n_{\text{diamante}} = \frac{c}{v_{\text{diamante}}}$$

Despejamos v_{diamante} y calculamos su valor:

$$v_{\text{diamante}} = \frac{c}{n_{\text{diamante}}} = \frac{3 \cdot 10^8\,\text{m/s}}{2,42} = 1,24 \cdot 10^8\,\text{m/s}$$

$$\lfloor n_{\text{diamante}} = 2,42; \; c = 3 \cdot 10^8 \, \text{m/s} \rfloor$$

Calculamos la longitud de onda de la luz a partir de la frecuencia, que no varía al cambiar de medio, y de su velocidad:

$$\lambda_{\text{diamante}} = \frac{v_{\text{diamante}}}{\nu} = \frac{1,24 \cdot 10^8 \, \text{m/s}}{5 \cdot 10^{14} \, \text{Hz}} = 2,48 \cdot 10^{-7} \, \text{m} = 248 \cdot 10^{-9} \, \text{m} = 248 \, \text{nm}$$

b) Llamamos $\hat{\imath}$ al ángulo de incidencia y $\hat{r}$ al ángulo de refracción. Aplicamos la expresión de la ley de Snell en función de los índices de refracción de los dos medios:

$$n_{\text{diamante}} \, \text{sen} \, \hat{\imath} = n_{\text{aire}} \, \text{sen} \, \hat{r}$$

Despejamos sen $\hat{\imath}$:

$$\text{sen} \, \hat{\imath} = \frac{n_{\text{aire}}}{n_{\text{diamante}}} \, \text{sen} \, \hat{r} = \frac{1}{2,42} \cdot 0,174 = 0,0719$$

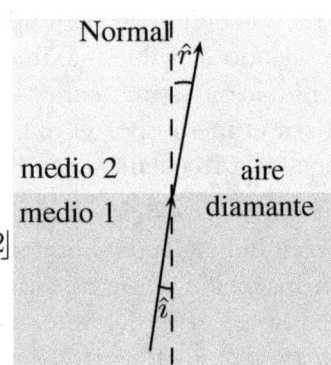

$$\lfloor \text{sen} \, \hat{r} = \text{sen} \, 10^o = 0,174; \; n_{\text{aire}} = 1; \; n_{\text{diamante}} = 2,42 \rfloor$$

de donde:

$$\hat{\imath} = \text{arcsen} \, 0,0719 = 4,1^o$$

Problema 5.18

Una lámina de vidrio, de índice de refracción 1,5, de caras paralelas y espesor 10 cm está colocada en el aire. Sobre una de sus caras incide un rayo de luz, como se muestra en la figura. Calcule:
a) La altura h y la distancia d marcadas en la figura.
b) El tiempo que tarda la luz en atravesar la lámina.
$c = 3 \cdot 10^8 \, \text{m} \, \text{s}^{-1}$.

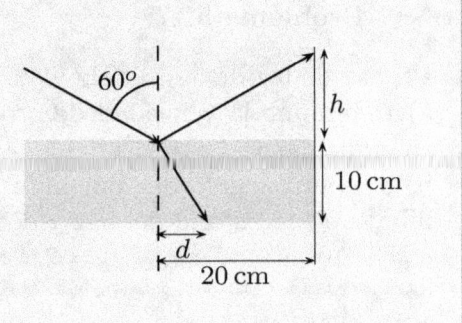

---

a) Llamamos $\hat{\imath}$ al ángulo de incidencia, $\hat{r}'$ al ángulo de reflexión y $\hat{r}$ al ángulo de refracción.
Calculamos h teniendo en cuenta la 2ª ley de la reflexión: $\hat{\imath} = \hat{r}' = 60^o$ y que $\hat{s} = 90^o - \hat{r}' = 30^o$. Del triángulo de catetos h y c obtenemos el valor de h:

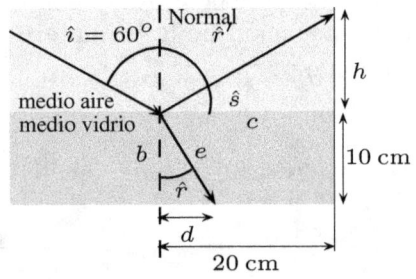

$$h = c \, \text{tg} \, 30^o = 20 \, \text{cm} \cdot \text{tg} \, 30^o = 11,5 \, \text{cm}$$

Calculamos ahora d a partir del triángulo de catetos b y d. Para ello calculamos primero el ángulo de refracción $\hat{r}$ aplicando la expresión de la ley de Snell en función de los índices de refracción de los dos medios:

$$n_{aire} \operatorname{sen} \hat{\imath} = n_{vidrio} \operatorname{sen} \hat{r}$$

Despejamos $\operatorname{sen} \hat{r}$:

$$\operatorname{sen} \hat{r} = \frac{n_{aire}}{n_{vidrio}} \operatorname{sen} \hat{\imath} = \frac{1}{1.5} \cdot \operatorname{sen} 60^o = 0,577$$

de donde:

$$\hat{r} = \operatorname{arcsen} 0,577 = 35,2^o$$

Ahora relacionamos d con la tangente del ángulo $\hat{r}$ para calcular su valor:

$$d = b \operatorname{tg} \hat{r} = 10 \operatorname{cm} \cdot \operatorname{tg} 35,2^o = 7,1 \operatorname{cm}$$

b) Calculamos el tiempo que tarda el rayo en recorrer la distancia e a la velocidad de propagación de la luz en el vidrio v_{vidrio}:

$$t = \frac{e}{v_{vidrio}} = \frac{0,122 \operatorname{m}}{2 \cdot 10^8 \operatorname{m/s}} = 6,1 \cdot 10^{-10} \operatorname{s}$$

$$\left| v_{vidrio} = \frac{c}{n_{vidrio}} = \frac{3 \cdot 10^8 \operatorname{m/s}}{1,5} = 2 \cdot 10^8 \operatorname{m/s}; \ e = \frac{b}{\cos \hat{r}} = \frac{10 \operatorname{cm}}{\cos 35,2^o} = 12,2 \operatorname{cm} \right|$$

Problema 5.19

Un haz de luz monocromática de frecuencia $5 \cdot 10^{14}$ Hz se propaga por el aire.
a) Explique qué características de la luz cambian al penetrar en una lámina de vidrio y calcule la longitud de onda.
b) ¿Cuál debe ser el ángulo de incidencia en la lámina para que los rayos reflejado y refractado sean perpendiculares entre sí?
$c = 3 \cdot 10^8 \operatorname{m s}^{-1}$; $n_{vidrio} = 1,5$.

---

a) Cuando el haz de luz penetra en la lámina de vidrio, cambia su velocidad de propagación y su longitud de onda. La frecuencia es una característica del foco emisor que permanece constante, sea cual sea el medio por el que se propague la onda.

Calculamos la longitud de onda en el vidrio λ_{vidrio} a partir del índice de refracción del vidrio n_{vidrio} y de la longitud de onda en el aire λ_{aire}; y esta, a partir de la velocidad de la luz en el aire y de la frecuencia ν:

$$\lambda_{vidrio} = \frac{\lambda_{aire}}{n_{vidrio}} = \frac{6 \cdot 10^{-7} \operatorname{m}}{1,5} = 4 \cdot 10^{-7} \operatorname{m}$$

$$\left[v_{\text{aire}} = c = 3 \cdot 10^8 \text{ m/s}; \ \lambda_{\text{aire}} = \frac{v_{\text{aire}}}{\nu} = \frac{3 \cdot 10^8 \text{ m/s}}{5 \cdot 10^{14} \text{ Hz}} = 6 \cdot 10^{-7} \text{ m} \right]$$

b) Llamamos $\hat{\imath}$ al ángulo de incidencia, $\hat{r}'$ al ángulo de reflexión y $\hat{r}$ al ángulo de refracción. Aplicamos la expresión de la ley de Snell en función de los índices de refracción de los dos medios y tenemos en cuenta, como muestra la figura, que $\hat{r} = 90^o - \hat{r}'$ y que $\hat{\imath} = \hat{r}'$ (segunda ley de la reflexión):[a]

---

[a]Como $\hat{r}' + 90^0 + \hat{r} = 180^o \Rightarrow \hat{r} = 180^o - 90^o - \hat{r}' = 90^o - \hat{r}'$.

$$\frac{\text{sen }\hat{\imath}}{\text{sen }\hat{r}} = \frac{n_{\text{vidrio}}}{n_{\text{aire}}} \Rightarrow \frac{\text{sen }\hat{\imath}}{\text{sen }(90^o - \hat{r}')} = \frac{n_{\text{vidrio}}}{n_{\text{aire}}}$$

Como $\text{sen }(90^o - \hat{r}') = \text{sen }(90^o - \hat{\imath}) = \cos \hat{\imath}$, tenemos que:

$$\frac{\text{sen }\hat{\imath}}{\cos \hat{\imath}} = \frac{n_{\text{vidrio}}}{n_{\text{aire}}} \Rightarrow \text{tg }\hat{\imath} = \frac{n_{\text{vidrio}}}{n_{\text{aire}}} = \frac{1,5}{1} = 1,5$$

de donde:

$$\hat{\imath} = \text{arctg } 1,5 = 56,3^o$$

Problema 5.20

Un rayo de luz, cuya longitud de onda en el vacío es $6 \cdot 10^{-7}$ m, se propaga a través del agua.

a) Defina el índice de refracción y calcule la velocidad de propagación y la longitud de onda de esa luz en el agua.

b) Si el rayo emerge del agua al aire con un ángulo de 30°, determine el ángulo de incidencia del rayo en la superficie del agua.

$c = 3 \cdot 10^8 \text{ m s}^{-1}; \ n_{\text{agua}} = 1,33.$

---

a) La caracterización de los materiales en cuanto a la velocidad de propagación de las ondas electromagnéticas (OEM) a través de ellos se hace mediante un coeficiente llamado índice de refracción n, que se define como la relación entre la velocidad de propagación de la onda en el vacío c y en el medio material v:

$$n = \frac{c}{v}$$

Dado que siempre se verifica que $v < c$, los índices de refracción son siempre mayores que 1. Por otra parte, dado que n y v son inversamente proporcionales, cuanto mayor sea el índice de refracción de un medio, menor será la velocidad de propagación de las OEM en el mismo.

Calculamos la velocidad de propagación del rayo de luz en el agua despejando v de la anterior expresión particularizada para el agua:

$$v_{\text{agua}} = \frac{c}{n_{\text{agua}}} = \frac{3 \cdot 10^8 \, \text{m/s}}{1,33} = 2,26 \cdot 10^8 \, \text{m/s}$$

Calculamos ahora la longitud de onda del rayo de luz en el agua λ_{agua} a partir de la longitud de onda del rayo de luz en el vacío λ_0:

$$\lambda_{\text{agua}} = \frac{\lambda_0}{n_{\text{agua}}} = \frac{6 \cdot 10^{-7} \, \text{m}}{1,33} = 4,5 \cdot 10^{-7} \, \text{m}$$

Podemos calcularla también teniendo en cuenta que, como la frecuencia no varía al cambiar de medio:

$$\frac{c}{\lambda_0} = \frac{v_{\text{agua}}}{\lambda_{\text{agua}}}$$

de donde:

$$\lambda_{\text{agua}} = \frac{v_{\text{agua}} \, \lambda_0}{c} = \frac{2,26 \cdot 10^8 \, \text{m/s} \cdot 6 \cdot 10^{-7} \, \text{m}}{3 \cdot 10^8 \, \text{m/s}} = 4,5 \cdot 10^{-7} \, \text{m}$$

b) Llamamos $\hat{\imath}$ al ángulo de incidencia y $\hat{r}$ al ángulo de refracción. Aplicamos la expresión de la ley de Snell en función de los índices de refracción de los dos medios:

$$n_{\text{agua}} \, \text{sen} \, \hat{\imath} = n_{\text{aire}} \, \text{sen} \, \hat{r}$$

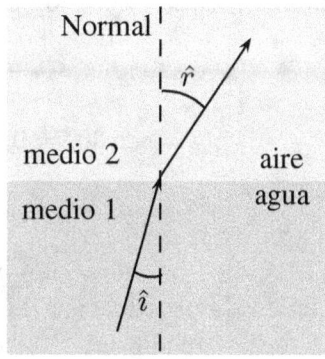

Despejamos sen $\hat{\imath}$:

$$\text{sen} \, \hat{\imath} = \frac{n_{\text{aire}}}{n_{\text{agua}}} \text{sen} \, \hat{r} = \frac{1}{1,33} \cdot 0,5 = 0,376$$

$$\lfloor \text{sen} \, \hat{r} = \text{sen} \, 30^o = 0,5 \rfloor$$

de donde:

$$\hat{\imath} = \text{arcsen} \, 0,376 = 22,1^o$$

Observamos que cuando la luz pasa de un medio más refringente a otro menos refringente se aleja de la normal.

Problema 5.21

Un rayo de luz que se propaga por un medio a una velocidad de $165\,\mathrm{km/s}$ penetra en otro medio en el que la velocidad de propagación es $230\,\mathrm{km/s}$.
a) Dibuje la trayectoria que sigue el rayo en el segundo medio y calcule el ángulo que forma con la normal si el ángulo de incidencia es de 30°.
b) ¿En qué medio es mayor el índice de refracción? Justifique la respuesta.

a) Dibujamos la trayectoria que sigue el rayo teniendo en cuenta la ley de Snell. Llamamos $\hat{\imath}$ al ángulo de incidencia y $\hat{r}$ al ángulo de refracción. Aplicamos la expresión la ley de Snell en función de las velocidades de propagación por los dos medios, que dice que la relación entre el seno del ángulo de incidencia y el seno del ángulo de refracción es la misma que existe entre la velocidad de propagación en el medio desde donde incide el rayo de luz y la velocidad de propagación en el medio donde se refracta:

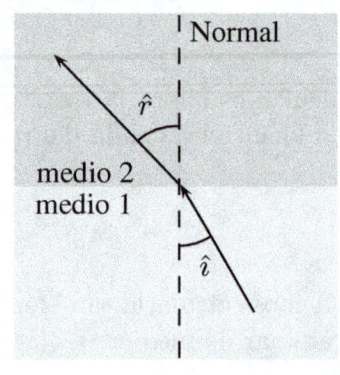

$$\frac{\operatorname{sen}\hat{\imath}}{\operatorname{sen}\hat{r}} = \frac{v_{\text{medio 1}}}{v_{\text{medio 2}}}$$

Como $v_{\text{medio 1}} < v_{\text{medio 2}}$, $\operatorname{sen}\hat{\imath} < \operatorname{sen}\hat{r} \Rightarrow \hat{\imath} < \hat{r}$; es decir, el ángulo de incidencia es menor que el ángulo de refracción (el rayo de luz se separa de la normal al penetrar en el otro medio).

Calculamos el ángulo de refracción para un ángulo de incidencia de 30° despejando $\operatorname{sen}\hat{r}$ en la expresión de la ley de Snell:

$$\operatorname{sen}\hat{r} = \frac{v_{\text{medio 2}}}{v_{\text{medio 1}}}\operatorname{sen}\hat{\imath} = \frac{230\,\mathrm{km/s}}{165\,\mathrm{km/s}}\cdot\operatorname{sen}30^o = 0,097$$

$$\lfloor \operatorname{sen}\hat{\imath} = \operatorname{sen}30^o = 0,5;\ v_{\text{medio 1}} = 165\,\mathrm{km/s};\ v_{\text{medio 2}} = 230\,\mathrm{km/s}\rfloor$$

de donde:

$$\hat{r} = \arcsen 0,697 = 44,2^o$$

b) El índice de refracción n de un medio se define como la relación entre la velocidad de propagación de la luz en el vacío c y la velocidad de propagación de la luz en ese medio v:

$$n = \frac{c}{v}$$

De acuerdo con la fórmula, n y v son inversamente proporcionales. Esto es, cuanto mayor sea la velocidad de propagación en un medio, menor será el índice de refracción en ese medio, y viceversa. Como en el medio 1 la velocidad de propagación es menor, el índice de refracción en ese medio será mayor.

> ### Problema 5.22
>
> El espectro visible en el aire está comprendido entre las longitudes de onda 380 nm (violeta) y 780 nm (rojo).
> a) Calcule las frecuencias de estas radiaciones extremas. ¿Cuál de ellas se propaga a mayor velocidad?
> b) Determine entre qué longitudes de onda está comprendido el espectro visible del agua, cuyo índice de refracción es 4/3.
> $c = 3 \cdot 10^8 \, \mathrm{m\,s^{-1}}$.

a) La frecuencia de la radiación violeta es:

$$\nu = \frac{v_{\mathrm{aire}}}{\lambda_{\mathrm{aire}}} = \frac{3 \cdot 10^8 \, \mathrm{m/s}}{380 \cdot 10^{-9} \, \mathrm{m}} = 7,89 \cdot 10^{14} \, \mathrm{Hz}$$

$$\lfloor v_{\mathrm{aire}} \simeq c = 3 \cdot 10^8 \, \mathrm{m/s}; \; \lambda_{\mathrm{aire}} = 380 \, \mathrm{nm} = 380 \cdot 10^{-9} \, \mathrm{m}\rfloor$$

La frecuencia de la radiación roja es:

$$\nu = \frac{v_{\mathrm{aire}}}{\lambda_{\mathrm{aire}}} = \frac{3 \cdot 10^8 \, \mathrm{m/s}}{780 \cdot 10^{-9} \, \mathrm{m}} = 3,85 \cdot 10^{14} \, \mathrm{Hz}$$

$$\lfloor v_{\mathrm{aire}} \simeq c = 3 \cdot 10^8 \, \mathrm{m/s}; \; \lambda_{\mathrm{aire}} = 780 \, \mathrm{nm} = 780 \cdot 10^{-9} \, \mathrm{m}\rfloor$$

La velocidad de propagación de las dos radiaciones es la misma, la de la velocidad de la luz en el vacío, c. El aire, como el vacío, no es un medio dispersivo y la velocidad de la luz es la misma, independientemente de la frecuencia de la radiación.[4]

b) Cuando la luz cambia de medio, modifica su velocidad de propagación y la longitud de onda. La frecuencia es una característica del foco emisor que permanece constante, sea cual sea el medio por el que se propague la luz.

Calculamos primero la longitud de onda de la luz violeta en el agua a partir del índice de refracción del agua n_{agua} y la longitud de onda en el aire:

$$\lambda_{\mathrm{agua}} = \frac{\lambda_{\mathrm{aire}}}{n_{\mathrm{agua}}} = \frac{380 \cdot 10^{-9} \, \mathrm{m}}{4/3} = 2,85 \cdot 10^{-7} \, \mathrm{m} = 285 \cdot 10^{-9} \, \mathrm{m} = 285 \, \mathrm{nm}$$

Calculamos, de la misma manera, la longitud de onda de la luz roja en el vidrio:

$$\lambda_{\mathrm{agua}} = \frac{\lambda_{\mathrm{aire}}}{n_{\mathrm{agua}}} = \frac{780 \cdot 10^{-9} \, \mathrm{m}}{4/3} = 5,85 \cdot 10^{-7} \, \mathrm{m} = 585 \cdot 10^{-9} \, \mathrm{m} = 585 \, \mathrm{nm}$$

El espectro visible del agua está comprendido entre los 285 nm (violeta) y los 585 nm (rojo).

---

[4]De forma rigurosa, no sería así: el índice de refracción sí depende de la longitud de onda, pero varía en la sexta cifra significativa y se puede considerar constante.

> **Problema 5.23**
>
> Un haz de luz que viaja por el aire incide sobre un bloque de vidrio. Los haces reflejado y refractado forman ángulos de 30° y 20°, respectivamente, con la normal a la superficie del bloque.
> a) Calcule la velocidad de la luz en el vidrio y el índice de refracción de dicho material.
> b) Explique qué es el ángulo límite y determine su valor para al caso descrito.
> $c = 3 \cdot 10^8 \, \mathrm{m\,s^{-1}}$.

a) Llamamos $\hat{\imath}$ al ángulo de incidencia, $\hat{r}'$ al ángulo de reflexión y $\hat{r}$ al ángulo refracción. Tenemos en cuenta la segunda ley de la reflexión: $\hat{\imath} = \hat{r}'$ (el ángulo de incidencia es igual al ángulo de reflexión) y aplicamos la expresión de la ley de Snell en función de las velocidades de propagación de la luz por los dos medios:

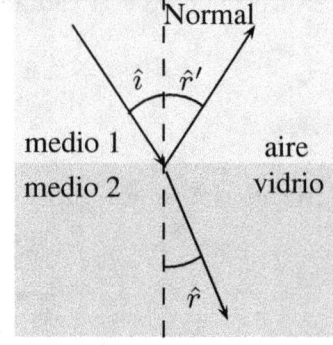

$$\frac{\operatorname{sen}\hat{\imath}}{\operatorname{sen}\hat{r}} = \frac{v_{\text{aire}}}{v_{\text{vidrio}}}$$

Despejamos v_{vidrio} y calculamos su valor:

$$v_{\text{vidrio}} = v_{\text{aire}}\frac{\operatorname{sen}\hat{r}}{\operatorname{sen}\hat{\imath}} = 3 \cdot 10^8 \, \mathrm{m/s} \cdot \frac{\operatorname{sen}20^o}{\operatorname{sen}30^o} = 2,05 \cdot 10^8 \, \mathrm{m/s}$$

$$\lfloor \hat{\imath} = \hat{r}' = 30^o; \ v_{\text{aire}} \simeq c = 3 \cdot 10^8 \, \mathrm{m/s} \rfloor$$

El índice de refracción n de un material se define como la relación entre la velocidad de propagación de la luz en el vacío y en el medio material. Para el vidrio:

$$n_{\text{vidrio}} = \frac{c}{v_{\text{vidrio}}} = \frac{3 \cdot 10^8 \, \mathrm{m/s}}{2,05 \cdot 10^8 \, \mathrm{m/s}} = 1,46$$

b) Cuando un rayo luminoso pasa de un medio de mayor índice de refracción a otro medio de menor índice de refracción, se aleja de la normal. Existe un ángulo de incidencia para el cual el ángulo refractado es de 90°. Este ángulo recibe el nombre de ángulo límite $\hat{\imath}_{\text{L}}$, puesto que el rayo que incida con un ángulo superior al ángulo límite no se refractará, sino que solo se reflejará. La figura representa un haz de luz que viaja desde el vidrio al aire en las condiciones referidas.

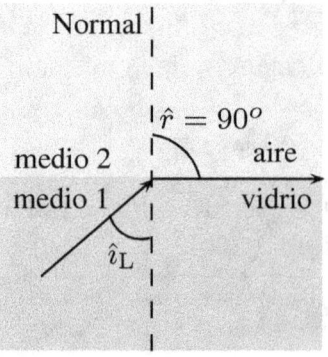

El caso planteado en el problema es el contrario al descrito anteriormente (la luz pasa del aire al vidrio, es decir, de un medio de menor índice de refracción a otro de mayor índice de refracción) y no existe ángulo límite. La luz siempre se refractará, incluso para un ángulo de incidencia de 90°.

Problema 5.24

Un rayo de luz monocromática incide en una de las caras de una lámina de vidrio, de caras planas y paralelas, con un ángulo de incidencia de 30°. La lámina está situada en el aire, su espesor es de 5 cm y su índice de refracción es 1,5.

a) Dibuje el camino seguido por el rayo y calcule el ángulo que forma el rayo que emerge de la lámina con la normal.

b) Calcule la longitud recorrida por el rayo en el interior de la lámina.

---

a) Consideramos primero el paso de la luz del medio 1 (aire) al medio 2 (vidrio). Llamamos $\hat{\imath}$ al ángulo de incidencia, $\hat{r}$ al ángulo de refracción y aplicamos la expresión de la ley de Snell en función de los índices de refracción de los dos medios:

$$n_1 \operatorname{sen} \hat{\imath} = n_2 \operatorname{sen} \hat{r} \tag{5.1}$$

Consideramos ahora el paso de la luz del medio 2 (vidrio) al medio 1 (aire). Llamamos $\hat{\imath}'$ al ángulo de incidencia, $\hat{r}'$ al ángulo de refracción y aplicamos la ley de Snell a los dos medios en función de los índices de refracción de esos medios:

$$n_2 \operatorname{sen} \hat{\imath}' = n_1 \operatorname{sen} \hat{r}' \tag{5.2}$$

Según la figura, $\hat{r} = \hat{\imath}'$, y entonces la ecuación (5.1) podemos expresarla como:

$$n_1 \operatorname{sen} \hat{\imath} = n_2 \operatorname{sen} \hat{\imath}' \tag{5.3}$$

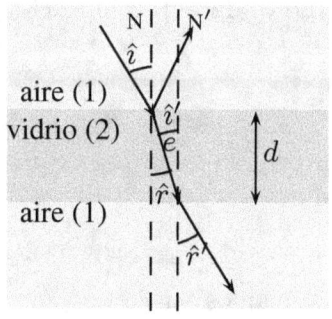

Comparando la ecuación (5.2) y (5.3), concluimos que:

$$n_1 \operatorname{sen} \hat{\imath} = n_1 \operatorname{sen} \hat{r}'$$

Luego:

$$\operatorname{sen} \hat{\imath} = \operatorname{sen} \hat{r}'$$

Y, por tanto:

$$\hat{\imath} = \hat{r}'$$

Como el ángulo de incidencia $\hat{\imath}$ es de 30°, el ángulo con que emerge el rayo desde el vidrio, $\hat{r}'$, es el mismo, 30°.

b) Calculamos la distancia recorrida por el rayo en el interior de la lámina, e, fácilmente. Del triángulo de cateto $d = 5\,\mathrm{cm}$ y ángulo $\hat{r}$ obtenemos el valor de e.

Primero obtenemos el valor de $\hat{r}$ a partir de (5.1):

$$\operatorname{sen}\hat{r} = \frac{n_1}{n_2}\operatorname{sen}\hat{\imath} = \frac{1}{1,5}\cdot 0,5 = 0,333$$

$$\lfloor n_1 = 1;\ n_2 = 1,5;\ \operatorname{sen}\hat{\imath} = \operatorname{sen}30^o = 0,5 \rfloor$$

de donde:

$$\hat{r} = \operatorname{arcsen}0,333 = 19,4^o$$

La distancia e es:

$$e = \frac{d}{\cos\hat{r}} = \frac{5\,\mathrm{cm}}{\cos 19,4^o} = 5,3\,\mathrm{cm}$$

Problema 5.25

Un rayo de luz pasa del agua al aire con un ángulo de incidencia de 30° respecto a la normal.
a) Dibuje en un esquema los rayos incidente y refractado y calcule el ángulo de refracción.
b) ¿Cuál debería ser el ángulo de incidencia para que el rayo refractado fuera paralelo a la superficie de separación agua-aire?
(Índice de refracción del agua respecto al aire: $n = 1,3$.)

---

a) Llamamos $\hat{\imath}$ al ángulo de incidencia y $\hat{r}$ al ángulo de refracción. Aplicamos la expresión de la ley de Snell en función de los índices de refracción de los dos medios:

$$n_{\mathrm{agua}}\operatorname{sen}\hat{\imath} = n_{\mathrm{aire}}\operatorname{sen}\hat{r}$$

Despejamos $\operatorname{sen}\hat{r}$:

$$\operatorname{sen}\hat{r} = \frac{n_{\mathrm{agua}}}{n_{\mathrm{aire}}}\operatorname{sen}\hat{\imath} = 1,3\cdot 0,5 = 0,65$$

$$\lfloor n_{\mathrm{agua}}/n_{\mathrm{aire}} = 1,3;\ \operatorname{sen}\hat{\imath} = \operatorname{sen}30^o = 0,5 \rfloor$$

de donde:

$$\hat{r} = \operatorname{arcsen}0,65 = 40,5^o$$

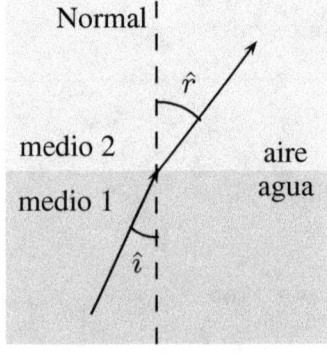

b) Cuando un rayo luminoso pasa de un medio de mayor índice de refracción a otro de menor índice de refracción, existe un ángulo de incidencia para el cual el ángulo refractado es de 90° (paralelo a la superficie de separación de los medios). Este ángulo recibe el nombre de ángulo límite $\hat{\imath}_L$, puesto que un rayo luminoso que incida con un ángulo superior a $\hat{\imath}_L$ no se refracta, sino que solo se refleja.

Aplicamos nuevamente la ley de Snell:

$$n_{\text{agua}} \operatorname{sen} \hat{\imath}_L = n_{\text{aire}} \operatorname{sen} \hat{r}$$

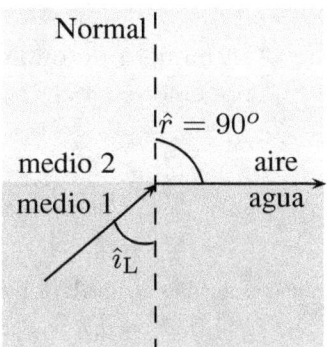

Despejamos $\operatorname{sen} \hat{\imath}_L$:

$$\operatorname{sen} \hat{\imath}_L = \frac{n_{\text{aire}}}{n_{\text{agua}}} \operatorname{sen} \hat{r} = 0,769 \cdot 1 = 0,769$$

$$\left| \frac{n_{\text{aire}}}{n_{\text{agua}}} = \frac{1}{1,3} = 0,769; \operatorname{sen} \hat{r} = \operatorname{sen} 90^o = 1 \right|$$

de donde:

$$\hat{\imath}_L = \operatorname{arcsen} 0,769 = 50,3^o$$

Problema 5.26

Una onda electromagnética armónica de 20 MHz se propaga en el vacío en el sentido positivo del eje OX. El campo eléctrico de dicha onda tiene la dirección del eje OZ y su amplitud es de $3 \cdot 10^{-3} \, \text{N C}^{-1}$.

a) Escriba la expresión del campo eléctrico $E(x, t)$, sabiendo que en $x = 0$ su módulo es máximo cuando $t = 0$.

b) Represente en una gráfica los campos $E(t)$ y $B(t)$ y la dirección de propagación de la onda.

$c = 3 \cdot 10^8 \, \text{m s}^{-1}$.

---

a) Las ondas electromagnéticas son ondas transversales que se originan por cargas aceleradas y consisten en la propagación, a través del vacío o cualquier medio material, de un campo eléctrico y de otro magnético perpendiculares entre sí y a la dirección de propagación.

La ecuación de la propagación de un campo eléctrico descrita con la función seno es:

$$E = E_0 \operatorname{sen}(\omega t - kx + \phi_0)$$

Para determinar la ecuación, debemos conocer la amplitud E_0 (que es el valor máximo del campo eléctrico), la frecuencia angular ω, el número de onda k y la fase inicial ϕ_0:

- $E_0 = 0,003\,\mathrm{N/C}$, según un dato del problema.

- La frecuencia angular la calculamos a partir de frecuencia:

$$\omega = 2\pi\,\nu = 2\pi \cdot 20 \cdot 10^6\,\mathrm{Hz} = 40\pi \cdot 10^6\,\mathrm{rad/s}$$

- El número de onda lo calculamos a partir de la longitud de onda λ_0, que podemos conocer a partir de la frecuencia y de la velocidad de propagación:

$$k = \frac{2\pi}{\lambda_0} = \frac{2\pi}{15\,\mathrm{m}} = \frac{2\pi}{15}\,\mathrm{rad/m} \quad \left\lfloor \lambda_0 = \frac{c}{\nu} = \frac{3 \cdot 10^8\,\mathrm{m/s}}{20 \cdot 10^6\,\mathrm{Hz}} = 15\,\mathrm{m} \right\rfloor$$

- La fase inicial del movimiento la podemos calcular, ya que para $x = 0$ y $t = 0$, $E = E_0 = 0,003\,\mathrm{N/C}$. Sustituimos estos valores en la ecuación:

$$0,003 = 0,003\,\mathrm{sen}\,\phi_0 \Rightarrow \phi_0 = \mathrm{arcsen}\,\frac{0,003}{0,003} = \mathrm{arcsen}\,1 = \pi/2\,\mathrm{rad}$$

La ecuación de la propagación del campo eléctrico es:

$$E = 0,003\,\mathrm{sen}\left(40\pi \cdot 10^6 t - \frac{2\pi}{15}x + \frac{\pi}{2}\right)\,\mathrm{N/C}$$

b) La representación gráfica de los campos eléctrico y magnético, perpendiculares entre sí y a la dirección de propagación, la del eje OX, es:

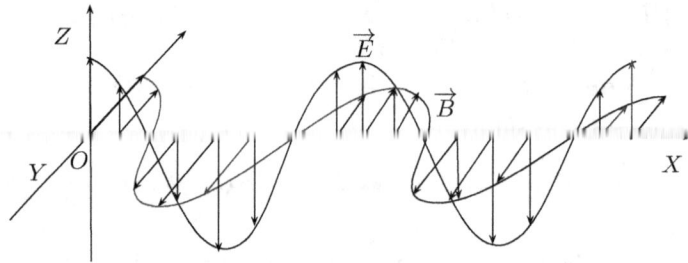

Problema 5.27

Un haz de luz láser cuya longitud de onda en el aire es $550 \cdot 10^{-9}$ m incide en un bloque de vidrio.

a) Describa con ayuda de un esquema los fenómenos ópticos que se producen.

b) Si el ángulo de incidencia es de $40°$ y el de refracción $25°$, calcule el índice de refracción del vidrio y la longitud de onda de la luz láser en el interior del bloque.

$n_\mathrm{aire} = 1$.

a) A la luz láser le ocurre lo mismo que a cualquier onda cuando incide sobre la superficie de separación de dos medios distintos transparentes. Una parte se refleja y vuelve por el mismo medio en el que se propagaba, siguiendo las leyes de la reflexión, y otra parte pasa al segundo medio, en donde se refracta siguiendo las leyes de la refracción y se absorbe parcialmente.

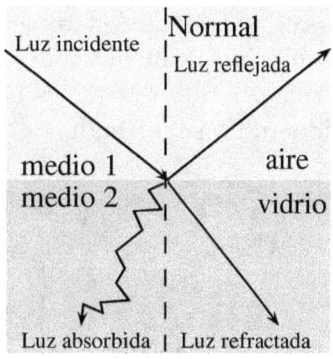

b) Llamamos $\hat{i}$ al ángulo de incidencia y $\hat{r}$ al ángulo de refracción. Aplicamos la expresión de la ley de Snell en función de los índices de refracción de los dos medios:

$$n_{\text{aire}} \operatorname{sen} \hat{i} = n_{\text{vidrio}} \operatorname{sen} \hat{r}$$

Despejamos n_{vidrio} y calculamos su valor:

$$n_{\text{vidrio}} = n_{\text{aire}} \frac{\operatorname{sen} \hat{i}}{\operatorname{sen} \hat{r}} = 1 \cdot \frac{0,643}{0,423} = 1,5$$

$\lfloor \operatorname{sen} \hat{i} = \operatorname{sen} 40^o = 0,643; \operatorname{sen} \hat{r} = \operatorname{sen} 25^o = 0,423; n_{\text{aire}} = 1 \rfloor$

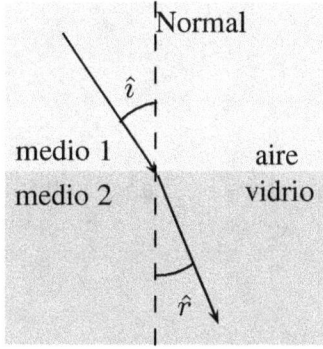

Calculamos ahora la longitud de onda de la luz en el vidrio λ_{vidrio} a partir del índice de refracción del vidrio n_{vidrio} y la longitud de onda en el aire λ_{aire}:

$$\lambda_{\text{vidrio}} = \frac{\lambda_{\text{aire}}}{n_{\text{vidrio}}} = \frac{550 \cdot 10^{-9}\,\text{m}}{1,5} = 3,70 \cdot 10^{-7}\,\text{m} = 370 \cdot 10^{-9}\,\text{m} = 370\,\text{nm}$$

Problema 5.28

Sobre la superficie de un bloque de vidrio hay una capa de agua. Una luz amarilla de sodio, cuya longitud de onda en el aire es $589 \cdot 10^{-9}$ m, se propaga por el vidrio hacia el agua.

a) Describa el fenómeno de reflexión total y determine el valor del ángulo límite para esos dos medios.

b) Calcule la longitud de onda de la luz cuando se propaga por el vidrio y por el agua.

$n_{\text{vidrio}} = 1,6$; $n_{\text{agua}} = 1,33$; $c = 3 \cdot 10^8\,\text{m s}^{-1}$.

a) La reflexión total es el fenómeno óptico por el cual un rayo luminoso que incide sobre una superficie que separa dos medios distintos solo se refleja en ella.

Se produce cuando el rayo pasa de un medio con mayor índice de refracción a otro medio con menor índice de refracción. Para ángulos de incidencia superiores al ángulo límite $\hat{\imath}_L$, que es aquel en el que el ángulo refractado es de 90°, el rayo incidente no se refracta, sino que solo se refleja.

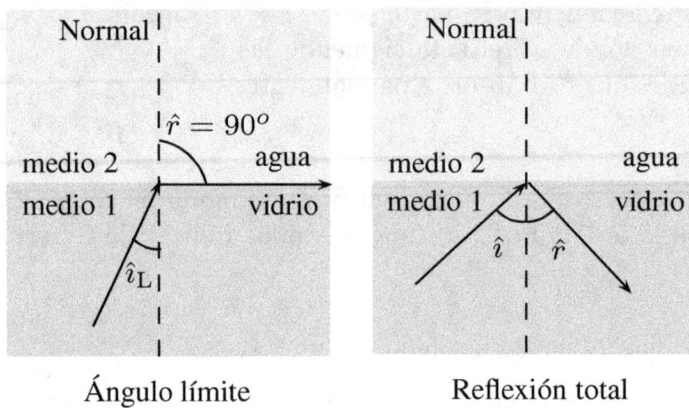

Ángulo límite   Reflexión total

Llamamos $\hat{\imath}_L$ al ángulo límite y $\hat{r}$ al ángulo de refracción. Aplicamos la expresión de la ley de Snell en función de los índices de refracción de los dos medios:

$$n_{\text{vidrio}} \operatorname{sen} \hat{\imath}_L = n_{\text{agua}} \operatorname{sen} \hat{r}$$

Despejamos $\operatorname{sen} \hat{\imath}_L$:

$$\operatorname{sen} \hat{\imath}_L = \frac{n_{\text{agua}}}{n_{\text{vidrio}}} \operatorname{sen} \hat{r} = \frac{1,33}{1,6} \cdot 1 = 0,831$$

$\lfloor n_{\text{agua}} = 1,33;\ n_{\text{vidrio}} = 1,6;\ \operatorname{sen} \hat{r} = \operatorname{sen} 90^o = 1 \rfloor$

de donde:

$$\hat{\imath}_L = \operatorname{arcsen} 0,831 = 56,2^o$$

b) Cuando la luz cambia de medio, modifica su velocidad de propagación y la longitud de onda. La frecuencia es una característica del foco emisor que permanece constante, sea cual sea el medio por el que se propague la luz.

Calculamos primero la longitud de onda de la luz amarilla en el vidrio λ_{vidrio} a partir del índice de refracción del vidrio n_{vidrio} y de la longitud de onda de la luz amarilla en el aire λ_{aire}:

$$\lambda_{\text{vidrio}} = \frac{\lambda_{\text{aire}}}{n_{\text{vidrio}}} = \frac{5,89 \cdot 10^{-7}\,\text{m}}{1,6} = 3,68 \cdot 10^{-7}\,\text{m} = 368 \cdot 10^{-9}\,\text{m} = 368\,\text{nm}$$

$\lfloor \lambda_{\text{aire}} = 589 \cdot 10^{-9}\,\text{m} = 589\,\text{nm} = 5,89 \cdot 10^{-7}\,\text{m};\ n_{\text{vidrio}} = 1,6 \rfloor$

Calculamos ahora la longitud de onda de la luz amarilla en el agua λ_{agua} a partir del índice de refracción del agua n_{agua} y de la longitud de onda de la luz amarilla en el aire:

$$\lambda_{\text{agua}} = \frac{\lambda_{\text{aire}}}{n_{\text{agua}}} = \frac{5,89 \cdot 10^{-7}\,\text{m}}{1,33} = 4,43 \cdot 10^{-7}\,\text{m} = 443 \cdot 10^{-9}\,\text{m} = 443\,\text{nm}$$

$$\lfloor \lambda_{\text{aire}} = 5,89 \cdot 10^{-7}\,\text{m};\ n_{\text{agua}} = 1,33 \rfloor$$

Como la velocidad de propagación de la luz es directamente proporcional a la longitud de onda, su velocidad será mayor en el agua.

Problema 5.29

Un objeto se encuentra frente a un espejo plano a una distancia de 4 m.
a) Construya gráficamente la imagen y explique sus características.
b) Repita el apartado anterior si se sustituye el espejo plano por uno cóncavo de 2 m de radio.

a) La imagen es virtual (se forma por las prolongaciones de los rayos que divergen al reflejarse en el espejo), derecha (orientada como el objeto) e igual (del mismo tamaño que el objeto).

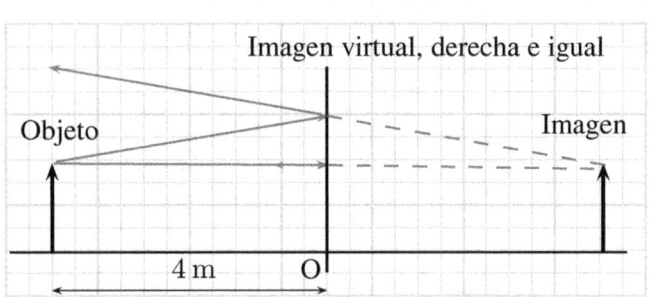

Se forma al otro lado del espejo a la misma distancia de a la que se encuentra el objeto del espejo.

b) La imagen es real (se forma por los rayos que convergen al reflejarse en el espejo), es invertida (orientada al revés del objeto) y menor (más pequeña que el objeto).

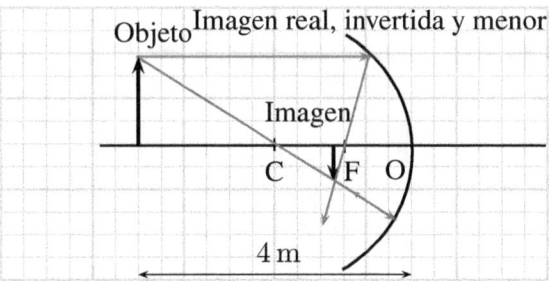

Problema 5.30

Un objeto se encuentra a una distancia de 0,6 m de una lente delgada convergente de 0,2 m de distancia focal.
a) Construya gráficamente la imagen que se forma y explique sus características.
b) Repita el apartado anterior si el objeto se coloca a 0,1 m de la lente.

a) La imagen es real (se forma por los rayos que convergen a la salida de la lente), invertida (orientada al revés del objeto) y menor (más pequeña que el objeto).

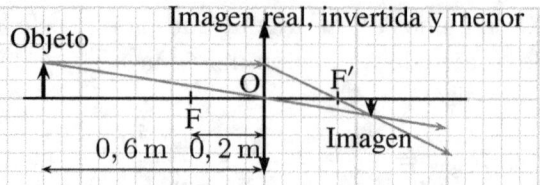

Se forma al otro lado de la lente a una distancia, aproximadamente, la mitad de a la que se encuentra el objeto de la lente.

b) La imagen es virtual (se forma por las prolongaciones de los rayos que divergen a la salida de la lente), derecha (orientada como el objeto) y mayor (más grande que el objeto).

Se forma en el lado que está el objeto a una distancia igual a la distancia focal.

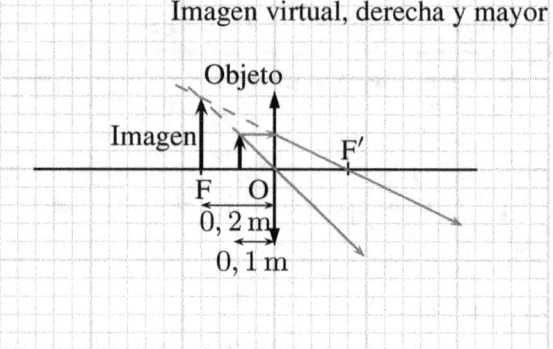

Capítulo 6

Campo eléctrico

Cuestión 6.1

a) Enuncie la ley de Coulomb y aplique el principio de superposición para determinar la fuerza que actúa sobre una carga en presencia de otras dos.

b) Dos cargas $+q_1$ y $-q_2$ están situadas en dos puntos de un plano. Explique, con ayuda de una gráfica, en que posición habría que colocar una tercera carga, $+q_3$, para que estuviera en equilibrio.

---

a) El francés Charles Coulomb (1736-1806), después de mediciones cuidadosas con la balanza de torsión, enunció la ley que lleva su nombre y dice que:

"Dos partículas cargadas eléctricamente interaccionan entre sí con sendas fuerzas cuyos módulos son directamente proporcionales al producto de sus cargas e inversamente proporcionales al cuadrado de la distancia que las separa. Las fuerzas tienen la dirección de la recta que une las partículas y son repulsivas si las cargas son del mismo signo o atractivas si son de distinto signo."

Para el caso en el que las dos partículas tengan carga del mismo signo, matemáticamente puede expresarse así:

La fuerza que ejerce la partícula de carga q_1 sobre la de carga q_2 es:

$$\vec{F}_{1,2} = K\frac{q_1 q_2}{r^2}\hat{r}$$

Y la fuerza que ejerce la partícula de carga q_2 sobre la de carga q_1 es:

$$\vec{F}_{2,1} = -K\frac{q_1 q_2}{r^2}\hat{r}$$

siendo r la distancia que separa las partículas y K la constante eléctrica, que depende del medio. En el vacío $K = 9 \cdot 10^9 \dfrac{\text{N m}^2}{\text{C}^2}$.

$$\vec{F}_{2,1} \qquad \hat{r} \qquad\qquad \vec{F}_{1,2}$$

$$q_1 \qquad\qquad\qquad q_2$$

$\vec{r}$: vector posición; $\hat{r}$: vector unitario

Ambas fuerzas son opuestas:

$$\vec{F}_{1,2} = -\vec{F}_{2,1}$$

El principio de superposición de fuerzas establece que la fuerza con que interaccionan dos o más cargas con una carga dada es la suma vectorial de las fuerzas ejercidas por cada una de las cargas que interaccionan con ella.

Supongamos que tenemos dos cargas puntuales q_1 y q_2 y que en un punto P situamos una carga de prueba q. La suma de las fuerzas, $\Sigma\vec{F}$, que actúa sobre ella es la suma vectorial de cada una de las fuerzas ejercidas.

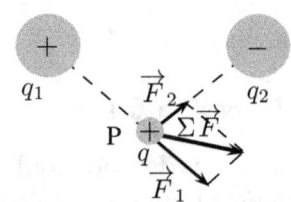

$$\Sigma\vec{F} = \vec{F}_1 + \vec{F}_2$$

b) La intensidad de campo eléctrico $\vec{E}$ en un punto que dista una distancia r de una carga eléctrica q que crea un campo eléctrico es un vector cuyo módulo es:

$$E = K\frac{q}{r^2}$$

De acuerdo con la fórmula, decrece hasta hacerse cero en el infinito.

Su dirección y sentido son los de la fuerza que actuaría sobre una carga de prueba positiva colocada en ese punto.

De acuerdo con el principio de superposición de campos, el campo eléctrico en un punto creado por dos o más cargas es la suma vectorial de los campos eléctricos que en ese punto crearía cada una de las cargas por separado:

$$\vec{E} = \Sigma\vec{E}_i$$

Y la suma de las fuerzas $\Sigma\vec{F}$ a la que está sometida una carga q es:

$$\Sigma\vec{F} = q\Sigma\vec{E}_i$$

Para que sobre q_3 la suma de la fuerzas sea cero, el campo eléctrico en ese punto debe ser cero y, para ello, $\vec{E}_1$ y $\vec{E}_2$ deben ser opuestos, lo cual implica que el punto debe estar en la recta que une ambas cargas.

En los puntos entre las cargas $\vec{E} \neq 0$, pues $\vec{E}_1$ y $\vec{E}_2$ tienen el mismo sentido. Será en un punto a la izquierda de q_1 y en otro punto a la derecha de q_2 en los que $\vec{E}_1$ y $\vec{E}_2$, por tener sentidos contrarios, pueden anularse.

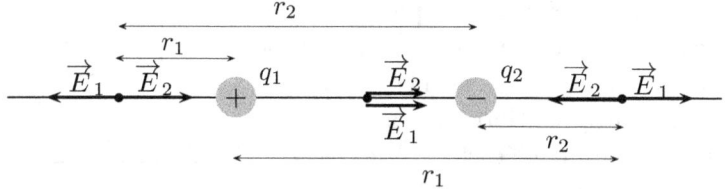

En el punto en el que se anulen los campos, sus módulos serán iguales:

$$K\frac{|q_1|}{r_1^2} = K\frac{|q_2|}{r_2^2}$$

Simplificamos y obtenemos que:

$$\frac{|q_1|}{r_1^2} = \frac{|q_2|}{r_2^2}$$

Cuando:

- $|q_1| > |q_2| \Rightarrow r_1 > r_2$, $\overrightarrow{E} = 0$ a la derecha de q_2.

- $|q_2| > |q_1| \Rightarrow r_2 > r_1$, $\overrightarrow{E} = 0$ a la izquierda de q_1.

Cuestión 6.2

a) Explique las características del campo eléctrico en una región del espacio en la que el potencial eléctrico es constante.

b) Justifique razonadamente el signo de la carga de una partícula que se desplaza en la dirección y sentido de un campo eléctrico uniforme, de forma que su energía potencial aumenta.

---

a) La variación del potencial eléctrico dV con respecto a la posición $\overrightarrow{r}$, con el signo cambiado, sirve para conocer el valor de la intensidad de campo eléctrico $\overrightarrow{E}$:

$$E(\overrightarrow{r}) = -\frac{dV(\overrightarrow{r})}{d\overrightarrow{r}}$$

La anterior relación nos permite establecer que, si el potencial es constante, su derivada es cero y el campo es nulo.[1]

---

[1]Esta derivada es "un poco especial" para este nivel de enseñanza, pues la variable con respecto a la que se deriva no es, como estamos acostumbrados, un escalar (como el tiempo, por ejemplo); sino un vector, la posición. Dicha derivada se llama gradiente de potencial y se suele escribir como $\overrightarrow{grad}V$ o $\overrightarrow{\nabla}V$.

b) Si la energía potencial de la partícula aumenta, el proceso no es espontáneo y el trabajo
que realiza la fuerza eléctrica es negativo. La
fuerza tiene, por tanto, sentido contrario al desplazamiento (y al campo eléctrico, que tiene el
sentido del desplazamiento).

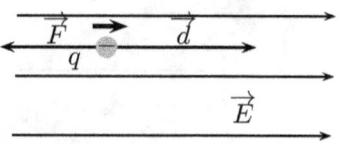

Como la dirección y sentido del campo eléctrico son los de la fuerza que actúa
sobre una carga de prueba positiva, si la fuerza eléctrica tiene sentido contrario
al campo eléctrico, la carga es negativa.

Podemos hacer otro razonamiento: la variación de energía potencial ΔE_p de una
carga eléctrica entre dos puntos de diferencia de potencial ΔV es:

$$\Delta E_\mathrm{p} = q\Delta V$$

Si su energía potencial aumenta, $\Delta E_\mathrm{p} > 0$, y como se mueve en el sentido del
campo, que es el de los potenciales decrecientes, $\Delta V < 0$. Para que el segundo
miembro de la igualdad sea positivo como el primero, la carga tiene que ser negativa.

Cuestión 6.3

a) Explique la interacción de un conjunto de cargas puntuales.

b) Considere dos cargas eléctricas $+q$ y $-q$, situadas en dos puntos A y B.
Razone cuál sería el potencial electrostático en el punto medio del segmento
que une los puntos A y B. ¿Puede deducirse de dicho valor que el campo
eléctrico es nulo en dicho punto?

---

a) Cuando una partícula cargada interacciona con dos o más partículas cargadas,
¿cómo se calcula la fuerza a la que está sometida? El principio de superposición
de fuerzas dice que la fuerza con que interaccionan dos o más cargas con una carga
dada es la suma vectorial de las fuerzas ejercidas por cada una de las cargas que
interaccionan con ella.

Supongamos que tenemos n cargas puntuales (q_1, q_2, ..., q_n) y que en un punto
situamos una carga de prueba q. De acuerdo con el principio de superposición de
las fuerzas, la suma de las fuerzas $\Sigma \vec{F}$ que actúa sobre ella es:

$$\Sigma \vec{F} = \vec{F}_{q_1,q} + \vec{F}_{q_2,q} + ... + \vec{F}_{q_n,q}$$

¿Cómo calculamos la suma de fuerzas $\Sigma \vec{F}$ que actúa sobre una carga q debido a
dos cargas q_1 y q_2?

Si llamamos $\vec{F}_1$ y $\vec{F}_2$ a las fuerzas ejercidas respectivamente por las carga q_1 y
q_2 sobre la carga q, seguimos el siguiente procedimiento:

1. Calculamos los módulos de $\vec{F}_1$ y $\vec{F}_2$.

2. Expresamos $\vec{F}_1$ y $\vec{F}_2$ en función de sus componentes según los ejes X e Y:

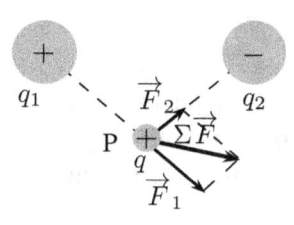

$$\vec{F}_1 = F_{1x}\vec{\imath} + F_{1y}\vec{\jmath}$$

$$\vec{F}_2 = F_{2x}\vec{\imath} + F_{2y}\vec{\jmath}$$

3. Calculamos $\Sigma\vec{F}$:

$$
\begin{aligned}
\Sigma\vec{F} &= \vec{F}_1 + \vec{F}_2 = (F_{1x}\vec{\imath} + F_{1y}\vec{\jmath}) + (F_{2x}\vec{\imath} + F_{2y}\vec{\jmath}) \\
&= (F_{1x} + F_{2x})\vec{\imath} + (F_{1y} + F_{2y})\vec{\jmath} \\
&= \Sigma F_x\vec{\imath} + \Sigma F_y\vec{\jmath}
\end{aligned}
$$

4. Calculamos el módulo de $\Sigma\vec{F}$ si nos lo preguntan:

$$\Sigma F = \sqrt{(\Sigma F_x)^2 + (\Sigma F_y)^2}$$

b) La expresión del potencial electrostático de un punto que dista una distancia r de una carga eléctrica q que crea un campo eléctrico es la siguiente:

$$V = K\frac{q}{r}$$

siendo K la constante eléctrica del medio.

De acuerdo con el principio de superposición de potenciales, el potencial en un punto creado por la presencia de dos o más cargas es la suma de los potenciales que en ese punto crearía cada una de las cargas por separado:

$$V = \Sigma V_i$$

Si las dos cargas tienen la misma cantidad de carga, pero son de distinto signo, el potencial se anula en el punto medio del segmento que une ambas cargas porque sería la suma de dos cantidades iguales de distinto signo:

$$V = V_1 + V_2 = K\frac{q}{r} + K\frac{-q}{r} = 0$$

Respecto a si podría deducirse del valor del potencial en ese punto el valor del campo eléctrico, hay que decir que no, ya que el campo eléctrico en un punto se calcula a partir de la variación del potencial eléctrico dV con respecto a la posición $\vec{r}$:

$$\vec{E}(\vec{r}) = -\frac{dV(\vec{r})}{d\vec{r}}$$

La anterior relación nos permite establecer que, para conocer el campo en un punto, hay que conocer la función $V(\vec{r})$ para poder calcular la derivada con respecto a $\vec{r}$ en ese punto. En el caso que nos ocupa, solo conocemos que el valor del potencial en ese punto es cero y, por tanto, no podemos conocer el campo eléctrico en ese punto (es como si pudiéramos deducir el valor de la aceleración de una partícula en un punto solo con conocer el valor de la velocidad de la partícula en ese punto).

Cuestión 6.4

Comente las siguientes afirmaciones relativas al campo eléctrico:
a) Cuando una carga se mueve sobre una superficie equipotencial, no cambia su energía mecánica.
b) Dos superficies equipotenciales no pueden cortarse.

---

a) Efectivamente, si suponemos que sobre la carga solo actúa la fuerza eléctrica $\vec{F}$, que es una fuerza conservativa, se cumple el principio de la conservación de la energía mecánica: $E_\mathrm{m} = cte$.

No solo no cambia la energía mecánica, sino que tampoco cambian la energía potencial (eléctrica) ni la energía cinética.

La energía potencial de la carga no cambia porque, al moverse por una superficie equipotencial, el potencial V no varía y, por tanto, $\Delta E_\mathrm{p} = q\Delta V = 0$. La energía cinética de la carga tampoco, porque el trabajo que realiza la fuerza eléctrica sobre ella es cero por ser la fuerza eléctrica perpendicular al desplazamiento. Si el trabajo es cero, no cambia la energía cinética, de acuerdo con el teorema del trabajo y la energía.

b) Dos superficies equipotenciales nunca pueden cortarse porque eso supondría que a ese punto le corresponderían dos valores de intensidades de campo distintos, y esto contradice la teoría de campos, que a cada punto le hace corresponder solo un valor de intensidad de campo.

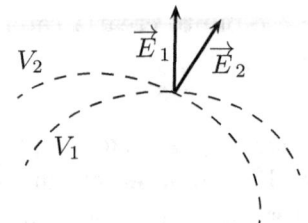

Cuestión 6.5

Razone la veracidad o falsedad de las siguientes afirmaciones:
a) Cuando nos alejamos de una carga eléctrica negativa, el potencial electrostático aumenta, pero la intensidad del campo que crea disminuye.
b) En algún punto P situado en el segmento que une dos cargas eléctricas idénticas, el potencial electrostático se anula, pero no la intensidad del campo electrostático.

a) La expresión del potencial electrostático en un punto que dista una distancia r de una carga eléctrica q que crea un campo eléctrico es:

$$V = K\frac{q}{r} \qquad \lfloor K, \text{constante eléctrica del medio.}\rfloor$$

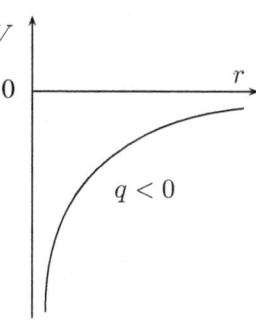

De acuerdo con la fórmula, el potencial debido a una carga negativa es negativo y decrece en valor absoluto al aumentar r, por lo que su valor se va haciendo cada vez menos negativo, haciéndose cero en el infinito; esto es, el potencial aumenta con r.

La intensidad de campo eléctrico $\vec{E}$ en un punto que dista una distancia r de una carga eléctrica q que crea un campo eléctrico es un vector cuyo módulo es:

$$E = K\frac{q}{r^2}$$

Su dirección y sentido son los de la fuerza que actuaría sobre una carga de prueba positiva colocada en ese punto.

De acuerdo con la fórmula, el campo eléctrico disminuye rápidamente al alejarnos de la carga, puesto que es inversamente proporcional al cuadrado de r, haciéndose cero en el infinito.

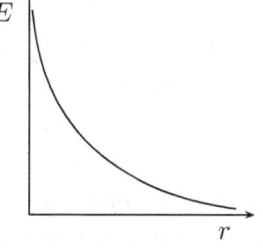

Por tanto, es verdadero que, cuando nos alejamos de una carga eléctrica negativa, el potencial electrostático aumenta pero la intensidad del campo que crea disminuye.

b) De acuerdo con el principio de superposición de potenciales, el potencial en un punto creado por dos o más cargas es la suma de los potenciales que en ese punto crearía cada una de las cargas por separado:

$$V = \Sigma V_i$$

Si las dos cargas son idénticas, es decir, tienen la misma cantidad de carga del mismo signo, el potencial no puede anularse porque sería la suma de dos cantidades positivas o negativas (dependiendo del signo de las cargas), que nunca puede ser cero.

En cuanto a la intensidad del campo eléctrico, de acuerdo con el principio de superposición de campos, el campo eléctrico en un punto creado por dos o más cargas es la suma vectorial de los campos eléctricos que en ese punto crearía cada una de las cargas por separado:

$$\vec{E} = \Sigma \vec{E}_i$$

El campo eléctrico solo puede ser nulo en el punto del segmento equidistante de las cargas (punto P en la figura), pues en ese punto los vectores intensidad de campo tienen el mismo módulo y la misma dirección, pero sentidos contrarios.

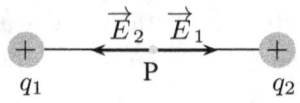

Cuestión 6.6

a) Una partícula cargada negativamente pasa de un punto A, cuyo potencial es V_A, a otro B, cuyo potencial es $V_B > V_A$. Razone si la partícula gana o pierde energía potencial.

b) Los puntos C y D pertenecen a una misma superficie equipotencial. ¿Se realiza trabajo al trasladar una carga (positiva o negativa) desde C a D? Justifique la respuesta.

---

a) La variación de la energía potencial electrostática de una partícula cargada q cuando se traslada dentro de un campo eléctrico desde un punto A de potencial V_A hasta otro punto B de potencial V_B se calcula como:

$$\Delta E_p = E_{pB} - E_{pA} = qV_B - qV_A = q(V_B - V_A)$$

Si $V_B > V_A$, $V_B - V_A > 0$, y como la carga es negativa, $\Delta E_p < 0$: la energía potencial disminuye.

También podemos hacer el siguiente razonamiento: como el sentido del campo es el de los potenciales decrecientes, su sentido será BA. Por otra parte, como la carga es negativa, el sentido de la fuerza será contrario al del campo. Al tener la fuerza el mismo sentido que el desplazamiento, el trabajo es positivo y la energía potencial de la partícula disminuye.

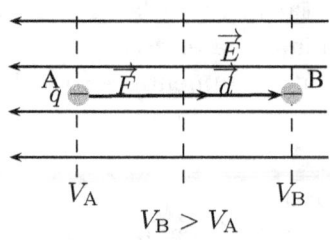

b) Si solo actúa la fuerza eléctrica $\vec{F}$, el trabajo que realiza en el seno de un campo eléctrico cuando una carga q se traslada de un punto a otro viene dado por la variación de la energía potencial entre esos puntos con el signo cambiado. Si esos puntos son los puntos C y D y la carga se traslada desde C a D:

$$W_{CF}^D = -\Delta E_p = -(E_{pD} - E_{pC}) = -(qV_D - qV_C) = -q(V_D - V_C) = 0$$

$\lfloor V_C = V_D$, puesto que pertenecen a la misma superficie equipotencial.$\rfloor$

El trabajo es cero, independientemente de que la carga sea positiva o negativa.

Una respuesta alternativa puede ser la siguiente: puesto que el vector campo $\vec{E}$ es siempre perpendicular a las superficies equipotenciales, la fuerza eléctrica $\vec{F}$

es perpendicular al desplazamiento $d\vec{r}$ (por ser $\vec{E}$ siempre paralelo a $\vec{F}$) y, por tanto, el trabajo es cero.

Si actúan además otras fuerzas (fuerza de rozamiento, tensión, etc.), se realiza o no trabajo dependiendo de que varíe o no la energía cinética de la partícula cargada. De acuerdo con el teorema del trabajo y la energía:

$$W_{\Sigma F} = \Delta E_{\mathrm{c}}$$

Si $\Delta E_{\mathrm{c}} = 0$, $W_{\Sigma F} = 0$; sin embargo, si $\Delta E_{\mathrm{c}} \neq 0$, $W_{\Sigma F} \neq 0$.

Cuestión 6.7

Dos cargas eléctricas puntuales, positivas e iguales están situadas en los puntos A y B de una recta horizontal. Conteste razonadamente a las siguientes cuestiones:

a) ¿Puede ser nulo el potencial en algún punto del espacio? ¿Y el campo eléctrico?

b) Si separamos las cargas a una distancia doble de la inicial, ¿se reduce a la mitad la energía potencial del sistema?

---

a) La expresión del potencial electrostático en un punto que dista una distancia r de una carga eléctrica q que crea un campo eléctrico es:

$$V = K\frac{q}{r}$$

siendo K la constante eléctrica del medio.

De acuerdo con la fórmula anterior, el potencial debido a una carga positiva es positivo y decrece hasta hacerse cero en el infinito.

Por otra parte, de acuerdo con el principio de superposición de potenciales, el potencial en un punto creado por la presencia de dos o más cargas es la suma de los potenciales que en ese punto crearía cada una de las cargas por separado:

$$V = \Sigma V_i$$

Por tanto, a excepción del infinito, el potencial no puede ser nulo en ningún punto del espacio, ya que en cualquier punto el potencial sería la suma de dos potenciales positivos.

La intensidad de campo eléctrico $\vec{E}$ en un punto que dista una distancia r de una carga eléctrica q que crea un campo eléctrico es un vector cuyo módulo es:

$$E = K\frac{q}{r^2}$$

De acuerdo con la fórmula, decrece hasta hacerse cero en el infinito.

Su dirección y sentido son los de la fuerza que actuaría sobre una carga de prueba positiva colocada en ese punto.

Por otra parte, de acuerdo con el principio de superposición de campos, el campo eléctrico en un punto creado por dos o más cargas es la suma vectorial que en ese punto crearía cada una de las cargas por separado:

$$\vec{E} = \Sigma \vec{E}_i$$

Por tanto, a excepción del infinito, el campo eléctrico solo puede ser nulo en el punto equidistante de las cargas situado en el segmento que las une, pues en ese punto los vectores intensidad de campo tienen el mismo módulo y la misma dirección, pero sentidos contrarios. En cualquier otro punto del espacio la suma vectorial es distinta de cero.

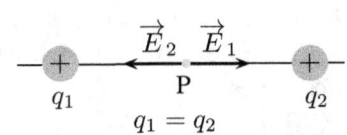

b) Efectivamente, se reduce a la mitad. La expresión de la energía potencial electrostática de un sistema formado por dos cargas eléctricas iguales q que están separadas por una distancia r es la siguiente:

$$E_\mathrm{p} = K\frac{q^2}{r}$$

siendo K la constante eléctrica del medio.

Si las cargas están separadas una distancia r', doble de la inicial, r, la energía potencial en la nueva situación, E'_p, será:

$$E'_\mathrm{p} = K\frac{q^2}{r'} = K\frac{q^2}{2r} = \frac{1}{2}K\frac{q^2}{r} = \frac{1}{2}E_\mathrm{p}$$

$$\left[r' = 2r;\ E_\mathrm{p} = K\frac{q^2}{r} \right]$$

Cuestión 6.8

En una región del espacio el potencial electrostático aumenta en el sentido positivo del eje Z y no cambia en las direcciones de los otros dos ejes.

a) Dibuje en un esquema las líneas del campo electrostático y las superficies equipotenciales.

b) ¿En qué dirección y sentido se moverá un electrón, inicialmente en reposo?

a) Suponemos que se trata de un campo eléctrico uniforme. En la figura representamos las líneas de campo (líneas continuas y equidistantes) y las superficies equipotenciales (líneas discontinuas y equidistantes). Las líneas de campo tienen el sentido de los valores negativos del eje Z porque el sentido de $\vec{E}$, que es el mismo que el de las líneas de campo, es el de los potenciales decrecientes. Las superficies equipotenciales son perpendiculares a las líneas de campo.

b) En la figura representamos el movimiento de un electrón inicialmente en reposo. Sobre el electrón actúa solo la fuerza eléctrica $\vec{F} = q\vec{E}$. La fuerza que actúa sobre el electrón tiene la misma dirección del campo eléctrico, pero de sentido contrario a este por ser la carga del electrón negativa. El electrón se mueve con un movimiento rectilíneo uniformemente acelerado en la dirección y sentido de la fuerza, que es la del eje Z en el sentido de los valores positivos.

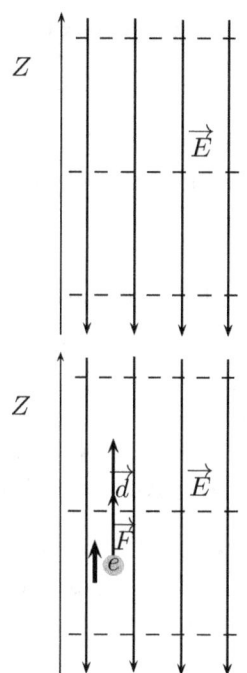

Podemos explicarlo de otra manera: suponemos que sobre el electrón actúa solamente la fuerza eléctrica, que es una fuerza conservativa. Como el electrón está inicialmente en reposo, se moverá espontáneamente en el sentido en que su energía potencial disminuya. Puesto que $\Delta E_\text{p} = q\Delta V$, si $\Delta E_\text{p} < 0$ y $q < 0$, resultará que $\Delta V > 0$. Se moverá en el sentido de los potenciales crecientes, es decir, en la dirección del eje Z en el sentido de los valores positivos.

> ### Cuestión 6.9
>
> a) Razone si la energía potencial electrostática de una carga q aumenta o disminuye al pasar del punto A al B, siendo el potencial en A mayor que en B.
> b) El punto A está más alejado que el B de la carga Q que crea el campo. Razone si la carga Q es positiva o negativa.

a) La variación de la energía potencial electrostática de una carga q que se traslada dentro de un campo eléctrico desde un punto A de potencial V_A hasta otro punto B de potencial V_B se calcula como:

$$\Delta E_\text{p} = E_{\text{p B}} - E_{\text{p A}} = qV_\text{B} - qV_\text{A} = q(V_\text{B} - V_\text{A})$$

Si, como dice el enunciado, el potencial en el punto A es mayor que en el punto B, $V_\text{B} - V_\text{A} < 0$ y ocurre que:

- Si q es positiva, $\Delta E_\mathrm{p} < 0$: la energía potencial electrostática disminuye.

- Si q es negativa, $\Delta E_\mathrm{p} > 0$: la energía potencial electrostática aumenta.

b) La expresión del potencial electrostático en un punto que dista una distancia r de una carga eléctrica Q que crea un campo eléctrico es:

$$V = K\frac{Q}{r}$$

siendo K la constante eléctrica del medio.

De acuerdo con la expresión anterior, el potencial puede ser positivo o negativo según sea el signo de la carga Q que crea el campo, y disminuye en valor absoluto con r. Por tanto:

- Si Q es positiva, el potencial es siempre positivo y disminuye con r.

- Si Q es negativa, el potencial es siempre negativo y aumenta con r, ya que cada vez es menos negativo.

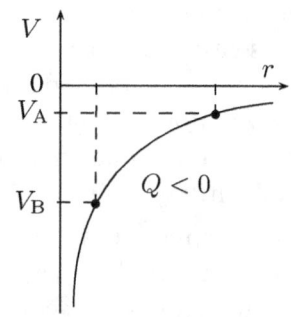

Como el punto A está más alejado que B y, según el apartado a), el potencial en A es mayor que en B, significa que, conforme r aumenta, el potencial aumenta también, luego la carga Q es negativa.

Cuestión 6.10

Una carga eléctrica positiva se mueve en un campo eléctrico uniforme. Razone cómo varía su energía potencial electrostática si la carga se mueve:

a) En la misma dirección y sentido del campo eléctrico. ¿Y si se mueve en sentido contrario?

b) En dirección perpendicular al campo eléctrico. ¿Y si la carga describe una circunferencia y vuelve al punto de partida?

---

a) En la figura representamos el movimiento de una carga positiva en el sentido del campo y en sentido contrario al campo. Suponemos que sobre la carga actúa solamente la fuerza eléctrica, $\vec{F}$, que es una fuerza conservativa. Aplicamos el teorema de la energía potencial que dice que el trabajo que realiza una fuerza conservativa sobre una partícula es igual a la variación de la energía potencial cambiada de signo:

$$W_F = -\Delta E_\mathrm{p}$$

- En el primer caso, como el trabajo es positivo (la fuerza eléctrica tiene el mismo sentido que el desplazamiento), la energía potencial disminuye. Se trata de un proceso espontáneo.

- En el segundo caso, como el trabajo es negativo (la fuerza eléctrica tiene sentido contrario al desplazamiento), la energía potencial aumenta. No se trata de un proceso espontáneo.

b) Si se mueve en todo momento perpendicular al campo eléctrico, el trabajo que realiza la fuerza eléctrica, que tiene la misma dirección que el campo eléctrico, es cero porque es perpendicular al desplazamiento y, por tanto, no varía su energía potencial. Otra explicación: su energía potencial no varía, ya que que se mueve en una superficie equipotencial (potencial constante). Recuérdese que las superficies equipotenciales en un campo eléctrico uniforme son planos perpendiculares a las líneas de campo.

Si la carga describe una circunferencia y vuelve al punto de partida, la energía potencial tampoco varía, ya que, al ser el punto de partida y de llegada el mismo, el potencial es el mismo.

Cuestión 6.11

Razone las respuestas a las siguientes preguntas:
a) Una carga negativa se mueve en la dirección y sentido de un campo eléctrico uniforme. ¿Aumenta o disminuye el potencial eléctrico en la posición de la carga? ¿Aumenta o disminuye su energía potencial?
b) ¿Cómo diferirían las respuestas del apartado anterior si se tratara de una carga positiva?

---

a) La relación que existe entre la intensidad de campo eléctrico $\vec{E}$ y potencial eléctrico V en su forma diferencial es la siguiente:

$$\vec{E}(\vec{r}) = -\frac{dV(\vec{r})}{d\vec{r}}$$

Entre otras cosas, esta relación nos permite establecer que el sentido del campo eléctrico es el de los potenciales decrecientes.

En el caso de un campo eléctrico uniforme cuya dirección y sentido es la de los valores positivos de X y la partícula cargada se traslada desde un punto de potencial V a otro punto de potencial $V + \Delta V$, la anterior relación podemos expresarla de la siguiente forma:

$$\vec{E} = -\frac{\Delta V}{\Delta x}\vec{i}$$

Según la cual, los potenciales decrecientes tienen la dirección y el sentido del vector unitario $\vec{\imath}$.

Por tanto, si una carga negativa se mueve en la dirección y sentido de un campo eléctrico, lo hace en el sentido de los potenciales decrecientes (disminuye el potencial eléctrico en la posición que tenga la carga).

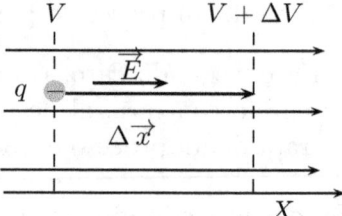

¿Cómo varía su energía potencial? La relación entre la variación de energía potencial y el potencial eléctrico es la siguiente:

$$\Delta E_{\mathrm{p}} = q\Delta V$$

Puesto que la carga es negativa y $\Delta V < 0$, ya que se desplaza en el sentido de los potenciales decrecientes, $\Delta E_{\mathrm{p}} > 0$; es decir, la energía potencial aumenta y, por tanto, el proceso no es espontáneo.

b) Igualmente, si una carga positiva se mueve en la dirección y sentido de un campo eléctrico, lo hace también en el sentido de los potenciales decrecientes.

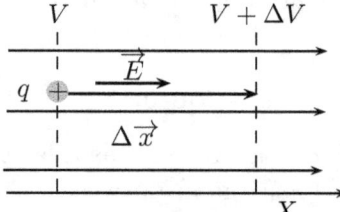

¿Cómo varía su energía potencial en este caso? Puesto que la carga es positiva y $\Delta V < 0$, $\Delta E_{\mathrm{p}} < 0$; es decir, la energía potencial disminuye y, por tanto, el proceso es espontáneo.

Cuestión 6.12

a) Explique la relación entre campo y potencial eléctrico.
b) Razone si puede ser distinto de cero el potencial eléctrico en un punto donde el campo eléctrico es nulo.

---

a) Tanto el potencial eléctrico como la intensidad de campo eléctrico son magnitudes útiles para describir el campo eléctrico. Mientras que el potencial está ligado a una "visión energética" del campo, la intensidad de campo eléctrico está ligada a una "visión dinámica" del mismo. Ambas formas deben estar relacionadas entre sí. Veamos cuál es la relación en el supuesto más sencillo, que es el de un campo uniforme.

Supongamos que una partícula cargada se traslada desde un punto A hasta otro B por la acción de la fuerza eléctrica $\vec{F}$:

- Por una parte:

$$W_{A\,F}^{B} = \vec{F} \cdot \vec{d} = q\vec{E} \cdot \vec{d}$$

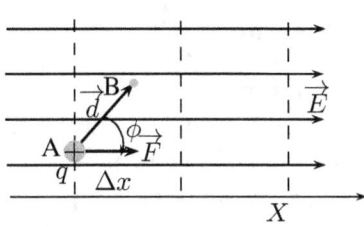

- Por otra parte:

$$W_{A\,F}^{B} = -\Delta E_{\mathrm{p}} = -q(V_{\mathrm{B}} - V_{\mathrm{A}})$$

Desarrollamos el producto escalar y simplificamos:

$$q\vec{E} \cdot \vec{d} = -q(V_{\mathrm{B}} - V_{\mathrm{A}})$$

de donde:

$$E d \cos\phi = -(V_{\mathrm{B}} - V_{\mathrm{A}})$$

Si elegimos un sistema de referencia con el eje X coincidente con la dirección y el sentido del campo, la relación entre el campo y el potencial es:

$$E = \frac{-(V_{\mathrm{B}} - V_{\mathrm{A}})}{d \cos\phi} \Rightarrow E = -\frac{\Delta V}{d \cos\phi} = -\frac{\Delta V}{\Delta x}$$

Su expresión vectorial es:

$$\vec{E} = -\frac{\Delta V}{\Delta x}\vec{\imath}$$

En el caso general en el que $\vec{E}$ no es uniforme:

$$\vec{E}(\vec{r}) = -\frac{dV(\vec{r})}{d\vec{r}}$$

La anterior relación nos permite establecer que:

- El módulo del vector intensidad de campo nos informa de lo deprisa que cambia el potencial eléctrico al cambiar de posición.

- La dirección de dicho vector es aquella en la que el potencial cambia "más deprisa" (esta dirección es la perpendicular a las superficies equipotenciales).

- El sentido del vector intensidad de campo es el de los potenciales decrecientes.

- Podemos utilizar una unidad distinta al N/C para expresar la intensidad de campo. Esta unidad es el V/m.

b) Hemos señalado en el apartado anterior que, en el caso general, la relación entre la intensidad de campo eléctrico y el potencial es:

$$\vec{E}(\vec{r}) = -\frac{dV(\vec{r})}{d\vec{r}}$$

De esta ecuación se deduce que si $\vec{E} = 0$, $V = cte$, que puede ser cualquier valor, incluido el valor cero.

Cuestión 6.13

a) Explique las analogías y diferencias entre el campo eléctrico creado por una carga puntual y el campo gravitatorio creado por una masa puntual, en relación con su origen, intensidad relativa, dirección y sentido.

b) ¿Puede anularse el campo gravitatorio y/o eléctrico en un punto del segmento que une a dos partículas cargadas? Razone la respuesta.

Analogías

- Ambos son campos conservativos y admiten en cada punto una función energía potencial E_p, de tal manera que el trabajo que realiza la fuerza gravitatoria o eléctrica cuando la partícula se traslada desde un punto a otro es igual a la variación de la energía potencial entre esos puntos con el signo cambiado.

- La intensidad de campo en un punto depende del inverso del cuadrado de la distancia a la masa o de la carga que crea el campo.

- Son campos centrales porque la dirección de las líneas de fuerza del campo creado por una masa o por una carga puntual tienen dirección radial.

- La intensidad de campo en un punto debido a una carga o masa es independiente de la existencia de otras cargas o masas (principio de superposición).

Diferencias

- Son regiones perturbadas por la presencia de una masa (campo gravitatorio) o de una carga (campo eléctrico).

- Las fuerzas gravitatorias son siempre atractivas, mientras que las fuerzas eléctricas son atractivas o repulsivas.

- Las líneas de fuerza del campo creado por una masa terminan en ella, mientras que las líneas de fuerza del campo creado por una carga nacen en ella si la carga es positiva o terminan en ella si la carga es negativa.

- La constante G no depende del medio en el que estén inmersas las masas (es una constante universal), mientras que la constante K depende del medio en el que estén inmersas las cargas (el valor máximo corresponde al vacío).

- La constante G es mucho más pequeña que la constante K y, por ello, las fuerzas gravitatorias son mucho menos intensas que las eléctricas. Así, la fuerza gravitatoria con que se atraen dos protones es 10^{36} veces menor que la fuerza eléctrica con que se repelen.

- El campo gravitatorio creado por una masa no se altera porque se mueva, mientras que el de una carga en movimiento, sí, y origina además fuerzas magnéticas.

b) Para que el campo gravitatorio o eléctrico se anule en un punto, los vectores intensidad de campo debidos a las masas o a las cargas tienen que ser opuestos. Pueden anularse en los siguientes supuestos:

- El campo gravitatorio puede anularse en el punto medio del segmento que une las partículas, siempre que sus masas sean iguales.

- El campo eléctrico puede anularse en el punto medio del segmento que une las partículas, siempre que sus cargas sean del mismo signo y tengan el mismo valor numérico.

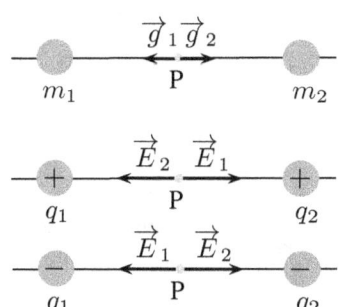

- El campo gravitatorio y el campo eléctrico pueden anularse a la vez en el supuesto de que las partículas cargadas tengan la misma masa y las cargas sean del mismo signo, y tengan el mismo valor numérico; es decir, que se den el primer y segundo supuesto a la vez.

Problema 6.14

Una partícula de carga $6 \cdot 10^{-6}$ C se encuentra en reposo en el punto $(0, 0)$. Se aplica un campo eléctrico uniforme de $500\,\mathrm{N\,C^{-1}}$, dirigido en el sentido positivo del eje OY.

a) Describa la trayectoria seguida por la partícula hasta el instante en que se encuentra en el punto A, situado a 2 m del origen. ¿Aumenta o disminuye la energía potencial de la partícula en dicho desplazamiento? ¿En qué se convierte dicha variación de energía?

b) Calcule el trabajo realizado por el campo en el desplazamiento de la partícula y la diferencia de potencial entre el origen y el punto A.

---

a) Suponemos que, al aplicar el campo eléctrico uniforme $\vec{E}$, solo actúa sobre la partícula cargada una fuerza eléctrica $\vec{F} = q\vec{E}$ que, de acuerdo con la segunda ley de Newton, le produce un movimiento uniformemente acelerado cuya aceleración es:

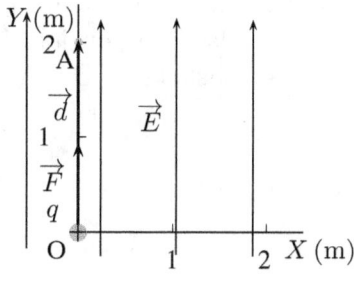

$$\vec{d} = \frac{\vec{F}}{m} = \frac{q\vec{E}}{m}$$

Como la carga es positiva, la aceleración tiene la misma dirección y sentido que el campo eléctrico. La trayectoria que sigue es la línea recta que une el punto inicial O $(0, 0)$ m con el punto final A $(0, 2)$ m.

Respecto a si aumenta o no la energía potencial de la partícula, hay que tener en cuenta que la fuerza eléctrica realiza un trabajo positivo, ya que tiene el mismo sentido que el desplazamiento. De acuerdo con el teorema de la energía potencial, el trabajo que realiza la fuerza eléctrica es igual a la variación de la energía potencial con el signo cambiado:

$$W_F = -\Delta E_p$$

Puesto que el trabajo es positivo, la energía potencial de la partícula disminuye.

¿En qué se convierte esa energía potencial? Como solo existe la fuerza eléctrica, que es conservativa, de acuerdo con el principio de conservación de la energía mecánica, se debe cumplir que:

$$\Delta E_p + \Delta E_c = 0$$

Esto es, la energía potencial eléctrica disminuye en la misma cantidad que la energía cinética aumenta. Se convierte, pues, en energía cinética.

b) El trabajo realizado por el campo cuando la partícula cargada se traslada desde O hasta A es:

$$W_{OF}^A = \overrightarrow{F} \cdot \overrightarrow{d} = qEd\cos\phi = 6 \cdot 10^{-6}\,\text{C} \cdot 500\,\text{N/C} \cdot 2\,\text{m} \cdot 1 = 6 \cdot 10^{-3}\,\text{J}$$

$$\lfloor \cos\phi = \cos 0^o = 1 \rfloor$$

Calculamos la diferencia de potencial entre el origen O y el punto A, $V_O - V_A$, a partir del trabajo que realiza la fuerza eléctrica cuando la carga se traslada de O a A:

$$W_{OF}^A = -q(V_A - V_O) = q(V_O - V_A)$$

Despejamos $V_O - V_A$ y calculamos su valor:

$$V_O - V_A = \frac{W_{OF}^A}{q} = \frac{6 \cdot 10^{-3}\,\text{J}}{6 \cdot 10^{-6}\,\text{C}} = 1000\,\text{V}$$

También podemos calcular $V_O - V_A$ a partir de la relación entre el campo eléctrico y la diferencia de potencial. La diferencia de potencial ΔV cuando la partícula cargada se traslada de O a A es:

$$\Delta V = V_A - V_O = -E \cdot d = -500\,\text{N/C} \cdot 2\,\text{m} = -1000\,\text{V}$$

Luego la diferencia de potencial entre O y A es:

$$V_O - V_A = -\Delta V = -(-1000\,\text{V}) = 1000\,\text{V}$$

Problema 6.15

Una carga puntual Q crea un campo electrostático. Al trasladar una carga q desde un punto A al infinito, se realiza un trabajo de 5 J. Si se traslada desde el infinito hasta otro punto C, el trabajo es de -10 J.

a) ¿Qué trabajo se realiza al llevar la carga desde el punto C al A? ¿En qué propiedad del campo electrostático se basa la respuesta?

b) Si $q = -2$ C, ¿cuánto vale el potencial en los puntos A y C? ¿Qué punto está más próximo a la carga Q y cuál es el signo de Q? Justifique las respuestas.

a) Calculamos el trabajo que realiza la fuerza eléctrica $\vec{F}$ cuando la carga se traslada desde el infinito al punto C, $W_{\infty F}^{C}$, teniendo en cuenta que es una fuerza conservativa y, por tanto, el trabajo que realiza es nulo cuando realiza un ciclo (cuando se traslada desde A hasta el infinito, desde el infinito hasta C y desde C hasta A):

$$W_{A F}^{\infty} + W_{\infty F}^{C} + W_{C F}^{A} = 0$$

De donde:

$$W_{C F}^{A} = -W_{A F}^{\infty} - W_{\infty F}^{C} = -5\,\text{J} - (-10\,\text{J}) = 5\,\text{J}$$

$$\lfloor W_{A F}^{\infty} = 5\,\text{J};\ W_{\infty F}^{C} = -10\,\text{J} \rfloor$$

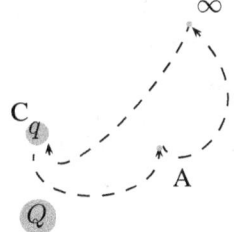

b) Si $q = -2$ C y, según el convenio normalmente utilizado ($V_{\infty} = 0$), el potencial en los puntos A y C es:

- Potencial en el punto A

$$W_{A F}^{\infty} = -q(V_{\infty} - V_{A}) = qV_{A}$$

De donde:

$$V_{A} = \frac{W_{A F}^{\infty}}{q} = \frac{5\,\text{J}}{-2\,\text{C}} = -2,5\,\text{V}$$

$$\lfloor W_{A F}^{\infty} = 5\,\text{J};\ q = -2\,\text{C} \rfloor$$

- Potencial en el punto C

$$W_{\infty F}^{C} = -q(V_{C} - V_{\infty}) = -qV_{C}$$

De donde:

$$V_{C} = -\frac{W_{\infty F}^{C}}{q} = -\frac{-10\,\text{J}}{-2\,\text{C}} = -5\,\text{V}$$

$$\lfloor W_{\infty F}^{C} = -10\,\text{J};\ q = -2\,\text{C} \rfloor$$

El potencial en un punto de un campo eléctrico creado por una carga Q es el siguiente (con el convenio de que el potencial en el infinito es cero):

$$V = K\frac{Q}{r}$$

siendo K la constante eléctrica, que depende del medio; Q, la carga fuente; y r, la distancia entre la carga fuente y el punto considerado.

De acuerdo con la expresión anterior, los potenciales en los puntos del campo que rodean a una carga negativa son negativos, y son tanto más negativos cuanto menor es r, luego la carga fuente Q es negativa y el punto C, de potencial $-5\,\mathrm{V}$, está más próximo a la carga Q que el punto A, de potencial $-2,5\,\mathrm{V}$.

Problema 6.16

Dos partículas de $10\,\mathrm{g}$ se encuentran suspendidas por dos hilos de $30\,\mathrm{cm}$ desde un mismo punto. Si se les suministra a ambas partículas la misma carga, se separan de modo que los hilos forman entre sí un ángulo de 60°.
a) Dibuje en un diagrama las fuerzas que actúan sobre las partículas y analice la energía del sistema en esa situación.
b) Calcule el valor de la carga que se suministra a cada partícula.
$K = 9 \cdot 10^9 \ \mathrm{N\,m^2\,C^{-2}}; g = 10\,\mathrm{m\,s^{-2}}$.

---

a) Sobre cada una de las partículas cargadas (las suponemos con carga positiva) actúan las siguientes fuerzas reales: la fuerza con que la Tierra la atrae, $\vec{F}_\mathrm{g}$, (peso de la partícula); la fuerza eléctrica con que repele a la otra partícula, $\vec{F}_\mathrm{e}$; y la fuerza que ejerce la cuerda sobre ella, $\vec{T}$ (tensión). Descomponemos las tensiones en sus componentes $\vec{T}_x$ y $\vec{T}_y$ según los ejes X e Y, respectivamente.

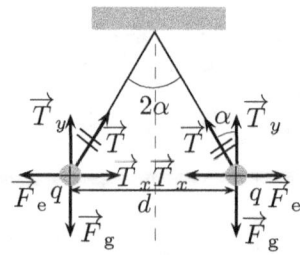

Las dos partículas tienen energía potencial eléctrica y energía potencial gravitatoria; esta última la podemos despreciar, ya que es muy pequeña en comparación con la primera, debido a que las partículas tienen una masa muy pequeña.

Si llamamos q a la carga de cada una de las partículas y d, a la distancia que las separa, la energía del sistema en esa situación es:

$$E_\mathrm{p} = K\frac{qq}{d}$$

donde K es la constante eléctrica del medio.

La energía potencial del sistema es positiva, ya que las cargas tienen el mismo signo y su producto es positivo.

b) Calculamos primero la fuerza con que interaccionan las cargas, teniendo en cuenta que, como se encuentran en equilibrio, $\Sigma \overrightarrow{F}_x = 0$ y $\Sigma \overrightarrow{F}_y = 0$. Para cada partícula:

$$\text{Condición de equilibrio horizontal:} \quad T \operatorname{sen} \alpha = F_e$$

$$\text{Condición de equilibrio vertical:} \quad T \cos \alpha = mg \quad \lfloor F_g = mg \rfloor$$

Dividimos miembro a miembro la primera ecuación entre la segunda:

$$\frac{T \operatorname{sen} \alpha}{T \cos \alpha} = \frac{F_e}{mg}$$

Simplificamos y nos queda que:

$$\operatorname{tg} \alpha = \frac{F_e}{mg}$$

Despejamos F_e y calculamos su valor:

$$F_e = mg \operatorname{tg} \alpha = 0,01 \, \text{kg} \cdot 10 \, \text{m/s}^2 \cdot 0,577 = 0,0577 \, \text{N}$$

$$\lfloor m = 10 \, \text{g} = 0,01 \, \text{kg}; 2\alpha = 60^o \Rightarrow \alpha = 30^o; \operatorname{tg} \alpha = \operatorname{tg} 30^o = 0,577 \rfloor$$

Calculamos ahora la carga que tiene cada partícula aplicando la ley de Coulomb:

$$F_e = K \frac{qq}{d^2}$$

Despejamos q y calculamos su valor:

$$q = \sqrt{\frac{F_e d^2}{K}} = \sqrt{\frac{5,77 \cdot 10^{-2} \, \text{N} \, (0,3 \, \text{m})^2}{9 \cdot 10^9 \, \text{N} \, \text{m}^2/\text{C}^2}} = 7,6 \cdot 10^{-7} \, \text{C}$$

$\lfloor d \equiv$ longitud del hilo $= 30 \, \text{cm} = 0,3 \, \text{m}$, por ser un triángulo equilátero. $\rfloor$

Problema 6.17

En las proximidades de la superficie terrestre se aplica un campo eléctrico uniforme. Se observa que al soltar una partícula de $2 \, \text{g}$ cargada con $5 \cdot 10^{-5} \, \text{C}$ permanece en reposo.
a) Determine razonadamente las características del campo eléctrico (módulo, dirección y sentido).
b) Explique qué ocurriría si la carga fuera: i) $10 \cdot 10^{-5} \, \text{C}$; ii) $-5 \cdot 10^{-5} \, \text{C}$.
$g = 10 \, \text{m} \, \text{s}^{-2}$.

a) Puesto que la partícula cargada está en reposo, sobre ella actúan la fuerza con que la Tierra la atrae, $\overrightarrow{F}_g$, (su peso) y una fuerza eléctrica opuesta al peso, $\overrightarrow{F}_e = q\overrightarrow{E}$. Como tiene carga positiva, la intensidad de campo $\overrightarrow{E}$ tiene la misma dirección y sentido que la fuerza eléctrica: vertical hacia arriba.

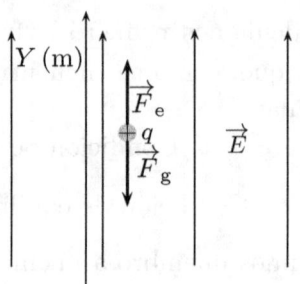

El módulo de la intensidad de campo eléctrico es:

$$E = \frac{F_e}{q} = \frac{0,02\,\text{N}}{5 \cdot 10^{-5}\,\text{C}} = 400\,\text{N/C}$$

$$\lfloor F_e = F_g = mg = 0,002\,\text{kg} \cdot 10\,\text{m/s}^2 = 0,02\,\text{N} \rfloor$$

La intensidad de campo es:

$$\overrightarrow{E} = 400\,\vec{\jmath}\,\text{N/C}$$

b) Si la carga fuera $10 \cdot 10^{-5}\,\text{C}$, la suma de las fuerzas, $\Sigma\overrightarrow{F}$, que actuaría sobre la partícula sería:

$$\Sigma\overrightarrow{F} = \overrightarrow{F}_e + \overrightarrow{F}_g = 0,04\,\vec{\jmath}\,\text{N} + (-0,02\,\vec{\jmath}\,\text{N}) = 0,02\,\vec{\jmath}\,\text{N}$$

$$\lfloor \overrightarrow{F}_e = q\overrightarrow{E} = 10 \cdot 10^{-5}\,\text{C} \cdot 400\,\vec{\jmath}\,\text{N/C} = 0,04\,\vec{\jmath}\,\text{N}; \ \overrightarrow{F}_g = -0,02\,\vec{\jmath}\,\text{N} \rfloor$$

La partícula se movería hacia arriba con un movimiento rectilíneo uniformemente acelerado cuya aceleración sería, de acuerdo con la segunda ley de Newton:

$$\vec{a} = \frac{\Sigma\overrightarrow{F}}{m} = \frac{0,02\,\vec{\jmath}\,\text{N}}{0,002\,\text{kg}} = 10\,\vec{\jmath}\,\text{m/s}^2$$

Si la carga fuera $-5 \cdot 10^{-5}\,\text{C}$, la suma de la las fuerzas, $\Sigma\overrightarrow{F}$, que actuaría ahora sobre la partícula sería:

$$\Sigma\overrightarrow{F} = \overrightarrow{F}_e + \overrightarrow{F}_g = -0,02\,\vec{\jmath}\,\text{N} + (-0,02\,\vec{\jmath}\,\text{N}) = -0,04\,\vec{\jmath}\,\text{N}$$

$$\lfloor \overrightarrow{F}_e = q\overrightarrow{E} = -5 \cdot 10^{-5}\,\text{C} \cdot 400\,\vec{\jmath}\,\text{N/C} = -0,02\,\vec{\jmath}\,\text{N}; \ \overrightarrow{F}_g = -0,02\,\vec{\jmath}\,\text{N} \rfloor$$

La partícula se movería hacia abajo con un movimiento rectilíneo uniformemente acelerado, cuya aceleración sería:

$$\vec{a} = \frac{\Sigma\overrightarrow{F}}{m} = \frac{-0,04\,\vec{\jmath}\,\text{N}}{0,002\,\text{kg}} = -20\,\vec{\jmath}\,\text{m/s}^2$$

Problema 6.18

Dos partículas con cargas positivas iguales de $4 \cdot 10^{-6}$ C ocupan dos vértices consecutivos de un cuadrado de 1 m de lado.

a) Calcule el potencial electrostático creado por ambas cargas en el centro del cuadrado. ¿Se modificaría el resultado si las cargas fueran de signos opuestos?

b) Calcule el trabajo necesario para trasladar una carga de $5 \cdot 10^{-7}$ C desde uno de los dos vértices restantes hasta el centro del cuadrado. ¿Depende este resultado de la trayectoria seguida por la carga?

$K = 9 \cdot 10^9$ N m^2 C^{-2}.

---

a) De acuerdo con el principio de superposición de potenciales, el potencial en un punto de un campo eléctrico creado por dos o más cargas es la suma de los potenciales que en ese punto crearía cada una de las cargas por separado:

$$V = \Sigma V_i$$

En el punto P el potencial es:

$$V_P = K\frac{q_1}{r_{P1}} + K\frac{q_2}{r_{P2}} = 2K\frac{q}{r_P} = 2 \cdot 9 \cdot 10^9 \, \frac{\text{N m}^2}{\text{C}^2} \cdot \frac{4 \cdot 10^{-6} \, \text{C}}{\sqrt{2}/2} = 1,02 \cdot 10^5 \, \text{V}$$

$$\lfloor q_1 = q_2 = q = 4 \cdot 10^{-6} \, \text{C}; \; r_{P1} = r_{P2} = r_P = \sqrt{2}/2 \, \text{m} \rfloor$$

$$\lfloor\lfloor \text{Del triángulo OPA, mediante el teorema Pitágoras: } 2r_P^2 = 1 \Rightarrow r_P = \sqrt{2}/2 \rfloor\rfloor$$

Si las cargas fueran de signos opuestos, el potencial sería cero, ya que el punto P equidista de los puntos O y A, y el potencial debido a cada carga tendría el mismo valor numérico, pero de signo opuesto.

b) Calculamos el potencial en el punto B:

$$\begin{aligned}
V_B &= K\frac{q_1}{r_{B1}} + K\frac{q_2}{r_{B2}} = Kq\left(\frac{1}{r_{B1}} + \frac{1}{r_{B2}}\right) \\
&= 9 \cdot 10^9 \, \frac{\text{N m}^2}{\text{C}^2} \cdot 4 \cdot 10^{-6} \, \text{C} \left(\frac{1}{\sqrt{2} \, \text{m}} + \frac{1}{1 \, \text{m}}\right) \\
&= 6,15 \cdot 10^4 \, \text{V}
\end{aligned}$$

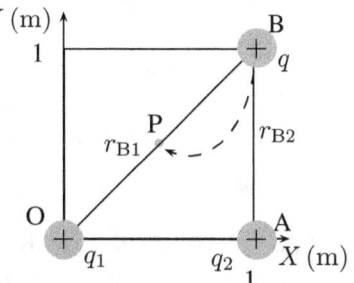

$$\lfloor q_1 = q_2 = q = 4 \cdot 10^{-6} \, \text{C}; \; r_{B1} = \sqrt{2} \, \text{m}; \; r_{B2} = 1 \, \text{m} \rfloor$$

El trabajo que realiza la fuerza eléctrica cuando la carga q_3 se traslada desde B a P es:

$$W_{BF}^{P} = -q_3(V_P - V_B)$$
$$= -5 \cdot 10^{-7}\,\text{C}\,(1,02 \cdot 10^5\,\text{V} - 6,15 \cdot 10^4\,\text{V}) = -0,0203\,\text{J}$$

$$\lfloor q_3 = -5 \cdot 10^{-7}\,\text{C};\ V_P = 1,02 \cdot 10^5\,\text{V};\ V_B = 6,15 \cdot 10^4\,\text{V}\rfloor$$

Puesto que el trabajo es negativo, el proceso no es espontáneo, por lo que aumenta la energía potencial de la distribución de cargas.

El valor del trabajo no depende de la trayectoria seguida, ya que la fuerza eléctrica es una fuerza conservativa.

Problema 6.19

Una bolita de $1\,\text{g}$, cargada con $5 \cdot 10^{-6}\,\text{C}$, pende de un hilo que forma un ángulo de 60° con la vertical en una región en la que existe un campo eléctrico uniforme en dirección horizontal.

a) Explique, con ayuda de un esquema, qué fuerzas actúan sobre la bolita y calcule el valor del campo eléctrico.

b) Razone qué cambios experimentaría la situación de la bolita si: i) se duplicara el campo eléctrico; ii) se duplicase la masa de la bolita.

$g = 10\,\text{m}\,\text{s}^{-2}$.

---

a) Sobre la bolita actúan las siguientes fuerzas reales: la fuerza con que la Tierra la atrae, $\vec{F}_g$, (peso de de la bolita); la fuerza eléctrica, $\vec{F}_e$; y la fuerza que ejerce la cuerda sobre la bolita, $\vec{T}$ (tensión). Descomponemos la tensión en sus componentes $\vec{T}_x$ y $\vec{T}_y$ según los ejes X e Y, respectivamente.

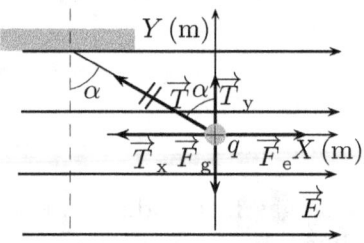

Calculamos la intensidad del campo eléctrico teniendo en cuenta que, como la bolita se encuentra en equilibrio estático, $\Sigma\vec{F}_x = 0$ y $\Sigma\vec{F}_y = 0$:

$$\text{Condición de equilibrio horizontal:}\quad T\,\text{sen}\,\alpha = qE$$

$$\text{Condición de equilibrio vertical:}\quad T\cos\alpha = mg$$

$$\lfloor F_e = qE;\ F_g = mg\rfloor$$

Dividimos miembro a miembro la primera ecuación entre la segunda:

$$\frac{T\,\text{sen}\,\alpha}{T\cos\alpha} = \frac{qE}{mg}$$

Simplificamos y nos queda que:

$$\text{tg}\,\alpha = \frac{qE}{mg}$$

Despejamos E y calculamos su valor:

$$E = \frac{mg\,\text{tg}\,\alpha}{q} = \frac{0,001\,\text{kg} \cdot 10\,\text{m/s}^2 \cdot 1,73}{5 \cdot 10^{-6}\,\text{C}} = 3460\,\text{N/C}$$

$$\lfloor m = 1\,\text{g} = 0,001\,\text{kg};\ \text{tg}\,60^o = 1,73;\ q = 5 \cdot 10^{-6}\,\text{C}\rfloor$$

b) Si se duplica el valor de la intensidad del campo eléctrico, se duplica la fuerza eléctrica y el nuevo ángulo con la vertical, α', es mayor:

$$\text{tg}\,\alpha' = \frac{qE'}{mg} = \frac{q2E}{mg} = 2\,\text{tg}\,\alpha = 2 \cdot 1,73 = 3,46$$

$$\left\lfloor E' = 2E;\ \text{tg}\,\alpha = \frac{qE}{mg};\ \text{tg}\,\alpha = 1,73 \right\rfloor$$

De donde:

$$\alpha' = \text{arctg}\,3,46 = 73,9^{\,o}$$

Si se duplica el valor de la masa de la bolita, se duplica la fuerza gravitatoria y el nuevo ángulo con la vertical, α'', es menor:

$$\text{tg}\,\alpha'' = \frac{qE}{m'g} = \frac{qE}{2mg} = \frac{\text{tg}\,\alpha}{2} = \frac{1,73}{2} = 0,865$$

$$\left\lfloor m' = 2m;\ \text{tg}\,\alpha = \frac{qE}{mg};\ \text{tg}\,\alpha = 1,73 \right\rfloor$$

De donde:

$$\alpha'' = \text{arctg}\,0,865 = 40,9^{\,o}$$

Problema 6.20

a) Determine razonadamente en qué punto (o puntos) del plano XY es nula la intensidad del campo eléctrico creado por dos cargas idénticas $q_1 = q_2 = -4 \cdot 10^{-6}\,\text{C}$, situadas en los puntos $(-2, 0)$ y $(2, 0)$ m, respectivamente.
b) ¿Es también nulo el potencial en ese punto (o puntos)? Calcule, en cualquier caso, su valor.
$K = 9 \cdot 10^9\,\text{N}\,\text{m}^2\,\text{C}^{-2}$.

a) De acuerdo con el principio de superposición de campos, la intensidad de campo eléctrico en cada uno de los puntos de un campo eléctrico creado por dos o más cargas es la suma vectorial de las intensidades de campo que en ese punto crearía cada una de las cargas por separado:

$$\vec{E} = \Sigma \vec{E}_i$$

Debemos tener en cuenta que la intensidad de campo eléctrico $\vec{E}$ en un punto es un vector cuyo módulo es directamente proporcional a la carga q que crea el campo e inversamente proporcional al cuadrado de la distancia r que la separa del punto; su dirección, la de la recta que une la carga con el punto considerado; y el sentido, el de la fuerza que actuaría sobre una carga de prueba positiva colocada en dicho punto.

En la figura de la derecha representamos el campo eléctrico creado por las dos cargas q_1 y q_2 en tres puntos representativos del plano XY: P, P′ y O. Solo en el punto O $(0, 0)$ m, equidistante de las cargas y situado en la recta que las une, la intensidad de campo eléctrico es nula, puesto que en ese punto las intensidades de campo son opuestas:

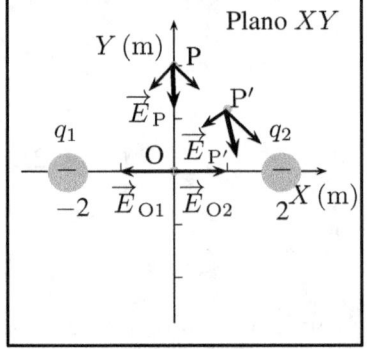

$$\vec{E}_{O1} = -\vec{E}_{O2}$$

b) De acuerdo con el principio de superposición de potenciales, el potencial en un punto de un campo eléctrico creado por dos o más cargas es la suma de los potenciales que en ese punto crearía cada una de las cargas por separado:

$$V = \Sigma V_i$$

Calculamos el potencial en el punto O, que es el único punto en el que el campo es nulo:

$$
\begin{aligned}
V_O &= V_1 + V_2 = K\frac{q_1}{r_1} + K\frac{q_2}{r_2} \\
&= K\frac{q}{r} + K\frac{q}{r} = 2K\frac{q}{r} \\
&= 2 \cdot 9 \cdot 10^9 \frac{\text{N m}^2}{\text{C}^2} \cdot \frac{-4 \cdot 10^{-6}\,\text{C}}{2\,\text{m}} \\
&= -3,6 \cdot 10^4 \text{ V}
\end{aligned}
$$

$\lfloor q_1 = q_2 = q = -4 \cdot 10^{-6} \text{ C}; \; r_1 = r_2 = r = 2\,\text{m} \rfloor$

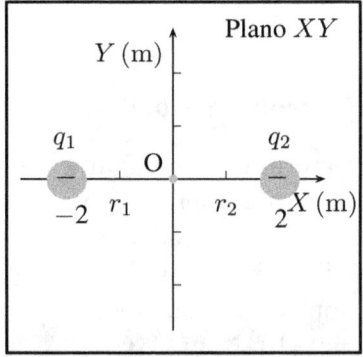

Problema 6.21

En dos vértices de un triángulo equilátero de $1,2\,\mathrm{m}$ de lado hay situadas sendas cargas eléctricas de $-3,6\,\mu\mathrm{C}$ y $3,6\,\mu\mathrm{C}$.
a) Calcule el campo eléctrico que crean en el tercer vértice.
b) Calcule la energía potencial eléctrica del sistema formado por las dos cargas.
$K = 9 \cdot 10^9\,\mathrm{N\,m^2\,C^{-2}}$.

---

a) De acuerdo con el principio de superposición de campos, la intensidad de campo eléctrico en cada uno de los puntos de un campo eléctrico creado por dos o más cargas es la suma vectorial de las intensidades de campo que crearía cada una de las cargas por separado:

$$\vec{E} = \Sigma \vec{E}_i$$

En la figura representamos los campos eléctricos en el punto P, $\vec{E}_1$ y $\vec{E}_2$, creados por las cargas q_1 y q_2, respectivamente, y el campo eléctrico total, $\vec{E}$.

Calculamos el campo eléctrico en el punto P:

$$\vec{E} = \vec{E}_1 + \vec{E}_2$$

Para ello, tenemos en cuenta, como muestra la figura, que las dos cargas tienen el mismo valor numérico y que están a la misma distancia del punto P. En consecuencia, los módulos E_1 y E_2 tienen el mismo valor:

$$E_1 = E_2 = K\frac{q}{r^2} = 9 \cdot 10^9\,\frac{\mathrm{N\,m^2}}{\mathrm{C^2}} \cdot \frac{3,6 \cdot 10^{-6}\,\mathrm{C}}{(1,2\,\mathrm{m})^2} = 22\,500\,\mathrm{N/C}$$

$$\lfloor r_1 = r_2 = r = 1,2\,\mathrm{m}; |q_1| = |q_2| = q = 3,6\,\mu\mathrm{C} = 3,6 \cdot 10^{-6}\,\mathrm{C}\rfloor$$

Por otra parte, la dirección y sentido de $\vec{E}_1$ y $\vec{E}_2$ debidas a q_1 y a q_2, respectivamente, son las de las fuerzas que actuarían sobre una carga de prueba positiva colocada en el punto P, atractiva en el primer caso y repulsiva en el segundo.

Si obtenemos gráficamente el vector $\vec{E}$ mediante la suma de $\vec{E}_1$ y $\vec{E}_2$ utilizando la regla del paralelogramo, observamos que $E = E_1 = E_2 = 22\,500\,\mathrm{N/C}$ (vemos que $\vec{E}$, $\vec{E}_1$ y $\vec{E}_2$ formarían un triángulo equilátero mediante el método del polígono para la suma de vectores), que su dirección es la del eje X y su sentido, el de los valores negativos de X. Por tanto, $\vec{E} = -22\,500\,\vec{\imath}\,\mathrm{N/C}$.[2]

---

[2]Podemos obtener $\vec{E}$ sumando $\vec{E}_1$ y $\vec{E}_2$ de forma analítica. Para ello descomponemos $\vec{E}_1$ y

b) La energía potencial de sistema formado por las cargas q_1 y q_2 es la siguiente:

$$E_p = K\frac{q_1 q_2}{r}$$

La energía potencial del sistema es negativa, ya que las cargas tienen distinto signo y su producto es negativo:

$$E_p = K\frac{q_1 q_2}{r} = 9 \cdot 10^9 \frac{\text{N m}^2}{\text{C}^2}\left(\frac{-3,6 \cdot 10^{-6}\,\text{C} \cdot 3,6 \cdot 10^{-6}\,\text{C}}{1,2\,\text{m}}\right) = -0,0972\,\text{J}$$

Este valor representa el trabajo que realizarían las fuerzas del campo cuando las cargas se trasladaran desde esa configuración hasta que existe una distancia infinita entre ellas. Puesto que el trabajo es negativo, el proceso no sería espontáneo.

Problema 6.22

Dos cargas $q_1 = 2 \cdot 10^{-6}\,\text{C}$ y $q_2 = -4 \cdot 10^{-6}\,\text{C}$ están fijas en los puntos $P_1\,(0, 2)\,\text{m}$ y $P_2\,(1, 0)\,\text{m}$, respectivamente.
a) Dibuje el campo electrostático producido por cada una de las cargas en el punto $O\,(0, 0)\,\text{m}$ y en el punto $P\,(1, 2)\,\text{m}$ y calcule el campo total en el punto P.
b) Calcule el trabajo necesario para desplazar una carga $q = -3 \cdot 10^{-6}\,\text{C}$ desde el punto O hasta el punto P y explique el significado del signo de dicho trabajo.
$K = 9 \cdot 10^9\,\text{N m}^2\,\text{C}^{-2}$.

---

a) De acuerdo con el principio de superposición de campos, la intensidad de campo eléctrico en cada uno de los puntos de un campo eléctrico creado por dos o más cargas es la suma vectorial de las intensidades de campo que en ese punto crearía cada una de las cargas por separado:

$$\vec{E} = \Sigma \vec{E}_i$$

En la figura de la derecha representamos los campos eléctricos en los puntos O y P creados por las cargas q_1 y q_2.

$\vec{E}_2$ en sus componentes según los ejes X e Y. Como las componentes según el eje Y se anulan:

$$\begin{aligned}
\vec{E} &= \vec{E}_{x1} + \vec{E}_{x2} = -E_1\cos\alpha\,\vec{\imath} + (-E_2\cos\alpha\,\vec{\imath}) \\
&= -22\,500 \cdot \cos 60^\circ\,\vec{\imath}\,\text{N/C} + (-22\,500 \cdot \cos 60^\circ\,\vec{\imath})\,\text{N/C} \\
&= -2 \cdot 22\,500 \cdot 0,5\,\vec{\imath}\,\text{N/C} = -22\,500\,\vec{\imath}\,\text{N/C}
\end{aligned}$$

Calculamos el campo eléctrico en el punto P como:

$$\vec{E} = \vec{E}_1 + \vec{E}_2$$

Calculamos $\vec{E}_1$:

Módulo:

$$E_1 = K\frac{q_1}{r_1^2} = 9\cdot 10^9\,\frac{\mathrm{N\,m^2}}{\mathrm{C^2}} \cdot \frac{2\cdot 10^{-6}\,\mathrm{C}}{(1\,\mathrm{m})^2} = 18\,000\,\mathrm{N/C}$$

Dirección, la de la línea recta que une la carga y el punto P; sentido, el de la fuerza que actúa sobre una carga de prueba positiva colocada en P. La dirección y sentido son los de $\vec{\imath}$.

Su valor es:

$$\vec{E}_1 = 18\,000\,\vec{\imath}\,\mathrm{N/C}$$

Calculamos $\vec{E}_2$:

Módulo:

$$E_2 = K\frac{q_2}{r_2^2} = 9\cdot 10^9\,\frac{\mathrm{N\,m^2}}{\mathrm{C^2}} \cdot \frac{4\cdot 10^{-6}\,\mathrm{C}}{(2\,\mathrm{m})^2} = 9000\,\mathrm{N/C}$$

Dirección, la de la línea recta que une la carga y el punto P; sentido, el de la fuerza que actúa sobre una carga de prueba positiva colocada en P. La dirección y sentido son los de $-\vec{\jmath}$.

Su valor es:

$$\vec{E}_1 = -9000\,\vec{\jmath}\,\mathrm{N/C}$$

Sumamos $\vec{E}_1$ y $\vec{E}_2$:

$$\begin{aligned}\vec{E} &= \vec{E}_1 + \vec{E}_2 = 18\,000\,\vec{\imath}\,\mathrm{N/C} + (-9000\,\vec{\jmath})\,\mathrm{N/C} \\ &= (18\,000\,\vec{\imath} - 9000\,\vec{\jmath})\,\mathrm{N/C}\end{aligned}$$

b) De acuerdo con el principio de superposición de potenciales, el potencial en un punto de un campo eléctrico creado por dos o más cargas es la suma de los potenciales que crearía cada una de las cargas por separado:

$$V = \Sigma V_i$$

Calculamos el potencial en el punto P:

$$V_P = V_{P1} + V_{P2} = K\frac{q_1}{r_{P1}} + K\frac{q_1}{r_{P2}}$$

$$= K\left(\frac{q_1}{r_{P1}} + \frac{q_2}{r_{P2}}\right)$$

$$= 9 \cdot 10^9 \frac{\text{N m}^2}{\text{C}^2}\left(\frac{2 \cdot 10^{-6}\,\text{C}}{1\,\text{m}} + \frac{-4 \cdot 10^{-6}\text{C}}{2\,\text{m}}\right)$$

$$= 0\,\text{V}$$

$\lfloor q_1 = 2 \cdot 10^{-6}\,\text{C}; q_2 = -4 \cdot 10^{-6}\,\text{C}; r_{P1} = 1\,\text{m}; r_{P2} = 2\,\text{m}\rfloor$

Calculamos el potencial en el punto O:

$$V_O = V_{O1} + V_{O2} = K\frac{q_1}{r_{O1}} + K\frac{q_1}{r_{O2}} = K\left(\frac{q_1}{r_{O1}} + \frac{q_2}{r_{O2}}\right)$$

$$= 9 \cdot 10^9 \frac{\text{N m}^2}{\text{C}^2}\left(\frac{2 \cdot 10^{-6}\,\text{C}}{2\,\text{m}} + \frac{-4 \cdot 10^{-6}\text{C}}{1\,\text{m}}\right)$$

$$= -27\,000\,\text{V}$$

$\lfloor q_1 = 2 \cdot 10^{-6}\,\text{C}; q_2 = -4 \cdot 10^{-6}\,\text{C}; r_{O1} = 2\,\text{m}; r_{O2} = 1\,\text{m}\rfloor$

El trabajo que realiza la fuerza eléctrica cuando la carga q se traslada desde el punto O al punto P es:

$$W_{OF}^P = -q(V_P - V_O) = -(-3 \cdot 10^{-6}\,\text{C})\,[0 - (-27\,000\,\text{V})] = 0,081\,\text{J}$$

$$\lfloor q = -3 \cdot 10^{-6}\,\text{C}; V_P = 0\,\text{V}; V_O = -27\,000\,\text{V}\rfloor$$

Puesto que el trabajo es positivo, el proceso es espontáneo. La fuerzas del campo deben realizar un trabajo de $0,081\,\text{J}$ para trasladar la carga desde el punto O al punto P.

Problema 6.23

El campo eléctrico en un punto P, creado por una carga q situada en el origen, es de $2000\,\text{N C}^{-1}$ y el potencial eléctrico en P es de $6000\,\text{V}$.

a) Determine el valor de q y la distancia del punto P al origen.

b) Calcule el trabajo realizado al desplazar otra carga $Q = 1,2 \cdot 10^{-6}\,\text{C}$ desde el punto $(3, 0)\,\text{m}$ al punto $(0, 3)\,\text{m}$. Explique por qué no hay que especificar la trayectoria seguida.

$K = 9 \cdot 10^9\,\text{N m}^2\,\text{C}^{-2}$.

---

a) Calculamos la carga q que crea el campo y la distancia r al punto P a partir de los valores del módulo del campo eléctrico y de la energía potencial en el punto P.

Las expresiones para el módulo del campo eléctrico y del potencial en el punto P son, respectivamente:

$$E = K\frac{q}{r^2} \quad \text{y} \quad V = K\frac{q}{r}$$

siendo K la constante eléctrica del medio.

Sustituimos los valores del campo eléctrico y del potencial (que vienen expresados en unidades del SI) sin sus unidades para hacer las operaciones:

$$2000 = K\frac{q}{r^2} \qquad 6000 = K\frac{q}{r}$$

Despejamos q en ambas ecuaciones:

$$q = 2000\frac{r^2}{K} \qquad q = 6000\frac{r}{K}$$

Igualamos los segundos miembros:

$$2000\frac{r^2}{K} = 6000\frac{r}{K}$$

Simplificamos y calculamos r:

$$2000r = 6000 \Rightarrow r = 3\,\text{m}$$

Calculamos q sustituyendo el valor de r en la ecuación del potencial (o en la del campo eléctrico):

$$6000 = K\frac{q}{3} \Rightarrow q = \frac{3 \cdot 6000}{9 \cdot 10^9} = 2 \cdot 10^{-6}\,\text{C}$$

b) Es fácil determinar el trabajo que realiza la fuerza eléctrica cuando otra carga Q se traslada desde el punto $P\,(3,\,0)\,\text{m}$ hasta el punto $A\,(0,\,3)\,\text{m}$ porque los puntos P y A tienen el mismo potencial, ya que se encuentran a la misma distancia de la carga q que crea el campo ($3\,\text{m}$):

$$W_{PF}^A = -Q(V_A - V_P) = 0$$

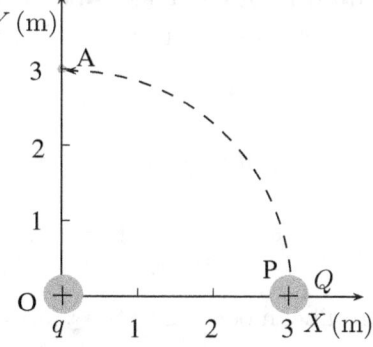

No hay que especificar la trayectoria seguida porque, como la fuerza eléctrica es conservativa, el trabajo es independiente de la trayectoria seguida. En la figura de la derecha representamos una de las trayectorias posibles.

> ### Problema 6.24
>
> Dos cargas puntuales, $q_1 = 2 \cdot 10^{-6}$ C y $q_2 = 8 \cdot 10^{-6}$ C, están situadas en los puntos $(-1, 0)$ m y $(2, 0)$ m, respectivamente.
> a) Determine en qué punto del segmento que une las dos cargas es nulo el campo y/o el potencial electrostático. ¿Y si fuera $q_1 = -2 \cdot 10^{-6}$ C?
> b) Explique, sin necesidad de hacer cálculos, si aumenta o disminuye la energía potencial electrostática cuando se traslada otra carga, Q, desde el punto $(0, 20)$ m hasta el $(0, 10)$ m.
> $K = 9 \cdot 10^9 \, \mathrm{N\,m^2\,C^{-2}}$.

a) De acuerdo con el principio de superposición de campos, la intensidad de campo eléctrico en cada uno de los puntos de un campo eléctrico creado por dos o más cargas es la suma vectorial de las intensidades de campo que en ese punto crearía cada una de las cargas por separado:

$$\vec{E} = \Sigma \vec{E}_i$$

En cualquier punto del segmento que une las dos cargas, el campo eléctrico creado por cada una de ellas tienen la dirección del segmento y su sentido es hacia la otra carga (recuérdese que la dirección y sentido del campo eléctrico en un punto creado por una carga tienen la dirección de la línea que une la carga y el punto considerado y su sentido es el de la fuerza que actuaría sobre una carga de prueba positiva colocada en ese punto).

En la figura de la derecha representamos las cargas q_1 y q_2 separadas por una distancia d y los campos eléctricos creados por ellas en el punto P, $\vec{E}_1$ y $\vec{E}_2$, respectivamente. Si se anulan en este punto, $E_1 = E_2$, y, por tanto:

$$K\frac{q_1}{r_1^2} = K\frac{q_2}{r_2^2}$$

Si $r_1 = x$ y $d = 3$ m, $r_2 = d - x = 3 - x$:

$$K\frac{2 \cdot 10^{-6}}{x^2} = K\frac{8 \cdot 10^{-6}}{(3-x)^2}$$

Simplificamos, operamos y obtenemos la ecuación de 2º grado:

$$x^2 + 2x - 3 = 0$$

Una de cuyas soluciones, la que tiene significado físico, es 1 m. El punto P corresponde al origen de coordenadas.

De acuerdo con el principio de superposición de potenciales, el potencial en un punto de un campo eléctrico creado por dos o más cargas es la suma de los potenciales que en ese punto crearía cada una de las cargas por separado:

$$V = \Sigma V_i$$

El potencial no se anulará en ningún punto del segmento, ya que el potencial es la suma de los potenciales creados por q_1 y q_2 y los dos potenciales V_1 y V_2 son positivos porque las dos cargas son positivas.

Si fuera $q_1 = -2 \cdot 10^{-6}$ C, el campo no se anularía. En cualquier punto del segmento que une las cargas, el campo eléctrico creado por cada carga estaría dirigido hacia la izquierda. Sin embargo, el potencial sí podría anularse porque las cargas tienen distinto signo.

Supongamos que se anula en el punto R. Si se anula en ese punto, $V_1 + V_2 = 0$, y, por tanto:

$$K\frac{q_1}{r_1} + K\frac{q_2}{r_2} = 0$$

Si $r_1 = x$ y $r_2 = 3 - x$:

$$K\frac{-2 \cdot 10^{-6}}{x} + K\frac{8 \cdot 10^{-6}}{3 - x} = 0$$

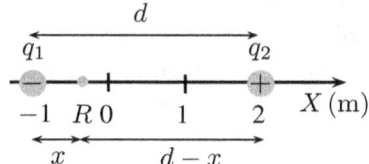

Simplificamos, operamos y obtenemos la ecuación de 1er grado:

$$10x - 6 = 0$$

Cuya solución es $0,6$ m. El punto R está situado $0,4$ m a la izquierda del origen de coordenadas.

b) El trabajo que realiza la fuerza eléctrica cuando una partícula cargada se traslada desde un punto a otro es la diferencia de la energía potencial con el signo cambiado:

$$W_F = -\Delta E_{\text{p}}$$

Como las dos cargas q_1 y q_2 son positivas:

- Si la carga Q es positiva, al acercarse a las dos cargas, la fuerza eléctrica que actúa sobre Q es repulsiva, el trabajo que realiza es negativo y, por tanto, aumenta la energía potencial de todo el sistema (proceso no espontáneo).

- Si Q es negativa, la fuerza es atractiva, el trabajo es positivo y, por tanto, disminuye la energía potencial de el sitema de cargas (proceso espontáneo).

Otra interpretación: la variación de energía potencial cuando una carga se traslada desde un punto a otro de diferente potencial es:

$$\Delta E_{\mathrm{p}} = q\Delta V$$

Tanto si Q es positiva como negativa, al acercarse Q a las dos cargas lo está haciendo en el sentido de los potenciales crecientes (es tanto mayor el potencial en un punto cuanto más cerca esté de las cargas, dado que las dos son positivas). Por tanto, si la carga Q es positiva, aumenta la energía potencial de todo el sistema, y si Q es negativa, disminuye la energía potencial del sistema.

Problema 6.25

Dos cargas puntuales iguales, de $-1,2 \cdot 10^{-6}\,\mathrm{C}$ cada una, están situadas en los puntos $A\,(0,\,8)\,\mathrm{m}$ y $B\,(6,\,0)\,\mathrm{m}$. Una tercera carga, de $-1,5 \cdot 10^{-6}\,\mathrm{C}$, se sitúa en el punto $P\,(3,\,4)\,\mathrm{m}$.
a) Represente en un esquema las fuerzas que cada una de las cargas iguales ejerce sobre la tercera carga y calcule la resultante sobre ella.
b) Calcule la energía potencial de dicha carga.
$K = 9 \cdot 10^9\,\mathrm{N\,m^2\,C^{-2}}$.

---

a) De acuerdo con el principio de superposición de fuerzas, la suma de las fuerzas, $\Sigma\vec{F}$, que actúa sobre una carga debido a la interacción con dos o más cargas es la suma vectorial de las fuerzas que actúa sobre ella:

$$\Sigma\vec{F} = \Sigma\vec{F}_i$$

Calculamos la suma de las fuerzas que actúa sobre la tercera carga, q_3, debido a la interacción con las otras dos, q_1 y q_2. Para ello, tenemos en cuenta, como muestra la figura, que las tres cargas están alineadas, que q_3 es equidistante a las otras dos y que q_1 y q_2 son iguales. En consecuencia, de acuerdo con la ley de Coulomb, la fuerza que ejerce q_1 sobre q_3, $\vec{F}_{1,3}$, y la fuerza que ejerce q_2 sobre q_3, $\vec{F}_{2,3}$, tienen el mismo módulo. Por otra parte, $\vec{F}_{1,3}$ está dirigida hacia q_2, y $\vec{F}_{2,3}$ está dirigida hacia q_1 (ambas son repulsivas), concluimos que la suma de las dos fuerzas es cero.

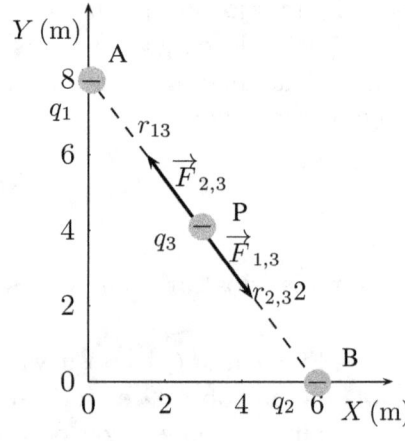

b) De acuerdo con la definición de potencial eléctrico como la energía potencial de la unidad positiva de carga (1 culombio), la energía potencial de q_3 es:

$$E_{\mathrm{p}} = q_3 V$$

siendo V el potencial en el punto donde se encuentra q_3.

Calculamos ahora su valor teniendo en cuenta el principio de superposición de potenciales, según el cual el potencial en un punto de un campo eléctrico creado por dos o más cargas es la suma de los potenciales que en ese punto crearía cada una de las cargas por separado:

$$V = \Sigma V_i$$

En el punto considerado el potencial es:

$$
\begin{aligned}
V & = V_1 + V_2 = K\frac{q_1}{r_1} + K\frac{q_2}{r_2} = 2K\frac{q}{r} \\
& = 2 \cdot 9 \cdot 10^9 \, \frac{\mathrm{N\,m^2}}{\mathrm{C^2}} \cdot \frac{-1,2 \cdot 10^{-6}\,\mathrm{C}}{5\,\mathrm{m}} \\
& = -4320\,\mathrm{V}
\end{aligned}
$$

$$\lfloor q_1 = q_2 = q = -1,2 \cdot 10^{-6}\,\mathrm{C}; \; r_1 = r_2 = r = 5\,\mathrm{m}\rfloor$$

Por tanto, la energía potencial es:[3]

$$E_{\mathrm{p}} = q_3 V = -1,5 \cdot 10^{-6}\,\mathrm{C}\,(-4320\,\mathrm{V}) = 6,48 \cdot 10^{-3}\,\mathrm{J}$$

Este valor coincide con el trabajo que deben realizar las fuerzas del campo para trasladar la carga q_3 hasta el infinito.

Una forma alternativa de resolver el problema es calculando la energía potencial de la carga q_3 como la suma de las energías potenciales los conjuntos formados por las cargas q_1 y q_3, y q_2 y q_3:

$$E_{\mathrm{p}} = E_{\mathrm{p}\,q_1 q_3} + E_{\mathrm{p}\,q_2 q_3} = K\frac{q_1 q_3}{r_{13}} + K\frac{q_2 q_3}{r_{23}}$$

---

[3]Si en vez de preguntarnos la energía potencial de la carga q_3, nos hubiesen preguntado la energía del sistema formado por las tres cargas, la calcularíamos como la suma de las energías potenciales de los sistemas formados por las cargas q_1 y q_2, q_1 y q_3, y q_2 y q_3:

$$E_{\mathrm{p}} = E_{\mathrm{p}\,q_1 q_2} + E_{\mathrm{p}\,q_1 q_3} + E_{\mathrm{p}\,q_2 q_3} = K\frac{q_1 q_2}{r_{12}} + K\frac{q_1 q_3}{r_{13}} + K\frac{q_2 q_3}{r_{23}}$$

En este caso, la energía potencial del sistema representa el trabajo que realizan las fuerzas del campo para trasladar las cargas desde la configuración que tienen hasta que existe una distancia infinita entre ellas.

| Problema 6.26 |

Dos cargas $q_1 = -2 \cdot 10^{-8}\,\mathrm{C}$ y $q_2 = 5 \cdot 10^{-8}\,\mathrm{C}$ están fijas en los puntos $x_1 = -0,3\,\mathrm{m}$ y $x_2 = 0,3\,\mathrm{m}$ del eje OX, respectivamente.
a) Dibuje las fuerzas que actúan sobre cada carga y determine su valor.
b) Calcule el valor de la energía potencial del sistema formado por las dos cargas y haga una representación aproximada de la energía potencial del sistema en función de la distancia entre las cargas.
$K = 9 \cdot 10^9\,\mathrm{N\,m^2\,C^{-2}}$.

a) De acuerdo con la ley de Coulomb, dos partículas con cargas q_1 y q_2 interaccionan con sendas fuerzas, $\vec{F}_{1,2}$ (fuerza que ejerce la carga 1 sobre la carga 2) y $\vec{F}_{2,1}$ (fuerza que ejerce la carga 2 sobre la carga 1), cuyos módulos son directamente proporcionales al producto de las cargas e inversamente proporcionales al cuadrado de la distancia que las separa, r:

$$F_{1,2} = F_{2,1} = K\frac{q_1 q_2}{r^2}$$

siendo K la constante eléctrica del medio.

La dirección de las fuerzas es la de la recta que las une y son atractivas si las cargas tienen distinto signo o repulsivas si las cargas tienen el mismo signo.

Calculamos las fuerzas con que interaccionan las cargas:

Tienen el mismo módulo:

$$F_{1,2} = F_{2,1} = K\frac{q_1 q_2}{r^2} = 9 \cdot 10^9\,\frac{\mathrm{N\,m^2}}{\mathrm{C^2}} \cdot \frac{2 \cdot 10^{-8}\,\mathrm{C} \cdot 5 \cdot 10^{-8}\,\mathrm{C}}{(0,6\,\mathrm{m})^2} = 2,5 \cdot 10^{-5}\,\mathrm{N}$$

Tienen la misma dirección, la del eje X, y son atractivas porque tienen carga de distinto signo.

La expresión vectorial de cada una de las fuerzas es:

$$\vec{F}_{1,2} = -2,5 \cdot 10^{-5}\,\vec{\imath}\,\mathrm{N} \quad \text{y} \quad \vec{F}_{2,1} = 2,5 \cdot 10^{-5}\,\vec{\imath}\,\mathrm{N}$$

b) La energía potencial de una distribución de cargas representa el trabajo que realizan las fuerzas eléctricas del campo cuando las cargas eléctricas se separan desde la configuración que tienen hasta que existe una distancia infinita entre ellas.

La energía potencial del sistema formado por las dos cargas es:

$$E_\mathrm{p} = K\frac{q_1 q_2}{r} = 9 \cdot 10^9\,\frac{\mathrm{N\,m^2}}{\mathrm{m^2}} \cdot \frac{-2 \cdot 10^{-8}\,\mathrm{C} \cdot 5 \cdot 10^{-8}\,\mathrm{C}}{0,6\,\mathrm{m}} = -1,5 \cdot 10^{-5}\,\mathrm{J}$$

Como la energía potencial es negativa, significa que las fuerzas eléctricas realizan un trabajo negativo cuando las cargas se separan hasta una distancia infinita. No sería un proceso espontáneo.

Cuando un sistema está formado por dos cargas que tienen signo contrario, la interacción entre ellas es atractiva (como lo es también la gravitatoria) y la energía potencial es siempre negativa y crece con la distancia (se hace cada vez menos negativa) hasta hacerse cero en el infinito. Cuando las cargas se separan desde una distancia r hasta una distancia infinita, un agente externo debe realizar un trabajo contra la fuerza eléctrica que se invierte en aumentar la energía potencial del sistema hasta el valor máximo de cero.

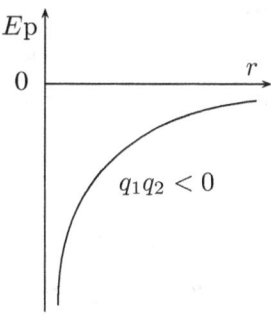

Problema 6.27

Una partícula de masa m y carga $-10^{-6}\,\mathrm{C}$ que se encuentra en reposo está sometida a un campo gravitatorio terrestre y un campo eléctrico uniforme $E = 100\,\mathrm{N/C}$ de la misma dirección.

a) Haga un esquema de las fuerzas que actúan sobre la partícula y calcule su masa.

b) Analice el movimiento de la partícula si el campo eléctrico aumentara a $120\,\mathrm{N/C}$ y determine su aceleración.

$g = 10\,\mathrm{m\,s^{-2}}$.

a) Puesto que la partícula cargada está en reposo, sobre ella actúan la fuerza con que la Tierra la atrae, $\vec{F}_g = m\vec{g}$, (su peso) y una fuerza eléctrica opuesta al peso, $\vec{F}_e = q\vec{E}$. Como tiene carga negativa, el campo eléctrico $\vec{E}$ tiene la misma dirección y sentido contrario que la fuerza eléctrica: vertical y hacia abajo.

Para calcular la masa de la partícula cargada, tenemos en cuenta que está en equilibrio estático y, por tanto:

$$qE = mg$$

Despejamos la masa y calculamos su valor:

$$m = \frac{qE}{g} = \frac{10^{-6}\,\mathrm{C} \cdot 100\,\mathrm{N/C}}{10\,\mathrm{m/s^2}} = 10^{-5}\,\mathrm{kg}$$

b) Si la intensidad de campo es de $120\,\mathrm{N/C}$, la carga deja de estar en equilibrio.

El módulo de la suma de las fuerzas $\Sigma\overrightarrow{F}$ que actúa sobre la partícula es:

$$\Sigma F = F_e - F_g = 1,2 \cdot 10^{-4}\,\mathrm{N} - 1 \cdot 10^{-4}\,\mathrm{N} = 2 \cdot 10^{-5}\,\mathrm{N}$$

$$\lfloor F_e = qE = 10^{-6}\,\mathrm{C} \cdot 120\,\frac{\mathrm{N}}{\mathrm{C}} = 1,2 \cdot 10^{-4}\,\mathrm{N};\ F_g = mg = 10^{-5}\,\mathrm{kg} \cdot 10\,\frac{\mathrm{m}}{\mathrm{s}^2} = 1 \cdot 10^{-4}\,\mathrm{N}\rfloor$$

La partícula se moverá hacia arriba con un movimiento rectilíneo uniformemente acelerado, cuya aceleración será:

$$a = \frac{\Sigma F}{m} = \frac{2 \cdot 10^{-5}\,\mathrm{N}}{1 \cdot 10^{-5}\,\mathrm{kg}} = 2\,\mathrm{m/s^2}$$

Problema 6.28

Un electrón se mueve con una velocidad de $5 \cdot 10^5\,\mathrm{m/s}$ y penetra en un campo eléctrico de $50\,\mathrm{N/C}$ de igual dirección y sentido que la velocidad.

a) Hágase un análisis energético del problema y calcule la distancia que recorre el electrón antes de detenerse.

b) Razone qué ocurriría si la partícula incidente fuera un protón.

$e = 1,6 \cdot 10^{-19}\,\mathrm{C};\ m_e = 9,1 \cdot 10^{-31}\,\mathrm{kg};\ m_p = 1,7 \cdot 10^{-27}\,\mathrm{kg}.$

---

a) Suponemos que, al penetrar el electrón en el campo eléctrico uniforme $\overrightarrow{E}$, actúa sobre él únicamente la fuerza eléctrica, $\overrightarrow{F} = q\overrightarrow{E}$. Como la carga es negativa, la fuerza eléctrica tiene la misma dirección del campo, pero con sentido contrario. Al ser la fuerza de sentido contrario al de la velocidad, el electrón disminuye su velocidad con aceleración constante hasta que se detiene.

Puesto que no es un proceso espontáneo, pues la fuerza eléctrica realiza un trabajo negativo, la energía potencial de la partícula aumenta. Como la fuerza eléctrica es conservativa, de acuerdo con el principio de conservación de la energía mecánica, se debe cumplir que:

$$\Delta E_p + \Delta E_c = 0$$

Esto es, la energía potencial eléctrica aumenta en la misma cantidad que la energía cinética disminuye.

Calculamos ahora la distancia que tarda en detenerse aplicando el teorema del trabajo y la energía, que dice que la suma de las fuerzas que actúa sobre una partícula es igual a la variación de su energía cinética:

$$W_F = \Delta E_c = E_c - E_{c\,0} = -\frac{1}{2}m_e v_0^2$$

$\lfloor E_{c\,0} = \dfrac{1}{2}m_e v_0^2;\ E_c = 0,$ ya que en la situación final el electrón está en reposo.$\rfloor$

Por otra parte, de la definición de trabajo de una fuerza, tenemos que:

$$W_F = F\,\Delta x \cos\phi = qE\,\Delta x\,(-1) = -qE\Delta x$$

$$\lfloor F = qE;\ \cos\phi = \cos 180^o = -1 \rfloor$$

De las dos expresiones del trabajo de la fuerza eléctrica, deducimos que:

$$-qE\,\Delta x = -\frac{1}{2}m_e v_0^2$$

Despejamos Δx (módulo del desplazamiento) y calculamos su valor, que coincide con la distancia recorrida d:

$$\Delta x = \frac{m_e v_0^2}{2qE} = \frac{9,1\cdot 10^{-31}\,\text{kg}\,(5\cdot 10^5\,\text{m/s})^2}{2\cdot 1,6\cdot 10^{-19}\,\text{C}\cdot 50\,\text{N/C}} = 0,0142\,\text{m}$$

$$\lfloor q = e = 1,6\cdot 10^{-19}\,\text{C};\ m_e = 9,1\cdot 10^{-31}\,\text{kg} \rfloor$$

b) Si la partícula es un protón, la fuerza eléctrica tiene la misma dirección y sentido que el campo. Como la fuerza es del mismo sentido que la velocidad, el protón aumenta su velocidad con aceleración constante:

$$a = \frac{F}{m} = \frac{qE}{m} = \frac{1,6\cdot 10^{-19}\,\text{C}\cdot 50\,\text{N/C}}{1,7\cdot 10^{-27}\,\text{kg}} = 4,7\cdot 10^9\,\text{m/s}^2$$

Ahora el trabajo que realiza la fuerza es positivo y el proceso es espontáneo. De acuerdo con el principio de la conservación de la energía mecánica, si la energía cinética aumenta, la energía potencial disminuye.

Problema 6.29

El campo eléctrico en las proximidades de la superficie de la Tierra es aproximadamente $150\,\text{N}\,\text{C}^{-1}$, dirigido hacia abajo.

a) Compare las fuerzas eléctrica y gravitatoria que actúan sobre un electrón situado en esa región.

b) ¿Qué carga debería suministrarse a un clip metálico sujetapapeles de 1 g para que la fuerza eléctrica equilibrase su peso cerca de la superficie de la Tierra?

$m_e = 9,1\cdot 10^{-31}\,\text{kg};\ e = 1,6\cdot 10^{-19}\,\text{C};\ g = 10\,\text{m}\,\text{s}^{-2}.$

a) En la figura representamos al electrón bajo la influencia de un campo gravitatorio y un campo eléctrico. Sobre el electrón actúan la fuerza con que la Tierra lo atrae, $\vec{F}_g = m\vec{g}$, (su peso) y una fuerza eléctrica $\vec{F}_e = q\vec{E}$. La primera es vertical hacia abajo y la segunda vertical hacia arriba, ya que al ser la carga negativa tiene sentido contrario al campo.

El módulo de la fuerza eléctrica es:

$$F_e = q_e E = 1,6 \cdot 10^{-19}\,\text{C} \cdot 150\,\text{N/C} = 2,4 \cdot 10^{-17}\,\text{N}$$

El módulo de la fuerza gravitatoria es:

$$F_g = mg = 9,1 \cdot 10^{-31}\,\text{kg} \cdot 10\,\text{m/s}^2 = 9,1 \cdot 10^{-30}\,\text{N}$$

Comparamos las fuerzas calculando la relación entre sus módulos:

$$\frac{F_e}{F_g} = \frac{2,4 \cdot 10^{-17}\,\text{N}}{9,1 \cdot 10^{-30}\,\text{N}} = 2,6 \cdot 10^{12}$$

La fuerza eléctrica es 2,6 billones de veces mayor que la fuerza gravitatoria.

b) Para que el clip se sostenga, la carga dada debe ser negativa para que el sentido de la fuerza eléctrica que actúe sobre él sea hacia arriba. La carga suministrada debe ser tal, que los módulos de la fuerza eléctrica y gravitatoria sean iguales:

$$F_e = F_g$$

Y, por tanto:

$$qE = mg$$

Despejamos q y calculamos su valor:

$$q = \frac{mg}{E} = \frac{10^{-3}\,\text{kg} \cdot 10\,\text{m/s}^2}{150\,\text{N/C}} = 6,7 \cdot 10^{-5}\,\text{C}$$

Problema 6.30

Un electrón, con una velocidad de $6 \cdot 10^6\,\text{m/s}$, penetra en un campo eléctrico uniforme y su velocidad se anula a una distancia de $20\,\text{cm}$ desde su entrada en la región del campo.

a) Razone cuáles son la dirección y el sentido del campo eléctrico.

b) Calcule su módulo.

$e = 1,6 \cdot 10^{-19}\,\text{C};\ m_e = 9,1 \cdot 10^{-31}\,\text{kg}$.

---

a) Suponemos que, al penetrar el electrón en el campo eléctrico uniforme $\vec{E}$, actúa sobre él únicamente la fuerza eléctrica, $\vec{F} = q\vec{E}$. Si su velocidad disminuye hasta hacerse cero, significa que la fuerza eléctrica que actúa sobre él tiene la misma dirección que la de la velocidad, pero sentido contrario a esta, y, dado que la carga del electrón es negativa, la dirección del campo eléctrico es la misma que la de la fuerza, pero sentido contrario a esta. En definitiva, la dirección y sentido del campo son los mismos que los de la velocidad.

b) Calculamos ahora el módulo del campo eléctrico aplicando el teorema del trabajo y la energía, que dice que la suma de las fuerzas que actúa sobre una partícula es igual a la variación de la energía cinética que experimenta:

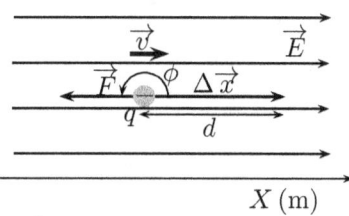

$$W_F = \Delta E_c = E_c - E_{c\,0} = -\frac{1}{2}m_e v_0^2$$

$\lfloor E_{c\,0} = \frac{1}{2}m_e v_0^2; \; E_c = 0, \text{ya que en la situación final el electrón está en reposo.}\rfloor$

Por otra parte, de la definición de trabajo de una fuerza, tenemos que:

$$W_F = F\,\Delta x \cos\phi = qE\,\Delta x\,(-1) = -qE\,\Delta x$$

$$\lfloor F = qE; \; \cos\phi = \cos 180^o = -1\rfloor$$

De las dos expresiones del trabajo de la fuerza eléctrica, deducimos que:

$$-qE\Delta x = -\frac{1}{2}m_e v_0^2$$

Despejamos y calculamos E:

$$E = \frac{m_e v_0^2}{2q\,\Delta x} = \frac{9,1 \cdot 10^{-31}\,\text{kg}\,(6 \cdot 10^6\,\text{m/s})^2}{2 \cdot 1,6 \cdot 10^{-19}\,\text{C} \cdot 0,2\,\text{m}} = 512\,\text{N/C}$$

$\lfloor q = e = 1,6 \cdot 10^{-19}\,\text{C}; \; m_e = 9,1 \cdot 10^{-31}\,\text{kg}; \; \Delta x = d = 0,2\,\text{m}; \; v = 6 \cdot 10^6\,\text{m/s}\rfloor$

Problema 6.31

Considere dos cargas eléctricas puntuales de $q_1 = 2 \cdot 10^{-6}\,\text{C}$ y $q_2 = -4 \cdot 10^{-6}\,\text{C}$ separadas por una distancia de $0,1\,\text{m}$.

a) Determine el valor del campo eléctrico en el punto medio del segmento que une ambas cargas. ¿Puede ser nulo el campo eléctrico en algún punto de la recta que las une? Conteste razonadamente con ayuda de un esquema.

b) Razone si es posible que el potencial eléctrico se anule en algún punto de dicha recta y, en su caso, calcule la distancia de dicho punto a las cargas. $K = 9 \cdot 10^9\,\text{N}\,\text{m}^2\,\text{C}^{-2}$.

a) De acuerdo con el principio de superposición de campos, la intensidad de campo eléctrico en cada uno de los puntos de un campo
eléctrico creado por dos o más cargas es la
suma vectorial de los campos eléctricos que
en ese punto crearía cada una de las cargas
por separado:

$$\vec{E} = \Sigma \vec{E}_i$$

En la figura de la derecha representamos los campos eléctricos en el punto P creados por las cargas q_1 y q_2, $\vec{E}_1$ y $\vec{E}_2$, respectivamente, y el campo eléctrico total, $\vec{E}$.

Calculamos $\vec{E}$ en el punto P:

- Calculamos los módulos de $\vec{E}_1$ y $\vec{E}_2$:

$$
\begin{aligned}
E_1 &= K\frac{q_2}{r_2^2} \\
&= 9\cdot 10^9 \,\frac{\mathrm{N\,m^2}}{\mathrm{C^2}}\cdot\frac{2\cdot 10^{-6}\,\mathrm{C}}{(0,05\,\mathrm{m})^2} \\
&= 7,20\cdot 10^6\,\mathrm{N/C}
\end{aligned}
\qquad
\begin{aligned}
E_2 &= K\frac{q_1}{r_1^2} \\
&= 9\cdot 10^9 \,\frac{\mathrm{N\,m^2}}{\mathrm{C^2}}\cdot\frac{4\cdot 10^{-6}\,\mathrm{C}}{(0,05\,\mathrm{m})^2} \\
&= 1,44\cdot 10^7\,\mathrm{N/C}
\end{aligned}
$$

- Dirección y sentido de $\vec{E}_1$ y $\vec{E}_2$:

    Dirección, la de la línea recta que une la carga y el punto P; sentido, el de la fuerza que actúa sobre una carga de prueba positiva colocada en P. En ambas intensidades de campo la dirección y sentido son los de $\vec{\imath}$.

    La expresión vectorial cada uno de ellos es:

$$\vec{E}_1 = 7,20\cdot 10^6\,\vec{\imath}\,\mathrm{N/C} \qquad \vec{E}_2 = 1,44\cdot 10^7\,\vec{\imath}\,\mathrm{N/C}$$

Sumamos $\vec{E}_1$ y $\vec{E}_2$:

$$
\begin{aligned}
\vec{E} &= \vec{E}_1 + \vec{E}_2 = 7,20\cdot 10^6\,\vec{\imath}\,\mathrm{N/C} + 1,44\cdot 10^7\,\vec{\imath}\,\mathrm{N/C} \\
&= 2,16\cdot 10^7\,\vec{\imath}\,\mathrm{N/C}
\end{aligned}
$$

Para valores en los que $x > 0,1\,\mathrm{m}$ (a la derecha de q_2), $\vec{E}_1$ y $\vec{E}_2$ tienen sentidos contrarios, pero no se anulan porque siempre E_2 va a ser mayor que E_1 por ser la carga q_2 mayor, en valor absoluto, que q_1 y estar más cerca. Para valores en los que $x < 0$ (a la izquierda de q_1), $\vec{E}_1$ y $\vec{E}_2$ tienen también sentidos contrarios, pero se pueden anular en un punto.

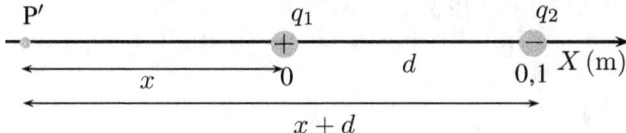

Si se anulan en el punto P', $E_1 = E_2$, y, por tanto:

$$K\frac{q_1}{r_1^2} = K\frac{q_2}{r_2^2}$$

Si $r_1 = x$ y $r_2 = x + 0,1$:

$$K\frac{2 \cdot 10^{-6}}{x^2} = K\frac{4 \cdot 10^{-6}}{(x+0,1)^2}$$

Obtenemos la ecuación de 2º grado:

$$x^2 - 0,2x - 0,01 = 0$$

Una de cuyas soluciones, la que tiene significado físico, es $0,241\,\text{m}$.

b) De acuerdo con el principio de superposición de potenciales, el potencial en un punto de un campo eléctrico creado por dos o más cargas es la suma de los potenciales que en ese punto crearía cada una de las cargas por separado:

$$V = \Sigma V_i$$

La expresión del potencial en un punto que está a una distancia r de una carga eléctrica q que crea un campo eléctrico es:

$$V = K\frac{q}{r}$$

Para valores en los que $x > 0,1\,\text{m}$ (a la derecha de q_2), V_1 y V_2 tienen signo contrario, pero no se pueden anular porque siempre va a ser V_2 mayor que V_1 por ser la carga q_2 mayor en valor absoluto que q_1 y estar más cerca. Para valores en los que $0 < x < 0,1$ (entre las cargas) y en los que $x < 0$ (a la izquierda de q_1), el potencial puede ser nulo:

- A la izquierda de q_1, en el punto P':

Si $V = 0$ se cumple que:

$$0 = V_1 + V_2 = K\frac{q_1}{r_1} + K\frac{q_2}{r_2}$$

Si $r_1 = x$ y $r_2 = x + 0,1$:

$$0 = K\frac{2 \cdot 10^{-6}}{x} + K\frac{-4 \cdot 10^{-6}}{x + 0,1}$$

Obtenemos la ecuación de 1er grado:

$$x - 0,1 = 0$$

Cuya solución es $x = 0,1\,\text{m}$.

- Entre las dos cargas, en el punto P:

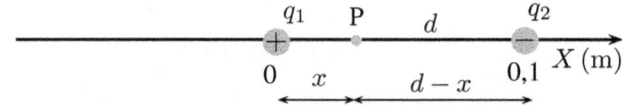

Si $V = 0$ se cumple que:

$$0 = V_1 + V_2 = K\frac{q_1}{r_1} + K\frac{q_2}{r_2}$$

Si $r_1 = x$ y $r_2 = 0,1 - x$:

$$0 = K\frac{2 \cdot 10^{-6}}{x} + K\frac{-4 \cdot 10^{-6}}{0,1 - x}$$

Obtenemos la ecuación de 1er grado:

$$3x - 0,1 = 0$$

Cuya solución es $x = 0,033\,\text{m}$.

Problema 6.32

Dos cargas puntuales de $q_1 = -4\,\text{C}$ y $q_2 = 2\,\text{C}$ se encuentran en los puntos $(0,\,0)\,\text{m}$ y $(1,\,0)\,\text{m}$, respectivamente:

a) Determine el valor del campo eléctrico en el punto $(0,\,3)\,\text{m}$.

b) Razone qué trabajo hay que realizar para trasladar una carga puntual de $q_3 = 5\,\text{C}$ desde el infinito hasta el punto $(0,\,3)\,\text{m}$ e interprete el signo del resultado.

$K = 9 \cdot 10^9\ \text{N}\,\text{m}^2\,\text{C}^{-2}$.

a) De acuerdo con el principio de superposición de campos, la intensidad de campo $\vec{E}$ en el punto $P\,(3,\,0)\,\mathrm{m}$ creado por las cargas q_1 y q_2 es:

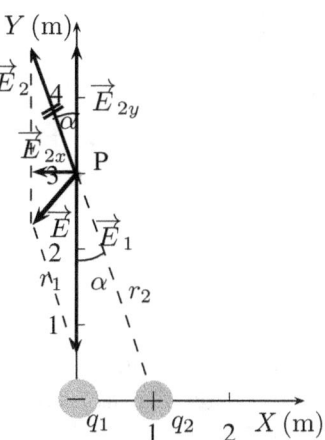

$$\vec{E} = \vec{E}_1 + \vec{E}_2$$

Calculamos $\vec{E}_1$:

Módulo:

$$E_1 = K\frac{q_1}{r_1^2} = 9\cdot 10^9\,\frac{\mathrm{N\,m^2}}{\mathrm{C^2}}\cdot\frac{4\,\mathrm{C}}{(3\,\mathrm{m})^2} = 4\cdot 10^9\,\mathrm{N/C}$$

Dirección, la de la línea recta que une la carga y el punto P; sentido, el de la fuerza que actúa sobre una carga de prueba positiva colocada en P. La dirección y sentido son los de $-\vec{\jmath}$.

Su valor es:

$$\vec{E}_1 = -4\cdot 10^9\,\vec{\jmath}\,\mathrm{N/C}$$

Calculamos $\vec{E}_2$:

Módulo:

$$E_2 = K\frac{q_2}{r_2^2} = 9\cdot 10^9\,\frac{\mathrm{N\cdot m^2}}{\mathrm{C^2}}\cdot\frac{2\,\mathrm{C}}{(\sqrt{10}\,\mathrm{m})^2} = 1,8\cdot 10^9\,\mathrm{N/C}$$

$\lfloor$Aplicamos el teorema de Pitágoras: $r_1^2 + 1^2 = r_2^2 \Rightarrow 3^2 + 1^2 = r_2^2 \Rightarrow r_2 = \sqrt{10}\,\mathrm{m}\rfloor$

Dirección, la de la línea recta que une la carga y el punto P; sentido, el de la fuerza que actúa sobre una carga de prueba positiva colocada en P.

Las componentes de $\vec{E}_2$ son:

$$\vec{E}_{2x} = -E_2\,\mathrm{sen}\,\alpha\,\vec{\imath} = -1,8\cdot 10^9\cdot 0,316\,\vec{\imath}\,\mathrm{N/C} = -5,69\cdot 10^8\,\vec{\imath}\,\mathrm{N/C}$$

$$\left\lfloor \mathrm{sen}\,\alpha = \frac{1}{\sqrt{10}} = 0,316 \right\rfloor$$

$$\vec{E}_{2y} = E_2\cos\alpha = 1,8\cdot 10^9\cdot 0,949\,\vec{\jmath}\,\mathrm{N/C} = 1,71\cdot 10^9\,\vec{\jmath}\,\mathrm{N/C}$$

$$\left\lfloor \cos\alpha = \frac{3}{\sqrt{10}} = 0,949 \right\rfloor$$

Su valor es:

$$\vec{E}_2 = \vec{E}_{2x} + \vec{E}_{2y} = -5,69\cdot 10^8\,\vec{\imath} + 1,71\cdot 10^9\,\vec{\jmath}\,\mathrm{N/C}$$

Sumamos $\vec{E}_1$ y $\vec{E}_2$:

$$
\begin{aligned}
\vec{E} &= \vec{E}_1 + \vec{E}_2 = -4 \cdot 10^9 \, \vec{\jmath} \, \text{N/C} + (-5,69 \cdot 10^8 \, \vec{\imath} \, \text{N/C} + 1,71 \cdot 10^9 \, \vec{\jmath} \, \text{N/C}) \\
&= (-5,69 \cdot 10^8 \, \vec{\imath} - 2,29 \cdot 10^9 \, \vec{\jmath}) \, \text{N/C}
\end{aligned}
$$

Cuyo módulo es:

$$
E = \sqrt{(-5,69 \cdot 10^8 \, \text{N/C})^2 + (-2,29 \cdot 10^9 \, \text{N/C})^2} = 2,36 \cdot 10^9 \, \text{N/C}
$$

b) De acuerdo con el principio de superposición de potenciales, el potencial V en el punto P creado por las cargas q_1 y q_2 es:

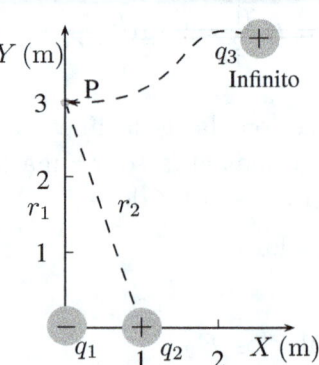

$$
\begin{aligned}
V_\text{P} &= V_1 + V_2 = K\frac{q_1}{r_1} + K\frac{q_2}{r_2} = K\left(\frac{q_1}{r_1} + \frac{q_2}{r_2}\right) \\
&= 9 \cdot 10^9 \, \frac{\text{N m}^2}{\text{C}^2}\left(\frac{-4\,\text{C}}{3\,\text{m}} + \frac{2\,\text{C}}{\sqrt{10}\,\text{m}}\right) \\
&= -6,31 \cdot 10^9 \, \text{V}
\end{aligned}
$$

$\lfloor q_1 = -4\,\text{C}; q_2 = 2\,\text{C}; r_1 = 3\,\text{m}; r_2 = \sqrt{10}\,\text{m} \rfloor$

El trabajo que realiza la fuerza eléctrica cuando la q_3 se traslada desde el infinito a P es:

$$
\begin{aligned}
W_{\infty\,F}^\text{P} &= -q_3(V_\text{P} - V_\infty) \\
&= -5\,\text{C}\,(-6,31 \cdot 10^9 \, \text{V} - 0) \\
&= 3,16 \cdot 10^{10} \, \text{J}
\end{aligned}
$$

$\lfloor q_3 = 5\,\text{C}; \, V_\text{P} = -6,31 \cdot 10^9 \, \text{V}; \, V_\infty = 0 \rfloor$

Puesto que el trabajo es positivo, el proceso es espontáneo. Cuando la carga se traslada por las fuerzas del campo desde el infinito al punto P, la energía potencial del sistema disminuye en una cantidad de $3,16 \cdot 10^{10}$ J.

Problema 6.33

Una carga de $3 \cdot 10^{-6}$ C se encuentra en el origen de coordenadas y otra carga de $-3 \cdot 10^{-6}$ C está situada en el punto $(1, 1)$ m.

a) Dibuje en un esquema el campo eléctrico en el punto B $(2, 0)$ m y calcule su valor. ¿Cuál es el potencial en el punto B?

b) Calcule el trabajo necesario para desplazar una carga de $10 \cdot 10^{-6}$ C desde el punto A $(1, 0)$ m hasta el punto B $(2, 0)$ m.

$K = 9 \cdot 10^9 \, \text{N m}^2 \, \text{C}^{-2}$.

a) De acuerdo con el principio de superposición de campos, la intensidad de campo $\vec{E}$ en el punto B $(2,\, 0)\,$m creado por las cargas q_1 y q_2 es:

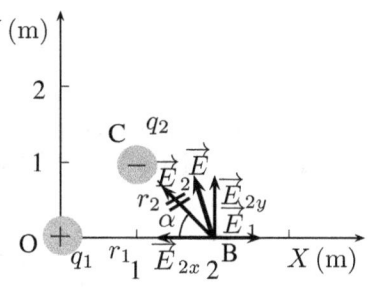

$$\vec{E} = \vec{E}_1 + \vec{E}_2$$

Calculamos $\vec{E}_1$:

Módulo:

$$E_1 = K\frac{q_1}{r_1^2} = 9{\cdot}10^9\,\frac{\mathrm{N\,m^2}}{\mathrm{C^2}}\cdot\frac{3\cdot 10^{-6}\,\mathrm{C}}{(2\,\mathrm{m})^2} = 6750\,\mathrm{N/C}$$

Dirección, la de la línea recta que une la carga y el punto B; sentido, el de la fuerza que actúa sobre una carga de prueba positiva colocada en B. La dirección y sentido son los de $\vec{\imath}$.

Su valor es:

$$\vec{E}_1 = 6750\,\vec{\imath}\,\mathrm{N/C}$$

Calculamos $\vec{E}_2$:

Módulo:

$$E_2 = K\frac{q_2}{r_2^2} = 9\cdot 10^9\,\frac{\mathrm{N\,m^2}}{\mathrm{C^2}}\cdot\frac{3\cdot 10^{-6}\,\mathrm{C}}{(\sqrt{2}\,\mathrm{m})^2} = 13\,500\,\mathrm{N/C}$$

$\lfloor$Aplicamos Pitágoras al triángulo de hipotenusa CB: $1^2 + 1^2 = r_2^2 \Rightarrow r_2 = \sqrt{2}\,\mathrm{m}\rfloor$

Dirección, la de la línea recta que une la carga y el punto C; sentido, el de la fuerza que actúa sobre una carga de prueba positiva colocada en C.

Las componentes de $\vec{E}_2$ son:

$$\vec{E}_{2x} = -E_2\cos\alpha\,\vec{\imath} = -13\,500\cdot 0,707\,\vec{\imath}\,\mathrm{N/C} = -9540\,\vec{\imath}\,\mathrm{N/C}$$

$$\left\lfloor \operatorname{sen}\alpha = \frac{1}{\sqrt{2}} = \frac{\sqrt{2}}{2} = 0,707 \right\rfloor$$

$$\vec{E}_{2y} = E_2\operatorname{sen}\alpha\,\vec{\jmath} = 9540\cdot 0,707\,\vec{\jmath}\,\mathrm{N/C} = 9540\,\vec{\jmath}\,\mathrm{N/C}$$

$$\left\lfloor \cos\alpha = \frac{1}{\sqrt{2}} = \frac{\sqrt{2}}{2} = 0,707 \right\rfloor$$

Su valor es:

$$\vec{E}_2 = \vec{E}_{2x} + \vec{E}_{2y} = (-9540\,\vec{\imath} + 9540\,\vec{\jmath})\,\mathrm{N/C}$$

Sumamos $\vec{E}_1$ y $\vec{E}_2$:

$$\begin{aligned}
\vec{E} &= \vec{E}_1 + \vec{E}_2 = 6750\,\vec{\imath}\,\mathrm{N/C} + (-9540\,\vec{\imath}\,\mathrm{N/C} + 9540\,\vec{\jmath}\,\mathrm{N/C})\\
&= (-2790\,\vec{\imath} + 9540\,\vec{\jmath})\,\mathrm{N/C}
\end{aligned}$$

Cuyo módulo es:

$$E = \sqrt{(-2790\,\text{N/C})^2 + (9540\,\text{N/C})^2} = 9940\,\text{N/C}$$

De acuerdo con el principio de superposición de potenciales, el potencial V en el punto B creado por las cargas q_1 y q_2 es:

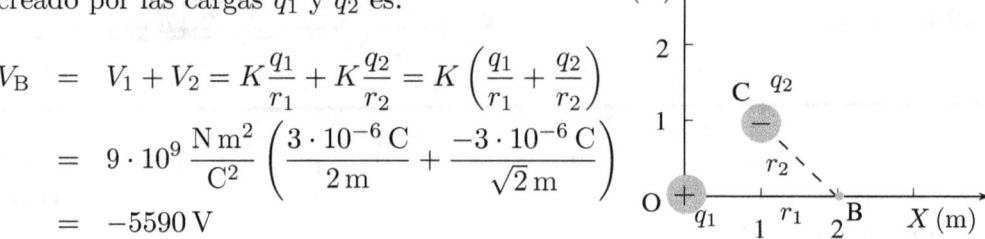

$$
\begin{aligned}
V_{\text{B}} &= V_1 + V_2 = K\frac{q_1}{r_1} + K\frac{q_2}{r_2} = K\left(\frac{q_1}{r_1} + \frac{q_2}{r_2}\right) \\
&= 9\cdot10^9\,\frac{\text{N\,m}^2}{\text{C}^2}\left(\frac{3\cdot10^{-6}\,\text{C}}{2\,\text{m}} + \frac{-3\cdot10^{-6}\,\text{C}}{\sqrt{2}\,\text{m}}\right) \\
&= -5590\,\text{V}
\end{aligned}
$$

$\lfloor q_1 = 3\cdot10^{-6}\,\text{C}; q_2 = -3\cdot10^{-6}\,\text{C}; r_1 = 2\,\text{m}; r_2 = \sqrt{2}\,\text{m}\rfloor$

b) Calculamos el trabajo que realizan las fuerzas del campo para desplazar una carga q_3 de $10\cdot10^{-6}\,\text{C}$ desde el punto A hasta el punto B, teniendo en cuenta que el potencial en el punto A es cero, ya que es equidistante de O y C donde se sitúan las cargas opuestas q_1 y q_2:

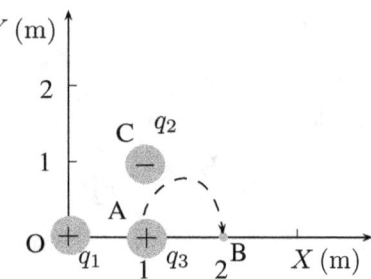

$$W_{AF}^{\text{B}} = -q_3(V_{\text{B}} - V_{\text{A}}) = -10\cdot10^{-6}\,\text{C}\,(-5590\,\text{V} - 0) = 0{,}0559\,\text{J}$$

$$\lfloor q_3 = 10\cdot10^{-6}; V_{\text{B}} = -5590\,\text{V}; V_{\text{A}} = 0\rfloor$$

Puesto que el trabajo es positivo, el proceso es espontáneo. Cuando la carga se traslada por las fuerzas del campo desde el punto A al punto B, la energía potencial del sistema disminuye en una cantidad de $0{,}0559\,\text{J}$.

Problema 6.34

Una pequeña esfera de $5\cdot10^{-3}\,\text{kg}$ y carga eléctrica q cuelga del extremo inferior de un hilo aislante, inextensible y de masa despreciable, de $0{,}5\,\text{m}$ de longitud. Al aplicar un campo eléctrico horizontal de $2\cdot10^2\,\text{V\,m}^{-1}$, el hilo se separa de la vertical hasta formar un ángulo de 30°.

a) Dibuje en un esquema las fuerzas que actúan sobre la esfera y determine el valor de la carga q.

b) Haga un análisis energético del proceso y calcule el cambio de energía potencial de la esfera.

$g = 10\,\text{m\,s}^{-2}$.

a) Cuando la pequeña esfera está nuevamente en equilibrio, sobre ella actúan las siguientes fuerzas reales: la fuerza con que la Tierra la atrae, $\vec{F}_g$, (peso de la pequeña esfera); la fuerza eléctrica, $\vec{F}_e$; y la fuerza que ejerce la cuerda sobre la pequeña esfera, $\vec{T}$ (tensión). Descomponemos la tensión en sus componentes $\vec{T}_x$ y $\vec{T}_y$ según los ejes X e Y, respectivamente:

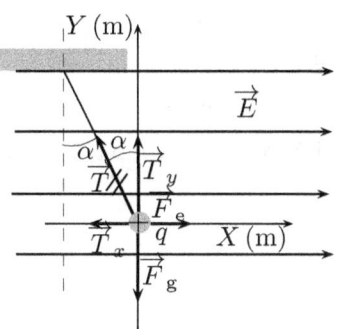

Calculamos su carga teniendo en cuenta que, como se encuentra en equilibrio estático, $\Sigma \vec{F}_x = 0$ y $\Sigma \vec{F}_y = 0$:

Condición de equilibrio horizontal: $\quad T \operatorname{sen} \alpha = qE$

Condición de equilibrio vertical: $\quad T \cos \alpha = mg$

$$\lfloor F_e = qE;\ F_g = mg \rfloor$$

Dividimos miembro a miembro la primera ecuación entre la segunda:

$$\frac{T \operatorname{sen} \alpha}{T \cos \alpha} = \frac{qE}{mg}$$

Simplificamos y nos queda que:

$$\operatorname{tg} \alpha = \frac{qE}{mg}$$

Despejamos q y calculamos su valor:

$$q = \frac{mg \operatorname{tg} \alpha}{E} = \frac{5 \cdot 10^{-3}\,\text{kg} \cdot 10\,\text{m/s}^2 \cdot 0,58}{2 \cdot 10^2\,\text{V/m}} = 1,45 \cdot 10^{-4}\text{C}$$

$$\lfloor m = 5 \cdot 10^{-3}\,\text{kg};\ \operatorname{tg} 30^o = 0,58;\ E = 2 \cdot 10^2\,\text{V/m} \rfloor$$

b) Consideramos la situación inicial cuando el hilo está vertical y la esfera, en reposo, y la situación final cuando el hilo forma 30° con la vertical y la esfera tiene cierta velocidad. Como sobre la esfera actúan solo conservativas, la energía mecánica del sistema formado por la esfera, el conjunto de cargas que crea el campo eléctrico y la Tierra permanecen constantes.

En la situación inicial, el sistema tiene una energía potencial gravitatoria, energía potencial eléctrica y no tiene energía cinética. En la situación final, la energía potencial del sistema aumenta, ya que la distancia entre la Tierra y la esfera se hace mayor, la energía potencial eléctrica del sistema disminuye porque la esfera (de carga positiva) se ha desplazado a favor del campo eléctrico (en el sentido de los potenciales decrecientes) y la energía cinética aumenta porque la esfera tienen cierta velocidad. A continuación, la esfera se mantiene en equilibrio estático, y se transforma la energía cinética en energía interna del ambiente.[4]

Calculamos primero ΔE_{pg} y después ΔE_{pe}:

$$\begin{aligned}
\Delta E_{pg} &= mg\Delta h = mgl(1 - \cos\alpha) \\
&= 5\cdot 10^{-3}\,\text{kg}\cdot 10\,\text{m/s}^2\cdot 0,5\,\text{m}\,(1 - \cos 30^o) \\
&= 3.35\cdot 10^{-3}\,\text{J}
\end{aligned}$$

$$\left[\Delta h = h;\ \cos\alpha = \frac{l-h}{l} \Rightarrow h = l(1 - \cos\alpha)\right]$$

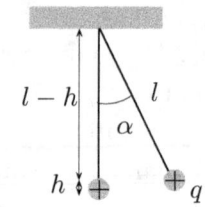

$$\begin{aligned}
\Delta E_{pe} &= q\Delta V = q(-E\,\Delta x) = -qEl\,\text{sen}\,\alpha \\
&= -(1,45\cdot 10^{-4}\,\text{C})\,2\cdot 10^2\,\text{V/m}\cdot 0,5\,\text{m}\cdot 0,5 \\
&= -7,25\cdot 10^{-3}\,\text{J}
\end{aligned}$$

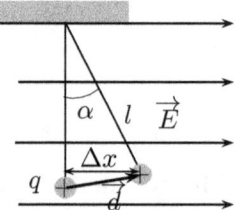

La variación de la energía potencial es:

$$\Delta E_p = \Delta E_{pg} + \Delta E_{pe} = 3.35\cdot 10^{-3}\,\text{J} - 7,25\cdot 10^{-3}\,\text{J} = -3,9\cdot 10^{-3}\,\text{J}$$

Problema 6.35

Una partícula de $5\cdot 10^{-3}$ kg y carga eléctrica $q = -6\cdot 10^{-6}$ C se mueve con una velocidad de $0,2\,\text{m}\,\text{s}^{-1}$ en el sentido positivo del eje X y penetra en la región $x > 0$, en la que existe un campo eléctrico uniforme de $500\,\text{N}\,\text{C}^{-1}$ dirigido en el sentido positivo del eje Y.

a) Describa, con ayuda de un esquema, la trayectoria seguida por la partícula y razone si aumenta o disminuye la energía potencial de la partícula en su desplazamiento.

b) Calcule el trabajo realizado por el campo eléctrico en el desplazamiento de la partícula desde el punto $(0, 0)$ m hasta la posición que ocupa 5 s más tarde.

$g = 10\,\text{m}\,\text{s}^{-2}$.

---

[4]Una situación parecida sería la siguiente: imagine un campo eléctrico uniforme creado por dos placas paralelas horizontales. La de arriba es la placa negativa y la de abajo, la positiva. Si se suelta desde la placa de abajo una carga positiva lo suficientemente ligera, de manera que la fuerza eléctrica que actúa sobre ella sea mayor que su peso, la carga ascenderá con cierta aceleración y se pegará a la placa negativa, a donde llega con cierta velocidad. Durante el ascenso de la carga disminuye la energía potencial eléctrica, aumenta la energía potencial gravitatoria y la energía cinética. ¿Pero qué ha pasado con la energía cinética cuando observamos la carga ya en reposo? Esa energía se habrá transferido al medio, por lo que aumenta su energía interna.

a) Sobre la partícula cargada que penetra en el campo eléctrico actúa, además de la fuerza eléctrica, $\vec{F}_e$, la fuerza gravitatoria $\vec{F}_g$. Ambas fuerzas son verticales y con sentido hacia abajo. La suma de las dos fuerzas, $\Sigma\vec{F}$, le produce a la partícula un movimiento uniformemente acelerado, de aceleración:

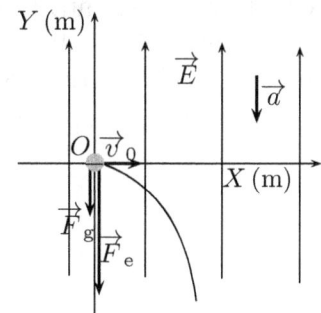

$$\vec{a} = \frac{\Sigma\vec{F}}{m}$$

Como la velocidad inicial $\vec{v}_0$ no tienen la misma dirección que $\Sigma\vec{F}$, el movimiento resultante será el que resulta de la composición de dos movimientos:

- Horizontal uniforme, cuya ecuación de posición es:

$$x = x_0 + v_x t$$

Como $x_0 = 0$ y $v_x = v_0 = 0,2\,\text{m/s}$:

$$x = 0,2t\,\text{m}$$

- Vertical uniformemente acelerado, cuya ecuación de posición es:

$$y = y_0 + v_{0y}t + \frac{1}{2}a_y t^2$$

Como $y_0 = 0$, $v_{0y} = 0$ y $a_y = a = -10,6\,\text{m/s}^2$:

$$\left[a = \frac{F_e + F_g}{m} = \frac{qE + mg}{m} = \frac{[(-6 \cdot 10^{-6} \cdot 500) + (-5 \cdot 10^{-3} \cdot 10)]\,\text{N}}{5 \cdot 10^{-3}\,\text{kg}} = -10,6\,\frac{\text{m}}{\text{s}^2} \right]$$

$$y = -5,3t^2$$

Las ecuaciones paramétricas de la trayectoria son:

$$x = 0,2\,t \qquad y = -5,3t^2$$

Eliminamos el tiempo y obtenemos la ecuación explícita de la trayectoria en la forma $y = f(x)$:

$$y = -5,3\left(\frac{x}{0,2}\right)^2 \Rightarrow y = -132\,x^2$$

La ecuación corresponde a una parábola, que es la trayectoria que seguirá la partícula.

En cuanto a si aumenta o disminuye la energía potencial de la partícula en su desplazamiento, diremos que disminuye, ya que lo hace en este sentido tanto la energía potencial eléctrica como la gravitatoria.

La energía potencial eléctrica disminuye, si tenemos en cuenta que:

$$\Delta E_{pe} = q\Delta V$$

puesto que la partícula se mueve en el sentido de los potenciales crecientes y la carga es negativa.

La energía potencial gravitatoria disminuye también, si tenemos en cuenta que disminuye la altura de la partícula cargada.

Como solo existen fuerzas conservativas, la energía mecánica de la partícula se conserva, y a una disminución de la energía potencial le corresponde un aumento de la energía cinética en la misma cantidad que aumentan en conjunto la energía potencial eléctrica y gravitatoria.

b) Para calcular el trabajo realizado por el campo eléctrico en el desplazamiento de la partícula, tenemos que calcular y a los $5\,$s. Utilizamos la ecuación de la posición vertical para calcularlo:

$$y(5) = -5,3 \cdot 5^2 = -132\,\text{m}$$

Calculamos el trabajo realizado por el campo eléctrico a partir de la carga, del campo eléctrico y del desplazamiento vertical:

$$W_{F_e} = -q\Delta V = -q(-E\Delta y) = -(-6 \cdot 10^{-6}\,\text{C})\left[-500\,\text{N/C}\,(-132\,\text{m})\right] = 0,396\,\text{J}$$

$$\lfloor q = -6 \cdot 10^{-6}\,\text{C};\ E = 500\,\text{N/C};\ \Delta y = y(5) - y(0) = -132\,\text{m} - 0 = -132\,\text{m}\rfloor$$

También podemos calcular el trabajo realizado por el campo eléctrico a partir de la definición de trabajo:

$$W_{F_e} = \overrightarrow{F}_e \cdot \Delta\overrightarrow{r} = -3 \cdot 10^{-3}\vec{\jmath}\,\text{N} \cdot (\vec{\imath} - 132\,\vec{\jmath})\,\text{m} = 0,396\,\text{J}$$

$$\lfloor \overrightarrow{F}_e = q\overrightarrow{E} = -6 \cdot 10^{-6}\,\text{C} \cdot 500\,\vec{\jmath}\,\text{N/C} = -3 \cdot 10^{-3}\,\vec{\jmath}\,\text{N};\ \Delta\overrightarrow{r} = (\vec{\imath} - 132\,\vec{\jmath})\,\text{m}\rfloor$$

$$\lfloor\lfloor \text{Como para}\ t = 5\,\text{s},\, x = 0,2 \cdot 5 = 1\,\text{m y}\ \overrightarrow{r}_0 = 0,\ \Delta\overrightarrow{r} = \overrightarrow{r} - \overrightarrow{r}_0 = (\vec{\imath} - 132\,\vec{\jmath})\,\text{m}\rfloor\rfloor$$

Capítulo 7

Campo magnético

Cuestión 7.1

Una partícula con carga q y velocidad v penetra en un campo magnético perpendicular a la dirección del movimiento.

a) Analice el trabajo realizado por la fuerza magnética y la variación de energía cinética de la partícula.

b) Repita el apartado anterior en el caso de que la partícula se mueva en dirección paralela al campo y explique las diferencias entre ambos casos.

a) La ley de la fuerza de Lorentz establece que la fuerza que actúa sobre una partícula con carga q cuando se mueve con velocidad $\vec{v}$ en el seno de un campo magnético $\vec{B}$ es:

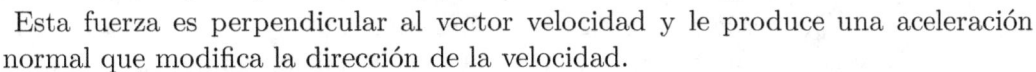

$$\vec{F} = q\,\vec{v} \wedge \vec{B}$$

siendo α el ángulo que forman $\vec{v}$ y $\vec{B}$.

Esta fuerza es perpendicular al vector velocidad y le produce una aceleración normal que modifica la dirección de la velocidad.

Si la velocidad y el campo magnético son perpendiculares entre sí, la fuerza es la máxima posible, siendo su módulo:

$$F = qvB \operatorname{sen} \alpha = qvB$$

$$\lfloor \operatorname{sen} \alpha = \operatorname{sen} 90^{o} = 1 \rfloor$$

En este caso, la partícula describe una circunferencia en un plano perpendicular al campo.

Como la fuerza magnética es en todo momento perpendicular a la velocidad, lo es también al desplazamiento y, por tanto, el trabajo que realiza es cero.

Por otra parte, de acuerdo con el teorema del trabajo y la energía, el trabajo de la suma de las fuerzas que actúa sobre una partícula es igual a la variación de su energía cinética:

$$W_F = \Delta E_{\mathrm{c}}$$

Si sobre la partícula solo actúa la fuerza magnética $\vec{F}$ y no realiza trabajo sobre ella, la variación de la energía cinética es cero.

b) Si la velocidad y el campo magnético tienen la misma dirección, la fuerza magnética es cero, ya que su módulo:

$$F = qvB\,\mathrm{sen}\,\alpha = 0$$

$$\lfloor \mathrm{sen}\,\alpha = \mathrm{sen}\,0^o = \mathrm{sen}\,180^o = 0 \rfloor$$

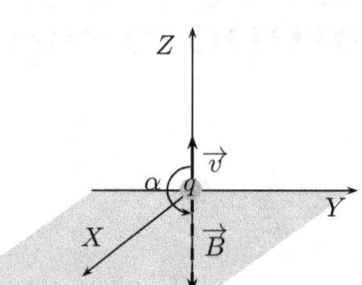

La figura muestra el caso en el que $\vec{v}$ y $\vec{B}$ tienen sentidos opuestos.

Si la fuerza magnética es cero, el trabajo que realiza es cero. Si no existen otras fuerzas, de acuerdo con el teorema del trabajo y la energía, tampoco varía su energía cinética.

La diferencia que existe entre ambos casos es que en el primero existe una fuerza magnética que actúa sobre la partícula y le provoca una aceleración normal o centrípeta, describiendo una trayectoria circular con rapidez constante, mientras que en el segundo no existe ninguna fuerza magnética que actúe sobre ella y, en consecuencia, tampoco ningún tipo de aceleración, y la partícula describe una trayectoria en línea recta sin cambiar su rapidez.

Cuestión 7.2

Conteste razonadamente a las siguientes cuestiones:
a) ¿Es posible que una carga eléctrica se mueva en un campo magnético uniforme sin que actúe ninguna fuerza sobre ella?
b) ¿Es posible que una carga eléctrica se mueva en un campo magnético uniforme sin que varíe su energía cinética?

---

a) Sí es posible. La ley de la fuerza de Lorentz establece que la fuerza que actúa sobre una partícula con carga q cuando se mueve con velocidad $\vec{v}$ en el seno de un campo magnético uniforme $\vec{B}$ es:

$$\vec{F} = q\,\vec{v} \wedge \vec{B}$$

siendo α el ángulo que forman $\vec{v}$ y $\vec{B}$. Si la velocidad y el campo magnético tienen la misma dirección, la fuerza es cero, ya que su módulo:

$$F = qvB \operatorname{sen} \alpha = 0 \quad \lfloor \operatorname{sen} \alpha = \operatorname{sen} 0^o = \operatorname{sen} 180^o = 0 \rfloor$$

b) De acuerdo con el teorema del trabajo y la energía, el trabajo de la suma de las fuerzas que actúa sobre una partícula es igual a la variación de su energía cinética. Si sobre la partícula solo actúa la fuerza magnética $\vec{F}$, se tiene que cumplir que:

$$W_F = \Delta E_c$$

Respecto a lo que se pregunta en el apartado, sí es posible y ocurre en todos los casos: cuando la velocidad de la partícula y el campo magnético tienen la misma dirección y cuando no la tienen:

En el primer caso:

- La velocidad no varía porque sobre la partícula no actúa ninguna fuerza (lo hemos visto en el apartado anterior) y, por tanto, la energía cinética, tampoco varía.

En el segundo caso, puede ocurrir que:

- $\vec{v}$ y $\vec{B}$ sean perpendiculares entre sí. En estas condiciones, sobre la carga actúa una fuerza magnética $\vec{F}$, cuyo módulo es:

$$F = qvB \operatorname{sen} \alpha = qvB \quad \lfloor \operatorname{sen} \alpha = \operatorname{sen} 90^o = 1 \rfloor$$

  Esta fuerza tiene el máximo valor y le produce una aceleración normal, describiendo la partícula, con movimiento uniforme, una trayectoria circular. Como el módulo de la velocidad no varía, la energía cinética, tampoco.

- $\vec{v}$ y $\vec{B}$ formen cierto ángulo distinto de 90° y 180°. En estas condiciones, podemos descomponer la velocidad en una componente paralela al campo, $\vec{v}_\parallel$, y en otra perpendicular al campo, $\vec{v}_\perp$.

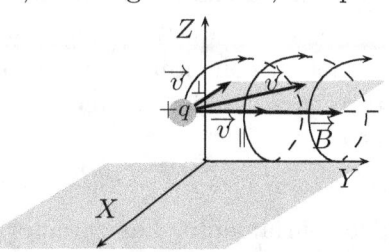

La componente paralela al campo no se va a ver afectada por la presencia de este; así, la partícula avanzará con movimiento rectilíneo uniforme de rapidez $v_\parallel$ en la misma dirección que el campo; la componente perpendicular al campo originará un movimiento circular uniforme idéntico al descrito anteriormente. La combinación de estos dos movimientos simultáneos es un movimiento helicoidal en el que la partícula gira describiendo circunferencias al mismo tiempo que avanza con rapidez constante $v_\parallel$. Tampoco varía la energía cinética porque $v = \sqrt{v_\parallel^2 + v_\perp^2} = cte$.

> **Cuestión 7.3**
>
> Un haz de electrones penetra en una zona del espacio en la que existen un campo eléctrico y otro magnético.
> a) Indique, ayudándose de un esquema si lo necesita, qué fuerzas se ejercen sobre los electrones del haz.
> b) Si el haz de electrones no se desvía, ¿se puede afirmar que tanto el campo eléctrico como el magnético son nulos?

a) En la figura representamos el haz de electrones penetrando con una velocidad dirigida en el sentido positivo del eje Y en una región en la que coexisten un campo eléctrico y otro magnético que suponemos perpendiculares entre sí. Suponemos que el campo eléctrico está dirigido en sentido positivo del eje X y que el campo magnético está dirigido en el sentido negativo del eje Z.

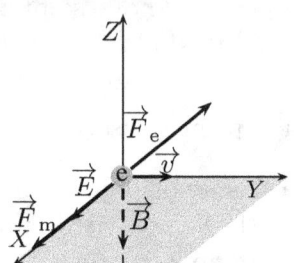

Sobre el haz de electrones actúan dos fuerzas:[1]

- Una fuerza eléctrica $\vec{F}_e = q\vec{E}$, de módulo $F_e = qE$, de la misma dirección del campo eléctrico $\vec{E}$ y de sentido contrario al de este, ya que la carga del electrón es negativa. La fuerza tiene la dirección del eje X, siendo su sentido el de los valores negativos.

- Una fuerza magnética $\vec{F}_m = q\vec{v} \wedge \vec{B}$ (fuerza de Lorentz), cuya dirección es perpendicular al plano que forman $\vec{v}$ y $\vec{B}$ y su sentido, por tratarse de una carga negativa, es el contrario al del avance de un tornillo que girara haciendo coincidir $\vec{v}$ y $\vec{B}$ por el camino más corto. La fuerza tiene la dirección del eje X, siendo su sentido el de los valores positivos. Su módulo es:

$$F_m = qvB \operatorname{sen} \alpha = qvB \quad \lfloor \operatorname{sen} \alpha = \operatorname{sen} 90^o = 1 \rfloor$$

b) No necesariamente. Las características del movimiento que experimenta el haz de electrones dependen del valor de la suma de las fuerzas $\Sigma\vec{F}$ que actúe sobre él. Si la fuerza magnética y la fuerza eléctrica son vectores opuestos, como hemos representado en la figura anterior, entonces $\Sigma\vec{F} = 0$ y, por tanto, el movimiento del haz de electrones es rectilíneo uniforme, y no se desvía de su trayectoria inicial.[2]

---

[1]Cuando una partícula se mueve en una región en la que coexisten un campo eléctrico y otro magnético, la suma de las fuerzas eléctrica y magnética, $\Sigma\vec{F}$, viene dada por al expresión: $\vec{F} = q(\vec{E} + v \wedge \vec{B})$ que recibe el nombre de ley de Lorentz generalizada.

[2]El dispositivo en cuestión se llama selector de velocidades: solo si la rapidez de la partícula

Para que el haz de electrones no sufra ninguna desviación, la rapidez de los electrones tiene que ser igual al cociente entre el módulo del campo eléctrico y el del campo magnético. Como:

$$F_e - F_m = 0$$

Tenemos que:

$$qE - qvB = 0$$

Simplificamos y despejamos v:

$$v = \frac{E}{B}$$

Cuestión 7.4

En una región del espacio existe un campo magnético uniforme en el sentido negativo del eje Z. Indique, con la ayuda de un esquema, la dirección y sentido de la fuerza magnética en los siguientes casos:

a) Una partícula β que se mueve en el sentido positivo del eje X.

b) Una partícula α que se mueve en el sentido positivo del eje Z.

---

a) La ley de la fuerza de Lorentz establece que la fuerza que actúa sobre una partícula con carga q cuando se mueve con velocidad $\vec{v}$ en el seno de un campo magnético $\vec{B}$ es:

$$\vec{F} = q\,\vec{v} \wedge \vec{B}$$

siendo α el ángulo que forman $\vec{v}$ y $\vec{B}$.

En la figura de la derecha, representamos la fuerza magnética $\vec{F}$ que experimenta una partícula β (electrón). Cuando $\vec{v}$ es perpendicular a $\vec{B}$, el módulo de la fuerza es:

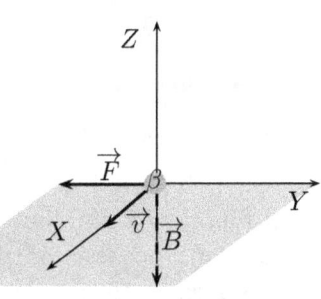

$$F = qvB\,sen\,\alpha = qvB$$

$$\lfloor sen\,\alpha = sen\,0^o = 1 \rfloor$$

Su dirección es perpendicular al plano que forman ambos vectores y su sentido, dado que la partícula tiene carga negativa, es el contrario al del avance de un tornillo que girara haciendo coincidir $\vec{v}$ sobre $\vec{B}$ por el camino más corto.

---

es la adecuada, esta atravesará el selector sin modificar su rapidez. Este dispositivo fue utilizado en 1897 por J.J. Thomson para medir la relación entre la carga y la masa del electrón. En un tubo de rayos catódicos, Thomson comprobó que todas las partículas procedentes del cátodo tenían la misma relación q/m, independientemente de las condiciones en las que se produjeran los rayos y de la naturaleza del gas encerrado en el tubo.

b) En la figura de la derecha, no podemos representar ninguna fuerza magnética que actúe sobre la partícula alfa (núcleo de helio). De acuerdo con la ley de Lorentz, si $\vec{v}$ y $\vec{B}$ son paralelos, como ocurre en este caso, la fuerza es nula:

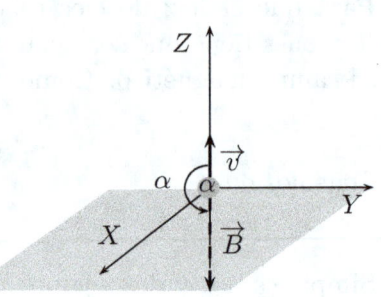

$$F = qvB \operatorname{sen} \alpha = 0$$

$$\lfloor \operatorname{sen} \alpha = \operatorname{sen} 180^o = 0 \rfloor$$

Cuestión 7.5

Sobre un electrón, que se mueve con velocidad $\vec{v}$, actúa un campo magnético $\vec{B}$ en dirección normal a su velocidad.

a) Razone por qué la trayectoria que sigue es circular y haga un esquema que muestre el sentido de giro del electrón.

b) Deduzca las expresiones del radio de la órbita y del periodo del movimiento.

---

a) Sobre el electrón, que se mueve en un campo magnético $\vec{B}$ cuya dirección es perpendicular a la de la velocidad $\vec{v}$, actúa la fuerza de Lorentz $\vec{F}$, que viene dada por la expresión:

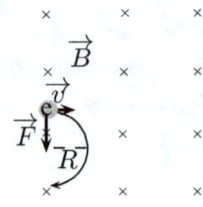

$$\vec{F} = q\vec{v} \wedge \vec{B}$$

cuyo módulo es:

$$F = qvB \operatorname{sen} \alpha = qvB \quad \lfloor \operatorname{sen} \alpha = \operatorname{sen} 90^o = 1 \rfloor$$

siendo α el ángulo que forma $\vec{v}$ con $\vec{B}$. Esta fuerza es perpendicular a $\vec{v}$ y $\vec{B}$, y su sentido, por ser la carga negativa, es el contrario al del avance de un tornillo que girara haciendo coincidir $\vec{v}$ sobre $\vec{B}$ por el camino más corto.

Esta fuerza cambia continuamente la dirección de la velocidad del electrón y le produce una aceleración normal $\vec{a}_n$, describiendo una trayectoria circular en el sentido horario en un plano perpendicular al campo.

b) Deducimos primero la expresión del radio de la órbita que describe el electrón. De acuerdo con la segunda ley de Newton, si solo actúa la fuerza magnética $\vec{F}$:

$$\vec{F} = m\vec{a}_n$$

Por tanto:

$$qvB = m\frac{v^2}{R}$$

$$\left[F = qvB; \ a_{\mathrm{n}} = \frac{v^2}{R} \right]$$

Simplificamos y despejamos R:

$$R = \frac{mv}{qB}$$

Esta expresión nos muestra que el radio de la circunferencia descrita por el electrón depende de la relación m/q, de la velocidad y del campo.

Deducimos ahora expresión del periodo del movimiento, que es el tiempo que tarda el electrón en completar una vuelta:

$$T = \frac{2\pi R}{v} = \frac{2\pi \dfrac{mv}{qB}}{v} = \frac{2\pi m}{qB} \quad \left[R = \frac{mv}{qB} \right]$$

Esta expresión nos muestra que el periodo no depende de la velocidad con que penetra el electrón en el campo magnético ni del radio de la circunferencia que describe y sí del campo en el que penetra.

Cuestión 7.6

Dos partículas de masas m_1 y m_2 e igual carga penetran con velocidades v_1 y $v_2 = 2v_1$ en dirección perpendicular a un campo magnético.
a) Si $m_2 = 2m_1$, ¿cuál de las dos trayectorias tendrá mayor radio?
b) Si $m_1 = m_2$, ¿en qué relación estarán sus periodos de revolución? Razone las respuestas.

a) La ley de la fuerza de Lorentz establece que la fuerza que actúa sobre una partícula con carga q que se mueve con velocidad $\vec{v}$ en el seno de un campo magnético $\vec{B}$ es:

$$\vec{F} = q\,\vec{v} \wedge \vec{B}$$

Esta fuerza es perpendicular al vector velocidad y le produce una aceleración normal que modifica la dirección de la velocidad.

Si, como sucede en este caso, $\vec{v}$ y $\vec{B}$ son perpendiculares entre sí, la trayectoria es una circunferencia en un plano perpendicular al campo.

El radio R de la órbita puede demostrarse que vale:

$$R = \frac{mv}{qB}$$

Puesto que ambas partículas tienen la misma carga q y están bajo la influencia del mismo campo magnético de módulo B, tenemos que:

Para la partícula cargada de masa m_1 y velocidad v_1, el radio de la órbita que describe, R_1, es:

$$R_1 = \frac{m_1 v_1}{qB}$$

Para la partícula cargada de masa m_2 y velocidad v_2, el radio de la órbita que describe, R_2, es:

$$R_2 = \frac{m_2 v_2}{qB} = \frac{2m_1 \cdot 2v_1}{qB} = 4\frac{m_1 v_1}{qB} = 4R_1$$

$$\left[v_2 = 2v_1; \ m_2 = 2m_1; \ R_1 = \frac{m_1 v_1}{qB} \right]$$

Vemos que el radio de la órbita que describe la partícula de masa m_2 es cuatro veces mayor que el que describe la partícula de masa m_1.

b) El periodo revolución T es el tiempo que tarda la partícula en completar una vuelta y no depende de la rapidez con que la partícula cargada penetre en el campo:

$$T = \frac{2\pi R}{v} = \frac{2\pi \dfrac{mv}{qB}}{v} = \frac{2\pi m}{qB} \quad \left[R = \frac{mv}{qB} \right]$$

Por tanto, si tienen la misma carga, la misma masa y están bajo la influencia del mismo campo magnético, sus periodos de revolución serán iguales.

Cuestión 7.7

Un electrón, un protón y una partícula alfa penetran en una zona del espacio en la que existe un campo magnético uniforme en dirección perpendicular a la velocidad de las partículas.

a) Dibuje la trayectoria que seguirá cada una de las partículas e indique sobre cuál de ellas se ejerce una fuerza mayor.

b) Compare las aceleraciones de las tres partículas. ¿Cómo varía su energía cinética?

$m_\text{p} = 1840 \, m_\text{e}$.

---

a) Cualquier partícula con carga q, moviéndose con velocidad $\vec{v}$ dentro de un campo magnético $\vec{B}$, se ve sometida a la fuerza de Lorentz:

$$\vec{F} = q\vec{v} \wedge \vec{B}$$

Esta fuerza es perpendicular al vector velocidad y le produce una aceleración normal que modifica la dirección de la velocidad.

Si, como sucede en este caso, $\vec{v}$ y $\vec{B}$ son perpendiculares entre sí, la partícula efectúa movimiento circular uniforme en un plano perpendicular al campo. El protón y la partícula α (ambas con carga positiva) se mueven en un sentido y el electrón (con carga negativa), en sentido contrario (aplicamos la regla del tornillo para saber el sentido de la fuerza).

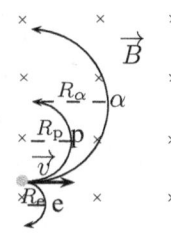

Al ser $\vec{v}$ y $\vec{B}$ perpendiculares entre sí, el módulo de la fuerza tiene el valor máximo:

$$F = qvB \operatorname{sen} \alpha = qvB \qquad \lfloor \operatorname{sen} \alpha = \operatorname{sen} 90^o = 1 \rfloor$$

Como v y B tienen el mismo valor para las tres partículas, la fuerza que se ejerce sobre ellas es directamente proporcional a la carga. Por tanto, se ejercerá una fuerza doble sobre la partícula alfa (núcleo de helio, $_2^4\mathrm{He}^{2+}$) que sobre el electrón y el protón porque su carga es el doble de la de estos.

b) El radio R de la órbita de una partícula que se mueve en el seno de un campo magnético cuando $\vec{v}$ y $\vec{B}$ son perpendiculares entre sí se demuestra que es:

$$R = \frac{mv}{qB}$$

Si la velocidad de las tres partículas es la misma y consideramos las relaciones entre las masas y entre las cargas de ellas, tenemos que:

$$R_\mathrm{p} = \frac{m_\mathrm{p}v}{q_\mathrm{p}B}; \; R_\mathrm{e} = \frac{m_\mathrm{e}v}{q_\mathrm{e}B} = \frac{\dfrac{m_\mathrm{p}}{1840}v}{q_\mathrm{p}B} = \frac{R_\mathrm{p}}{1840}; \; R_\alpha = \frac{m_\alpha v}{q_\alpha B} = \frac{4m_\mathrm{p}v}{2q_\mathrm{p}B} = 2R_\mathrm{p}$$

$$\left\lfloor m_\mathrm{e} = \frac{m_\mathrm{p}}{1840}; \; m_\alpha = 4m_\mathrm{p}; \; q_\mathrm{e} = q_\mathrm{p}, \text{ en valor absoluto}; \; q_\alpha = 2q_\mathrm{p} \right\rfloor$$

Estas expresiones muestran el radio de la órbita del protón y las relaciones entre el radio de la órbita del electrón y de la partícula alfa respecto al radio de la órbita del protón.

Comparamos las aceleraciones de las tres partículas:

Puesto que la aceleración normal a la que están sometidas es el cuadrado del módulo de la velocidad entre el radio, si consideramos las relaciones entre los radios de las trayectorias de las partículas calculadas anteriormente, tenemos que:

$$a_{\mathrm{n}\,\mathrm{e}} = \frac{v^2}{R_\mathrm{e}} = \frac{v^2}{\dfrac{R_\mathrm{p}}{1840}} = 1840\frac{v^2}{R_\mathrm{p}} = 1840\,a_{\mathrm{n}\,\mathrm{p}} \qquad a_{\mathrm{n}\,\alpha} = \frac{v^2}{R_\alpha} = \frac{v^2}{2R_\mathrm{p}} = \frac{1}{2}a_{\mathrm{n}\,\mathrm{p}}$$

$$\left\lfloor R_\mathrm{e} = \frac{R_\mathrm{p}}{1840}; \; R_\alpha = 2R_\mathrm{p}; \; a_{\mathrm{n}\,\mathrm{p}} = \frac{v^2}{R_\mathrm{p}} \right\rfloor$$

que son las relaciones entre la aceleración del electrón y la aceleración de la partícula alfa respecto a la aceleración del protón.

La energía cinética de las partículas no varía porque su rapidez es la misma, ya que se mueven efectuando un movimiento circular uniforme.

Cuestión 7.8

a) Un haz de electrones atraviesa una región del espacio sin desviarse, ¿se puede afirmar que en esa región no hay campo magnético?

b) En una región existe un campo magnético uniforme dirigido verticalmente hacia abajo. Se disparan dos protones horizontalmente en sentidos opuestos. Razone qué trayectorias describen, en qué plano están y qué sentidos tienen sus movimientos.

---

a) No puede afirmarse. Si el haz de electrones atraviesa la región, de manera que la dirección de su velocidad y la del campo magnético sea la misma, no se desvían porque no actúa ninguna fuerza sobre él. De acuerdo con la ley de la fuerza de Lorentz, la fuerza magnética que actúa sobre una partícula con carga q cuando se mueve con una velocidad $\vec{v}$ en el seno de un campo magnético $\vec{B}$ es:

$$\vec{F} = q\,\vec{v} \wedge \vec{B}$$

Si la velocidad y el campo tienen la misma dirección, es decir, forman un ángulo α de 0° o 180°, la fuerza es cero:

$$F = qvB \operatorname{sen}\alpha = 0$$

$$\lfloor \operatorname{sen}\alpha = \operatorname{sen} 0^o = 180^o = 0 \rfloor$$

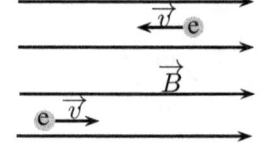

b) Sobre cada uno de los protones, que se mueven en un campo magnético $\vec{B}$ cuya dirección es perpendicular a la de la velocidad $\vec{v}$, actúa una fuerza magnética cuyo módulo es:

$$F = qvB \operatorname{sen}\alpha = qvB$$

$$\lfloor \operatorname{sen}\alpha = \operatorname{sen} 90^o = 1 \rfloor$$

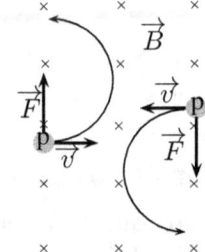

Esta fuerza es en todo momento perpendicular a la velocidad y produce en los protones una aceleración normal $\vec{a}_n$ que los obliga a realizar una trayectoria circular con rapidez constante. La dirección de la fuerza es perpendicular a $\vec{v}$ y $\vec{B}$ y el sentido es el del avance de un tornillo que girara haciendo coincidir $\vec{v}$ sobre $\vec{B}$ por el camino más corto. El plano en el que están las trayectorias es el que contiene a los vectores $\vec{v}$ y $\vec{F}$ (plano perpendicular a $\vec{B}$). Como se observa en la figura, los dos protones giran siguiendo el sentido antihorario.

Cuestión 7.9

Dos partículas cargadas se mueven con la misma velocidad y, al aplicarles un campo magnético perpendicular a dicha velocidad, se desvían en sentidos contrarios y describen trayectorias circulares de distintos radios.

a) ¿Qué puede decirse de las características de estas partículas?

b) Si en vez de aplicarles un campo magnético se les aplica un campo eléctrico paralelo a su trayectoria, indique razonadamente cómo se mueven las partículas.

a) La ley de la fuerza de Lorentz establece que sobre cualquier partícula con carga q que se mueve con velocidad $\vec{v}$ dentro de un campo magnético $\vec{B}$ actúa una fuerza:

$$\vec{F} = q\vec{v} \wedge \vec{B}$$

Esta fuerza es perpendicular al vector velocidad y le produce una aceleración normal que modifica la dirección de la velocidad.

Si, como sucede en este caso, $\vec{v}$ y $\vec{B}$ son perpendiculares entre sí, dicha fuerza tiene el valor máximo y la obliga a efectuar una trayectoria circular en un plano perpendicular al campo.

Del hecho de que las partículas se desvíen en sentidos contrarios se deduce que las partículas tienen cargas de distinto signo, ya que el sentido en el que se desvíen depende del sentido de la fuerza. Según la regla del tornillo, el sentido de la fuerza es el del avance de un tornillo que hiciera coincidir $\vec{v}$ sobre $\vec{B}$ por el camino más corto si la carga es positiva y el contrario, si la carga es negativa. En la figura observamos cómo la partícula a (con carga positiva) gira en sentido horario y la partícula b (con carga negativa) gira en sentido antihorario.

Eje X (+): saliendo del papel

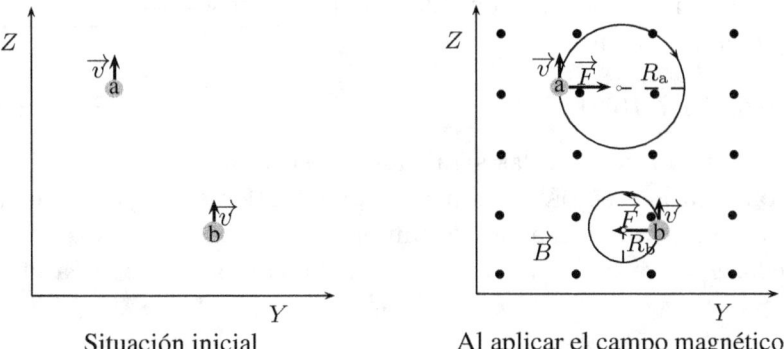

Situación inicial — Al aplicar el campo magnético

Del hecho de que las partículas describan trayectorias circulares de distintos radios se deduce que la relación m/q de las partículas es diferente. Se demuestra que, cuando una partícula cargada penetra en un campo magnético en el que la velocidad es perpendicular al campo, el radio de circunferencia descrita es:

$$R = \frac{mv}{qB}$$

Por tanto, si $\vec{v}$ y $\vec{B}$ son los mismos, como es el caso que nos ocupa, cuanto mayor sea el radio, mayor será la relación m/q. En la figura, la partícula a tiene una relación m/q mayor que la b, ya que el radio de la circunferencia es mayor.

b) Si en vez de aplicarles un campo magnético le aplicamos un campo eléctrico paralelo a su trayectoria, las partículas se mueven realizando un movimiento rectilíneo uniformemente acelerado. En este caso, sobre las partículas actúa una fuerza eléctrica $\vec{F} = q\vec{E}$ que tiene el mismo sentido que el campo si la partícula tiene carga positiva, y de sentido contrario al campo si la partícula tiene carga negativa. La partícula experimenta una aceleración tangencial que es tanto mayor cuanto mayor sea la relación q/m:

$$\vec{a} = \frac{\vec{F}}{m} = \frac{q}{m}\vec{E}$$

Pueden ocurrir los siguientes casos:

- Que las partículas se desplacen en el sentido del campo $\vec{E}$; en este caso, la partícula con carga positiva aumenta su rapidez y la que tiene carga negativa la disminuye.

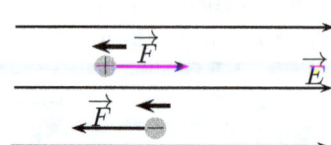

- Que las partículas se desplacen en sentido contrario al campo $\vec{E}$; en este otro caso, la partícula con carga positiva disminuye su rapidez y la que tiene carga negativa la aumenta.

Cuestión 7.10

Conteste razonadamente a las siguientes cuestiones:
a) ¿Se conserva la energía mecánica de una partícula cargada que se mueve en el seno de un campo magnético uniforme?
b) ¿Es conservativa la fuerza que ejerce dicho campo sobre la carga?

---

a) Sí. Cuando una partícula cargada se mueve en el seno de un campo magnético uniforme, se conserva la energía mecánica (suma de la energía cinética y los distintos tipos de energía potencial). Si se desprecian las interacciones gravitatorias y no existen interacciones eléctricas, de manera que no cambien ni la energía potencial gravitatoria ni la energía potencial eléctrica, la energía mecánica se conserva porque la energía cinética no varía, independientemente del ángulo que formen la dirección de la velocidad de la partícula y el campo.[3]

También podemos razonarlo de la siguiente manera: como el trabajo que realiza la fuerza magnética es cero por ser esta perpendicular en todo momento al desplazamiento (por serlo a la velocidad) y no existen o se desprecian otras interacciones, si aplicamos el teorema del trabajo y la energía, resulta que:

$$W_F = \Delta E_\text{c} = 0$$

Si no cambia la energía cinética y no lo hacen otras formas de energía mecánica, bien porque o no existen o se desprecian otras interacciones, la energía mecánica no varía.

b) Una fuerza es conservativa si el trabajo que realiza cuando la partícula se desplaza a lo largo de un camino cerrado es nulo. Por otra parte, un campo es conservativo si la fuerza característica del campo es conservativa. Dado que tanto el campo gravitatorio como el electrostático son conservativos, en ellos se verificará que, para cualquier camino cerrado:

$$\oint \vec{F}_\text{g} \cdot d\vec{r} = m \oint \vec{g} \cdot d\vec{r} = 0 \Rightarrow \oint \vec{g} \cdot d\vec{r} = 0$$

y

$$\oint \vec{F}_\text{e} \cdot d\vec{r} = q \oint \vec{E} \cdot d\vec{r} = 0 \Rightarrow \oint \vec{E} \cdot d\vec{r} = 0$$

A la integral de una función vectorial a lo largo de un camino cualquiera se llama, en matemáticas, la circulación de dicho vector a lo largo del camino considerado. Cuando un campo es conservativo, la circulación del vector campo a lo largo de un camino cerrado cualquiera es nula.

Pues bien, el teorema de Ampere establece que la circulación del vector campo magnético a lo largo de un camino cerrado no es siempre nula, sino que es proporcional a la intensidad de corriente neta que atraviese cualquier superficie que se apoye en dicho camino:

$$\oint \vec{B} \cdot d\vec{r} = \mu_0 I_\text{neta}$$

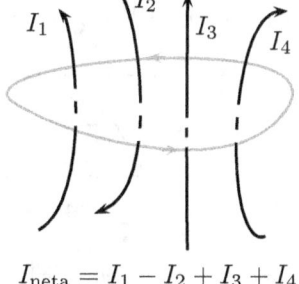

$$I_\text{neta} = I_1 - I_2 + I_3 + I_4$$

---

[3]Pueden ocurrir tres casos: a) que la velocidad y el campo sean paralelos: no actúa ninguna fuerza magnética sobre la partícula y esta se mueve con movimiento rectilíneo uniforme; b) que la velocidad y el campo sean perpendiculares: la partícula se mueve con movimiento circular uniforme; c) que la velocidad y el campo formen cualquier otro ángulo: la partícula se mueve con movimiento helicoidal. En todos los casos la rapidez de la partícula no varía y, por tanto, su energía cinética, tampoco.

siendo μ_0 la permeabilidad magnética en el vacío e I_{neta} la suma algebraica de las intensidades de corriente, considerando positivas aquellas cuyo sentido coincida con el que indica la regla del tornillo aplicada al sentido de la curva en que se integra (véase un ejemplo en la figura anterior).

Como el campo magnético no es un campo conservativo, la fuerza que ejerce dicho campo tampoco es conservativa.

Cuestión 7.11

Razone las respuestas siguientes:

a) Observando la trayectoria de una partícula con carga eléctrica, ¿se puede deducir si la fuerza que actúa sobre ella procede de un campo eléctrico uniforme o de un campo magnético uniforme?

b) ¿Es posible que sea nula la fuerza que actúa sobre un hilo conductor, por el que circula una corriente eléctrica, situado en un campo magnético?

---

a) Depende del tipo de trayectoria que se observe:

- Si es una trayectoria rectilínea, la fuerza procede de un campo eléctrico. El campo y la velocidad tienen la misma dirección. El movimiento de la partícula sería rectilíneo uniformemente acelerado, aumentando o disminuyendo la rapidez, dependiendo de que sobre la partícula actúe una fuerza del mismo sentido que la velocidad o de sentido contrario a esta.

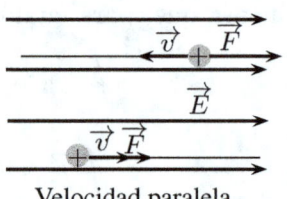

Velocidad paralela
al campo eléctrico

- Si la trayectoria es una parábola, la fuerza procede de un campo eléctrico. El campo y la velocidad con que penetra la partícula no tienen la misma dirección. El movimiento de la partícula sería uniformemente acelerado.

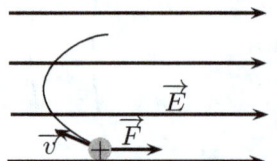 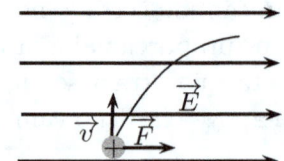

Velocidad sin la misma dirección del campo eléctrico

- Si la trayectoria es una circunferencia o una hélice, la fuerza se debe a un campo magnético. En el primer caso, la velocidad con que penetra la partícula en el campo es perpendicular al campo; en el segundo, la velocidad con que penetra la partícula no es perpendicular ni tampoco paralela al campo. El movimiento sería circular uniforme o helocoidal (resultado de la composición de un movimiento uniforme y un movimiento circular uniforme), respectivamente:

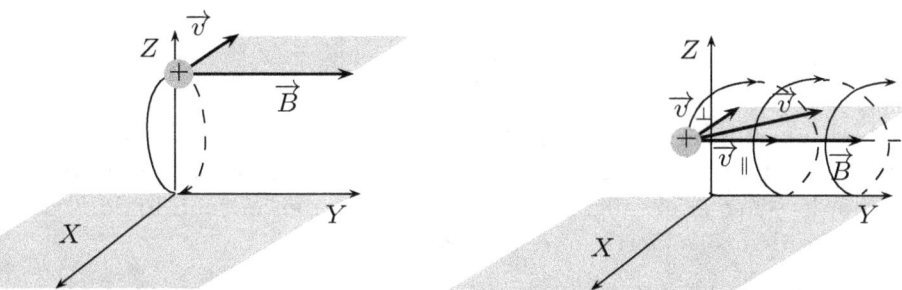

velocidad perpendicular al campo   velocidad no perpendicular ni paralela al campo

b) Sí es posible, si el hilo es paralelo al campo.

El módulo de la fuerza que se ejerce sobre un hilo conductor de longitud $\vec{L}$ por el que circula una corriente de intensidad I que está bajo la influencia de un campo magnético $\vec{B}$ viene dado por la primera ley de Laplace:

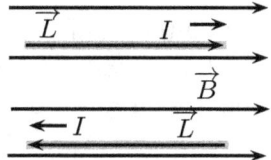

$$\vec{F} = I\vec{L} \wedge \vec{B}$$

cuyo módulo es:

$$F = ILB \operatorname{sen} \alpha$$

siendo $\vec{L}$ un vector de módulo la longitud del hilo conductor; de dirección, la del conductor; y de sentido, el de la corriente que circula por él.

Cuando el ángulo α que forman $\vec{L}$ y $\vec{B}$ es de 0° o 180° (el hilo y la dirección del campo magnético son paralelos), $\vec{F} = 0$, ya que $\operatorname{sen}\alpha = \operatorname{sen} 0^o = \operatorname{sen} 180^o = 0$.

Cuestión 7.12

Por dos conductores rectilíneos paralelos circulan corrientes de igual intensidad y sentido.

a) Indique la dirección y sentido de las fuerzas que se ejercen los conductores entre sí. ¿Depende esta fuerza de la corriente que circula por ellos?

b) Represente gráficamente la situación en la que la fuerza es repulsiva.

a) En la figura de más abajo (izquierda), cada uno de los conductores por los que circulan sendas corrientes de intensidades I_1 e I_2 va a crear en los puntos P_2 y P_1

los correspondientes campos magnéticos $\vec{B}_1$ y $\vec{B}_2$, del mismo módulo porque la intensidad de corriente es la misma y la distancia d desde los conductores a los puntos considerados, también:

$$B_1 = B_2 = B = \frac{\mu_0 I}{2\pi d} \quad \lfloor I_1 = I_2 = I \rfloor$$

La dirección de $\vec{B}_1$ y $\vec{B}_2$ es perpendicular al plano que determinan cada conductor y el punto considerado, y el sentido es el que viene dado por la regla de la mano derecha: si el pulgar de la mano apunta en el sentido de la corriente, el resto de los dedos se cierra en el sentido del campo.

La dirección de las fuerzas sobre cada conductor es perpendicular a ellos y el sentido viene dado por el del avance de un tornillo que hiciera coincidir $\vec{L}$ sobre $\vec{B}$ por el camino más corto.

El módulo de la fuerza que cada conductor ejerce sobre el otro, por el que pasa la misma intensidad I y está bajo la influencia de un campo magnético $\vec{B}$, es el mismo. La fuerza es máxima cuando el ángulo que forman $\vec{L}$ y $\vec{B}$ es de 90°, como ocurre en este caso:

$$F_{1,2} = F_{2,1} = F = ILB\,\mathrm{sen}\,\alpha = ILB \quad \lfloor \mathrm{sen}\,\alpha = \mathrm{sen}\,90^o = 1 \rfloor$$

Si expresamos B en función de la intensidad I, la fuerza con que interaccionan ambos conductores es:

$$F = IL\frac{\mu_0 I}{2\pi d} = \mu_0 L\frac{I^2}{2\pi d}$$

Vemos que la fuerza depende del cuadrado de la intensidad que circula por ellos.[4]

b) En la figura de más abajo (derecha) representamos el caso en el que la fuerza con que interaccionan es repulsiva. Ahora las intensidades de la corrientes tienen sentidos contrarios.

---

[4]A partir de esta expresión podemos obtener una importante ley de fuerza, que sería la "análoga magnética" de la ley de Coulomb: dos conductores rectilíneos paralelos e infinitos se atraen si la corriente circula por ellos en el mismo sentido y se repelen si la corriente circula por ellos en sentidos contrarios, con una fuerza por unidad de longitud directamente proporcional a las intensidades de corriente e inversamente proporcional a la distancia que los separa:

$$\frac{F}{L} = \frac{\mu_0}{2\pi}\frac{I^2}{d}$$

La importancia de esta ley de fuerza radica en que sirve de base para definir la unidad de intensidad de corriente eléctrica (una de las siete magnitudes fundamentales) en el SI: el amperio. Se define el amperio como la intensidad de corriente que, circulando por dos hilos conductores paralelos separados una distancia de un metro, hace que interactúen con una fuerza de $2\cdot 10^{-7}$ N por unidad de longitud.

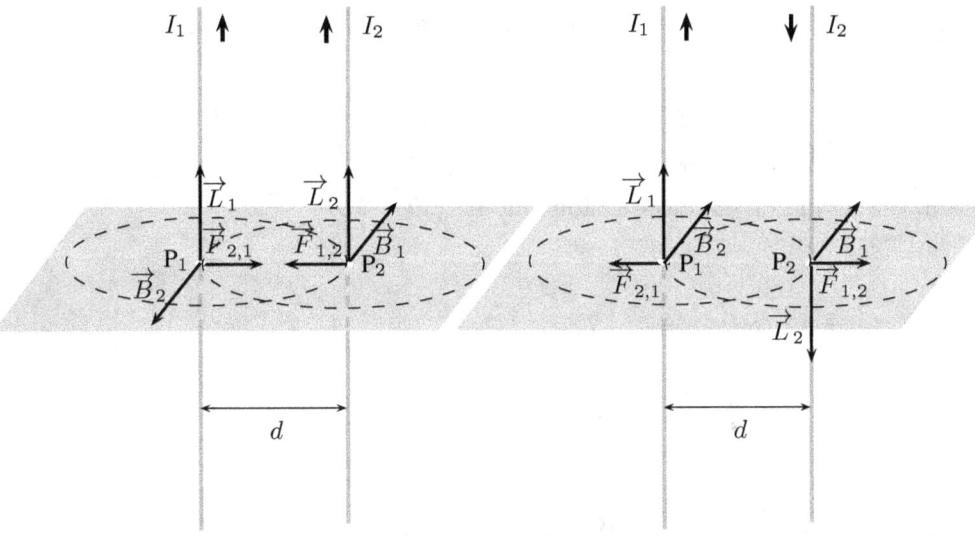

Cuestión 7.13

a) Explique razonadamente la acción de un campo magnético sobre un conductor rectilíneo, perpendicular al campo, por el que circula una corriente eléctrica y dibuje en un esquema la dirección y sentido de todas las magnitudes vectoriales que intervienen.

b) Explique qué modificaciones se producirían, respecto del apartado anterior, en los casos siguientes: i) si el conductor forma un ángulo de 45º con el campo; ii) si el conductor es paralelo al campo.

a) En la figura representamos un campo magnético $\vec{B}$ perpendicular a un conductor por el que circula una corriente eléctrica. El efecto del campo magnético sobre un conductor viene dado por la primera ley de Laplace, según la cual, la fuerza magnética $\vec{F}$ que actúa sobre un conductor de longitud $\vec{L}$ por el que circula una intensidad de corriente I es:

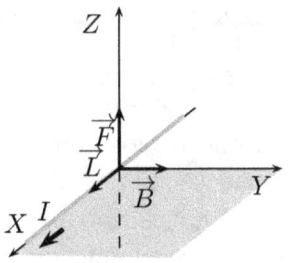

$$\vec{F} = I\vec{L} \wedge \vec{B}$$

siendo $\vec{L}$ un vector de módulo la longitud del conductor; de dirección, la del conductor; y de sentido, el de la corriente.

El módulo de la fuerza es $F = ILB \operatorname{sen} \alpha$, siendo α el ángulo que forman $\vec{L}$ y $\vec{B}$; la dirección de la fuerza es perpendicular a $\vec{L}$ y $\vec{B}$, y su sentido es el del avance de un tornillo que girara haciendo coincidir $\vec{L}$ sobre $\vec{B}$ por el camino más corto.

La fuerza es máxima en el caso que representamos, cuando el ángulo que forman $\vec{L}$ y $\vec{B}$ es de 90°. Entonces su módulo es:

$$F = ILB\,\mathrm{sen}\,\alpha = ILB \quad \lfloor \mathrm{sen}\,\alpha = \mathrm{sen}\,90^o = 1 \rfloor$$

b) En el caso i), representado en la figura de la derecha, en el que el ángulo que forman $\vec{L}$ y $\vec{B}$ es de 45°, el módulo de la fuerza es:

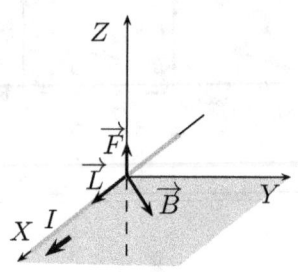

$$F = ILB\,\mathrm{sen}\,\alpha = \frac{\sqrt{2}}{2}ILB$$

$$\left\lfloor \mathrm{sen}\,\alpha = \mathrm{sen}\,45^o = \frac{\sqrt{2}}{2} \right\rfloor$$

En el caso ii), en el que $\vec{L}$ y $\vec{B}$ tienen la misma dirección ($\alpha = 0^o$ o 180°, que es el caso representado en la figura de la derecha), la fuerza es cero, ya que $\mathrm{sen}\,\alpha = \mathrm{sen}\,0^o = \mathrm{sen}\,180^o = 0$.

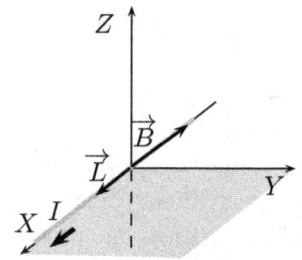

Cuestión 7.14

Por dos conductores rectilíneos y de gran longitud, dispuestos paralelamente, circulan corrientes eléctricas de la misma intensidad y sentido.

a) Dibuje un esquema, indicando la dirección y el sentido del campo magnético debido a cada corriente y del campo magnético total en el punto medio de un segmento que una a los dos conductores, y coméntelo.

b) Razone cómo cambiaría la situación al duplicar una de las intensidades y cambiar su sentido.

---

a) Cada uno de los conductores por los que circulan sendas corrientes va a crear en el punto P un campo magnético $\vec{B}$ cuyo módulo es directamente proporcional a la intensidad de corriente I que circula por él e inversamente proporcional a la distancia que lo separa de él: $B = \dfrac{\mu_0 I}{2\pi d}$, siendo μ_0 la permeabilidad magnética en el vacío.

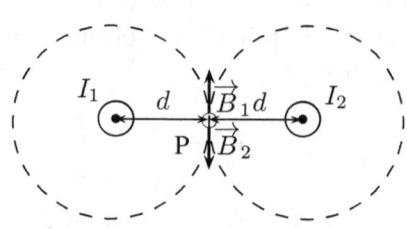

La dirección de $\vec{B}$ es perpendicular al plano que determinan cada conductor y el punto considerado, y el sentido viene dado por la regla de la mano derecha: si el pulgar de la mano apunta en el sentido de la corriente, el resto de los dedos se cierra en el sentido del campo.

Dado que los vectores campo tienen la misma dirección, pero sentidos opuestos, el módulo de $\vec{B}$ en P será la diferencia entre ambos, pero, como sus módulos son iguales por circular por ellos la misma intensidad de corriente y estar los conductores a la misma distancia del punto, el campo será cero.

b) Si duplicamos, por ejemplo, la intensidad del conductor de la derecha e invertimos su sentido de la corriente, ahora B_2 es el doble de B_1 y los vectores campo tienen la misma dirección y sentido. Por tanto, el módulo del campo total es:

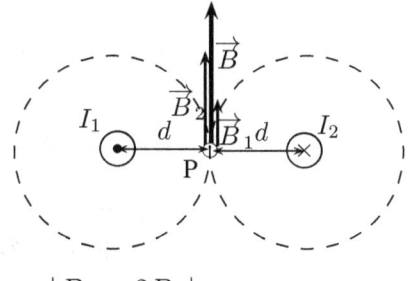

$$B = B_1 + B_2 = 3B_1 \qquad \lfloor B_2 = 2B_1 \rfloor$$

y la dirección y sentido son los de $\vec{B}_1$ y $\vec{B}_2$.

Problema 7.15

En un experimento se aceleran partículas alfa ($q = +2e$) desde el reposo, mediante una diferencia de potencial de $10\,\text{kV}$. Después, entran en un campo magnético $B = 0,5\,\text{T}$, perpendicular a la dirección de su movimiento.
a) Explique con ayuda de un esquema la trayectoria de las partículas y calcule la velocidad con que penetran en el campo magnético.
b) Calcule el radio de la trayectoria que siguen las partículas alfa en el seno del campo magnético.
$e = 1,6 \cdot 10^{-19}\,\text{C}$; $m = 6,7 \cdot 10^{-27}\,\text{kg}$.

---

a) En el tramo en el que existe el campo eléctrico solo actúa la fuerza eléctrica $\vec{F}_\text{e}$, que le produce a cada partícula α ($_2^4\text{He}^{2+}$) un movimiento rectilíneo uniformemente acelerado aumentando su rapidez. Como la fuerza eléctrica es una fuerza conservativa, la energía mecánica de la partícula se mantiene constante en su movimiento desde el polo positivo al polo negativo. Se cumple que:

$$\Delta E_\text{c} + \Delta E_\text{p} = 0$$

Como la partícula α es acelerada desde el reposo, $E_{\text{c}\,0} = 0$. Por otra parte, $E_\text{c} = \dfrac{1}{2}mv^2$ y $\Delta E_\text{p} = q\Delta V$. Tenemos entonces que:

$$\frac{1}{2}mv^2 + q\Delta V = 0$$

Despejamos y calculamos la velocidad de la partícula α:

$$v = \sqrt{\frac{-2q\Delta V}{m}} = \sqrt{\frac{-2 \cdot 2 \cdot 1,6 \cdot 10^{-19}\,\text{C}\,(-10\,000\,\text{V})}{6,7 \cdot 10^{-27}\,\text{kg}}} = 9,8 \cdot 10^5\,\text{m/s}$$

$\lfloor \Delta V = -10\,000\,\text{V}$, ya que se dirige en el sentido de los potenciales decrecientes. $\rfloor$

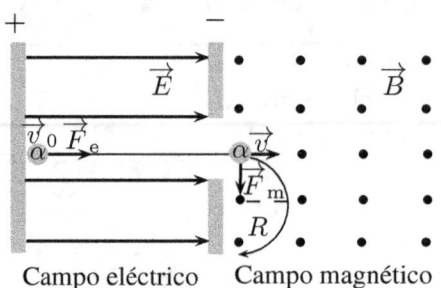

Campo eléctrico   Campo magnético

Al penetrar la partícula α en un campo magnético $\vec{B}$ cuya dirección es perpendicular a la de la velocidad $\vec{v}$, actúa sobre ella una fuerza magnética (fuerza de Lorentz):

$$\vec{F}_m = q\,\vec{v} \wedge \vec{B}$$

de módulo:

$$F_m = qvB \,\text{sen}\, \alpha = qvB$$

$$\lfloor \text{sen}\, \alpha = \text{sen}\, 90^o = 1 \rfloor$$

siendo α el ángulo que forman $\vec{v}$ y $\vec{B}$. La dirección de la fuerza es perpendicular a $\vec{v}$ y $\vec{B}$, y el sentido es el del avance de un tornillo que girara haciendo coincidir $\vec{v}$ sobre $\vec{B}$ por el camino más corto. Esta fuerza le produce una aceleración normal $\vec{a}_n$, describiendo una trayectoria circular en un plano perpendicular al campo.

b) Calculamos ahora el radio R de la trayectoria que siguen las partículas α en el campo magnético:

De acuerdo con la segunda ley de Newton, si solo actúa la fuerza magnética $\vec{F}_m$:

$$\vec{F}_m = m\,\vec{a}_n$$

Por tanto:

$$qvB = m\frac{v^2}{R}$$

Simplificamos, despejamos R y calculamos su valor:

$$R = \frac{mv}{qB} = \frac{6,7 \cdot 10^{-27}\,\text{kg} \cdot 9,8 \cdot 10^5\,\text{m/s}}{2 \cdot 1,6 \cdot 10^{-19}\,\text{C} \cdot 0,5\,\text{T}} = 0,041\,\text{m}$$

> **Problema 7.16**
>
> Un protón se mueve en una órbita circular, de 10^{-4} m de radio, perpendicular a un campo magnético uniforme de $0,5$ T.
> a) Dibuje la fuerza que el campo ejerce sobre el protón y calcule la velocidad y el periodo de su movimiento.
> b) Repita el apartado anterior para el caso de un electrón y compare los resultados.
> $m_{\mathrm{p}} = 1,7 \cdot 10^{-27}$ kg; $m_{\mathrm{e}} = 9,1 \cdot 10^{-31}$ kg; $e = 1,6 \cdot 10^{-19}$ C.

a) Suponemos que en un determinado instante se aplica un campo magnético $\vec{B}$ sobre un protón que se mueve con una velocidad $\vec{v}$ perpendicular al campo aplicado. Desde ese momento actúa sobre él una fuerza magnética (fuerza de Lorentz):

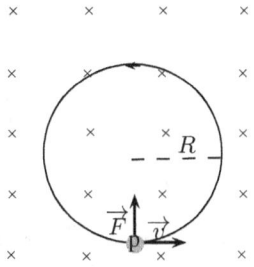

$$\vec{F} = q\,\vec{v} \wedge \vec{B}$$

módulo:

$$F = qvB\,\mathrm{sen}\,\alpha = qvB \quad \lfloor \mathrm{sen}\,\alpha = \mathrm{sen}\,90^{o} = 1 \rfloor$$

siendo α el ángulo que forman $\vec{v}$ y $\vec{B}$. La dirección de la fuerza es perpendicular a $\vec{v}$ y $\vec{B}$, y el sentido es el del avance de un tornillo que girara haciendo coincidir $\vec{v}$ sobre $\vec{B}$ por el camino más corto. La fuerza le produce una aceleración normal $\vec{a}_{\mathrm{n}}$, describiendo una trayectoria circular en un plano perpendicular al campo. La partícula gira en sentido antihorario, según la figura representada.

De acuerdo con la segunda ley de Newton, si solo actúa la fuerza magnética $\vec{F}$:

$$\vec{F} = m\,\vec{a}_{\mathrm{n}}$$

Por tanto:

$$qvB = m\frac{v^{2}}{R}$$

Simplificamos, despejamos v y calculamos su valor:

$$v = \frac{qBR}{m} = \frac{1,6 \cdot 10^{-19}\,\mathrm{C} \cdot 0,5\,\mathrm{T} \cdot 10^{-4}\,\mathrm{m}}{1,7 \cdot 10^{-27}\,\mathrm{kg}} = 4,7 \cdot 10^{3}\,\mathrm{m/s}$$

El periodo es el tiempo que tarda en dar una vuelta:

$$T = \frac{2\pi R}{v} = \frac{2\pi \cdot 10^{-4}\,\mathrm{m}}{4,7 \cdot 10^{3}\,\mathrm{m/s}} = 1,3 \cdot 10^{-7}\,\mathrm{s}$$

b) En el caso de que la partícula sea un electrón, el módulo de la fuerza $F = qvB$ es mayor porque la velocidad es mayor por ser la masa del electrón más pequeña que la del protón.

$$v = \frac{qBR}{m} = \frac{1,6 \cdot 10^{-19}\,\text{C} \cdot 0,5\,\text{T} \cdot 10^{-4}\,\text{m}}{9,1 \cdot 10^{-31}\,\text{kg}} = 8,8 \cdot 10^{6}\,\text{m/s}$$

La dirección de la fuerza es siempre perpendicular a la velocidad y al campo, y el sentido es el contrario al caso anterior por tratarse de una carga negativa. La partícula gira en sentido horario, según la figura representada. El periodo, en este caso, será menor:

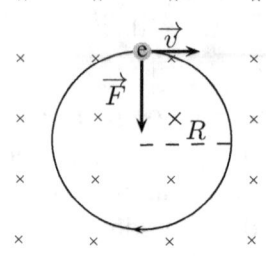

$$T = \frac{2\pi R}{v} = \frac{2\pi \cdot 10^{-4}\,\text{m}}{8,8 \cdot 10^{6}\,\text{m/s}} = 7,1 \cdot 10^{-11}\,\text{s}$$

Problema 7.17

Un protón penetra en un campo magnético, con velocidad perpendicular al campo, y describe una trayectoria circular con un periodo de 10^{-5} s.

a) Dibuje en un esquema el campo magnético, la fuerza que actúa sobre el protón y su velocidad en un punto de la trayectoria.

b) Calcule el valor del campo magnético. Si el radio de la trayectoria que describe es de 5 cm, ¿cuál es la velocidad de la partícula?

$m = 1,7 \cdot 10^{-27}$ kg; $e = 1,6 \cdot 10^{-19}$ C.

a) En la figura representamos al protón penetrando con cierta velocidad $\vec{v}$ perpendicular al campo magnético $\vec{B}$ que existe en esa región. El protón experimenta una fuerza magnética $\vec{F} = q\vec{v} \wedge \vec{B}$ (fuerza de Lorentz) de:

- Módulo:

$$F = qvB \operatorname{sen} \alpha = qvB$$

$$\lfloor \operatorname{sen} \alpha = \operatorname{sen} 90^{o} = 1 \rfloor$$

siendo α el ángulo que forma $\vec{v}$ con $\vec{B}$.

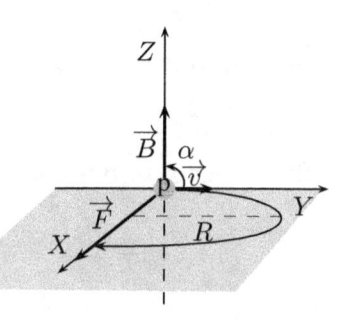

- Dirección: perpendicular al plano que forman $\vec{v}$ y $\vec{B}$.

- Sentido: el del avance de un tornillo que girara haciendo coincidir $\vec{v}$ sobre $\vec{B}$ por el camino más corto.

La fuerza tiene la dirección del eje X, siendo el sentido el de los valores positivos.

b) La fuerza le produce una aceleración normal, describiendo una trayectoria circular en un plano perpendicular al campo.

De acuerdo con la segunda ley de Newton, si solo actúa la fuerza magnética $\overrightarrow{F}$:

$$\overrightarrow{F} = m\,\overrightarrow{a}_{\mathrm{n}}$$

Por tanto:

$$qvB = m\frac{v^2}{R}$$

Despejamos B, lo expresamos en función del periodo T y calculamos su valor:

$$B = \frac{mv}{qR} = \frac{m\dfrac{2\,\pi R}{T}}{qR} = \frac{2\,\pi m}{qT} = \frac{2\,\pi \cdot 1,7\cdot 10^{-27}\,\mathrm{kg}}{1,6\cdot 10^{-19}\,\mathrm{C}\cdot 10^{-5}\,\mathrm{s}} = 6,7\cdot 10^{-3}\,\mathrm{T}$$

$$\left\lfloor v = \frac{2\,\pi R}{T} \right\rfloor$$

Calculamos la velocidad a partir del periodo:

$$v = \frac{2\pi R}{T} = \frac{2\pi \cdot 0,05\,\mathrm{m}}{10^{-5}\,\mathrm{s}} = 3,1\cdot 10^4\,\mathrm{m/s}$$

Problema 7.18

Una cámara de niebla es un dispositivo para observar trayectorias de partículas cargadas. Al aplicar un campo magnético uniforme, se observa que las trayectorias seguidas por un protón y un electrón son circunferencias.
a) Explique por qué las trayectorias son circulares y represente en un esquema el campo y las trayectorias de ambas partículas.
b) Si la velocidad angular del protón es $\omega_{\mathrm{p}} = 10^6$ rad/s, determine la velocidad angular del electrón y la intensidad del campo magnético.
$e = 1,6\cdot 10^{-19}$ C; $m_{\mathrm{e}} = 9,1\cdot 10^{-31}$ kg; $m_{\mathrm{p}} = 1,7\cdot 10^{-27}$ kg.

a) Suponemos que en un determinado instante se aplica un campo magnético $\overrightarrow{B}$ en la cámara de niebla. Entonces, sobre cada partícula cargada que se mueve con una velocidad $\overrightarrow{v}$ actúa una fuerza magnética $\overrightarrow{F} = q\overrightarrow{v} \wedge \overrightarrow{B}$ (fuerza de Lorentz) perpendicular al vector velocidad, que le produce una aceleración normal que modifica la dirección de la velocidad, siendo sus características las siguientes:

- Módulo:

$$F = qvB\,\text{sen}\,\alpha$$

siendo α el ángulo que forma $\vec{v}$ con $\vec{B}$.

- Dirección: perpendicular al plano que forman $\vec{v}$ y $\vec{B}$.

- Sentido: el del avance de un tornillo que girara haciendo coincidir $\vec{v}$ sobre $\vec{B}$ por el camino más corto, si la carga es positiva; en sentido contrario, si la carga es negativa.

Si, como dice el enunciado, las trayectorias seguidas por protones y electrones son circunferencias, significa que $\vec{v}$ y $\vec{B}$ son perpendiculares entre sí. Las trayectorias están contenidas en un plano perpendicular al campo. El módulo de la fuerza que actúa sobre ambas partículas es la misma, puesto que la carga (en valor absoluto), la velocidad y el campo son iguales:

$$F = qvB\,\text{sen}\,\alpha = qvB$$

$$\lfloor \text{sen}\,\alpha = \text{sen}\,90^{o} = 1 \rfloor$$

Las fuerzas que actúan sobre las dos partículas tienen sentidos contrarios por ser sus cargas de distinto signo. Si, como muestra la figura, representamos el campo entrando perpendicularmente al papel, el protón gira en sentido antihorario y el electrón, en sentido horario, de acuerdo con la regla del tornillo. El radio de la trayectoria del protón es unas dos mil veces mayor que el del electrón, ya que esta es la relación aproximada entre sus masas.

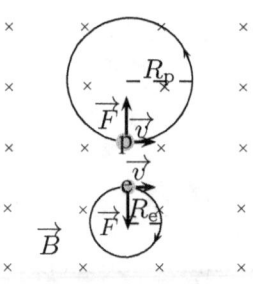

b) De acuerdo con la segunda ley de Newton, si solo actúa la fuerza magnética $\vec{F}$:

$$\vec{F} = m\,\vec{a}_{\text{n}}$$

Por tanto:

$$qvB = m\frac{v^2}{R}$$

$$\left\lfloor F = qvB;\ a_{\text{n}} = \frac{v^2}{R} \right\rfloor$$

Simplificamos, expresamos la velocidad en función de la velocidad angular ($v = \omega R$) y volvemos a simplificar. Nos queda que:

$$qB = m\omega$$

Para cada una de las partículas se cumplirá que:

$$q_{\text{p}}B = m_{\text{p}}\omega_{\text{p}} \quad \text{y} \quad q_{\text{e}}B = m_{\text{e}}\omega_{\text{e}}$$

Teniendo en cuenta que en valor absoluto $q_{\text{p}} = q_{\text{e}} = q$, de estas expresiones se deduce que:

$$m_{\text{p}}\omega_{\text{p}} = m_{\text{e}}\omega_{\text{e}}$$

Calculamos ω_{e}:

$$\omega_{\text{e}} = \frac{m_{\text{p}}\omega_{\text{p}}}{m_{\text{e}}} = \frac{1,7 \cdot 10^{-27} \, \text{kg} \cdot 10^6 \, \text{rad/s}}{9,1 \cdot 10^{-31} \, \text{kg}} = 1,9 \cdot 10^9 \, \text{rad/s}$$

Calculamos, por último, B en la ecuación del protón:

$$B = \frac{m_{\text{p}}\omega_{\text{p}}}{q_{\text{p}}} = \frac{1,7 \cdot 10^{-27} \, \text{kg} \cdot 10^6 \, \text{rad/s}}{1,6 \cdot 10^{-19} \, \text{C}} = 0,01 \, \text{T}$$

Problema 7.19

Para caracterizar el campo magnético uniforme que existe en una región, se utiliza un haz de protones con una velocidad de $5 \cdot 10^5 \, \text{m/s}$. Si se lanza el haz en la dirección del eje X, la trayectoria de los protones es rectilínea, pero, si se lanza en el sentido positivo del eje Z, actúa sobre los protones una fuerza de $10^{-14} \, \text{N}$ dirigida en el sentido positivo del eje Y.

a) Determine, razonadamente, el campo magnético (módulo, dirección y sentido).

b) Describa, sin necesidad de hacer cálculos, cómo se modificarían la fuerza magnética y la trayectoria de las partículas si en lugar de protones se lanzaran electrones con la misma velocidad.

$e = 1,6 \cdot 10^{-19} \, \text{C}$.

---

a) Cuando una partícula cargada positivamente que se mueve con velocidad $\vec{v}$ penetra en una región en la que existe un campo magnético $\vec{B}$, experimenta una fuerza magnética $\vec{F} = q\vec{v} \wedge \vec{B}$ (fuerza de Lorentz), que le produce una aceleración normal que modifica la dirección de la velocidad, siendo sus características las siguientes:

- Módulo:

$$F = qvB \, \text{sen} \, \alpha$$

  donde α es el ángulo que forma $\vec{v}$ con $\vec{B}$.

- Dirección: perpendicular al plano que forman $\vec{v}$ y $\vec{B}$.

- Sentido: el del avance de un tornillo que girara haciendo coincidir $\vec{v}$ sobre $\vec{B}$ por el camino más corto.

A continuación deducimos las características del vector campo:

- Dirección

  Como cuando el haz de protones penetra en la dirección del eje X su trayectoria no experimenta ningún cambio, $\vec{B}$ tiene la misma dirección del eje X, ya que únicamente cuando el ángulo α que forma $\vec{v}$ con $\vec{B}$ es 0° o 180° no actúa ninguna fuerza sobre la partícula cargada y, en consecuencia, su trayectoria no cambia.

- Sentido

  Como cuando el haz de protones penetra en el sentido positivo del eje Z experimenta una fuerza dirigida en el sentido positivo del eje Y, $\vec{B}$ tiene la dirección del eje X (la misma que deducíamos anteriormente), siendo su sentido el de los valores positivos.

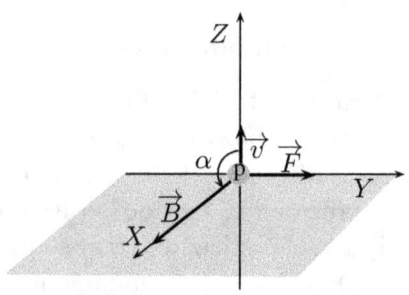

- Módulo

$$B = \frac{F}{qv\,\mathrm{sen}\,\alpha} = \frac{10^{-14}\,\mathrm{N}}{1,6 \cdot 10^{-19}\,\mathrm{C} \cdot 5 \cdot 10^5\,\mathrm{m/s} \cdot 1} = 0,125\,\mathrm{T}$$

$$\lfloor F = 10^{-14}\,\mathrm{N};\ q = 1,6 \cdot 10^{-19}\,\mathrm{C};\ v = 5 \cdot 10^5\,\mathrm{m/s};\ \mathrm{sen}\,\alpha = \mathrm{sen}\,90^o = 1 \rfloor$$

b) En la figura representamos las fuerzas que actúan sobre un protón y un electrón, y las trayectorias de ambas partículas cuando penetran en una región donde, en un determinado instante, se aplica un campo magnético. Ambas fuerzas tienen el mismo módulo porque la carga (en valor absoluto), la velocidad y el campo son iguales, y la misma dirección (perpendicular a $\vec{v}$ y $\vec{B}$); sin embargo, el sentido no es el mismo: en el caso de la carga negativa, el sentido de la fuerza es el contrario al del avance de un tornillo que girara haciendo coincidir $\vec{v}$ sobre $\vec{B}$ por el camino más corto.

En cuanto a la trayectoria que describen, en ambos casos es una circunferencia. Dado que $\vec{v}$ y $\vec{B}$ son perpendiculares, las circunferencias están contenidas en un plano perpendicular al campo (plano YZ); sin embargo, como las fuerzas son opuestas, el sentido del giro es distinto. En nuestra figura se observa cómo el protón gira en sentido horario, mientras que el electrón lo hace en sentido antihorario.

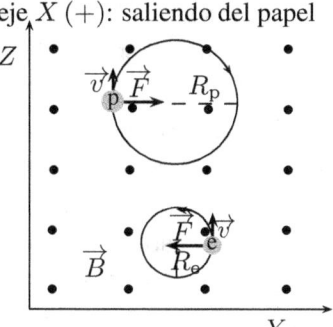

eje X $(+)$: saliendo del papel

Problema 7.20

Un electrón entra con velocidad $\vec{v} = 10\,\vec{j}$ m/s en una región en la que existen un campo eléctrico $\vec{E} = 20\,\vec{k}$ N/C y un campo magnético $\vec{B} = B_0\,\vec{i}$ T.

a) Dibuje las fuerzas que actúan sobre el electrón en el instante en que entra en la región donde existen los campos eléctrico y magnético y explique las características del movimiento del electrón.

b) Calcule B_0 para que el movimiento del electrón sea rectilíneo y uniforme.

---

a) En la figura de más abajo representamos al electrón penetrando en la región en la que coexisten un campo eléctrico $\vec{E}$ y otro magnético $\vec{B}$, perpendiculares entre sí. Este experimenta dos fuerzas:

- Una fuerza eléctrica $\vec{F}_e = q\vec{E}$, de módulo $F_e = qE$; de dirección, la del campo eléctrico $\vec{E}$; y de sentido, el contrario al de este, ya que la carga es negativa. La fuerza tiene la dirección del eje Z, siendo el sentido el de los valores negativos.

- Una fuerza magnética $\vec{F}_m = q\vec{v} \wedge \vec{B}$ (fuerza de Lorentz), de módulo:

$$F_m = qvB \operatorname{sen} \alpha = qvB_0$$

$$\lfloor B = B_0; \operatorname{sen} \alpha = \operatorname{sen} 90^o = 1 \rfloor$$

siendo α el ángulo que forman $\vec{v}$ y $\vec{B}$. La dirección de la fuerza es la perpendicular al plano que forman $\vec{v}$ y $\vec{B}$, y el sentido, por tratarse de una carga negativa, el contrario al del avance de un tornillo que girara haciendo coincidir $\vec{v}$ sobre $\vec{B}$ por el camino más corto. La fuerza está dirigida en la dirección del eje Z, siendo el sentido el de los valores positivos.

Las características del movimiento que experimenta el electrón dependen del valor de la suma de las fuerzas $\Sigma\vec{F}$ que actúe sobre él, que a su vez depende del módulo de $\vec{B}_0$ para los valores dados de $\vec{v}$ y $\vec{E}$. Si B_0 tiene un valor, tal que $\Sigma\vec{F} = 0$, el movimiento es rectilíneo uniforme. Los otros dos supuestos son que B_0 tenga un valor tal, que $F_{\mathrm{m}} > F_{\mathrm{e}}$, o bien que tenga un valor tal, que $F_{\mathrm{e}} > F_{\mathrm{m}}$. En ambos casos el electrón se desvía de la trayectoria rectilínea que tenía al entrar en la zona de los campos.

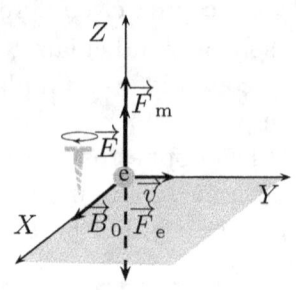

b) Como hemos señalado en el apartado anterior, si el movimiento es rectilíneo uniforme es porque $\Sigma\vec{F} = 0$, luego:

$$F_{\mathrm{e}} = F_{\mathrm{m}}$$

Y, por tanto:

$$qE = qvB_0$$

Despejamos B_0 y calculamos su valor:

$$B_0 = \frac{E}{v} = \frac{20\,\mathrm{N/C}}{10\,\mathrm{m/s}} = 2\,\mathrm{T}$$

Problema 7.21

Un electrón con una velocidad $\vec{v} = 10^5\,\vec{j}\,\mathrm{m/s}$ penetra en una región del espacio en la que existen un campo eléctrico $\vec{E} = 10^4\,\vec{i}\,\mathrm{N/C}$ y un campo magnético $\vec{B} = -0,1\,\vec{k}\,\mathrm{T}$.

a) Analice, con ayuda de un esquema, el movimiento que sigue el electrón.
b) En un instante dado se suprime el campo eléctrico. Razone cómo cambia el movimiento del electrón y calcule las características de su trayectoria.
$e = 1,6 \cdot 10^{-19}\,\mathrm{C}$; $m_{\mathrm{e}} = 9,1 \cdot 10^{-31}\,\mathrm{kg}$.

---

a) En la figura representamos al electrón penetrando en la región en la que coexisten un campo eléctrico y otro magnético perpendiculares entre sí. El electrón experimenta dos fuerzas:

- Una fuerza eléctrica $\vec{F}_{\mathrm{e}} = q\vec{E}$, de dirección, la del campo eléctrico $\vec{E}$, y de sentido, el contrario al de este, por ser una carga negativa. La fuerza tiene la dirección del eje X, siendo el sentido el de los valores negativos. Su módulo es:

$$F_{\mathrm{e}} = qE = 1,6 \cdot 10^{-19}\,\mathrm{C} \cdot 10^4\,\mathrm{N/C} = 1,6 \cdot 10^{-15}\,\mathrm{N}$$

- Una fuerza magnética $\vec{F}_{\mathrm{m}} = q\vec{v} \wedge \vec{B}$ (fuerza de Lorentz), de dirección perpendicular al plano que forman $\vec{v}$ y $\vec{B}$, y de sentido, por tratarse de una carga negativa, el contrario al del avance de un tornillo que girara haciendo coincidir $\vec{v}$ sobre $\vec{B}$ por el camino más corto. La fuerza está dirigida en la dirección del eje X, siendo el sentido el de los valores positivos. Su módulo es:

$$F_{\mathrm{m}} = qvB \operatorname{sen} \alpha = 1,6 \cdot 10^{-19}\,\mathrm{C} \cdot 10^{5}\,\mathrm{m/s} \cdot 0,1\,\mathrm{T} \cdot 1 = 1,6 \cdot 10^{-15}\,\mathrm{N}$$

$$\lfloor \operatorname{sen} \alpha = \operatorname{sen} 90^{o} = 1 \rfloor$$

Las características del movimiento que experimenta el electrón dependen del valor de la suma de las fuerzas $\Sigma \vec{F}$ que actúa sobre él. Como $\Sigma \vec{F} = 0$, al tratarse de dos vectores opuestos (del mismo módulo, la misma dirección y sentidos contrarios), el movimiento es rectilíneo uniforme.

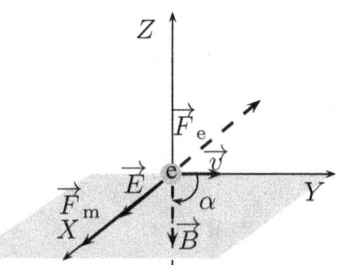

Podemos resolver la suma de las fuerzas vectorialmente:

$$
\begin{aligned}
\Sigma \vec{F} &= \vec{F}_{\mathrm{e}} + \vec{F}_{\mathrm{m}} = q\vec{E} + q\vec{v} \wedge \vec{B} \\
&= -1,6 \cdot 10^{-19} \cdot 10^{4}\,\vec{\imath} + (-1,6 \cdot 10^{-19})
\begin{vmatrix}
\vec{\imath} & \vec{\jmath} & \vec{k} \\
0 & 10^{5} & 0 \\
0 & 0 & -0,1
\end{vmatrix} \\
&= -1,6 \cdot 10^{-15}\,\vec{\imath}\,\mathrm{N} + 1,6 \cdot 10^{-15}\,\vec{\imath}\,\mathrm{N} = 0
\end{aligned}
$$

b) Si en un determinado instante se suprime el campo eléctrico, sobre el electrón actúa solo la fuerza magnética, que le produce una aceleración normal, describiendo un movimiento circular uniforme por ser $\vec{v}$ y $\vec{B}$ perpendiculares entre sí. El electrón gira en el sentido horario en un plano perpendicular al campo.

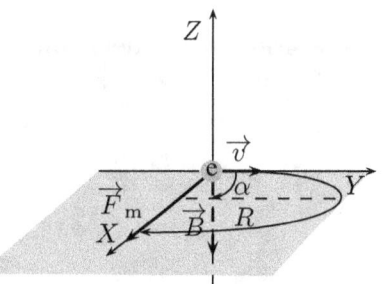

Una de las características de la trayectoria del electrón es el radio R de la órbita que describe. De acuerdo con la segunda ley de Newton, si solo actúa la fuerza magnética $\vec{F}_{\mathrm{m}}$:

$$\vec{F}_{\mathrm{m}} = m\vec{a}_{\mathrm{n}}$$

Por tanto:

$$qvB \operatorname{sen} \alpha = m\frac{v^{2}}{R}$$

Simplificamos, despejamos R y calculamos su valor:

$$R = \frac{mv}{qB \operatorname{sen} \alpha} = \frac{9,1 \cdot 10^{-31} \, \text{kg} \cdot 10^5 \, \text{m/s}}{1,6 \cdot 10^{-19} \, \text{C} \cdot 0,1 \, \text{T} \cdot 1} = 5,7 \cdot 10^{-6} \, \text{m}$$

$$\lfloor \operatorname{sen} \alpha = \operatorname{sen} 90^o = 1 \rfloor$$

Otra característica de ella es el periodo, que es el tiempo que tarda en describir la órbita completa:

$$T = \frac{2\pi R}{v} = \frac{2\pi \cdot 5,7 \cdot 10^{-6} \, \text{m}}{10^5 \, \text{m/s}} = 3,6 \cdot 10^{-10} \, \text{s}$$

Problema 7.22

Un protón se mueve en el sentido positivo del eje OY en una región del espacio donde existen un campo eléctrico de $3 \cdot 10^5 \, \text{N/C}$ en el sentido positivo del eje OZ y un campo magnético de $0,6 \, \text{T}$ en el sentido positivo del eje OX.
a) Dibuje un esquema de las fuerzas que actúan sobre la partícula y razone en qué condiciones la partícula no se desvía.
b) Si un electrón se moviera en el sentido positivo del eje OY con una velocidad de $10^3 \, \text{m/s}$, ¿sería desviado? Explíquelo.

---

a) En la figura representamos el protón penetrando en la región en la que coexisten un campo eléctrico y otro magnético perpendiculares entre sí. El protón experimenta dos fuerzas:

- Una fuerza eléctrica $\vec{F}_e = q\vec{E}$, de módulo $F_e = qE$, de la misma dirección y sentido que el del campo eléctrico $\vec{E}$, ya que se trata de una carga positiva. La fuerza tiene la dirección del eje Z, siendo su sentido el de los valores positivos.

- Una fuerza magnética $\vec{F}_m = q\vec{v} \wedge \vec{B}$ (fuerza de Lorentz), de módulo:

$$F_m = qvB \operatorname{sen} \alpha = qvB$$

$$\lfloor \operatorname{sen} \alpha = \operatorname{sen} 90^o = 1 \rfloor$$

siendo α el ángulo que forman $\vec{v}$ y $\vec{B}$. La dirección de la fuerza es la perpendicular al plano que forman $\vec{v}$ y $\vec{B}$, y el sentido es el del avance de un tornillo que girara haciendo coincidir $\vec{v}$ sobre $\vec{B}$ por el camino más corto. La fuerza está dirigida en la dirección del eje Z, siendo su sentido el de los valores negativos.

Las características del movimiento que experimenta el protón depende del valor de la suma de las fuerzas $\Sigma\vec{F}$ que actúe sobre él, que a su vez depende del módulo de $\vec{v}$. El módulo de la velocidad debe ser tal, que la suma de las fuerzas que actúe sobre el protón sera cero y no cambie su estado de movimiento, es decir, que continúe con la misma velocidad (módulo, dirección y sentido) con que penetra en la región.

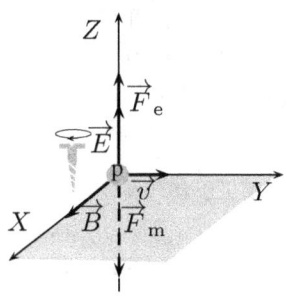

Calculamos el módulo de la velocidad con la condición anteriormente expuesta:

$$F_e = F_m$$

Y, por tanto:

$$qE = qvB$$

Simplificamos, despejamos v y calculamos su valor:

$$v = \frac{E}{B} = \frac{3 \cdot 10^5\,\text{N/C}}{0,6\,\text{T}} = 5 \cdot 10^5\,\text{m/s}$$

Observamos que el módulo de la velocidad no depende de la masa de la partícula.

b) Si el electrón penetra en la región con una velocidad de 10^3 m/s, cambian los sentidos de las fuerzas porque ahora la carga es negativa. También cambia el módulo de la fuerza magnética: disminuye porque lo ha hecho la velocidad; sin embargo, la fuerza eléctrica continúa siendo la misma. En este caso, la suma de las fuerzas que actúa sobre el protón es distinta de cero y produce una desviación de su trayectoria rectilínea hacia los valores negativos del eje OZ.

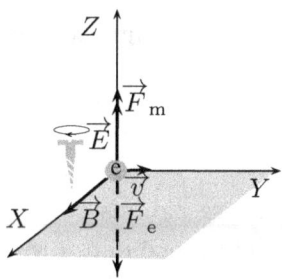

Problema 7.23

En una región del espacio coexisten un campo eléctrico uniforme de 5000 V/m (dirigido en el sentido positivo del eje X) y un campo magnético uniforme de $0,3$ T (dirigido en el sentido positivo del eje Y):

a) ¿Qué velocidad (módulo, dirección y sentido) debe tener un protón para que atraviese dicha región sin desviarse?

b) Calcule la intensidad de un campo eléctrico uniforme capaz de comunicar a un protón en reposo dicha velocidad tras desplazarse 2 cm.

$e = 1,6 \cdot 10^{-19}$ C; $m_p = 1,7 \cdot 10^{-27}$ kg.

a) En la figura representamos al protón penetrando con la dirección y sentido adecuados en la región en el que coexisten un campo eléctrico $\vec{E}$ y otro magnético $\vec{B}$, perpendiculares entre sí, para que atraviese este espacio sin desviarse.

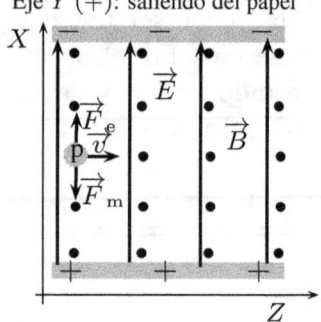

Las fuerzas eléctrica y magnética que actúan sobre el protón deben ser opuestas para que la suma de las fuerzas que actúe sobre él sea cero y no cambie su estado de movimiento; para ello, la rapidez con que penetra el protón debe tener también un valor determinado.

- Analizamos primero la fuerza eléctrica

  La fuerza eléctrica $\vec{F}_e = q\vec{E}$, de módulo $F_e = qE$, tiene la dirección del campo eléctrico $\vec{E}$ y su sentido es el mismo que el de este, ya que la carga es positiva. La fuerza tiene la dirección del eje X, siendo su sentido el de los valores positivos.

- Analizamos ahora la fuerza magnética y deducimos la dirección y sentido de $\vec{v}$

  La fuerza magnética $\vec{F}_m = q\vec{v} \wedge \vec{B}$ (ley de Lorentz) tiene de módulo:

  $$F_m = qvB \operatorname{sen} \alpha = qvB$$

  $$\lfloor \operatorname{sen} \alpha = \operatorname{sen} 90^o = 1 \rfloor$$

  Su dirección es perpendicular al plano que forman $\vec{v}$ y $\vec{B}$, y su sentido es el del avance de un tornillo que girara haciendo coincidir $\vec{v}$ sobre $\vec{B}$ por el camino más corto. La fuerza tiene la dirección del eje X, siendo el sentido el de los valores negativos.

  Para que la fuerza magnética tenga la misma dirección, pero sentido contrario a la fuerza eléctrica, la velocidad del protón debe tener la dirección del eje Z, siendo el sentido el de los valores positivos.

- Calculamos el módulo de $\vec{v}$

  Este debe ser tal, que la suma de las fuerzas sea cero, para lo cual los módulos deben ser iguales:

  $$F_e = F_m$$

  Y, por tanto:

  $$qE = qvB$$

Simplificamos, despejamos v y calculamos su valor:

$$v = \frac{E}{B} = \frac{5000 \,\text{V/m}}{0,3 \,\text{T}} = 1,7 \cdot 10^4 \,\text{m/s}$$

b) Calculamos la intensidad de campo eléctrico uniforme $\vec{E}$ capaz de comunicar a un protón la velocidad de $1,7 \cdot 10^4 \,\text{m/s}$ (hallada en el apartado anterior) tras recorrer $0,02 \,\text{m}$ ($2 \,\text{cm}$).

Para ello, aplicamos el teorema del trabajo y la energía, según el cual, el trabajo de la suma de las fuerzas que actúa sobre una partícula es igual a la variación de su energía cinética. Como sobre la partícula solo actúa la fuerza eléctrica (despreciamos la fuerza gravitatoria), se ha de cumplir que:

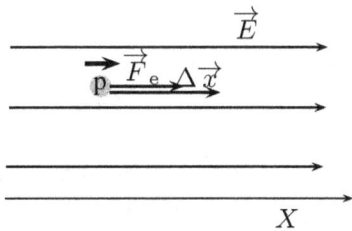

$$W_{F_e} = \Delta E_c$$

Por lo que:

$$qE \, \Delta x = \frac{1}{2} m v^2$$

$$\lfloor W_{F_e} = qE \, \Delta x \cos \phi = qE \Delta x; \ \Delta E_c = E_c - E_{c0} = \frac{1}{2} m v^2 \rfloor$$

$$\lfloor \lfloor \cos \phi = \cos 0^o = 1; E_{c0} = 0, \text{ ya que el protón parte del reposo.} \rfloor \rfloor$$

Despejamos E y calculamos su valor:

$$E = \frac{m v^2}{2q \, \Delta x} = \frac{1,7 \cdot 10^{-27} \,\text{kg} \, (1,7 \cdot 10^4 \,\text{m/s})^2}{2 \cdot 1,6 \cdot 10^{-19} \,\text{C} \cdot 0,02 \,\text{m}} = 77 \,\text{V/m}$$

Problema 7.24

Un electrón penetra en una región en la que existe un campo magnético, de intensidad $0,1 \,\text{T}$, con una velocidad de $6 \cdot 10^6 \,\text{m/s}$ perpendicular al campo.
a) Dibuje un esquema representando el campo, la fuerza magnética y la trayectoria seguida por el electrón y calcule el radio. ¿Cómo cambiaría la trayectoria si se tratara de un protón?
b) Determine las características del campo eléctrico que, superpuesto al magnético, haría que el electrón siguiera un movimiento rectilíneo uniforme.
$m_e = 9,1 \cdot 10^{-31} \,\text{kg}; \ e = 1,6 \cdot 10^{-19} \,\text{C}; \ m_p = 1,7 \cdot 10^{-27} \,\text{kg}.$

a) En la figura representamos el electrón penetrando en la región en la que existe un campo magnético (perpendicular al plano del papel y entrando en él), en el que experimenta una fuerza magnética $\vec{F}_m = q \vec{v} \wedge \vec{B}$ (fuerza de Lorentz) de:

- Módulo:

$$F_m = qvB \operatorname{sen} \alpha = qvB$$

$$\lfloor \operatorname{sen} \alpha = \operatorname{sen} 90^o = 1 \rfloor$$

siendo α el ángulo que forma $\vec{v}$ con $\vec{B}$.

- Dirección: perpendicular al plano que forman $\vec{v}$ y $\vec{B}$.

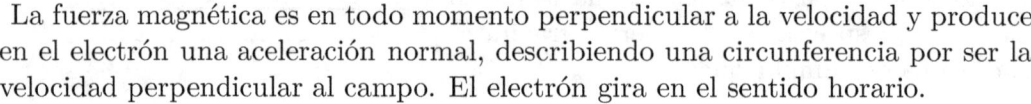

- Sentido: el contrario al del avance de un tornillo que girara haciendo coincidir $\vec{v}$ sobre $\vec{B}$ por el camino más corto.

La fuerza magnética es en todo momento perpendicular a la velocidad y produce en el electrón una aceleración normal, describiendo una circunferencia por ser la velocidad perpendicular al campo. El electrón gira en el sentido horario.

De acuerdo con la segunda ley de Newton, si solo actúa la fuerza magnética $\vec{F}_m$:

$$\vec{F}_m = m_e \vec{a}_n$$

Por tanto:

$$qvB = m_e \frac{v^2}{R_e}$$

Simplificamos, despejamos R_e y calculamos su valor:

$$R_e = \frac{m_e v}{qB} = \frac{9,1 \cdot 10^{-31} \, \text{kg} \cdot 6 \cdot 10^6 \, \text{m/s}}{1,6 \cdot 10^{-19} \, \text{C} \cdot 0,1 \, \text{T}} = 3,4 \cdot 10^{-4} \, \text{m}$$

En la figura representamos ahora un protón penetrando en la región en la que existe el mismo campo magnético.   El protón experimenta también una fuerza magnética, opuesta a la que experimenta el electrón: del mismo módulo (la carga es la misma en valor absoluto, la velocidad es la misma y el campo también), de la misma dirección, pero de sentido contrario, por ser su carga de distinto signo.

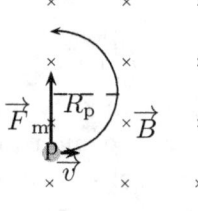

Como consecuencia, el protón gira en sentido contrario efectuando una circunferencia de radio R_p, unas dos mil veces mayor que el radio de la que describe el electrón, ya que esa es aproximadamente la relación entre sus masas:

$$R_p = \frac{m_p v}{qB} = \frac{1,7 \cdot 10^{-27} \, \text{kg} \cdot 6 \cdot 10^6 \, \text{m/s}}{1,6 \cdot 10^{-19} \, \text{C} \cdot 0,1 \, \text{T}} = 0,64 \, \text{m}$$

b) En la figura representamos el electrón moviéndose con un movimiento rectilíneo uniforme. Para ello, debemos aplicar un campo eléctrico determinado en módulo, dirección y sentido, tal que sobre el electrón actúe una fuerza opuesta a la magnética, de manera que la suma de las fuerzas que actúe sobre él sea cero. La dirección y el sentido se muestran en la figura.

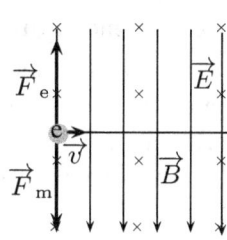

El módulo de campo lo calculamos teniendo en cuenta que:

$$F_e = F_m$$

Y, por tanto:

$$qE = qvB$$

Simplificamos, despejamos E y calculamos su valor:

$$E = vB = 6 \cdot 10^6 \, \text{m/s} \cdot 0,1 \, \text{T} = 6 \cdot 10^5 \, \text{N/C}$$

Problema 7.25

Un catión Na^+ penetra en un campo magnético uniforme de $0,6 \, \text{T}$, con una velocidad de $3 \cdot 10^3 \, \text{m/s}$, perpendicular a la dirección del campo.
a) Dibuje la fuerza que el campo ejerce sobre el catión Na^+ y calcule su valor.
b) Dibuje la trayectoria que sigue el catión Na^+ en el seno del campo magnético y determine el radio de dicha trayectoria.
$m_{Na^+} = 3,8 \cdot 10^{-26} \, \text{kg}$; $e = 1,6 \cdot 10^{-19} \, \text{C}$.

a) En la figura representamos el catión penetrando en la región en la que existe un campo magnético, sobre el que actúa una fuerza magnética $\vec{F} = q\vec{v} \wedge \vec{B}$ de:

- Módulo:

$$
\begin{aligned}
F &= qvB \operatorname{sen} \alpha = qvB \operatorname{sen} 90^o = qvB \\
&= 1,6 \cdot 10^{-19} \, \text{C} \cdot 3 \cdot 10^3 \, \text{m/s} \cdot 0,6 \, \text{T} \\
&= 2,9 \cdot 10^{-16} \, \text{N}
\end{aligned}
$$

$$\lfloor \operatorname{sen} \alpha = \operatorname{sen} 90^o = 1 \rfloor$$

siendo α el ángulo que forma $\vec{v}$ con $\vec{B}$.

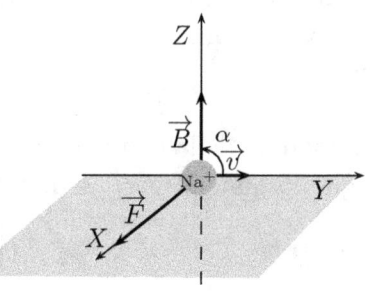

- Dirección: perpendicular al plano que forman $\vec{v}$ y $\vec{B}$.

- Sentido: el del avance de un tornillo que girara haciendo coincidir $\vec{v}$ sobre $\vec{B}$ por el camino más corto.

La fuerza tiene la dirección del eje X, siendo el sentido el de los valores positivos.

b) La fuerza magnética es en todo momento perpendicular a la velocidad y produce en el catión una aceleración normal, describiendo una circunferencia por ser la velocidad perpendicular al campo. De acuerdo con la segunda ley de Newton:

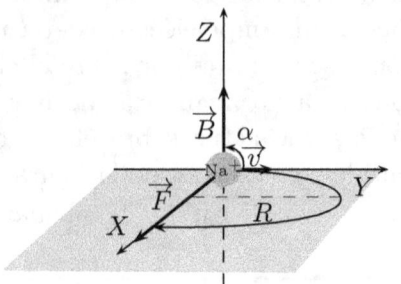

$$F = m\frac{v^2}{R}$$

Despejamos R y calculamos su valor:

$$R = \frac{mv^2}{F} = \frac{3,8 \cdot 10^{-26}\,\text{kg}\,(3 \cdot 10^3\,\text{m/s})^2}{2,9 \cdot 10^{-16}\,\text{N}} = 1,2 \cdot 10^{-3}\,\text{m}$$

Problema 7.26

Un hilo recto, de longitud $0,2\,\text{m}$ y masa $8 \cdot 10^{-3}\,\text{kg}$, está situado a lo largo del eje OX en presencia de un campo magnético uniforme $\vec{B} = 0,5\,\vec{j}\,\text{T}$.

a) Razone el sentido que debe tener la corriente para que la fuerza magnética sea de sentido opuesto a la fuerza gravitatoria, $\vec{F}_g = -F_g\,\vec{k}$.

b) Calcule la intensidad de corriente necesaria para que la fuerza magnética equilibre al peso del hilo.

$g = 10\,\text{m s}^{-2}$.

---

a) En la figura representamos el hilo conductor que se encuentra dentro de un campo magnético. De acuerdo con la primera ley de Laplace, la fuerza que se ejerce sobre una longitud $\vec{L}$ de un conductor por el que pasa una intensidad I que está bajo la influencia de un campo magnético $\vec{B}$ es:

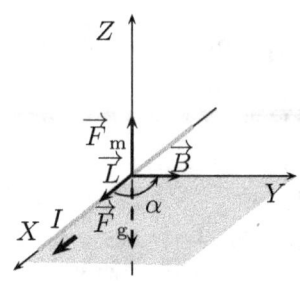

$$\vec{F}_m = I\vec{L} \wedge \vec{B}$$

El módulo de la fuerza que actúa sobre el conductor es máximo cuando el ángulo α que forman $\vec{L}$ y $\vec{B}$ es de 90°, como ocurre en este caso:

$$F_m = ILB\,\text{sen}\,\alpha = ILB$$

$$\lfloor \text{sen}\,\alpha = \text{sen}\,90^o = 1 \rfloor$$

La dirección de la fuerza es perpendicular al plano que forman $\vec{L}$ y $\vec{B}$ y, según la regla del tornillo, su sentido es el del avance de un tornillo que girara haciendo coincidir $\vec{L}$ sobre $\vec{B}$ por el camino más corto.

Para que el sentido de la fuerza magnética que actúa sobre el conductor sea el opuesto al de la fuerza gravitatoria, el sentido de la corriente debe ser el de $\vec{L}$, que tiene el sentido de los valores positivos del eje X.

b) Si la fuerza magnética equilibra al peso del hilo, $F_{\mathrm{m}} = F_{\mathrm{g}}$, y, por tanto:

$$F_{\mathrm{g}} = ILB$$

Despejamos I y calculamos su valor:

$$I = \frac{F_{\mathrm{g}}}{LB} = \frac{8 \cdot 10^{-2}\,\mathrm{N}}{0,2\,\mathrm{m} \cdot 0,5\,\mathrm{T}} = 0,8\,\mathrm{A}$$

$$\lfloor F_{\mathrm{g}} = P = mg = 8 \cdot 10^{-3}\,\mathrm{kg} \cdot 10\,\mathrm{m/s^2} = 8 \cdot 10^{-2}\,\mathrm{N};\ L = 0,2\,\mathrm{m};\ B = 0,5\,\mathrm{T} \rfloor$$

Problema 7.27

Un protón, un deuterón ($_1^2\mathrm{H}^+$) y una partícula alfa, acelerados desde el reposo por una misma diferencia de potencial V, penetran posteriormente en una región en la que hay un campo magnético uniforme $\vec{B}$, perpendicular a la velocidad de las partículas.

a) ¿Qué relación existe entre las energías cinéticas del deuterón y del protón? ¿Y entre las de las partículas alfa y del protón?

b) Si el radio de la trayectoria del protón es de $0,01\,\mathrm{m}$, calcule los radios de las trayectorias del deuterón y de la partícula alfa.

$m_{\mathrm{alfa}} = 2\,m_{\mathrm{deuterón}} = 4\,m_{\mathrm{protón}}$.

a) Puesto que solo actúan fuerzas conservativas, la energía mecánica de las partículas se mantiene constante durante el proceso en el que son aceleradas por el campo eléctrico aplicado. Se cumple que:

$$\Delta E_{\mathrm{c}} + \Delta E_{\mathrm{p}} = 0$$

Esto es, que la energía cinética que adquieren es a costa de la disminución de la energía potencial que experimentan.

Puesto que $\Delta E_{\mathrm{c}} = E_{\mathrm{c}} - E_{\mathrm{c}\,0}$ y $\Delta E_{\mathrm{p}} = q\Delta V$, tenemos que:

$$E_{\mathrm{c}} - E_{\mathrm{c}\,0} + q\Delta V = 0$$

Como las partículas son aceleradas desde el reposo, $E_{\mathrm{c}\,0} = 0$. Por otra parte, $\Delta V = -V$, ya que se dirigen en el sentido de los potenciales decrecientes. Tenemos entonces que:

$$E_{\mathrm{c}} + q(-V) = 0$$

O también que:

$$E_c = qV$$

La energía cinética de cada partícula es:

$$E_{cp} = q_pV; \; E_{cd} = q_dV; \; E_{c\alpha} = q_\alpha V$$

Las relaciones pedidas son:

$$\frac{E_{cd}}{E_{cp}} = \frac{q_dV}{q_pV} = \frac{q_d}{q_p} = 1 \Rightarrow E_{cd} = E_{cp}$$

$$\lfloor q_p = q_d \rfloor$$

$$\frac{E_{c\alpha}}{E_{cp}} = \frac{q_\alpha V}{q_pV} = \frac{q_\alpha}{q_p} = 2 \Rightarrow E_{c\alpha} = 2E_{cp}$$

$$\lfloor q_\alpha/q_p = 2 \rfloor$$

b) Al penetrar las partículas en el campo magnético, actúa sobre ellas una fuerza perpendicular a la velocidad que le produce una aceleración normal y, por ser la velocidad perpendicular al campo, describen una trayectoria circular de radio:

$$R = \frac{mv}{qB}$$

Como el campo magnético es el mismo, el radio de la circunferencia depende de la relación mv/q.

Veamos primero la relación entre las velocidades de las partículas a partir de la relación entre sus energías cinéticas. Según veíamos en el apartado anterior:

$$2E_{cp} = 2E_{cd} = E_{c\alpha}$$

Luego:

$$2 \cdot \frac{1}{2}m_pv_p^2 = 2 \cdot \frac{1}{2}m_dv_d^2 = \frac{1}{2}m_\alpha v_\alpha^2$$

Puesto que $m_d = 2m_p$ y $m_\alpha = 4m_p$, tenemos que:

$$2 \cdot \frac{1}{2}m_pv_p^2 = 2 \cdot \frac{1}{2} \cdot 2m_pv_d^2 = \frac{1}{2} \cdot 4m_pv_\alpha^2$$

Simplificamos y nos queda:

$$v_p^2 = 2v_d^2 = 2v_\alpha^2$$

Y, por tanto:

$$\frac{\sqrt{2}}{2}v_p = v_d = v_\alpha$$

Las expresiones para los radios de las trayectorias son las siguientes:

$$R_p = \frac{m_p v_p}{q_p B}; \ R_d = \frac{m_d v_d}{q_d B}; \ R_\alpha = \frac{m_\alpha v_\alpha}{q_\alpha B}$$

De la relación R_d/R_p obtenemos el radio de la órbita del deuterón:

$$\frac{R_d}{R_p} = \frac{\frac{m_d v_d}{q_d B}}{\frac{m_p v_p}{q_p B}} = \frac{\frac{2 m_p \frac{\sqrt{2}}{2} v_p}{q_p B}}{\frac{m_p v_p}{q_p B}} = \sqrt{2}$$

$$\left[m_d = 2 m_p; \ q_d = q_p; \ v_d = \frac{\sqrt{2}}{2} v_p \right]$$

Luego:

$$R_d = \sqrt{2} R_p = \sqrt{2} \cdot 0,01\,\text{m} = 0,014\,\text{m}$$

De las relación R_α/R_p obtenemos el radio de la órbita de la partícula alfa:

$$\frac{R_\alpha}{R_p} = \frac{\frac{m_\alpha v_\alpha}{q_\alpha B}}{\frac{m_p v_p}{q_p B}} = \frac{\frac{4 m_p \frac{\sqrt{2}}{2} v_p}{2 q_p B}}{\frac{m_p v_p}{q_p B}} = \sqrt{2}$$

$$\left[m_\alpha = 4 m_p; \ q_\alpha = 2 q_p; \ v_\alpha = \frac{\sqrt{2}}{2} v_p \right]$$

Luego:

$$R_\alpha = \sqrt{2} R_p = \sqrt{2} \cdot 0,01\,\text{m} = 0,014\,\text{m}$$

Problema 7.28

Por un alambre recto y largo circula una corriente eléctrica de 50 A. Un electrón moviéndose a 10^6 m/s se encuentra a 5 cm del alambre. Determine la fuerza que actúa sobre el electrón si su velocidad está dirigida:
a) Hacia el alambre.
b) Paralela al alambre. ¿Y si la velocidad fuese perpendicular a las dos direcciones anteriores?
$\mu_0 = 4\pi \cdot 10^{-7}\,\text{N}\,\text{A}^{-2}; \ e = 1,6 \cdot 10^{-19}\,\text{C}$.

a) En la figura representamos el conductor por el que circula una corriente y que crea en sus proximidades un campo magnético $\vec{B}$ de módulo:

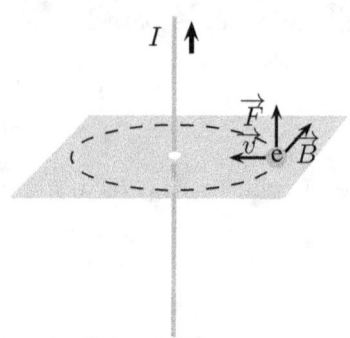

$$B = \frac{\mu_0 I}{2\pi d}$$

siendo I la intensidad de la corriente que circula por el conductor; μ_0, la permeabilidad magnética del vacío y; d, la distancia entre el conductor y el punto considerado.

En cada punto, la dirección de $\vec{B}$ es perpendicular al plano que determinan el conductor y el punto considerado, y su sentido es el que viene dado por la regla de la mano derecha: si el pulgar de la mano apunta en el sentido de la corriente, el resto de los dedos se cierra en el sentido del campo.

Cuando el electrón se mueve hacia el conductor (suponemos que se dirige perpendicularmente a él), experimenta una fuerza, la fuerza de Lorentz, cuya expresión es:

$$\vec{F} = q\,\vec{v} \wedge \vec{B}$$

de módulo:

$$F = qvB \operatorname{sen} \alpha$$

siendo α el ángulo que forman $\vec{v}$ y $\vec{B}$.

Como $\vec{v}$ y $\vec{B}$ forman un ángulo de 90°, la fuerza es máxima. Su módulo es:

$$F = qvB \operatorname{sen} \alpha = 1,6 \cdot 10^{-19}\,\text{C} \cdot 10^6\,\text{m/s} \cdot 2 \cdot 10^{-4}\,\text{T} \cdot 1 = 3,2 \cdot 10^{-17}\,\text{N}$$

$$\left| B = \frac{\mu_0 I}{2\pi d} = \frac{4\pi \cdot 10^{-7}\,\text{N/A}^2 \cdot 50\,\text{A}}{2\pi \cdot 0,05\,\text{m}} = 2 \cdot 10^{-4}\,\text{T};\ \operatorname{sen} \alpha = \operatorname{sen} 90^o = 1 \right|$$

La fuerza es perpendicular a $\vec{v}$ y $\vec{B}$, y su sentido es, por ser la carga de signo negativo, el contrario al del avance de un tornillo que hiciera coincidir $\vec{v}$ sobre $\vec{B}$ por el camino más corto. Según la figura, $\vec{F}$ tiene la dirección del conductor y su sentido es el de la corriente.

b) En las figuras siguientes representamos los dos casos: cuando el electrón se dirige paralelamente al conductor (suponemos que lo hace en el sentido de la corriente) y cuando se dirige perpendicularmente al plano que determinan el conductor y el punto donde se encuentra el electrón (suponemos que lo hace en el sentido contrario al campo), que es una dirección perpendicular a las direcciones de las velocidades anteriores.

En el primer caso, como $\vec{v}$ sigue siendo perpendicular a $\vec{B}$, el módulo de $\vec{F}$ sigue siendo el mismo: $3,2 \cdot 10^{-17}\,\text{N}$. La dirección y sentido son los que se muestra en la figura de la izquierda. En el segundo caso, como se muestra en la figura de la derecha, como $\vec{v}$ es paralelo a $\vec{B}$, el seno del ángulo que forman es cero y la fuerza que actúa sobre el electrón es cero.[5]

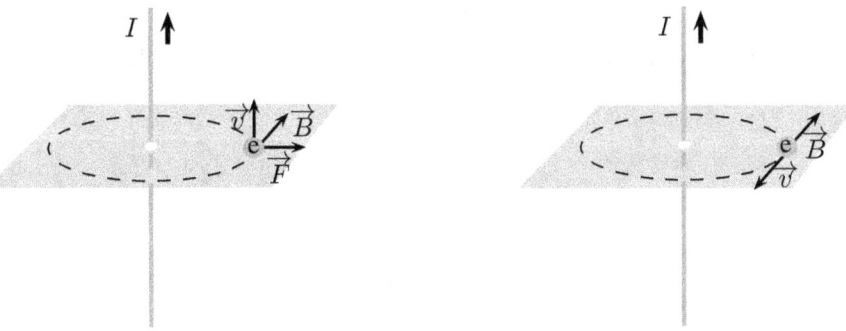

Problema 7.29

Un protón, que se encuentra inicialmente en reposo, se acelera por medio de una diferencia de potencial de $6000\,V$. Posteriormente, penetra en una región del espacio donde existe un campo magnético de $0,5\,T$, perpendicular a su velocidad.

a) Calcule la velocidad del protón al entrar en el campo magnético y el radio de su trayectoria posterior.

b) ¿Cómo se modificarían los resultados del apartado a) si se tratara de una partícula alfa, cuya masa es aproximadamente cuatro veces la del protón y cuya carga es dos veces la del mismo?

$e = 1,6 \cdot 10^{-19}\,C$; $m_\mathrm{p} = 1,7 \cdot 10^{-27}\,kg$

---

a) En el tramo en el que el protón se acelera, existe un campo eléctrico en el que suponemos que solo actúa la fuerza eléctrica $\vec{F}_\mathrm{e}$, que le produce un movimiento rectilíneo uniformemente acelerado aumentando su rapidez. Como la fuerza eléctrica es una fuerza conservativa, la energía mecánica del protón se mantiene constante en su movimiento desde el polo positivo al polo negativo. Se cumple que:

$$\Delta E_\mathrm{c} + \Delta E_\mathrm{p} = 0$$

Como el protón es acelerado desde el reposo, $E_{\mathrm{c}\,0} = 0$. Por otra parte, $E_\mathrm{c} = \dfrac{1}{2}mv^2$ y $\Delta E_\mathrm{p} = q\Delta V$. Tenemos entonces que:

$$\frac{1}{2}mv^2 + q\Delta V = 0$$

---

[5]La unidad de campo magnético en el SI es el tesla (T). Un tesla es el valor del campo magnético B necesario para que una carga de un culombio que se mueve perpendicularmente al campo con una velocidad de un metro por segundo experimente una fuerza de un newton. El tesla es una unidad muy pequeña (los imanes que ponemos en el frigorífico son de unos $5\,mT$).

Despejamos y calculamos la velocidad del protón:

$$v = \sqrt{\frac{2q(-\Delta V)}{m}} = \sqrt{\frac{2 \cdot 1,6 \cdot 10^{-19}\,\text{C} \cdot 6000\,\text{V}}{1,7 \cdot 10^{-27}\,\text{kg}}} = 1,1 \cdot 10^6\,\text{m/s}$$

$\lfloor \Delta V = -6000\,\text{V}$, ya que se dirige en el sentido de los potenciales decrecientes.$\rfloor$

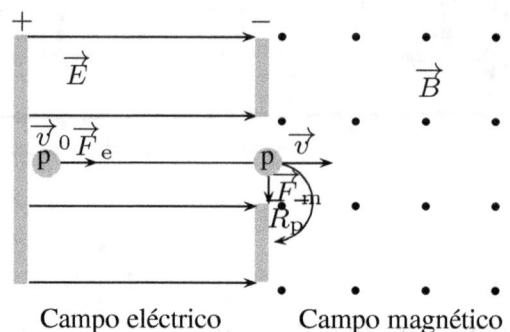

Campo eléctrico   Campo magnético

Al penetrar el protón en un campo magnético $\vec{B}$ cuya dirección es perpendicular a la de la velocidad $\vec{v}$, actúa sobre él una fuerza magnética (fuerza de Lorentz):

$$\vec{F}_m = q\,\vec{v} \wedge \vec{B}$$

de módulo:

$$F_m = qvB \operatorname{sen} \alpha = qvB$$

$$\lfloor \operatorname{sen} \alpha = \operatorname{sen} 90^o = 1 \rfloor$$

siendo α el ángulo que forman $\vec{v}$ y $\vec{B}$. Esta fuerza es siempre perpendicular a la velocidad y le produce una aceleración normal $\vec{a}_n$, describiendo un arco de circunferencia por ser la velocidad perpendicular al campo. El sentido de la fuerza es el del avance de un tornillo que girara haciendo coincidir $\vec{v}$ sobre $\vec{B}$ por el camino más corto.

Calculamos ahora el radio de la trayectoria que sigue el protón, R_p, en el campo magnético. De acuerdo con la segunda ley de Newton, si solo actúa la fuerza magnética $\vec{F}_m$:

$$\vec{F}_m = m\,\vec{a}_n$$

Por tanto:

$$qvB = m\frac{v^2}{R_p}$$

Simplificamos, despejamos R_p y calculamos su valor:

$$R_p = \frac{mv}{qB} = \frac{1,7 \cdot 10^{-27}\,\text{kg} \cdot 1,1 \cdot 10^6\,\text{m/s}}{1,6 \cdot 10^{-19}\,\text{C} \cdot 0,5\,\text{T}} = 0,023\,\text{m}$$

b) Si en el campo magnético penetra una partícula alfa ($^4_2\text{He}^{2+}$), la velocidad de la partícula y el radio de la trayectoria cambian, pero no el sentido de giro, porque las cargas tienen el mismo signo. La velocidad, porque cambia la relación q/m; el radio, porque cambia la relación mv/q.

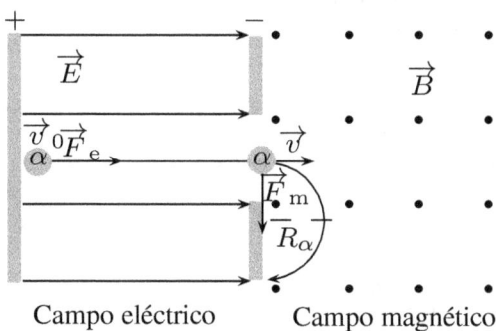

Campo eléctrico   Campo magnético

La velocidad con que penetra la partícula α es:

$$v_\alpha = \sqrt{\frac{2q_\alpha V}{m_\alpha}} = \sqrt{\frac{2 \cdot 2q_\text{p}V}{4m_\text{p}}} = \frac{\sqrt{2}}{2}\sqrt{\frac{2q_\text{p}V}{m_\text{p}}} = \frac{\sqrt{2}}{2}v_\text{p}$$

$$\left\lfloor q_\alpha = 2q_\text{p};\ m_\alpha = 4m_\text{p};\ v_\text{p} = \sqrt{\frac{2q_\text{p}V}{m_\text{p}}} \right\rfloor$$

El radio de giro de la partícula alfa es:

$$R_\alpha = \frac{m_\alpha v_\alpha}{q_\alpha B} = \frac{4m_\text{p}\dfrac{\sqrt{2}}{2}v_\text{p}}{2q_\text{p}B} = \sqrt{2}R_\text{p}$$

$$\left\lfloor q_\alpha = 2q_\text{p};\ m_\alpha = 4m_\text{p};\ v_\alpha = \frac{\sqrt{2}}{2}v_\text{p};\ R_\text{p} = \frac{m_\text{p}v_\text{p}}{q_\text{p}B} \right\rfloor$$

Problema 7.30

En una región en la que existe un campo magnético uniforme de $0,8\,\text{T}$, se inyecta un protón con una energía cinética de $0,2\,\text{MeV}$, moviéndose perpendicularmente al campo.

a) Haga un esquema en el que se representen el campo, la fuerza sobre el protón y la trayectoria seguida por este, y calcule el valor de dicha fuerza.

b) Si se duplicara la energía cinética del protón, ¿en qué forma variaría su trayectoria? Razone la respuesta.

$m_\text{p} = 1,67 \cdot 10^{-27}\,\text{kg};\ e = 1,6 \cdot 10^{-19}\,\text{C};\ 1\,\text{eV} = 1,6 \cdot 10^{-19}\,\text{J}.$

a) En la figura representamos el protón penetrando en la región en la que existe un campo magnético perpendicular a su velocidad. Calculamos su valor a partir de su energía cinética:

$$v = \sqrt{\frac{2E_c}{m}} = \sqrt{\frac{2 \cdot 0,2\,\text{MeV} \cdot \dfrac{10^6\,\text{eV}}{1\,\text{MeV}} \cdot \dfrac{1,6 \cdot 10^{-19}\,\text{J}}{1\,\text{eV}}}{1,67 \cdot 10^{-27}\,\text{kg}}} = 6,2 \cdot 10^6\,\text{m/s}$$

Sobre el protón actúa una fuerza $\vec{F} = q\,\vec{v} \wedge \vec{B}$ (fuerza de Lorentz) que le produce una aceleración normal, describiendo una semicircunferencia de radio R, al ser la velocidad perpendicular al campo:

$$R = \frac{mv}{qB}$$

Esta fuerza magnética tiene de:

- Módulo:

$$
\begin{aligned}
F &= qvB\,\text{sen}\,\alpha = qvB \\
&= 1,6 \cdot 10^{-19}\,\text{C} \cdot 6,2 \cdot 10^6\,\text{m/s} \cdot 0,8\,\text{T} \\
&= 7,9 \cdot 10^{-13}\,\text{N}
\end{aligned}
$$

$$\lfloor \text{sen}\,\alpha = \text{sen}\,90^o = 1 \rfloor$$

siendo α el ángulo que forma $\vec{v}$ con $\vec{B}$.

- Dirección: la perpendicular al plano que forman $\vec{v}$ y $\vec{B}$.

- Sentido: el del avance de un tornillo que girara haciendo coincidir $\vec{v}$ sobre $\vec{B}$ por el camino más corto.

b) Si el protón entra con una energía cinética doble, se modifica el radio de la semicircunferencia porque su velocidad varía. Hemos visto que la velocidad v del protón con energía cinética E_c es:

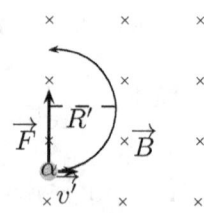

$$v = \sqrt{\frac{2E_c}{m}}$$

Si la energía cinética E_c' es el doble que la anterior, su nueva velocidad v' será:

$$v' = \sqrt{\frac{2E_c'}{m}} = \sqrt{\frac{2 \cdot 2E_c}{m}} = \sqrt{2}\sqrt{\frac{2E_c}{m}} = \sqrt{2}\,v$$

$$\left[E'_{\mathrm{c}} = 2E_{\mathrm{c}};\ v = \sqrt{\frac{2E_{\mathrm{c}}}{m}} \right]$$

El radio R' de la nueva circunferencia será:

$$R' = \frac{mv'}{qB} = \frac{m\sqrt{2}v}{qB} = \sqrt{2}R$$

$$\left[v' = \sqrt{2}v;\ R = \frac{mv}{qB} \right]$$

Problema 7.31

Dos hilos metálicos largos y paralelos, por los que circulan corrientes de 3 A y 4 A, pasan por los vértices B y D de un cuadrado de 2 m de lado, situado en un plano perpendicular, como se ilustra en la figura. El sentido de las corrientes se indica por los símbolos $\otimes$ = entra en el papel y $\odot$ = sale del papel.

a) Dibuje un esquema en el que figuren las interacciones mutuas y el campo magnético resultante en el vértice A.
b) Calcule los valores numéricos del campo magnético en A y de la fuerza por unidad de longitud ejercida sobre uno de los hilos.
$\mu_0 = 4\pi \cdot 10^{-7}\ \mathrm{N\,A^{-2}}$.

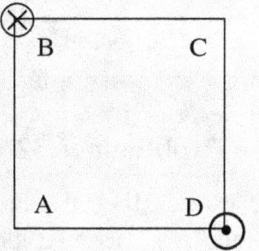

a) En la figura adjunta se observa cómo la interacción magnética entre dos conductores por los que circulan sendas corrientes de sentido opuesto hace que se repelan.

También representamos el campo magnético en A, suma vectorial del campo magnético debido al conductor B y al conductor D:

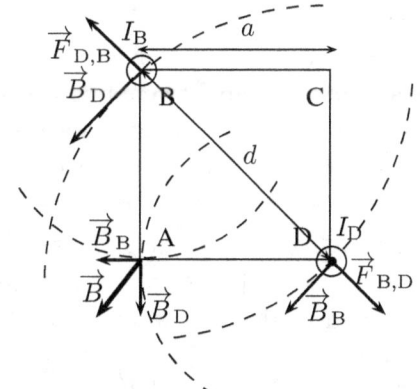

$$\vec{B} = \vec{B}_{\mathrm{B}} + \vec{B}_{\mathrm{D}}$$

b) Calculamos el módulo del campo magnético en A, B:
Como $\vec{B} = \vec{B}_{\mathrm{B}} + \vec{B}_{\mathrm{D}}$ y puesto que $\vec{B}_{\mathrm{B}}$ y $\vec{B}_{\mathrm{D}}$ son perpendiculares:

$$B = \sqrt{B_{\mathrm{B}}^2 + B_{\mathrm{D}}^2} = \sqrt{(3 \cdot 10^{-7}\,\mathrm{T})^2 + (4 \cdot 10^{-7}\,\mathrm{T})^2} = 5 \cdot 10^{-7}\,\mathrm{T}$$

$$\left\lfloor B_{\mathrm{B}} = \frac{\mu_0 I_B}{2\pi a} = \frac{4\pi \cdot 10^{-7}\,\mathrm{N/A} \cdot 3\,\mathrm{A}}{2\pi \cdot 2\,\mathrm{m}} = 3 \cdot 10^{-7}\,\mathrm{T};\right.$$

$$B_{\mathrm{D}} = \frac{\mu_0 I_D}{2\pi a} = \frac{4\pi \cdot 10^{-7}\,\mathrm{N/A} \cdot 4\,\mathrm{A}}{2\pi \cdot 2\,\mathrm{m}} = 4 \cdot 10^{-7}\,\mathrm{T}\Bigg\rfloor$$

Calculamos la fuerza por unidad de longitud ejercida sobre uno de los hilos. Veamos, primeramente, el módulo de la fuerza que ejerce, por ejemplo, la corriente B sobre la corriente D, $F_{\mathrm{B,D}}$:

$$F_{\mathrm{B,D}} = I_{\mathrm{D}} L B_{\mathrm{B}} = I_{\mathrm{D}} L \frac{\mu_0 I_{\mathrm{B}}}{2\pi d}$$

El módulo de esta fuerza por unidad de longitud será:

$$\frac{F_{\mathrm{B,D}}}{L} = \frac{I_{\mathrm{D}} L \frac{\mu_0 I_{\mathrm{B}}}{2\pi d}}{L} = \frac{\mu_0 I_{\mathrm{B}} I_{\mathrm{D}}}{2\pi d} = \frac{4\,\pi \cdot 10^{-7}\,\mathrm{N/A^2} \cdot 3\,\mathrm{A} \cdot 4\,\mathrm{A}}{2\pi \cdot 2\sqrt{2}\,\mathrm{m}} = 8,5 \cdot 10^{-7}\,\mathrm{N/m}$$

$$\left\lfloor d = \sqrt{a^2 + a^2} = \sqrt{2a^2} = \sqrt{2\,(2\mathrm{m})^2} = 2\sqrt{2}\,\mathrm{m}\right\rfloor$$

Se puede demostrar fácilmente que $F_{\mathrm{D,B}}/L$ tiene el mismo módulo que $F_{\mathrm{B,D}}/L$.

Problema 7.32

Por un conductor rectilíneo indefinido, apoyado sobre un plano horizontal, circula una corriente de 20 A.

a) Dibuje las líneas del campo magnético producido por la corriente y calcule el valor de dicho campo en un punto situado en la vertical del conductor y a 2 cm de él.

b) ¿Qué corriente tendría que circular por un conductor, paralelo al anterior y situado a 2 cm por encima de él, para que no cayera, si la masa por unidad de longitud de dicho conductor es de 0,1 kg?

$\mu_0 = 4\pi \cdot 10^{-7}\,\mathrm{N\,A^{-2}};\ g = 10\,\mathrm{m\,s^{-2}}$.

---

a) En la figura representamos el conductor por el que circula una corriente que crea en sus proximidades un campo magnético $\vec{B}$ de módulo:

$$B = \frac{\mu_0 I}{2\pi d}$$

siendo I la intensidad de la corriente que circula por él; μ_0, la permeabilidad magnética del vacío; y d, la distancia entre el conductor y el punto considerado.

El campo magnético podemos representarlo mediante líneas de campo. Estas son circunferencias concéntricas al conductor (en la figura solo representamos semicircunferencias por encima del plano). La dirección del campo magnético en cada punto es un vector tangente a la línea de campo que pasa por ese punto y su sentido viene dado por la regla de la mano derecha: si el pulgar de la mano derecha apunta en el sentido de la corriente, el resto de los dedos se cierra en el sentido del campo.

El módulo del campo magnético es:

$$B = \frac{\mu_0 I}{2\pi d} = \frac{4\pi \cdot 10^{-7}\,\mathrm{N/A^2} \cdot 20\,\mathrm{A}}{2\pi \cdot 0,02\,\mathrm{m}} = 2 \cdot 10^{-4}\,\mathrm{T}$$

b) En la figura representamos el conductor anterior (1) por el que circula una intensidad I_1 y otro conductor (2) por el que circula una corriente de intensidad I_2, que se encuentra en el campo magnético $\vec{B}_1$ producido por el conductor 1.

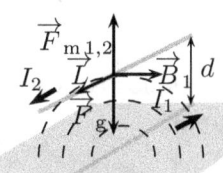

De acuerdo con la primera ley de Laplace, la fuerza que se ejerce sobre una longitud $\vec{L}$ de un conductor por el que pasa una intensidad I que está bajo la influencia de un campo magnético B es:

$$\vec{F}_{\mathrm{m}} = I\vec{L} \wedge \vec{B}$$

El módulo de la fuerza magnética que se ejerce sobre una longitud $\vec{L}$ del conductor 2 por el que pasa una intensidad I_2 que está bajo la influencia de un campo magnético $\vec{B}_1$ es máxima cuando el ángulo que forma $\vec{L}$ y $\vec{B}_1$ es de 90°, como ocurre en este caso, y su expresión es:

$$F_{\mathrm{m}\,1,2} = I_2 L B_1 \operatorname{sen}\alpha = I_2 L B_1$$

$$\lfloor \operatorname{sen}\alpha = \operatorname{sen}90^o = 1 \rfloor$$

Para que la fuerza magnética que actúa sobre el conductor 2, $\vec{F}_{\mathrm{m}\,1,2}$, sea opuesta al peso de este, $\vec{F}_{\mathrm{g}}$, y no caiga, el sentido de la corriente debe ser el de $\vec{L}$ (según la regla del tornillo, el sentido de la fuerza magnética es el del avance de un tornillo que girara haciendo coincidir $\vec{L}$ sobre $\vec{B}_1$ por el camino más corto).

Si la fuerza magnética equilibra al peso del hilo, $F_{\mathrm{m}\,1,2} = F_{\mathrm{g}}$, y, por tanto:

$$F_{\mathrm{g}} = I_2 L B_1$$

Despejamos I_2 y calculamos su valor:

$$I_2 = \frac{F_{\mathrm{g}}}{L B_1} = \frac{F_{\mathrm{g}}}{L} \cdot \frac{1}{B_1} = 1\,\mathrm{N/m} \cdot \frac{1}{2 \cdot 10^{-4}\,\mathrm{T}} = 5000\,\mathrm{A}$$

$$\left\lfloor \frac{F_g}{L} = \frac{mg}{L} = \frac{0,1\,\mathrm{kg} \cdot 10\,\mathrm{m/s^2}}{1\,\mathrm{m}} = 1\,\mathrm{N/m}; \; B_1 = 2 \cdot 10^{-4}\,\mathrm{T} \right\rfloor$$

Problema 7.33

Dos conductores rectilíneos, verticales y paralelos, A a la izquierda y B a la derecha, distan entre sí 10 cm. Por A circula una corriente de 10 A hacia arriba.

a) Calcule la corriente que debe circular por B para que el campo magnético en un punto situado a 4 cm a la izquierda de A sea nulo.

b) Explique con ayuda de un esquema si puede ser nulo el campo magnético en un punto intermedio entre los dos conductores.

$\mu_0 = 4\pi \cdot 10^{-7} \, \text{N A}^{-2}$.

---

a) Cada uno de los conductores va a crear en el punto P un campo magnético B cuyo módulo es:

$$B = \frac{\mu_0 I}{2\pi d}$$

siendo μ_0 la permeabilidad magnética en el vacío; I, la intensidad que circula por el conductor; y d, la distancia que separa al conductor del punto P.

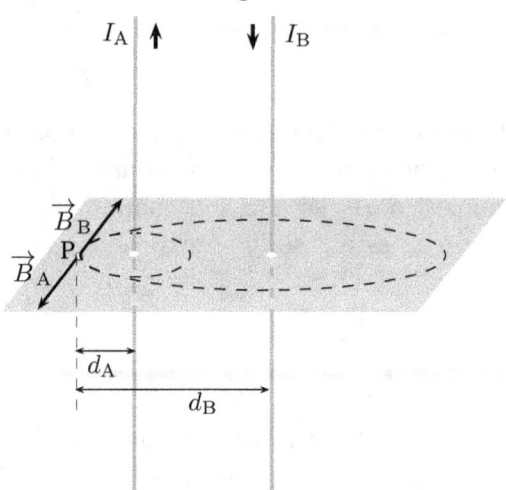

La dirección es perpendicular al plano que determinan cada conductor y el punto considerado, y el sentido viene dado por la regla de la mano derecha: si el pulgar de la mano apunta en el sentido de la corriente, el resto de los dedos se cierra en el sentido del campo.

Para que el campo en P sea nulo, el sentido de la corriente por el conductor B debe ser descendente, ya que entonces los sentidos de los campos son opuestos.

Para que el campo en P sea nulo, la intensidad de corriente por el conductor B debe ser tal, que los módulos sean iguales:

$$B_\text{A} = B_\text{B}$$

Expresamos cada uno de los módulos en función de las variables de las que dependen:

$$\frac{\mu_0 I_\text{A}}{2\pi d_\text{A}} = \frac{\mu_0 I_\text{B}}{2\pi d_\text{B}}$$

Simplificamos, despejamos I_B y calculamos su valor:

$$I_B = \frac{I_A d_B}{d_A} = \frac{10\,\text{A} \cdot 0,14\,\text{m}}{0,04\,\text{m}} = 35\,\text{A}$$

$$\lfloor I_A = 10\,\text{A};\ d_A = 4\,\text{cm} = 0,04\,\text{m};\ d_B = 14\,\text{cm} = 0,14\,\text{m} \rfloor$$

b) En la figura adjunta están representados los campos debido a cada conductor en un punto intermedio entre los dos conductores, concretamente, en el punto medio P′, equidistante a los dos conductores. El campo no puede anularse en ningún punto entre los dos conductores porque los campos debido a cada una de las corrientes tienen el mismo sentido por ser las intensidades de corriente de sentido contrario.

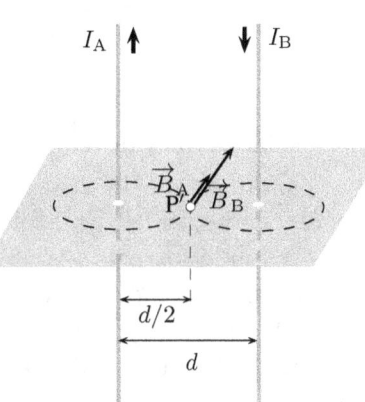

Problema 7.34

Suponga dos hilos metálicos muy largos, rectilíneos y paralelos, perpendiculares al plano del papel y separados 60 mm, por los que circulan corrientes de 9 y 15 A en el mismo sentido.
a) Dibuje en un esquema el campo magnético resultante en el punto medio de la línea que une ambos conductores y calcule su valor.
b) En la región entre los conductores, ¿a qué distancia del hilo por el que circula la corriente de 9 A será cero el campo magnético?
$\mu_0 = 4\pi \cdot 10^{-7}\,\text{N A}^{-2}$.

a) Cada uno de los conductores por los que circulan sendas corrientes va a crear en el punto P un campo magnético $\vec{B}$ cuyo módulo es:

$$B = \frac{\mu_0 I}{2\pi d}$$

siendo μ_0 la permeabilidad magnética en el vacío; I, la intensidad que circula por cada conductor; y d, la distancia que separa al conductor del punto P.

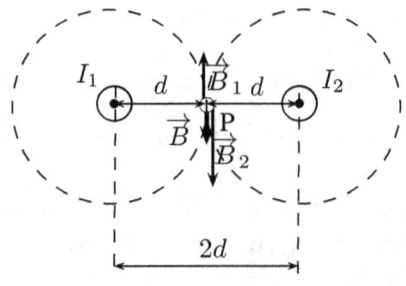

La dirección es perpendicular al plano que determinan cada conductor y el punto considerado, y el sentido viene dado por la regla de la mano derecha: si el pulgar de la mano apunta en el sentido de la corriente, el resto de los dedos se cierran en el sentido del campo.

Dado que los vectores campo tienen la misma dirección, pero sentidos opuestos, el módulo de $\vec{B}$ será la diferencia entre los módulos de ambos:

$$B = B_2 - B_1 = \frac{\mu_0 I_2}{2\pi d} - \frac{\mu_0 I_1}{2\pi d} = \frac{\mu_0}{2\pi d}(I_2 - I_1)$$

$$= \frac{4\pi \cdot 10^{-7}\,\text{N/A}^2}{2\pi \cdot 0,03\,\text{m}}(15\,\text{A} - 9\,\text{A}) = 4 \cdot 10^{-5}\,\text{T}$$

$$\lfloor 2d = 60\,\text{mm} \Rightarrow d = 0,03\,\text{m} \rfloor$$

Y el sentido será el de $\vec{B}_2$, cuyo módulo es mayor.

b) Si llamamos x a la distancia que hay entre el conductor de la izquierda y el punto P' donde los campos se anulan, la distancia entre ese punto y el otro conductor será $2d - x$. P' estará más cerca del conductor de la izquierda por ser su intensidad menor.

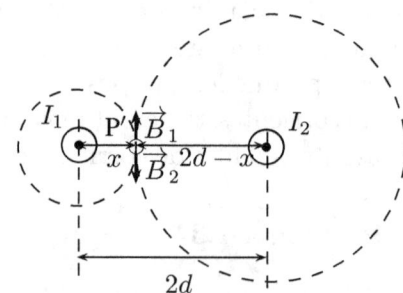

En el punto donde el campo se anule:

$$B_1 = B_2$$

Expresamos ambos campos en función de las magnitudes de las que dependen:

$$\frac{\mu_0 I_1}{2\pi x} = \frac{\mu_0 I_2}{2\pi(2d - x)}$$

Simplificamos y sustituimos los datos del enunciado:

$$\frac{9}{x} = \frac{15}{(0,06 - x)}$$

Operamos y obtenemos el valor de x: $24x - 0,54 = 0 \Rightarrow x = 0,0225\,\text{m} = 22,5\,\text{mm}$

Problema 7.35

Dos conductores rectilíneos, indefinidos y paralelos distan entre sí $1,5\,\text{cm}$. Por ellos circulan corrientes de igual intensidad y del mismo sentido.

a) Explique con ayuda de un esquema la dirección y sentido del campo magnético creado por cada una de las corrientes y de la fuerza que actúa sobre cada conductor.

b) Calcule el valor de la intensidad de la corriente que circula por los conductores si la fuerza que uno de ellos ejerce sobre un trozo de $25\,\text{cm}$ del otro es de $10^{-3}\,\text{N}$.

$\mu_0 = 4\pi \cdot 10^{-7}\,\text{N A}^{-2}$.

a) Cada uno de los conductores por los que circulan sendas corrientes de intensidades I_1 e I_2 va a crear en los puntos P_2 y P_1 los correspondientes campos magnéticos $\vec{B}_1$ y $\vec{B}_2$, del mismo módulo porque la intensidad de corriente es la misma y la distancia d desde los conductores a los puntos considerados, también:

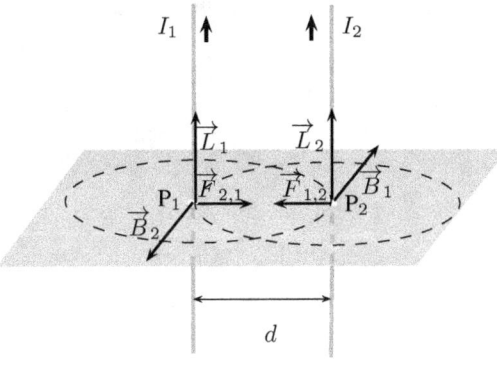

$$B_1 = B_2 = B = \frac{\mu_o I}{2\pi d} \qquad \lfloor I_1 = I_2 = I \rfloor$$

La dirección de $\vec{B}_1$ y $\vec{B}_2$ es perpendicular al plano que determinan cada conductor y el punto considerado, y el sentido es el que viene dado por la regla de la mano derecha: si el pulgar de la mano apunta en el sentido de la corriente, el resto de los dedos se cierra en el sentido del campo.

La dirección de las fuerzas sobre cada conductor es perpendicular a ellos y el sentido viene dado por el del avance de un tornillo que hiciera coincidir $\vec{L}$ sobre $\vec{B}$ por el camino más corto, siendo $\vec{L}$ un vector de módulo la longitud del conductor; de dirección, la del conductor; y de sentido, el de la corriente.

b) El módulo de la fuerza que cada conductor ejerce sobre el otro conductor por la que pasa una intensidad I y está bajo la influencia de un campo magnético $\vec{B}$ es el mismo. La fuerza es máxima porque el ángulo α que forman $\vec{L}$ y $\vec{B}$ es de 90°:

$$F = F_{1,2} = F_{2,1} = ILB \operatorname{sen} \alpha = ILB = IL\frac{\mu_0 I}{2\pi d} = \mu_0 L\frac{I^2}{2\pi d}$$

$$\left\lfloor \operatorname{sen} \alpha = \operatorname{sen} 90^o = 1; \ B = \frac{\mu_0 I}{2\pi d} \right\rfloor$$

Despejamos I y calculamos su valor:

$$I = \sqrt{\frac{2\pi F d}{\mu_0 L}} = \sqrt{\frac{2\pi \cdot 10^{-3}\,\text{N} \cdot 0,015\,\text{m}}{4\pi \cdot 10^{-7}\,\text{N/A}^2 \cdot 0,25\,\text{m}}} = 17,3\,\text{A}$$

Capítulo 8

Inducción electromagnética

Cuestión 8.1

a) Escriba la expresión de la fuerza electromotriz inducida en una espira bajo la acción de un campo magnético y explique el origen y las características de dicha fuerza electromotriz.

b) Si la espira se encuentra en reposo, en un plano horizontal, y el campo magnético es vertical y hacia arriba, indique en un esquema el sentido de la corriente que circula por la espira: i) si aumenta el valor del campo magnético; ii) si disminuye dicha intensidad.

a) La expresión matemática de la ley de Faraday-Lenz relaciona la fuerza electromotriz inducida en un circuito (por ejemplo, una espira) con la variación del flujo magnético que la origina, así como el sentido de la intensidad de corriente inducida. La expresión matemática es:

$$\varepsilon = -\frac{d\Phi}{dt}$$

De acuerdo con esta ley, la fuerza electromotriz inducida en una espira es igual a la rapidez con que varía el flujo magnético a través de su superficie. El signo menos nos indica que el sentido de la corriente inducida es tal, que el flujo magnético inducido creado por ella se opone a la variación del flujo magnético que la ha producido. Esto es, que si el flujo a través de la espira aumenta (derivada positiva), la f.e.m. inducida es negativa, oponiéndose al aumento; mientras que si el flujo a través de la espira disminuye (derivada negativa), la f.e.m. inducida será positiva, oponiéndose a la disminución.

b) Veamos los dos casos:

i) La fuerza electromotriz inducida aparece como consecuencia de un aumento del flujo magnético a través de la espira al aumentar el valor del campo magnético.

El sentido de la corriente inducida es tal (sentido horario,
según la figura), que genera un
campo magnético cuyo flujo es de
sentido contrario al del campo inductor para contrarrestar el aumento del flujo a través la espira.

Situación inicial   Al aumentar el campo

ii) La fuerza electromotriz inducida aparece como consecuencia de una disminución del flujo magnético que atraviesa la espira al disminuir el valor del campo
magnético.

El sentido de la corriente inducida es tal (sentido antihorario,
según la figura), que genera un
campo magnético cuyo flujo tiene
el mismo sentido que el del campo
inductor para compensar la disminución del flujo a través de la espira.

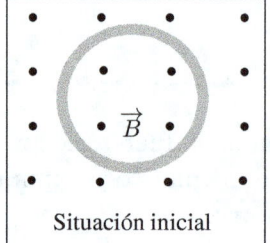 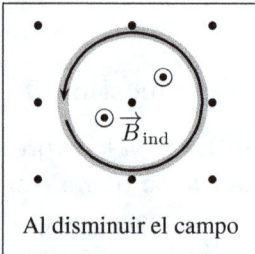

Situación inicial   Al disminuir el campo

Cuestión 8.2

Una espira cuadrada está cerca de un conductor, recto e indefinido, recorrido
por una corriente I. La espira y el conductor están en un mismo plano. Con
ayuda de un esquema, razone en qué sentido circula la corriente inducida en
la espira:

a) Si se aumenta la corriente en el conductor.

b) Si, dejando constante la corriente en el conductor, la espira se aleja de este
manteniéndose en el mismo plano.

---

a) Los fenómenos de inducción electromagnética se producen por una variación
del flujo Φ de un campo magnético $\vec{B}$ a través de la superficie $\vec{S}$ de un circuito.
El flujo se define como el producto escalar de los vectores $\vec{B}$ y $\vec{S}$ y representa el
número de líneas de campo magnético que atraviesa la superficie del circuito:

$$\Phi = \vec{B} \cdot \vec{S} = BS \cos \alpha$$

siendo α el ángulo que forma $\vec{B}$ y $\vec{S}$.

En la situación 1, la inicial, no se induce corriente en la espira porque no hay
variación del flujo. En la situación 2, sí hay corriente inducida en la espira porque,
al aumentar el valor del campo debido a un aumento de la intensidad de corriente

que pasa por el conductor, aumenta el flujo a través de la espira. El sentido de la corriente inducida es tal, que genera un campo magnético cuyo flujo es de sentido contrario al campo inductor para contrarrestar el aumento del flujo que atraviesa la espira.

b) En la situación 3, al desplazar la espira hacia la derecha, aumenta la distancia al conductor, el campo disminuye y el flujo también (recuérdese que B es inversamente proporcional a la distancia al hilo conductor). El sentido de la corriente inducida es tal, que genera un campo magnético cuyo flujo es del mismo sentido que el del campo inductor para compensar la disminución del flujo que atraviesa la espira.

Lo sucedido en ambos casos es una consecuencia de la ley de Lenz, que establece que el sentido de la corriente inducida es tal, que el flujo magnético inducido creado por ella se opone a la variación del flujo magnético que lo ha provocado.

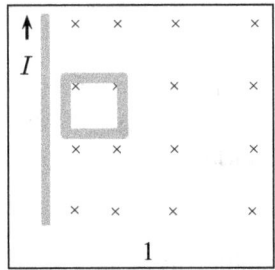 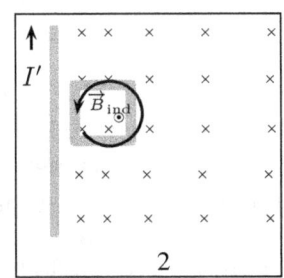 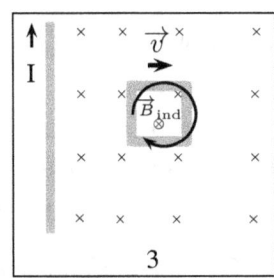

Cuestión 8.3

Considere las dos experiencias siguientes: i) un imán frente a una espira con un amperímetro y ii) la espira y el amperímetro frente a otra espira con un generador de corriente eléctrica y un interruptor:

a) Copie y complete el cuadro siguiente relativo a lo que sucede en la espira:

		¿Existe $\vec{B}$?	¿Varía el flujo?	¿Existe ε_{ind}?
i)	imán acercándose			
	imán quieto			
	imán alejándose			
ii)	interruptor abierto			
	interruptor cerrado			
	al abrir/cerrar el interruptor			

b) A partir de los resultados del cuadro anterior, razone, con ayuda de esquemas, la causa de la aparición de corriente inducida en la espira.

a) El cuadro completo es el siguiente:

		¿Existe $\vec{B}$?	¿Varía el flujo?	¿Existe ε_{ind}?
i)	imán acercándose	Sí	Sí	Sí
	imán quieto	Sí	No	No
	imán alejándose	Sí	Sí	Sí
ii)	interruptor abierto	No	No	No
	interruptor cerrado	Sí	No	No
	al abrir/cerrar el interruptor	Sí	Sí	Sí

b) Los fenómenos de inducción electromagnética se producen por una variación del flujo Φ de un campo magnético $\vec{B}$ a través de la superficie $\vec{S}$ de un circuito. El flujo se define como el producto escalar de los vectores $\vec{B}$ y $\vec{S}$ y representa geométricamente el número de líneas de campo magnético que atraviesa la superficie del circuito:

$$\Phi = \vec{B} \cdot \vec{S} = BS \cos \alpha$$

siendo α el ángulo que forma $\vec{B}$ y $\vec{S}$.

Explicamos la causa de aparición de corriente inducida en los casos en los que tiene lugar, que es una consecuencia de la ley de Lenz, que establece que el sentido de la corriente inducida es tal, que el flujo magnético inducido creado por ella se opone a la variación del flujo magnético que lo ha provocado:

- Cuando el imán se acerca (suponemos que lo hace por su polo norte), el flujo magnético a través de la espira aumenta. El sentido de la corriente inducida es tal (sentido antihorario, según la figura), que el campo magnético inducido tiene sentido contrario al campo que genera el imán. Así, el incremento del flujo inicial es contrarrestado por el flujo debido al campo magnético inducido. El sentido de la corriente inducida es tal, que la espira, que se comporta como un imán, ofrece al imán que se acerca su polo norte.[1]

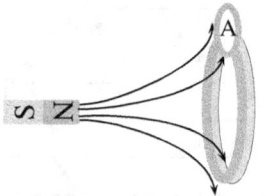
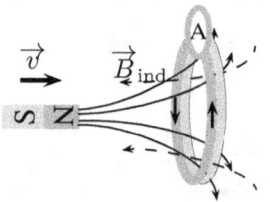

| Situación inicial | Imán acercándose |

[1]Este comportamiento no es sino una manifestación más del principio de conservación de la energía: cuando acercamos el polo norte de un imán a una espira, en esta se induce una corriente que circula de forma que se crea un imán cuyo polo norte se opone al acercamiento del otro polo norte. La energía que pierde el agente en vencer la fuerza repulsiva se transforma en energía eléctrica —lo contrario sería imposible, que apareciera en la cara de la espira enfrentada al imán un polo sur, ya que entonces la espira atraería al imán de forma que este realizaría un trabajo positivo al tiempo que se produciría energía eléctrica en la espira—.

- Cuando el imán permanece quieto, no se induce ninguna corriente porque no hay variación del flujo magnético a través de la espira.

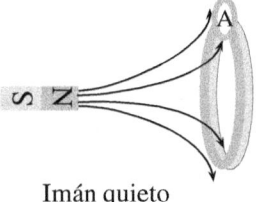

Imán quieto

- Cuando el imán se aleja, la aparición de la corriente inducida se debe a una disminución del flujo magnético a través de la espira. El sentido de la corriente inducida es tal (sentido horario, según la figura), que el campo magnético inducido tiene el mismo sentido que el campo que genera el imán. Así, la disminución del flujo inicial es compensada por el flujo debido al campo magnético inducido. El sentido de la corriente inducida es tal, que la espira, que se comporta como un imán, ofrece al imán que se acerca su polo sur.

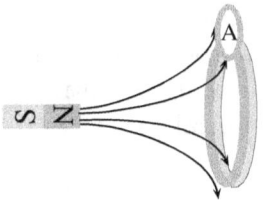

Situación inicial

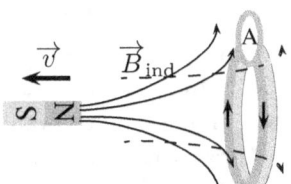

Imán alejándose

- Cuando el interruptor del circuito permanece abierto, no hay corriente y no existe campo magnético en la espira ni flujo, por lo que no puede existir ninguna corriente inducida en ella.

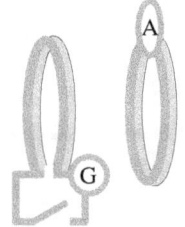

Interruptor abierto

- Cuando el interruptor del circuito permanece cerrado, sí hay corriente y existe campo magnético en la espira, pero no hay variación del flujo magnético a través de la espira porque no hay movimiento relativo entre el circuito y la espira.

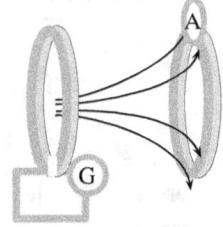

Interruptor cerrado

- Cuando se abre el interruptor, la aparición de la corriente inducida se debe a una disminución del flujo magnético a través de la espira. El sentido de la corriente inducida es tal (sentido horario, según la figura), que el campo magnético inducido produce un flujo del mismo sentido flujo que producía el circuito. Así, la disminución del flujo inicial es compensada por el flujo debido al campo magnético inducido.

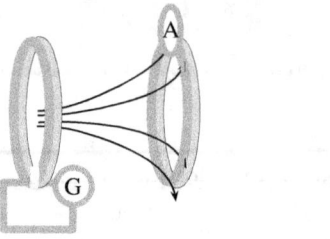

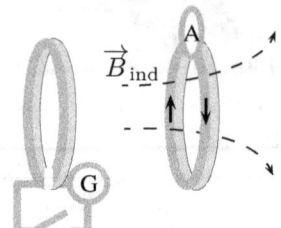

Situación inicial	Al abrir el circuito

- Cuando se cierra el interruptor, la aparición de la corriente inducida se debe a un aumento del flujo magnético a través de la espira. El sentido de la corriente inducida es tal (sentido antihorario, según la figura), que el campo magnético inducido produce un flujo de sentido contrario al que produce el circuito. Así, el incremento del flujo inicial es contrarrestado por el flujo debido al campo magnético inducido.

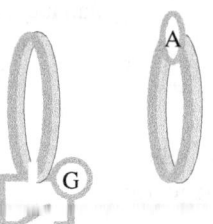
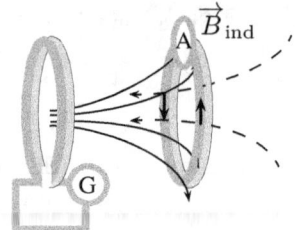

Situación inicial	Al cerrar el interruptor

Cuestión 8.4

Conteste razonadamente a las siguientes preguntas:
a) Si no existe flujo magnético a través de una superficie, ¿puede asegurarse que no existe campo magnético en esa región?
b) La fuerza electromotriz inducida en una espira, ¿es más grande cuanto mayor sea el flujo magnético que la atraviesa?

---

a) No puede asegurarse. Los fenómenos de inducción electromagnética se producen por una variación del flujo Φ de un campo magnético $\vec{B}$ a través de la superficie $\vec{S}$ de un circuito. El flujo se define como el producto escalar de los vectores $\vec{B}$ y $\vec{S}$ y representa el número de líneas de campo magnético que atraviesa la superficie del circuito:

$$\Phi = \vec{B} \cdot \vec{S} = BS \cos \alpha$$

siendo α el ángulo que forma $\vec{B}$ y $\vec{S}$.

De acuerdo con la definición anterior, puede no existir flujo magnético a través de la superficie de un circuito si los vectores $\vec{B}$ y $\vec{S}$ son perpendiculares:

$$\Phi = \vec{B} \cdot \vec{S} = BS \cos \alpha = 0$$

$$\lfloor \cos \alpha = \cos 90^o = 0 \rfloor$$

Sería el caso en el que la superficie que limita el circuito fuese paralela al campo. De esta manera, las líneas de campo no atravesarían la superficie que limita el circuito.

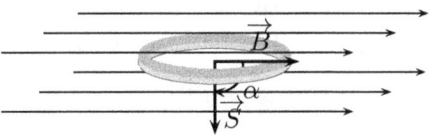

Espira paralela al campo

b) No. De acuerdo con la ley de Faraday, la fuerza electromotriz inducida ε que aparece en una espira se debe a la variación del flujo del campo magnético que la atraviesa:

$$\varepsilon = -\frac{d\Phi}{dt}$$

La fuerza electromotriz inducida es tanto mayor cuanto más rápidamente varíe el flujo magnético y no cuanto más grande sea el flujo.

Cuestión 8.5

a) Enuncie la ley de Faraday-Lenz y razone si con un campo magnético constante puede producirse una fuerza electromotriz inducida en una espira.

b) Un conductor rectilíneo se conecta a un generador de corriente continua durante cierto tiempo y después se desconecta. Cerca del conductor se encuentra una espira. Razone, ayudándose de un esquema, si en algún instante se induce fuerza electromotriz en la espira y explique sus características.

---

a) Los fenómenos de inducción magnética son debidos a la variación del flujo magnético Φ a través de la superficie de un circuito. La ley de Faraday-Lenz establece la relación entre la fuerza electromotriz inducida y la variación del flujo magnético y ofrece una explicación al sentido de la corriente inducida:

$$\varepsilon = -\frac{d\Phi}{dt}$$

De acuerdo con esta ley, el valor de la f.e.m. inducida es igual a la rapidez con que varía el flujo magnético a través de la superficie del circuito. El signo menos nos indica que el sentido de la corriente inducida es tal, que el flujo magnético secundario creado por ella se oponga a la variación de flujo magnético que la ha provocado. Esto es, que si el flujo a través de la espira aumenta (derivada positiva), la f.e.m. inducida es negativa, oponiéndose al aumento; mientras que si el flujo a través de la espira disminuye (derivada negativa), la f.e.m. inducida será positiva, oponiéndose a la disminución.

Como el flujo magnético se define como el producto escalar de los vectores campo $\vec{B}$ y superficie $\vec{S}$:

$$\Phi = \vec{B} \cdot \vec{S} = BS \cos \alpha$$

siendo α el ángulo que forma $\vec{B}$ y $\vec{S}$, vemos que puede cambiar el flujo magnético a pesar de que $\vec{B}$ permanezca constante.

Si el circuito es una espira, la variación del flujo puede deberse a las siguientes causas:

- Que la superficie de la espira cambie, bien por deformación, bien porque cambie la superficie de la espira expuesta al campo, o porque tenga elementos móviles que le permitan tener una sección variable.

- Que varíe el ángulo que forma la superficie de la espira con el campo magnético, al cambiar la orientación entre ellos.

- Que se produzcan a la vez las dos circunstancias anteriores.

b) Se induce una fuerza electromotriz durante el corto intervalo de tiempo que duran la conexión y la desconexión, ya que es durante estos intervalos de tiempo cuando varía el flujo.

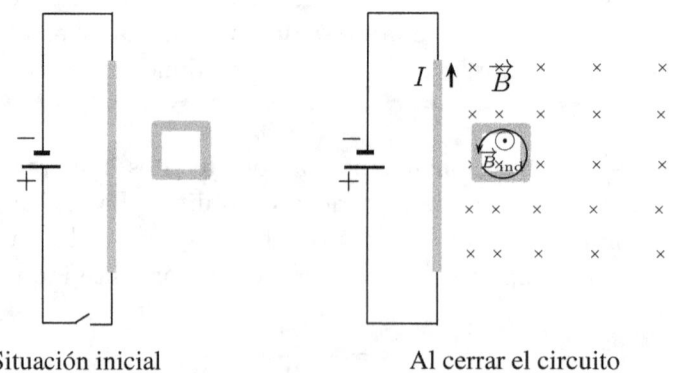

Situación inicial   Al cerrar el circuito

Durante la conexión (al cerrar el circuito), se pasa de una situación inicial en la que no existe flujo a través de la espira porque no circula corriente por el conductor a otra situación en la que existe flujo porque sí circula corriente por él (la corriente eléctrica que pasa por el conductor crea un campo magnético en sus proximidades). La aparición de la corriente inducida se debe a ese aumento del flujo magnético a través de la espira. El sentido de la corriente inducida es tal (sentido antihorario, según la figura), que el campo magnético inducido produce un flujo de sentido contrario al que produce el circuito. Así, el incremento del flujo inicial es contrarrestado por el flujo debido al campo magnético inducido.

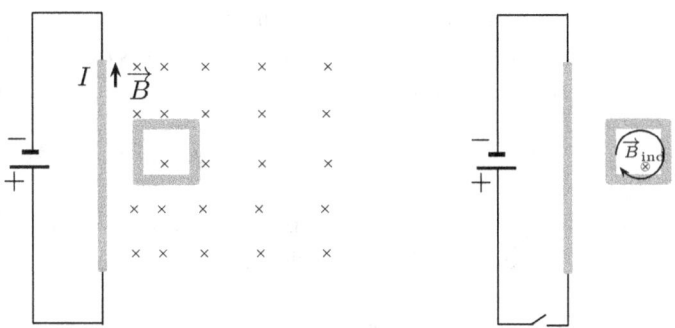

Situación inicial   Al abrir el circuito

Durante la desconexión (al abrir el circuito), se pasa de una situación inicial en la que existe flujo a través de la espira porque circula corriente por el conductor a otra situación en la que no existe flujo porque no circula corriente por él. La aparición de la corriente inducida se debe a esa disminución del flujo magnético a través de la espira. El sentido de la corriente inducida es tal (sentido horario, según la figura), que el campo magnético inducido produce un flujo del mismo sentido del que producía el circuito. Así la disminución del flujo inicial es compensada por el flujo debido al campo magnético inducido.

Cuestión 8.6

a) Explique el funcionamiento de un transformador eléctrico.

b) ¿Se puede transformar la corriente continua? Razone la respuesta.

a) Un transformador eléctrico es un dispositivo basado en el fenómeno de la inducción magnética que sirve para aumentar o disminuir la diferencia de potencial (tensión) de la corriente eléctrica.

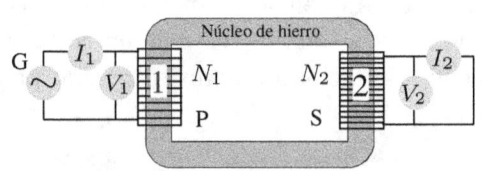

En la figura se representa un transformador elemental. Consta de un núcleo de un material ferromagnético, al que están arrolladas dos bobinas aisladas eléctricamente entre sí. Cuando por una de las bobinas, llamada primario (P), se hace circular una corriente eléctrica variable, en la otra bobina, el secundario (S), se induce una corriente eléctrica que, en general, será de distinta intensidad.

Su funcionamiento es como sigue: la corriente que pasa por el primario crea un campo magnético cuyas líneas de campo, gracias al núcleo ferromagnético, pasan por completo por la bobina del secundario haciendo que exista un flujo magnético a través del secundario. Si la corriente que pasa por el primario es variable, también lo serán el campo magnético que genera y el flujo magnético que atraviesa el secundario, por lo que en este aparecerá una corriente inducida.

Si instalamos sendos voltímetros V_1 y V_2, que nos darán, aproximadamente, la fuerza electromotriz inducida en el circuito primario (de N_1 espiras) y en el secundario (de N_2 espiras), respectivamente, de acuerdo con la ley de Faraday-Lenz:[2]

$$V_1 = -N_1 \frac{d\Phi}{dt} \qquad V_2 = -N_2 \frac{d\Phi}{dt}$$

Como el flujo magnético debe variar del mismo modo en ambas bobinas, pues el flujo que las atraviesa es el mismo, dividiendo miembro a miembro las dos ecuaciones, obtenemos que:

$$\frac{V_2}{V_1} = \frac{N_2}{N_1}$$

Esta expresión significa que la relación entre las d.d.p. entre los extremos del secundario y de la d.d.p. entre los extremos del primario es la misma que la relación entre el número de espiras del secundario y el número de espiras del primario.

Al cociente $\dfrac{N_2}{N_1}$ se le conoce como relación de transformación. Cuando la relación de transformación es mayor que la unidad, la tensión en el secundario es mayor que en el primario, y el transformador se dice que es un elevador de tensión. Si, por el contrario, la relación de transformación es menor que la unidad, la tensión en el secundario será menor que en el primario y el transformador se dice que es un reductor de tensión.

En un transformador ideal, en el que no haya pérdidas de ningún tipo, la potencia suministrada al primario, $P = V_1 I_1$, se transmite íntegramente al secundario, de modo que también se verifica que $P = V_2 I_2$. Si combinamos estas expresiones con la que proporciona la relación entre las tensiones del primario y el secundario, se obtiene la relación de transformación para las intensidades de corriente de ambas bobinas:

$$\frac{I_1}{I_2} = \frac{N_2}{N_1}$$

---

[2]Los arrollamientos del transformador se diseñan de modo que sus resistencias sean muy pequeñas para minimizar pérdidas de energía por efecto Joule; por ello, $\varepsilon \simeq V$.

Un problema en el transporte de energía es la pérdida de energía que se produce porque las líneas de transmisión se calientan (efecto Joule). La potencia disipada P entre los extremos de un conductor de resistencia R es tanto menor cuanto menor sea la intensidad I que pase por él o mayor sea la tensión V entre sus extremos:

$$P = RI^2 = \frac{V^2}{R}$$

El uso de los transformadores hace posible que se pueda transportar la corriente con una tensión alta para que las pérdidas energéticas sean bajas.

b) El fenómeno de la transformación de tensión no se puede aplicar a la corriente continua, ya que no genera campos magnéticos variables y, por ello, no produce corrientes inducidas.

Cuestión 8.7

Comente cada una de las frases siguientes:
a) Comente la siguiente afirmación: si el flujo magnético a través de una espira varía con el tiempo, se induce en ella una fuerza electromotriz.
b) Explique diversos procedimientos para lograr la situación anterior.

---

a) Efectivamente. De acuerdo con la ley de Faraday, la fuerza electromotriz inducida que aparece en una espira se debe a la variación del flujo Φ del campo magnético que la atraviesa:

$$\varepsilon = -\frac{d\Phi}{dt}$$

La fuerza electromotriz inducida es tanto mayor cuanto más rápidamente varíe el flujo magnético. El signo menos nos indica que el sentido de la corriente inducida es tal, que el flujo magnético inducido creado por ella se opone a la variación de flujo magnético que la ha producido. Esto es, que si el flujo a través de la espira aumenta (derivada positiva), la f.e.m. inducida es negativa, oponiéndose al aumento; mientras que si el flujo a través de la espira disminuye (derivada negativa), la f.e.m. inducida será positiva, oponiéndose a la disminución.

b) Los fenómenos de inducción electromagnética se producen por una variación del flujo Φ de un campo magnético $\vec{B}$ a través de la superficie $\vec{S}$ de un circuito. Se define como el producto escalar:

$$\Phi = \vec{B} \cdot \vec{S} = BS\cos\alpha$$

siendo α el ángulo que forma $\vec{B}$ y $\vec{S}$.

Si el circuito es una espira, la variación del flujo puede deberse a que:

- El campo magnético inductor cambie, bien porque varíe con el tiempo o, en el caso de un imán próximo a una espira, que exista un movimiento relativo entre ambos.

- La superficie de la espira varíe. Es el caso de una espira que tiene forma de ⊔ (una varilla que se desplaza sobre las ramas de un conductor en forma de U).

- El ángulo que forma la superficie de la espira varía con respecto al campo, al cambiar la orientación entre ellos. Por ejemplo, si la espira gira alrededor de alguno de sus ejes.

- Se produzca a la vez algunas de las circunstancias anteriores.

Cuestión 8.8

Justifique razonadamente, con la ayuda de un esquema, el sentido de la corriente inducida en una espira en cada uno de los siguientes supuestos:
a) La espira está en reposo y se le acerca, perpendicularmente al plano de la misma, un imán por el polo sur.
b) La espira está penetrando en una región en la que existe un campo magnético uniforme, vertical y hacia arriba, manteniéndose la espira horizontal.

---

a) La corriente inducida que aparece en la espira es debida a la variación del flujo magnético a través de su superficie. Cuando el imán se acerca, el flujo magnético aumenta.

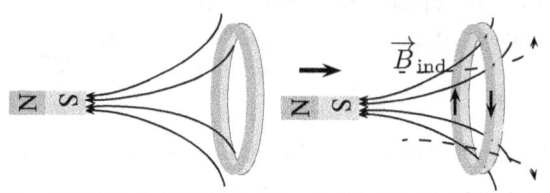

Situación inicial   Imán acercándose

El sentido de la corriente inducida es tal (sentido horario, según la figura), que el campo magnético inducido tiene sentido contrario al campo que genera el imán. Así, el incremento del flujo inicial es contrarrestado por el flujo debido al campo magnético inducido. El sentido de la corriente inducida es tal, que la espira, que se comporta como un imán, ofrece al imán que se acerca su polo sur.

b) La corriente inducida aparece también en este caso por un aumento del flujo magnético que atraviesa la espira. Antes de penetrar en la región, no hay variación de flujo porque no existe campo magnético y, por tanto, no se genera corriente inducida.

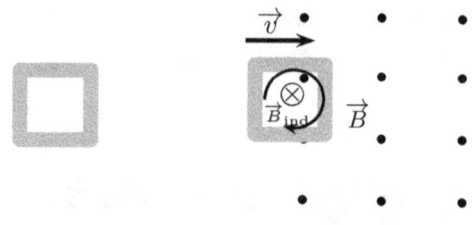

Situación inicial   Espira entrando

Mientras penetra en la región, el flujo aumenta porque aumenta la superficie de la espira expuesta al campo magnético. El sentido de la corriente inducida es tal (sentido horario, según la figura), que el campo magnético inducido tiene sentido contrario al campo que indujo la corriente. Así, el incremento del flujo inicial es contrarrestado por el flujo debido al campo magnético inducido.

Lo sucedido en ambos casos es una consecuencia de la ley de Lenz, que establece que el sentido de la corriente inducida es tal, que el flujo magnético inducido creado por ella se opone a la variación del flujo magnético que lo ha provocado.

Problema 8.9

Una espira de $20\,\mathrm{cm}^2$ se sitúa en un plano perpendicular a un campo magnético uniforme de $0,2\,\mathrm{T}$.
a) Calcule el flujo del campo magnético a través de la espira y explique cómo varía el valor del flujo al girar la espira un ángulo de 60°.
b) Si el tiempo invertido en el giro es de $2 \cdot 10^{-3}\,\mathrm{s}$, ¿cuánto vale la fuerza electromotriz media inducida en la espira? Explique qué habría ocurrido si la espira hubiese girado en sentido contrario.

---

a) Los fenómenos de inducción electromagnética se producen por una variación del flujo Φ de un campo magnético $\vec{B}$ a través de la superficie $\vec{S}$ de un circuito. El flujo se define como el producto escalar de los vectores $\vec{B}$ y $\vec{S}$ y representa el número de líneas de campo magnético que atraviesa la superficie del circuito:

$$\Phi = \vec{B} \cdot \vec{S} = BS \cos \alpha$$

siendo α el ángulo que forma $\vec{B}$ y $\vec{S}$.

En este caso, la variación de flujo es debida a que varía el ángulo que forma el campo con la superficie.

Situación inicial   Situación final

Si llamamos Φ_0 al flujo en la situación inicial, su valor es:

$$\Phi_0 = BS \cos \alpha_0 = 0,2\,\mathrm{T} \cdot 2 \cdot 10^{-3}\,\mathrm{m}^2 \cdot 1 = 4 \cdot 10^{-4}\,\mathrm{Wb}$$

$$\lfloor B = 0,2\,\mathrm{T};\ S = 2 \cdot 10^{-3}\,\mathrm{m}^2;\ \cos \alpha_0 = \cos 0^o = 1 \rfloor$$

Al girar la espira un ángulo de 60°, el flujo disminuye porque el número de líneas de campo que atraviesa la superficie es menor. Su valor, Φ, es:

$$\Phi = BS\cos\alpha = 0,2\,\text{T} \cdot 2 \cdot 10^{-3}\,\text{m}^2 \cdot 0,5 = 2 \cdot 10^{-4}\,\text{Wb}$$

$$\lfloor B = 0,2\,\text{T};\ S = 2 \cdot 10^{-3}\,\text{m}^2;\ \cos\alpha = \cos 60^o = 0,5 \rfloor$$

b) Solo podemos conocer la f.e.m. inducida media y viene dada por la ley de Faraday-Lenz:

$$\varepsilon = -\frac{\Delta\Phi}{\Delta t} = -\frac{-2\cdot 10^{-4}\,\text{Wb}}{2\cdot 10^{-3}\,\text{s}} = 0,1\,\text{V}$$

$$\lfloor \Delta\Phi = \Phi - \Phi_0 = 2\cdot 10^{-4}\,\text{Wb} - 4\cdot 10^{-4}\,\text{Wb} = -2\cdot 10^{-4}\,\text{Wb};\ \Delta t = 2\cdot 10^{-3}\,\text{s} \rfloor$$

En el caso de que la espira hubiese girado en sentido contrario, habría habido la misma variación de flujo y también la misma f.e.m. inducida (da lo mismo que el ángulo en la situación final sea 60° que 300° porque el coseno de esos ángulos es el mismo).

Problema 8.10

El flujo de un campo magnético que atraviesa cada espira de una bobina de 250 vueltas, entre $t = 0$ y $t = 5\,\text{s}$, está dado por la expresión:

$$\Phi(t) = 3\cdot 10^{-3} + 15 \cdot 10^{-3} t^2 \text{ (SI)}$$

a) Deduzca la expresión de la fuerza electromotriz inducida en la bobina en ese intervalo de tiempo y calcule su valor para $t = 5\,\text{s}$.

b) A partir del instante $t = 5\,\text{s}$ el flujo magnético comienza a disminuir linealmente hasta anularse en $t = 10\,\text{s}$. Represente gráficamente la fuerza electromotriz inducida en función del tiempo, entre $t = 0$ y $t = 10\,\text{s}$.

---

a) Los fenómenos de inducción electromagnética se producen por una variación del flujo Φ del campo magnético a través de un circuito (como, por ejemplo, una espira). Si

$$\Phi(t) = 3\cdot 10^{-3} + 15 \cdot 10^{-3} t^2 \text{ Wb}$$

es la ecuación que representa el flujo que atraviesa cada espira en función del tiempo entre los instantes $t = 0$ y $t = 5\,\text{s}$, la ecuación que representa el flujo Φ' que atraviesa la bobina de 250 vueltas (es decir, de 250 espiras) en ese mismo intervalo de tiempo es:

$$\Phi'(t) = 250\Phi(t) = 250\left(3\cdot 10^{-3} + 15\cdot 10^{-3} t^2\right) = 0,75 + 3,75\,t^2 \text{ Wb}$$

Aplicamos la ley de Faraday para calcular la fuerza electromotriz inducida ε en función del tiempo y observamos que varía linealmente con este:

$$\varepsilon = -\frac{d\Phi'}{dt} = -\frac{d(0,75 + 3,75\,t^2)}{dt} = -7,5\,t\,\text{V}$$

Para $t = 5\,\text{s}$, la f.e.m. inducida es:

$$\varepsilon = -7,5 \cdot 5 = -37,5\,\text{V}$$

b) Para representar gráficamente la f.em. inducida en la bobina en función del tiempo, tenemos que tener en cuenta cómo depende del tiempo en los dos tramos:

- Tramo $[0\,\text{s}, 5\,\text{s}]$: ε es una función lineal del tiempo ($\varepsilon = -7,5\,t$). Representaremos una línea recta con cierta pendiente negativa, sabiendo que para $t = 0$, $\varepsilon = 0$ y para $t = 5\,\text{s}$, $\varepsilon = -37,5\,V$.

- Tramo $(5\,\text{s}, 10\,\text{s}]$: ε es constante, ya que el flujo varía linealmente. Representaremos una línea recta horizontal. Para representar la recta, calculamos la fuerza electromotriz inducida media a partir de la variación del flujo en ese intervalo de tiempo:

$$\varepsilon = -\frac{\Delta\Phi}{\Delta t} = -\frac{\Phi_{10} - \Phi_5}{\Delta t} = -\frac{0 - 94,5\,\text{T}}{5\,\text{s}} = 18,9\,\text{V}$$

$$\lfloor \Phi(5) = 0,75 + 3,75 \cdot 5^2 = 94,5\,\text{Wb}; \; \Phi(10) = 0; \; \Delta t = 10\,\text{s} - 5\,\text{s} = 5\,\text{s} \rfloor$$

Elaboramos la siguiente tabla y realizamos la gráfica correspondiente:

$t\,(\text{s})$	$\varepsilon\,(\text{V})$
0	0
5	$-37,5$
$(5,\,10]$	$18,9$

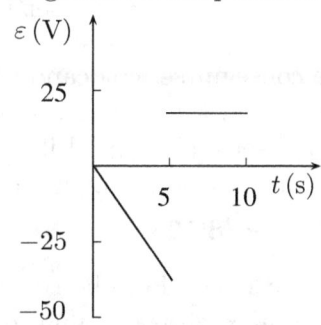

Problema 8.11

Un campo magnético, cuyo módulo viene dado por $B = 2\cos 100t$ (SI), forma un ángulo de 45° con el plano de una espira circular de radio $r = 12\,\text{cm}$.

a) Calcule la fuerza electromotriz inducida en la espira en el instante $t = 2\,\text{s}$.

b) ¿Podría conseguirse que fuera nula la fuerza electromotriz inducida girando la espira? Razone la respuesta.

a) El flujo magnético se define como el producto escalar del campo magnético $\vec{B}$ y la superficie del circuito $\vec{S}$:

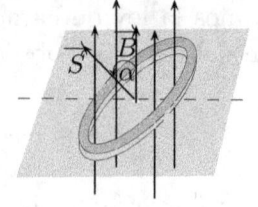

$$\Phi = \vec{B} \cdot \vec{S} = BS\cos\alpha$$

siendo α el ángulo que forman $\vec{B}$ y $\vec{S}$.

El flujo magnético a través de una superficie representa gráficamente el número
de líneas de campo magnético que la atraviesa.

Los fenómenos de inducción electromagnética se producen por una variación del
flujo de un campo magnético a través de la superficie de un circuito. En este caso,
la variación del flujo magnético es debida a que varía el campo magnético.

Expresamos primero el flujo en función del tiempo:

$$\Phi = BS\cos\alpha = 2\cos 100t \cdot 0,045 \cdot \frac{\sqrt{2}}{2} = 0,064\cos 100t \,\text{Wb}$$

$$\left| B = 2\cos 100t\,\text{T}; \ S = \pi r^2 = \pi\,(0,12\,\text{m})^2 = 0,045\,\text{m}^2;\ \cos 45^o = \frac{\sqrt{2}}{2} \right|$$

Aplicamos la ley de Faraday para calcular la fuerza electromotriz inducida ε:

$$\varepsilon = -\frac{d\Phi}{dt} = -\frac{d(0,064\cos 100t)}{dt} = 6,4\,\text{sen}\,100t\,\text{V}$$

Para $t = 2$ s, la f.e.m. inducida vale:

$$\varepsilon = 6,4\,\text{sen}\,(100 \cdot 2)\,\text{V} = -5,6\,\text{V}$$

b) Sí puede conseguirse, colocando la espira paralela al campo. De esta forma,
las líneas de campo, tangentes al vector campo en cada punto, no atravesarían la
espira y el flujo sería cero. Si el flujo es en todo momento cero, no hay variación
del flujo y la fuerza electromotriz inducida es nula.

Problema 8.12

Una espira de 10 cm de radio se coloca en un campo magnético uniforme de
0, 4 T y se la hace girar con una frecuencia de 20 Hz. En el instante inicial el
plano de la espira es perpendicular al campo.
a) Escriba la expresión del flujo magnético que atraviesa la espira en función
del tiempo y determine el valor máximo de la f.e.m. inducida.
b) Explique cómo cambiarían los valores máximos del flujo magnético y de
la f.e.m. inducida si se duplicase el radio de la espira. ¿Y si se duplicara la
frecuencia de giro?

a) El flujo magnético se define como el producto escalar del campo magnético $\vec{B}$ y la superficie del circuito $\vec{S}$:

$$\Phi = \vec{B} \cdot \vec{S} = BS \cos \alpha$$

siendo α el ángulo que forman $\vec{B}$ y $\vec{S}$.

El flujo magnético a través de una superficie representa gráficamente el número de líneas de campo magnético que la atraviesa.

Los fenómenos de inducción electromagnética se producen por una variación del flujo de un campo magnético a través de la superficie de un circuito. En este caso, la variación del flujo es debida a que varía la orientación de la superficie de la espira con respecto al campo magnético.

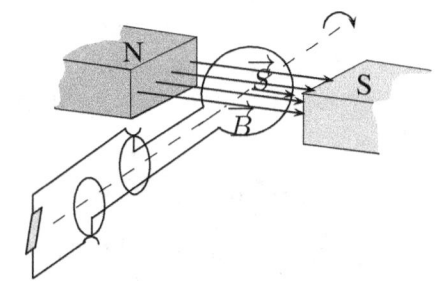

Sea α_0 el ángulo que forma $\vec{B}$ con $\vec{S}$ en la situación inicial, en el instante $t = 0$, y α, el ángulo que forma $\vec{B}$ con $\vec{S}$ en otra situación, en el instante t. Si llamamos ω (rad/s) a la velocidad angular con que gira la espira, el flujo en cada instante es:

$$\Phi = BS \cos \alpha = BS \cos(\alpha_0 + \omega t) = BS \cos \omega t$$

$$\lfloor \alpha = \alpha_0 + \omega t; \; \alpha_0 = 0 \, \text{rad} \rfloor$$

Sustituimos en la ecuación los datos del problema:

$$\Phi = BS \cos \omega t = 0,4 \cdot 0,0314 \cos 40\pi t = 0,0126 \cos 40\pi t \, \text{Wb}$$

$$\lfloor B = 0,4 \, T; \; S = \pi r^2 = 0,0314 \, \text{m}^2; \; \omega = 2\pi\nu = 2\pi \cdot 20 \, \text{Hz} = 40\pi \, \text{rad/s} \rfloor$$

Calculamos la fuerza electromotriz inducida hallando la derivada del flujo con respecto al tiempo, con el signo cambiado (ley de Faraday-Lenz):

$$\varepsilon = -\frac{d\Phi}{dt} = -\frac{d(0,0126 \cos 40\pi t)}{dt} = 1,6 \, \text{sen} \, 40\pi t \, \text{V}$$

Observamos que la f.e.m. inducida es una función armónica del tiempo. Su valor máximo absoluto se llama fuerza electromotriz inducida máxima ε_0 y se alcanza en los instantes en los que la función $\text{sen} \, 40\pi t$ sea máxima o mínima, es decir, cuando su valor sea ± 1:

$$\varepsilon_0 = 1,6 \, \text{V}$$

En esos instantes el generador suministra una energía de $1,6 \, \text{J}$ a cada culombio de carga que pasa por el circuito.

b) Los valores máximos del flujo y de la f.e.m. inducida máxima, Φ_0 y ε_0, respectivamente, en función del radio de la espira son:

$$\Phi_0 = BS = B\pi r^2 \qquad \varepsilon_0 = BS\omega = \pi r^2 B\omega$$

Observamos que ambos valores dependen del radio de la espira al cuadrado. Por tanto, si duplica el radio, sus valores serán cuatro veces mayores que el que tenían inicialmente.

También observamos que solo la f.e.m. inducida máxima depende de la velocidad angular. Como la frecuencia de giro y la velocidad angular son directamente proporcionales (la primera representa las vueltas por segundo y la segunda, los radianes por segundo), si se duplica la frecuencia de giro, se duplicará la f.e.m. inducida máxima.

Problema 8.13

Una espira cuadrada, de 30 cm de lado, se mueve con una velocidad constante de 10 m/s y penetra en un campo magnético de 0, 05 T perpendicular al plano de la espira.

a) Explique, razonadamente, qué ocurre en la espira desde que comienza a entrar en la región del campo hasta que toda ella está en el interior del campo. ¿Qué ocurriría si la espira, una vez en el interior del campo, saliera del mismo?

b) Calcule la fuerza electromotriz inducida en la espira mientras está entrando en el campo.

---

a) La corriente inducida aparece como consecuencia de una variación del flujo magnético a través de la espira. Antes de entrar en el campo (posición a), no hay variación del flujo porque no hay flujo a través de la espira y, por tanto, no se genera corriente inducida; desde que comienza a entrar (posición b), el flujo aumenta y se genera una corriente inducida cuyo sentido es tal (sentido horario, según la figura), que el campo magnético inducido tiene sentido contrario al campo que indujo la corriente para así contrarrestar el aumento del flujo a través de la espira; mientras que está en el campo (posición c), no varía el flujo y no se genera corriente inducida; desde que comienza a salir del campo (posición d), el flujo disminuye y el sentido de la corriente inducida es tal (sentido antihorario, según la figura), que el campo magnético inducido tiene el mismo sentido que el campo que indujo la corriente para así compensar la disminución del flujo; por último, después de abandonar el campo (posición e), no hay variación del flujo magnético porque tampoco hay ahora flujo, y no se genera corriente inducida.

Lo sucedido es una consecuencia de la ley de Lenz, que establece que el sentido de la corriente inducida es tal, que el flujo magnético inducido creado por ella se opone a la variación de flujo magnético que la ha provocado.

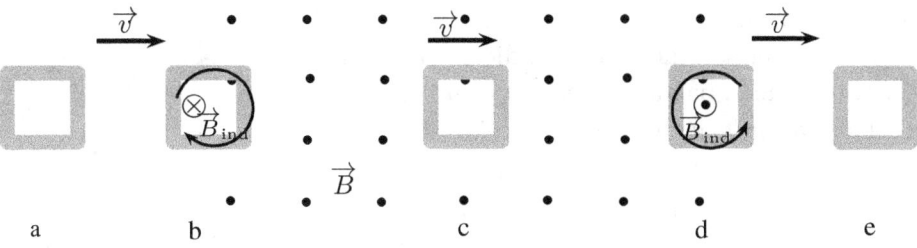

a   b   c   d   e

b) Los fenómenos de inducción electromagnética se producen por una variación del flujo Φ del campo magnético, que se define como:

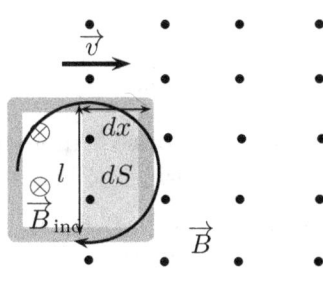

$$\Phi = \overrightarrow{B} \cdot \overrightarrow{S} = BS \cos \alpha$$

siendo α el ángulo que forma el vector campo $\overrightarrow{B}$ y el vector superficie $\overrightarrow{S}$.

En este caso, la variación del flujo es debida a que varía la superficie de la espira expuesta al campo. Teniendo en cuenta que $\alpha = 0^o$, el diferencial de flujo $d\Phi$ es:

$$d\Phi = B\, dS = Bl\, dx \quad \lfloor dS = l\, dx \rfloor$$

La fuerza electromotriz inducida viene dada por la ley de Faraday-Lenz:

$$\varepsilon = -\frac{d\Phi}{dt} = -\frac{Bl\, dx}{dt} = -Bl\frac{dx}{dt} = -Blv = -0,05\,\text{T} \cdot 0,3\,\text{m} \cdot 10\,\text{m/s} = -0,15\,\text{V}$$

$$\left\lfloor v = \frac{dx}{dt}; \; l = 0,3\,\text{m}; \; v = 10\,\text{m/s} \right\rfloor$$

Problema 8.14

Una barra de cobre de 100 g y 20 cm de longitud se halla sobre una mesa horizontal de material aislante. El coeficiente de rozamiento entre la mesa y la barra es de 0,2.

a) Si se hace pasar por la barra una corriente de 10 A, ¿cuál es el campo magnético mínimo que se ha de aplicar verticalmente para que deslice la barra?

b) Si la barra se moviese sobre la mesa con una velocidad de 30 m/s, ¿qué fuerza electromotriz se induciría en ella suponiendo aplicado el campo magnético anterior?

$g = 10\,\text{m/s}^2$.

a) En la figura representamos la barra de cobre que se encuentra en una región en la que existe un campo magnético $\vec{B}$ y por la que circula una corriente de intensidad I en el sentido que se indica. Suponemos que queremos que la barra comience a deslizarse hacia la derecha gracias a la fuerza magnética $\vec{F}_{\mathrm{m}}$. Para ello, debe superar la fuerza de rozamiento $\vec{F}_{\mathrm{roz}}$.

Calculamos la fuerza magnética mínima a partir de la cual comienza a deslizarse. El módulo de la fuerza magnética mínima debe ser igual al módulo de la fuerza de rozamiento:

$$F_{\mathrm{m}} = F_{\mathrm{roz}} = \mu mg = 0,2 \cdot 0,1\,\mathrm{kg} \cdot 10\,\mathrm{m/s^2} = 0,2\,\mathrm{N}$$

Calculamos ahora el módulo del campo magnético mínimo a partir del cual comenzará a deslizarse la barra:

De acuerdo con la primera ley de Laplace, la fuerza magnética que actúa sobre la barra es máxima cuando el ángulo que forman $\vec{L}$ y $\vec{B}$ es de $90^{\,o}$, como ocurre en este caso:

$$F_{\mathrm{m}} = ILB\,\mathrm{sen}\,\alpha = ILB$$

$$\lfloor \mathrm{sen}\,\alpha = \mathrm{sen}\,90^{o} = 1 \rfloor$$

Para que la fuerza magnética se dirija hacia la derecha, el sentido del campo magnético debe ser tal, que se cumpla la regla del tornillo: que el sentido de la fuerza sea el del avance de un tornillo que hiciera coincidir $\vec{L}$ (vector longitud del conductor cuyo módulo es la longitud del conductor; de dirección, la del conductor; y de sentido, el de la corriente) sobre $\vec{B}$ por el camino más corto. Para ello, $\vec{B}$ debe salir perpendicular desde la mesa.

Despejamos B de la expresión anterior y calculamos su valor:

$$B = \frac{F_{\mathrm{m}}}{IL} = \frac{0,2\,\mathrm{N}}{10\,\mathrm{A} \cdot 0,2\,\mathrm{m}} = 0,1\,\mathrm{T}$$

$$\lfloor F_{\mathrm{m}} = 0,2\,\mathrm{N};\ L = 20\,\mathrm{cm} = 0,2\,\mathrm{m};\ I = 10\,\mathrm{A} \rfloor$$

b) En la figura representamos la barra de cobre en otra situación. En este caso, se desliza con velocidad constante hacia la derecha. Sobre los electrones de la barra de cobre, actúa la fuerza de Lorentz $\vec{F}_{\mathrm{m}}$ perpendicular a $\vec{v}$ y $\vec{B}$, y de sentido hacia arriba —mirando frontalmente el plano donde se desliza la barra— (contrario al del avance de un tornillo que hiciera coincidir $\vec{v}$ sobre $\vec{B}$ por el camino más corto).

Como consecuencia de esta fuerza, los electrones se mueven hacia arriba originando una separación de carga, esto es, un campo eléctrico, de manera que se acumula carga negativa en el extremo de arriba. Debido a este campo, sobre el electrón actúa una fuerza eléctrica contraria $\vec{F}_e$ dirigida hacia el extremo de abajo, el polo positivo, que va creciendo tanto más cuanto más grande sea la carga acumulada en los extremos. Cuando el módulo de la fuerza eléctrica iguala al módulo de la fuerza magnética, el movimiento de los electrones cesa. Esta situación de equilibrio permanece mientras la velocidad no varíe.

De la condición de equilibrio $F_e = F_m$ podemos determinar el módulo del campo eléctrico que se crea:

$$qE = qvB \Rightarrow E = vB$$

Como el campo eléctrico es constante, el valor absoluto de la diferencia de potencial ΔV entre los extremos del conductor, que coincide con la fuerza electromotriz inducida ε si la resistencia es despreciable, está relacionado con el campo eléctrico mediante la expresión $\Delta V = EL$, siendo L la longitud del conductor. Por tanto:

$$\varepsilon = BLv = 0,1\,\text{T} \cdot 0,2\,\text{m} \cdot 30\,\text{m/s} = 0,6\,\text{V}$$

$$\lfloor \Delta V = \varepsilon;\ E = vB \rfloor$$

La fuerza electromotriz se mantiene constante mientras la velocidad no varíe y es tanto mayor cuanto más rápido se desplace el conductor.

Problema 8.15

Una espira cuadrada de 5 cm de lado se encuentra en el interior de un campo magnético uniforme, de dirección normal al plano de la espira y de intensidad variable con el tiempo: $B = 2t^2\,\text{T}$.
a) Deduzca la expresión del flujo magnético a través de la espira en función del tiempo.
b) Represente gráficamente la fuerza electromotriz inducida en función del tiempo y calcule su valor para $t = 4\,\text{s}$.

a) El flujo magnético se define como el producto escalar del campo magnético $\vec{B}$ y la superficie del circuito $\vec{S}$:

$$\Phi = \vec{B} \cdot \vec{S} = BS \cos \alpha$$

siendo α el ángulo que forman $\vec{B}$ y $\vec{S}$. El flujo magnético a través de una superficie representa gráficamente el número de líneas de campo magnético que la atraviesa.

Los fenómenos de inducción electromagnética se producen por una variación del flujo de un campo magnético a través de la superficie de un circuito. En este caso, la variación del flujo magnético es debida a que varía el campo magnético.

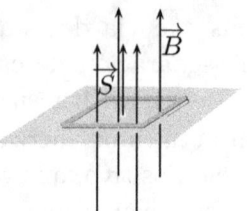

Expresamos el flujo en función del tiempo:

$$\Phi = BS\cos\alpha = 2\,t^2 \cdot 2,5\cdot 10^{-3}\cdot 1 = 5\cdot 10^{-3}t^2\,\text{Wb}$$

$$\lfloor B = 2\,t^2\,\text{T};\ S = l^2 = (0,05\,\text{m})^2 = 2,5\cdot 10^{-3}\,\text{m}^2;\ \cos 0^o = 1\rfloor$$

b) Aplicamos la ley de Faraday para calcular la fuerza electromotriz inducida ε en función del tiempo:

$$\varepsilon = -\frac{d\Phi}{dt} = -\frac{d(5\cdot 10^{-3}t^2)}{dt} = -0,01t\,\text{V}$$

Observamos que la f.e.m. inducida varía linealmente con el tiempo.

Elaboramos una tabla dándole valores a t en la que incluimos $t = 4\,\text{s}$, instante en el que $\varepsilon = -0,04\,\text{V}$, y representamos gráficamente la f.e.m. inducida en los primeros 6 s:

$t\,(\text{s})$	$\varepsilon\,(\text{V})$
0	0
2	$-0,02$
4	$-0,04$
6	$-0,06$

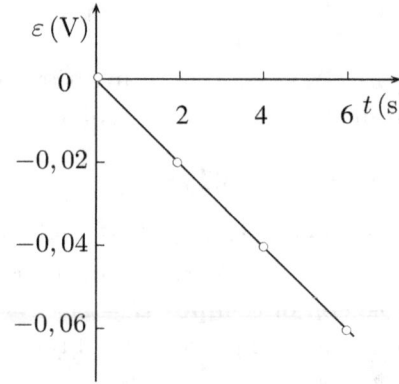

Problema 8.16

Una espira cuadrada de 10 cm de lado, inicialmente horizontal, gira a 1200 revoluciones por minuto, en torno a uno de sus lados, en un campo magnético uniforme de 0, 2 T, de dirección vertical.

a) Calcule el valor máximo de la fuerza electromotriz inducida en la espira y represente, en función del tiempo, el flujo magnético a través de la espira y la fuerza electromotriz inducida.

b) ¿Cómo se modificaría la fuerza electromotriz inducida en la espira si se redujera la velocidad de rotación a la mitad? ¿Y si se invirtiera el sentido del campo magnético?

a) El flujo magnético se define como el producto escalar del campo magnético $\vec{B}$ y la superficie del circuito $\vec{S}$:

$$\Phi = \vec{B} \cdot \vec{S} = BS \cos \alpha$$

siendo α el ángulo que forman $\vec{B}$ y $\vec{S}$.

El flujo magnético a través de una superficie representa gráficamente el número de líneas de campo magnético que la atraviesa.

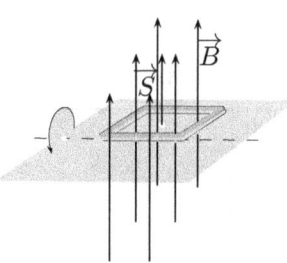

Los fenómenos de inducción electromagnética se producen por una variación del flujo de un campo magnético a través de la superficie de un circuito. En este caso, la variación del flujo es debida a que varía la orientación de la superficie de la espira con respecto al campo magnético.

Sea α_0 el ángulo que forma $\vec{B}$ con $\vec{S}$ en la situación inicial, en el instante $t = 0$, y α, el ángulo que forma $\vec{B}$ con $\vec{S}$ en otra situación, en el instante t. Si llamamos ω (rad/s) a la velocidad angular con que gira la espira, el flujo en cada instante es:

$$\Phi = BS \cos \alpha = BS \cos(\alpha_0 + \omega t) = BS \cos \omega t$$

$$\lfloor \alpha = \alpha_0 + \omega t; \; \alpha_0 = 0 \, \text{rad} \rfloor$$

Sustituimos en la ecuación los datos del problema:

$$\Phi = BS \cos \omega t = 0,2 \cdot 0,01 \cos 40\pi t = 2 \cdot 10^{-3} \cos 40\pi t \, \text{Wb}$$

$$\lfloor B = 0,2 \, \text{T}; \; S = l^2 = 0,01 \, \text{m}^2; \; \omega = 2\pi\nu = 2\pi \cdot 20 \, \text{Hz} = 40\pi \, \text{rad/s} \rfloor$$

$$\left\lfloor \left\lfloor \nu = 1200 \frac{\text{rev}}{\text{min}} \cdot \frac{1 \, \text{min}}{60 \, \text{s}} = 20 \frac{\text{rev}}{\text{s}} = 20 \, \text{Hz} \right\rfloor \right\rfloor$$

Calculamos la fuerza electromotriz inducida hallando la derivada del flujo con respecto al tiempo, con el signo cambiado (ley de Faraday-Lenz):

$$\varepsilon = -\frac{d\Phi}{dt} = -\frac{d(2 \cdot 10^{-3} \cos 40\pi t)}{dt} = 0,25 \, \text{sen} \, 40\pi t \, \text{V}$$

Observamos que la f.e.m. inducida es una función armónica del tiempo. Su valor máximo absoluto se llama fuerza electromotriz inducida máxima ε_0 y se alcanza en los instantes en los que la función $\text{sen} \, 40\pi t$ sea máxima o mínima, es decir, cuando su valor sea ± 1:

$$\varepsilon_0 = 0,25 \, \text{V}$$

En esos instantes el generador suministra una energía de $0,25$ J a cada culombio de carga que pasa por el circuito.

Representamos las gráficas Φ-t y ε-t durante un periodo, de valor $T = \dfrac{1}{\nu} = \dfrac{1}{20\,\text{Hz}} = 0,05\,\text{s}$:

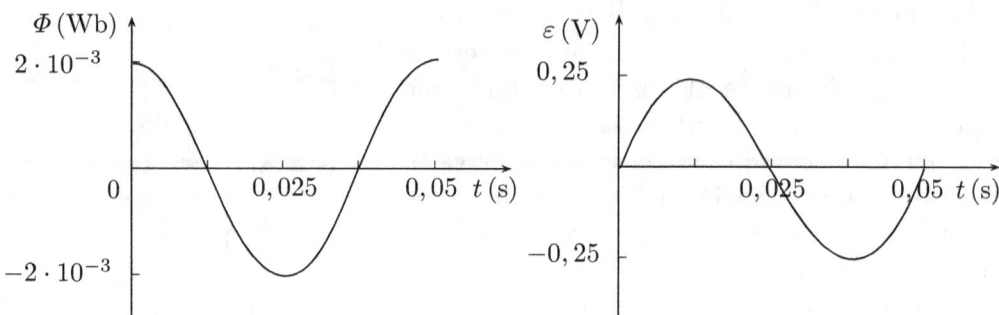

Las funciones Φ y ε están desfasadas $\pi/2$ rad. Así, como se observa en las gráficas, cuando el flujo disminuye desde su valor máximo absoluto hasta cero, la f.e.m. inducida aumenta desde cero hasta su valor máximo absoluto, y viceversa.

b) La fuerza electromotriz inducida en función del tiempo es:

$$\varepsilon = -\frac{d\Phi}{dt} = -\frac{d(BS\cos\omega t)}{dt} = BS\,\omega\,\text{sen}\,\omega t = \varepsilon_0\,\text{sen}\,\omega t$$

Su valor máximo absoluto $\varepsilon_0 = BS\,\omega$ es directamente proporcional a la velocidad angular. Por tanto, si se reduce a la mitad la velocidad angular, se reducirá también a la mitad la f.e.m. inducida.

Si cambia el sentido del campo, $\alpha_0 = \pi$ rad. Entonces:

$$\Phi = 2\cdot 10^{-3}\cos\left(40\pi t + \pi\right) = -2\cdot 10^{-3}\cos 40\pi t\,\text{Wb}$$

Y la f.e.m. inducida vale:

$$\varepsilon = 0,25\,\text{sen}\,(\omega t + \pi) = -0,25\,\text{sen}\,\omega t\,\text{V}$$

Si en la anterior situación el flujo comienza disminuyendo al mismo tiempo que la f.e.m. inducida aumenta, ahora ocurre lo contrario, el flujo comienza aumentado al mismo tiempo que la f.e.m. inducida disminuye.[3]

---

[3]Si consideramos valores máximo absolutos, las dos situaciones son idénticas: comienza el flujo disminuyendo desde su valor máximo absoluto hasta cero, al tiempo que la f.e.m. inducida aumenta desde cero hasta su valor máximo absoluto.

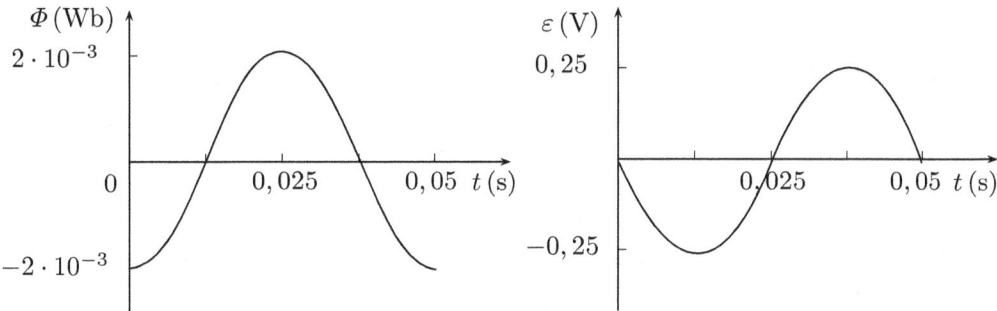

Una espira circular de 45 mm de radio está situada perpendicularmente a un campo magnético uniforme. Durante un intervalo de tiempo de $120 \cdot 10^{-3}$ s el valor del campo aumenta linealmente de 250 mT a 310 mT.

a) Escriba la expresión del flujo magnético instantáneo que atraviesa la espira durante dicho intervalo y calcule la fuerza electromotriz inducida en la espira.

b) Dibuje en un esquema el campo magnético y el sentido de la corriente inducida en la espira. Explique el razonamiento seguido.

a) El flujo magnético se define como el producto escalar del campo magnético $\vec{B}$ y la superficie del circuito $\vec{S}$:

$$\Phi = \vec{B} \cdot \vec{S} = BS \cos \alpha$$

siendo α el ángulo que forman $\vec{B}$ y $\vec{S}$.

El flujo magnético a través de una superficie representa gráficamente el número de líneas de campo magnético que la atraviesa.

Los fenómenos de inducción electromagnética se producen por una variación del flujo de un campo magnético a través de la superficie de un circuito. En este caso, la variación del flujo magnético es debida a que varía el campo magnético.

El flujo magnético instantáneo durante el tiempo que dura la variación del campo varía linealmente, puesto que la intensidad de campo varía de la misma manera. Como la espira está situada perpendicularmente al campo, $\vec{B}$ y $\vec{S}$ forman un ángulo de 0° y en cada instante el flujo es el máximo para el valor que la intensidad de campo tiene en ese instante:

$$\Phi = BS$$

Por tanto, los valores del flujo para $t = 0$ (Φ_0) y $t = 120 \cdot 10^{-3}$ s (Φ) son:

$$\Phi_0 = B_0 \cdot S = 0,25\,\text{T} \cdot 6,4 \cdot 10^{-3}\,\text{m}^2 = 1,6 \cdot 10^{-3}\,\text{Wb}$$

$$\Phi = B \cdot S = 0,31 \,\text{T} \cdot 6,4 \cdot 10^{-3} \,\text{m}^2 = 2,0 \cdot 10^{-3} \,\text{Wb}$$

$$\lfloor B_0 = 0,25 \,\text{T}; \; B = 0,31 \,\text{T}; \; S = \pi r^2 = 3,14 \,(0,045 \,\text{m})^2 = 6,4 \cdot 10^{-3} \,\text{m}^2 \rfloor$$

La ecuación instantánea del flujo la expresamos de la forma $y = mx + b$ (ecuación de una recta de la forma punto-pendiente):

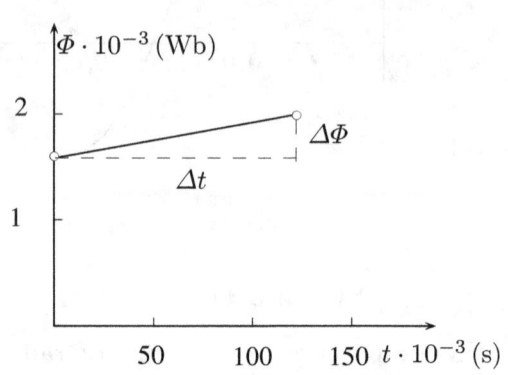

- Calculamos la ordenada en el origen:

$$b = \Phi_0 = 1,6 \cdot 10^{-3} \,\text{Wb}$$

- Calculamos la pendiente m:

$$m = \frac{\Phi - \Phi_0}{\Delta t} = \frac{2,0 \cdot 10^{-3} \,\text{Wb} - 1,6 \cdot 10^{-3} \,\text{Wb}}{120 \cdot 10^{-3} \,\text{s}} = 3,3 \cdot 10^{-3} \,\text{V}$$

La ecuación es:

$$\Phi = 1,6 \cdot 10^{-3} + 3,3 \cdot 10^{-3} t \,\text{Wb}$$

Calculamos ahora la fuerza electromotriz inducida mediante la ley de Faraday-Lenz:

$$\varepsilon = -\frac{d\Phi}{dt} = -\frac{d(1,6 \cdot 10^{-3} + 3,3 \cdot 10^{-3} t)}{dt} = -3,3 \cdot 10^{-3} \,\text{V} = -3,3 \,\text{mV}$$

b) La corriente inducida aparece como consecuencia de un aumento del flujo magnético que atraviesa la espira al aumentar el valor del campo magnético. El sentido de la corriente inducida es tal (sentido horario, según la figura), que el campo magnético inducido tiene sentido contrario al campo que indujo la corriente. Así, el incremento del flujo inicial es contrarrestado por el flujo debido al campo magnético inducido.

Lo sucedido es una consecuencia de la ley de Faraday-Lenz, que establece que la variación del flujo magnético produce una corriente inducida y que su sentido es tal, que el flujo magnético inducido creado por ella se opone a la variación del flujo magnético que lo ha provocado.

Situación inicial

Al aumentar el campo

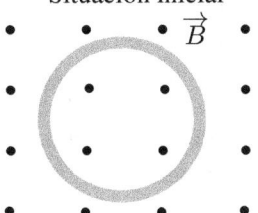

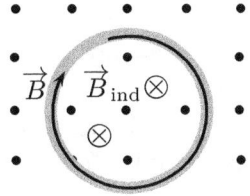

Problema 8.18

Una espira circular de 5 cm de radio, inicialmente horizontal, gira a 60 rpm en torno a uno de sus diámetros en un campo magnético vertical de 0,2 T.

a) Dibuje en una gráfica el flujo magnético a través de la espira en función del tiempo entre los instantes $t = 0$ s y $t = 2$ s e indique el valor máximo de dicho flujo.

b) Escriba la expresión de la fuerza electromotriz inducida en la espira en función del tiempo e indique su valor en el instante $t = 1$ s.

a) El flujo magnético se define como el producto escalar del campo magnético $\vec{B}$ y la superficie del circuito $\vec{S}$:

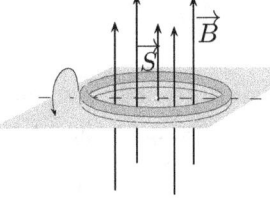

$$\Phi = \vec{B} \cdot \vec{S} = BS \cos \alpha$$

siendo α el ángulo que forman $\vec{B}$ y $\vec{S}$.

El flujo magnético a través de una superficie representa gráficamente el número de líneas de campo magnético que la atraviesa.

Los fenómenos de inducción electromagnética se producen por una variación del flujo de un campo magnético a través de la superficie de un circuito. En este caso, la variación del flujo es debida a que varía la orientación de la superficie de la espira con respecto al campo magnético.

Sea α_0 el ángulo que forma $\vec{B}$ con $\vec{S}$ en la situación inicial, en el instante $t = 0$, y α, el ángulo que forma $\vec{B}$ con $\vec{S}$ en otra situación, en el instante t. Si llamamos ω (rad/s) a la velocidad angular de la espira, el flujo en cada instante es:

$$\Phi = BS \cos \alpha = BS \cos \omega t = BS \cos(\alpha_0 + \omega t) = BS \cos \omega t$$

$$\lfloor \alpha = \alpha_0 + \omega t; \ \alpha_0 = 0 \, \text{rad} \rfloor$$

Sustituimos en la ecuación los datos del problema:

$$\Phi = BS \cos \omega t = 0,2 \cdot 7,85 \cdot 10^{-3} \cos 2\pi t = 1,6 \cdot 10^{-3} \cos 2\pi t \, \text{Wb}$$

$$\lfloor B = 0,2\,\text{T};\ S = \pi r^2 = \pi(0,05\,\text{m})^2 = 7,85 \cdot 10^{-3}\,\text{m}^2;\ \omega = 2\pi\,\text{rad/s}\rfloor$$

$$\left\lfloor\left\lfloor \omega = 60\,\frac{\text{rev}}{\text{min}} \cdot \frac{1\,\text{min}}{60\,\text{s}} \cdot \frac{2\pi\,\text{rad}}{1\,\text{rev}} = 2\pi\,\text{rad/s} \right\rfloor\right\rfloor$$

El valor máximo absoluto del flujo se alcanza en los instantes en los que la función $\cos 2\pi t$ sea máxima o mínima, es decir, cuando su valor sea ± 1.

La representación gráfica de la función $\Phi = 1,6 \cdot 10^{-3} \cos 2\pi t$ durante los primeros $2\,\text{s}$ es la que aparece en la figura. Puesto que en cada segundo la espira gira una vuelta y el flujo cambia de sentido dos veces, en dos segundos el flujo cambiará de sentido cuatro veces:

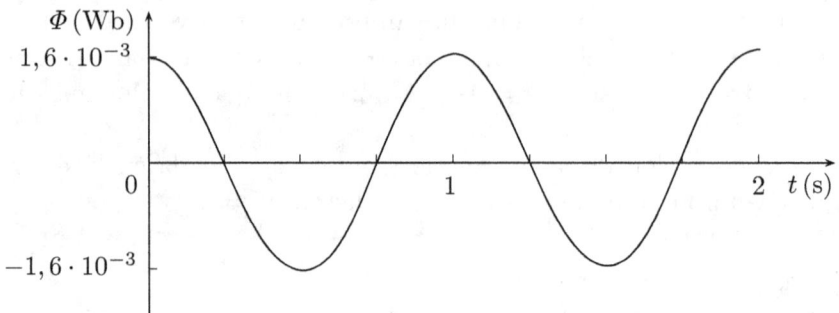

b) Calculamos la fuerza electromotriz inducida hallando la derivada del flujo con respecto al tiempo, con el signo cambiado (ley de Faraday-Lenz):

$$\varepsilon = -\frac{d\Phi}{dt} = -\frac{d(1,6 \cdot 10^{-3} \cos 2\pi t)}{dt} = 0,01\,\text{sen}\,2\pi t\ \text{V}$$

Observamos que la f.e.m. inducida es una función armónica del tiempo.

Para $t = 1\,\text{s}$, la f.e.m. inducida vale:

$$\varepsilon = 0,01\,\text{sen}\,2\pi \cdot 1 = 0\,\text{V}$$

Problema 8.19

Una espira circular de $0,5\,\text{m}$ de radio está situada en una región en la que existe un campo magnético, perpendicular a su plano, cuya intensidad varía de $0,3$ a $0,4\,\text{T}$ en $0,12\,\text{s}$.

a) Dibuje en un esquema la espira, el campo y el sentido de la corriente inducida y explique sus características.

b) Calcule la fuerza electromotriz inducida en la espira y razone cómo cambiaría dicha fuerza electromotriz si la intensidad del campo disminuyese en lugar de aumentar.

a) El flujo magnético se define como el producto escalar del campo magnético $\vec{B}$ y la superficie del circuito $\vec{S}$:

$$\Phi = \vec{B} \cdot \vec{S} = BS \cos \alpha$$

siendo α el ángulo que forman $\vec{B}$ y $\vec{S}$.

El flujo magnético a través de una superficie representa gráficamente el número de líneas de campo magnético que la atraviesa.

Los fenómenos de inducción electromagnética se producen por una variación del flujo de un campo magnético a través de la superficie de un circuito. En este caso, la variación del flujo magnético es debida a que varía el campo magnético.

La corriente inducida aparece como consecuencia de un aumento del flujo magnético que atraviesa la espira al aumentar el valor del campo magnético desde $0,3\,\mathrm{T}$ a $0,4\,\mathrm{T}$. El sentido de la corriente inducida es tal (sentido horario, según la figura), que el campo magnético inducido tiene sentido contrario al campo que indujo la corriente. Así, el incremento del flujo inicial es contrarrestado por el flujo debido al campo magnético inducido.

Lo sucedido es una consecuencia de la ley de Faraday-Lenz, que establece que la variación del flujo magnético produce una corriente inducida y que su sentido es tal, que el flujo magnético inducido creado por ella se opone a la variación del flujo magnético que lo ha provocado.

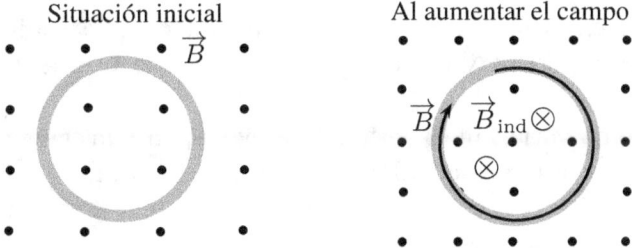

b) Solo podemos conocer la fuerza electromotriz inducida media, pues no se conoce la función que establece la variación del flujo con el tiempo. De acuerdo con la la ley de Faraday-Lenz:

$$\varepsilon = -\frac{\Delta\Phi}{\Delta t} = -\frac{0,079\,\mathrm{Wb}}{0,12\,\mathrm{s}} = -0,66\,\mathrm{V}$$

$$\lfloor \Delta\Phi = \Phi - \Phi_0 = BS - B_0 S = (B - B_0)S = (0,4\,\mathrm{T} - 0,3\,\mathrm{T})\,0,79\,\mathrm{m}^2 = 0,079\,\mathrm{Wb} \rfloor$$

$$\lfloor\lfloor B_0 = 0,3\,\mathrm{T};\ B = 0,4\,\mathrm{T};\ S = \pi r^2 = \pi\,(0,5\,\mathrm{m})^2 = 0,79\,\mathrm{m}^2 \rfloor\rfloor$$

Si el valor del campo disminuye en lugar de aumentar, la corriente inducida aparece ahora como consecuencia de una disminución del flujo magnético que atraviesa la espira al disminuir el valor del campo magnético. El sentido de la corriente inducida será tal (sentido antihorario, según la figura), que el campo magnético inducido tenga el mismo sentido que el campo que indujo la corriente. Así, la disminución del flujo inicial es compensado por el flujo debido al campo magnético inducido.

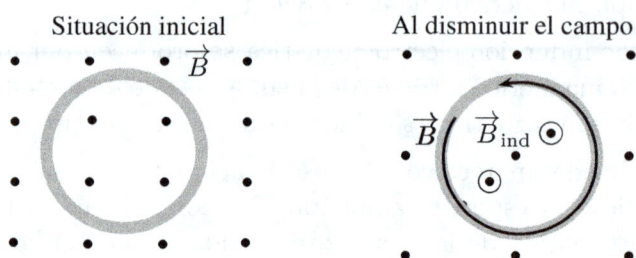

Situación inicial   Al disminuir el campo

Problema 8.20

Cuando una espira circular, situada en un campo magnético uniforme de 2 T, gira con velocidad angular constante en torno a uno de sus diámetros perpendicular al campo, la fuerza electromotriz inducida es:

$$\varepsilon(t) = -10 \operatorname{sen} 20\,t \text{ (SI)}$$

a) Deduzca la expresión de la f.e.m. inducida en una espira que gira en las condiciones descritas y calcule el diámetro de la espira y su periodo de revolución.

b) Explique cómo variarían el periodo de revolución y la fuerza electromotriz inducida máxima si la velocidad angular fuese la mitad.

---

a) El flujo magnético se define como el producto escalar del campo magnético $\vec{B}$ y la superficie del circuito $\vec{S}$:

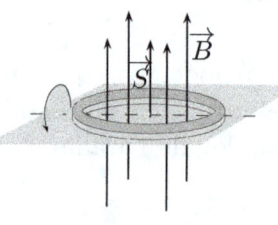

$$\Phi = \vec{B} \cdot \vec{S} = BS \cos \alpha$$

siendo α el ángulo que forman $\vec{B}$ y $\vec{S}$.

El flujo magnético a través de una superficie representa gráficamente el número de líneas de campo magnético que la atraviesa.

Los fenómenos de inducción electromagnética se producen por una variación del flujo de un campo magnético a través de la superficie de un circuito. En este caso, la variación del flujo es debida a que varía la orientación de la superficie de la espira con respecto al campo magnético.

Sea α_0 el ángulo que forma $\overrightarrow{B}$ con $\overrightarrow{S}$ en la situación inicial, en el instante $t = 0$, y α, el ángulo que forma $\overrightarrow{B}$ con $\overrightarrow{S}$ en otra situación, en el instante t. Si llamamos ω (rad/s) a la velocidad angular, el flujo en cada instante es:

$$\Phi = BS \cos \alpha = BS \cos(\alpha_0 + \omega t)$$

$$\lfloor \alpha = \alpha_0 + \omega t \rfloor$$

Calculamos la fuerza electromotriz inducida hallando la derivada del flujo con respecto al tiempo, con el signo cambiado (ley de Faraday-Lenz):

$$\varepsilon = -\frac{d\Phi}{dt} = -\frac{d[BS \cos(\omega t + \alpha_0)]}{dt} = BS\omega \operatorname{sen}(\omega t + \alpha_0) = \varepsilon_0 \operatorname{sen}(\omega t + \alpha_0)$$

donde $\varepsilon_0 = BS\omega$ es la f.e.m. inducida máxima.

Comparamos la anterior expresión general de la f.e.m. inducida, $\varepsilon = \varepsilon_0 \operatorname{sen}(\omega t + \alpha_0)$, con la de la f.e.m. inducida del enunciado, $\varepsilon = 10 \operatorname{sen}(20t + \pi)$, para lo cual hemos tenido en cuenta que $-\operatorname{sen}\alpha = \operatorname{sen}(\alpha + \pi)$. De esta manera podemos conocer:

- El valor de la velocidad angular, $\omega = 20 \, \text{rad/s}$, y, conociendo esta, el periodo de revolución:
$$T = \frac{2\pi}{\omega} = \frac{2\pi}{20 \, \text{rad/s}} = \frac{\pi}{10} \, \text{s} = 0,31 \, \text{s}$$

- El valor de la f.e.m. inducida máxima, $\varepsilon_0 = 10 \, \text{V}$, y, conociendo esta, la superficie de la espira y, a continuación, su diámetro:
$$\varepsilon_0 = BS\omega \Rightarrow S = \frac{\varepsilon_0}{\omega B} = \frac{10 \, \text{V}}{20 \, \text{rad/s} \cdot 2 \, \text{T}} = 0,25 \, \text{m}^2$$

$$\lfloor \varepsilon_0 = 10 \, \text{V}; \ \omega = 20 \, \text{rad/s}; \ B = 2 \, \text{T} \rfloor$$

Como $S = \pi r^2$:

$$r = \sqrt{\frac{S}{\pi}} = \sqrt{\frac{0,25 \, \text{m}^2}{\pi}} = 0,28 \, \text{m} \Rightarrow d = 2r = 2 \cdot 0,28 \, \text{m} = 0,56 \, \text{m}$$

- Aunque no nos la piden, la fase inicial (o corrección de fase) α_0, que resulta ser π rad. Por tanto, inicialmente, $\overrightarrow{B}$ y $\overrightarrow{S}$ forman un ángulo de 180°.

b) Si la velocidad angular fuese la mitad:

- El periodo de revolución sería el doble, puesto que es inversamente proporcional a la velocidad angular.

- La f.e.m. inducida máxima sería la mitad, puesto que es directamente proporcional a la velocidad angular.

Capítulo 9

Introducción a la Física moderna

Cuestión 9.1

a) Un átomo que absorbe un fotón se encuentra en un estado excitado. Explique qué cambios han ocurrido en el átomo. ¿Es estable ese estado excitado del átomo?

b) ¿Por qué en el espectro emitido por los átomos solo aparecen ciertas frecuencias? ¿Qué indica la energía de los fotones emitidos?

a) Según el modelo atómico de Bohr, la energía del átomo está cuantizada. Esto significa que su energía no puede tomar cualquier valor, sino solo determinados valores llamados niveles de energía.

Un átomo se encuentra normalmente en su estado fundamental, que es aquel en el que los electrones están distribuidos de tal manera que ocupan los niveles de menor energía. Si el átomo absorbe energía, pasa a un estado excitado, con uno o más electrones ocupando niveles de mayor energía.

En el caso de que un átomo en su estado fundamental absorba una cantidad justa de energía (un fotón), uno de los electrones cambia a un nivel de más energía. En ese estado el átomo es inestable y emite uno o varios fotones hasta alcanzar de nuevo el nivel fundamental.

b) Los espectros atómicos de emisión pueden explicarse como tránsitos electrónicos desde niveles de más energía a otros de menos energía. Cada tránsito electrónico se corresponde con una línea del espectro atómico cuya frecuencia ν es proporcional a la diferencia de energía ΔE entre los niveles energéticos: $\nu = \dfrac{\Delta E}{h}$,

siendo h la constante de Planck.

Como solo hay unos determinados niveles de energía, también existen solo unos posibles tránsitos electrónicos, que se corresponden con líneas del espectro a ciertas frecuencias.

En la figura siguiente se muestran los tránsitos electrónicos correspondientes a la desexcitación de átomos de hidrógeno que tienen el electrón en el nivel $n = 3$:

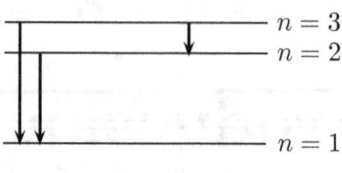

- Desde el nivel $n = 3$ al nivel $n = 1$.

- Desde el nivel $n = 2$ al nivel $n = 1$.

- Desde el nivel $n = 3$ al nivel $n = 2$.

A cada tránsito electrónico le corresponde una raya en el espectro de emisión del hidrógeno. La diferencia de energía en los dos primeros tránsitos es muy parecida (le corresponden líneas que aparecen en la región del ultravioleta), mayor que en el último tránsito (le corresponde una línea que aparece en la región del visible).

Cuestión 9.2

Comente las siguientes afirmaciones:
a) El número de fotoelectrones emitidos por un metal es proporcional a la intensidad del haz luminoso incidente.
b) La energía cinética máxima de los fotoelectrones emitidos por un metal aumenta con la frecuencia del haz de luz incidente.

---

a) El efecto fotoeléctrico consiste en la emisión de electrones desde la superficie de un metal cuando incide sobre ella una radiación de una frecuencia ν igual o mayor a una frecuencia umbral ν_0. Según Einstein, en el efecto fotoeléctrico tiene lugar una transferencia de energía de un fotón, de energía $E_{\text{fotón}} = h\nu$, a un electrón. Dicha energía se invierte en arrancar el electrón del metal y, si $\nu > \nu_0$, suministrarle cierta energía cinética E_c. No todos los electrones del metal están igualmente ligados a su átomo. La energía necesaria para arrancar al electrón más débilmente ligado se llama trabajo de extracción, $W_0 = h\nu_0$. En este caso, si la energía del fotón es superior al trabajo de extracción del metal, arrancará el electrón y su energía cinética tendrá el máximo valor, de modo que se verifique la la ecuación:

$$E_{\text{fotón}} = W_0 + E_{c\,\text{máx}}$$

conocida como ecuación de Einstein del efecto fotoeléctrico.

Para una radiación de frecuencia suficiente que produzca el efecto fotoeléctrico, como cada fotón arranca un electrón, una mayor intensidad de la radiación aumenta el número de fotones que inciden sobre el metal por unidad de superficie y tiempo y, por tanto, aumenta también el número de los fotoelectrones emitidos.

b) En la figura representamos tres electrones de un metal cuyo trabajo de extracción es diferente. Los tres electrones reciben la misma energía $h\nu$, pero es el electrón 3, el más débilmente ligado, cuyo trabajo de extracción es $W_0 = h\nu_0$, el que adquiere la máxima energía cinética.

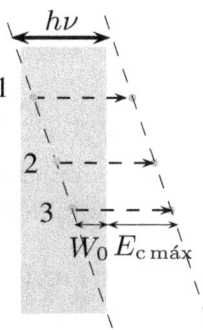

Si despejamos de la anterior ecuación la energía cinética del fotoelectrón, obtenemos el valor de la energía cinética para aquellos electrones de menor trabajo de extracción:

$$E_{c\,\text{máx}} = E_{\text{fotón}} - W_0 = h\nu - h\nu_0 = h(\nu - \nu_0)$$

Significa que la energía cinética máxima depende de la energía de los fotones de la radiación incidente de frecuencia ν, y es tanto mayor cuanto mayor sea la frecuencia de la radiación incidente, siempre que esta tenga una frecuencia mayor que la frecuencia umbral ν_0.

Cuestión 9.3

a) Indique por qué la existencia de una frecuencia umbral para el efecto fotoeléctrico va en contra de la teoría ondulatoria de la luz.
b) Si una superficie metálica emite fotoelectrones cuando se ilumina con luz verde, razone si lo emitirá cuando sea iluminada con luz azul.

---

a) Experimentalmente, se observa que para un metal determinado una radiación de poca intensidad, pero de una frecuencia adecuada ν mayor o igual que la frecuencia umbral ν_0, es capaz de arrancar electrones y producir el efecto fotoeléctrico. Este hecho está en contra de la teoría ondulatoria de la luz, según la cual la energía transportada por la luz está repartida sobre la onda y se debería repartir sobre todos los átomos en los que incide el haz luminoso. La energía, repartida equitativamente entre los átomos, es incapaz de extraer los electrones, salvo que se acumule en ellos. De esta manera, tendríamos que esperar mucho tiempo para alcanzar la energía de extracción y, entonces, todos saldrían a la vez.

No es tanto la cantidad de energía que llega a la superficie del metal como la calidad de esa energía la que hace que se emitan electrones. Según la teoría del efecto fotoeléctrico de Einstein, la extracción de los electrones no depende de la intensidad de la radiación, es decir, no depende de la energía que llega al fotocátodo por unidad de superficie y tiempo, sino de la frecuencia de la radiación.

Es necesario que lleguen fotones muy energéticos que arranquen uno a uno a los electrones menos ligados.

b) Para que se produzca la emisión de electrones, la energía del fotón debe ser igual o mayor que el trabajo de extracción, que es la energía necesaria para arrancar el electrón más débilmente ligado al átomo del metal: $E_{\text{fotón}} \geq W_0$. O, expresado en función de la frecuencia de la radiación incidente y de la frecuencia umbral, como $E_{\text{fotón}} = h\nu$ y $W_0 = h\nu_0$, se debe cumplir que $\nu \geq \nu_0$.

La luz verde la componen radiaciones de frecuencias menores que las de la luz azul. Por tanto, si se produce emisión de electrones cuando la superficie metálica en cuestión se ilumina con luz verde de frecuencia mayor que la frecuencia umbral, se producirá también emisión de electrones cuando se ilumine con luz azul.

Cuestión 9.4

a) De entre las siguientes opciones, elija la que crea correcta y explique por qué. La energía cinética máxima de los fotoelectrones emitidos por un metal depende de: i) la intensidad de la luz incidente; ii) la frecuencia de la luz incidente; iii) la velocidad de la luz.

b) Razone si es cierta o falsa la siguiente afirmación: "en un experimento sobre el efecto fotoeléctrico los fotones con frecuencia menor que la frecuencia umbral no pueden arrancar electrones del metal".

---

a) El efecto fotoeléctrico consiste en la emisión de electrones desde la superficie de un metal cuando incide sobre ella una radiación de una frecuencia ν igual o mayor a una frecuencia umbral ν_0. Según Einstein, en el efecto fotoeléctrico tiene lugar una transferencia de energía de un fotón, de energía $E_{\text{fotón}} = h\nu$, a un electrón. Dicha energía se invierte en arrancar el electrón del metal y, si $\nu > \nu_0$, suministrarle cierta energía cinética E_c. No todos los electrones del metal están igualmente ligados a su átomo. La energía necesaria para arrancar al electrón más débilmente ligado se llama trabajo de extracción, $W_0 = h\nu_0$. En este caso, si la energía del fotón es superior al trabajo de extracción del metal, arrancará el electrón y su energía cinética tendrá el máximo valor, de modo que se verifique la la ecuación:

$$E_{\text{fotón}} = W_0 + E_{c\,\text{máx}}$$

conocida como ecuación de Einstein del efecto fotoeléctrico.

Despejamos de la anterior ecuación $E_{c\,\text{máx}}$:

$$E_{c\,\text{máx}} = E_{\text{fotón}} - W_0 = h\nu - W_0 \quad \lfloor E_{\text{fotón}} = h\nu \rfloor$$

i) La intensidad de la radiación aumenta el número de fotones que inciden sobre el metal por unidad de superficie y tiempo, pero no aumenta la energía cinética máxima de los fotoelectrones emitidos, ya que esta depende de la energía de los fotones de la radiación incidente.

ii) Como hemos señalado anteriormente, la energía cinética máxima depende de la energía de los fotones de la radiación incidente, y es tanto mayor cuanto mayor sea la frecuencia de la radiación ν.

iii) La energía cinética de los electrones no depende de la velocidad de la luz, que es constante.

b) Es cierta. El trabajo de extracción es una propiedad característica de cada metal. Para arrancar un electrón de un metal, según la hipótesis de Einstein, hay que iluminar el metal con una radiación de frecuencia ν igual o superior a una frecuencia umbral ν_0, para que se verifique que la energía del fotón sea igual o mayor que el trabajo de extracción.

Cuestión 9.5

Razone si son verdaderas o falsas las siguientes afirmaciones relativas al efecto fotoeléctrico:

a) La emisión de electrones se produce un cierto tiempo después de incidir los fotones, porque necesitan acumular energía suficiente para abandonar el metal.

b) Si se triplica la frecuencia de la radiación incidente sobre un metal, se triplicará la energía cinética de los fotoelectrones.

---

a) Falsa. Según Einstein, en el efecto fotoeléctrico tiene lugar una transferencia de energía de un fotón a un electrón. Dicha energía se invierte en arrancar el electrón del metal y en suministrarle cierta energía cinética E_c. La emisión de electrones por parte de un metal cuando incide sobre la superficie del mismo una radiación de una frecuencia adecuada es, por ello, inmediata. Según la teoría electromagnética de la luz, debería existir cierto retraso más o menos apreciable entre el momento de la iluminación y el de emisión de electrones, dado que el metal debería tardar cierto tiempo en absorber la energía necesaria para dejar escapar al electrón, tanto más tiempo cuanto menor fuera la intensidad de la radiación incidente.

b) Falsa. No todos los electrones están igualmente ligados a su átomo. La energía necesaria para arrancar al electrón más débilmente ligado se llama trabajo de extracción W_0. Para arrancar el electrón al metal, es suficiente con iluminarlo con una radiación de frecuencia ν_0, llamada frecuencia umbral. Si la energía del fotón, de valor $h\nu$, es superior al trabajo de extracción del metal, de valor $h\nu_0$, arrancará el electrón y su energía cinética tendrá el máximo valor:

$$E_{\text{fotón}} = W_0 + E_{c\,\text{máx}}$$

de donde:

$$E_{c\,\text{máx}} = E - W_0 = h\nu - h\nu_0 = h(\nu - \nu_0)$$

La ecuación nos muestra que para un mismo metal, caracterizado por un determinado valor del trabajo de extracción, la energía cinética máxima de los fotoelectrones es directamente proporcional a la diferencia entre la frecuencia de la radiación incidente y la frecuencia umbral. Por tanto, si se triplica la frecuencia de la radiación incidente, no se triplica la energía cinética máxima de los fotoelectrones emitidos; sin embargo, si se triplica la diferencia entre la frecuencia de la radiación incidente y la frecuencia umbral, sí se triplica la energía cinética de los fotoelectrones.

Cuestión 9.6

En un estudio del efecto fotoeléctrico, se realiza la experiencia con dos fuentes luminosas: una de intensidad I y frecuencia ν y otra de intensidad $I/2$ y frecuencia 2ν. Si ν es mayor que la frecuencia umbral, razona:
a) ¿Con qué fuente se emiten electrones con mayor velocidad?
b) ¿Con qué fuente la intensidad de la corriente fotoeléctrica es mayor?

---

a) El efecto fotoeléctrico consiste en la emisión de electrones desde la superficie de un metal cuando incide sobre ella una radiación de una frecuencia ν igual o superior a una frecuencia umbral ν_0. La velocidad máxima de salida de los electrones para un determinado metal depende únicamente de la frecuencia de la radiación incidente. La ecuación del efecto fotoeléctrico podemos expresarla en función de la frecuencia de la luz incidente y de la frecuencia umbral:

$$h\nu = h\nu_0 + \frac{1}{2}m_e v_{\text{máx}}^2$$

siendo h la constante de Planck y m_e la masa del electrón.

Despejamos la velocidad máxima $v_{\text{máx}}$:

$$v_{\text{máx}} = \sqrt{\frac{2h(\nu - \nu_0)}{m_e}}$$

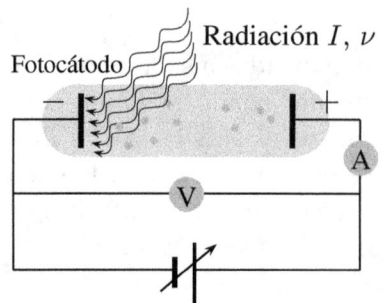 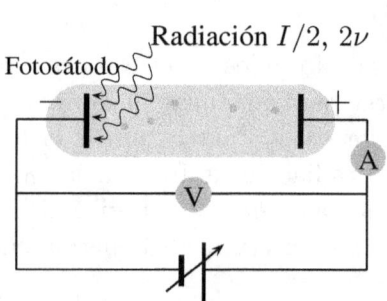

La velocidad de los electrones emitidos no depende de la intensidad de la radiación luminosa incidente, que solo aumenta el número de fotones que inciden sobre el metal por unidad de superficie y tiempo, pero no la energía de ellos, que depende solo de su frecuencia. Por tanto, si iluminamos un metal con cada una de esas dos fuentes, como no influye la intensidad de la fuente luminosa, la velocidad máxima de los electrones emitidos cuando iluminamos con la fuente 2 será mayor por ser su frecuencia mayor.

b) La intensidad de la corriente fotoeléctrica depende de la intensidad de la radiación luminosa incidente, ya que al aumentar el número de fotones que llegan al metal, aumenta el número de fotoelectrones emitidos. Por otra parte, la intensidad de la corriente fotoeléctrica no depende de la frecuencia de la radiación incidente que, como hemos visto anteriormente, solo influye en la velocidad máxima y no en el número de los electrones emitidos, que es el que determina la intensidad de corriente. Por tanto, si iluminamos un metal con cada una de esas dos fuentes, como no influye la frecuencia de la fuente luminosa, la cantidad de electrones emitidos cuando iluminamos con la fuente 1 será mayor por ser su intensidad mayor.

Cuestión 9.7

Se llama "diferencia de potencial de corte" de una célula fotoeléctrica, V_0, a la que hay que aplicar entre el ánodo y el fotocátodo para anular la intensidad de corriente.

a) Dibuje y comente la gráfica que relaciona V_0 con la frecuencia de la luz incidente y escriba la expresión de la ley física correspondiente.

b) ¿Dependerá la gráfica anterior del material que constituye el fotocátodo? ¿Puede determinarse la constante de Planck a partir de una gráfica experimental de V_0, frente a la frecuencia de la radiación incidente? Indique cómo.

---

a) Si en un célula fotoeléctrica la diferencia de potencial entre el ánodo y el cátodo (fotocátodo) se invierte, es decir, si se conecta el polo positivo al cátodo y el negativo al ánodo, se dificulta la llegada de los electrones al ánodo. Aumentado convenientemente esta d.d.p., es posible conseguir, como muestra la figura, que ninguno de los electrones emitidos por el cátodo consiga alcanzar el ánodo, con lo que la corriente deja de circular por el circuito. A la d.d.p. inversa que consigue tal situación se denomina diferencia de potencial de corte o potencial de corte, V_0.

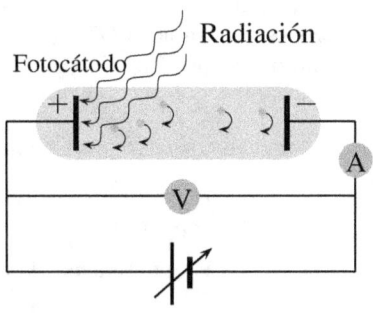

La gráfica siguiente representa cómo varía el potencial de corte (o potencial de frenado) con la frecuencia de la radiación incidente. Para un determinado metal, el potencial de frenado varía linealmente con la frecuencia ν de la radiación desde un determinado valor de esta, la frecuencia umbral ν_0, a partir de la cual se observa la emisión de electrones.

La expresión de la ley física correspondiente es la siguiente:[1]

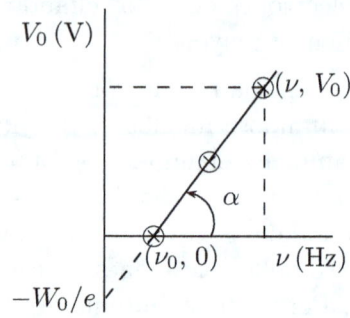

$$V_0 = \frac{h}{e}\nu - \frac{W_0}{e}$$

siendo h la constante de Planck; W_0, el trabajo de extracción del metal del fotocátodo; y e, la carga del electrón en valor absoluto.

---

[1]Una manera razonada de obtener la ley física es la siguiente:

Al salir el electrón del cátodo en dirección al ánodo y aplicarle el potencial de frenado V_0, se detiene a una cierta distancia antes de alcanzar el ánodo. No todos los electrones que salen del cátodo son igual de rápidos. El potencial de frenado debe ser tal, que frene a los electrones más rápidos para que no lleguen al ánodo.

Como solo existen fuerzas conservativas, se ha de conservar la energía mecánica (la energía potencial que gana el electrón tiene el mismo valor que la energía cinética que pierde):

$$\Delta E_{\mathrm{p}} + \Delta E_{\mathrm{c}} = 0$$

$$eV_0 + E_{\mathrm{c}} - E_{\mathrm{c}\,0} = 0$$

$$E_{\mathrm{c}\,0} = eV_0$$

$$\lfloor E_{\mathrm{c}} = 0;\ V_0 = \text{potencial de frenado}\rfloor$$

Obsérvese que el producto eV_0 es positivo porque la carga y el potencial de frenado son negativos.

De acuerdo con la ecuación de Einstein del efecto fotoeléctrico, la energía cinética de los electrones más rápidos ($E_{\mathrm{c\,máx}}$) es igual a la diferencia entre la energía del fotón incidente y el trabajo de extracción:

$$E_{\mathrm{c\,máx}} = h\nu - W_0$$

Si, como hemos visto anteriormente, $E_{\mathrm{c\,máx}} = eV_0$:

$$eV_0 = h\nu - W_0$$

Despejamos V_0 y obtenemos la ecuación buscada:

$$V_0 = \frac{h}{e}\nu - \frac{W_0}{e}$$

b) La línea recta de la gráfica depende del material que constituye el fotocátodo porque para cada material existe un trabajo de extracción diferente. Esto se traduce en que la ordenada en el origen será diferente para cada material. Cuanto menor sea el trabajo de extracción del metal, menos negativa será la ordenada en el origen y menor será la frecuencia umbral.

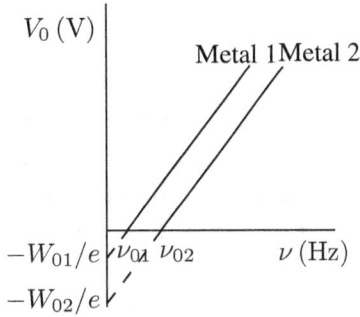

Podemos determinar la constante de Planck a partir de la pendiente de la recta m, que es la misma para todos los metales.

De la expresión de la ley física de más arriba se deduce que:

$$m = \frac{h}{e}$$

de donde:

$$h = me$$

La pendiente la hallamos a partir de dos puntos $(\nu_0, 0)$ y (ν, V_0) (ver la gráfica del apartado a)).

$$\left[m = \text{tg}\,\alpha = \frac{V_0 - 0}{\nu - \nu_0} \right]$$

Cuestión 9.8

a) Describa la explicación de Einstein del efecto fotoeléctrico y relaciónela con el principio de conservación de la energía.

b) Suponga un metal sobre el que incide radiación electromagnética produciendo efecto fotoeléctrico. ¿Por qué al aumentar la intensidad de la radiación incidente no aumenta la energía cinética de los electrones emitidos?

---

a) El efecto fotoeléctrico consiste en la emisión de electrones desde la superficie de un metal cuando incide sobre ella una radiación de una frecuencia ν igual o mayor a una frecuencia umbral ν_0. Según Einstein, en el efecto fotoeléctrico tiene lugar una transferencia de energía de un fotón, de energía $E_{\text{fotón}} = h\nu$, a un electrón. Dicha energía se invierte en arrancar el electrón del metal y, si $\nu > \nu_0$, suministrarle cierta energía cinética E_c. No todos los electrones del metal están igualmente ligados a su átomo. La energía necesaria para arrancar al electrón más débilmente ligado se llama trabajo de extracción, $W_0 = h\nu_0$. En este caso, si la energía del fotón es superior al trabajo de extracción del metal, arrancará el electrón y su energía cinética tendrá el máximo valor, de modo que se verifique la la ecuación:

$$E_{\text{fotón}} = W_0 + E_{\text{c máx}}$$

conocida como ecuación de Einstein del efecto fotoeléctrico.

La energía se conserva: al principio, antes del choque del fotón con el electrón, el fotón tiene cierta energía electromagnética y el átomo del metal con el electrón tienen cierta energía potencial; al final, el fotón no tiene energía (se ha aniquilado), el sistema formado por el átomo del metal y el electrón tienen más energía potencial eléctrica, y el electrón tiene cierta energía cinética. Podemos decir que la energía del fotón se ha transformado en energía potencial eléctrica del sistema formado por el átomo del metal y el electrón, y en energía cinética del electrón.

b) Al aumentar la intensidad de la radiación, de I a I', según la figura, aumenta el número de fotones que inciden sobre el metal por unidad de superficie y tiempo, pero no aumenta la energía cinética de los fotoelectrones emitidos, ya que esta depende solo de la energía de los fotones de la radiación incidente y del trabajo de extracción.

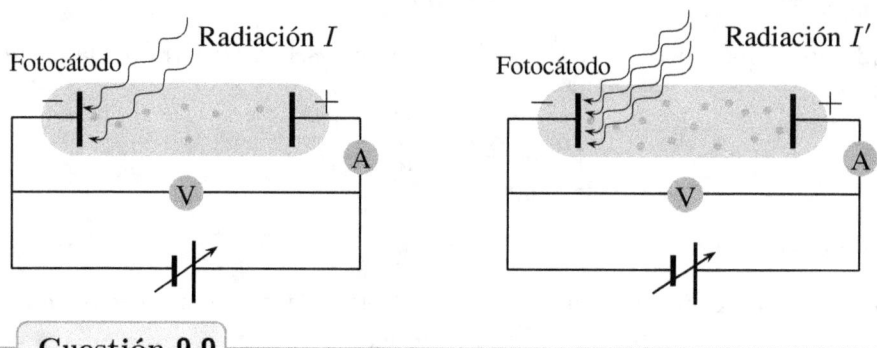

Cuestión 9.9

Analice las siguientes proposiciones razonando si son verdaderas o falsas:
a) El trabajo de extracción de un metal depende de la frecuencia de la luz incidente.
b) La energía cinética máxima de los electrones emitidos en el efecto fotoeléctrico varía linealmente con la frecuencia de la luz incidente.

a) Falsa. El trabajo de extracción W_0 es la energía que liga al electrón menos fuertemente ligado al átomo. Es una propiedad característica de cada metal, independiente de la frecuencia de la luz incidente.

b) Verdadera. Según la ecuación de Einstein del efecto fotoeléctrico, la energía del fotón incidente, de frecuencia ν, se invierte en extraer el electrón del metal y en suministrarle cierta energía cinética, que es máxima para el electrón más débilmente ligado, $E_{\text{c máx}}$:

$$E_{\text{fotón}} = W_0 + E_{\text{c máx}}$$

Despejamos $E_{\text{c máx}}$:

$$E_{\text{c máx}} = h\nu - W_0$$

$$\lfloor E_{\text{fotón}} = h\nu \rfloor$$

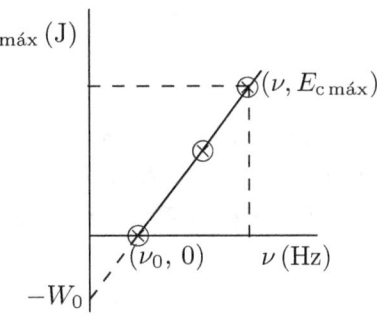

La ecuación anterior corresponde a la ecuación de una recta de pendiente h y de ordenada en el origen $-W_0$.

Cuestión 9.10

a) ¿Qué significado tiene la expresión "longitud de onda asociada a una partícula"?

b) Si la energía cinética de una partícula aumenta, ¿aumenta o disminuye su longitud de onda asociada?

---

a) Esta expresión la propuso Louis De Broglie en 1924 al suponer que al igual que la luz (y las radiaciones electromagnéticas, en general) presenta una naturaleza dual (onda-corpúsculo), también los corpúsculos típicos (como los electrones) deberían tener naturaleza dual y comportarse como onda o corpúsculo según las circunstancias. De Broglie postula que cualquier partícula de masa m que se mueva con una velocidad v tiene asociada una onda cuya longitud de onda λ viene dada por la expresión:

$$\lambda = \frac{h}{mv}$$

siendo h la constante de Planck.

b) La longitud de onda asociada en función de la masa y de la energía cinética de la partícula, E_{c}, es:[2]

$$\lambda = \frac{h}{mv} = \frac{h}{m\sqrt{\dfrac{2E_c}{m}}} = \frac{h}{\sqrt{2mE_c}}$$

---

[2]Supongamos una partícula cargada q en el seno de un campo eléctrico y V, la diferencia de potencial a la que está sometida. Puesto que solo actúan fuerzas conservativas, la energía mecánica se conserva. Conforme se dirige al polo correspondiente, disminuye su energía potencial eléctrica al mismo tiempo que aumenta su energía cinética en el mismo valor, siendo la energía cinética adquirida al llegar al polo opuesto:

$$E_c = qV$$

donde q y V están expresados en valores absolutos.

$$\left[v = \sqrt{\frac{2E_c}{m}} \right]$$

Consideramos dos partículas iguales en dos situaciones, que llamamos A y B, de energías (cinética) $E_{c\,A}$ y $E_{c\,B}$, respectivamente. Supongamos que $E_{c\,B}$ es n veces mayor que $E_{c\,A}$ porque la diferencia de potencial a la que está sometida es n veces mayor.

Calculamos la relación entre las longitudes de onda de De Broglie en la situación A, λ_A, y en la situación B, λ_B. Expresamos primero las longitudes de onda de cada una de ellas en función de la masa y de la energía cinética:

$$\lambda_A = \frac{h}{\sqrt{2mE_{c\,A}}} \qquad \lambda_B = \frac{h}{\sqrt{2mE_{c\,B}}} = \frac{h}{\sqrt{2mnE_{c\,A}}} = \frac{h}{\sqrt{n}\sqrt{2mE_{c\,A}}}$$

$$\left\lfloor E_{c\,B} = nE_{c\,A} \right\rfloor$$

Dividimos miembro a miembro las dos ecuaciones:

$$\frac{\lambda_B}{\lambda_A} = \frac{\dfrac{h}{\sqrt{n}\sqrt{2mE_{c\,A}}}}{\dfrac{h}{\sqrt{2mE_{c\,A}}}} = \frac{1}{\sqrt{n}} \frac{\dfrac{h}{\sqrt{2mE_{c\,A}}}}{\dfrac{h}{\sqrt{2mE_{c\,A}}}} = \frac{1}{\sqrt{n}}$$

Despejamos λ_B:

$$\lambda_B = \frac{\lambda_A}{\sqrt{n}} = \frac{\sqrt{n}}{n}\lambda_A$$

Observamos que, si la energía cinética de una partícula se hace n veces mayor, la longitud de onda es $\sqrt{n}/n$ veces la que tenía anteriormente.

Cuestión 9.11

Razone si la longitud de onda de De Broglie de los protones es mayor o menor que la de los electrones en los siguientes casos:
a) Ambos tienen la misma velocidad.
b) Ambos tienen la misma energía cinética.

---

a) De Broglie postula en 1928 que cualquier partícula de masa m que se mueva con una velocidad v tiene asociada una onda cuya longitud de onda λ viene dada por la expresión:

$$\lambda = \frac{h}{mv}$$

siendo h la constante de Planck.

Dicha expresión refleja que la longitud de onda asociada a una partícula es inversamente proporcional al producto de la masa por la velocidad. Por tanto, a igual velocidad, cuanto mayor sea la masa, menor es la longitud de onda asociada, y viceversa. Como el electrón tiene una masa menor que la del protón, su longitud de onda asociada será mayor.

b) La longitud de onda asociada de una partícula en función de la energía cinética es:

$$\lambda = \frac{h}{mv} = \frac{h}{m\sqrt{\dfrac{2E_c}{m}}} = \frac{h}{\sqrt{2mE_c}} = \frac{h}{\sqrt{m}\sqrt{2E_c}} \qquad \left\lfloor v = \sqrt{\frac{2E_c}{m}} \right\rfloor$$

Si ambas partículas tienen la misma energía cinética, la longitud de onda la podemos expresar como:

$$\lambda = \frac{cte}{\sqrt{m}}$$

Dicha expresión refleja que la longitud de onda es inversamente proporcional a la raíz cuadrada de la masa. Como el electrón tiene una masa menor que la del protón, su longitud de onda asociada será mayor.

Cuestión 9.12

Razone las respuestas a las siguientes cuestiones:
a) ¿Puede conocerse con precisión la posición y la velocidad de un electrón?
b) ¿Por qué el principio de incertidumbre carece de interés en el mundo macroscópico?

a) El principio de incertidumbre de Heisenberg establece que existen pares de magnitudes cuyo valor no es posible conocer a la vez con total precisión. Aplicado el principio al par formado por la posición x y el momento lineal p, el principio de incertidumbre nos dice que el producto de la incertidumbre en la posición, Δx, por la incertidumbre en el momento lineal, Δp, es:

$$\Delta x \, \Delta p \geq \frac{h}{2\pi}$$

siendo h la constante de Planck.

Para el caso de que la partícula sea un electrón de masa m_e que se mueve con velocidad v, el principio de incertidumbre establece que:

$$\Delta x \, \Delta p \geq \frac{h}{2\pi} \Rightarrow \Delta x \, \Delta v \geq \frac{h}{2\pi m_e}$$

$$\lfloor \Delta p = m_e \, \Delta v \rfloor$$

El principio no dice que sea imposible conocer con precisión la posición o la velocidad del electrón. Lo que afirma es que, cuanto mayor sea la precisión con la que sepamos su posición, menor será la precisión (o mayor será la incertidumbre) con la que conozcamos su la velocidad, y viceversa.

En la figura siguiente mostramos lo anteriormente dicho: cuanto mayor sea la precisión en la posición de una partícula, con menor precisión se conocerá su velocidad (izquierda), y viceversa (derecha).

b) El principio de incertidumbre carece de interés en el mundo macroscópico porque, a medida que aumenta la masa, disminuye el producto de las incertidumbres. Para partículas como el electrón, de masa del orden de 10^{-31} kg, resulta que el producto de las incertidumbres es:

$$\Delta x\, \Delta v \geq \frac{h}{2\pi m_e} = \frac{6,63 \cdot 10^{-34}\,\text{J s}}{2\pi \cdot 9,1 \cdot 10^{-31}\,\text{kg}} \simeq 10^{-4}\,(\text{SI})$$

Para objetos macroscópicos, la masa es muy grande comparada con la de las partículas subatómicas y la incertidumbre es tan pequeña que, en la práctica, se puede considerar nula. Así queda explicado que los efectos cuánticos, aunque existan, no sean apreciables en el campo de aplicación típico de la Física clásica.

Este último enunciado se conoce con el nombre de principio de correlación o de correspondencia, que podríamos enunciar diciendo que los efectos cuánticos (dualidad e incertidumbre), aunque existan, se "diluyen" a medida que las dimensiones (masa y tamaño) de los objetos involucrados van creciendo.

Cuestión 9.13

a) Explique en qué se basa el funcionamiento de un microscopio electrónico.
b) Los fenómenos relacionados con una pelota de tenis se suelen describir considerándola como una partícula. ¿Se podría tratar como una onda? Razone la respuesta.

---

a) El microscopio electrónico es un instrumento muy valioso en la investigación química y biológica y se basa en las propiedades ondulatorias del electrón. Con él se pueden distinguir detalles unas cien veces más pequeños que con el microscopio óptico gracias a que los electrones se pueden acelerar hasta alcanzar velocidades muy altas, proporcionándoles longitudes de onda tan pequeñas como $0,004\,\text{nm}$, del orden de los detalles que queremos observar.

La imagen no se examina mediante un ocular como en el microscopio óptico, sino sobre una pantalla fluorescente.

b) De Broglie postula en 1928 que cualquier partícula de masa m que se mueva con una velocidad v tiene asociada una onda cuya longitud de onda λ viene dada por la expresión:

$$\lambda = \frac{h}{mv}$$

siendo h la constante de Planck.

Solo tres años después de que De Broglie emitiera esta hipótesis se observaron fenómenos de interferencia y difracción de electrones, fenómeno típico de las ondas.

Si la partícula en cuestión es un electrón que se mueve con una rapidez de 10^7 m/s (velocidad típica de los electrones obtenidos como rayos beta en desintegraciones radiactivas naturales), la longitud de la onda asociada (10^{-7} m) es del orden de las rendijas u orificios propios de una red cristalina por donde los electrones pasan, y el comportamiento ondulatorio del electrón puede ser detectado mediante la observación de estos fenómenos. Sin embargo, si la partícula en cuestión es una pelota de tenis, de una masa muy superior a la del electrón, la longitud de onda asociada a la pelota es muy pequeña, del orden de 10^{-34} m. Como es imposible que una pelota de tenis atraviese rendijas tan pequeñas, el comportamiento ondulatorio de una pelota de tenis y demás objetos macroscópicos son indetectables. El comportamiento ondulatorio de la pelota queda completamente enmascarado por su comportamiento corpuscular.

Cuestión 9.14

a) Enuncie y comente el principio de incertidumbre de Heisenberg.
b) Explique los conceptos de estado fundamental y estados excitados de un átomo y razone la relación que tienen con los espectros atómicos.

---

a) Uno de los grandes pilares de la Mecánica cuántica lo constituye el principio de incertidumbre de Heisenberg. Este principio establece que existen pares de magnitudes cuyo valor no es posible conocer a la vez con total precisión. Suele enunciarse con el par formado por la posición x y el momento lineal p. Aplicado el principio al par formado por la posición x y el momento lineal p, el principio de incertidumbre nos dice que el producto de la incertidumbre en la posición, Δx, por la incertidumbre en el momento lineal, Δp, es:

$$\Delta x\, \Delta p \geq \frac{h}{2\pi}$$

siendo h la constante de Planck.

Es necesario aclarar que:

- La imposibilidad a la que se refiere no estriba en la imperfección de los instrumentos de medida, sino que es una característica intrínseca de la naturaleza. Existe aún si dispusiéramos de instrumentos de medida perfectos y experimentadores perfectos.

- El principio no dice que sea imposible conocer con precisión la posición de una partícula o su momento lineal. Lo que afirma es que, cuanto mayor sea la precisión con la que sepamos una de ellas, menor será la precisión (o mayor será la incertidumbre) con la que conozcamos la otra.

b) Según el modelo atómico de Bohr la energía del átomo está cuantizada. Esto significa que su energía no puede tomar cualquier valor, sino solo determinados valores o niveles de energía.

Hay que distinguir entre estado fundamental de un átomo y estado excitado: estado fundamental es aquel en el que los electrones están distribuidos en el átomo de tal manera que ocupan los niveles de menos energía; estado excitado es aquel en el que algunos electrones del átomo ocupan niveles de más energía. Esta situación supone una menor estabilidad para el átomo y tiende a alcanzar de nuevo la estabilidad emitiendo energía para pasar nuevamente a su estado fundamental.

Los espectros pueden explicarse como tránsitos electrónicos desde un nivel a otro, de menos energía a más energía (espectros de absorción) o de más energía a menos energía (espectros de emisión). Cada tránsito electrónico corresponde a la absorción o emisión de un fotón cuya frecuencia es proporcional a la diferencia de energía entre los niveles energéticos. Cada tránsito electrónico corresponde a una raya del espectro atómico.

Los espectros atómicos del hidrógeno son los más sencillos. Las líneas de estos espectros están distribuidas en series. Cada serie, por ejemplo, en el espectro de emisión, corresponde a tránsitos electrónicos desde cualquier nivel de más energía a un determinado nivel de menos energía.

Espectro de emisión del hidrógeno (visible)

Espectro de absorción del hidrógeno (visible)

Problema 9.15

Al incidir luz de longitud de onda $\lambda = 620 \cdot 10^{-9}$ m sobre una fotocélula, se emiten electrones con una energía cinética máxima de $0,14\,\text{eV}$.
a) Calcule el trabajo de extracción y la frecuencia umbral de la fotocélula.
b) ¿Qué diferencia cabría esperar en los resultados del apartado a) si la longitud de onda incidente fuera doble?
$h = 6,63 \cdot 10^{-34}\,\text{J s}; \; e = 1,6 \cdot 10^{-19}\,\text{C}; c = 3 \cdot 10^8\,\text{m s}^{-1}$.

---

a) El efecto fotoeléctrico consiste en la emisión de electrones desde la superficie de un metal cuando incide sobre ella una radiación de una frecuencia ν igual o mayor a una frecuencia umbral ν_0. Según Einstein, en el efecto fotoeléctrico tiene lugar una transferencia de energía de un fotón, de energía $E_{\text{fotón}} = h\nu$, a un electrón. Dicha energía se invierte en arrancar el electrón del metal y, si $\nu > \nu_0$, en suministrarle cierta energía cinética E_c. No todos los electrones del metal están igualmente ligados a su átomo. La energía necesaria para arrancar al electrón más débilmente ligado se llama trabajo de extracción, $W_0 = h\nu_0$. En este caso, si la energía del fotón es superior al trabajo de extracción del metal, arrancará el electrón y su energía cinética tendrá el máximo valor, de modo que se verifique la la ecuación:

$$E_{\text{fotón}} = W_0 + E_{c\,\text{máx}}$$

conocida como ecuación de Einstein del efecto fotoeléctrico.

Calculamos del trabajo de extracción:[3]

$$W_0 = E_{\text{fotón}} - E_{c\,\text{máx}} = 3,21 \cdot 10^{-19}\,\text{J} - 2,24 \cdot 10^{-20}\,\text{J} = 2,99 \cdot 10^{-19}\,\text{J}$$

$$\left\lfloor
\begin{aligned}
E_{\text{fotón}} &= h\nu = h\frac{c}{\lambda} = 6,63 \cdot 10^{-34}\,\text{J s} \cdot \frac{3 \cdot 10^8\,\text{m/s}}{620 \cdot 10^{-9}\,\text{m}} = 3,21 \cdot 10^{-19}\,\text{J}; \\
E_{c\,\text{máx}} &= 0,14\,\text{eV} \cdot \frac{1,6 \cdot 10^{-19}\,\text{J}}{1\,\text{eV}} = 2,24 \cdot 10^{-20}\,\text{J}
\end{aligned}
\right\rfloor$$

Y a partir de este, la frecuencia umbral:

$$\nu_0 = \frac{W_0}{h} = \frac{2,99 \cdot 10^{-19}\,\text{J}}{6,63 \cdot 10^{-34}\,\text{J s}} = 4,51 \cdot 10^{14}\,\text{Hz}$$

---

[3]Tenemos en cuenta en este y en otros ejercicios que $1\,\text{eV} = 1,6 \cdot 10^{-19}\,\text{J}$, de acuerdo con la definición de electronvoltio como la energía cinética que adquiere un electrón, de carga q_e ($-1,6\cdot10^{-19}$ C), al desplazarse libremente en el vacío entre dos puntos cuya diferencia de potencial es $1\,\text{V}$:

$$E_c = |q_e|V = 1,6 \cdot 10^{-19}\,\text{C} \cdot 1\,\text{V} = 1,6 \cdot 10^{-19}\,\text{J}$$

$$\lfloor |q_e| = e = 1,6 \cdot 10^{-19}\,\text{C} \rfloor$$

b) Si la longitud de onda de la luz incidente fuese el doble, no cambiarían ni el trabajo de extracción ni la frecuencia umbral. Respecto al trabajo de extracción, se trata de una propiedad característica del metal, que no depende de factores externos como la longitud de onda o frecuencia de la luz incidente, ni de la intensidad de la luz incidente, etc. Y respecto a la frecuencia umbral, tampoco cambia, puesto que está relacionada con el trabajo de extracción.

Problema 9.16

El cátodo de una célula fotoeléctrica se ilumina simultáneamente con dos radiaciones monocromáticas: $\lambda_1 = 228\,\text{nm}$ y $\lambda_2 = 524\,\text{nm}$. El trabajo de extracción de un electrón de este cátodo es $W_0 = 3,40\,\text{eV}$.

a) ¿Cuál de las radiaciones produce efecto fotoeléctrico? Razone la respuesta.

b) Calcule la velocidad máxima de los electrones emitidos. ¿Cómo variaría dicha velocidad al duplicar la intensidad de la radiación luminosa incidente?

$h = 6,63 \cdot 10^{-34}\,\text{J s}$; $e = 1,6 \cdot 10^{-19}\,\text{C}$; $m_e = 9,1 \cdot 10^{-31}\,\text{kg}$; $c = 3 \cdot 10^8\,\text{m s}^{-1}$.

---

a) El efecto fotoeléctrico consiste en la emisión de electrones desde la superficie de un metal cuando incide sobre ella una radiación de una frecuencia ν igual o mayor a una frecuencia umbral ν_0. Según Einstein, en el efecto fotoeléctrico tienen lugar una transferencia de energía de un fotón de energía $E_{\text{fotón}} = h\nu$ a un electrón. Dicha energía se invierte en arrancar el electrón del metal y, si $\nu > \nu_0$, suministrarle cierta energía cinética E_c.

No todos los electrones del metal están igualmente ligados a su átomo. La energía necesaria para arrancar al electrón más débilmente ligado se llama trabajo de extracción, $W_0 = h\nu_0$. Para que se produzca la emisión de electrones, la energía del fotón debe ser igual o mayor que el trabajo de extracción:

$$E_{\text{fotón}} \geq W_0$$

Calculamos la energía del fotón para las radiaciones de longitudes de onda λ_1 y λ_2:

$$E_{\text{fotón}\,\lambda_1} = h\nu_1 = h\frac{c}{\lambda_1} = 6,63 \cdot 10^{-34}\,\text{J s} \cdot \frac{3 \cdot 10^8\,\text{m/s}}{228\,\text{nm} \cdot \dfrac{10^{-9}\,\text{m}}{1\,\text{nm}}} \cdot \frac{1\,\text{eV}}{1,6 \cdot 10^{-19}\,\text{J}} = 5,45\,\text{eV}$$

$$E_{\text{fotón}\,\lambda_2} = h\nu_2 = h\frac{c}{\lambda_2} = 6,63 \cdot 10^{-34}\,\text{J s} \cdot \frac{3 \cdot 10^8\,\text{m/s}}{524\,\text{nm} \cdot \dfrac{10^{-9}\,\text{m}}{1\,\text{nm}}} \cdot \frac{1\,\text{eV}}{1,6 \cdot 10^{-19}\,\text{J}} = 2,37\,\text{eV}$$

La radiación de longitud de onda λ_1 es la que produce la emisión de los fotoelectrones, ya que la energía de un fotón de esa longitud de onda es mayor que $W_0 = 3,40\,\text{eV}$.

b) Si la energía del fotón es superior al trabajo de extracción del metal, arrancará el electrón y su energía cinética tendrá el máximo valor, de modo que se verifique la ecuación:

$$E_{\text{fotón}} = W_0 + E_{\text{c máx}}$$

Calculamos la velocidad máxima de los fotoelectrones emitidos a partir de su energía cinética:

$$E_{\text{c máx}} = \frac{1}{2} m_{\text{e}} v_{\text{máx}}^2$$

Despejamos $v_{\text{máx}}$ y calculamos su valor:

$$v_{\text{máx}} = \sqrt{\frac{2E_{\text{c máx}}}{m_{\text{e}}}} = \sqrt{\frac{2 \cdot 3,28 \cdot 10^{-19}\,\text{J}}{9,1 \cdot 10^{-31}\,\text{kg}}} = 8,49 \cdot 10^5\,\text{m/s}$$

$$
\begin{aligned}
E_{\text{c máx}} &= E_{\text{fotón}} - W_0 = 5,45\,\text{eV} - 3,40\,\text{eV} \\
&= 2,05\,\text{eV} \cdot \frac{1,6 \cdot 10^{-19}\,\text{J}}{1\,\text{eV}} = 3,28 \cdot 10^{-19}\,\text{J}; m_{\text{e}} = 9,1 \cdot 10^{-31}\,\text{kg}
\end{aligned}
$$

Respecto a cómo variaría la velocidad máxima de los fotoelectrones al duplicar la intensidad de la radiación incidente, hay que decir que dicha velocidad solo depende, como se ha visto más arriba, del trabajo de extracción (propiedad característica del metal) y de la energía del fotón de la radiación incidente, que depende a su vez de la frecuencia de la radiación. La velocidad máxima de los fotoelectrones no depende de la intensidad de la radiación, propiedad que está relacionada no con la energía de cada fotón, sino con el número de fotones que inciden en el metal por unidad de superficie y tiempo.

Problema 9.17

El material fotográfico suele contener bromuro de plata, que se impresiona con fotones de energía superior a $1,7 \cdot 10^{-19}$ J.

a) ¿Cuál es la frecuencia y la longitud de onda del fotón que es justamente capaz de activar una "molécula" de bromuro de plata?

b) La luz visible tiene una longitud de onda comprendida entre $380 \cdot 10^{-9}$ m y $780 \cdot 10^{-9}$ m. Explique el hecho de que una luciérnaga, que emite luz visible de intensidad despreciable, pueda impresionar una película fotográfica, mientras que no puede hacerlo la radiación procedente de una antena de televisión que emite a 100 MHz, a pesar de que su potencia es de 50 kW.

$h = 6,63 \cdot 10^{-34}$ J s; $c = 3 \cdot 10^8$ m s^{-1}; $e = 1,6 \cdot 10^{-19}$ C.

a) Un objeto tiene zonas más claras o brillantes que otras. Las más claras se corresponden a las zonas que reflejan más la luz que les llega. Cuando se impresiona una película por la luz que emite un objeto, la sal de plata de la película se convierte en plata metálica de una manera no uniforme porque a unas zonas les llega más luz (más fotones) que a otras. Se forma una "imagen latente" con zonas más oscuras y zonas más claras. Las zonas más oscuras de la imagen (donde se forma más plata) se corresponden con las zonas más claras del objeto y las más claras de la imagen (donde se forma menos plata) se corresponden con las zonas más oscuras del objeto. A causa de esta inversión, a la película revelada se le llama negativo.

El proceso que tiene lugar es el siguiente: un fotón de energía igual o superior a $1,7 \cdot 10^{-19}$ J arranca un electrón al ion bromuro que forma parte del cristal de bromuro de plata. Este electrón es retenido por un ion plata que se reduce a plata, según la ecuación:

$$Ag^+ + e^- \rightarrow Ag$$

De acuerdo con la hipótesis de Planck, la energía de un fotón de radiación de frecuencia ν es:

$$E_{\text{fotón}} = h\nu$$

Calculamos la frecuencia despejándola de la anterior expresión:

$$\nu = \frac{E_{\text{fotón}}}{h} = \frac{1,7 \cdot 10^{-19} \, \text{J}}{6,63 \cdot 10^{-34} \, \text{J s}} = 2,56 \cdot 10^{14} \, \text{Hz}$$

$$\lfloor E_{\text{fotón}} = 1,7 \cdot 10^{-19} \, \text{J} \rfloor$$

Para que se activen "moléculas" de bromuro de plata, deben incidirle fotones de frecuencia igual o superior a $2,56 \cdot 10^{14}$ Hz.

Calculamos la longitud de onda del fotón teniendo en cuenta que la frecuencia del fotón y la longitud de onda del mismo son inversamente proporcionales, siendo c la velocidad de la luz:

$$\lambda = \frac{c}{\nu} = \frac{3 \cdot 10^8 \, \text{m s}^{-1}}{2,56 \cdot 10^{14} \, \text{Hz}} = 1,17 \cdot 10^{-6} \, \text{m} \cdot \frac{1 \, \text{nm}}{10^{-9} \, \text{m}} = 1170 \, \text{nm}$$

Para que se activen "moléculas" de bromuro de plata, deben incidirle fotones de longitud de onda igual o inferior a 1170 nm.

b) La luciérnagas pueden impresionar una película fotográfica porque la luz visible tiene una longitud de onda comprendida entre $380 \cdot 10^{-9}$ m (380 nm) y $780 \cdot 10^{-9}$ m (780 nm), que son longitudes de onda inferiores a $1,17 \cdot 10^{-6}$ m (1170 nm). Sin embargo, la radiación procedente de una antena de televisión que emite a 100 MHz (10^8 Hz) no puede impresionarla porque su frecuencia es inferior a $2,56 \cdot 10^{14}$ Hz, a pesar de que su potencia sea de 50 kW, ya que la potencia está relacionada con la energía que emite por unidad de tiempo y no lo está con la energía de los fotones que constituyen la radiación.

Problema 9.18

Al iluminar la superficie de un metal con luz de longitud de 280 nm, la emisión de fotoelectrones cesa para un potencial de frenado de 1, 3 V.

a) Determine la función trabajo del metal y la frecuencia umbral de emisión fotoeléctrica.

b) Cuando la superficie del metal se ha oxidado, el potencial de frenado para la misma luz incidente es de 0, 7 V. Razone cómo cambian, debido a la oxidación del metal: i) la energía cinética máxima de los fotoelectrones; ii) la frecuencia umbral de emisión; iii) la función trabajo.

$h = 6, 63 \cdot 10^{-34}$ J s; $e = 1, 6 \cdot 10^{-19}$ C; $c = 3 \cdot 10^8$ m s^{-1}.

---

a) El efecto fotoeléctrico consiste en la emisión de electrones desde la superficie de un metal cuando incide sobre ella una radiación de una frecuencia ν igual o mayor a una frecuencia umbral ν_0. Según Einstein, en el efecto fotoeléctrico tiene lugar una transferencia de energía de un fotón, de energía $E_{\text{fotón}} = h\nu$, a un electrón. Dicha energía se invierte en arrancar el electrón del metal y, si $\nu > \nu_0$, en suministrarle cierta energía cinética E_{c}. No todos los electrones del metal están igualmente ligados a su átomo. La energía necesaria para arrancar al electrón más débilmente ligado se llama trabajo de extracción o función trabajo, $W_0 = h\nu_0$. En este caso, si la energía del fotón es superior al trabajo de extracción del metal, arrancará el electrón y su energía cinética tendrá el máximo valor, de modo que se verifique la la ecuación:

$$E_{\text{fotón}} = W_0 + E_{\text{c máx}}$$

conocida como ecuación de Einstein del efecto fotoeléctrico.

Si colocamos un generador de fuerza electromotriz variable e invertimos la polaridad, de tal manera que se oponga a la llegada de electrones al ánodo, puede llegar un momento, para un determinada diferencia de potencial, que cese totalmente la llegada de electrones. Dicha diferencia de potencial inversa es el potencial de frenado, V_0. En estas condiciones, la energía cinética de los fotoelectrones más rápidos, de carga eléctrica de valor absoluto e, será la misma que la que suministra el generador para frenarlo, eV_0.

Calculamos la energía cinética máxima de los fotoelectrones, que corresponde a este potencial de frenado:

$$E_{\text{c máx}} = eV_0 = 1, 6 \cdot 10^{-19} \text{ C} \cdot 1, 3 \text{ V} = 2, 08 \cdot 10^{-19} \text{ J}$$

Calculamos el trabajo de extracción:

$$W_0 = E_{\text{fotón}} - E_{c\,\text{máx}} = 7,10 \cdot 10^{-19}\,\text{J} - 2,08 \cdot 10^{-19}\,\text{J} = 5,02 \cdot 10^{-19}\,\text{J}$$

$$\left[E_{\text{fotón}} \quad = \quad = h\nu = h\frac{c}{\lambda} = 6,63 \cdot 10^{-34}\,\text{J}\,\text{s} \cdot \frac{3 \cdot 10^8\,\text{m/s}}{280\,\text{nm} \cdot \dfrac{10^{-9}\,\text{m}}{1\,\text{nm}}} = 7,10 \cdot 10^{-19}\,\text{J};\right.$$

$$\left. E_{c\,\text{máx}} \quad = \quad 2,08 \cdot 10^{-19}\,\text{J} \right]$$

Y a partir de este, la frecuencia umbral:

$$\nu_0 = \frac{W_0}{h} = \frac{5,02 \cdot 10^{-19}\,\text{J}}{6,63 \cdot 10^{-34}\,\text{J}\,\text{s}} = 7,57 \cdot 10^{14}\,\text{Hz}$$

b) i) Como disminuye el potencial de frenado, disminuye la energía cinética máxima de los fotoelectrones emitidos. Para el nuevo potencial de frenado V_0':

$$E_{c\,\text{máx}}' = eV_0' = 1,6 \cdot 10^{-19}\,\text{C} \cdot 0,7\,\text{V} = 1,12 \cdot 10^{-19}\,\text{J}$$

ii) y iii) La frecuencia umbral de emisión y el trabajo de extracción son propiedades características de cada material. Cambian porque ha cambiado la sustancia: el metal se ha oxidado. El nuevo trabajo de extracción W_0' es:

$$W_0' = E_{\text{fotón}} - E_{c\,\text{máx}}' = 7,10 \cdot 10^{-19}\,\text{J} - 1,12 \cdot 10^{-19}\,\text{J} = 5,98 \cdot 10^{-19}\,\text{J}$$

Como vemos, puesto que la energía de los fotones incidentes no ha cambiado y ha disminuido la energía cinética máxima de los fotoelectrones emitidos, el trabajo de extracción es mayor, como también será mayor la nueva frecuencia umbral ν_0', ya que es directamente proporcional al trabajo de extracción:

$$\nu_0' = \frac{W_0'}{h} = \frac{5,98 \cdot 10^{-19}\,\text{J}}{6,63 \cdot 10^{-34}\,\text{J}\,\text{s}} = 9,02 \cdot 10^{14}\,\text{Hz}$$

Problema 9.19

Se trata de medir el trabajo de extracción de un nuevo material. Para ello se provoca el efecto fotoeléctrico haciendo incidir una radiación monocromática sobre una muestra A de ese material y, al mismo tiempo, sobre otra muestra B de otro material cuyo trabajo de extracción es $W_{0B} = 5\,\text{eV}$. Los potenciales de frenado son $V_{0A} = 8\,\text{V}$ y $V_{0B} = 12\,\text{V}$, respectivamente. Calcule:

a) La frecuencia de la radiación utilizada.

b) El trabajo de extracción W_{0A}.

$h = 6,6 \cdot 10^{-34}\,\text{J}\,\text{s}; e = 1,6 \cdot 10^{-19}\,\text{C}$.

a) El efecto fotoeléctrico consiste en la emisión de electrones desde la superficie de un metal cuando incide sobre ella una radiación de una frecuencia ν igual o mayor a una frecuencia umbral ν_0. Según Einstein, en el efecto fotoeléctrico tiene lugar una transferencia de energía de un fotón de energía $E_{\text{fotón}} = h\nu$ a un electrón. Dicha energía se invierte en arrancar el electrón del metal y, si E_c, en suministrarle cierta energía cinética.

No todos los electrones están igualmente ligados a su átomo. La energía necesaria para arrancar al electrón más débilmente ligado se llama trabajo de extracción o función trabajo, $W_0 = h\nu_0$. En este caso, si la energía del fotón es superior al trabajo de extracción del metal, arrancará el electrón y su energía cinética tendrá el máximo valor:

$$E_{\text{fotón}} = W_0 + E_{c\,\text{máx}}$$

Si colocamos un generador de fuerza electromotriz variable e invertimos la polaridad, de tal manera que se oponga a la llegada de electrones al ánodo, puede llegar un momento, para un determinada diferencia de potencial, que cese totalmente la llegada de electrones. Dicha diferencia de potencial inversa es el potencial de frenado, V_0. En estas condiciones, la energía cinética de los fotoelectrones más rápidos, con carga eléctrica de valor absoluto e, será la misma que la que suministra el generador para frenarlo, eV_0.

Por ello, la ecuación de Einstein podemos expresarla también en función del potencial de frenado:

$$E_{\text{fotón}} = W_0 + eV_0$$

Aplicamos esta ecuación al material B para determinar la energía del fotón:

$$E_{\text{fotón}} = W_{0B} + eV_{0B} = 5\,\text{eV} + 12\,\text{eV} = 17\,\text{eV} \cdot \frac{1,6 \cdot 10^{-19}\,\text{J}}{1\,\text{eV}} = 2,7 \cdot 10^{-18}\,\text{J}$$

$$\left[W_{0B} = 5\,\text{eV}; \text{ Como } V_{0B} = 12\,\text{V} \Rightarrow eV_{0B} = e \cdot 12\,\text{V} = 12\,\text{eV} \right]$$

La frecuencia de la radiación utilizada es la siguiente:

$$\nu = \frac{E_{\text{fotón}}}{h} = \frac{2,7 \cdot 10^{-18}\,\text{J}}{6,6 \cdot 10^{-34}\,\text{J s}} = 4,1 \cdot 10^{15}\,\text{Hz}$$

b) Aplicamos la misma ecuación del efecto fotoeléctrico al material A para calcular W_{0A}:

$$E_{\text{fotón}} = W_{0A} + eV_{0A}$$

Despejamos W_{0A} y calculamos su valor:

$$W_{0A} = E_{\text{fotón}} - eV_{0A} = 17\,\text{eV} - 8\,\text{eV} = 9\,\text{eV} \cdot \frac{1,6 \cdot 10^{-19}\,\text{J}}{1\,\text{eV}} = 1,4 \cdot 10^{-18}\,\text{J}$$

$$\lfloor E_{\text{fotón}} = 17\,\text{eV}; \text{ Como } V_{0A} = 8\,\text{V} \Rightarrow eV_{0A} = e \cdot 8\,\text{V} = 8\,\text{eV} \rfloor$$

Problema 9.20

Un haz de luz de longitud de onda $477 \cdot 10^{-9}$ m incide sobre una célula fotoeléctrica de cátodo de potasio, cuya frecuencia umbral es $5,5 \cdot 10^{14}$ s^{-1}.

a) Explique las transformaciones energéticas en el proceso de fotoemisión y calcule la energía cinética máxima de los electrones emitidos.

b) Razone si se produciría efecto fotoeléctrico al incidir radiación infrarroja sobre la célula anterior. (La región infrarroja comprende longitudes de onda entre 10^{-3} m y $7,8 \cdot 10^{-5}$ m.)

$h = 6,63 \cdot 10^{-34}$ J s; $c = 3 \cdot 10^8$ m s^{-1}.

---

a) El efecto fotoeléctrico consiste en la emisión de electrones desde la superficie de un metal cuando incide sobre ella una radiación de una frecuencia ν igual o mayor a una frecuencia umbral ν_0. Según Einstein, en el efecto fotoeléctrico tiene lugar una transferencia de energía de un fotón, de energía $E_{\text{fotón}} = h\nu$, a un electrón. Dicha energía se invierte en arrancar el electrón del metal y, si $\nu > \nu_0$, en suministrarle cierta energía cinética E_c. No todos los electrones del metal están igualmente ligados a su átomo. La energía necesaria para arrancar al electrón más débilmente ligado se llama trabajo de extracción, $W_0 = h\nu_0$. En este caso, si la energía del fotón es superior al trabajo de extracción del metal, arrancará el electrón y su energía cinética tendrá el máximo valor, de modo que se verifique la la ecuación:

$$E_{\text{fotón}} = W_0 + E_{c\,\text{máx}}$$

conocida como ecuación de Einstein del efecto fotoeléctrico.

Calculamos la energía cinética máxima de los electrones emitidos a partir de la ecuación anterior:

$$E_{c\,\text{máx}} = E_{\text{fotón}} - W_0 = 4,17 \cdot 10^{-19}\,\text{J} - 3,65 \cdot 10^{-19}\,\text{J} = 5,2 \cdot 10^{-20}\,\text{J}$$

$$\left[\begin{aligned} E_{\text{fotón}} &= h\nu = h\frac{c}{\lambda} = 6,63 \cdot 10^{-34}\,\text{J s} \cdot \frac{3 \cdot 10^8\,\text{m/s}}{477 \cdot 10^{-9}\,\text{m}} = 4,17 \cdot 10^{-19}\,\text{J}; \\ W_0 &= h\nu_0 = 6,63 \cdot 10^{-34}\,\text{J s} \cdot 5,5 \cdot 10^{14}\,\text{Hz} = 3,65 \cdot 10^{-19}\,\text{J} \end{aligned} \right]$$

b) No se produce la emisión de electrones si la energía del fotón es menor al trabajo de extracción:

$$E_{\text{fotón}} < W_0$$

O si lo expresamos en función de la frecuencia de la radiación incidente y de la frecuencia umbral:

$$\nu < \nu_0$$

La región infrarroja la componen las radiaciones de longitud de onda comprendidas entre los 10^{-3} m y $7,8 \cdot 10^{-5}$ m. Expresadas en función de la frecuencia, esa región la componen las radiaciones comprendidas entre:

$$\nu = \frac{c}{\lambda} = \frac{3 \cdot 10^8 \, \text{m/s}}{10^{-3} \, \text{m}} = 3,0 \cdot 10^{11} \, \text{Hz} \quad \text{y} \quad \nu = \frac{c}{\lambda} = \frac{3 \cdot 10^8 \, \text{m/s}}{7,8 \cdot 10^{-5} \, \text{m}} = 3,8 \cdot 10^{12} \, \text{Hz}$$

Como cualquiera de las radiaciones tiene una frecuencia $\nu < \nu_0 = 5,5 \cdot 10^{14}$ Hz, no se producirá el efecto fotoeléctrico.

Problema 9.21

El trabajo de extracción del aluminio es $4,2$ eV. Sobre una superficie de aluminio incide radiación electromagnética de longitud de onda $200 \cdot 10^{-9}$ m. Calcule razonadamente:
a) La energía cinética de los fotoelectrones emitidos y el potencial de frenado.
b) La frecuencia umbral para el aluminio.
$h = 6,6 \cdot 10^{-34}$ J s; $c = 3 \cdot 10^8$ m s^{-1}; 1 eV $= 1,6 \cdot 10^{-19}$ J.

---

a) El efecto fotoeléctrico consiste en la emisión de electrones desde la superficie de un metal cuando incide sobre ella una radiación de una frecuencia ν igual o mayor a una frecuencia umbral ν_0. Según Einstein, en el efecto fotoeléctrico tiene lugar una transferencia de energía de un fotón, de energía $E_{\text{fotón}} = h\nu$, a un electrón. Dicha energía se invierte en arrancar el electrón del metal y, si $\nu > \nu_0$, en suministrarle cierta energía cinética E_c. No todos los electrones del metal están igualmente ligados a su átomo. La energía necesaria para arrancar al electrón más débilmente ligado se llama trabajo de extracción, $W_0 = h\nu_0$. En este caso, si la energía del fotón es superior al trabajo de extracción del metal, arrancará el electrón y su energía cinética tendrá el máximo valor, de modo que se verifique la la ecuación:

$$E_{\text{fotón}} = W_0 + E_{c \, \text{máx}}$$

conocida como ecuación de Einstein del efecto fotoeléctrico.

Calculamos la energía cinética máxima de los electrones emitidos a partir de la ecuación anterior:

$$E_{c \, \text{máx}} = E_{\text{fotón}} - W_0 = 9,9 \cdot 10^{-19} \, \text{J} - 6,7 \cdot 10^{-19} \, \text{J} = 3,2 \cdot 10^{-19} \, \text{J}$$

$$\left| \begin{aligned} E_{\text{fotón}} &= h\frac{c}{\lambda} = 6,6 \cdot 10^{-34} \, \text{J s} \cdot \frac{3 \cdot 10^8 \, \text{m/s}}{200 \cdot 10^{-9} \, \text{m}} = 9,9 \cdot 10^{-19} \, \text{J}; \\ W_0 &= 4,2 \, \text{eV} \cdot \frac{1,6 \cdot 10^{-19} \, \text{J}}{1 \, \text{eV}} = 6,7 \cdot 10^{-19} \, \text{J} \end{aligned} \right|$$

Si colocamos un generador de fuerza electromotriz variable e invertimos la polaridad, de tal manera que se oponga a la llegada de electrones al ánodo, puede llegar un momento, para un determinada diferencia de potencial, que cese totalmente la llegada de electrones. Dicha diferencia de potencial inversa es el potencial de frenado, V_0. En estas condiciones, la energía cinética de los fotoelectrones más rápidos, con carga eléctrica de valor absoluto e, será la misma que la que suministra el generador para frenarlo, eV_0.

Despejamos el potencial de frenado para calcular su valor:

$$V_0 = \frac{E_{c\,\text{máx}}}{e} = \frac{3,2 \cdot 10^{-19}\,\text{J}}{1,6 \cdot 10^{-19}\,\text{C}} = 2\,\text{V}$$

b) Calculamos la frecuencia umbral a partir del trabajo de extracción:

$$\nu_0 = \frac{W_0}{h} = \frac{6,7 \cdot 10^{-19}\,\text{J}}{6,6 \cdot 10^{-34}\,\text{J s}} = 1,0 \cdot 10^{15}\,\text{Hz}$$

Problema 9.22

Al incidir un haz de luz de longitud de onda $625 \cdot 10^{-9}$ m sobre una superficie metálica, se emiten electrones con velocidades de hasta $4,6 \cdot 10^5$ m/s:
a) Calcule la frecuencia umbral del metal.
b) Razone cómo cambiaría la velocidad máxima de salida de los electrones si aumentase la frecuencia de la luz. ¿Y si disminuyera la intensidad del haz de luz?
$h = 6,6 \cdot 10^{-34}$ J s; $c = 3 \cdot 10^8$ m s^{-1}; $m_e = 9,1 \cdot 10^{-31}$ kg.

a) El efecto fotoeléctrico consiste en la emisión de electrones desde la superficie de un metal cuando incide sobre ella una radiación de una frecuencia ν igual o mayor a una frecuencia umbral ν_0. Según Einstein, en el efecto fotoeléctrico tiene lugar una transferencia de energía de un fotón, de energía $E_{\text{fotón}} = h\nu$, a un electrón. Dicha energía se invierte en arrancar el electrón del metal y, si $\nu > \nu_0$, en suministrarle cierta energía cinética E_c. No todos los electrones del metal están igualmente ligados a su átomo. La energía necesaria para arrancar al electrón más débilmente ligado se llama trabajo de extracción, $W_0 = h\nu_0$. En este caso, si la energía del fotón es superior al trabajo de extracción del metal, arrancará el electrón y su energía cinética tendrá el máximo valor, de modo que se verifique la la ecuación:

$$E_{\text{fotón}} = W_0 + E_{c\,\text{máx}}$$

conocida como ecuación de Einstein del efecto fotoeléctrico.

Calculamos el trabajo de extracción a partir de la ecuación anterior:

$$W_0 = E_{\text{fotón}} - E_{c\,\text{máx}} = 3,17 \cdot 10^{-19}\,\text{J} - 9,63 \cdot 10^{-20}\,\text{J} = 2,21 \cdot 10^{-19}\,\text{J}$$

$$\left\lvert \begin{aligned} E_{\text{fotón}} &= h\nu = h\frac{c}{\lambda} = 6,6 \cdot 10^{-34}\,\text{J s} \cdot \frac{3 \cdot 10^8\,\text{m/s}}{625 \cdot 10^{-9}\,\text{m}} = 3,17 \cdot 10^{-19}\,\text{J}; \\ E_{\text{c máx}} &= \frac{1}{2}m_{\text{e}}v_{\text{máx}}^2 = \frac{1}{2} \cdot 9,1 \cdot 10^{-31}\,\text{kg}\,(4,6 \cdot 10^5\,\text{m/s})^2 = 9,63 \cdot 10^{-20}\,\text{J} \end{aligned} \right\rvert$$

Y a partir de este, la frecuencia umbral:

$$\nu_0 = \frac{W_0}{h} = \frac{2,21 \cdot 10^{-19}\,\text{J}}{6,6 \cdot 10^{-34}\,\text{J s}} = 3,3 \cdot 10^{14}\,\text{Hz}$$

b) La velocidad máxima de salida de los electrones para la superficie metálica en cuestión depende únicamente de la frecuencia de la radiación incidente. La ecuación del efecto fotoeléctrico de más arriba podemos expresarla en función de la frecuencia de la luz incidente ν y de la frecuencia umbral ν_0:

$$h\nu = h\nu_0 + \frac{1}{2}m_{\text{e}}v_{\text{máx}}^2$$

Despejamos la velocidad máxima $v_{\text{máx}}$:

$$v_{\text{máx}} = \sqrt{\frac{2h(\nu - \nu_0)}{m_{\text{e}}}}$$

Observamos que la velocidad máxima de los electrones depende únicamente de la frecuencia de la radiación incidente y aumenta con ella, ya que la frecuencia umbral es una constante característica del metal, h es la constante de Planck y m_{e} es la masa del electrón.

Respecto a cómo cambiaría la velocidad máxima de los fotoelectrones al disminuir la intensidad, hay que decir que la velocidad de los fotoelectrones no depende de la intensidad de la radiación, propiedad que está relacionada no con la energía de cada fotón, sino con el número de fotones que inciden sobre el metal por unidad de superficie y tiempo.

Problema 9.23

Sea una célula fotoeléctrica con fotocátodo de potasio, de trabajo de extracción $2,22\,\text{eV}$. Mediante un análisis energético del problema, conteste razonadamente a las siguientes preguntas:

a) ¿Se podría utilizar esta célula fotoeléctrica para funcionar con luz visible? (El espectro visible está comprendido entre $380 \cdot 10^{-9}\,\text{m}$ y $780 \cdot 10^{-9}\,\text{m}$.)

b) En caso afirmativo, ¿cuánto vale la longitud de onda asociada a los electrones de máxima energía extraídos con luz visible?

$h = 6,63 \cdot 10^{-34}\,\text{J s}; e = 1,6 \cdot 10^{-19}\,\text{C}; m_{\text{e}} = 9,1 \cdot 10^{-31}\,\text{kg}; c = 3 \cdot 10^8\,\text{m s}^{-1}$.

a) El efecto fotoeléctrico consiste en la emisión de electrones desde la superficie de un metal cuando incide sobre ella una radiación de una frecuencia ν igual o mayor a una frecuencia umbral ν_0. Según Einstein, en el efecto fotoeléctrico tiene lugar una transferencia de energía de un fotón, de energía $E_{\text{fotón}} = h\nu$, a un electrón. Dicha energía se invierte en arrancar el electrón del metal y, si $\nu > \nu_0$, en suministrarle cierta energía cinética E_c. No todos los electrones del metal están igualmente ligados a su átomo. La energía necesaria para arrancar al electrón más débilmente ligado se llama trabajo de extracción, $W_0 = h\nu_0$. En este caso, si la energía del fotón es superior al trabajo de extracción del metal, arrancará el electrón y su energía cinética tendrá el máximo valor, de modo que se verifique la la ecuación:

$$E_{\text{fotón}} = W_0 + E_{c\,\text{máx}}$$

conocida como ecuación de Einstein del efecto fotoeléctrico.

Para que la célula de potasio se pueda utilizar como célula fotoeléctrica y se produzca la emisión de electrones, la energía del fotón debe ser igual o mayor que el trabajo de extracción:

$$E_{\text{fotón}} \geq W_0$$

Calculamos la energía del fotón para las radiaciones de longitudes de onda de $380 \cdot 10^{-9}\,\text{m}$ (λ_1) y $780 \cdot 10^{-9}\,\text{m}$ (λ_2):

$$E_{\text{fotón}\,\lambda_1} = h\frac{c}{\lambda_1} = 6,63 \cdot 10^{-34}\,\text{J s} \cdot \frac{3 \cdot 10^8\,\text{m/s}}{380\,\text{nm} \cdot \dfrac{10^{-9}\,\text{m}}{1\,\text{nm}}} \cdot \frac{1\,\text{eV}}{1,6 \cdot 10^{-19}\,\text{J}} = 3,27\,\text{eV}$$

$$E_{\text{fotón}\,\lambda_2} = h\frac{c}{\lambda_2} = 6,63 \cdot 10^{-34}\,\text{J s} \cdot \frac{3 \cdot 10^8\,\text{m/s}}{780\,\text{nm} \cdot \dfrac{10^{-9}\,\text{m}}{1\,\text{nm}}} \cdot \frac{1\,\text{eV}}{1,6 \cdot 10^{-19}\,\text{J}} = 1,59\,\text{eV}$$

La radiación de longitud de onda λ_1 es la que produce la emisión de los fotoelectrones, ya que la energía de un fotón de esa longitud de onda es mayor que $W_0 = 2,22\,\text{eV}$.

b) La longitud de onda asociada del electrón, de masa m_e, que se mueve con velocidad v, de acuerdo con el principio de dualidad onda-corpúsculo de De Broglie es:

$$\lambda = \frac{h}{m_e v}$$

Calculamos la velocidad máxima de los electrones emitidos por el fotocátodo de potasio a partir de la energía cinética máxima de ellos, calculada a su vez a partir de la diferencia entre la energía del fotón que produce la emisión de electrones y el trabajo de extracción:

$$E_{c\,\text{máx}} = \frac{1}{2}m_e v^2_{\text{máx}}$$

$$v_{\text{máx}} = \sqrt{\frac{2E_{\text{c máx}}}{m_{\text{e}}}} = \sqrt{\frac{2 \cdot 1,68 \cdot 10^{-19}\,\text{J}}{9,1 \cdot 10^{-31}\,\text{kg}}} = 6,08 \cdot 10^5\,\text{m/s}$$

$$\left\lfloor E_{\text{c máx}} = E_{\text{fotón}} - W_0 = 3,27\,\text{eV} - 2,22\,\text{eV} = 1,05\,\text{eV} \cdot \frac{1,6 \cdot 10^{-19}\,\text{J}}{1\,\text{eV}} = 1,68 \cdot 10^{-19}\,\text{J} \right\rfloor$$

Calculamos, aplicando la fórmula de más arriba, la longitud de onda asociada:

$$\lambda = \frac{h}{m_{\text{e}}v_{\text{máx}}} = \frac{6,63 \cdot 10^{-34}\,\text{J s}}{9,1 \cdot 10^{-31}\,\text{kg} \cdot 6,08 \cdot 10^5\,\text{m/s}} = 1,19 \cdot 10^{-9}\,\text{m} \cdot \frac{1\,\text{nm}}{10^{-9}\,\text{m}} = 1,19\,\text{nm}$$

$$\lfloor m_{\text{e}} = 9,1 \cdot 10^{-31}\,\text{kg}; v_{\text{máx}} = 6,08 \cdot 10^5\,\text{m/s} \rfloor$$

Problema 9.24

Al iluminar potasio con luz amarilla de sodio de $\lambda = 5890 \cdot 10^{-10}$ m, se liberan electrones con una energía cinética máxima de $0,577 \cdot 10^{-19}$ J, y al iluminarlo con luz ultravioleta de una lámpara de mercurio de $\lambda = 2\,537 \cdot 10^{-10}$ m, la energía cinética máxima de los electrones emitidos es $5,036 \cdot 10^{-19}$ J.

a) Explique el fenómeno descrito en términos energéticos y determine el valor de la constante de Planck.

b) Calcule el valor del trabajo de extracción del potasio.

$c = 3 \cdot 10^8\,\text{m s}^{-1}$.

---

a) El efecto fotoeléctrico consiste en la emisión de electrones desde la superficie de un metal cuando incide sobre ella una radiación de una frecuencia ν igual o mayor a una frecuencia umbral ν_0. Según Einstein, en el efecto fotoeléctrico tiene lugar una transferencia de energía de un fotón, de energía $E_{\text{fotón}} = h\nu$, a un electrón. Dicha energía se invierte en arrancar el electrón del metal y, si $\nu > \nu_0$, en suministrarle cierta energía cinética E_{c}. No todos los electrones del metal están igualmente ligados a su átomo. La energía necesaria para arrancar al electrón más débilmente ligado se llama trabajo de extracción, $W_0 = h\nu_0$. En este caso, si la energía del fotón es superior al trabajo de extracción del metal, arrancará el electrón y su energía cinética tendrá el máximo valor, de modo que se verifique la la ecuación:

$$E_{\text{fotón}} = W_0 + E_{\text{c máx}}$$

conocida como ecuación de Einstein del efecto fotoeléctrico.

Conviene expresar la energía del fotón en función de la longitud de onda de la radiación incidente:

$$h\frac{c}{\lambda} = W_0 + E_{\text{c máx}} \qquad \left[E_{\text{fotón}} = h\nu = h\frac{c}{\lambda} \right]$$

Si llamamos A al experimento realizado con luz amarilla y B al experimento realizado con luz ultravioleta, se debe cumplir que:

$$h\frac{c}{\lambda_A} = W_0 + E_{c\,máx\,A} \quad y \quad h\frac{c}{\lambda_B} = W_0 + E_{c\,máx\,B}$$

Puesto que conocemos λ_A, λ_B, $E_{c\,máx\,A}$ y $E_{c\,máx\,B}$, podemos escribir un sistema de dos ecuaciones con dos incógnitas, h y W_0.

Resolvemos el sistema cambiando el signo a todos los términos de la ecuación de la izquierda:

$$-h\frac{c}{\lambda_A} = -W_0 - E_{c\,máx\,A}$$

$$h\frac{c}{\lambda_B} = W_0 + E_{c\,máx\,B}$$

Y sumando miembro a miembro los términos de las dos ecuaciones, tenemos que:

$$hc\left(\frac{1}{\lambda_B} - \frac{1}{\lambda_A}\right) = E_{c\,máx\,B} - E_{c\,máx\,A}$$

Despejamos h y calculamos su valor:

$$\begin{aligned}
h &= \frac{E_{c\,máx\,B} - E_{c\,máx\,A}}{c\left(\dfrac{1}{\lambda_B} - \dfrac{1}{\lambda_A}\right)} \\[2mm]
&= \frac{5,036 \cdot 10^{-19}\,\text{J} - 0,577 \cdot 10^{-19}\,\text{J}}{3 \cdot 10^8\,\text{m/s}\left(\dfrac{1}{2537 \cdot 10^{-10}\,\text{m}} - \dfrac{1}{5890 \cdot 10^{-10}\,\text{m}}\right)} = 6,62 \cdot 10^{-34}\,\text{J s}
\end{aligned}$$

b) Calculamos el trabajo de extracción sustituyendo en la ecuación del primer experimento el valor obtenido de h. Despejamos W_0 en esa expresión:

$$\begin{aligned}
W_0 &= h\frac{c}{\lambda_A} - E_{c\,máx\,A} \\[2mm]
&= 6,62 \cdot 10^{-34}\,\text{J s} \cdot \frac{3 \cdot 10^8\,\text{m/s}}{5890 \cdot 10^{-10}\,\text{m}} - 0,577 \cdot 10^{-19}\,\text{J} = 2,80 \cdot 10^{-19}\,\text{J}
\end{aligned}$$

Problema 9.25

Un protón se acelera desde el reposo mediante una d.d.p. de 50 kV.

a) Haga un análisis energético del problema y calcule la longitud de onda de De Broglie asociada a la partícula.

b) ¿Qué diferencia cabría esperar si en lugar de un protón la partícula acelerada fuera un electrón?

$h = 6,63 \cdot 10^{-34}\,\text{J s}; e = 1,6 \cdot 10^{-19}\,\text{C}; m_e = 9,1 \cdot 10^{-31}\,\text{kg}; m_p = 1,7 \cdot 10^{-27}\,\text{kg}$.

a) Si suponemos que sobre la partícula cargada solo actúa la fuerza eléctrica, espontáneamente, se dirige a la placa negativa, de menor potencial. Puesto que la fuerza es conservativa, la energía mecánica permanece constante y, conforme se dirige a la placa negativa, disminuye su energía potencial eléctrica y aumenta su energía cinética en el mismo valor:

$$\Delta E_{\mathrm{p}} + \Delta E_{\mathrm{c}} = 0$$

Si llamamos q_{p} a la carga del protón y V a la diferencia de potencial (d.d.p.) a la que está sometido, se cumplirá que:

$$q_{\mathrm{p}}V + E_{\mathrm{c}} - E_{\mathrm{c}0} = 0$$

Si $E_{\mathrm{c}0} = 0$, la energía cinética del protón cuando alcance la placa negativa es:[4]

$$E_{\mathrm{c}} = |-q_{\mathrm{p}}V| = q_{\mathrm{p}}V$$

$\lfloor V$ y q_{p} están expresados en valores absolutos.$\rfloor$

En ese instante su velocidad es:

$$v = \sqrt{\frac{2E_{\mathrm{c}}}{m_{\mathrm{p}}}} = \sqrt{\frac{2q_{\mathrm{p}}V}{m_{\mathrm{p}}}}$$

Y su longitud de onda asociada, de acuerdo con el principio de dualidad onda-corpúsculo de De Broglie, es:

$$\lambda_{\mathrm{p}} = \frac{h}{m_{\mathrm{p}}v} = \frac{h}{m_{\mathrm{p}}\sqrt{\dfrac{2q_{\mathrm{p}}V}{m_{\mathrm{p}}}}} = \frac{h}{\sqrt{2m_{\mathrm{p}}q_{\mathrm{p}}V}}$$

$$= \frac{6,63 \cdot 10^{-34}\,\mathrm{J\,s}}{\sqrt{2 \cdot 1,7 \cdot 10^{-27}\,\mathrm{kg} \cdot 1,6 \cdot 10^{-19}\,\mathrm{C} \cdot 5 \cdot 10^{4}\,\mathrm{V}}} = 1,27 \cdot 10^{-13}\,\mathrm{m}$$

$\lfloor E_{\mathrm{c}} = q_{\mathrm{p}}V;\ m_{\mathrm{p}} = 1,7 \cdot 10^{-27}\,\mathrm{kg};\ q_{\mathrm{p}} = e = 1,6 \cdot 10^{-19}\,\mathrm{C};\ V = 50\,\mathrm{kV} = 5 \cdot 10^{4}\,\mathrm{V}\rfloor$

b) El electrón experimenta las mismas transformaciones energéticas que el protón cuando se dirige a la placa positiva: su energía potencial se transforma en energía

---

[4]El dato de la diferencia de potencial hace referencia a la diferencia de potencial en valor absoluto. En el caso del protón, como se mueve en el sentido de los potenciales decrecientes, la diferencia de potencial es negativa, mientras que en el caso del electrón, como se mueve en el sentido de los potenciales crecientes, la diferencia de potencial es positiva. Por otra parte, como la energía cinética solo puede ser positiva, en este y en otros problemas calculamos la energía cinética como el producto de la carga y de la diferencia de potencial, expresadas siempre en valores absolutos. El objeto no es otro que el de facilitar desarrollo de este tipo de problemas y de otros parecidos.

cinética. La longitud de onda asociada será mayor que la del protón, puesto que su masa es menor, ya que la carga y la diferencia de potencial son los mismos en valores absolutos:

$$\lambda_e = \frac{h}{\sqrt{2m_e q_e V}} = \frac{h}{\sqrt{2\frac{m_p}{1870}q_p V}} = \sqrt{1870} \cdot \frac{h}{\sqrt{2m_p q_p V}} = 43,2\,\lambda_p$$

$$\left\lfloor \frac{m_p}{m_e} = \frac{1,7 \cdot 10^{-27}\,\text{kg}}{9,1 \cdot 10^{-31}\,\text{kg}} = 1870;\, q_e V = q_p V;\, \lambda_p = \frac{h}{\sqrt{2m_p q_p V}} \right\rfloor$$

Concretamente, la longitud de onda del electrón es aproximadamente 43 veces mayor que la del protón.

Problema 9.26

Un haz de electrones se acelera desde el reposo mediante una diferencia de potencial. Tras el proceso, la longitud de onda asociada a los electrones es $8 \cdot 10^{-11}$ m.

a) Haga un análisis energético del proceso y determine la diferencia de potencial aplicada.

b) Si un haz de protones se acelera con esa diferencia de potencial, determina la longitud de onda asociada a los protones.

$h = 6,6 \cdot 10^{-34}$ J s; $c = 3 \cdot 10^8$ m s^{-1}; $e = 1,6 \cdot 10^{-19}$ C; $m_e = 9,1 \cdot 10^{-31}$ kg; $m_p = 1840 m_e$.

---

a) Si suponemos que sobre el electrón solo actúa la fuerza eléctrica, espontáneamente, se dirige a la placa positiva, de mayor potencial. Puesto que la fuerza es conservativa, la energía mecánica permanece constante y, conforme se dirige a la placa positiva, disminuye su energía potencial eléctrica y aumenta su energía cinética en el mismo valor:

$$\Delta E_p + \Delta E_c = 0$$

Si llamamos q_e a la carga del electrón y V a la diferencia de potencial (d.d.p.) a la que está sometido, se cumplirá que:

$$q_e V + E_c - E_{c\,0} = 0$$

Si $E_{c\,0} = 0$, la energía cinética del electrón cuando finalice el proceso es:

$$E_c = |-q_e V| = q_e V$$

$\lfloor V$ y q_e están expresados en valores absolutos.$\rfloor$

Calculamos la diferencia de potencial aplicada a partir de la ecuación anterior. Para ello expresamos la energía cinética del electrón en función de la masa y la velocidad del electrón, y esta, a partir de la ecuación de la dualidad onda-corpúsculo de De Broglie:

$$\frac{1}{2}m_e v^2 = q_e V$$

Como $v = \dfrac{h}{\lambda_e m_e}$:

$$\frac{1}{2}m_e \left(\frac{h}{\lambda_e m_e}\right)^2 = q_e V$$

Simplificamos, despejamos V y calculamos su valor:

$$V = \frac{h^2}{2q_e \lambda_e^2 m_e} = \frac{(6,6 \cdot 10^{-34}\,\text{J s})^2}{2 \cdot 1,6 \cdot 10^{-19}\,\text{C}\,(8 \cdot 10^{-11}\,\text{m})^2\, 9,1 \cdot 10^{-31}\,\text{kg}} = 234\,\text{V}$$

b) Si, en vez de acelerar electrones, aceleramos protones con esa misma diferencia de potencial, la expresión de la longitud de onda la obtenemos de la ecuación anterior, despejando λ y sustituyendo en ella q_e y m_e por q_p y m_p. La longitud de onda, a partir de los valores de constantes y variables, que son conocidas, es:

$$\lambda_p = \frac{h}{\sqrt{2m_p q_p V}} = \frac{h}{\sqrt{2 \cdot 1840 m_e q_p V}}$$

$$= \frac{6,6 \cdot 10^{-34}\,\text{J s}}{\sqrt{2 \cdot 1840 \cdot 9,1 \cdot 10^{-31}\,\text{kg} \cdot 1,6 \cdot 10^{-19}\,\text{C} \cdot 234\,\text{V}}} = 1,86 \cdot 10^{-12}\,\text{m}$$

Problema 9.27

a) ¿Cuál es la energía de un fotón cuya cantidad de movimiento es la misma que la de un neutrón de energía $4\,\text{eV}$?

b) ¿Cómo variaría la longitud de onda asociada al neutrón si se duplicase su energía?

$h = 6,6 \cdot 10^{-34}\,\text{J s}$; $c = 3 \cdot 10^8\,\text{m/s}$; $e = 1,6 \cdot 10^{-19}\,\text{C}$; $m_n = 1,7 \cdot 10^{-27}\,\text{kg}$.

---

a) Calculamos primero la cantidad de movimiento del neutrón. Para ello, debemos calcular su velocidad a partir de su energía (energía cinética):

$$p_n = m_n v_n = 1,7 \cdot 10^{-27}\,\text{kg} \cdot 2,74 \cdot 10^4\,\text{m/s} = 4,66 \cdot 10^{-23}\,\text{kg m/s}$$

$$\left[v_n = \sqrt{\frac{2E_c}{m_n}} = \sqrt{\frac{2 \cdot 4\,\text{eV} \cdot \dfrac{1,6 \cdot 10^{-19}\,\text{J}}{1\,\text{eV}}}{1,7 \cdot 10^{-27}\,\text{kg}}} = 2,74 \cdot 10^4\,\text{m/s} \right]$$

Calculamos la energía de un fotón cuya cantidad de movimiento es la misma que la del neutrón en cuestión:

$$E_{\text{fotón}} = p_f c = 4,66 \cdot 10^{-23} \text{ kg m/s} \cdot 3 \cdot 10^8 \text{ m/s} = 1,40 \cdot 10^{-14} \text{ J}$$

$$\lfloor p_f = p_n = 4,66 \cdot 10^{-23} \text{ kg m/s} \rfloor$$

b) Consideramos dos neutrones, que llamamos A y B, de energía (cinética) $E_{c\,A}$ y $E_{c\,B}$, siendo la de B el doble que la de A. Calculamos la relación entre las longitudes de onda de De Broglie de A, λ_A, y de B, λ_B. Expresamos primero las longitudes de onda de cada uno de ellos en función de la masa y de la energía cinética:

$$\lambda_A = \frac{h}{\sqrt{2mE_{c\,A}}}$$

$$\lambda_B = \frac{h}{\sqrt{2mE_{c\,B}}} = \frac{h}{\sqrt{2 \cdot 2mE_{c\,A}}} = \frac{h}{\sqrt{2}\sqrt{2mE_{c\,A}}}$$

$$\lfloor E_{c\,B} = 2E_{c\,A} \rfloor$$

Dividimos miembro a miembro las dos ecuaciones:

$$\frac{\lambda_B}{\lambda_A} = \frac{\dfrac{h}{\sqrt{2}\sqrt{2mE_{c\,A}}}}{\dfrac{h}{\sqrt{2mE_{c\,A}}}} = \frac{\dfrac{1}{\sqrt{2}}\dfrac{h}{\sqrt{2mE_{c\,A}}}}{\dfrac{h}{\sqrt{2mE_{c\,A}}}} = \frac{\sqrt{2}}{2}$$

Despejamos λ_B:

$$\lambda_B = \frac{\sqrt{2}}{2}\lambda_A$$

Observamos que si la energía cinética del neutrón se duplica, la longitud de onda se hace $\sqrt{2}/2$ veces la que tenía anteriormente.

Problema 9.28

En un microscopio electrónico se aplica una diferencia de potencial de $20\,\text{kV}$ para acelerar los electrones.

a) Determine la longitud de onda de los fotones de rayos X de igual energía que dichos electrones.

b) Un electrón y un neutrón tienen igual longitud de onda de De Broglie. Razone cuál de ellos tiene mayor energía.

$h = 6,6 \cdot 10^{-34} \text{ J s}$; $c = 3 \cdot 10^8 \text{ m/s}$; $e = 1,6 \cdot 10^{-19} \text{ C}$; $m_e = 9,1 \cdot 10^{-31} \text{ kg}$; $m_n = 1,7 \cdot 10^{-27} \text{ kg}$.

a) El microscopio electrónico es un instrumento que se basa en las propiedades ondulatorias del electrón. Con él se pueden distinguir detalles mucho más pequeños que con el microscopio óptico gracias a que los electrones se pueden acelerar hasta alcanzar velocidades muy altas proporcionándoles longitudes de onda pequeñas, tan pequeñas como los detalles que queremos observar.

De acuerdo con la hipótesis de Planck, la energía de un fotón expresada en función de su longitud de onda λ es:

$$E_{\text{fotón}} = h\frac{c}{\lambda}$$

Calculamos la longitud de onda que tendrían los fotones de rayos X si su energía fuese la misma que la energía cinética E_c de los electrones acelerados en el microscopio. La longitud de onda de los fotones es:[5]

$$\lambda = \frac{hc}{E_{\text{fotón}}} = \frac{6,6 \cdot 10^{-34}\,\text{J s} \cdot 3 \cdot 10^{8}\,\text{m/s}}{3,2 \cdot 10^{-15}\,\text{J}} = 6,19 \cdot 10^{-11}\,\text{m}$$

$$\lfloor E_{\text{fotón}} = E_c = q_e V = 1,6 \cdot 10^{-19}\,\text{C} \cdot 2 \cdot 10^{4}\,\text{V} = 3,2 \cdot 10^{-15}\,\text{J} \rfloor$$

La misma que la de los rayos X con ese valor de energía.

b) Calculamos la relación entre las longitudes de onda de De Broglie de los neutrones λ_n y de los electrones λ_e. Para ello, expresamos primero las longitudes de onda de cada uno de ellos en función de la masa y de la energía cinética:

$$\lambda_e = \frac{h}{\sqrt{2 m_e E_{c\,e}}} \qquad \lambda_n = \frac{h}{\sqrt{2 m_n E_{c\,n}}}$$

---

[5]Calculamos la energía cinética del electrón multiplicando el valor absoluto de la carga del electrón por la diferencia de potencial (que de todas maneras es positiva, puesto que los electrones se mueven en el sentido de los potenciales crecientes) para que la energía cinética nos salga positiva. De manera rigurosa, el valor lo calcularíamos de la siguiente manera:

Puesto que la fuerza eléctrica que actúa sobre electrón es conservativa, la energía mecánica permanece constante. Conforme se dirige a la placa positiva, disminuye su energía potencial eléctrica y aumenta su energía cinética en el mismo valor:

$$\Delta E_p + \Delta E_c = 0$$

Si llamamos q_e a la carga del electrón y V a la diferencia de potencial (d.d.p.) a la que está sometido, se cumplirá que:

$$q_e V + E_c - E_{c0} = 0$$

Si $E_{c0} = 0$, la energía cinética del electrón cuando finalice el proceso es:

$$E_c = -q_e V = -(-1,6 \cdot 10^{-19}\,\text{C})\,20\,000\,\text{V} = 3,2 \cdot 10^{-15}\,\text{J}$$

$$\lfloor q_e = -e = -1,6 \cdot 10^{-19}\,\text{C} \rfloor$$

Dividimos miembro a miembro las dos ecuaciones y tenemos en cuenta la condición de que ambas partículas tienen la misma longitud de onda asociada:

$$\frac{\lambda_e}{\lambda_n} = \frac{\dfrac{h}{\sqrt{2m_e E_{ce}}}}{\dfrac{h}{\sqrt{2m_n E_{cn}}}} \Rightarrow 1 = \sqrt{\frac{2m_n E_{cn}}{2m_e E_{ce}}} \Rightarrow E_{ce} m_e = E_{cn} m_n$$

$$\lfloor \lambda_e = \lambda_n \rfloor$$

Observamos que el producto de la energía cinética por la masa es constante (son magnitudes inversamente proporcionales). Esto es, cuanto mayor es la masa de la partícula, menor es su energía cinética. Por tanto, el electrón, que tiene menor masa, tiene mayor energía cinética.

La relación entre las energías cinéticas del electrón y del neutrón es:

$$\frac{E_{ce}}{E_{cn}} = \frac{m_n}{m_e} = \frac{1,7 \cdot 10^{-27} \,\text{kg}}{9,1 \cdot 10^{-31} \,\text{kg}} = 1870$$

Problema 9.29

Un haz de electrones se acelera bajo la acción de un campo eléctrico hasta una velocidad de $6 \cdot 10^5 \,\text{m/s}$. Haciendo uso de la hipótesis de De Broglie, calcule:

a) La longitud de onda asociada a los electrones.

b) La masa del protón es aproximadamente 1800 veces la del electrón. Calcule la relación entre las longitudes de onda de De Broglie de protones y electrones suponiendo que se mueven con la misma energía cinética.

$h = 6,6 \cdot 10^{-34} \,\text{J s}$; $e = 1,6 \cdot 10^{-19} \,\text{C}$; $m_e = 9,1 \cdot 10^{-31} \,\text{kg}$.

---

a) De acuerdo con la hipótesis de De Broglie, toda partícula en movimiento lleva una onda asociada cuya longitud de onda es inversamente proporcional al producto de la masa por la velocidad, siendo h una constante universal, la constante de Planck.

Calculamos la longitud de onda asociada a ese haz de electrones en movimiento:

$$\lambda = \frac{h}{m_e v} = \frac{6,6 \cdot 10^{-34} \,\text{J s}}{9,1 \cdot 10^{-31} \,\text{kg} \cdot 6 \cdot 10^5 \,\text{m/s}} = 1,21 \cdot 10^{-9} \,\text{m}$$

$$\lfloor m_e = 9,1 \cdot 10^{-31} \,\text{kg}; \; v = 6 \cdot 10^5 \,\text{m/s} \rfloor$$

b) Calculamos la relación entre las longitudes de onda de De Broglie de electrones, λ_e, y de protones, λ_p. Para ello, expresamos primero las longitudes de onda de cada uno de ellos en función de la masa y de la energía cinética:

$$\lambda_e = \frac{h}{\sqrt{2m_e E_{c\,e}}} \qquad \lambda_p = \frac{h}{\sqrt{2m_p E_{c\,p}}}$$

Dividimos miembro a miembro las dos ecuaciones y tenemos en cuenta la condición de que ambas partículas tienen la misma energía cinética:

$$\frac{\lambda_e}{\lambda_p} = \frac{\dfrac{h}{\sqrt{2m_e E_{c\,e}}}}{\dfrac{h}{\sqrt{2m_p E_{c\,p}}}} = \sqrt{\frac{2m_p E_{c\,p}}{2m_e E_{c\,e}}} = \sqrt{\frac{m_p}{m_e}}$$

$$\lfloor E_{c\,p} = E_{c\,e} \rfloor$$

Como la masa del protón es 1800 veces la masa del electrón, tenemos que:

$$\frac{\lambda_e}{\lambda_p} = \sqrt{\frac{m_p}{m_e}} = \sqrt{\frac{1800\,m_e}{m_e}} = \sqrt{1800} = 42,4$$

Problema 9.30

Un átomo de plomo se mueve con una energía cinética de 10^7 eV.

a) Determine el valor de la longitud de onda asociada a dicho átomo.

b) Compare dicha longitud de onda con las que corresponderían, respectivamente, a una partícula de igual masa y diferente energía cinética y a una partícula de igual energía cinética y masa diferente.

$h = 6,6 \cdot 10^{-34}$ J s; $e = 1,6 \cdot 10^{-19}$ C; $1\,u = 1,66 \cdot 10^{-27}$ kg; $m_{Pb} = 207\,u$.

---

a) De acuerdo con la hipótesis de De Broglie, toda partícula en movimiento lleva una onda asociada cuya longitud de onda es inversamente proporcional al producto de la masa por la velocidad, siendo h una constante universal, la constante de Planck.

Calculamos la longitud de onda asociada a estos átomos de plomo en movimiento:

$$\lambda = \frac{h}{m_{Pb}v} = \frac{6,6 \cdot 10^{-34}\,\text{J s}}{3,44 \cdot 10^{-25}\,\text{kg} \cdot 3,05 \cdot 10^6\,\text{m/s}} = 6,29 \cdot 10^{-16}\,\text{m}$$

$$\left\lfloor \begin{aligned} m_{Pb} &= 207\,u \cdot \frac{1,66 \cdot 10^{-27}\,\text{kg}}{1\,u} = 3,44 \cdot 10^{-25}\,\text{kg}; \\[2ex] v &= \sqrt{\frac{2E_c}{m_{Pb}}} = \sqrt{\frac{2 \cdot 10^7\,\text{eV} \cdot \dfrac{1,6 \cdot 10^{-19}\,\text{J}}{1\,\text{eV}}}{3,44 \cdot 10^{-25}\,\text{kg}}} = 3,05 \cdot 10^6\,\text{m/s} \end{aligned} \right.$$

La longitud de onda es muy pequeña. No resultaría detectable mediante los experimentos típicos de difracción porque el tamaño de la separación de los átomos en un cristal (10^{-10} m) es mucho más grande que la longitud de onda asociada a los átomos de plomo en movimiento.

b) Expresamos la longitud de onda de la partícula que se mueve en función de su masa y de su energía cinética:

$$\lambda = \frac{h}{\sqrt{2mE_c}}$$

El primer caso podría corresponder a otro átomo de ^{207}Pb con distinta energía cinética. De acuerdo con la expresión anterior, como la masa es la misma:

$$\lambda = \frac{cte}{\sqrt{E_c}}$$

Y, por tanto, si la energía cinética aumenta, la longitud de onda disminuye, y viceversa.

El segundo caso podría corresponder a otra partícula de diferente masa con la misma energía cinética. De acuerdo con la expresión de más arriba, como la energía cinética es la misma:

$$\lambda = \frac{cte'}{\sqrt{m}}$$

Esta expresión es del mismo tipo que la que relaciona a la longitud de onda de una partícula con su energía cinética, vista anteriormente. Por tanto, si la masa de la partícula aumenta, la longitud de onda disminuye, y viceversa.

Capítulo 10

Física nuclear

Cuestión 10.1

Comente cada una de las frases siguientes:

a) Isótopos son aquellos núclidos de igual número atómico, pero distinto número másico.

b) Si un núclido emite una partícula alfa, su número másico decrece en dos unidades y su número atómico, en una.

a) Efectivamente, dos o más núclidos con el mismo número atómico Z (número de protones), pero con distinto número másico A (número de protones más neutrones), se denominan isótopos.[1] Por tener el mismo número atómico, los núclidos isótopos pertenecen a un mismo elemento químico. Los isótopos de un elemento pueden ser estables o inestables y, por tanto, radiactivos.

Así, por ejemplo, el elemento hidrógeno presenta tres isótopos naturales:

$$^{1}_{1}\text{H} \qquad\qquad ^{2}_{1}\text{H} \qquad\qquad ^{3}_{1}\text{H}$$

Protio (Estable)   Deuterio (Estable)   Tritio (Radiactivo)

b) Esta frase no es correcta. Cuando un núclido radiactivo emite una partícula alfa (núcleo de helio, compuesto de cuatro nucleones: dos protones y dos neutrones), su número másico A disminuye en cuatro unidades y su número atómico Z, en dos. La ecuación del proceso de emisión es:

$$^{A}_{Z}\text{X} \rightarrow\, ^{A-4}_{Z-2}\text{Y} +\, ^{4}_{2}\text{He}$$

---

[1] Se da el nombre de núclido (o nucleido) a cada especie nuclear, caracterizada por su número atómico Z y su número másico A. En la actualidad existen cerca de 3600 núclidos diferentes que corresponden a 112 elementos, de los que solo el 7% son estables.

Cuestión 10.2

Tenemos dos muestras A y B del mismo elemento radiactivo. Se comprueba que la muestra A tiene doble actividad que la B.

a) Razone si ambas muestras tienen el mismo o distinto periodo de semidesintegración.

b) ¿Cuál es la razón entre las actividades de las muestras después de haber trascurrido cinco periodos?

---

a) La actividad A de una muestra de un elemento radiactivo (des/s) representa la rapidez con que disminuye el número de núcleos N que contiene. Es directamente proporcional al número de núcleos que quedan sin desintegrar, siendo λ (s^{-1}) la constante de desintegración radiactiva:[2]

$$A = -\frac{dN}{dt} = \lambda N$$

El signo menos se introduce para hacer que la actividad sea un número positivo, pues está definida en función de la variación de los núcleos presentes, que es un número negativo. λ es única para cada elemento radiactivo y está relacionada con el periodo de semidesintegración $T_{1/2}$ del elemento, que es el tiempo que tarda en desintegrarse la mitad de una muestra de núcleos del elemento. La relación entre ambas magnitudes es:

$$T_{1/2} = \frac{\ln 2}{\lambda}$$

Puesto que, como hemos señalado, λ es propia de cada especie de elemento radiactivo, $T_{1/2}$ también lo será, independientemente del número de núcleos de la muestra del elemento radiactivo.

b) Llamamos A_{0A} a la actividad inicial de la muestra A y A_{0B}, a la actividad inicial de la muestra B. Como al cabo de cada periodo de semidesintegración la actividad de ambas muestras se reduce a la mitad, al cabo de 5 periodos de semidesintegración las actividades A_A y A_B de las muestras serán la treintaidosava parte de la inicial, y la razón entre las actividades será la misma:

$$A_A = \frac{A_{0A}}{2^5} = \frac{A_{0A}}{32} \quad \text{y} \quad A_B = \frac{A_{0B}}{2^5} = \frac{A_{0B}}{32}$$

Dividiendo miembro a miembro las dos ecuaciones y teniendo en cuenta la relación entre las actividades iniciales de las dos muestras, obtenemos la relación entre las

---

[2] $-\dfrac{dN}{dt} = \lambda N$ es la expresión de la ley de la desintegración radiactiva en forma diferencial, mientras que $N = N_0 \mathrm{e}^{-\lambda t}$ es la forma integrada de dicha ley.

actividades al cabo de ese tiempo:

$$\frac{A_A}{A_B} = \frac{\dfrac{A_{0A}}{32}}{\dfrac{A_{0B}}{32}} = 2 \qquad \left\lfloor \frac{A_{0A}}{A_{0B}} = 2 \right\rfloor$$

Cuestión 10.3

a) Algunos átomos de nitrógeno ($^{14}_{7}N$) atmosférico chocan con un neutrón y se transforman en carbono ($^{14}_{6}C$) que, por emisión β, se convierten de nuevo en nitrógeno. Escriba las correspondientes reacciones nucleares.

b) Los restos de animales recientes contienen mayor proporción de $^{14}_{6}C$ que los restos de animales antiguos. ¿A qué se debe este hecho y qué aplicación tiene?

---

a) Entre los núclidos producidos en la atmósfera terrestre por los rayos cósmicos, se encuentra el $^{14}_{6}C$, que se forma por el impacto de un neutrón de alta energía con un núcleo de nitrógeno atmosférico. La ecuación nuclear del proceso es:

$$^{14}_{7}N + ^{1}_{0}n \rightarrow ^{14}_{6}C + ^{1}_{1}H$$

Posteriormente, el núclido $^{14}_{6}C$, que es radiactivo, emite un electrón y un antineutrino ($\bar{\nu}$) y se transforma en el núclido $^{14}_{7}N$. La ecuación nuclear es:

$$^{14}_{6}C + \rightarrow ^{14}_{7}N + ^{0}_{-1}e + \bar{\nu}$$

b) Los átomos de ^{14}C se comportan químicamente igual que los de ^{12}C, combinándose, por ejemplo, con el oxígeno para formar dióxido de carbono. Las plantas incorporan el dióxido de carbono para la formación de azúcares mediante el proceso de la fotosíntesis y los animales incorporan átomos de carbono a través de la cadena trófica. Mientras que un animal está vivo, la proporción en que se encuentra el ^{14}C y el ^{12}C es la misma que la que se halla en la atmósfera: $n_{12C}/n_{14C} = 1,2 \cdot 10^{12}$. Cuando un animal muere, deja de incorporar átomos de ^{14}C. Al mismo tiempo, los átomos de ^{14}C que contiene se van desintegrando según el proceso de desintegración β, visto más arriba. Si conocemos la actividad (número de desintegraciones por segundo) de un trozo de un hueso hallado A con la actividad de un trozo de hueso de la misma masa de un animal actual A_0, podemos determinar la edad del hueso mediante la expresión :

$$t = -\frac{\ln \dfrac{A}{A_0}}{\lambda}$$

siendo λ la constante de desintegración radiactiva del ^{14}C.

Cuestión 10.4

a) Escriba la ley de la desintegración de una muestra radiactiva y explique el significado físico de las variables y parámetros que aparecen en ella.

b) Supuesto que pudiéramos aislar un átomo de la muestra anterior, discuta, en función del parámetro apropiado, si cabe esperar que su núcleo se desintegre pronto, tarde o nunca

---

a) La expresión de la ley de la desintegración radiactiva es:

$$N = N_0 e^{-\lambda t} \, (\text{SI})$$

donde N_0 es el número de núcleos radiactivos iniciales de la muestra, N es el número de núcleos de la muestra que permanecen sin desintegrarse al cabo de un tiempo t (s), e es la base de los logaritmos neperianos y λ (s^{-1}) es la constante de desintegración radiactiva, que representa la fracción de núcleos que se desintegran por segundo por cada núcleo presente en la muestra, o también, la probabilidad de que un núcleo se desintegre al cabo de la unidad de tiempo de comenzar a observarlo.

b) La desintegración radiactiva es un proceso estadístico. La probabilidad de que un núcleo dado de una muestra se desintegre en la unidad de tiempo es la misma para todos ellos, independientemente de la presión y de la temperatura a la que se encuentre la muestra y de la presencia de otros núcleos y de su edad.

Otro parámetro apropiado para describir la desintegración de un átomo es el tiempo de vida media τ, que se define como el inverso de la constante de desintegración radiactiva: $\tau = 1/\lambda$ (s), que representa el tiempo que por término medio tarda en desintegrarse un núcleo en concreto, su "esperanza de vida".

Los núcleos no envejecen como las personas, que a medida que cumplen años tienen más probabilidades de morir. Por tanto, no podemos saber cuándo ese núcleo aislado se desintegrará, que ocurrirá entre un tiempo $t = 0$ y $t = \infty$. Lo que sí podemos saber es en qué proporción una cantidad grande de núcleos se desintegrará al cabo de un tiempo determinado.

Cuestión 10.5

a) ¿Cómo se puede explicar que un núcleo emita partículas β si en él solo existen neutrones y protones?

b) El $^{232}_{90}$Th se desintegra, emitiendo 6 partículas α y 4 partículas β, lo que da lugar a un isótopo estable del plomo. Determine el número másico y el número atómico de dicho isótopo.

a) La radiactividad consiste en la emisión, por parte de los núcleos de elementos radiactivos, de partículas o radiaciones electromagnéticas γ, que en algunos casos transcurre con la aparición de un núcleo de un nuevo elemento. Una de las transformaciones o desintegraciones radiactivas transcurre con la emisión de partículas β, electrones.[3]

Cuando un núcleo de número másico A y número atómico Z ($_Z^A X$) emite una partícula β, se transforma en otro núcleo de igual número másico y número atómico $Z + 1$ ($_{Z+1}^A Y$), correspondiente a un elemento situado un lugar después en la tabla periódica:

$$_Z^A X \rightarrow _{Z+1}^A Y + _{-1}^0 e$$

Como en el núcleo no existen electrones, se admite que este tipo de procesos es el resultado de la desintegración de un neutrón, que se transforma en un protón, un electrón y un antineutrino, $\overline{\nu}$, según la ecuación:

$$_0^1 n \rightarrow _1^1 p + _{-1}^0 e + \overline{\nu}$$

b) Veamos cuánto varían el número másico y el número atómico; primero, por la emisión de partículas alfa, y después, por la emisión de partículas beta.

Cuando un núcleo de número másico A y número atómico Z ($_Z^A X$) emite una partícula α ($_2^4 He$), se transforma en otro núcleo de número másico $A - 4$ y número atómico $Z - 2$ ($_{Z-2}^{A-4} Y$), correspondiente a un elemento situado dos lugares antes en la tabla periódica:

$$_Z^A X \rightarrow _{Z-2}^{A-4} Y + _2^4 He$$

Por tanto, en la emisión de 6 partículas α ($6\,_2^4 He$), el número másico disminuye en $6 \cdot 4 = 24$ unidades y el número atómico disminuye en $6 \cdot 2 = 12$ unidades.

Teniendo en cuenta lo dicho en el apartado a), en la emisión de 4 partículas β ($4\,_{-1}^0 e$) el número atómico aumenta en $4 \cdot 1 = 4$ unidades (solo varía el número atómico).

Si consideramos ahora las emisiones conjuntamente, al final de las emisiones de las 10 partículas se habrá formado un nuevo núcleo de número másico 24 unidades menos y de número atómico 8 unidades menos ($12 - 4 = 8$):

$$_{90}^{232} Th \rightarrow _{82}^{208} Pb + 6\,_2^4 He + 4\,_{-1}^0 e$$

---

[3]Esta emisión se denomina correctamente beta negativa (β^-), que es la mayoritaria. Pero existe otra desintegración, la beta positiva (β^+), en la que un protón se transforma en un neutrón, un positrón ($_{+1}^0 e$) y un neutrino (ν):

$$_1^1 p \rightarrow _0^1 n + _{+1}^0 e + \nu$$

Convencionalmente, al referirnos a la desintegración beta a secas, nos estamos refiriendo a la negativa.

Obsérvese cómo se conservan el número de nucleones ($232 = 208 + 6 \cdot 4$) y la carga eléctrica ($90e = 82e + 6 \cdot 2e + 4(-e)$).

Cuestión 10.6

Todas las fuerzas que existen en la naturaleza se explican como manifestaciones de cuatro interacciones básicas: gravitatoria, electromagnética, nuclear fuerte y nuclear débil.
a) Explique las características de cada una de ellas.
b) Razone por qué los núcleos son estables a pesar de la repulsión eléctrica entre sus protones.

---

a) Fuerzas fundamentales son aquellas fuerzas del universo que no se pueden explicar en función de otras más básicas. Las fuerzas o interacciones fundamentales conocidas hasta ahora son cuatro:

- La fuerza gravitatoria depende de la inversa del cuadrado de la distancia, es de alcance infinito, atractiva y muy débil. Surge como consecuencia de la existencia de la masa, que es responsable de la estructura del universo a gran escala y casi sin efecto sobre las partículas ordinarias que componen la materia (átomos, moléculas, etc.). Es independiente del medio en el que las masas están inmersas (G siempre tiene el mismo valor).

- La fuerza electromagnética depende del inverso del cuadrado de la distancia, es de alcance infinito, atractiva o repulsiva y muy intensa. Se da entre partículas cargadas y es responsable de la unión de los núcleos y electrones que forman los átomos, de la unión de los átomos para formar moléculas, de las fuerzas intermoleculares, que determinan el estado de la materia, y de los cristales. Depende del medio en el que las cargas están inmersas (ε tiene diferente valor según las características del medio).

- La interacción nuclear fuerte es de corto alcance (del orden del tamaño de núcleos pequeños), atractiva y muy intensa. Mantiene unidos los nucleones (en realidad, los quarks, que son los constituyentes de los nucleones) y es responsable de la estabilidad nuclear.

- La interacción nuclear débil es de un alcance inferior a la interacción nuclear fuerte, atractiva y de una intensidad menor que la electromagnética. Es responsable de la desintegración beta de los neutrones.

Todo lo que sucede en el universo es debido a la actuación de una o varias de estas fuerzas que se diferencian unas de otras porque cada una implica el intercambio de un tipo diferente de partícula, denominada partícula de intercambio o intermediaria. Todas las partículas de intercambio son bosones: gravitones, fotones, gluones y bosones Z y W, correspondientes a cada una de las interacciones en el orden que las hemos dado.

b) La interacción responsable de la estabilidad nuclear es, como se ha dicho en el apartado anterior, la interacción nuclear fuerte. Al ser atractiva y de gran intensidad, unas 100 veces mayor que la interacción electromagnética a distancias nucleares (del orden de los 10^{-15} m), explica que pueda vencer la repulsión de los protones. Se da entre nucleones, independientemente de que sean protones o neutrones. Como es de corto alcance y tiene carácter saturado, esto es, que la interacción se limita a nucleones próximos, para núcleos de $Z > 82$ (con demasiados protones), la fuerza nuclear fuerte no es suficiente para garantizar la estabilidad de los núcleos y son todos radiactivos.

Cuestión 10.7

a) Explique en qué consisten las reacciones de fusión y fisión nucleares. ¿En qué se diferencian?

b) Comente el origen de la energía que producen.

---

a) Las reacciones de fusión nuclear consisten en la unión de dos núcleos ligeros para formar un núcleo mayor más estable (de mayor energía de enlace por nucleón B/A) que supera la fuerza electromagnética de repulsión entre los núcleos, de modo que se libera mucha energía.

Las reacciones de fisión nuclear consisten en la escisión de un núcleo pesado, mediante el bombardeo con neutrones, en dos núcleos de tamaño medio mucho más estables (de mayor energía de enlace por nucleón), de modo que se libera mucha energía.

En la gráfica de la siguiente cuestión se comprueba que, efectivamente, los núcleos generados tanto por fisión como por fusión se aproximan a la franja central de valores máximos B/A y, por tanto, son más estables.

Podemos establecer las diferencias en cuanto a la energía que se libera, a la disponibilidad del "combustible nuclear" utilizado, a la peligrosidad de los productos, a la posibilidad de su utilización y, por último, a la seguridad del proceso:

- En las reacciones de fusión se desprende más energía por nucleón, unos 3 MeV/nucleón, frente a aproximadamente 1 MeV/nucleón de las de fisión.

- Los reactivos de la fusión nuclear, como puede ser el deuterio, son mucho más abundantes y fáciles de obtener que el uranio, que es el reactivo más utilizado en los procesos de fisión.

- Los productos de las reacciones de fusión nuclear no son radiactivos como los de la fisión.

- Las reacciones de fusión plantean el inconveniente de las altas temperaturas necesarias para iniciarlas y el problema para confinar esta materia (muy corrosiva, ya que se encuentra en estado de plasma) en un espacio en concreto, mientras que las reacciones de fisión son procesos bien conocidos y pueden controlarse considerablemente bien (centrales nucleares).

- Los reactores de fusión son más seguros que los de fisión, ya que los primeros se detienen por sí mismos al cortar el suministro de combustible, mientras que los procesos de fisión se retroalimentan, creciendo exponencialmente con el tiempo si fallan los mecanismos externos de control y dando lugar a episodios violentos como el ocurrido en Fukushima en 2011.

b) El origen de la energía que producen reside en la pérdida de masa que tiene lugar en el proceso (la masa de los productos es menor que la de los reactivos). Según el principio de equivalencia masa-energía, todo sistema en el que tiene lugar una pérdida de masa Δm libera una energía ΔE cuyo valor es:

$$\Delta E = \Delta m c^2$$

siendo c la velocidad de la luz en el vacío.

Cuestión 10.8

a) Explique qué se entiende por defecto de masa y por energía de enlace de un núcleo y cómo están relacionados ambos conceptos.
b) Relacione la energía de enlace por nucleón con la estabilidad nuclear y, ayudándose de una gráfica, explique cómo varía la estabilidad nuclear con el número másico.

---

a) El defecto de masa de un núcleo Δm es la pérdida de masa que tiene lugar al formarse a partir de sus nucleones y se calcula como la diferencia entre la masa de los nucleones y la masa del núcleo formado:[4]

$$\Delta m = [Z m_{\mathrm{p}} + (A - Z) m_{\mathrm{n}}] - m_{\text{núcleo}}$$

siendo $Z m_{\mathrm{p}}$ la masa de los protones; $(A - Z) m_{\mathrm{n}}$, la masa de los neutrones, y $m_{\text{núcleo}}$, la masa del núcleo formado.

Se llama energía de enlace de un núcleo B a aquella que hay que suministrar para desintegrarlo en sus nucleones constituyentes y coincide con la energía liberada ΔE en el proceso de su formación a partir de los nucleones que lo constituyen.

---

[4]Se define $\Delta m = m_{\text{inicial}} - m_{\text{final}}$ y no al contrario, con objeto de que resulte un valor positivo.

Según el principio de equivalencia masa-energía, todo sistema en el que tiene lugar una pérdida de masa libera una energía cuyo valor es:[5]

$$\Delta E = \Delta m c^2$$

siendo c la velocidad de la luz en el vacío.

b) Es obvio que, cuantos más nucleones tenga un núcleo, mayor es su energía de enlace y mayor será la energía necesaria para disgregarlo. Sin embargo, esto no significa que un núcleo más pesado sea más estable que uno ligero. La magnitud que nos sirve como medida aproximada de la estabilidad de un núcleo debe ser independiente del número de nucleones y se llama energía de enlace por nucleón.

La energía de enlace por nucleón de un núcleo B/A representa la energía necesaria para extraer un nucleón y es un índice de la estabilidad del núcleo: cuanto mayor es la energía de enlace por nucleón, más estable es.

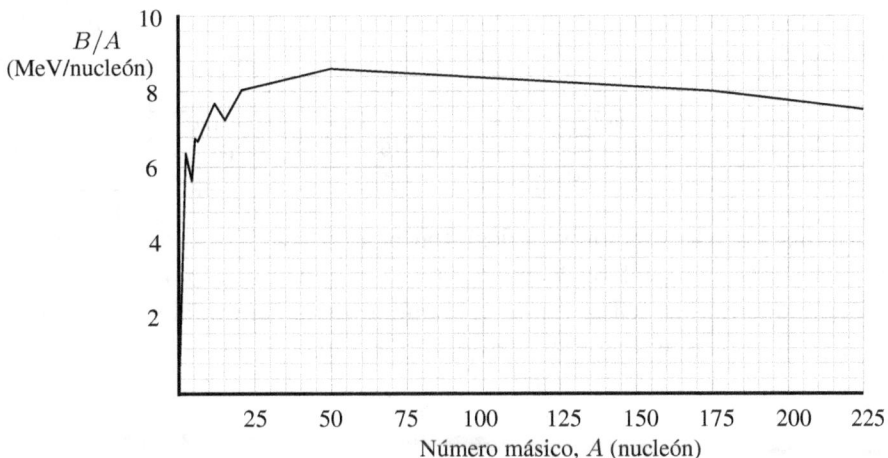

En la gráfica se observa que la energía de enlace por nucleón B/A aumenta con el número másico A hasta alcanzar un valor máximo para los núcleos de número másico medio (entre los 30 y los 120 nucleones) y disminuye lentamente para aquellos que tienen un elevado número másico. De la gráfica se deduce que:

- Si un núcleo grande se divide en dos núcleos de tamaño medio, se desprenderá energía en el proceso y el sistema resultante tendrá menos energía que el sistema inicial (proceso de fisión nuclear).

---

[5]El principio de equivalencia masa-energía dice que si un sistema aumenta o disminuye su masa, absorbe o libera energía, respectivamente. En un sistema aislado, que no intercambia materia ni energía con el exterior, lo que se conserva no es la masa ni la energía por separado, sino como conjunto masa-energía, que son equivalentes.

- Si dos núcleos pequeños se unen para formar un núcleo de mayor tamaño, se desprenderá también energía en el proceso y el sistema resultante tendrá menos energía que el sistema inicial (proceso de fusión nuclear).

En ambos procesos, al tener los productos menos energía, serán más estables que los núcleos iniciales.

Cuestión 10.9

a) Indique las características de las radiaciones alfa, beta y gamma.

b) Explique los cambios que ocurren en un núcleo al experimentar una desintegración beta.

a) Las características principales de estas radiaciones son:

Ra-diación	Carga (e)	Masa (u)	Constitución	Velocidad de emisión (m/s)	Poder de ionización	Poder de penetración relativo
α	2	4,002603	Núcleos de ^{4}He	$1,6 \cdot 10^7$	Grande	1
β	-1	0,000548	Electrones	$2,6 \cdot 10^8$	Moderado	100
γ	0	0	Ondas electro-magnéticas	$3 \cdot 10^8$	Pequeño	10 000

b) Una de las transformaciones o desintegraciones radiactivas transcurre con la emisión, por parte del núcleo, de partículas β, electrones. Cuando un núcleo ^A_ZX emite una partícula β, se transforma en el núcleo de un nuevo elemento, de número atómico una unidad mayor y del mismo número másico:

$$^A_Z X \rightarrow ^A_{Z+1} Y + ^0_{-1} e$$

Como en el núcleo no existen electrones, se admite que este tipo de procesos es el resultado de la desintegración de un neutrón que se transforma en un protón, un electrón y un antineutrino ($\overline{\nu}$) según la ecuación:

$$^1_0 n \rightarrow ^1_1 p + ^0_{-1} e + \overline{\nu}$$

El protón queda en el núcleo y el electrón es expulsado (radiación β).

Cuestión 10.10

a) Explique cualitativamente la dependencia de la estabilidad nuclear con el número másico.

b) Considere dos núcleos pesados X e Y de igual número másico. Si X tiene mayor energía de enlace, ¿cuál de ellos es más estable?

a) La energía de enlace por nucleón B/A de un núcleo representa la energía necesaria para extraer un nucleón del núcleo de un átomo y es un índice de la estabilidad del mismo: cuanto mayor es la energía de enlace por nucleón, más estable es.

La energía de enlace por nucleón y, por tanto, la estabilidad nuclear varían con el número másico (número de nucleones) A. Al principio, aumenta con el número másico de una manera muy rápida hasta alcanzar un valor máximo para núcleos de número másico medio (entre 30 y 120 nucleones) y después disminuye lentamente para aquellos que tienen mayor número másico.

b) Si los dos núcleos tienen el mismo número másico A y el núcleo X tiene mayor energía de enlace, su cociente B/A es mayor y, por tanto, será más estable que el núcleo Y.

Cuestión 10.11

Justifique la veracidad o falsedad de las siguientes afirmaciones:
a) Cuanto mayor es el periodo de semidesintegración de un material, más deprisa se desintegra.
b) En general, los núcleos estables tienen más neutrones que protones.

---

a) Falsa. El periodo de semidesintegración $T_{1/2}$ de un material radiactivo es el tiempo que ha de pasar para que el número de núcleos radiactivos haya disminuido hasta la mitad. Es decir, si tenemos inicialmente N_0 núcleos, al cabo de un periodo de semidesintegración habrá $N_0/2$ núcleos. Cuanto mayor sea el periodo de semidesintegración de un material, más tiempo tardará en desintegrarse, luego más lentamente se desintegrará.

En la tabla siguiente vemos cómo se desintegra más lentamente la muestra B, que tiene un periodo de semidesintegración el doble que la muestra A, puesto que al cabo de 4 horas queda todavía la cuarta parte de los núcleos iniciales de la muestra B, mientras que de la muestra A solo queda la dieciseisava parte.

	Inicialmente	Núcleos sin desintegrar una hora después	Núcleos sin desintegrar dos horas después	Núcleos sin desintegrar tres horas después	Núcleos sin desintegrar cuatro horas después
A ($T_{1/2} =$ 1 hora)	N_0	$N_0/2$	$\dfrac{N_0/2}{2} = N_0/4$	$\dfrac{N_0/4}{2} = N_0/8$	$\dfrac{N_0/8}{2} = N_0/16$
B ($T_{1/2} =$ 2 horas)	N_0	–	$N_0/2$	–	$\dfrac{N_0/2}{2} = N_0/4$

b) Verdadera. A medida que aumenta Z, el número de neutrones aumenta más rápidamente que el número de protones. Para $Z < 20$ se cumple que en los núcleos más estables $Z = N$. Para $Z > 20$ los núcleos estables tienen más neutrones que protones, lo que parece indicar que un exceso de neutrones proporciona estabilidad. Ello es debido a que la fuerza nuclear fuerte tiene carácter saturado (la interacción entre los nucleones se limita a los nucleones próximos) y se necesitan más neutrones para estabilizar el núcleo. Sin embargo, a partir de núcleos con $Z > 82$, su elevado número de protones hace que aumenten mucho las interacciones repulsivas electrostáticas entre ellos y la fuerza nuclear fuerte no es suficiente para compensar tal repulsión; en consecuencia, los núcleos son radiactivos.

Cuestión 10.12

a) ¿Qué ocurre cuando un núclido emite una partícula alfa? ¿Y cuando emite una partícula beta?

b) Calcule el número total de emisiones alfa y beta que permitirán completar la siguiente transmutación:

$$^{235}_{92}U \rightarrow ^{207}_{82}Pb$$

---

a) La radiactividad consiste en la emisión, por parte del núcleo de átomos inestables, de partículas o radiaciones electromagnéticas γ que en algunos casos transcurre con la aparición de un núcleo de un nuevo elemento.

Cuando un núcleo de número másico A y número atómico Z $\left(^{A}_{Z}X\right)$ emite una partícula α $\left(^{4}_{2}He\right)$, se transforma en otro núcleo de número másico $A - 4$ y número atómico $Z - 2$ $\left(^{A-4}_{Z-2}Y\right)$, correspondiente a un elemento situado dos lugares antes en la tabla periódica:

$$^{A}_{Z}X \rightarrow ^{A-4}_{Z-2}Y + ^{4}_{2}He$$

Cuando un núcleo de número másico A y número atómico Z $\left(^{A}_{Z}X\right)$ emite una partícula β, se transforma en otro núcleo del mismo número másico y número atómico $Z + 1$ $\left(^{A}_{Z+1}Y\right)$, correspondiente a un elemento situado un lugar después en la tabla periódica:

$$^{A}_{Z}X \rightarrow ^{A}_{Z+1}Y + ^{0}_{-1}e$$

b) Calculamos primero el número de emisiones α, que llamamos x, ya que la variación en el número másico solo se produce en las emisiones α y este lo hace disminuyendo en cuatro unidades por cada emisión alfa:

$$235 - x \cdot 4 = 207 \Rightarrow x = \frac{235 - 207}{4} = 7 \, \text{emisiones} \, \alpha$$

Calculamos por último el número de emisiones β, que llamamos y, teniendo en cuenta que el número atómico disminuye en dos unidades por cada emisión alfa y aumenta en una unidad por cada emisión beta:

$$92 - 7 \cdot 2 + y \cdot 1 = 82 \Rightarrow y = 82 - 95 + 14 = 4 \, \text{emisión} \, \beta$$

> **Cuestión 10.13**
>
> a) ¿Cuál es la interacción responsable de la estabilidad del núcleo? Compárela con la interacción electromagnética.
>
> b) Comente las características de la interacción nuclear fuerte.

a) La interacción responsable de la estabilidad nuclear es la interacción nuclear fuerte. Es unas 100 veces mayor que la interacción electromagnética a distancias nucleares, lo que explica que pueda vencer la repulsión electrostática de los protones.

b) Las principales características de esta interacción son las siguientes:

- Es atractiva y de gran intensidad.

- Es una interacción de corto alcance (entre 0,6 y 0, 7 fermi). No se manifiesta fuera del núcleo.[6]

- Es saturada, ya que el alcance de un nucleón se limita a los nucleones vecinos, lo que explica que los núcleos de $Z > 82$ (con demasiados protones) sean inestables.

- Es independiente de la carga. Se da entre nucleones, independientemente de que sean protones o neutrones. Concretamente, está relacionada con la "carga color" de las partículas nucleares (quarks y gluones).

- Es repulsiva a distancias muy cortas (inferiores a 0, 4 fermi).

> **Cuestión 10.14**
>
> a) Razone cuáles de las siguientes reacciones nucleares son posibles:
>
> $$^{1}_{1}\text{H} + ^{3}_{2}\text{He} \rightarrow ^{4}_{2}\text{He} \qquad ^{224}_{88}\text{Ra} \rightarrow ^{219}_{86}\text{Rn} + ^{4}_{2}\text{He} \qquad ^{4}_{2}\text{He} + ^{27}_{13}\text{Al} \rightarrow ^{30}_{15}\text{P} + ^{1}_{0}\text{n}$$
>
> b) Deduzca el número de protones, neutrones y electrones que tiene un átomo de $^{27}_{13}\text{Al}$.

a) En general, las reacciones nucleares consisten en el bombardeo de núcleos mediante partículas. El núcleo objeto del bombardeo se llama blanco y las partículas lanzadas contra el blanco reciben el nombre de proyectiles. El resultado suele ser uno o varios nuevos núcleos y una o varias partículas que reciben el nombre de partículas de emisión.

---

[6]El fentometro, también llamado fermi, es la unidad de longitud que equivale a una milbillonésima parte del metro (10^{-15} m).

Una reacción nuclear se representa de forma similar a una reacción química, mediante una ecuación en la que se indican simbólicamente todos los núclidos y partículas que intervienen:

$$\text{blanco} + \text{proyectil} \rightarrow \text{núcleos productos} + \text{partículas de emisión}$$

Podemos considerar también como reacciones nucleares las reacciones de fusión nuclear. En ellas se forma un núcleo a partir de la unión de otros más ligeros.

En las reacciones nucleares se conservan ciertas magnitudes. Entre otras, se conservan el número de nucleones y la carga eléctrica.

No consideramos reacciones nucleares las emisiones radiactivas naturales, aunque también en ellas se conservan el número de nucleones y la carga eléctrica.

Para verificar si los procesos del enunciado son posibles, analizamos si cumplen los requisitos de una reacción nuclear y si se conservan las magnitudes mencionadas.

El proceso $^{1}_{1}\text{H} + ^{3}_{2}\text{He} \rightarrow ^{4}_{2}\text{He}$ quiere representar una reacción nuclear de fusión, pero no es posible, ya que, aunque se conserva el número de nucleones ($1 + 3 = 4$), no se conserva la carga eléctrica ($e + 2e \neq 2e$).

El proceso $^{224}_{88}\text{Ra} \rightarrow ^{219}_{86}\text{Rn} + ^{4}_{2}\text{He}$ no es una reacción nuclear. Quiere representar una emisión radiactiva de una partícula alfa. No es posible porque no se conserva el número de nucleones ($224 \neq 219 + 4$), aunque sí se conserva la carga eléctrica ($88e = 86e + 2e$).

El proceso $^{4}_{2}\text{He} + ^{27}_{13}\text{Al} \rightarrow ^{30}_{15}\text{P} + ^{1}_{0}\text{n}$ sí es una reacción nuclear. Se trata del bombardeo de núcleos de ^{27}Al con partículas alfa. Es posible porque se conserva el número de nucleones ($4 + 27 = 30 + 1$) y también la carga eléctrica ($2e + 13e = 15e$).

b) La notación $^{27}_{13}\text{Al}$ corresponde a uno de los isótopos del aluminio, de símbolo Al. El subíndice corresponde al número atómico del elemento y coincide con el número de protones que tiene el átomo: 13. El superíndice hace referencia al número másico, que es el número de nucleones (protones más neutrones). Como hay 27 nucleones en total, habrá $27 - 13 = 14$ neutrones. Como se trata de una especie neutra y la carga del protón tiene el mismo valor, pero con signo distinto, a la del electrón, puesto que el átomo tiene 17 protones, debe tener 17 electrones.

Problema 10.15

La masa isotópica de $^{14}_{7}\text{N}$ es $14,0001089\,\text{u}$.

a) Indique los nucleones de este isótopo y calcule su defecto de masa.

b) Calcule su energía de enlace.

$c = 3 \cdot 10^{8}\,\text{m s}^{-1}; 1\,\text{u} = 1,67 \cdot 10^{-27}\,\text{kg}; m_{\text{p}} = 1,007276\,\text{u}; m_{\text{n}} = 1,008665\,\text{u}.$

---

a) El núclido $^{14}_{7}\text{N}$ tiene 14 nucleones: 7 protones y 7 neutrones.

El defecto de masa Δm es la pérdida de masa que tiene lugar al formarse el núcleo de un átomo a partir de sus nucleones y se calcula como la diferencia entre la masa de los nucleones y la masa de núcleo del átomo formado. En este caso, el defecto de masa es:

$$\begin{aligned} \Delta m &= [Z m_{\mathrm{p}} + (A - Z) m_{\mathrm{n}}] - m_{\mathrm{N}-14} = (7 \, m_{\mathrm{p}} + 7 \, m_{\mathrm{n}}) - m_{\mathrm{N}-14} \\ &= (7 \cdot 1{,}007276 \, \mathrm{u} + 7 \cdot 1{,}008665 \, \mathrm{u}) - 14{,}0001089 \, \mathrm{u} \\ &= 14{,}111587 \, \mathrm{u} - 14{,}0001089 \, \mathrm{u} = 0{,}111478 \, \mathrm{u} \end{aligned}$$

b) Según el principio de equivalencia masa-energía, todo sistema en el que tiene lugar una pérdida de masa Δm libera una energía ΔE cuyo valor es:

$$\Delta E = \Delta m c^2$$

siendo c la velocidad de la luz en el vacío.

La energía liberada en el proceso de formación del núcleo a partir de sus nucleones coincide con la energía que hay que suministrar al núcleo para desintegrarlo en sus nucleones constituyentes. Esta energía se llama energía de enlace B:[7]

$$B = \Delta E = \Delta m c^2 = 0{,}111478 \, \mathrm{u} \cdot \frac{1{,}67 \cdot 10^{-27} \, \mathrm{kg}}{1 \, \mathrm{u}} \, (3 \cdot 10^8 \, \mathrm{m/s})^2 = 1{,}68 \cdot 10^{-11} \, \mathrm{J}$$

$$\lfloor \Delta m = 0{,}111478 \, \mathrm{u}; \; c = 3 \cdot 10^8 \, \mathrm{m/s}; \; 1 \, \mathrm{u} = 1{,}67 \cdot 10^{-27} \, \mathrm{kg} \rfloor$$

Problema 10.16

El periodo de semidesintegración de un nucleido radiactivo, de masa isotópica $200 \, \mathrm{u}$, que emite partículas beta es de $50 \, \mathrm{s}$. Una muestra, cuya masa inicial era $50 \, \mathrm{g}$, contiene en la actualidad $30 \, \mathrm{g}$ del nucleido original.

a) Indique las diferencias entre el nucleido original y el resultante y represente gráficamente la variación con el tiempo de la masa del nucleido original.

b) Calcule la antigüedad de la muestra y su actividad actual.

$N_{\mathrm{A}} = 6{,}02 \cdot 10^{23} \, \mathrm{mol}^{-1}$.

---

[7]Cuando tratamos a estos niveles atómicos y nucleares, siempre viene bien expresar los términos de energía en electronvoltio, además de en el SI (julios), ya que su escala está precisamente diseñada para este ámbito. Así, en este problema, por ejemplo, saldría $B = 105 \, \mathrm{MeV}$. A los alumnos se les quedan en la memoria mejor estas cifras en MeV al comparar datos de diferentes procesos nucleares, así como para verificar si los resultados son razonables en órdenes de magnitud, que si tuvieran que comparar en julios, con exponentes muy elevados. El alumno debería memorizar la equivalencia entre eV y J ($1 \, \mathrm{eV} = 1{,}6 \cdot 10^{-19} \, \mathrm{J}$), si no los pudiera obtener de los datos del problema.

a) El nucleido resultante tendrá el mismo número másico ($A = 200$) y su número atómico será $Z + 1$, como corresponde a la emisión de una partícula beta ($_{-1}^{0}$e):

$$^{200}_{Z}\text{X} \rightarrow^{200}_{Z+1}\text{Y} +^{\,0}_{-1}\text{e}$$

Obsérvese que en el proceso se conservan los nucleones ($200 = 200$) y la carga eléctrica ($Ze = (Z + 1)e + (-e)$).

La expresión de la ley de la desintegración radiactiva es la siguiente:

$$N = N_0\text{e}^{-\lambda t} \qquad \text{(SI)}$$

donde N_0 es el número de núcleos radiactivos iniciales de la muestra, N es el número de núcleos de la muestra que permanecen sin desintegrarse al cabo de un tiempo t (s), e es la base de los logaritmos neperianos y λ (s^{-1}) es la constante de desintegración radiactiva, que representa la fracción de núcleos que se desintegran en un segundo por cada núcleo presente en la muestra.

Como en cualquier instante la masa de un nucleido en la muestra es directamente proporcional al número de núcleos presentes en ella, la ley de la desintegración radiactiva podemos expresarla de esta manera:

$$m = m_0\text{e}^{-\lambda t}$$

donde m_0 es la masa inicial y m es la masa al cabo de un tiempo t. Esta ecuación podemos interpretarla como que m, la masa de la muestra radiactiva, disminuye de una manera exponencial con el tiempo.

Puesto que en cada periodo de semidesin- tegración $T_{1/2}$ se desintegra la mitad de la masa de la muestra, si inicialmente hay $50\,\text{g}$, la tabla y la gráfica en la que expresamos como varía la masa de la muestra cada periodo de semidesintegración son las siguientes:

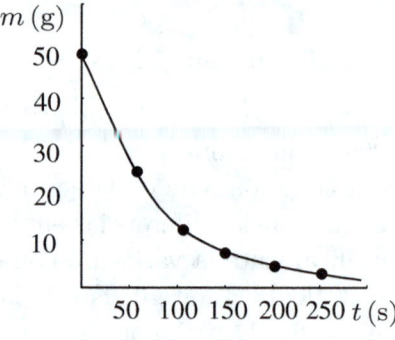

m (g)	50	25	12,5	6,25	3,12	1,56
t (s)	0	50	100	150	200	250

b) Calculamos la antigüedad de la muestra a partir de la expresión de la ley de la desintegración radiactiva, expresada en términos de masa:

$$m = m_0\text{e}^{-\lambda t}$$

Despejamos m/m_0 de la anterior ecuación:

$$\frac{m}{m_0} = \text{e}^{-\lambda t}$$

Como:

$$\frac{m}{m_0} = \frac{30\,\text{g}}{50\,\text{g}} = 0,6 \quad \text{y} \quad \lambda = \frac{\ln 2}{T_{1/2}} = \frac{0,693}{50\,\text{s}} = 0,0139\,\text{s}^{-1}$$

tenemos que:

$$0,6 = \text{e}^{-0,139\,t}$$

Tomamos logaritmos neperianos:

$$\ln 0,6 = -0,0139\,t$$

Despejamos t y calculamos su valor:

$$t = -\frac{\ln 0,6}{0,0139} = -\frac{-0,511}{0,0139} = 36,8\,\text{s}$$

También podemos calcular la antigüedad de la muestra utilizando la gráfica anterior: trazamos una línea discontinua paralela al eje de abscisas desde el valor de la masa 30 g hasta que corta a la curva; continuamos la línea, ahora paralela al eje de ordenadas, donde corta al eje de abscisas para un tiempo de, aproximadamente, 40 s.

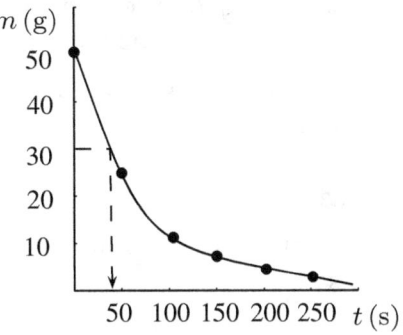

Calculamos ahora la actividad actual A de la muestra. Para ello, debemos calcular el número de átomos radiactivos que tenemos en 30 g de muestra radiactiva del elemento cuya masa isotópica es 200 u. Tenemos en cuenta que la masa isotópica de un núclido, expresada en unidades de masa atómica, coincide numéricamente con la masa, expresada en gramos, de un mol de átomos de ese núclido (N_A átomos). Por tanto:

$$\frac{\text{Si tuviésemos 200\,g de muestra}}{\text{contendría } 6,02 \cdot 10^{23} \text{ átomos}} = \frac{\text{Si tenemos 30\,g de muestra}}{\text{contendrá } x \text{ átomos}}$$

$$x = 9,03 \cdot 10^{22} \text{ átomos}$$

que se corresponde con $x = 9,03 \cdot 10^{22}$ núcleos.

Como la actividad A en un determinado instante t es directamente proporcional al número de núcleos radiactivos, resulta que:

$$A = \lambda N = 0,0139\,\text{s}^{-1} \cdot 9,03 \cdot 10^{22} \text{ núcleos} = 1,26 \cdot 10^{21}\,\frac{\text{des}}{\text{s}}$$

Problema 10.17

Una de las reacciones de fisión posibles del $^{235}_{92}U$ es la formación de $^{94}_{38}Sr$ y $^{140}_{54}Xe$, en la que se liberan dos neutrones.

a) Formule la reacción y haga un análisis cualitativo del balance de masa.

b) Calcule la energía liberada por 20 mg de uranio.

$m_{U-235} = 234,9943\,u$; $m_{Sr-94} = 93,9754\,u$; $m_{Xe-140} = 139,9196\,u$;

$m_n = 1,0086\,u$; $N_A = 6,02 \cdot 10^{23}\,mol^{-1}$; $1\,u = 1,67 \cdot 10^{-27}\,kg$; $c = 3 \cdot 10^8\,m\,s^{-1}$.

a) La ecuación nuclear del proceso de fisión es:

$$^{235}_{92}U + {}^1_0n \rightarrow {}^{94}_{38}Sr + {}^{140}_{54}Xe + 2\,{}^1_0n$$

Observamos que se conservan el número de nucleones ($235 + 1 = 94 + 140 + 2 \cdot 1$) y la carga eléctrica ($92e = 38e + 54e$).

Al tratarse de una reacción de fisión nuclear, se libera energía. Según el principio de equivalencia masa-energía, un proceso nuclear en el que se libera energía conlleva una pérdida de masa. Por tanto, esta reacción transcurre con una pérdida de masa.

b) Según el principio de equivalencia masa-energía, la energía liberada en este proceso es:

$$\Delta E = \Delta m c^2$$

siendo ΔE la energía liberada; Δm, la pérdida de masa que tiene lugar en el proceso; y c, la velocidad de la luz en el vacío.

La energía liberada por cada átomo que se fisiona es:

$$\Delta E = \Delta m c^2 = 0,0907\,u \cdot \frac{1,67 \cdot 10^{-27}\,kg}{1\,u} (3 \cdot 10^8\,m/s)^2 = 1,36 \cdot 10^{-11}\,J$$

$$\begin{aligned} \lfloor \Delta m &= m_{inicial} - m_{final} = m_{U-235} + m_n - (m_{Sr-94} + m_{Xe-140} + 2\,m_n) \\ &= 234,9943\,u + 1,0086\,u - (93,9754\,u + 139,9196\,u + 2 \cdot 1,0086\,u) \\ &= 0,0907\,u; \quad c = 3 \cdot 10^8\,m\,s^{-1}; 1\,u = 1,67 \cdot 10^{-27}\,kg \rfloor \end{aligned}$$

Calculamos ahora los átomos que componen la muestra, teniendo en cuenta que la masa isotópica de un núclido, expresada en unidades de masa atómica (u), coincide con la masa, expresada en gramos, de un mol de átomos de ese núclido (N_A átomos):

$$\frac{\text{Si tuviésemos } 234,9943\,g \text{ de } {}^{235}U}{\text{contendría } 6,02 \cdot 10^{23} \text{ átomos}} = \frac{\text{Si tenemos } 0,02\,g \text{ de muestra de } {}^{235}U}{\text{contendrá } x \text{ átomos}}$$

$$x = 5,12 \cdot 10^{19} \text{ átomos}$$

Si la energía liberada por átomo que se fisiona es $1,36 \cdot 10^{-11}$ J, la energía liberada por 20 mg de uranio es:

$$5,12 \cdot 10^{19} \text{ átomos} \cdot 1,36 \cdot 10^{-11} \frac{\text{J}}{\text{átomo}} = 6,96 \cdot 10^8 \text{ J}$$

¡Muchísima energía!, casi 700 millones de julios.

Problema 10.18

El $^{99}_{43}\text{Tc}$ se desintegra emitiendo radiación gamma.
a) Explique el proceso de desintegración y defina "periodo de semidesintegración".
b) Calcule la actividad de un gramo de isótopo cuya vida media es de 6 horas. $N_A = 6,02 \cdot 10^{23} \text{ mol}^{-1}$.

---

a) Los procesos de desintegración radiactiva en los que se emite una radiación gamma no alteran el número másico A ni el número atómico Z del núclido.

Podemos representar el proceso mediante la ecuación:

$$^{99}_{43}\text{Tc}^* \rightarrow\, ^{99}_{43}\text{Tc} + \gamma$$

$^{99}_{43}\text{Tc}^*$ representa el núclido ^{99}Tc en un estado excitado, es decir, con una energía superior al ^{99}Tc en su estado fundamental. Esa diferencia de energía se emite en forma de fotón de radiación γ, de muy alta energía. Este proceso de desintegración obedece a la ley de desintegración radiactiva.

Periodo de semidesintegración $T_{1/2}$ de un núclido radiactivo es el tiempo necesario para que el número de núcleos de una muestra se reduzca a la mitad. Cada especie de núclido tiene un periodo de semidesintegración determinado.

b) Calculamos primero el número de átomos de ^{99}Tc que hay en 1 g. Tenemos en cuenta que el número másico de un núclido coincide numéricamente, de manera aproximada, con su masa isotópica relativa, y esta, a su vez, coincide numéricamente con la masa, expresada en gramos, de un mol de átomos de ese núclido (N_A átomos).[8] Por tanto:

$$\frac{99 \text{ g de } ^{99}\text{Tc}}{6,02 \cdot 10^{23} \text{ átomos}} = \frac{1 \text{ g de } ^{99}\text{Tc}}{x \text{ átomos}}; \quad x = 6,08 \cdot 10^{21} \text{ átomos}$$

---

[8]No hay que confundir masa isotópica relativa con masa atómica relativa. Esta última se refiere a la masa relativa de un átomo de un elemento expresada como la media ponderada de las masas relativas de sus núclidos isótopos teniendo en cuenta la abundancia relativa de los mismos.

que se corresponde con $6,08 \cdot 10^{21}$ núcleos.

Calculamos ahora la actividad inicial A_0 de esta muestra de átomos del núclido $^{99}_{43}\text{Tc}^*$. Sabemos que la actividad de una muestra de núcleos radiactivos es directamente proporcional al número de núcleos de la muestra. La constante de desintegración radiactiva λ puede expresarse en función del tiempo de vida media τ, el inverso de la constante de desintegración radiactiva, que a su vez representa el tiempo que por término medio tarda en desintegrarse un núcleo, esto es, su "esperanza de vida":

$$A = \lambda N = \frac{1}{\tau}N = \frac{1}{6\,\text{horas} \cdot \dfrac{3600\,\text{s}}{1\,\text{hora}}} \cdot 6,08 \cdot 10^{21}\,\text{núcleos} = 2,81 \cdot 10^{17}\,\frac{\text{des}}{\text{s}}$$

Problema 10.19

El $^{14}_{6}\text{C}$ se desintegra dando $^{14}_{7}\text{N}$ y emitiendo una partícula beta. El periodo de semidesintegración del $^{14}_{6}\text{C}$ es de 5376 años.
a) Escriba la ecuación del proceso de desintegración y explique cómo ocurre.
b) Si la actividad debida al $^{14}_{6}\text{C}$ de los tejidos encontrados en una tumba es del 40 % de la que presentan los tejidos similares actuales, ¿cuál es la edad de aquellos?

---

a) La ecuación del proceso es la siguiente:

$$^{14}_{6}\text{C} \rightarrow {}^{14}_{7}\text{N} + {}^{0}_{-1}\text{e}$$

Como en el núcleo no existen electrones, se admite que este tipo de procesos es el resultado de la desintegración de un neutrón que se transforma en un protón, un electrón (partícula beta) y un antineutrino ($\overline{\nu}$) según la ecuación:

$$^{1}_{0}\text{n} \rightarrow {}^{1}_{1}\text{p} + {}^{0}_{-1}\text{e} + \overline{\nu}$$

El núclido que se forma tiene el mismo número másico, 14, pero su número atómico es una unidad mayor.

b) La expresión de la ley de la desintegración radiactiva es la siguiente:

$$N = N_0 e^{-\lambda t} \, (\text{SI})$$

donde N_0 es el número de núcleos radiactivos iniciales de la muestra, N es el número de núcleos que permanecen sin desintegrarse al cabo de un tiempo t (s), e es la base de los logaritmos neperianos y λ (s^{-1}) es la constante de desintegración radiactiva, que representa la fracción de núcleos que se desintegran por segundo por cada núcleo presente en la muestra.

Multiplicando por λ los dos miembros, tenemos:

$$N\lambda = N_0\lambda e^{-\lambda t}$$

Los productos $N\lambda$ y $N_0\lambda$ representan las actividades A y A_0 de la muestra de los tejidos en los instantes t y 0 (instante inicial), respectivamente. Por tanto, la fórmula anterior la podemos expresar así:

$$A = A_0 e^{-\lambda t}$$

Como $A = 0,4A_0$, ya que la actividad de los tejidos encontrados es el $40\,\%$ de la actividad de los tejidos similares actuales y:

$$\lambda = \frac{\ln 2}{T_{1/2}} = \frac{0,693}{5376\,\text{años}} = 1,29 \cdot 10^{-4}\,\text{años}^{-1}$$

tenemos que:

$$0,4A_0 = A_0 e^{-1,29\cdot 10^{-4}t}$$

Simplificamos y tomamos logaritmos neperianos en ambos miembros:

$$\ln 0,4 = -1,29 \cdot 10^{-4}\,t$$

Despejamos t y calculamos su valor:

$$t = -\frac{\ln 0,4}{1,29 \cdot 10^{-4}} = -\frac{-0,916}{1,29 \cdot 10^{-4}\,\text{años}} = 7100\,\text{años}$$

Problema 10.20

a) Indique las partículas constituyentes de los dos nucleidos ^3_1H y ^3_2He y explique qué tipo de emisión radiactiva permitirá pasar de uno al otro.
b) Calcule la energía de enlace para cada uno de los nucleidos e indique cuál de ellos es más estable.
$m_{\text{H}-3} = 3,016049\,\text{u}$; $m_{\text{He}-3} = 3,016029\,\text{u}$; $m_{\text{p}} = 1,007825\,\text{u}$;
$m_{\text{n}} = 1,008665\,\text{u}$; $u = 1,66 \cdot 10^{-27}\,\text{kg}$; $c = 3 \cdot 10^8\,\text{m\,s}^{-1}$.

---

a) El nucleido ^3H (tritio) tiene tres nucleones: 1 protón y 2 neutrones; el nucleido ^3He tiene también 3 nucleones: 2 protones y 1 neutrón.

Como el núcleo que se forma tiene el mismo número másico, 3, pero su número atómico es una unidad mayor, la emisión radiactiva corresponde a una desintegración beta (se emite un electrón). La ecuación del proceso es:

$$^3_1\text{H} \rightarrow {}^3_2\text{He} + {}^0_{-1}\text{e}$$

Observamos que se conserva el número de nucleones $(3 = 3)$ y la carga eléctrica $(e = 2e + (-e))$.

b) Se llama energía de enlace B de un núcleo aquella que hay que suministrar para desintegrarlo en sus nucleones constituyentes, que coincide con la energía liberada ΔE en el proceso de su formación a partir de los nucleones que lo constituyen.

Según el principio de equivalencia masa-energía, todo sistema en el que tiene lugar una pérdida de masa Δm libera una energía ΔE cuyo valor es:

$$\Delta E = \Delta m c^2$$

siendo c la velocidad de la luz en el vacío.

Calculamos la energía de enlace para el nucleido $^3_1$H:

$$B = \Delta E = \Delta m c^2 = 0,009106 \, \text{u} \cdot \frac{1,66 \cdot 10^{-27} \, \text{kg}}{1 \, \text{u}} (3 \cdot 10^8 \, \text{m/s})^2 = 1,36 \cdot 10^{-12} \, \text{J}$$

$$
\begin{aligned}
\lfloor \Delta m \;&=\; [Zm_{\text{p}} + (A - Z)m_{\text{n}}] - m_{\text{H}-3} \\
&=\; (1,007825 \, \text{u} + 2 \cdot 1,008665 \, \text{u}) - 3,016049 \, \text{u} \\
&=\; 3,025155 \, \text{u} - 3,016049 \, \text{u} = 0,009106 \, \text{u};
\end{aligned}
$$

$$c = 3 \cdot 10^8 \, \text{m s}^{-1}; 1 \, \text{u} = 1,66 \cdot 10^{-27} \, \text{kg} \rfloor$$

Calculamos la energía de enlace para el nucleido $^3_2$He:

$$B = \Delta E = \Delta m c^2 = 0,008286 \, \text{u} \cdot \frac{1,66 \cdot 10^{-27} \, \text{kg}}{1 \, \text{u}} (3 \cdot 10^8 \, \text{m/s})^2 = 1,24 \cdot 10^{-12} \, \text{J}$$

$$
\begin{aligned}
\lfloor \Delta m \;&=\; [Zm_{\text{n}} + (A - Z)m_{\text{n}}] - m_{\text{He}-?} \\
&=\; (2 \cdot 1,007825 \, \text{u} + 1,008665 \, \text{u}) - 3,016029 \, \text{u} \\
&=\; 3,024315 \, \text{u} - 3,016029 \, \text{u} = 0,008286 \, \text{u} \rfloor
\end{aligned}
$$

La energía de enlace por nucleón B/A de un nucleido representa la energía necesaria para extraer un nucleón del núcleo y es un índice de la estabilidad del mismo: cuanto mayor es la energía de enlace por nucleón, más estable es.

Veamos cuál de los dos nucleidos tiene mayor energía de enlace por nucleón:

■ Nucleido $^3_1$H: ■ Nucleido $^3_2$He:

$$\frac{B}{A} = \frac{1,36 \cdot 10^{-12} \, \text{J}}{3 \, \text{nucleón}} = 4,53 \cdot 10^{-13} \, \frac{\text{J}}{\text{nucleón}} \qquad \frac{B}{A} = \frac{1,24 \cdot 10^{-12} \, \text{J}}{3 \, \text{nucleón}} = 4,13 \cdot 10^{-13} \, \frac{\text{J}}{\text{nucleón}}$$

Puesto que $4,53 \cdot 10^{-13}$ J/nucleón para $^3_1$H es mayor que $4,13 \cdot 10^{-13}$ J/nucleón para $^3_2$He, el nucleido más estable es $^3_1$H.

Problema 10.21

El núcleo $^{32}_{15}\text{P}$ se desintegra emitiendo una partícula beta.

a) Escriba la reacción de desintegración y determine razonadamente el número másico y el número atómico del núcleo resultante.

b) Si el electrón se emite con una energía cinética de $1,7\,\text{MeV}$, calcule la masa del núcleo resultante.

$m_{\text{e}} = 5,5 \cdot 10^{-4}\,\text{u}$; $1\,\text{u} = 1,7 \cdot 10^{-27}\,\text{kg}$; $m_{\text{P-32}} = 31,973908\,\text{u}$;
$c = 3 \cdot 10^{8}\,\text{m s}^{-1}$; $e = 1,6 \cdot 10^{-19}\,\text{C}$.

---

a) La ecuación que corresponde al proceso es:

$$^{32}_{15}\text{P} \rightarrow {}^{32}_{16}\text{S} + {}^{0}_{-1}\text{e}$$

donde ${}^{0}_{-1}\text{e}$ representa la partícula beta emitida (un electrón).

Para escribir la ecuación hemos tenido en cuenta que en todos los procesos radiactivos se han de conservar el número de nucleones ($32 = 32$) y la carga eléctrica ($15e = 16e + (-e)$). Por tanto, el núcleo del elemento resultante tiene el mismo número de nucleones (mismo número másico) y su número atómico es de una unidad más. El elemento corresponde al azufre, S, cuyo número atómico es 16.

b) En los procesos nucleares que transcurren con emisión de partículas beta, la energía desprendida por el sistema se transforma en energía cinética del electrón y del núcleo formado. Como ocurre que la mayoría de la energía se transfiere al electrón, hacemos la aproximación de que la energía liberada por el sistema es igual a la energía cinética adquirida por el electrón.

Según el principio de equivalencia masa-energía, el defecto de masa es:[9]

$$\Delta m = \frac{\Delta E}{c^2} = \frac{2,72 \cdot 10^{-13}\,\text{J}}{(3 \cdot 10^8\,\text{m/s})^2} = 3,02 \cdot 10^{-30}\,\text{kg} \cdot \frac{1\,\text{u}}{1,7 \cdot 10^{-27}\,\text{kg}} = 0,001776\,\text{u}$$

$$\left| E_{\text{c}} = \Delta E = 1,7\,\text{MeV} \cdot \frac{10^6\,\text{eV}}{1\,\text{MeV}} \cdot \frac{1,6 \cdot 10^{-19}\,\text{J}}{1\,\text{eV}} = 2,72 \cdot 10^{-13}\,\text{J} \right|$$

El defecto de masa en el proceso es la diferencia entre la masa del núcleo inicial y la suma de las masas del núcleo formado y la del electrón:

$$\Delta m = m_{\text{P-32}} - (m_{\text{S-32}} + m_{\text{e}})$$

---

[9]Tenemos en cuenta en este y en otros ejercicios que $1\,\text{eV} = 1,6 \cdot 10^{-19}\,\text{J}$, de acuerdo con la definición de electronvoltio como la energía cinética que adquiere un electrón, de carga q_{e} ($-1,6 \cdot 10^{-19}\,\text{C}$), al desplazarse libremente en el vacío entre dos puntos cuya d.d.p. es $1\,\text{V}$:

$$E_{\text{c}} = |q_{\text{e}}|V = 1,6 \cdot 10^{-19}\,\text{C} \cdot 1\,\text{V} = 1,6 \cdot 10^{-19}\,\text{J}$$

$$\lfloor |q_{\text{e}}| = e = 1,6 \cdot 10^{-19}\,\text{C} \rfloor$$

Despejamos la masa del núcleo resultante y calculamos su valor:

$$
\begin{aligned}
m_{\text{S}-32} &= m_{\text{P}-32} - m_{\text{e}} - \Delta m \\
&= 31,973908\,\text{u} - 0,00055\,\text{u} - 0,001776\,\text{u} \\
&= 31,97158\,\text{u}
\end{aligned}
$$

Problema 10.22

En una muestra de madera de un sarcófago ocurren 13 536 desintegraciones en un día por cada gramo, debido al ^{14}C presente, mientras que una muestra actual de madera análoga experimenta 920 desintegraciones por gramo en una hora. El periodo de semidesintegración del ^{14}C es de 5370 años.
a) Establezca la edad del sarcófago.
b) Determine la actividad de la muestra del sarcófago dentro de 1000 años.

---

a) La expresión de la ley de la desintegración radiactiva en términos de actividades nos muestra cómo disminuye la actividad A de una muestra con el tiempo:

$$
A = A_0 e^{-\lambda t} \ (\text{SI})
$$

donde los términos A y A_0 representan las actividades de la muestra (des/s) en los instantes t y 0 (s), respectivamente, y λ (s^{-1}), la constante de desintegración radiactiva.

En este problema, A_0 es la actividad que tendría un gramo de madera del sarcófago cuando se taló el árbol con el que se fabricó, que coincide con la actividad de un gramo de una muestra de madera actual análoga a la madera con la que se hizo el sarcófago, y A es la actividad de un gramo de la muestra de sarcófago.

Expresamos las actividades de 1 g de muestra, A_0 y A, en las mismas unidades, des/s:

$$
A_0 = 920\frac{\text{des}}{\text{hora}} \cdot \frac{1\,\text{hora}}{3600\,\text{s}} = 0,256\,\text{des/s}
$$

$$
A = 13\,536\frac{\text{des}}{\text{día}} \cdot \frac{1\,\text{día}}{86\,400\,\text{s}} = 0,157\,\text{des/s}
$$

Calculamos la edad de la muestra del sarcófago despejando A/A_0 de la expresión de más arriba:

$$
\frac{A}{A_0} = e^{-\lambda t}
$$

Puesto que:

$$
\frac{A}{A_0} = \frac{0,157\,\text{des/s}}{0,256\,\text{des/s}} = 0,613 \quad \text{y} \quad \lambda = \frac{\ln 2}{T_{1/2}} = \frac{0,693}{5370\,\text{años}} = 1,29 \cdot 10^{-4}\,\text{años}^{-1}
$$

$$0,613 = e^{-1,29 \cdot 10^{-4} t}$$

Tomamos logaritmos neperianos:

$$\ln 0,613 = -1,29 \cdot 10^{-4}\, t$$

Despejamos t y calculamos su valor:

$$t = -\frac{\ln 0,613}{1,29 \cdot 10^{-4}\,\text{años}^{-1}} = -\frac{-0,489}{1,29 \cdot 10^{-4}\,\text{años}^{-1}} = 3790\,\text{años}$$

b) Dentro de 1000 años el sarcófago tendrá una antigüedad de 4790 años. La actividad de un gramo de muestra será:

$$A = A_0 e^{-\lambda t} = 0,256\,\text{des/s} \cdot e^{-1,29 \cdot 10^{-4}\,\text{años}^{-1} \cdot 4790\,\text{años}} = 0,138\,\text{des/s}$$

$$\lfloor A_0 = 0,256\,\text{des/s};\ \lambda = 1,29 \cdot 10^{-4}\,\text{años}^{-1};\ t = 4790\,\text{años} \rfloor$$

Problema 10.23

El $^{237}_{94}$Pu se desintegra, emitiendo partículas alfa, con un periodo de semidesintegración de 45,7 días.

a) Escriba la reacción de desintegración y determine razonadamente el número másico y el número atómico del elemento resultante.

b) Calcule el tiempo que debe transcurrir para que la actividad de una muestra de dicho núclido se reduzca a la octava parte.

---

a) La ecuación que corresponde al proceso es la siguiente:

$$^{237}_{94}\text{Pu} \rightarrow\, ^{233}_{92}\text{U} +\, ^{4}_{2}\text{He}$$

donde $^{4}_{2}$He representa la partícula alfa emitida (un núcleo de helio).

Para escribir la ecuación hemos tenido en cuenta que en todos los procesos radiactivos se han de conservar el número de nucleones ($237 = 233 + 4$) y la carga eléctrica ($94e = 92e + 2e$). Por tanto, el núcleo del elemento resultante tiene cuatro nucleones menos (su número másico es de cuatro unidades menos: 233) y su número atómico es de dos unidades menos. El elemento corresponde al uranio, U, cuyo número atómico es 92.

b) La expresión de la ley de la desintegración radiactiva en términos de actividades nos muestra cómo disminuye la actividad A de una muestra con el tiempo:

$$A = A_0 e^{-\lambda t}\ (\text{SI})$$

donde los términos A y A_0 representan las actividades de la muestra (des/s) en los instantes t y 0 (s), respectivamente, y λ (s^{-1}), la constante de desintegración radiactiva.

Calculamos ahora el tiempo que tarda en reducirse la actividad de una muestra a la octava parte. Partimos de la ecuación anterior:

$$A = A_0 e^{-\lambda t}$$

Como:

$$A = \frac{A_0}{8} \quad \text{y} \quad \lambda = \frac{\ln 2}{T_{1/2}} = \frac{0,693}{45,7 \, \text{días}} = 0,0152 \, \text{días}^{-1}$$

tenemos que:

$$\frac{A_0}{8} = A_0 e^{-0,0152 t}$$

Simplificamos y tomamos logaritmos neperianos:

$$\ln \frac{1}{8} = -0,0152 \, t$$

Despejamos t y calculamos su valor:

$$t = -\frac{\ln \dfrac{1}{8}}{0,0152} = -\frac{-2,08}{0,0152 \, \text{días}^{-1}} = 137 \, \text{días}$$

Problema 10.24

Una sustancia radiactiva se desintegra según la ecuación:

$$N = N_0 e^{-0,005 t} \, \text{(SI)}$$

a) Explique el significado de las magnitudes que intervienen en la ecuación y determine razonadamente el periodo de semidesintegración.

b) Si una muestra contiene en un momento dado 10^{26} núcleos de dicha sustancia, ¿cuál será la actividad de la muestra al cabo de 3 horas?

---

a) La expresión de la ley de desintegración radiactiva es:

$$N = N_0 e^{-\lambda t} \, \text{(SI)}$$

donde N_0 es el número de núcleos radiactivos iniciales de la muestra, N es el número de núcleos que permanecen sin desintegrarse al cabo de un tiempo t (s), e es la base de los logaritmos neperianos y λ (s^{-1}) es la constante de desintegración radiactiva, que representa la fracción de núcleos que se desintegran por segundo por cada núcleo presente en la muestra.

Si comparamos la expresión general de la ley con la ecuación particular del enunciado del problema para una sustancia radiactiva determinada:

$$N = N_0 e^{-0,005t}$$

concluimos que $\lambda = 0,005\,\mathrm{s}^{-1}$, ya que la ecuación está expresada en unidades del Sistema Internacional (SI).

El periodo de semidesintegración $T_{1/2}$ de un núclido radiactivo es el tiempo necesario para que el número de núcleos de una muestra se reduzca a la mitad.

Calculamos el periodo de semidesintegración a partir de la ley de desintegración radiactiva:

$$N = N_0 e^{-\lambda t}$$

Si para $t = T_{1/2}$, $N = N_0/2$ y $\lambda = 0,005\,\mathrm{s}^{-1}$, la ecuación anterior queda así:

$$\frac{N_0}{2} = N_0 e^{-0,005 T_{1/2}}$$

Simplificamos y nos queda:

$$\frac{1}{2} = e^{-0,005 T_{1/2}}$$

Tomamos logaritmos neperianos en ambos miembros:

$$\ln \frac{1}{2} = -0,005 T_{1/2}$$

Despejamos $T_{1/2}$ y calculamos su valor:

$$T_{1/2} = -\frac{\ln \dfrac{1}{2}}{0,005\,\mathrm{s}^{-1}} = -\frac{-0,693}{0,005\,\mathrm{s}^{-1}} = 139\,\mathrm{s}$$

b) Multiplicando por λ los dos miembros de la ecuación particular, tenemos:

$$N\lambda = N_0 \lambda e^{-0,005t}$$

Los productos $N\lambda$ y $N_0\lambda$ representan las actividades A y A_0 de la muestra (des/s) en los instantes t y 0 (s), respectivamente. Por tanto, la fórmula anterior podemos expresarla en función de las actividades para calcular la actividad al cabo de ese tiempo:

$$A = A_0 e^{-0,005t} = 5 \cdot 10^{23}\,\mathrm{des/s} \cdot e^{-0,005\,\mathrm{s}^{-1} \cdot 10\,800\,\mathrm{s}} = 1,77\,\mathrm{des/s}$$

$$\lfloor A_0 = \lambda N_0 = 0,005\,\mathrm{s}^{-1} \cdot 10^{26}\,\text{núcleos} = 5 \cdot 10^{23}\,\mathrm{des/s};\ t = 3\,\text{horas} = 10\,800\,\mathrm{s}\rfloor$$

$$\lfloor\lfloor N_0 = 10^{26}\,\text{núcleos};\ \lambda = 0,005\,\mathrm{s}^{-1}\rfloor\rfloor$$

> ### Problema 10.25
>
> El $^{133}_{55}$Cs tiene un periodo de semidesintegración de 1,64 minutos.
> a) ¿Cuántos núcleos hay en una muestra de $0, 7 \cdot 10^{-6}$ g?
> b) Explique qué se entiende por actividad de una muestra y calcule su valor
> para la muestra del apartado a) al cabo de 2 minutos.
> $N_A = 6,023 \cdot 10^{23}$ mol^{-1}; $m_{Cs-133} = 132,905$ u.

a) Calculamos el número de núcleos de la muestra teniendo en cuenta que la masa isotópica de un núclido, expresada en unidades de masa atómica (u), coincide numéricamente con la masa, expresada en gramos, de un mol de átomos de ese núclido (N_A átomos):

$$\frac{\text{Si tuviésemos } 132,905 \text{ g de } {}^{133}\text{Cs (1 mol)}}{\text{contendría } 6,023 \cdot 10^{23} \text{ átomos}} = \frac{\text{Si tenemos } 0,7 \cdot 10^{-6} \text{ g de } {}^{133}\text{Cs}}{\text{contendrá } x \text{ átomos}}$$

$$x = 3,17 \cdot 10^{15} \text{ átomos}$$

que se corresponden con $3,17 \cdot 10^{15}$ núcleos.

b) La actividad A de una muestra de un elemento radiactivo (des/s) representa la rapidez con que disminuye el número de núcleos N que contiene. Es directamente proporcional al número de núcleos:

$$A = -\frac{dN}{dt} = \lambda N \, (\text{SI})$$

siendo λ (s^{-1}) la constante de desintegración radiactiva.

El signo menos se introduce para hacer que la actividad sea un número positivo, pues está definida en función de la variación de los núcleos presentes, que es un número negativo.

Puesto que el número de núcleos radiactivos disminuye exponencialmente con el tiempo, la actividad también. La expresión de la ley de la desintegración radiactiva, en términos de actividades, es:

$$A = A_0 e^{-\lambda t} \, (\text{SI})$$

donde los términos A y A_0 representan las actividades de la muestra en los instantes t y 0 (s), respectivamente.

Calculamos ahora la actividad de la muestra al cabo de 2 minutos:

$$A = A_0 e^{-\lambda t} = 1,34{\cdot}10^{15}{\cdot}e^{-0,423\,\text{min}^{-1}{\cdot}2\,\text{min}} = 5,75{\cdot}10^{14}\frac{\text{des}}{\text{min}}{\cdot}\frac{1\,\text{min}}{60\,\text{s}} = 9,58{\cdot}10^{12}\frac{\text{des}}{\text{s}}$$

$$\lfloor A_0 = \lambda N_0 = 0,423 \, \text{min}^{-1} \cdot 3,17 \cdot 10^{15} \, \text{núcleos} = 1,34 \cdot 10^{15} \, \text{des/min}; \; t = 2 \, \text{min} \rfloor$$

$$\left\lfloor \left\lfloor N_0 = 3,17 \cdot 10^{15} \, \text{núcleos}; \; \lambda = \frac{\ln 2}{T_{1/2}} = \frac{0,693}{1,64 \, \text{min}} = 0,423 \, \text{min}^{-1} \right\rfloor \right\rfloor$$

Problema 10.26

El ^{131}I es un isótopo radiactivo que se utiliza en medicina para el tratamiento del hipertiroidismo, ya que se concentra en la glándula tiroides. Su periodo de semidesintegración es de 8 días.

a) Explique cómo ha cambiado una muestra de 20 mg de ^{131}I tras estar almacenada en un hospital durante 48 días.

b) ¿Cuál es la actividad de un microgramo de ^{131}I?

$N_A = 6,02 \cdot 10^{23} \, \text{mol}^{-1}$.

a) La expresión de la ley de desintegración radiactiva es:

$$N = N_0 e^{-\lambda t} \, (\text{SI})$$

donde N_0 es el número de núcleos radiactivos iniciales de la muestra, N es el número de núcleos que permanecen sin desintegrarse al cabo de un tiempo t (s), e es la base de los logaritmos neperianos y λ (s^{-1}) es la constante de desintegración radiactiva, que representa la fracción de núcleos que se desintegran por segundo por cada núcleo presente en la muestra.

Como la masa del núclido en cualquier instante es directamente proporcional al número de núcleos radiactivos, la expresión de la ley de la desintegración radiactiva podemos expresarla también de esta manera:

$$m = m_0 e^{-\lambda t}$$

donde m_0 es la masa inicial del núclido y m es la masa del núclido que permanece sin desintegrarse al cabo de un tiempo t. Esta ecuación podemos interpretarla como que la masa de la muestra radiactiva disminuye de manera exponencial con el tiempo.

Calculamos la masa de la muestra al cabo de 48 días, un tiempo que equivale a seis veces el periodo de semidesintegración, $T_{1/2}$:

$$m = m_0 e^{-\lambda t} = m_0 e^{-\frac{0,693}{T_{1/2}} \cdot 6 T_{1/2}} = 20 \, \text{mg} \cdot e^{-4,16} = 0,312 \, \text{mg}$$

$$\left\lfloor m_0 = 20 \, \text{mg}; \; \lambda = \frac{\ln 2}{T_{1/2}} = \frac{0,693}{T_{1/2}}; \; t = 6 T_{1/2} \right\rfloor$$

b) Calculamos ahora la actividad de $1\,\mu$g de muestra de ^{131}I. Para ello, debemos calcular el número de átomos radiactivos que tenemos en esa masa. Tenemos en cuenta que el número másico de un núclido coincide numéricamente, de manera aproximada, con su masa isotópica relativa, y esta, a su vez, coincide numéricamente con la masa, expresada en gramos, de un mol de átomos de ese núclido (N_A átomos). Por tanto:

$$\frac{\text{Si tuviésemos }131\,\text{g de muestra}}{\text{contendría }6,02\cdot10^{23}\,\text{átomos}} = \frac{\text{Si tenemos }10^{-6}\,\text{g de muestra }(1\,\mu\text{g})}{\text{contendrá }x\,\text{átomos}}$$

$$x = 4,60\cdot10^{15}\,\text{átomos}$$

que se corresponde con $4,60\cdot10^{15}$ núcleos.

Como la actividad A en un determinado instante t es directamente proporcional al número de núcleos radiactivos N, resulta que:

$$A = \lambda N = 1,00\cdot10^{-6}\,\text{s}^{-1}\cdot4,60\cdot10^{15}\,\text{átomos} = 4,60\cdot10^{9}\,\text{des/s}$$

$$\left\lfloor\lambda = \frac{\ln 2}{T_{1/2}} = \frac{0,693}{8\,\text{días}}\cdot\frac{1\,\text{día}}{86\,400\,\text{s}} = 1,00\cdot10^{-6}\,\text{s}^{-1}\right\rfloor$$

Problema 10.27

a) Calcule el defecto de masa de los núclidos $^{11}_{5}$B y $^{222}_{86}$Rn y razone cuál de ellos es más estable.

b) En la desintegración del núcleo $^{222}_{86}$Rn se emiten dos partículas alfa y una beta, de donde se obtiene un nuevo núcleo. Indique las características del núcleo resultante.

$m_{\text{B}-11} = 11,009305\,\text{u}$; $m_{\text{Rn}-222} = 222,017574\,\text{u}$; $m_{\text{p}} = 1,007825\,\text{u}$; $m_{\text{n}} = 1,008665\,\text{u}$; $c = 3\cdot10^{8}\,\text{m}\,\text{s}^{-1}$; $u = 1,66\cdot10^{-27}\,\text{kg}$.

---

a) El defecto de masa Δm de un núcleo es la pérdida de masa que tiene lugar al formarse a partir de sus nucleones y se calcula como la diferencia entre la masa de los nucleones y la masa de núcleo formado:

$$\Delta m = [Zm_{\text{p}} + (A - Z)m_{\text{n}}] - m_{\text{núcleo}}$$

siendo Zm_{p} la masa de los protones; $(A - Z)m_{\text{n}}$, la masa de los neutrones; y $m_{\text{núcleo}}$, la masa del núcleo formado.

Para el núclido $^{11}_{5}$B el defecto de masa es:

$$\begin{aligned}\lfloor\Delta m &= [Zm_{\text{p}} + (A - Z)m_{\text{n}}] - m_{\text{B}-11}\\ &= (5\cdot1,007825\,\text{u} + 6\cdot1,008665\,\text{u}) - 11,009305\,\text{u}\\ &= 11,091115\,\text{u} - 11,009305\,\text{u} = 0,081810\,\text{u}\rfloor\end{aligned}$$

Para el núclido $^{222}_{86}$Rn el defecto de masa es:

$$\lfloor \Delta m = [Zm_{\text{p}} + (A - Z)m_{\text{n}}] - m_{\text{Rn}-222}$$
$$= (86 \cdot 1,007825\,\text{u} + 136 \cdot 1,008665\,\text{u}) - 222,017574\,\text{u}$$
$$= 223,85139\,\text{u} - 222,017574\,\text{u} = 1,833826\,\text{u}\rfloor$$

Para determinar qué núclido es más estable, tenemos que calcular la energía de enlace por nucleón. Previamente, hemos de calcular la energía de enlace B.

Se llama energía de enlace aquella que hay que suministrar para desintegrar el núcleo en sus nucleones constituyentes y coincide con la energía liberada ΔE en el proceso de formación del núcleo a partir de sus nucleones.

Según el principio de equivalencia masa-energía, todo sistema en el que tiene lugar una pérdida de masa Δm libera una energía ΔE cuyo valor es:

$$\Delta E = \Delta mc^2$$

siendo c la velocidad de la luz en el vacío.

Calculamos la energía de enlace para el núclido $^{11}_5$B:

$$B = \Delta E = \Delta mc^2 = 0,081810\,\text{u} \cdot \frac{1,66 \cdot 10^{-27}\,\text{kg}}{1\,\text{u}} (3 \cdot 10^8\,\text{m/s})^2 = 1,22 \cdot 10^{-11}\,\text{J}$$

Calculamos la energía de enlace para el núclido $^{222}_{86}$Rn:

$$B = \Delta E = \Delta mc^2 = 1,833826\,\text{u} \cdot \frac{1,66 \cdot 10^{-27}\,\text{kg}}{1\,\text{u}} (3 \cdot 10^8\,\text{m/s})^2 = 2,74 \cdot 10^{-10}\,\text{J}$$

La energía de enlace por nucleón de un núclido B/A representa la energía necesaria para extraer un nucleón del núcleo y es un índice de la estabilidad del mismo: cuanto mayor es la energía de enlace por nucleón, más estable es.

Veamos cuál de los dos núclidos tiene mayor energía de enlace por nucleón:

■ Núclido $^{11}_5$B:

$$\frac{B}{A} = \frac{1,22 \cdot 10^{-11}\,\text{J}}{11\,\text{nucleón}} = 1,11 \cdot 10^{-12}\,\frac{\text{J}}{\text{nucleón}}$$

■ Núclido $^{222}_{86}$Rn:

$$\frac{B}{A} = \frac{2,74 \cdot 10^{-10}\,\text{J}}{222\,\text{nucleón}} = 1,23 \cdot 10^{-12}\,\frac{\text{J}}{\text{nucleón}}$$

Puesto que $1,23 \cdot 10^{-12}$ J/nucleón para $^{222}_{86}$Rn es mayor que $1,11 \cdot 10^{-12}$ J/nucleón para $^{11}_5$B, el núclido más estable es $^{222}_{86}$Rn.

b) La radiactividad consiste en la emisión, por parte del núcleo de átomos inestables, de partículas o radiaciones electromagnéticas γ que en algunos casos transcurren con la aparición de un núcleo de un nuevo elemento.

Cuando un núcleo de número másico A y número atómico Z (^A_ZX) emite una partícula α ($^4_2$He), se transforma en otro núcleo de número másico $A - 4$ y número atómico $Z - 2 \left({}_{Z-2}^{A-4}Y \right)$, correspondiente a un elemento situado dos lugares antes en la tabla periódica:

$$ {}_Z^A X \rightarrow {}_{Z-2}^{A-4} Y + {}_2^4 He $$

Cuando un núcleo de número másico A y número atómico Z $\left({}_Z^A X \right)$ emite una partícula β, se transforma en otro núcleo del mismo número másico y número atómico $Z + 1$ $\left({}_{Z+1}^A Y \right)$, correspondiente a un elemento situado un lugar después en la tabla periódica:

$$ {}_Z^A X \rightarrow {}_{Z+1}^A Y + {}_{-1}^0 e $$

Si ${}_{86}^{222}$Rn emite dos partículas α y una partícula β, el número másico A del nuevo núcleo es:

$$ A = 222 - 2 \cdot 4 = 214 $$

Y el número atómico Z será:

$$ Z = 86 - 2 \cdot 2 + 1 = 83 $$

Problema 10.28

Imagine una central nuclear en la que se produjera energía a partir de la siguiente reacción nuclear:

$$ 4 {}_2^4 He \rightarrow {}_8^{16} O $$

a) Determine la energía que se produciría por cada kilogramo de helio que se fusionase.

b) Razone en cuál de los dos núcleos anteriores es mayor la energía de enlace por nucleón.

$m_{He-4} = 4,0026\,u$; $m_{O-16} = 15,9950\,u$; $m_p = 1,007825\,u$; $m_n = 1,008665\,u$; $c = 3 \cdot 10^8\,m\,s^{-1}$; $1\,u = 1,66 \cdot 10^{-27}\,kg$; $N_A = 6,023 \cdot 10^{23}\,mol^{-1}$.

---

a) La ecuación del enunciado corresponde a un proceso de fusión nuclear en el que cuatro núcleos de ^{4}He se unen para formar un núcleo de ^{16}O. Los procesos de fusión nuclear de núcleos ligeros van acompañados de un desprendimiento de mucha energía, ya que transcurren con una gran pérdida de masa. El defecto de masa Δm por cada cuatro átomos de helio que se fusionan es la diferencia entre la suma de las masas de los cuatro átomos de helio y la masa del átomo de oxígeno.[10]

---

[10]Podemos emplear tanto el término fusión de átomos como fusión de núcleos (o fisión de un átomo como fisión de un núcleo). Hay que aclarar, además, que no en todos los procesos de fusión de átomos se desprende energía, ya que si fusionáramos átomos de tamaño considerable no solo no se desprendería gran cantidad de energía, sino que necesitaríamos aportarla nosotros. Los procesos de fusión son energéticamente favorables cuando tratamos hasta cierto tamaño de núcleos.

Su valor es:

$$\Delta m = 4\, m_{\text{He}-4} - m_{\text{O}-16} = 4 \cdot 4,0026\,\text{u} - 15,9950\,\text{u} = 0,0154\,\text{u}$$

Este defecto de masa equivale a una disminución de energía del sistema de acuerdo con el principio de equivalencia masa-energía enunciado por Einstein. Esa energía perdida por el sistema se libera al exterior y su valor es:

$$\Delta E = \Delta m c^2 = 0,0154\,\text{u} \cdot \frac{1,66 \cdot 10^{-27}\,\text{kg}}{1\,\text{u}} (3 \cdot 10^8\,\text{m/s})^2 = 2,30 \cdot 10^{-12}\,\text{J}$$

Calculamos ahora los átomos de ^{4}He en 1000 g del mismo para calcular la energía desprendida cuando se fusiona, teniendo en cuenta que la masa isotópica de un núclido, expresada en unidades de masa atómica (u), coincide numéricamente con la masa, expresada en gramos, de un mol de átomos de ese núclido (N_A átomos):

$$\frac{4,0026\,\text{g}}{6,023 \cdot 10^{23}\,\text{átomos}} = \frac{1000\,\text{g}}{x\,\text{átomos}}; \quad x = 1,50 \cdot 10^{26} \text{ átomos de } ^4\text{He}$$

Por último, calculamos la energía liberada cuando se fusionan esos átomos de helio sabiendo la energía que se produce por cada cuatro átomos de helio que se fusionan:

$$\frac{4\,\text{átomos}}{2,30 \cdot 10^{-12}\,\text{J}} = \frac{1,50 \cdot 10^{26}\,\text{átomos}}{x\,\text{J}}; \quad x = 8,63 \cdot 10^{13}\,\text{J}$$

b) Se llama energía de enlace B aquella que hay que suministrar para desintegrar el núcleo en sus nucleones constituyentes y coincide con la energía liberada ΔE en el proceso de formación del núcleo a partir de sus nucleones.

Según el principio de equivalencia masa-energía, todo sistema en el que tiene lugar una pérdida de masa Δm libera una energía ΔE cuyo valor es:

$$\Delta E = \Delta m c^2$$

siendo c la velocidad de la luz en el vacío.

Para el núclido $^4_2$He el defecto de masa es:

$$\lfloor \Delta m \;=\; [Z m_{\text{p}} + (A - Z)m_{\text{n}}] - m_{\text{He}-4}$$
$$=\; (2 \cdot 1,007825\,\text{u} + 2 \cdot 1,008665\,\text{u}) - 4,0026\,\text{u}$$
$$=\; 4,03298\,\text{u} - 4,0026\,\text{u} = 0,0304\,\text{u}\rfloor$$

Para el núclido $^{16}_8$O el defecto de masa es:

$$\lfloor \Delta m \;=\; [Z m_{\text{p}} + (A - Z)m_{\text{n}}] - m_{\text{O}-16}$$
$$=\; (8 \cdot 1,007825\,\text{u} + 8 \cdot 1,008665\,\text{u}) - 15,9950\,\text{u}$$
$$=\; 16,13192\,\text{u} - 15,9950\,\text{u} = 0,1369\,\text{u}\rfloor$$

Calculamos la energía de enlace para el núclido $^{4}_{2}$He:

$$B = \Delta E = \Delta m c^2 = 0,0304\,\text{u} \cdot \frac{1,66 \cdot 10^{-27}\,\text{kg}}{1\,\text{u}} (3 \cdot 10^8\,\text{m/s})^2 = 4,54 \cdot 10^{-12}\,\text{J}$$

Calculamos la energía de enlace para el núclido $^{16}_{8}$O:

$$B = \Delta E = \Delta m c^2 = 0,1369\,\text{u} \cdot \frac{1,66 \cdot 10^{-27}\,\text{kg}}{1\,\text{u}} (3 \cdot 10^8\,\text{m/s})^2 = 2,05 \cdot 10^{-11}\,\text{J}$$

La energía de enlace por nucleón de un núclido B/A representa la energía necesaria para extraer un nucleón del núcleo y es un índice de la estabilidad del mismo: cuanto mayor es la energía de enlace por nucleón, más estable es.

Veamos cuál de los dos núclidos tiene mayor energía de enlace por nucleón:

■ Núclido $^{4}_{2}$He:

$$\frac{B}{A} = \frac{4,54 \cdot 10^{-12}\,\text{J}}{4\,\text{nucleón}} = 1,14 \cdot 10^{-12}\,\frac{\text{J}}{\text{nucleón}}$$

■ Núclido $^{16}_{8}$O:

$$\frac{B}{A} = \frac{2,05 \cdot 10^{-11}\,\text{J}}{16\,\text{nucleón}} = 1,28 \cdot 10^{-12}\,\frac{\text{J}}{\text{nucleón}}$$

Puesto que $1,28 \cdot 10^{-12}$ J/nucleón para $^{16}_{8}$O es mayor que $1,14 \cdot 10^{-12}$ J/nucleón para $^{4}_{2}$He, el núclido más estable es $^{16}_{8}$O.

Problema 10.29

Considere la reacción nuclear:

$$^{235}_{92}\text{U} + ^{1}_{0}\text{n} \rightarrow ^{133}_{51}\text{Sb} + ^{99}_{41}\text{Nb} + 4^{1}_{0}\text{n}$$

a) Explique de qué tipo de reacción se trata y determine la energía liberada por átomo de uranio.

b) ¿Que cantidad de $^{235}_{92}$U se necesita para producir 10^6 kWh de energía?

$c = 3 \cdot 10^8\,\text{m s}^{-1}$; $N_A = 6,02 \cdot 10^{23}\,\text{mol}^{-1}$; $m_{\text{U}-235} = 234,994\,\text{u}$;

$m_{\text{Sb}-133} = 132,942\,\text{u}$; $m_{\text{Nb}-99} = 98,932\,\text{u}$; $m_{\text{n}} = 1,0086\,\text{u}$;

$1\,\text{u} = 1,66 \cdot 10^{-27}\,\text{kg}$.

---

a) La ecuación corresponde a un proceso de fisión nuclear en el que un núcleo pesado de ^{235}U es bombardeado por un neutrón térmico (de poca energía) y se escinde en núcleos de tamaño medio más estables y neutrones. Este tipo de reacción va acompañada de una gran liberación de energía, correspondiente a la pérdida o defecto de masa que tiene lugar en el proceso.

Calculamos primero el defecto de masa:

$$
\begin{aligned}
\Delta m &= m_{\text{inicial}} - m_{\text{final}} = m_{\text{U}-235} + m_{\text{n}} - (m_{\text{Sb}-133} + m_{\text{Nb}-99} + 4\,m_{\text{n}}) \\
&= (234,994\,\text{u} + 1,0086\,\text{u}) - (132,942\,\text{u} + 98,932\,\text{u} + 4 \cdot 1,0086\,\text{u}) \\
&= 236,0026\,\text{u} - 235,9084\,\text{u} = 0,0942\,\text{u}
\end{aligned}
$$

Este defecto de masa equivale a una disminución de energía del sistema de acuerdo con el principio de equivalencia masa-energía enunciado por Einstein. Esa energía perdida por el sistema se libera al exterior y su valor por cada átomo de uranio que se fisiona es:

$$\Delta E = \Delta mc^2 = 0,0942\,\text{u} \cdot \frac{1,66 \cdot 10^{-27}\,\text{kg}}{1\,\text{u}}\,(3 \cdot 10^8\,\text{m/s})^2 = 1,41 \cdot 10^{-11}\,\text{J}$$

b) Convertimos la energía, que está expresada en kWh (kilovatios-hora), en J (julios):

$$E = 10^6\,\text{kWh} = 10^6\,\text{kW} \cdot \text{hora} \cdot \frac{1\,000\,\text{W}}{1\,\text{kW}} \cdot \frac{3\,600\,\text{s}}{1\,\text{hora}} = 3,6 \cdot 10^{12}\,\text{J}$$

Calculamos ahora los átomos de uranio que se fisionan para obtener tal energía, puesto que conocemos la energía producida por átomo fisionado:

$$\frac{1,41 \cdot 10^{-11}\,\text{J}}{1\,\text{átomo}} = \frac{3,6 \cdot 10^{12}\,\text{J}}{x\,\text{átomos}}; \quad x = 2,55 \cdot 10^{23}\,\text{átomos}$$

Por último, calculamos la masa de uranio que se fisiona teniendo en cuenta que la masa isotópica de un núclido, expresada en unidades de masa atómica (u), coincide numéricamente con la masa, expresada en gramos, de un mol de átomos de ese núclido (N_A átomos):

$$\frac{6,02 \cdot 10^{23}\,\text{átomos}}{234,994\,\text{g}} = \frac{2,55 \cdot 10^{23}\,\text{átomos}}{x\,\text{g}}; \quad x = 99,5\,\text{g de}\,^{235}\text{U}$$

Problema 10.30

En una reacción nuclear se produce un defecto de masa de $0,2148\,\text{u}$ por cada núcleo de ^{235}U fisionado.

a) Calcule la energía liberada en la fisión de $23,5\,\text{g}$ de ^{235}U.

b) Si se producen 10^{20} reacciones idénticas por minuto, ¿cuál será la potencia disponible?

$1\,\text{u} = 1,67 \cdot 10^{-27}\,\text{kg};\ c = 3 \cdot 10^8\,\text{m s}^{-1};\ N_\text{A} = 6,02 \cdot 10^{23}\,\text{mol}^{-1}$.

---

a) Una característica de las reacciones de fisión nuclear es que se produce un defecto o pérdida de masa. Según el principio de equivalencia masa-energía, un proceso nuclear en el que se produce una pérdida de masa conlleva la emisión de cierta energía:

$$\Delta E = \Delta mc^2$$

siendo ΔE la energía liberada durante el proceso; Δm, la pérdida de masa que tiene lugar en el mismo; y c, la velocidad de la luz en el vacío.

La energía liberada por cada núcleo fisionado es:

$$\Delta E = \Delta mc^2 = 3,59 \cdot 10^{-28}\,\text{kg}\,(3 \cdot 10^8\,\text{m/s})^2 = 3,23 \cdot 10^{-11}\,\text{J}$$

$$\left[\Delta m = 0,2148\,\text{u} \cdot \frac{1,67 \cdot 10^{-27}\,\text{kg}}{1\,\text{u}} = 3,59 \cdot 10^{-28}\,\text{kg}\right]$$

Calculamos los átomos de ^{235}U que hay en $23,5\,\text{g}$ de este, teniendo en cuenta que el número másico de un núclido coincide numéricamente, de manera aproximada, con su masa isotópica relativa, y esta, a su vez, coincide numéricamente con la masa, expresada en gramos, de un mol de átomos de ese núclido (N_{A} átomos):

$$\frac{235\,\text{g}}{6,02 \cdot 10^{23}\,\text{átomos}} = \frac{23,5\,\text{g}}{x\,\text{átomos}}; \quad x = 6,02 \cdot 10^{22}\,\text{átomos de}\,^{235}\text{U}$$

que se corresponden con $6,02 \cdot 10^{22}$ núcleos.

Calculamos la energía desprendida en la fisión de todos estos núcleos:

$$6,02 \cdot 10^{22}\,\text{núcleos} \cdot 3,23 \cdot 10^{-11}\,\frac{\text{J}}{\text{núcleo}} = 1,94 \cdot 10^{12}\,\text{J}$$

b) Calculamos la potencia disponible mediante el cociente entre la energía que producen esas 10^{20} reacciones y el tiempo en el que se produce:

$$P = \frac{E}{t} = \frac{10^{20}\,\text{reacciones} \cdot 3,23 \cdot 10^{-11}\,\dfrac{\text{J}}{\text{reacción}}}{1\,\text{min} \cdot \dfrac{60\,\text{s}}{1\,\text{min}}} = 53,8 {\cdot} 10^6\,\text{W} \cdot \frac{1\,\text{MW}}{10^6\,\text{W}} = 53,8\,\text{MW}$$

Problema 10.31

Una muestra de isótopo radiactivo recién obtenida tiene una actividad de $84\,\text{s}^{-1}$ y, al cabo de 30 días, su actividad es de $6\,\text{s}^{-1}$.
a) Explique si los datos anteriores dependen del tamaño de la muestra.
b) Calcule la constante de desintegración y la fracción de núcleos que se han desintegrado después de 11 días.

---

a) La actividad A de una muestra de un elemento radiactivo (des/s —o en s^{-1}, como aparece en el enunciado—) representa la rapidez con que disminuye el número de núcleos que contiene. Es directamente proporcional al número de núcleos que contiene N:

$$A = -\frac{dN}{dt} = \lambda N\,(\text{SI})$$

siendo $\lambda\,(\text{s}^{-1})$ la constante de desintegración radiactiva, característica de cada núcleo radiactivo.

Por tanto, la actividad de una muestra de un determinado núclido radiactivo depende de la masa (mejor que del tamaño, relacionado con el volumen) de la muestra, porque, cuanto mayor sea su masa, más núcleos tendrá de ese núclido radiactivo.

b) La expresión de la ley de la desintegración radiactiva, en términos de actividades, nos muestra cómo disminuye la actividad A de una muestra con el tiempo. La expresión es:

$$A = A_0 e^{-\lambda t} \,(\text{SI})$$

donde los términos A y A_0 representan las actividades de la muestra en los instantes t y $0\,(\text{s})$, respectivamente.

En este problema, A_0 es la actividad de la muestra de isótopo radiactivo recién obtenida y A, la actividad de la misma al cabo de 30 días.

Calculamos la constante de desintegración a partir de la expresión anterior escrita de la forma:

$$\frac{A}{A_0} = e^{-\lambda t}$$

Puesto que:

$$\frac{A}{A_0} = \frac{6\,\text{des/s}}{84\,\text{des/s}} = 0,0714 \quad \text{y} \quad t = 30\,\text{días} \cdot \frac{86\,400\,\text{s}}{1\,\text{día}} = 2,59 \cdot 10^6\,\text{s}$$

tenemos que:

$$0,0714 = e^{-\lambda \cdot 2,59 \cdot 10^6}$$

Tomamos logaritmos neperianos en ambos miembros:

$$\ln 0,0714 = -\lambda \cdot 2,59 \cdot 10^6$$

Despejamos λ y calculamos su valor:

$$\lambda = -\frac{\ln 0,0714}{2,59 \cdot 10^6\,\text{s}} = 1,02 \cdot 10^{-6}\,\text{s}^{-1}$$

Este número significa que por cada núcleo radiactivo se desintegran aproximadamente 10^{-6} núcleos en cada segundo, o lo que es lo mismo, por cada 10^6 núcleos radiactivos se desintegra uno en cada segundo.

Para calcular la fracción de núcleos que se han desintegrado al cabo de 11 días, empleamos la ley de la desintegración radiactiva, que es la siguiente:

$$N = N_0 e^{-\lambda t}$$

donde N_0 es el numero de núcleos radiactivos iniciales y N es el número de núcleos que permanecen sin desintegrarse al cabo de un tiempo t.

Si la anterior expresión la escribimos de la forma:

$$\frac{N}{N_0} = e^{-\lambda t}$$

N/N_0 representa la fracción de núcleos que permanecen sin desintegrarse al cabo de cierto tiempo t.

La fracción de núcleos que se han desintegrado al cabo de 11 días será:

$$1 - \frac{N}{N_0} = 1 - e^{-\lambda t} = 1 - e^{-1,02 \cdot 10^{-6}\,\mathrm{s}^{-1} \cdot 9,50 \cdot 10^5\,\mathrm{s}} = 0,621$$

$$\left\lfloor \lambda = 1,02 \cdot 10^{-6}\,\mathrm{s}^{-1};\ t = 11\ \text{días} \cdot \frac{86\,400\,\mathrm{s}}{1\ \text{día}} = 9,50 \cdot 10^5\,\mathrm{s} \right\rfloor$$

Problema 10.32

En la explosión de una bomba de hidrógeno se produce la reacción:

$$_1^2\mathrm{H} + {}_1^3\mathrm{H} \rightarrow {}_2^4\mathrm{He} + {}_0^1\mathrm{n}$$

Calcule:
a) El defecto de masa del $_2^4\mathrm{He}$.
b) La energía liberada en la formación de $10\,\mathrm{g}$ de helio.
$m_{\mathrm{H}-2} = 2,01474\,\mathrm{u}$; $m_{\mathrm{H}-3} = 3,01700\,\mathrm{u}$; $m_{\mathrm{He}-4} = 4,00388\,\mathrm{u}$;
$m_{\mathrm{n}} = 1,0087\,\mathrm{u}$; $m_{\mathrm{p}} = 1,0073\,\mathrm{u}$; $1\,\mathrm{u} = 1,66 \cdot 10^{-27}\,\mathrm{kg}$; $c = 3 \cdot 10^8\,\mathrm{m\,s}^{-1}$;
$N_{\mathrm{A}} = 6,023 \cdot 10^{23}\,\mathrm{mol}^{-1}$.

---

a) El defecto de masa Δm es la pérdida de masa que tiene lugar al formarse el núcleo de un átomo a partir de sus nucleones y se calcula como la diferencia entre la masa de los nucleones y la masa del núcleo del átomo formado.

Para $_2^4\mathrm{He}$, que contiene 2 protones y 2 neutrones, el defecto de masa es:

$$\begin{aligned}
\Delta m &= 2\,m_{\mathrm{p}} + 2\,m_{\mathrm{n}} - m_{\mathrm{He}-4} \\
&= 2 \cdot 1,0073\,\mathrm{u} + 2 \cdot 1,0087\,\mathrm{u} - 4,00388\,\mathrm{u} \\
&= 0,0281\,\mathrm{u}
\end{aligned}$$

b) La ecuación corresponde a un proceso de fusión nuclear en el que un núcleo de deuterio y otro de tritio se fusionan para formar un núcleo de helio y un neutrón.

Los procesos de fusión nuclear de núcleos ligeros van acompañados de un gran desprendimiento de energía, ya que transcurren con bastante pérdida de masa. El defecto de masa Δm por cada átomo de helio formado es la diferencia entre la suma de las masas de deuterio y tritio y la suma de las masas de helio y del neutrón. Su valor es:

$$
\begin{aligned}
\Delta m &= m_{H-2} + m_{H-3} - (m_{He-4} + m_n) \\
&= 2,01474\,u + 3,01700\,u - (4,00388\,u + 1,0087\,u) \\
&= 5,03174\,u - 5,01258\,u = 0,01916\,u
\end{aligned}
$$

Este defecto de masa equivale a una disminución de la energía del sistema, de acuerdo con el principio de equivalencia masa-energía enunciado por Einstein. Esa energía perdida por el sistema se libera al exterior y su valor por átomo de helio formado es:

$$
\Delta E = \Delta m c^2 = 0,01916\,u \cdot \frac{1,66 \cdot 10^{-27}\,kg}{1\,u} (3 \cdot 10^8\,m/s)^2 = 2,86 \cdot 10^{-12}\,J
$$

Calculamos ahora los átomos de ^{4}He en 10 g del mismo, teniendo en cuenta que la masa isotópica de un núclido, expresada en unidades de masa atómica (u), coincide numéricamente con la masa, expresada en gramos, de un mol de átomos de ese núclido (N_A átomos):

$$
\frac{4,00388\,g}{6,023 \cdot 10^{23}\,\text{átomos}} = \frac{10\,g}{x\,\text{átomos}}; \quad x = 1,50 \cdot 10^{24}\,\text{átomos de }^4\text{He}
$$

Por último, calculamos la energía liberada cuando se forman esos átomos de helio, sabiendo la energía que se produce por átomo:

$$
\frac{1\,\text{átomo}}{2,86 \cdot 10^{-12}\,J} = \frac{1,50 \cdot 10^{24}\,\text{átomos}}{x\,J}; \quad x = 4,29 \cdot 10^{12}\,J
$$

Problema 10.33

El $^{12}_{5}$B se desintegra radiactivamente en dos etapas: en la primera el núcleo resultante es $^{12}_{6}$C* (= estado excitado) y en la segunda el $^{12}_{6}$C* se desexcita, dando $^{12}_{6}$C (estado fundamental).

a) Escriba los procesos de cada etapa, determinando razonadamente el tipo de radiación emitida en cada caso.

b) Calcule la frecuencia de la radiación emitida en la segunda etapa si la diferencia de energía entre los estados energéticos del isótopo del carbono es de 4,4 MeV.

$h = 6,6 \cdot 10^{-34}\,J\,s; \quad e = 1,6 \cdot 10^{-19}\,C.$

---

a) En todos los procesos radiactivos se han de conservar el número de nucleones y la carga eléctrica. La primera etapa corresponde a la emisión de una partícula

β ($_{-1}^{0}$e) puesto que el núcleo del elemento resultante tiene el mismo número de nucleones y su número atómico es una unidad mayor:

$$^{12}_{5}\text{B} \rightarrow ^{12}_{6}\text{C} + ^{0}_{-1}\text{e}$$

Observamos que en el proceso se conservan el número de nucleones ($12 = 12$) y la carga eléctrica ($5e = 6e + (-e)$).

La segunda etapa corresponde a la emisión de una radiación γ, puesto que el núcleo original está en un estado excitado (de más energía) que el núcleo resultante. Esa diferencia de energía se emite en forma de radiación γ, un tipo de radiación electromagnética muy energética:

$$^{12}_{6}\text{C}^{*} \rightarrow ^{12}_{6}\text{C} + \gamma$$

b) De acuerdo con la ecuación de Planck, la energía E del fotón emitido en este proceso es directamente proporcional a la frecuencia de la radiación ν:

$$E = h\nu$$

siendo h la constante de Planck.

Despejamos la frecuencia y calculamos su valor:

$$\nu = \frac{E}{h} = \frac{4,4\,\text{MeV} \cdot \dfrac{10^{6}\,\text{eV}}{1\,\text{MeV}} \cdot \dfrac{1,6 \cdot 10^{-19}\,\text{J}}{1\,\text{eV}}}{6,6 \cdot 10^{-34}\,\text{J\,s}} = 1,07 \cdot 10^{21}\,\text{Hz}$$

Problema 10.34

En un proceso de desintegración el núcleo radiactivo emite una partícula alfa. La constante de desintegración de dicho proceso es $2 \cdot 10^{-10}\,\text{s}^{-1}$.

a) Explique cómo cambian las características del núcleo inicial y escriba la ley que expresa el número de núcleos sin transformar en función del tiempo.

b) Si inicialmente había 3 moles de dicha sustancia radiactiva, ¿cuántas partículas alfa se han emitido al cabo de 925 años? ¿Cuántos moles de He se han formado después de dicho tiempo?

$N_{\text{A}} = 6,02 \cdot 10^{23}\,\text{mol}^{-1}$.

---

a) Cuando en un proceso de desintegración radiactiva un núcleo de un elemento de número másico A y número atómico Z emite una partícula alfa (núcleo de helio), se transmuta en un núcleo de otro elemento de número másico $A - 4$ unidades y de número atómico $Z - 2$ unidades:

$$^{A}_{Z}\text{X} \rightarrow ^{A-4}_{Z-2}\text{Y} + ^{4}_{2}\text{He}$$

La expresión de la ley de desintegración radiactiva es la siguiente:

$$N = N_0 e^{-\lambda t} \,(\text{SI})$$

donde N_0 es el número de núcleos radiactivos iniciales de la muestra, N es el número de núcleos que permanecen sin desintegrarse al cabo de un tiempo t (s), e es la base de los logaritmos neperianos y λ (s^{-1}) es la constante de desintegración radiactiva, que representa la fracción de núcleos que se desintegran por segundo por cada núcleo presente en la muestra.

b) Aplicamos la ley de la desintegración radiactiva para calcular las partículas alfa emitidas, N_α, puesto que su número coincide con el número de núcleos desintegrados, $N_0 - N$.

Calculamos primero N_0 y N:

$$N = N_0 e^{-\lambda t} = 1,81 \cdot 10^{24} \,\text{núcleos} \cdot e^{-2 \cdot 10^{-10}\,\text{s}^{-1} \cdot 2,92 \cdot 10^{10}\,\text{s}} = 5,27 \cdot 10^{21}\,\text{núcleos}$$

$$\left| N_0 = 3\,\text{mol} \cdot \frac{6,02 \cdot 10^{23}\,\text{núcleos}}{\text{mol}} = 1,81 \cdot 10^{24}\,\text{núcleos}; \; \lambda = 2 \cdot 10^{-10}\,\text{s}^{-1}; \right.$$

$$\left. t = 925\,\text{años} \cdot \frac{365\,\text{días}}{1\,\text{año}} \cdot \frac{86\,400\,\text{s}}{1\,\text{día}} = 2,92 \cdot 10^{10}\,\text{s} \right|$$

Calculamos el número de partículas α emitidas:

$$N_\alpha = N_0 - N = 1,81 \cdot 10^{24} - 5,27 \cdot 10^{21} = 1,80 \cdot 10^{24} \,\text{partículas}\,\alpha$$

Las partículas alfa son núcleos de helio, por tanto, se habrán formado:

$$1,80 \cdot 10^{24}\,\text{núcleos} \cdot \frac{1\,\text{mol}}{6,02 \cdot 10^{23}\,\text{núcleos}} = 2,99\,\text{mol He}$$

Problema 10.35

En un reactor tiene lugar la reacción:

$$^{235}_{92}\text{U} + ^{1}_{0}\text{n} \rightarrow ^{141}_{56}\text{Ba} + ^{92}_{Z}\text{Kr} + a^{1}_{0}\text{n}$$

a) Calcule el número atómico Z del Kr y el numero de neutrones a emitidos en la reacción indicando las leyes de conservación utilizadas para ello.

b) ¿Qué masa de $^{235}_{92}\text{U}$ se consume por hora en una central nuclear de 800 MW, sabiendo que la energía liberada en la fisión de un átomo de $^{235}_{92}\text{U}$ es de 200 MeV?

$e = 1,6 \cdot 10^{-19}\,\text{C}; \; N_A = 6,02 \cdot 10^{23}\,\text{mol}^{-1}.$

a) Se trata de una reacción de fisión nuclear. Como en todo proceso nuclear, se deben conservar el numero de nucleones (protones más neutrones) y la carga eléctrica:

- Conservación del número de nucleones (el número de nucleones antes y después del proceso debe ser el mismo): $235 + 1 = 141 + 92 + a \cdot 1 \Rightarrow a = 3$.

- Conservación de la carga (la carga eléctrica antes y después del proceso debe ser la misma): $92e = 56e + Ze \Rightarrow Z = 36$.

b) Calculamos primero la energía E, en julios, consumida durante una hora, multiplicando la potencia P por el tiempo t:

$$E = Pt = 800\,\text{MW} \cdot 1\,\text{hora} \cdot \frac{10^6\,\text{W}}{1\,\text{MW}} \cdot \frac{3600\,\text{s}}{1\,\text{hora}} = 2,88 \cdot 10^{12}\,\text{J}$$

Calculamos, seguidamente, la energía producida por átomo de uranio fisionado, expresada en julios:

$$200\,\text{MeV} \cdot \frac{10^6\,\text{eV}}{1\,\text{MeV}} \cdot \frac{1,6 \cdot 10^{-19}\,\text{J}}{1\,\text{eV}} = 3,2 \cdot 10^{-11}\,\text{J}$$

Calculamos ahora los átomos que se han de fisionar para que produzcan $2,88 \cdot 10^{12}$ J:

$$\frac{3,2 \cdot 10^{-11}\,\text{J}}{1\,\text{átomo}} = \frac{2,88 \cdot 10^{12}\,\text{J}}{x\,\text{átomos}}; \quad x = 9,0 \cdot 10^{22}\,\text{átomos}$$

Calculamos, por último, la masa de ^{235}U que contiene este número de átomos, teniendo en cuenta que el número másico de un núclido coincide numéricamente, de manera aproximada, con su masa isotópica relativa, y esta, a su vez, coincide numéricamente con la masa, expresada en gramos, de un mol de átomos de ese núclido (N_A átomos):

$$\frac{6,02 \cdot 10^{23}\,\text{átomos}}{235\,\text{g}} = \frac{9,0 \cdot 10^{22}\,\text{átomos}}{x\,\text{g}}; \quad x = 35,1\,\text{g de}\,^{235}\text{U}$$

Índice general

www.ingramcontent.com/pod-product-compliance
Lightning Source LLC
Chambersburg PA
CBHW080822220526
45467CB00008B/2172